高等学校“十三五”规划教材

河南科技大学教材出版基金资助

河南科技大学“千人计划”资助

简明无机化学

彭淑鸽　主编

王俊岭　谷广娜　副主编

化学工业出版社

·北京·

本书根据无机化学教学大纲，以全面培养学生的科学素质和创新能力为目标，并针对当前高校教学改革的趋势，为适应当前高校教学普遍面临的学时少内容多的局面而编写。

本书内容上注重与中学教材的衔接及与后续课程的联系，重点突出了无机化学的基本原理、物质的结构、过渡元素及其化合物等基础知识；并给出了无机化学专业术语的英文名称，与无机化学或以后的专业课程的双语教学进行良性衔接；同时也增加了学科中的前沿进展和杰出科学家轶事，激发学生建立浓厚的学习兴趣。

《无机化学》撰写风格简明、重点突出、可读性强，可作为高等院校化学、化工、材料类专业的教材，也可作为工科院校其他专业的普通化学、大学化学教材使用，并可供工程技术人员参考。

图书在版编目（CIP）数据

简明无机化学/彭淑鸽主编. —北京：化学工业出版社，2017.7（2024.8 重印）
高等学校“十三五”规划教材
ISBN 978-7-122-29163-9

Ⅰ.①简… Ⅱ.①彭… Ⅲ.①无机化学-高等学校-教材 Ⅳ.①O61

中国版本图书馆 CIP 数据核字（2017）第 124668 号

责任编辑：宋林青　杨　菁　　文字编辑：刘志茹
责任校对：宋　玮　　装帧设计：关　飞

出版发行：化学工业出版社（北京市东城区青年湖南街 13 号　邮政编码 100011）
印　　装：北京机工印刷厂有限公司
787mm×1092mm　1/16　印张 28½　彩插 1　字数 722 千字　2024 年 8 月北京第 1 版第 5 次印刷

购书咨询：010-64518888　　售后服务：010-64518899
网　　址：http://www.cip.com.cn
凡购买本书，如有缺损质量问题，本社销售中心负责调换。

定　　价：49.80 元

前言

无机化学是化学、化工、材料类各专业本科生一门重要的基础课程。无机化学课程既有自身的丰富内容，又承担着为后续课程做好铺垫的任务，引导大学新生的学习和思维方法从中学向大学过渡。一本有利于学生素质和能力培养的无机化学教材会为学生实现未来目标提供坚实的化学基础。

本书编者均为一线化学教师和科研人员。在编写过程中，编者参考了国内外众多优秀的无机化学教材，并结合自己的教学与科研经验，注意理论联系实际、基础知识与现代化学进展的结合，对参考资料进行了合理的加工、取舍，或者重新撰写，力求编写出一套深入浅出的简明无机化学教材。

本书编写根据教育部化学类专业教学指导委员会和大学化学课程教学指导委员会对无机化学内容的基本要求编写而成，以全面培养学生的科学素质和创新能力为目标，并吸取了国内外无机化学教材的优点，具有如下特色。

（1）针对当前高校教学改革的趋势，为适应当前高校教学普遍面临的学时少、内容多的局面，本书在编写上偏重于基础理论；注重对学生逻辑关系的培养以及科学方法的引导，使学生在学习中体会到无机化学的桥梁作用，以利于他们更好地走进化学世界。

（2）教材内容在编写中不追求面面俱到，偏重于基础理论；对难度较大的理论部分和结构部分，采用深入浅出的撰写方式，既适合用作课堂教材，也适合学生自学。

（3）对于元素化学本教材以简明为主，注重与高中化学课程和大学后续课程的衔接，删除了主族元素；内容上注重规律的总结和归纳、性质与结构的内在联系；使学生在理解的基础上记忆元素及其化合物的基本性质。

（4）每章增加科技动态，主要介绍无机学科中一些重要的科技成果。一方面引导学生了解和学习本学科前沿领域，另一方面使学生认识到，化学是自然科学的中心学科，并对利用资源、改造自然和为人类造福起重要作用。

（5）每章增加科技人物，主要介绍无机学科中一些杰出的科学家。一方面引导学生了解这些科学家的成功之路；另一方面培养学生学习化学家的勤奋精神和作为成功人的必备素质。

（6）每章最后增加本章小结，一方面引导学生学习本章知识的归纳总结；另一方面进一步加深学生对本章重要知识点和重要公式的复习。

（7）根据教学中的重点和难点，选择了适量的习题，以检验学生对课堂知识的掌握情况，培养学生发现问题、分析问题和解决问题的能力。

本书由彭淑鸽任主编，王俊岭、谷广娜任副主编。编写分工如下：彭淑鸽（第1、5章，科技人物和科技动态）、王俊岭（第10、12章）、郑英丽（第3、4章）、卢敏（第8、11章）、刘红宇（第2、6、7章）、谷广娜（第9、13、14章）、米刚（各章的习题与参考答案）。最后由彭淑鸽负责统一整理、修改和定稿。

本书编写过程中得到了河南科技大学化工与制药学院领导的重视和支持，在此表示感谢；编写中编者参考了国内外优秀的无机化学教材以及相关科技文献，在此向这些教材及科技文献的作者一并致谢。同时感谢河南科技大学教材出版基金和河南科技大学“千人计划”的经费资助！

由于编者水平有限，本书疏漏之处在所难免，恳请广大读者批评指正，以期再版时得以改正。

编者于河南洛南
2017年7月

目录

第3章 原子结构与元素周期系 / 26

第4章 化学键与分子结构 / 66

第5章 化学热力学基础 / 110

第6章 化学动力学基础 / 143

第7章 化学平衡 / 167

第8章 酸碱平衡 / 190

第9章 沉淀-溶解平衡 / 233

第10章 氧化还原平衡 / 252

第 11 章 配位平衡 / 283

第 12 章 d 区金属——过渡金属（Ⅰ） / 325

第13章 ds区金属——过渡金属(Ⅱ) / 371

第14章　f区金属——镧系元素和锕系元素　/　398

第1章 绪 论

【学习要求】

（1）掌握化学学科的定义；

（2）了解化学研究的目的和方法；

（3）了解无机化学发展简史；

（4）了解无机化学学习方法。

1.1 化学是研究物质变化的科学

1.1.1 化学的研究对象

“化学”一词，若单是从字面解释就是“变化的科学”。化学如同物理一样皆为自然科学的基础学科，但是化学是一门以实验为基础的自然学科。化学研究的对象限于原子、分子、离子层次的实物粒子。研究化学变化的同时也涉及物理变化，但不包括原子核的变化。化学研究的内容为物质的性质和组成，而结构与组成之间有着密切的内在联系，因此化学还研究结构以及外界条件的影响和反应过程中能量的变化情况。总之，化学是一门在原子、分子或离子层次上研究物质的组成、结构、性质、变化及变化规律的自然科学。

无机化学、有机化学、分析化学和物理化学是经典化学的四大分支。无机化学研究的对象包括所有元素及其化合物，几乎与元素化学同义；主要研究化学变化的基本原理、重要规律和元素、单质及其化合物（不包括碳氢化合物及其衍生物）的性质、存在、制备及用途。

1.1.2 化学的研究目的和方法

随着工业、农业、国防和科学技术的发展，化学的作用日益增强。新能源的开发、现有资源的利用、环境污染的治理等许多问题有待化学工作者解决。所以，化学研究的目的是利用资源、改造资源、创造资源，为人类造福。

化学研究时要注意以下两点。

① 化学是一门实验科学，“实践-认识-再实践-再认识-理论”，是研究化学的正确途径。

② 抓住主要矛盾，抓住事物的本质。主要矛盾解决了，其他问题也就迎刃而解。

1.1.3 化学的重要性

化学是一门社会迫切需要的“中心科学”，因为化学与许多其他科学领域相关，包括材料科学、纳米科技、农学、电子学、药学、生物学、环境科学、工程学、地质学、物理学、冶金学等，化学为这些学科的基础。

化学与社会的关系日益密切。化学家们运用化学的观点来观察和思考社会问题，用化学的知识来分析和解决社会问题，例如能源危机、粮食问题、环境污染等。

化学与其他学科的相互交叉与渗透，产生了很多边缘学科，如生物化学、地球化学、宇宙化学、海洋化学、大气化学等等，使得生物、电子、航天、激光、地质、海洋等科学技术迅猛发展。

化学也为人类的衣、食、住、行提供了数不清的物质保证，在改善人民生活，提高人类的健康水平方面作出了应有的贡献。

在21世纪，化学向其他学科渗透的趋势更加明显。更多的化学工作者投身到研究生命、材料的队伍中，并在化学与生物学、化学与材料学的交叉领域大有作为。化学必将为解决基因组工程、蛋白质组工程中的问题，以及理解大脑的功能和记忆的本质等重大科学问题作出巨大的贡献。

1.2 无机化学的发展简史

1.2.1 古代无机化学

原始人类即能辨别自然界存在的无机物质的性质并加以利用，后来又偶然发现自然物质能变化成性质不同的新物质，于是他们加以仿效，这就是古代化学工艺的开始。

至少公元前6000年，原始人类即知烧黏土制陶器，并逐渐发展为彩陶、白陶、釉陶和瓷器。在公元前5000年左右，人类发现天然铜性质坚韧，用作器具不易破损；后又观察到铜矿石（碱式碳酸铜）与燃炽的木炭接触而被分解为氧化铜，进而被还原为金属铜；经过反复观察和试验，终于掌握了以木炭还原铜矿石的炼铜技术；以后又陆续掌握炼锡、炼锌、炼镍等技术。铜和锡的合金称为青铜（有时也含有铅），它的硬度高，适合做兵器，硬而锋利，青铜做的生产工具也远比红铜好。中国在铸造青铜器上有过很大的成就，如殷朝前期的“司母戊”鼎。它是一种礼器，是世界上最大的出土青铜器。青铜器的出现，推动了当时农业、兵器、金融、艺术等方面的发展，把社会文明向前推进了一步。我国人民在春秋、战国时代即掌握了从铁矿石冶铁和由铁炼钢的技术；公元前2世纪，我国人民发现铁能与铜化合物溶液反应而生成铜，这个反应成为后来生产铜的方法之一。由于铁比青铜更坚硬，炼铁的原料也远比铜矿丰富，在绝大部分地方，铁器代替了青铜器。

黑火药是中国古代四大发明之一。火药的发明与中国西汉时期的炼丹术有关，炼丹的目的是寻求长生不老的药，在炼丹的原料中，就有硫黄和硝石。炼丹的方法是把硫黄和硝石放在炼丹炉中，长时间地用火炼制。在许多次炼丹过程中，曾出现过一次又一次的着火和爆炸现象，经过这样多次试验终于找到了配制火药的方法。

在化合物方面，公元前17世纪的殷商时代，人类即知食盐（氯化钠）是调味品，苦盐（氯化镁）的味苦。公元前5世纪已有琉璃（聚硅酸盐）器皿。公元7世纪，我国即有焰硝（硝酸钾）、硫黄和木炭做成黑火药的记载。黑火药是中国古代四大发明之一，火药的发明与中国西汉时期的炼丹术有关。炼丹的目的是寻求长生不老的药。炼金的目的则是想要点石成金（即用人工方法制造金银）；他们认为，可以通过某种手段把铜、铅、锡、铁等贱金属转变为金、银等贵金属。炼丹家和炼金家夜以继日地在做这些最原始的化学实验，必定需要大批实验器具。于是，他们发明了蒸馏器、熔化炉、加热锅、烧杯及过滤装置等。他们还根据当时的需要，制造出很多化学药剂、有用的合金或治病的药，其中很多都是今天常用的酸、碱和盐。为了把试验的方法和经过记录下来，他们还创造了许多技术名词，写下了许多著作。正是这些理论、化学实验方法、化学仪器以及炼丹、炼金著作，开挖了化学这门科学的先河。

从这些史实可见，炼丹家和炼金家对化学的兴起和发展是有贡献的，后人绝不能因为他们“追求长生不老和点石成金”而嘲弄他们，应该把他们敬为开拓化学科学的先驱。因此，在英语中，化学家（chemist）与炼金家（alchemist）两个名词极为相近，其含义是“化学源于炼金术”。

1.2.2 近代无机化学

世界是由物质构成的，但是，物质又是由什么组成的呢？最早尝试解答这个问题的是我国商朝末年的西伯昌（约公元前 1140 年），他认为：“易有太极，易生两仪，两仪生四象，四象生八卦”，以阴阳八卦来解释物质的组成。约公元前 1400 年，西方的自然哲学提出了物质结构的思想；希腊的泰立斯认为水是万物之母；黑拉克里特斯认为，万物是由火生成的。这些论证都未能触及物质结构的本质。

由于最初化学所研究的多为无机物，所以近代无机化学的建立就标志着近代化学的创始。对建立近代化学贡献最大的化学家有三位，即英国的波义耳（Boyle）、法国的拉瓦锡（Lavoisier）和英国的道尔顿（Dalton）。

波义耳进行过很多化学实验，如磷、氢的制备，金属在酸中的溶解以及硫、氢等物质的燃烧。他依据实验结果阐述了单质和化合物的区别，提出单质是一种不能分出其他物质的物质。波义耳还主张，不应该单纯把化学看作是一种制造金属、药物等从事工艺的经验性技艺，而应把它看成一门科学。因此，波义耳被认为是将化学确立为科学的人。

拉瓦锡采用天平作为研究物质变化的重要工具，进行了硫、磷的燃烧以及锡、汞等金属在空气中加热的定量实验，确立了物质的燃烧是氧化作用的正确概念，推翻了盛行百年之久的燃素说。拉瓦锡在大量定量实验的基础上，于 1774 年提出质量守恒定律，即在化学变化中物质的质量不变。1789 年，他在其所著的《化学概要》中提出第一个化学元素分类表和新的化学命名法，并运用正确的定量观点，叙述当时的化学知识，从而奠定了近代化学的基础。

1803 年，英国化学家道尔顿创立的原子学说进一步解答了这个问题。原子学说的主要内容有三点：①一切元素都是由不能再分割和不能毁灭的微粒所组成的，这种微粒称为原子；②同一种元素原子的性质和质量都相同，不同元素的原子的性质和质量不同；③一定数目的两种不同的元素化合以后，便形成化合物。原子学说成功地解释了不少化学现象。随后意大利化学家阿伏伽德罗又于 1811 年提出了分子学说，进一步补充和发展了道尔顿的原子学说。他认为，许多物质往往不是以原子的形式存在，而是以分子的形式存在，例如氧气是以两个氧原子组成的氧分子，而化合物实际上都是分子。从此以后，化学由宏观进入到微观的层次，使化学研究建立在原子和分子水平的基础上。

1.2.3 现代无机化学

19 世纪末，物理学上出现了三大发现，即 X 射线、放射性和电子。这些新发现猛烈冲击了道尔顿关于原子不可分割的观念，从而打开了原子和原子核内部结构的大门，揭露了微观世界中更深层次的奥秘。

热力学等物理学理论引入化学以后，利用化学平衡和反应速率的概念，可以判断化学反应中物质转化的方向和条件，从而开始建立了物理化学，把化学从理论上提高到了一个新的水平。

在量子力学建立的基础上发展起来的化学键（分子中原子之间的结合力）理论，使人类进一步了解了分子结构与性能的关系，大大地促进了化学与材料科学的联系，为发展材料科学提供了理论依据。

现代化学的兴起使化学从无机化学和有机化学的基础上，发展成为多分支学科的科学，开始建立了以无机化学、有机化学、分析化学、物理化学和高分子化学为分支学科的化学学科。化学家这位“分子建筑师”将运用善变之手，为全人类创造今日之大厦、明日之环宇。

1.3 无机化学课程的学习方法

为了更好地学习无机化学，在学习中应注意以下几个关系。

(1) 无机化学理论与实验的关系

无机化学设有理论课和实验课，它们是一个整体，是互相补充和完善的，学习中不能偏废。实验可以加深感性认识，而理论可以加深对感性认识的理解。实验除了培养学生分析和解决问题的能力外，还能培养学生成为化学工作者所需的优良品质。

(2) 承上启下的关系

无机化学课程的内容涉及面广，有些内容在高中时已经接触过，有的内容后续课程还要学习。但无机化学课程既不是简单的重复，又不能代替后续课程；而是着重于对无机化学领域的基本原理、基本概念的理解和结果的运用。

(3) 在理解中记忆

无机化学主要包括三部分内容：物质的结构、水溶液中的四大平衡以及元素。不管是学习理论还是元素知识，要重视基本概念的理解、记忆和应用。理解是记忆的基础，反对单纯死记硬背，但在理解的基础上还要加强记忆。尤其是对于元素化学的学习，要把每种化合物的性质和结构的关系联系起来，在理解的基础上进行记忆，并对无机化合物的性质及相互转化关系进行归纳和总结，以便于记忆和掌握。

(4) 善于利用网络资源

在学习过程中遇到一些问题，如对微观结构的理解、无机化合物性质的解释等，除了阅读参考书和习题解答外，还可参看各个大学网站上的无机化学教学资源（电子教案、习题解答和试题等），在拓宽知识面和复习巩固无机化学知识方面将收到良好的效果。

(5) 建立良好的学习习惯

养成课前预习的好习惯，提高课堂听课效率；理论课以听老师讲课为主，而且要适当做笔记；实验课必须细心操作，仔细观察实验现象，及时记录现象和结果，根据实验记录及所学习的理论写出完整的实事求是的实验报告；同时做好课后复习和阶段复习，复习时要重新阅读教材，注意前后知识的联系和理论知识的应用，只有这样才能使学得的知识条理化、系统化，才能加深理解也更能强化记忆。

无机化学是化学、化工、制药、环境、材料等专业重要的基础课，具有承前启后的作用。希望同学们刻苦学习，勇于创新开拓，在新的征途中迈出坚实的步伐，打下牢固的化学基础。

第2章

物质的聚集状态

【学习要求】

（1）理解物质不同聚集状态的特征；

（2）掌握理想气体状态方程和气体分压定律；

（3）了解气体分子运动论；

（4）理解液体的蒸发过程特点；

（5）了解晶体与非晶体的区别，了解七大晶系和14种晶格的结构与特点。

在一定温度和压力下，物质总是以一定的聚集状态（state）存在。物质的聚集状态一般为气态、液态和固态。这些聚集状态由物质本身的性质、温度和压力等外界条件决定；在一定条件下，物质的聚集状态可以互相转变。对于给定的化学反应，处于不同状态的物质，其反应速率和反应的能量关系也有所不同，因此，物质的状态对化学反应有重要的影响。本章概括介绍物质的三种聚集状态与特点。

2.1 气　体

2.1.1 气体的特征

气体（gas）是物质的一种聚集状态。与液体和固体相比，气体具有5个明显不同的特征：

① 压力变化对气体体积影响较大；

② 温度变化对气体体积影响较大；

③ 气体的黏度相对很小；

④ 大多数气体具有相对较小的密度（density）；

⑤ 互不反应的气体之间可以任意比例混合。

基于气体分子的这些特征，学者们建立了气体的分子模型：

① 气体分子具有扩散性（diffusivity）。例如打开装有氨气的试剂瓶瓶塞，放入房间中，整个房间就都能闻到氨气的刺鼻气味，说明氨气分子能自由扩散到整个房间。

② 气体分子具有可压缩性（compressibility）。当施加外力对气体压缩时，气体体积可以显著缩小。

气体的扩散性和压缩性可以从微观角度进行解释。对于气体而言，气体分子的分布相当稀疏，即气体分子间距较大，因而气体分子间的相互作用力（范德华力，Van der Waals force）极为微弱。由于气体分子一直处于无规则的热运动中，气体分子的平均速率很大，具有很高的能量，所以气体分子可以不断地发生碰撞并不断改变运动方向，因而具有扩散性。而气体的可压缩性也是由于气体分子间距大，分子间作用力小，在外力作用下很容易压缩。

2.1.2 气压的产生与测量

由于气体分子的无规则热运动，气体分子时时刻刻都在与容器壁发生碰撞，从而导致气压的产生。测量气压的仪器，最常见的有水银气压计和空盒气压计两种。气压是气体压强的简称，指作用在器壁单位面积上的压力，所以气体的压强（pressure）也经常被称为压力；在无机化学研究体系中，一般用 p 表示气压。气压的国际制单位是帕斯卡，简称帕，符号是 Pa。常用的单位有千帕（kPa）、毫米汞柱（mmHg）、托（Torr）。这些压力单位之间的换算关系是：1.01325×10^5 Pa＝101.325kPa＝760mmHg＝760Torr。

2.1.3 理想气体

学者们把分子本身不占体积、除碰撞外分子间没有相互作用力的气体称为**理想气体**（ideal gas）。理想气体是基于科学假定的一个抽象概念，它实际上不存在；但此概念反映了**实际气体**（real gas）在一定条件下最一般的性质。只有在温度高和压力无限低时，实际气体才接近于理想气体；因为在此条件下，分子间距离大大增加，分子间作用力趋向于零，分子本身所占的体积也可以忽略不计。所以，理想气体是实际气体的一种极限情况。研究理想气体是为了先把研究对象简单化，在此基础上再进行一定的修正，推广应用于实际气体。

如前文所述，气体具有扩散性和压缩性。因此将气体引入任何大小的容器中，气体分子就会自动扩散并充满整个容器；反过来，对气体加压，其体积就会缩小。另外，气体的状态还受到温度、气体的物质的量的影响。通常一定量的气体所处的状态可以用压力、体积、温度来描述，反映这四个量的关系的式子就是气体的状态方程。

2.1.3.1 状态方程

所谓状态方程（state equation），就是指定量描述气体状态的方程。研究结果表明，除了物质的本性以外，理想气体的存在状态受到物质的量、温度、压力和体积的影响。即：

$$pV=nRT \tag{2-1}$$

式中，p 为气体压力，国际单位为帕，Pa；V 为气体体积，单位为 m^3；n 是气体的物质的量，mol；R 是摩尔气体常数，$8.314J\cdot K^{-1}\cdot mol^{-1}$；$T$ 是气体温度，单位为 K。

实验证明，实际气体的压力越低、温度越高时，越符合这个关系式。这是由于在温度较高和压力较低时，实际气体才接近于理想气体。因此，理想气体是实际气体的一种极限情况，实际上并不存在。

式(2-1) 描述了理想气体的存在状态与外界条件的关系，称为**理想气体状态方程**（ideal gas state equation）。

【例 2-1】 一个体积为 40.0L 的氮气钢瓶在 298K 时，压力为 12.5MPa，使用一段时间后，钢瓶内压力为 10.0MPa，求使用氮气的质量。

解 使用前钢瓶中氮气的物质的量

$$n_1=\frac{p_1V}{RT}=\frac{12.5\times10^6\times40.0\times10^{-3}}{8.314\times298}=202(\text{mol})$$

使用后钢瓶中氮气的物质的量

$$n_2=\frac{p_2V}{RT}=\frac{10.0\times10^6\times40.0\times10^{-3}}{8.314\times298}=161(\text{mol})$$

使用的氮气的质量为

$$m=(n_1-n_2)M=(202-161)\times28=1.1\times10^3(\text{g})$$

2.1.3.2 道尔顿分压定律

气体的特性之一是具有扩散性，能够均匀地充满它所占有的全部空间。在任何容器内的气体混合物中，如果各组分之间不发生化学反应，则每一种气体都均匀地分布在整个容器内，它所产生的压力和它单独占有整个容器时所产生的压力相同。也就是说，一定量的气体在一定容积的容器中的压大仅与温度有关。

例如，0℃时，1mol 氧气在 22.4L 体积内的压大为 100kPa。如果向容器内加入 1mol 氮气并保持容器体积不变，则氧气的压大还是 100kPa，但容器内的总压增大一倍。可见，1mol 氮气在这种状态下产生的压大也是 100kPa。

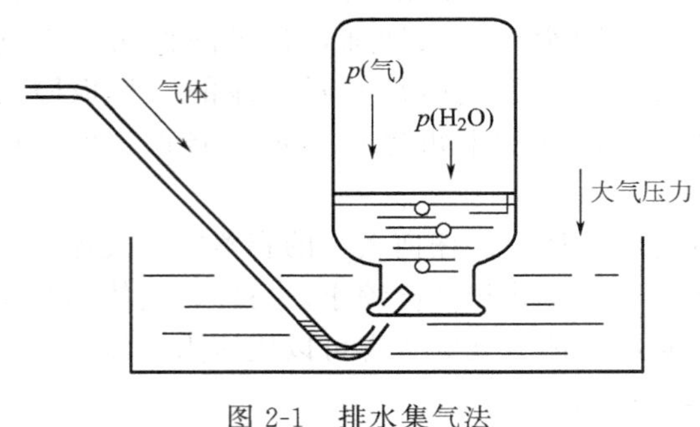

图 2-1　排水集气法

实际气体通常为混合气体，如果各组分气体彼此间无化学反应，在高温低压的状态下，可视为理想气体混合物。相同温度下让某气体组分 B 与混合气体相同体积时，它所具有的压力称为该气体的分压（partial pressure），用 p_B 表示，混合气体所具有的压力为总压 p。如采用排水集气法收集到的为氢气和水蒸气的混合气体（见图 2-1），若将收集的气体干燥处理，则其压力减小。

1801 年，英国科学家道尔顿（J. Dalton）从实验中总结出结论：混合气体的总压等于各组分气体的分压之和，这个结论称为道尔顿分压定律（Dalton law）。若混合气体由 A、B、C 三种组分组成，则

$$p_{总}=p_A+p_B+p_C \tag{2-2}$$

式中，$p_{总}$是混合气体的总压；p_A、p_B、p_C 分别为 A、B、C 三种气体的分压。

设在一定温度 T 下体积为 V 的容器中，有组分气体 A、B、C，彼此之间无化学反应，n_A、n_B、n_C 分别为气体 A、B、C 的物质的量，p_A、p_B、p_C 分别为 A、B、C 三种气体的分压。根据理想气体状态方程，混合气体中每一个组分气体的分压为：

$$p_A=n_ART/V$$
$$p_B=n_BRT/V$$
$$p_C=n_CRT/V$$

上述三式相加，则：

$$p_A+p_B+p_C=(n_A+n_B+n_C)RT/V$$

即

$$p_{总}=n_{总}RT/V$$

所以：

$$p_{总}=p_A+p_B+p_C$$
$$n_{总}=n_A+n_B+n_C$$

对体积为 V 的混合气体，有：

$$p_{总}V=n_{总}RT$$
$$p_iV=n_iRT$$

两式相除，得到：

$$\frac{p_i}{p_{总}}=\frac{n_i}{n_{总}}=x_i$$

可见，混合气体中各组分气体的分压与总压之比等于该组分气体的摩尔分数。

图 2-1 所示的排水法收集的气体并不都是氢气，还含有饱和水蒸气，即收集的实际上是氢气与水蒸气的混合物。集气瓶中混合气体的总压应是氢气的分压与该温度下饱和水蒸气的压力之和。

【例 2-2】 在实验室中用排水集气法收集氢气。在温度为 298K、100kPa 下，收集了 370.0mL 的潮湿氢气，求：(1) 此气体中氢气的分压；(2) 收集的氢气质量为多少（已知此温度下水的饱和蒸气压为 2.800kPa)？(3) 计算收集的氢气在标准状况下的体积为多少？

解 (1) 收集的气体为含有水蒸气的氢气，而且水蒸气可视为饱和蒸气。由分压定律

$$p_{总}=p_{H_2O}+p_{H_2}$$
$$\begin{aligned}p_{H_2}&=p_{总}-p_{H_2O}\\&=100-2.800\\&=97.200\text{kPa}\end{aligned}$$

(2) 由理想气体状态方程

$$pV=nRT=\frac{m}{M}RT$$

$$m=\frac{pVM}{RT}=\frac{97.2\times10^3\times370\times10^{-6}\times2}{8.314\times298}=0.02903(\text{kg})$$

(3) 由理想气体状态方程

$$pV=nRT$$

标准状况下，$T=273\text{K}$，$p=100\text{kPa}$，$n=0.0145\text{mol}$，则

$$V=\frac{nRT}{p}=\frac{0.0145\times8.314\times273}{100000}=3.3\times10^{-4}(\text{m}^3)=330(\text{mL})$$

【例 2-3】 有 293K、30kPa 的氧气 1L 和 293K、15kPa 的氮气 4L，将这两种气体同时装到 293K 的 3L 容器中，求此混合气体的总压。

解 将气体装入 3L 容器后，由于温度不变，对氧气

$$p_1V_1=p_2V_2$$
$$30000\times1\times10^{-3}=p_2\times3\times10^{-3}$$
$$p_2=10(\text{kPa})$$

同理，可求出 $p_{N_2}=20(\text{kPa})$

所以，总压 $p=p_{N_2}+p_{O_2}=30(\text{kPa})$

2.1.3.3 状态方程的应用

(1) 计算 n、p、V、T 中的任意物理量

理想气体状态方程中含有四个物理量：n、p、V、T，对于任意理想气体，如果已知三个物理量，就可以求出第四个未知量。

【例 2-4】 一般条件下，惰性气体与大多数物质不发生反应，但是氙气可以与氟形成多种化合物 XeF_n。在 353K、15.6kPa 时，实验测得某气态氟化氙的密度为 $1.10g \cdot L^{-3}$。求其分子式。

解 由理想气体状态方程

$$pV = nRT = \frac{m}{M}RT$$

$$M = \frac{m}{pV}RT = \frac{\rho}{p}RT = \frac{1.10}{15.6} \times 8.314 \times 353 = 207(g \cdot mol^{-1})$$

所以，XeF_n 中，n 为 4，即该化合物的分子式为 XeF_4。

(2) 计算气体的密度或分子量

根据理想气体状态方程，也可以计算气体或易挥发液体蒸气的密度（ρ）和分子量（M）。具体推导如下。

已知密度的计算公式：

$$\rho = \frac{m}{V}$$

而物质的质量 m 与分子量 M 之间具有：$m = nM$，所以有：

$$\rho = \frac{m}{V} = \frac{nM}{V}$$

由理想气体状态方程：$pV = nRT$，所以，$n/V = p/RT$，代入到上式得：

$$\rho = \frac{m}{V} = \frac{n}{V} \times M = \frac{pM}{RT} \qquad (2\text{-}3)$$

根据理想气体状态方程可以由气体的分子量求得一定条件下的挥发性气体密度；也可以根据测定的密度计算气体的分子量，这是测定气体分子量的经典方法。

【例 2-5】 氩气（Ar）可由液态空气蒸馏得到。如果 Ar 的质量为 0.7990g，温度为 298K 时，压力为 111.46kPa，体积为 0.4448L。计算 Ar 的分子量 M 和标准状况下的密度。

解 根据理想气体方程以及物质的量的相关表达式，有

$$n = \frac{m}{M}, \quad pV = \frac{m}{M}RT$$

$$M = \frac{mRT}{pV} = \frac{0.7990 \times 8.314 \times 298}{111.46 \times 10^3 \times 0.448 \times 10^{-3}} = 39.95(g \cdot mol^{-1})$$

标准状况下，$T = 273K$、$p = 100kPa$，则

$$\rho = \frac{pM}{RT} = \frac{100 \times 10^3 \times 39.95}{8.314 \times 273} = 1.76 \times 10^3(g \cdot m^{-3})$$

2.1.4 实际气体

如前文所述，在任何温度和压力下都符合理想气体状态方程的气体才是理想气体。但理想气体是建立在科学抽象基础上的一种模型。由于实际气体分子占有一定的体积和分

子间存在相互作用力，因此，只有在高温低压的条件下实际气体才近似符合理想气体状态方程。

实际气体或真实气体用理想气体状态方程来处理时会产生偏差。产生偏差的原因，是由于理想气体忽略了两个因素：

① 实际气体分子不是质点，占有一定的体积；

② 实际气体分子间存在着相互作用力。

这两个因素与温度和压力相关。根据气体分子运动论，气体分子本身体积与其占有的空间相比总是可以忽略不计的。但对于实际气体而言，当温度降低和压力增大时，都会导致所占空间变小，气体分子本身体积的忽略而造成的偏差就会突显出来。气体分子组成越复杂，摩尔质量越大，其本身体积也越大，因忽略而造成的偏差也会越大。同样，低温和高压下气体分子间的距离变小，分子间的相互作用力变大；如果忽略，所导致的偏差也会显现出来。实际上，大量实际气体在降温和加压后可以转化为液体的事实，就是实际气体和理想气体之间这种偏差的佐证。

正是由于理想气体状态方程应用于实际气体时所产生的偏差，引起了学者们的广泛关注和研究。荷兰物理学家范德华（Van der Waals）于 1873 年在研究了许多实际气体的基础上，对理想气体状态方程进行适当修正，得到了一个适合于实际气体的状态方程，称为范德华方程（Van der Waals equation）：

$$\left(p+\frac{a}{V_{\mathrm{m}}^{2}}\right)(V_{\mathrm{m}}-b)=RT \tag{2-4a}$$

$$\left(p+\frac{an^{2}}{V^{2}}\right)(V-nb)=nRT \tag{2-4b}$$

从形式上看，范德华方程对理想气体状态方程的压力项和体积项进行了修正。实际气体的压力由于存在气体分子间的吸引力而比理想气体要小，因此要加上一个校正项；实际气体的体积则因气体分子本身体积的存在，使其自由空间要小于它的实测体积，应从实测体积中减去一个校正项。由于气体分子碰撞器壁产生的压力与气体分子的浓度 n/V 成正比，而由分子间引力而导致的压力减小也与 n/V 成正比，所以压力校正项应与 n^2/V^2 成正比。a 为比例常数，单位为 $\mathrm{Pa\cdot m^6\cdot mol^{-2}}$，它取决于实际气体的本性，是衡量气体分子间吸引力大小的特征参数。体积校正项中的 b 为 1mol 实际气体分子本身的体积，单位为 $\mathrm{m^3\cdot mol^{-1}}$，$b$ 的大小也取决于气体的本性，是衡量气体分子本身大小的特征参数。V_{m} 为实际气体的摩尔体积，$(V_{\mathrm{m}}-b)$ 表示实际气体分子的自由运动空间。a 和 b 称为范德华常数，不同气体的 a 和 b 值不同；通常气体分子间的引力越大，a 越大；气体分子本身体积越大，b 越大。一些气体的范德华常数可以从表 2-1 查得。

表 2-1　一些气体的范德华常数

物质	$a/\mathrm{Pa\cdot m^6\cdot mol^{-2}}$	$b\times10^3/\mathrm{m^3\cdot mol^{-1}}$	物质	$a/\mathrm{Pa\cdot m^6\cdot mol^{-2}}$	$b\times10^3/\mathrm{m^3\cdot mol^{-1}}$
H_2	0.0247	0.0266	N_2	0.141	0.0391
He	0.00346	0.0237	O_2	0.138	0.0318
CH_4	0.228	0.0428	Ar	0.136	0.0322
NH_3	0.422	0.0371	CO_2	0.364	0.0427
H_2O	0.554	0.0305	CH_3OH	0.965	0.0670
CO	0.150	0.0399	C_6H_6	1.823	0.1154

需要注意的是，范德华方程只是一种简化的实际气体数学模型，适用于中压（几十个大气压）范围的气体，但不适用于高压气体。继范德华方程之后，又有许多研究者提出了上百个实际气体的状态方程，虽然精确性有所提高，但形式上更为复杂，不如范德华方程应用广泛。

【例 2-6】 一个容积为 0.600L 的容器内含有 0.200mol CO_2 气体，30℃时测得其压力为 806kPa。

（1）试分别用理想气体状态方程和范德华方程计算 CO_2 的压力及与测得值的相对偏差；

（2）当 CO_2 的体积压缩至 0.100L 时，试按两个方程计算其压力和两者的相对偏差，并与未压缩前作一比较。

解 （1）用理想气体状态方程计算 CO_2 的压力，有

$$p=\frac{nRT}{V}=\frac{0.200\times 8.314\times (30+273.15)}{0.600}=840(\text{kPa})$$

与测得值的相对偏差为

$$\frac{840-806}{806}\times 100\%=4.22\%$$

用范德华方程计算 CO_2 的压力。由表 2-1 查得 CO_2 的范德华常数：$a=0.364\text{Pa}\cdot\text{m}^6\cdot\text{mol}^{-2}$，$b=0.0427\times 10^{-3}\text{m}^3\cdot\text{mol}^{-1}$，由

$$(p+a/V_m^2)(V_m-b)=RT$$

得

$$p=\frac{RT}{V_m-b}-\frac{a}{V_m^2}=\frac{8.314\times 303.15}{\frac{0.600}{0.200}\times 10^{-3}-0.0427\times 10^{-3}}-\frac{0.364}{\left(\frac{0.600}{0.200}\times 10^{-3}\right)^2}$$

$$=852260-40444=811816=812(\text{kPa})$$

与测得值的相对偏差为：

$$\frac{812-806}{806}\times 100\%=0.744\%$$

（2）当 CO_2 体积被压缩为 0.100L 时，同理可按理想气体状态方程计算得 CO_2 的压力为 5041kPa，按范德华方程计算得 CO_2 的压力为 4055kPa。两者的相对偏差为：

$$\frac{5041-4055}{4055}\times 100\%=24.3\%$$

压缩前两者的相对偏差为：

$$\frac{840-812}{812}\times 100\%=3.45\%$$

应该说明，在化学计算中各物理量都是有单位的。物理量 = 数值 × 单位，计算时应将数值和单位一并列出。本书的例题中为简便起见在计算过程中省去了物理量的单位，只在最后结果中附上应有的单位。

2.1.5 气体分子运动论

在波义耳定律（Boyle law）提出之后（对于具有一定物质的量的气体，当温度不变时，其体积与压力的乘积为常数），科学家们试图从微观和理论层面来解释这些关于气体宏观性质的经验定律。从气体分子运动的微观模型出发，基于某些简化的假定，结合概率和统计力

学的知识，提出了**气体分子运动论**（kinetic molecular theory of gas）。

（1）气体分子运动论的基本要点

① 气体由分子组成，分子间的距离比直径大很多，因而气体分子可看做是忽略自身体积的刚性小球；

② 除了在相互碰撞时之外，气体分子间的相互作用力很小，忽略不计；

③ 气体分子做无规则的热运动，分子间发生弹性碰撞，气体分子不断碰撞器壁，系统的压力源自于气体分子与器壁的碰撞；

④ 气体分子碰撞前后能量与动量不变，没有能量损失；

⑤ 气体中每个分子的动能不完全相同，以平均动能衡量气体动能的大小，气体分子的平均动能与热力学温度成正比。

理想气体状态方程与气体分子运动有着密不可分的联系，而气体分子运动论可从微观上对气体的宏观行为做出定量描述。由上述假设可知，气体的压力源自于气体分子对器壁的弹性碰撞；压力大小与气体分子对器壁的碰撞速度和碰撞力成正比。碰撞动量等于分子的质量与分子运动速度的乘积；碰撞速度与单位体积内分子数和分子的运动速度成正比。分子数越多，分子运动越快，碰撞器壁的速度就越大。结合分子运动的方向和速度的随机性，经统计平均计算，得

$$pV=\frac{1}{3}Nm\overline{v}^2 \tag{2-5}$$

式中，p 为气体压力；V 为体积；N 为气体分子数；m 为气体质量；$\overline{v}$ 为气体分子的平均运动速度。

从式(2-5）可以看出，一定量的气体，其 N 与 m 为定值，一定温度下的 v 也是定值。所以体积确定之后，压力 p 也是定值。即，气体的压力由单位体积中分子数量、分子质量和分子的运动速率所决定。式(2-5）中左边为可测定的宏观量，右边是微观量，因此该式将宏观量（macroscopic quantity）与微观量（microscopic quantity）联系了起来。

（2）分子运动的速率分布

从气体分子运动论可以引出一个重要的结论，即气体分子运动的速率有一定的分布规律。根据气体分子运动论，气体的平均动能与热力学温度成正比。因此，在相同温度下，任何气体的平均动能相同。由于平均动能等于 $\frac{1}{2}m\overline{v}^2$，因此，分子质量大的气体分子的平均速率小，分子质量小的气体分子的平均速率大。实际上，即使是质量大的气体分子，其运动速率也是很快的。比如，在25℃时，氢气分子的运动速率为1928m·s^{-1}，而氧气分子为482m·s^{-1}。

上面所讲速率为平均速率，气体的分子不可能都以平均速率运动；有的分子运动速率比平均值大，有的分子运动速率比平均值小；即使对于某一分子而言，由于不断碰撞，其速率也在时刻变化着。但是从统计规律来看，一定温度下在一定速率范围内的分子数是一定的，即气体分子的运动速率大小有一定的分布。以分子速率为横坐标，以单位速率区间内具有速率 $v+\Delta v$ 的分子 ΔN 所占分子百分数为纵坐标，得气体分子运动

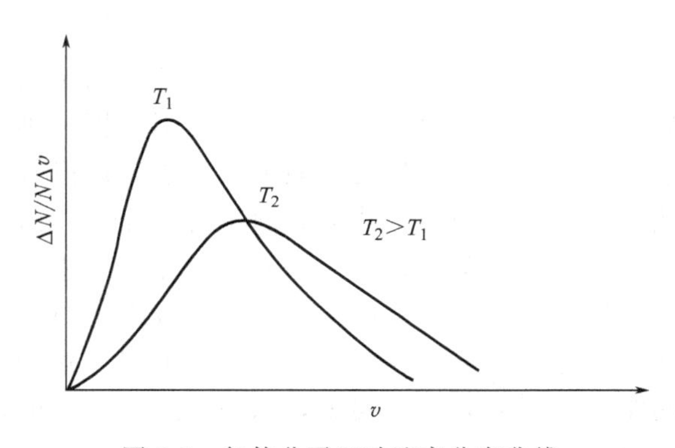

图 2-2　气体分子运动速率分布曲线

速率分布曲线，如图 2-2 所示。

从图 2-2 可以看出气体分子的速率分布规律：在气体中具有较大速率和较小速率的分子数很少，大多数气体分子具有中等的运动速率。当温度升高（T_2）时，分布曲线向速率大的方向移动，曲线变得平滑，这是由于具有高速率的气体分子数增加，而低速率的气体分子数却有所减少。

2.2 液 体

气体在增加压力和降低温度的条件下，会凝聚成**液体**（liquid）。液体没有固定的外形和显著的膨胀性，但有确定的体积和一定的流动性。从分子运动的角度来看，随着温度的降低，气体分子的平均动能会降低，分子运动的速度相应减慢；当分子平均动能不足以克服分子间力时，分子间距离就会减少，同时导致分子间作用力进一步增大；最终将气体分子压缩在更小的空间中，实现由气体到液体的转变。这个过程叫做**凝聚**（condensation），是一种放热过程。液态物质的性质介于气态物质和固态物质之间，在某些方面接近于气体，而更多的方面类似于固体。

2.2.1 液体的特征

液体是物质的聚集状态之一。与气体相比，液体分子间距离小得多，因此液体的压缩性较小；但是液体分子间作用力不足以束缚液体分子的无规则运动，因此液体具有流动性，无固定的形状；但在一定温度下液体具有恒定的体积。

在气体、液体和固体中，液体的结构和性质最为复杂。研究表明，液体分子不像气体分子一样呈现完全无序的混乱状态。液体中，在短程距离内每个分子周围有规则地排列着其他液体分子；但距离较远时，液体分子的这种规则排列逐渐消失。简单来说，液体分子具有短程有序、长程无序的特点。相比于固体与气体，目前对液体的认识还不够完善，本节只讨论液体的蒸发过程。

2.2.2 液体的蒸发

2.2.2.1 蒸发过程

虽然液体的分子间作用力较强，但总有一部分能量较大的液体分子，能够克服分子间引力而逃逸出液面，成为气体分子，这一过程叫做液体的**蒸发**（evaporation）。

$$\text{液体} \underset{\text{凝聚}}{\overset{\text{蒸发}}{\rightleftharpoons}} \text{气体}$$

由于分子动能与温度有关，因此升高温度，可以提高液体分子的逃逸速率。在恒定的温度下，液体以恒定的速率蒸发。对于同一种物质，气体分子的分子间距大于其液体的分子间距，蒸发的过程是克服分子间引力的过程，因此温度不变的情况下，液体的蒸发是吸热过程。在密闭容器中，液体在蒸发的同时，一部分气体分子因碰撞重新进入液面而凝聚。在液体的蒸发过程中，起初由于气相中无蒸气分子，所以凝聚速率为零，蒸发速率大于凝聚速率。一定温度下，随着蒸发的进行，气相中蒸气分子逐渐增多，因此凝聚速率也随之增加，当凝聚速率等于蒸发速率时，达到了平衡状态。对同一种物质而言，气态分子间距大于其液态分子间距，从液态变为气态的过程需要克服分子间力，因此蒸发过程是吸热过程。

2.2.2.2 饱和蒸气压

蒸发与凝聚是同时进行的。如将一定质量的水置于水壶中，若不加热水壶，则水就会以恒定的速率缓慢蒸发，经过一段时间后，会发现水壶中的水明显减少，直至水完全蒸发。若加热此水壶，液体的平均动能显著增加，因此蒸发速率变快，液面上蒸气分子数增加，导致水蒸气分子液化速率也随之增加。当蒸发速率与凝聚速率相等时，体系处于一种平衡状态，此时气体的压力称为该液体的**饱和蒸气压**（saturated vapor pressure），简称蒸气压。

液体的饱和蒸气压是液体的重要性质，它仅与液体的本质和温度有关，与液体的质量以及液面上方空间的体积无关。由于温度是决定液体的分子动能的主要因素，温度升高时，液相分子的动能增加，进入气相的蒸气分子数增加，饱和蒸气压增加。因此，温度能够影响液体的蒸气压。液体的蒸气压随着温度的升高而增大。蒸气压是液体物质的一种特性，常用来表征液体分子在一定温度下蒸发成气态分子的倾向大小。

相同温度下，蒸气压与液体分子间的引力有关。若液体分子间作用力强，液体分子难以逃出液面，蒸气压就低；若液体分子间作用力较弱，液体分子容易逸出液面，蒸气压就高。室温下，蒸气压大于133.32Pa的物质称为易挥发物质（volatile substance），如乙醇、丙酮等常见有机物。而蒸气压较小的物质称为难挥发物质（nonvolatile substance），如食盐等无机盐类。蒸气压随温度的升高而增大，水在不同温度下的蒸气压如表2-2所示。

表 2-2 不同温度下水的蒸气压

温度/℃	蒸气压/kPa	温度/℃	蒸气压/kPa	温度/℃	蒸气压/kPa
0	0.610	30	4.24	70	31.2
10	1.23	35	5.62	80	47.3
15	2.06	40	7.38	90	70.1
20	2.33	50	12.3	100	101.3
25	3.17	60	19.9	120	198.5

图2-3为几种常见液体在不同温度下的蒸气压曲线。由图可知，对于一确定的液体而言，液体蒸气压仅与温度有关；随温度增加，呈现双曲线一支的变化趋势。

【例 2-7】 在273K、100kPa下，将1.0L洁净空气缓慢通入甲醚液体，在此过程中液体损失0.0335g，求甲醚在273K时的蒸气压。

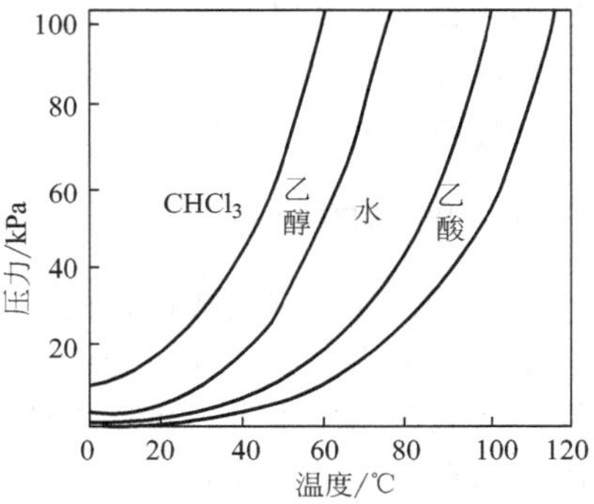

解 空气的物质的量为：$n=pV/RT=100\times1/(8.314\times273)=0.0441(\text{mol})$。由于甲醚易挥发，所以洁净的空气自甲醚液体中逸出时，将带有甲醚的饱和蒸气。液体损失就是由蒸发到空气中的甲醚造成的。空气在甲醚溶液中因溶解度很小，质量损失可以忽略。

蒸发到空气中的甲醚物质的量：

$$n=m/M=0.0335/46=0.000728(\text{mol})$$

将甲醚的饱和蒸气视为理想气体，根据分压定律：

$$p=\frac{n(\text{甲醚})}{n(\text{甲醚})+n(\text{空气})}p^{\ominus}=\frac{0.000728}{0.000728+0.0441}\times100=1.625(\text{kPa})$$

图 2-3 几种液体的蒸气压曲线

2.2.2.3 蒸发热

当液体不能从外界环境吸收热量的情况下，随着液体蒸发过程的进行，由于失掉了高能量的气化分子，残留的液体分子平均动能逐渐降低；所以随着液体的蒸发，温度将逐渐降低，蒸发的速度也随之减慢。如果要使液体保持原温度，即维持液体分子的平均动能，就必须从外界吸收热量。也就是说，要使液体在恒温恒压下蒸发，就必须从周围环境吸收热量；维持恒温恒压条件下液体蒸发所需要吸收的热量称为液体的**蒸发热**（vaporization heat）。

对于不同的液体，其液体分子间力也不尽相同，所以导致蒸发热也不同（表 2-3）；即便对同一种液体，当温度不同时，其蒸发热也不相同。既然蒸发热主要是为了克服液体分子间作用力以便气化，那么蒸发热的大小是液体分子间作用力大小的一种量度。一般而言，蒸发热越大，液体分子间作用力越大。有关分子间作用力的相关内容将在分子结构（第 4 章）做进一步介绍。

表 2-3　一些物质在 101.325kPa 下的蒸发热

物质	蒸发热/kJ·mol^{-1}	物质	蒸发热/kJ·mol^{-1}
CH_4	9.21	C_2H_6	13.81
C_3H_8	18.08	C_4H_{10}	22.26
C_6H_{14}	28.58	$C_{10}H_{22}$	35.82
HF	30.17	HCl	15.06
HBr	16.32	HI	18.16
H_2O	40.63	H_2S	18.79
NH_3	23.56	PH_3	14.60

2.3 固　体

将液体冷却到一定温度，液体失去了流动性，就可得到**固体**（solid）。在气、液、固三态中，仅固态物质具有一定的形状。固体内部粒子间相互作用力较强，牵制了彼此的热运动，在空间排列上具有特定的组合。从分子运动的角度来讲，随着温度的降低，液体分子的平均动能降低，分子运动速度减慢，当分子平均动能不足以克服分子间力时，分子间力就束缚了液体分子而使其只能在固定的位置振动，从而丧失流动性，实现由液体到固体的转变。这个过程叫做凝固（solidification），是一种放热过程。

2.3.1 固体的特征

固体的特征在于组成固体的粒子（分子，原子或离子）位置固定，不能自由运动，只能在极小的范围内振动；在一定的温度和压力下具有一定的密度和形状；几乎没有压缩性与扩散性。从微观角度来看，由于固体的粒子间距较小，使得粒子间作用力较大。另一方面，构成固体的粒子运动速度较小，粒子动能低，因此只能在极小的范围内振动。同时，由于其粒子间距较小，因此固体也不易压缩。

2.3.2 晶体与非晶体

按照固体的性质和内部粒子的排列特点，固体可分为晶体和非晶体（无定形固体）两种类型。晶体（crystalline solid）是有确定衍射图案的固体，其内部粒子在空间按一定规律周期重复地排列，常具有规则的几何形状，如食盐。内部粒子的排列具有三维空间的周期性，隔一定的距离重复出现，这种周期性规律是晶体结构中最基本的特征。非晶体（amorphous solid）的内部粒子空间无规则周期性排列，没有一定规则的外形，如玻璃、松香、石蜡、塑料等。

晶体与非晶体具有下列区别。

① 晶体内部粒子排列有序，外形规则；非晶体内部粒子排列短程有序，长程无序，外形无规则。如氯化钠晶胞为立方体、碘化银为平行六面体。玻璃为非晶体，内部粒子杂乱堆积，无确定外形。晶体的规则外形指在凝固或从溶液结晶过程中出现的外形。非晶体不会自发地形成规则外形。

② 晶体具有确定的熔点；非晶体则无确定熔点。常压下，冰的熔点为0℃，因此，当温度达到0℃时，冰就会融化。同样，当温度达到氯化钠的熔点801℃时，氯化钠也会熔化。而非晶体则不然，当加热玻璃等非晶体时，可以观察到玻璃先逐渐软化，然后变成流动的液体，但是不能找到确定的熔化温度，也就是说非晶物质没有固定的熔点。

③ 晶体往往具有各向异性；非晶体往往具有各向同性。所谓**各向异性**（anisotropism）即在不同方向，晶体的物理化学特性也不同；这是由于晶体在不同方向内部粒子排列的周期性和疏密程度不同所致。**各向同性**（isotropy）指物体的物理、化学等方面的性质不会因方向的不同而有所变化的特性，即某一物体在不同的方向所测得的性能数值完全相同。

晶体的各向异性和非晶体的各向同性是由于它们内部粒子在排列上的不同特点造成的。值得注意的是，不是所有的晶体都具有各向异性，如果晶体内部粒子在各个方向上排列相同，会呈现各向同性，例如氯化钠、氯化钾晶体就是各向同性。

2.3.3 晶体的结构

晶体（crystal）的一些宏观规律性反映了其微观结构中长程有序的空间点阵形式。晶体外形常为具有规则形状的多面体，晶体的外形取决于晶体的内部结构，因此有必要研究晶体内部粒子的排列规律。

2.3.3.1 七大晶系

能够代表晶体的全部结构与性质的最小重复单位称为**晶胞**（crystal cell）。晶胞是衡量晶体结构的最小单元。晶体具有平移对称性，在无限延伸的晶体网格中取出一个最小的结构（晶体学上规定三维晶体的晶胞为平行六面体，二维晶体的晶胞为平行四边形），使其能够在空间内密铺构成整个晶体，那么这个最小的结构就叫做晶胞。简单来说，晶胞就是晶体平移对称的最小单位，晶胞在三维空间有规则地重复排列组成了晶体。

由于晶胞是体现晶体结构特征和性质特点的最小重复单位，因此晶胞的大小、形状和组成完全决定了整个晶体的结构和性质。如图2-4，晶胞包括两个要素：一是晶胞的大小和形状，可以用晶胞参数（crystal unit cell parameters）a、b、c、α、β、γ来描述。a、b、c是晶胞的边长，α、β、γ是晶面夹角。二是晶胞的内容，由晶胞中粒子的种类、数目和它在晶胞中的相对位置来表示。

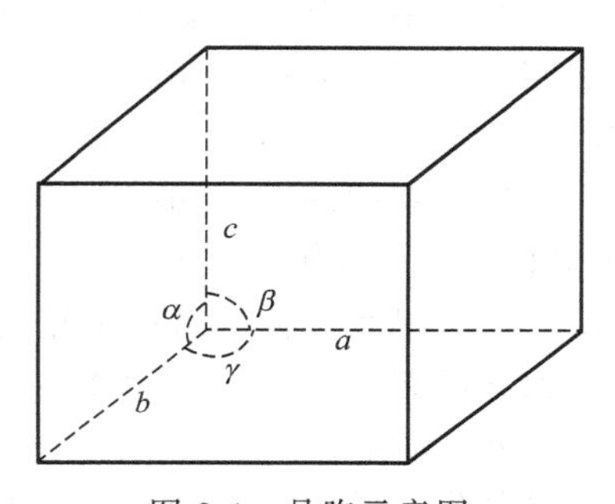

图2-4 晶胞示意图

依据不同的晶胞参数，可以将晶体分为七种类型：立方晶系（cubic crystal system）、四方晶系（tetragonal crystal system）、正交晶系（orthorhombic crystal system）、三方晶系（trigonal crystal system）、六方晶系（hexagonal crystal system）、单斜晶系（monoclinic crystal system）、三斜晶系（triclinic crystal system），通常称为七大晶系，表 2-4 为七大晶系的晶胞参数，图 2-5 为其相应的结构。而依据晶胞中所含粒子的种类，把晶体区分为离子晶体（ionic crystal）、原子晶体（covalent crystal）、分子晶体（molecular crystal）以及金属晶体（metallic crystal）。

表 2-4　七大晶系的晶胞参数

晶系	边长	晶面夹角	实例	晶系	边长	晶面夹角	实例
立方	$a=b=c$	$\alpha=\beta=\gamma=90°$	NaCl	六方	$a=b\neq c$	$\alpha=\beta=90°,\gamma=120°$	AgI
四方	$a=b\neq c$	$\alpha=\beta=\gamma=90°$	SnO_2	单斜	$a\neq b\neq c$	$\alpha=\gamma=90°,\beta\neq 90°$	$KClO_3$
正交	$a\neq b\neq c$	$\alpha=\beta=\gamma=90°$	$HgCl_2$	三斜	$a\neq b\neq c$	$\alpha\neq\beta\neq\gamma\neq 90°$	$CuSO_4\cdot 5H_2O$
三方	$a=b=c$	$\alpha=\beta=\gamma\neq 90°$	Al_2O_3				

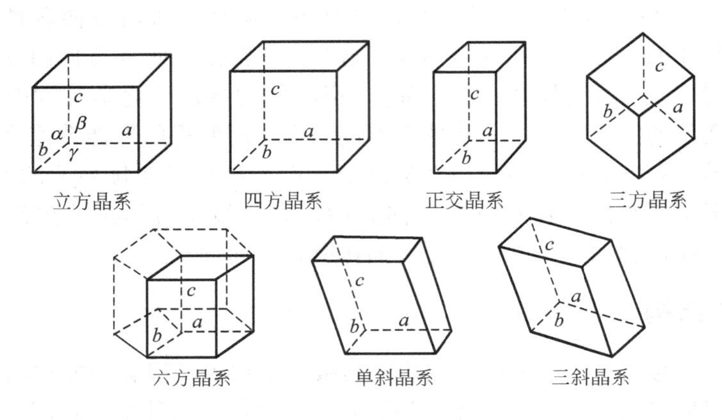

图 2-5　七大晶系的结构示意图

立方晶系又称等轴晶系，其三个晶轴长度一样，相互垂直，所以对称性最强。如正方体、八面体、四面体、菱形十二面体等，它们的相对晶面和相邻晶面都相似，这种晶体的横截面和竖截面一样。此晶系的矿物有黄铁矿、萤石、闪锌矿、石榴石、方铅矿等。

四方晶系的三个晶轴相互垂直，其中两个水平轴（a 轴、b 轴）长度一样，但 c 轴的长度可长可短。通俗地说，四方晶系的晶体大都是四棱的柱状体。

正交晶系又称斜方晶系，晶体中三个轴的长度完全不相等，它们的交角仍然互为 90°垂直。正交晶系围绕 c 轴旋转，旋转一周只重合两次。因此正交晶系的对称性比四方晶系要低。实际晶体多显示为菱形长柱体、菱形板状体，或长方形柱状体。常见的正交晶系矿物有重晶石、黄玉、白铅矿、辉锑矿、白铁矿、文石、橄榄石、赛黄晶和金绿宝石等。

三方晶系的晶轴有四根，即一根竖直轴和三根水平横轴。竖轴与三根横轴的交角皆为 90°垂直，三根横轴间的夹角为 120°。围绕竖直轴旋转一周，三方晶系晶体的横轴可以重合三次，三方晶系晶体的对称度较高。常见的矿物有方解石、电气石、刚玉等。

六方晶系有一个 6 次对称轴，该轴是晶体的直立结晶轴。另外三个水平结晶轴正端互成 120°夹角。轴角 $\alpha=\beta=90°$，$\gamma=120°$，晶轴 $a=b\neq c$。常见的矿物有高温 β 石英等。

单斜晶系的三个晶轴长短皆不一样，c 轴和 b 轴相互垂直 90°，a 轴与 b 轴垂直，但与 c

轴不垂直。单斜晶系无高次对称轴，二次对称轴和对称面都不多于一个。常见的单斜晶系矿物有石膏、蓝铜矿、雌黄、黑钨矿、锂辉石、正长石等。

三斜晶系指的是三根晶轴的交角都不是90°直角，它们所指向的三对晶面全是钝角和锐角构成的平行四边形，相互间没有垂直交角。三斜晶系的晶轴长短不一，斜角相交，没有晶轴能作重合对称的旋转，前后、左右、上下的三组晶面只能沿晶轴作平移重合，在七大晶系中，三斜晶系的对称性最低。常见矿物有蔷薇辉石、微斜长石、钠长石、胆矾、斧石等。

2.3.3.2 十四种晶格

根据晶体内部粒子的排列方式不同，晶系可分为不同的**晶格**（crystal lattice）。晶格是一种几何概念，将许多点等距离地排成一行，再将每一行等距离的平行排列（行距与点距可以不相等），将这些点连接起来，得到平面格子，然后将此二维格子扩展到三维空间，得到的用点和线组成的空间格子就是晶格，它体现了组成晶体的内部粒子在空间的排列方式，晶格也称为布拉格点阵或布拉格格子（Bragg lattice）。常见14种晶格与晶系如表2-5所示。

表2-5 七大晶系与14种晶格及其晶胞参数

晶系	布拉格点阵	晶胞参数
立方	简单立方 体心立方 面心立方	$a=b=c$ $\alpha=\beta=\gamma=90°$
四方	简单四方 体心四方	$a=b\neq c$ $\alpha=\beta=\gamma=90°$
正交	简单正交 底心正交 体心正交 面心正交	$a\neq b\neq c$ $\alpha=\beta=\gamma=90°$
三方	三方	$a=b=c$ $\alpha=\beta=\gamma\neq 90°$
六方	六方	$a=b\neq c$ $\alpha=\beta=90°,\gamma=120°$
单斜	简单单斜 底心单斜	$a\neq b\neq c$ $\alpha=\gamma=90°\neq\beta$
三斜	简单三斜	$a\neq b\neq c$ $\alpha\neq\beta\neq\gamma$

表中，“简单”指晶体中内部粒子排列在晶轴的交点位置上，如简单立方就是粒子排列在晶胞立方体的八个顶点上。“体心”指内部粒子除了排列在晶轴交点位置外，还排列在立方体的中心。“面心”指除顶角上有原子外，在晶胞立方体六个面的中心处还有6个原子。“底心”指除了在单位平行六面体的各个顶点外，在某一对面的中心还各分布有一个粒子的空间格子。

图2-6列出了14种晶格的排列方式。

需要注意的是，当前发现或者已经合成的实际晶体达千万种，但就其点阵的形式而言，就只有14种空间点阵。而晶体的性质不仅和离子的排列规律有关，更重要的，应该取决于粒子的种类。因此学者们在划分晶体类型时，更关心的是晶格结点上粒子的种类，而不是晶格的点阵结构。

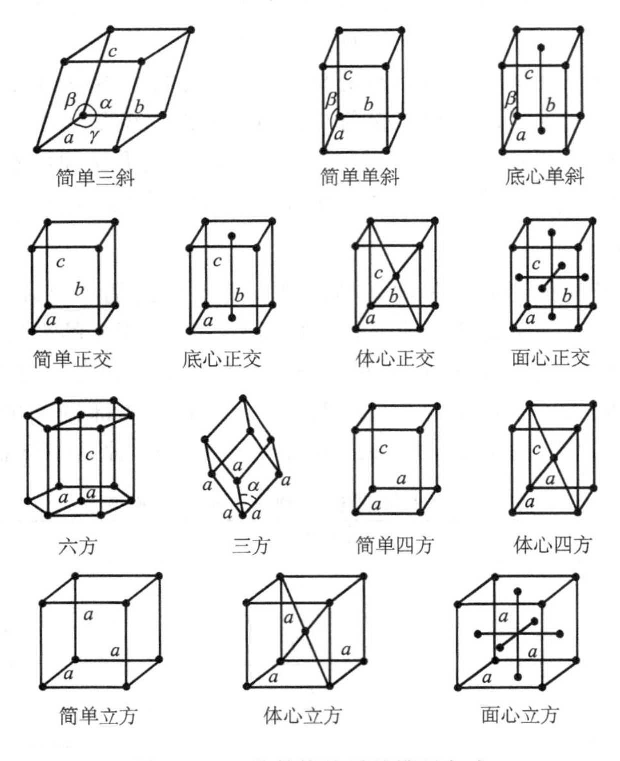

图 2-6　14 种晶格粒子的排列方式

本章小结

本章简单介绍了物质的聚集状态，主要涉及气体、液体和固体。

① 气体具有扩散性和可压缩性，是分子间距离较大所致；研究气体的运动规律时，学者们引入了理想气体这个抽象的概念，使研究对象简单化，得出了理想气体状态方程；在此基础上再进行一定的修正，推广应用于实际气体，即范德华方程。与理想气体状态方程相比，范德华方程能够在更广泛的温度和压力范围内应用，计算结果更接近于实际情况。一般而言，我们遇到的实际气体都是在温度不太低、压力不太高的条件下，因此可以把实际气体当做理想气体进行计算。

② 液体具有流动性，几乎无压缩性，但有确定的体积；液态物质的性质介于气态物质和固态物质之间，在某些方面接近气体，但更多的方面类似于固体；这是由于液体分子间距比气体要小得多。液体分子在克服表面分子的作用力后可以蒸发为气体；当蒸发速率和凝聚速率相等时，就达到了平衡状态；与液体建立平衡的蒸气称为饱和蒸气，产生的压力叫做饱和蒸气压；饱和蒸气压除了与物质的本性有关外，仅与温度有关。

③ 固体中各粒子之间距离更小，粒子间作用力强，使其只能在一定的位置上振动，因此固体具有固定的形状。根据固体的结构和性质，固体可分为晶体和非晶体；多数固体物质为晶体。晶格是实际晶体所属点阵结构的代表，而晶体结构的代表则是晶胞。根据晶体外形情况，将晶体分为七类，称为七大晶系；实际晶体虽有千万种，但就其点阵的形式而言，就

只有 14 种晶格。

④ 本章的一些重要的计算公式：

理想气体状态方程：$pV=nRT$

气体分子量、密度与压力的关系：$pM=\rho RT$

实际气体状态方程：$(p+a/V_m^2)(V_m-b)=RT$

$$(p+an^2/V^2)(V-nb)=nRT$$

分压定律：$p=p_1+p_2+p_3+\cdots$

$$p_i=px_i$$

科技人物：范德华

约翰尼斯•迪德里克•范•德•瓦耳斯（通常称为范德•瓦耳斯或范德华，Johannes van der Waals），1837 年 11 月 23 日出生于荷兰莱顿，1923 年 3 月 8 日卒于阿姆斯特丹，享年 85 岁，荷兰物理学家，著名成就是分子间力，于 1910 年获诺贝尔物理学奖。

范德华的父亲是一个木匠，在 19 世纪，工人阶级的孩子通常是没有能力就读中学然后晋升大学的。不过，范德华很幸运地接受了学校的小学教育，并于十五岁时完成学业；后来，他成为一名小学老师的助教。在 1856～1861 年间，他跟着老师学习，顺利考取教师执照，成为一名小学老师，并晋升为教务主任。1862 年，范德华开始参加数学、物理学和天文学的讲座，他渴望成为一名在哈佛商学院教授数学及物理课的教师，于是花了两年的空闲时间为所需要的考试做准备。于 1865 年，成功被聘请为在 Deventer 的哈佛商学院的物理教师。

范德华

(1837～1923)

范德华在他求学生涯中遇到了一些问题，因为他缺乏能使他有权进入大学当正规学生和考试的古典语言的知识。但是，凡事都有凑巧，新的法规取消了科学领域上接受过古典语言教育的优先入选资格，范德华因而得以参加大学的入学考试。1873 年，他以一篇标题为 Over de Continuiteit van den Gas-en Vloeistoftoestand（On the continuity of the gas and liquid state——论液态和气态的连续性）的论文获得了博士学位，并且立即使他名列为首要等级的物理学家。在这篇论文中他提出了同时可解释气态和液态的“状态方程式”。他首次指出，这两个状态的混合体不仅以一种连续性的方式合并成彼此，它们实际上还有着同样的特性。随后，在 Proceedings of the Royal Netherlands Academy of Sciences 及 Archives Neerlandaises 中，许多和这一主题相关的论文都发表了，并被翻译成其他语言。

范德华的第二个重大发现在 1880 年发表的，他通过在方程中引入两个分别表示分子大小和引力的参量，从而得出了一个更为准确的方程，称为范德华方程。范德华方程式可以表示为一个简单的函数的临界压力、临界体积及临界温度，适用于所有常态物质。在范德华方程的指导下，最终导致了詹姆斯杜瓦于1898年发现了液化氢，以及Heike Kamerlingh Onnes于1908年发现了氦气。

范德华一生中获得了无数的荣誉和声望。除了在72岁（1910年）范德华因为其在分子间力方面的突出贡献而被授予诺贝尔物理学奖外，他还被授予剑桥大学的博士学位，爱尔兰皇家科学院和美国哲学学会会员，法兰西学院和柏林皇家科学院的会员，比利时皇家科学院的准会员和外国化学伦敦学会会员等多个荣誉称号，并于1896～1912年，一直担任Nederlandse Akademie van Wetenschappen（荷兰皇家艺术与科学学会）的秘书。

奇妙的物质第四态：等离子体（plasma）

宏观物质在一定压力下随温度升高，由固态变为液态，再变为气态，有的直接从固态变为气态。那么对于气态物质再继续升高温度，将会有什么变化呢？我们知道，温度越高，表明物质分子的热运动越剧烈。当温度足够高时，构成分子的原子也获得足够大的动能，开始彼此分离。分子受热时分裂成原子状态的过程称为解离；在此基础上再进一步提高温度的话，就会出现另一种全新的现象：原子的外层电子摆脱原子核的束缚成为自由电子。失去电子的原子变成了带正电的离子，这个过程叫电离。

（1）等离子体产生的方式

电离的方式主要有以下几种。

热电离：在高温下，气体质点的热运动速度很大，具有很大的动能，相互之间的碰撞会使原子中的电子获得足够大能量，一旦超过电离能就会产生电离。

光电离：当气体受到光的照射时，原子也会吸收光子的能量，如果光子能量足够大，也会引起电离，这种电离方式称为光电离。要产生光电离，对于照射光必须满足下式：光电离主要发生在气体稀薄的情况下。地球外围空间的电离层就是由太阳的紫外辐射光将高空中稀薄气体电离而形成的。

碰撞电离：气体中的带电粒子在电场中加速获得能量。这些能量大的带电粒子与气体原子碰撞进行能量交换，从而使气体电离。碰撞电离中主要是电子的贡献。

（2）等离子体的特征

发生了电离（无论是部分电离还是完全电离）的气体，虽然在某些方面跟普通气体有相似之处，例如描述普通气体的宏观物理量密度、温度、压力等对电离气体同样适用，但是它的主要性质却发生了本质的变化。在气体中电离成分只要超过千分之一，它的行为主要就由离子和电子之间的库仑作用力所支配，中性粒子之间的相互作用退居次要地位。并且电离气体的运动受电磁场的影响非常明显，它是一种电导率很高的导电流体。因而跟固态、液态、气态相比，它是一种性质奇特的全新物质聚集态。从聚集态的次序来看它排在第四位，所以称它为物质第四态。鉴于在这种聚集态中电子的负电荷总数和离子的正电荷总数在数值上是相等的，宏观呈现电中性，因而也叫它等离子体。

由此可见，等离子体就是电离气体。由于常温下气体热运动的能量不大，不会自发电离。因而在我们生活的环境中物质都以固态、液态、气态这三态的形式存在，而并不以等离子体这第四态形式存在。室温下气体中电离的成分微乎其微。若要使电离成分占千分之一以上，必须使温度高于一万摄氏度。人类生活的环境中物质决不会自发地以第四种聚集态的形式存在。然而在茫茫宇宙中却有99%以上的物质都是等离子体。看来，这也许是不可思议的。但只要看一下这样的事实就可以明白了。在太阳中心温度高达一千万摄氏度以上，那里的物质显然都以等离子体状态存在。类似太阳的许许多多恒星、星系以及广阔无垠的星际空间物质都是等离子体。而像人类居住的“冷星球”在宇宙中倒是为数不多的。

(3) 等离子体的应用

等离子体从1879年发现后，到现在已经应用于机械加工、化工、冶金、发电、作物育种等领域，显示了它的独特魅力。

等离子体机械加工：利用等离子体喷枪产生的高温高速射流，可进行焊接、堆焊、喷涂、切割、加热切削等机械加工。等离子弧焊接比钨极氩弧焊接快得多。1965年问世的微等离子弧焊接，火炬尺寸只有2～3mm，可用于加工十分细小的工件。等离子弧堆焊可在部件上堆焊耐磨、耐腐蚀、耐高温的合金，用来加工各种特殊阀门、钻头、刀具、模具和机轴等。利用电弧等离子体的高温和强喷射力，还能把金属或非金属喷涂在工件表面，以提高工件的耐磨、耐腐蚀、耐高温氧化、抗震等性能。等离子体切割是用电弧等离子体将被切割的金属迅速局部加热到熔化状态，同时用高速气流将已熔金属吹掉而形成狭窄的切口。等离子体加热切削是在刀具前适当设置一等离子体弧，让金属在切削前受热，改变加工材料的机械性能，使之易于切削。这种方法比常规切削方法提高工效5～20倍。

等离子体化工：利用等离子体的高温或其中的活性粒子和辐射来促成某些化学反应，以获取新的物质。如用电弧等离子体制备氮化硼超细粉，用高频等离子体制备二氧化钛（钛白）粉等。

等离子体冶金：从20世纪60年代开始，人们利用热等离子体熔化和精炼金属，现在等离子体电弧熔炼炉已广泛用于熔化耐高温合金和炼制高级合金钢；还可用来促进化学反应以及从矿物中提取所需产物。

等离子体表面处理：用冷等离子体处理金属或非金属固体表面，可显著改变固体的表面性能。如在光学透镜表面沉积10μm的有机硅单体薄膜，可改善透镜的抗划痕性能和反射指数；用冷等离子体处理聚酯织物，可改变其表面浸润性。这一技术还常用于金属固体表面的清洗和刻蚀。

等离子体推进：20世纪70年代以来，人们利用电离气体中电流和磁场的相互作用力使气体高速喷射而产生的推力，制造出磁等离子体动力推进器和脉冲等离子体推进器。它们的比冲（火箭排气速度与重力加速度之比）比化学燃料推进器高得多，已成为航天技术中较为理想的推进方法。

复习思考题

1. 什么是理想气体？理想气体状态方程的应用条件是什么？
2. 什么是实际气体？怎样认识范德华方程对理想气体方程各修正项的物理意义？
3. 什么是液体的蒸气压？影响液体蒸气压的因素有哪些？
4. 晶体与非晶体在结构与性质上有哪些不同？
5. 什么是晶格？什么是晶胞？
6. 晶体和非晶体的区别有哪些？
7. 影响物质三态的因素是什么？

习 题

1. 质量为0.132g的某气体，在293K和9.97×10^{4} Pa时占有体积0.19L，求该气体的分子量，并指出它可能是何种气体。

2. 在一定温度时，将含有等物质的量的氮气和氢气混合通入一反应器，在压力为3.048×10^{7} Pa下反应，若有20%氢气参加反应，则反应器内的压力为多少？

3. 在300K、1.01325×10^{5} Pa下，加热一敞口细颈瓶到500K，然后封闭其细颈口，并冷却至原来的温度，求这时瓶内的压力。

4. 有一混合气体，总压为150Pa，其中N_2和H_2的体积分数分别为0.25和0.75，求N_2和H_2的分压。

5. 有一高压气瓶，容积为30L，能承受2.6×10^{7} Pa的压力，问在293K时可装入多少千克O_2而不会发生危险？

6. 如1份水蒸气试样在100℃时压力为40.0kPa，在恒容条件下将它冷却到50.0℃，假定不发生凝聚，它的压力将是多少？如在50℃时，平衡蒸气压是12.3kPa，试判断水蒸气试样是否发生凝聚？

7. 将1mol水在10.0L的容器中加热至150℃，分别用理想气体公式和范德华气体公式计算它的压力，并比较计算结果（已知水的常数：$a=5.464$，$b=0.03049$）。

8. 在27℃和100kPa下，用1.301g锌与过量盐酸反应，可以得到多少毫升干燥的氢气？如果上述氢气在相同条件下，在水面收集，它的体积应为多少毫升？

9. 在25℃和100kPa下，质量为0.3254g的某气体，在水面上收集，测得体积为102mL，试求该气体的分子量。

10. 在27℃和100kPa下，取100mL煤气，经分析知道其组成：CO为60.0%，H_2为10.0%，其他气体为30.0%，求煤气中CO和H_2的分压以及各自的物质的量。

11. 今将压力为99.8kPa的氢150mL，压力为46.6kPa的氧75.0mL和压力为33.3kPa的氮50.0mL压入250mL的真空瓶内，求：(1) 混合物中各气体的分压；(2) 混合气体的总压；(3) 各气体的摩尔分数。

12. 已知1L某气体在标准状况下质量为2.86g，试计算该气体的平均分子量，并计算其在17℃和207kPa时的密度。

13. 在300K、3.00×10^{6} Pa时，某气筒内封有10mol氧气，试求该气筒的容积。将此气筒加热到373K，然后开启阀门放出氧气，在保持温度不变的情况下压力降低到1.00×10^{5} Pa，试求放出的氧气的质量。

14. 在10K时某容器内装有0.30mol N_2、0.10mol O_2和0.10mol He，当混合气体总压为100kPa时，He的分压是多少？N_2的分体积是多少？

15. 在一定温度下，将0.66kPa的氮气3.0L和1.00kPa的氢气1.0L混合在2.0L密闭容器中。假定混合前后温度不变，求混合气体的总压。

16. 某温度下一定量的PCl_5(g)发生如下反应：

$$PCl_5(g) \rightleftharpoons PCl_3(g) + Cl_2(g)$$

当30%PCl_5(g)解离时达到平衡，总压为1.6×10^{5} Pa。求各组分的平衡分压。

17. 在100kPa和298K时，有含饱和水蒸气的空气3.47L；如将其中的水除去，则干燥空气的体积为3.36L。求在此温度下水的饱和蒸气压。

18. 在313K时将1L饱和苯蒸气和空气的混合气体从压力为9.97×10^4Pa压缩到5.05×10^5Pa。问在此过程中有多少克苯凝结成液体？已知313K苯的饱和蒸气压为2.41×10^4Pa。

19. 在313K时$CHCl_3$的饱和蒸气压为49.3kPa，于此温度和98.6kPa的压力下，将4.00L空气缓缓通过$CHCl_3$，致使每个气泡都为$CHCl_3$饱和。求

（1）通过$CHCl_3$后，空气和$CHCl_3$混合气体的体积；

（2）被空气带走的$CHCl_3$的质量。

第3章 原子结构与元素周期系

【学习要求】

（1）了解近代原子结构理论的建立、核外电子运动的量子力学模型以及核外电子运动状态的描述；

（2）能运用鲍林近似能级图，按照核外电子排布的原理，写出常见元素的电子排布式；

（3）掌握元素周期表中周期、族以及分区的电子构型特征；

（4）了解元素周期性与原子结构的关系。

3.1 近代原子结构理论的建立

电子、质子、中子、阴极射线、X射线的发现以及卢瑟福（E. Rutherford）的有核原子模型的建立，正确回答了原子的组成问题。然而对于原子核外电子的分布规律和运动状态等问题的解决以及近代原子结构理论的确立，则是从氢原子光谱实验开始的。

3.1.1 氢原子光谱

太阳光或白炽灯发出的白光，是一种混合光，它通过三棱镜折射后，便分成红、橙、黄、绿、青、蓝、紫等不同波长的光。这样得到的光谱是**连续光谱**（continuous spectrum）。一般白炽的固体、液体、高压下的气体都能给出连续光谱。

并非所有光源都给出连续光谱。如将NaCl放在煤气灯火焰上灼烧，发出的光经三棱镜分光后，就只能看到几条亮线，这是一种不连续光谱，即所谓**线状光谱**（line spectrum）或原子光谱。实际上，任何原子被火花、电弧或用其他方法激发时，都可给出原子光谱，而且每种原子都具有自己的特征光谱。

氢原子光谱（hydrogen spectral series）是最简单的一种原子光谱，对它的研究也比较详尽。氢原子光谱实验如图3-1所示。

在一个熔接着两个电极且抽成高真空的玻璃管内，装进高纯的低压氢气，然后在两极上施加很高的电压，使低压气体放电。氢原子在电场的激发下发光。若使这种光线经狭缝，再经过棱镜分光后，可得含有几条谱线的线状光谱——氢原子光谱。氢原子光谱在可见光范围内有五根比较明显的谱线：一条红、一条青、一条蓝、两条紫。如图3-2所示，通常用H_α、H_β、H_γ、H_δ、H_ε来表示，它们的波长依次为656.3nm、486.1nm、434.0nm、410.2nm

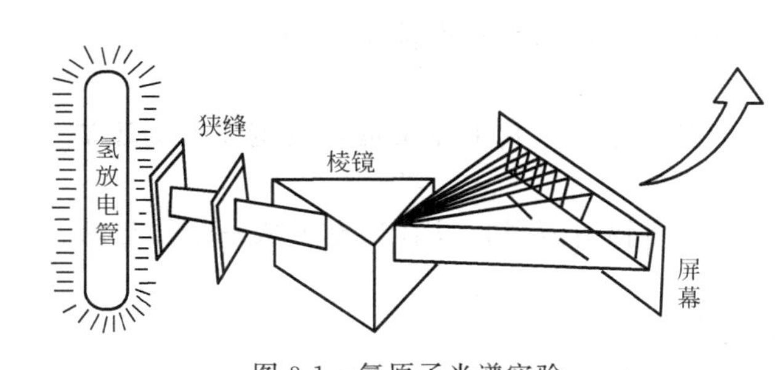

图 3-1　氢原子光谱实验

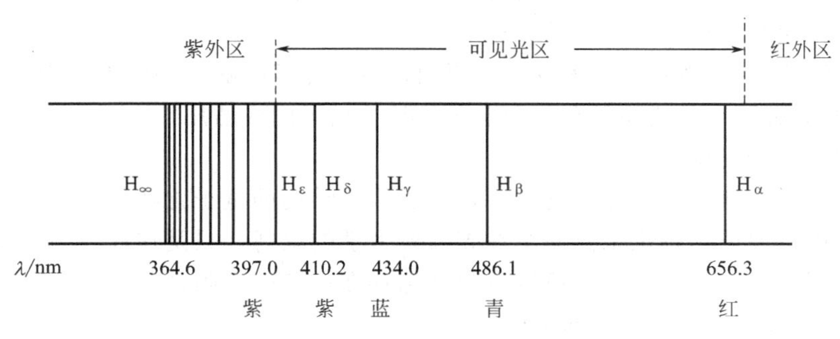

图 3-2　氢原子的可见原子光谱

和 397.0nm，是线状光谱。

氢光谱怎会有这样的规律性，卢瑟福含核原子模型不能解释之，而且与原子光谱等事实有矛盾。因按经典电磁学理论，电子绕核旋转，必然会发射电磁波，则电子的能量越来越小，电子逐渐向核靠近，最后落到核上，原子毁灭。又由于绕核旋转的电子不断地放出能量，因此，发射出电磁波的频率应该是连续的，即产生的光谱应是连续光谱。上述结论与事实矛盾，因为原子既没有毁灭，产生的光谱也不是连续的，而是线状光谱。直到 1913 年卢瑟福的学生、丹麦青年物理学家玻尔（N. Bohr）提出原子结构的新理论才解决了这个矛盾，也解释了氢光谱。

3.1.2　玻尔理论

玻尔理论建立在卢瑟福含核原子模型和普朗克（M. Planck）量子论的基础上。我们知道，经典物理学认为能量是连续的，普朗克量子论则认为：辐射能的放出或吸收并不是连续的，而是按照一个基本量或基本量的整数倍被物质放出或吸收，这种情况称做**量子化**（quantization）。这个最小的基本量称为**量子**（quantum）或**光子**（photon）。量子的能量 E 与辐射能的频率 ν 成正比，即

$$E=h\nu$$

式中，h 称为普朗克常数（Planck constant），其量纲为能量乘时间。如果 E 的单位为 J，则 h 等于 6.626×10^{-34}J·s。

（1）玻尔理论的假设

玻尔为了解释氢原子光谱，将普朗克量子论应用于含核原子模型，他根据辐射的不连续性和氢原子光谱有间隔的特性，推论原子中电子的能量也不可能是连续的，而是量子化的。他大胆地提出下面的假设，称为玻尔理论（Bohr's theory）。

① 原子中的电子只能在一些符合量子条件的圆形**轨道**（orbit）上绕核旋转，每一个特

定的圆形轨道都有确定的能量 E，称为轨道**能级**（energy level），电子在这些轨道上运动时，称原子处于定态。

② 原子可以有各种可能的定态，其中能量最低的定态称为**基态**（ground state），其余称为**激发态**（excited state）。

③ 在定态下运动的电子不辐射能量，只有当电子从一个轨道跃迁到另一个轨道时才放出或吸收能量。

（2）玻尔理论的成功之处

① 玻尔理论引入了量子化概念，首次提出电子运动状态具有不连续性。

② 玻尔理论成功地解释了氢原子光谱。运用牛顿力学定律，推算了氢原子的轨道半径和能量，计算结果与氢原子光谱实验完全一致。

③ 玻尔理论说明了激发态原子发光的原因，轨道能级间跃迁的频率条件。

④ 玻尔理论对于原子核外只含一个电子的类氢离子同样适用。

（3）玻尔理论的局限性

玻尔理论成功地解释了氢原子光谱，指出了原子结构的量子化特征，对原子结构的研究起了积极的作用。但玻尔理论未能完全冲破经典力学的束缚，只是在经典力学连续性概念的基础上，加上了一些量子化条件，所以玻尔理论存在一定的局限性：

① 无法解释氢原子光谱的精细结构；

② 不能解释多电子原子、分子或固体的光谱。

因此，玻尔理论不能正确地反映微观粒子的运动规律，无法进一步研究化学键的形成，它必然会被量子力学理论所取代。

3.2 核外电子运动的量子力学模型

量子力学是研究电子、原子、分子等微粒运动规律的科学。微观粒子（microscopic particle）的运动不同于宏观物体（macroscopic object）的运动，其主要特点是**量子化**（quantization）和**波粒二象性**（wave-particle duality）。

3.2.1 微观粒子的波粒二象性

光在传播过程中会产生干涉、衍射等现象，具有波的特性；而光在与实物作用（光的吸收、发射等）时所表现的特性又具有粒子的特性，这就是光的波粒二象性。

1924 年，德布罗依（L. de Broglie）在光的波粒二象性的启发下，大胆地预言了微观粒子的运动也应该具有波粒二象性，并推出了德布罗依关系式：

$$\lambda=\frac{h}{P}=\frac{h}{mv}$$

式中，λ 为高速运动的电子的波长；h 为普朗克常数；P 为电子的动量；m 为电子的质量；v 为电子的速度。

德布罗依的假设在 1927 年被美国的戴维逊（C. J. Davisson）等人的电子衍射实验所证实，如图 3-3 所示。

经加速后的电子束从 A 点射出，通过起光栅作用的晶体粉末 B 后，投射到屏幕 C 上。从屏幕上可以观察到明暗相间的环纹，说明电子运动与光相似，也具有波动性。以后用 α 粒子、中子、原子及分子等微观粒子进行实验，都可以观察到类似的衍射现象，从而证实了微

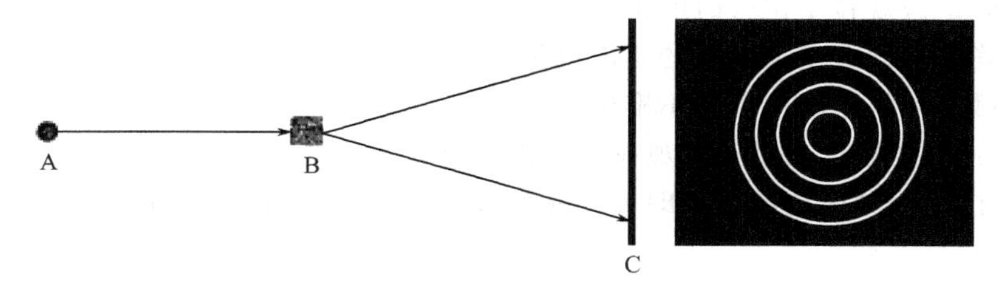

图 3-3　电子衍射实验

观粒子运动的确具有波动性。一般将微观粒子产生的波称为物质波（matter wave）或德布罗依波（de Broglie wave）。

3.2.2　微观粒子运动的统计性规律

微观粒子具有波动性，但其不同于经典力学中波的概念。那么物质波究竟是一种什么样的波呢？

电子衍射（electron diffraction）实验表明，用较强的电子流可在短时间内得到电子衍射环纹；若用很弱的电子流，只要时间够长，也可以得到衍射环纹（diffraction ring）。假设用极弱的电子流进行衍射实验，电子是逐个通过晶体粉末的；因为电子具有粒子性，开始时只能在屏幕上观察到一些分立的点，且点的位置是随机的。经过足够长时间，有大量的电子通过晶体粉末后，在屏幕上就可以观察到明暗相间的衍射环纹，从而呈现出波动性。

由此可见，微观粒子的波动性是大量粒子统计行为形成的结果，它服从统计规律。在屏幕上衍射强度大的地方（明条纹处），波的强度大，电子在该处出现的机会多或概率高；衍射强度小的地方（暗条纹处），波的强度小，电子在该处出现的机会少或概率低。因此微观粒子的波动性实际上是在统计规律上呈现出的波动性。具有波动性的微观粒子虽然没有确定的运动轨迹，但在空间某处波的强度与该处粒子出现的概率成正比，所以物质波又称概率波（probility wave）。

3.2.3　海森堡测不准原理

具有波粒二象性的微观粒子和宏观物体（不表现出波动性）的运动规律有很大的不同。对于宏观物体，其运动遵守牛顿经典力学规律（Newton's classical mechanics），可以精确计算出在不同的时间它们的速度和位置。例如，可以准确地知道子弹在行进中的位置和速度。对于具有波粒二象性的微观粒子（如电子）来说，其运动遵守量子力学规律（quantum mechanics），不可能同时准确测定电子的空间位置和运动速度。1927 年，海森堡（W. Heisenberg）提出了量子力学的一个重要关系——**测不准原理**（uncertainty principle），其数学关系式为

$$\Delta x \cdot \Delta P_x \geqslant \frac{h}{2\pi}$$

如果微观粒子质量为 m，则 $\Delta P_x = m\Delta v_x$，则上式又可以表示成：

$$\Delta x \cdot m \cdot \Delta v_x \geqslant \frac{h}{2\pi}$$

式中　x——微观粒子在空间某一方向的位置坐标；

h——普朗克常数；

Δx——确定微观粒子位置时的不准确量；

ΔP_x——确定微观粒子动量时的不准确量；

Δv_x——微观粒子运动速度的不准确量。

由此关系式可以看出：对于微观粒子而言，位置和速度（或动量）不可能准确测量；如果微观粒子的位置测量得越准确（即 Δx 越小），则其速度或动量测量误差就越大（即 Δv_x 或 ΔP_x 越大）；反之亦然。

【例 3-1】 子弹的质量为 10g，其位置的不准量为 10^{-6}m，则其速度的不准量是多少？

解 由 $\Delta x \cdot m \cdot \Delta v_x \geqslant \frac{h}{2\pi}$，可得：

$$\Delta v_x \geqslant \frac{h}{2\pi m \cdot \Delta x} = \frac{6.626\times10^{-34}}{2\times3.14\times10\times10^{-3}\times10^{-6}}$$

故 $\Delta v_x \geqslant 1.06\times10^{-26}\,\mathrm{m\cdot s^{-1}}$

【例 3-2】 已知原子核外的电子的质量为 9.11×10^{-31}kg，因原子半径的数量级为 10^{-10}m，所以位置的不准量为 10^{-11}m，则其速度的不准量为多少？

解 由 $\Delta x \cdot m \cdot \Delta v_x \geqslant \frac{h}{2\pi}$，可得：

$$\Delta v_x \geqslant \frac{h}{2\pi m \cdot \Delta x} = \frac{6.626\times10^{-34}}{2\times3.14\times9.11\times10^{-31}\times10^{-11}}$$

故 $\Delta v_x \geqslant 1.16\times10^{7}\,\mathrm{m\cdot s^{-1}}$

比较例 3-1 与例 3-2 可以看出：对于宏观物体，位置和速度的不准确量太小，在宏观尺度上完全可以忽略不计；所以，可认为宏观物体的位置和速度能同时准确得到。但对于质量非常小的微观粒子来说，位置和速度的不准确量在微观尺度上很大，因而不能忽略。所以海森堡测不准原理仅适用于微观粒子。

测不准原理进一步说明了微观粒子和宏观物体具有不同的运动规律，微观粒子的运动规律不能用经典力学处理。根据测不准原理，可以看出玻尔的具有固定轨道的原子模型是错误的；因为对于像电子这样高速运动的微观粒子，不可能有确定的轨道（位置）。对于基态氢原子而言，根据量子力学计算，在半径等于 52.9pm 的薄球壳中电子出现的概率最大，这个数值正好和玻尔理论中计算出的氢原子在基态（$n=1$）时的轨道半径相等，但对于氢原子中电子运动状态的描述，玻尔理论与量子力学的区别在于：玻尔理论认为电子只能在半径为 52.9pm 的平面圆形轨道上运动，而量子力学则认为电子在半径为 52.9pm 的球壳薄层内出现的概率最大，但在半径大于或小于 52.9pm 的空间区域中电子也会出现，只是概率小些罢了。

3.3 核外电子运动状态的描述

3.3.1 氢原子的薛定谔方程

根据量子力学理论，微观粒子运动遵守海森堡测不准原理，因而其状态不能通过运动轨迹来描述，即不能通过给出其位置、速度等物理量来描述，只能采用统计学的规律来描述。

微观粒子具有波粒二象性，因此具有波动性的微观粒子，其运动状态可用**波函数** $\boldsymbol{\psi}$ (wave function) 来描述。1926 年，奥地利科学家薛定谔（E. Schrödinger）根据微观粒子具有波粒二象性和对德布罗依实物粒子波的理解，提出了微观粒子运动的波动方程——薛定谔方程，数学表达式如下：

$$\frac{\partial^2\psi}{\partial x^2}+\frac{\partial^2\psi}{\partial y^2}+\frac{\partial^2\psi}{\partial z^2}+\frac{8\pi^2 m}{h^2}(E-V)\psi=0$$

式中，ψ 是描述氢原子核外电子运动状态的波函数，是空间坐标（x、y、z）的函数；E 是氢原子的总能量；V 是原子核对电子的吸引能；m 是电子的质量。

薛定谔方程是一个二阶偏微分方程，它的解将是一系列的波函数 ψ 的具体函数表达式，而这些波函数和所描述的粒子的运动情况，即在空间某范围内出现的概率密切相关。求解薛定谔方程需要复杂的数理知识。在大学一年级的无机化学中，仅要求同学们了解一下薛定谔方程的求解思路，以及求解过程中得到的一些重要结论和波函数的意义。

解薛定谔方程时，为了使方程简化，第一步坐标变化，即需将直角坐标（x、y、z）变换为球极坐标（r、θ、ϕ），它们之间的变换关系如图 3-4 所示，图中 P 为空间中的一点。

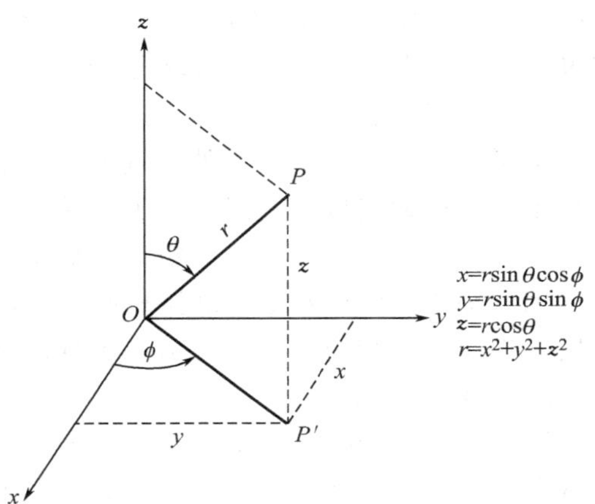

图 3-4　球极坐标与直角坐标的关系

ψ 原是直角坐标的函数 $\psi(x、y、z)$。经变换后，则成为球极坐标的函数 $\psi(r、\theta、\phi)$。为了求解薛定谔方程，第二步进行变量分离。在数学上，与几个变数有关的函数，可以分成几个只含有一个变数的函数的乘积：

$$\psi(r,\theta,\phi)=R(r)\Theta(\theta)\Phi(\phi)$$

式中，R 是电子离核距离 r 的函数；Θ、Φ 则分别是角度 θ 和 ϕ 的函数。要解薛定谔方程，就要引入 n、l、m 三个参数，分别对应 $R(r)$、$\Theta(\theta)$ 和 $\Phi(\phi)$，求得这三个函数的解，再将三者相乘即得波函数 ψ。

通常把与角度相关的两个函数合并为 $Y(\theta、\phi)$，则上式变为：

$$\psi(r,\theta,\phi)=R(r)Y(\theta,\phi)$$

波函数分成 $R(r)$ 和 $Y(\theta、\phi)$ 两部分后，$R(r)$ 只与电子离核半径有关，称为**波函数的径向部分**（radial part of wave function）；$Y(\theta、\phi)$ 只与 θ、ϕ 两个角度有关，称为**波函数的角度部分**（angular part of wave function）。

3.3.2　波函数和原子轨道

在量子力学中，波函数 ψ 是用来描述核外电子在空间运动状态的数学函数式，常常借用经典力学中描述物体运动“轨道”的概念，把波函数 ψ 叫做**原子轨道**（atomic orbital）。但必须注意，这里的“原子轨道”不同于宏观物体的“运动轨道”，也不同于玻尔所说的“固定轨道”，它代表的是原子核外电子的一种空间运动状态。

薛定谔方程的解有很多，但并不是每一个都合理、都能表示电子运动的一个稳定状态。为了使所求的解合理，要引入 n、l、m 三个参数。n、l、m 决定着波函数某些性质的量子化情况，称为量子数。对应于一组合理的 n、l、m 取值则有一个确定的波函数 $\psi(r、\theta、\phi)$。

例如，对氢原子，当 $n=1$，$l=0$，$m=0$ 时，求解薛定谔方程，可得：

$$R_{nl}(r)=R_{10}(r)=2\left(\frac{1}{a_0}\right)^{\frac{3}{2}}\mathrm{e}^{-r/a_0}$$

$$Y_{lm}(\theta、\phi)=Y_{00}(\theta、\phi)=\sqrt{\frac{1}{4\pi}}$$

$$\psi_{100}(r、\theta、\phi)=R_{10}(r)Y_{00}(\theta、\phi)=\sqrt{\frac{1}{\pi a_0^3}}\mathrm{e}^{-r/a_0}$$

上式中的 a_0 称为玻尔半径，其值等于 52.9pm。

在量子力学中，把三个量子数都有确定值的波函数称为 1 个原子轨道。例如，$n=1$，$l=0$，$m=0$ 所描述的波函数 ψ_{100}，称为 1s 轨道。波函数和原子轨道是同义词。

3.3.3 概率密度和电子云

电子的运动状态可用波函数 ψ 表示，但波函数 ψ 没有很明确的物理意义，其物理意义是通过 $|\psi|^2$ 来体现的，$|\psi|^2$ 表示空间某处单位体积内电子出现的概率，即概率密度。$|\psi|^2$ 在空间的具体图像就是电子云的空间分布图像。为了更深刻地了解波函数，就**概率密度**（probability density）和**电子云**（electron cloud）等概念作进一步的讨论。

（1）概率密度

电子在原子核外空间某处出现的机会称为**概率**（probability），在某处单位体积内出现的概率称为**概率密度**，二者具有下列关系：

概率＝概率密度×该区域总体积

因此知道了波函数 ψ，也就知道了 $|\psi|^2$，就等于知道了该电子在核外空间各处的概率密度，进而可以知道在某个区域内出现的概率。

（2）壳层概率

壳层概率（shell probability）从另一方面反映了电子的运动状态，是概率密度的另一种表现形式，它是指离核半径为 r、厚度为 dr 的薄层球壳体积中电子出现的概率（见图 3-5）。

根据壳层概率和概率密度的关系，则有：

壳层概率＝概率密度×壳层体积

其中，薄层球壳体积随半径减小而减小，而概率密度则随半径的减小而增大，这两个趋势正好相反，因此，在离核某处会出现极大值。

例如基态氢原子，根据理论计算，在离核半径为 52.9pm 的薄层球壳中电子出现的概率最大（见图 3-6），这个数值恰好和玻尔计算出来的氢原子在基态（$n=1$）时的轨道半径（玻尔半径）相吻合。

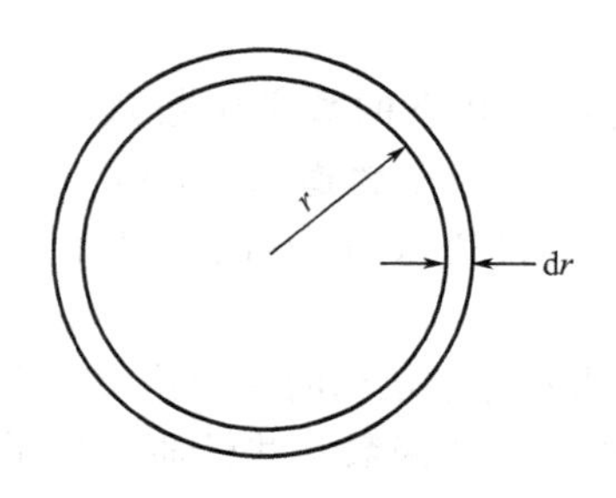

图 3-5　离核距离为 r 的球壳薄层

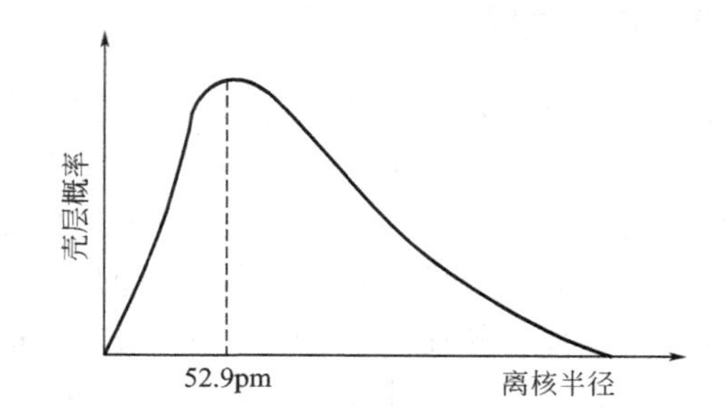

图 3-6　氢原子 1s 电子的壳层概率与离核半径的关系

（3）电子云

电子云（electron cloud）也可以表示电子在核外空间出现的概率密度的大小，通常用小

黑点的疏密程度来表示。如图 3-7 为氢原子 1s 电子云示意图，在图中，小黑点密集的区域，电子出现的概率密度大；小黑点稀疏的区域，电子出现的概率密度小。由此可见，电子云就是电子在核外空间各处出现概率密度大小的形象化描绘；也可以说电子云是 $|\psi|^2$ 的图像。

图 3-7　氢原子 1s 电子云示意图

处于不同定态的电子的电子云图像具有不同的特征，主要包括如下。

① 电子云在核外空间扩展程度　一般来说，电子云在空间的扩展程度越大，所对应的电子具有的能量越高；反之则越低。核外电子是按能量由低到高分为以下几个电子层，光谱符号可表示为 K、L、M、N、O、P、Q…，也可称为第一电子层、第二电子层、第三电子层等。

② 电子云的形状　电子云的形状有以下几种，第一为球形——s 电子；第二为双纺锤形——p 电子；第三为多纺锤形——d 电子和更为复杂的 f 电子等等。图 3-8 所示为 s、p、d 电子云的轮廓图，f 电子云的形状比较复杂，本书不作介绍。

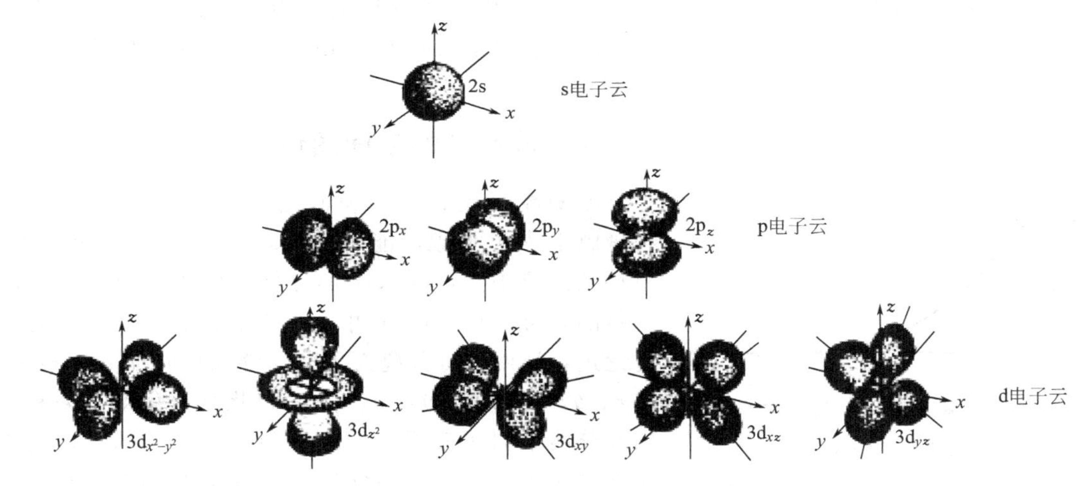

图 3-8　电子云的形状及空间取向示意图

③ 电子云在空间的取向　电子云在空间的取向和电子云的形状有关，见图 3-8。s 电子的电子云图像是球形对称的，只有一种空间取向；p 电子有三种取向，分别沿着 x 轴、y 轴、z 轴方向，记做 p_x、p_y、p_z 电子；d 电子有 5 种取向，f 电子有 7 种取向。

（4）概率密度分布的几种表示法

下面以氢原子核外 1s 电子的概率密度为例，介绍几种概率密度分布的表示方法。

① 电子云图　如图 3-7，图中小黑点的疏密程度表示电子出现概率密度的大小，由图看出，离核越近，小黑点越密，电子出现的概率密度越大，离核越远，概率密度越小。

② 等概率密度面图　为了方便表示电子云的形状，也常用等概率密度面图来表示。将核外电子出现概率密度相等的点连接成曲面，这样的曲面叫做等概率密度面，如图 3-9 所示。在图中，1s 电子的等概率密度面是一系列同心球面，球面上标的数值是概率密度的大小。

③ 界面图　电子云界面图是一个等密度面（见图 3-10），电子在界面内出现的概率占了

绝大部分，例如达到 95%，则表明电子在界面内出现的概率达到了 95%，在界面以外的区域出现的概率非常小，可以忽略不计。

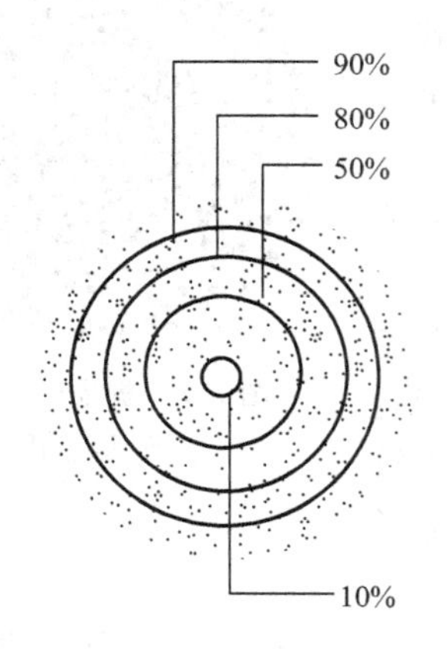

图 3-9 氢原子 1s 电子云的 4 个等密度面（面上各点概率密度相等）

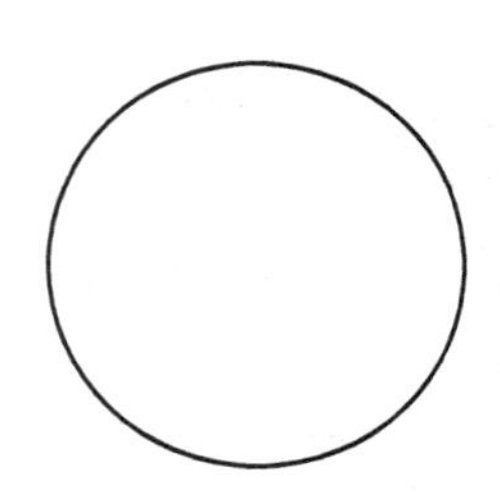

图 3-10 氢原子 1s 电子云的界面图（界面内电子云出现概率达 90%）

④ 径向概率密度图 以离核半径为横坐标，以概率密度为纵坐标作图，如图 3-11 所示。曲线表明了氢原子 1s 电子的概率密度随离核半径的增大而减小。

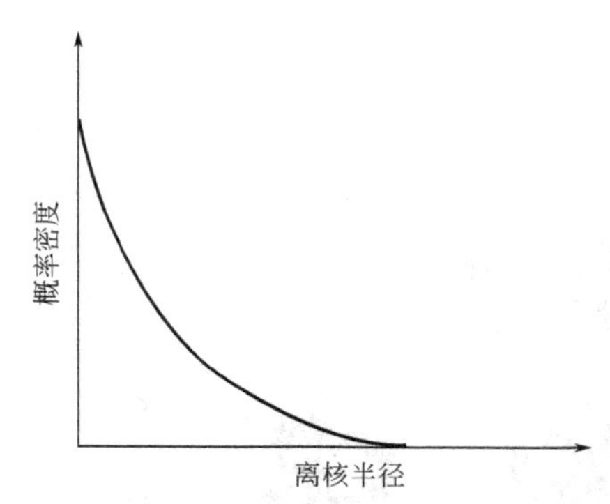

图 3-11 氢原子 1s 的概率密度与离核半径的关系

3.3.4 波函数的空间图像

波函数 ψ 是 r、θ、ϕ 的函数，数学关系式复杂，在理解上太过抽象，能否将波函数直观地画出来呢？直接画出波函数，在数学上也极其困难；但为了不同的目的，可以从不同的角度来考察它们的性质。此前讨论过，波函数可分离为角度部分和径向部分的乘积：$\psi(r、\theta、\phi)=R(r)Y(\theta、\phi)$，因此可从角度部分和径向部分两个侧面来画原子轨道和电子云的图形。由于角度分布图对化学键的形成和分子构型都很重要，所以本书仅讨论原子轨道和电子云的角度分布图。

（1）原子轨道的角度分布图

若将波函数的角度部分 $Y(\theta、\phi)$ 随 θ、ϕ 角而变化的规律以球坐标作图，可以获得波函数或原子轨道的角度分布图，如图 3-12 所示。**角度分布图**（angular distribution diagram）是将径向分布函数视为常量而考虑不同方位上 ψ 的相对大小。

原子轨道角度分布图的作法是：①按照薛定谔方程解出的有关波函数角度部分的数学表达式（也可从手册中查到），找出 θ 和 ϕ 变化时的 $Y(\theta、\phi)$；②以原子核为原点，引出方向为（θ、ϕ）的直线，直线的长度为 Y 值；③连接所有直线的端点，在空间形成一个曲面，即是原子轨道的角度分布图。

例如，氢原子 1s 原子轨道的角度部分 $Y_{1s}=\sqrt{\frac{1}{4\pi}}$，与 θ、ϕ 角度无关，因此画出的 1s 角度分布图为一球面，半径为 $\sqrt{\frac{1}{4\pi}}$。

因为波函数的角度部分 Y 只与量子数 l 和 m 有关，而与主量子数 n、离核半径 r 无关，所以所有的 s 轨道（如 2s、3s 等）的角度分布图都是一个球面；p、d、f 系列轨道的角度分布图也一样，如 $2p_z$、$3p_z$、$4p_z$ 统称为 p_z 轨道角度分布图。

【例 3-3】 画出 p_z 轨道的角度分布图，已知 p_z 轨道的角度部分 Y_{p_z} 为 $\sqrt{\frac{3}{4\pi}}\cos\theta$。

解 可用 K 代表常数 $\sqrt{\frac{3}{4\pi}}$，则 $Y_{p_z}=K\cos\theta$，Y_{p_z} 随 θ 的变化而变化，见表 3-1。

表 3-1 随 θ 变化的 Y_{p_z} 和 $Y_{p_z}^2$

θ	0°	15°	30°	45°	60°	90°	120°	150°	180°
Y_{p_z}	$1.00K$	$0.97K$	$0.87K$	$0.71K$	$0.50K$	0	$-0.5K$	$-0.87K$	$-1.00K$
$Y_{p_z}^2$	$1.00K^2$	$0.94K^2$	$0.75K^2$	$0.50K^2$	$0.25K^2$	0	$0.25K^2$	$0.75K^2$	$1.00K^2$

然后，从原点引出与 z 轴成一定 θ 角的直线，直线长度等于相应的 Y_{p_z} 值，连接所有直线的端点，再把所得到的图形绕 z 轴转 360°所得空间曲面即为 p_z 轨道的角度分布图，如图 3-12 所示。

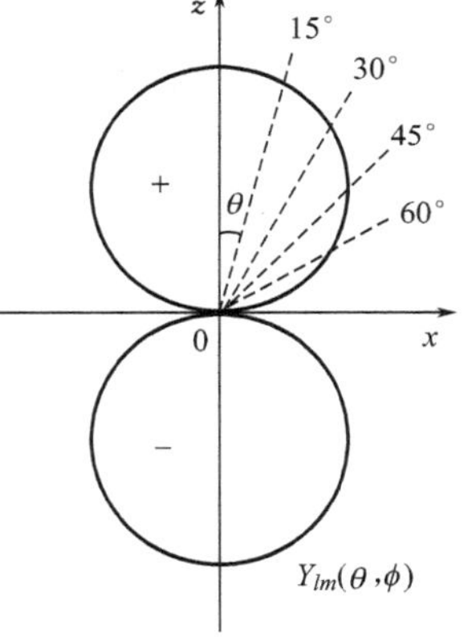

图 3-12 p_z 原子轨道的角度分布剖面图

这样的图像是立体的，球面上每点至原点的距离，代表 Y_{p_z} 数值的大小，图中“+、−”号并不代表电荷，与三角函数中的象限也无关，而是表示 Y 是正值还是负值，代表了原子轨道角度分布图形的对称关系：符号相同，对称性相同；符号相反，对称性不同或反对称。

由于在 z 轴上出现了极大值，所以称为 p_z 轨道的角度分布图，记作 Y_{p_z}，通常以其剖面图表示，此图形在 xy 平面上 $Y_{p_z}=0$，这样的平面叫节面。

其他原子轨道的角度分布图，也可根据各自的数学函数式，用类似的方法作图。从图 3-13 可以看出，3 个 p 轨道的角度分布图都是哑铃形，只有空间取向不同。Y_{p_x} 和 Y_{p_y} 分别是在 x 轴和 y 轴上出现极值。

5 个 d 轨道呈花瓣形，其中 $Y_{d_{xz}}$、$Y_{d_{yz}}$、$Y_{d_{xy}}$ 分别在 x 轴和 z 轴、y 轴和 z 轴、x 轴和 z 轴之间夹角为 45°的方向上出现极值；$Y_{d_{z^2}}$ 在 z 轴上出现极大值；$Y_{d_{x^2-y^2}}$ 在 x 轴上和 y 轴上出现极值。

（2）电子云的角度分布图

电子云是电子在核外空间出现的概率密度分布的形象化描述，而概率密度的大小可用 $|\psi|^2$ 来表示，因此与原子轨道角度部分 $Y(\theta、\varphi)$ 相对应，$Y^2(\theta、\varphi)$ 称为电子云的角度部分。若将 $Y^2(\theta、\varphi)$ 随 θ、φ 的变化作图，即得电子云的角度分布图（见图 3-14）。

这种图形反映了电子出现在核外各个方向概率密度的分布规律，其画法和原子轨道角度分布图相似，将其中的 Y 换成 Y^2，如例 3-3 中 Y_{p_z} 换成 $Y_{p_z}^2$，将 $Y_{p_z}^2$ 随 θ 角度变化作图，即得电子云的角度分布图。

比较图 3-13 和图 3-14 可知，电子云的角度分布图与原子轨道的角度分布图的形状和空间取向相似。但有两点区别：一是原子轨道角度分布图有正、负之分，而电子云角度分布图

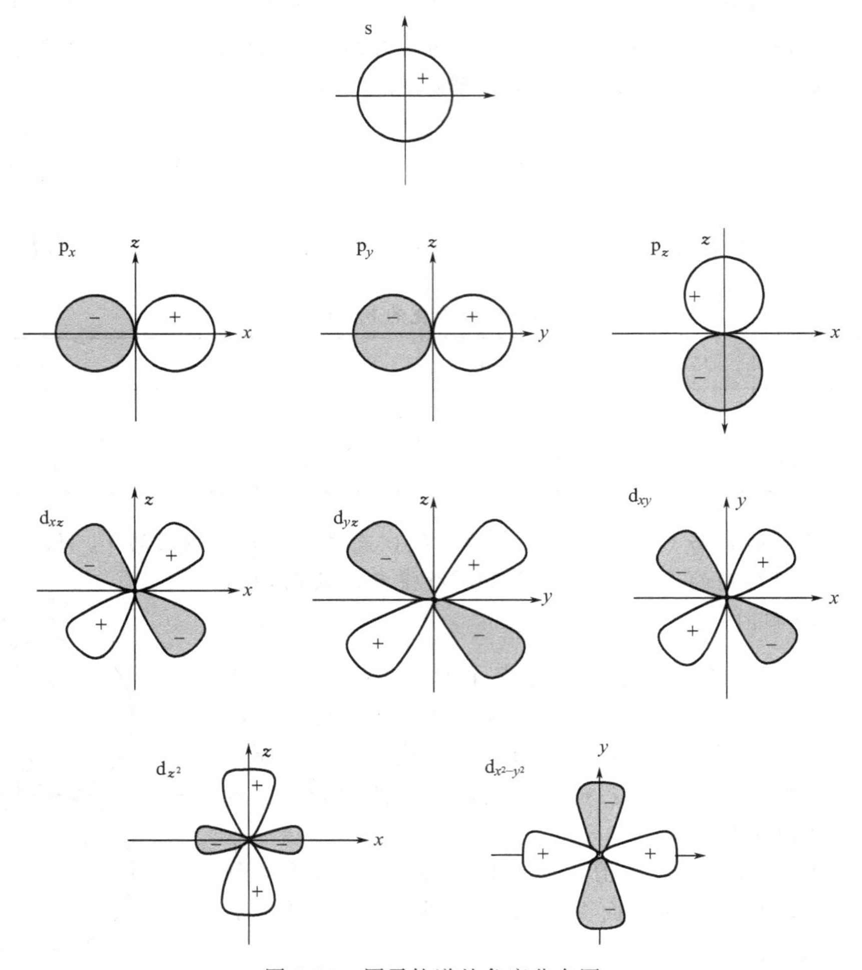

图 3-13　原子轨道的角度分布图

均为正值，这是因为电子云角度分布是原子轨道角度分布的平方；二是电子云的角度分布图形比原子轨道的角度分布图形要“瘦”一些，这是因为 Y 值小于 1，其 Y^2 就更小。

应该注意，以上所讨论的原子轨道和电子云的角度分布图，只是反映了波函数的角度部分，并非原子轨道和电子云的实际形状；电子云的空间分布需综合考虑径向分布和角度分布。但原子轨道的角度分布图对讨论化学键的形成和分子的几何构型有着非常重要的作用。

3.3.5　四个量子数

解薛定谔方程时，为了得到合理的解，引入了 3 个参数即 n、l 和 m。因为这些参数具有量子化的特性，所以称为量子数；其中 n 称为**主量子数**（principal quantum number），l 称为**角量子数**（azimuthal quantum number），m 称为**磁量子数**（magnetic quantum number）。3 个量子数按一定规律取值，即可表示一种波函数（原子轨道）；另外，通过对光谱精细结构的研究，发现电子除了绕核运动外，其自身还有自旋运动。为了描述核外电子的运动状态，还需要引入第 4 个量子数——**自旋量子数** $\boldsymbol{m_s}$（spin quantum number）。下面分别讨论这四个量子数。

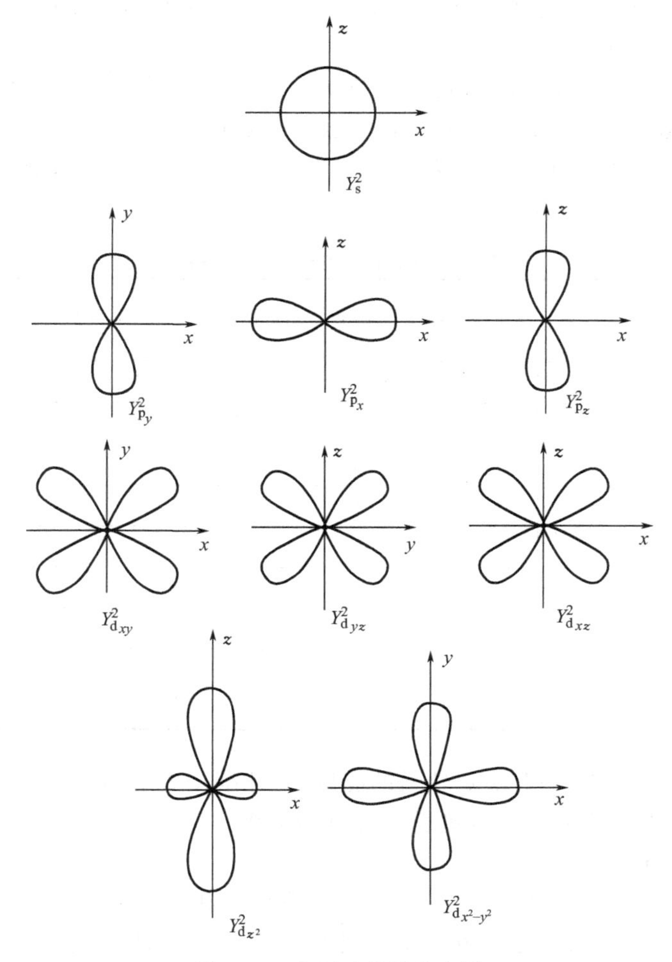

图 3-14　电子云角度分布图

（1）主量子数 n

取值：n 的取值为 1，2，3，…，n 等正整数，与电子层相对应。

意义：①原子的大小；②核外电子离核远近；③决定核外电子能量高低的重要因素。

光谱符号：当 $n=1$，2，3，4，5，6，7 时，分别表示第一、二、三、四、五、六、七层，相应的光谱符号为 K，L，M，N，O，P，Q。

对于单电子原子，电子的能量由主量子数 n 决定，例如：氢原子各电子层电子的能量为

$$E=-2.18\times10^{-18}\left(\frac{1}{n^2}\right)\mathrm{J}$$

n 越大，电子离核的平均距离越远，则电子运动的能量越高。但是对于多电子原子来说，核外电子的能量除了和主量子数 n 有关外，还和原子轨道和电子云的形状有关。因此，n 值越大，电子能量越高这句话，只有在原子轨道或电子云形状相同的条件下，才是正确的。

（2）角量子数 l

取值：l 的取值为 0，1，2，…，$(n-1)$，其取值受 n 值的限制。

意义：①表示原子轨道或电子云的形状；②同一电子层中具有不同状态的亚层；③与多电子原子中的电子能量有关。

光谱符号：$l=0$，1，2，3 轨道符号分别为 s，p，d，f 等；$l=0$ 时，s 轨道为球形对称；$l=1$ 时，p 轨道为哑铃形；$l=2$ 时，d 轨道为花瓣形。

例如：$n=1$ 时，l 值只有一个，为 0；$n=2$ 时，l 可取 0，1。每个 l 值代表一个亚层。n、l 及电子亚层的关系如表 3-2 所示。

表 3-2　n、l 及电子亚层的关系

n	l	电子亚层
1	0	1s
2	0	2s
	1	2p
3	0	3s
	1	3p
	2	3d
4	0	4s
	1	4p
	2	4d
	3	4f

在多电子原子中 n 和 l 一起决定轨道的能量，n 相同，l 不同时，其能量关系为：$E_{4s}<E_{4p}<E_{4d}<E_{4f}$；从能量角度看，这些分层也称为能级。

（3）磁量子数 m

取值：m 的取值为 0，±1，±2，…，$\pm l$，其取值和 l 有关。

意义：决定原子轨道或电子云在空间的伸展方向。m 可能取值的数目等于空间伸展方向不同的原子轨道数目。

例如，$l=0$，s 轨道，$m=0$，表示 s 轨道在空间只有一种伸展方向；

$l=1$，p 轨道，$m=0$，$+1$，-1，表示 p 轨道在空间有 3 种伸展方向，即 p_x，p_y，p_z；

$l=2$，d 轨道，$m=0$，±1，±2，表示 d 轨道在空间有 5 种伸展方向，即 d_{xy}，d_{xz}，d_{yz}，d_{z^2}，$d_{x^2-y^2}$；

$l=3$，f 轨道，$m=0$，±1，±2，±3，表示 f 轨道在空间有 7 种伸展方向。

对于 n 和 l 相同，m 不同的原子轨道（如 p_x、p_y、p_z），尽管原子轨道的伸展方向不同，但其能量是相等的，称为**等价轨道**（equivalent orbital）或**简并轨道**（degenerate orbital）。

综上所述，n、l、m 一组量子数可以决定一个原子轨道的离核远近、形状和伸展方向。例如 $n=3$，$l=0$，$m=0$ 所表示的原子轨道为 3s 轨道，位于核外第三层，呈球形对称分布；而 $n=2$，$l=1$，$m=0$ 所表示的是 2p 轨道，位于核外第二层，呈哑铃形，沿 z 轴方向。

（4）自旋量子数 m_s

取值：m_s 只有 2 个取值，即 $+1/2$ 和 $-1/2$，分别表示顺时针自旋和逆时针自旋。

意义：表示电子在核外有两种自旋相反的运动状态。

符号：一般用“↑”和“↓”表示，即顺时针自旋和逆时针自旋。

4 个量子数之间的关系归纳在表 3-3 中。

表 3-3　量子数与电子层、能级、原子轨道、运动状态之间的联系

电子层	量子数	n	1	2	3	$\cdots,n$
	符号		K	L	M	
能级	量子数	n	1	2	3	$\cdots,n$
		l	0	0,1	0,1,2	$0,1,2,\cdots,(n-1)$
	亚层数		1	2	3	n
	符号		1s	2s,2p	3s,3p,3d	ns,np,nd…
原子轨道	量子数	n	1	2	3	n
		l	0	0,1	0,1,2	$0,1,2,\cdots,(n-1)$
		m	0	$0;0,\pm1$	$0;0,\pm1;0,\pm1,\pm2$	$0,\pm1,\pm2,\cdots,\pm l$
	每层轨道数		1	4	9	n^2
	符号		1s	$2s,2p_x,2p_y,2p_z$	$3s,3p_x,3p_y,3p_z,3d_{xz}$, $3d_{x^2-y^2},3d_{z^2},3d_{xy},3d_{yz}$	
运动状态	量子数	n	1	2	3	n
		l	0	0,1	0,1,2	$0,1,2,\cdots,(n-1)$
		m	0	$0;0,\pm1$	$0;0,\pm1;0,\pm1,\pm2$	$0,\pm1,\pm2,\cdots,\pm l$
		m_s	$\pm\frac{1}{2}$	$\pm\frac{1}{2}$	$\pm\frac{1}{2}$	$\pm\frac{1}{2}$
	每层运动状态数		2	8	18	$2n^2$
	符号		$1s^2$	$2s^2,2p^6$	$3s^2,3p^6,3d^{10}$	

因此，电子在核外的运动状态可以用 4 个量子数的组合来表示，即 (n, l, m, m_s)。

【例 3-4】 用四个量子数描述 $n=3$，$l=2$ 的所有电子的运动状态。

解　当 $l=2$ 时，m 的取值有 5 个，分别为 0，±1，±2，因此有 5 个简并轨道，每个轨道最多可容纳两个电子，所以共有 10 个电子，其运动状态分别为：

$$(3,2,0,+1/2)\quad(3,2,0,-1/2)$$
$$(3,2,-1,+1/2)\quad(3,2,-1,-1/2)$$
$$(3,2,+1,+1/2)\quad(3,2,+1,-1/2)$$
$$(3,2,-2,+1/2)\quad(3,2,-2,-1/2)$$
$$(3,2,+2,+1/2)\quad(3,2,+2,-1/2)$$

注意：四个量子数是相互制约的，它们之间的关系为：

$n=1, 2, 3, 4, 5, \cdots, n$；

$l=0, 1, 2, 3, \cdots, n-1$；

$m=0, \pm1, \pm2, \cdots, \pm l$；

$m_s=+1/2, -1/2$。

3.4　核外电子的排布

通过对原子的量子力学模型的简单讨论，可以了解原子核外电子运动状态的基本情况。

至于核外电子是如何分布在各个轨道上的，这就要讨论**核外电子的排布**（arrangement of extranuclear electrons）规律。

3.4.1 原子的轨道能级图

按照核外电子数目，可把原子区分为单电子原子和多电子原子；对于氢原子（及类氢原子）而言，其核外只有一个电子，称为单电子原子；对于其他原子，核外都不止一个电子，这些原子统称为**多电子原子**（many-electron atom）。对于多电子原子，不但存在电子与原子核之间的相互作用，而且还存在电子之间的相互作用，这些都会影响到多电子原子的轨道能级。

（1）单电子原子的轨道能级

由于氢原子或类氢离子（如 He^{+}、Li^{2+} 等）的原子核外只有一个电子，只存在原子核与电子之间的作用力，因此决定原子轨道能量 E 只与主量子数 n 有关，与角量子数 l 无关：

$$E=-2.18\times10^{-18}\left(\frac{1}{n^2}\right)\text{J}$$

即 n 值相同的各轨道能量相同，n 越大，能量越高。

$$E_{3s}=E_{3p}=E_{3d}$$

$$E_{2p}<E_{3p}<E_{4p}$$

（2）多电子原子的轨道能级

在多电子原子中，由于电子除了受到原子核的吸引外，还有其他电子对它的排斥作用，因而主量子数相同的各轨道的能量不再相等。多电子原子轨道的能级比氢原子要复杂得多，不仅取决于主量子数 n，还与角量子数 l 有关。

1939 年，鲍林（L. Pauling）根据光谱实验结果，总结出了多电子原子中轨道能级高低的一般情况，绘成近似能级图（approximate energy level diagram），如图 3-15 所示。

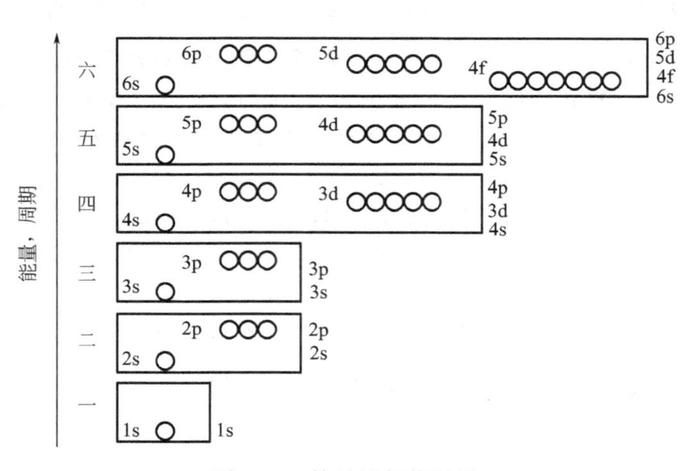

图 3-15　鲍林近似能级图

鲍林近似能级图有如下几个特点。

① 近似能级图是按原子轨道的能量高低排列的，而不是按原子轨道离核远近顺序排列的。图中每个方框代表一个能级组，位于同一能级组中的各原子轨道能量接近或能级差别较小，不同能级组中的原子轨道能量差别较大。目前有 7 个能级组，分别对应周期表中的 7 个周期。

② 在能级图中，一个小圆圈代表一个原子轨道，用小圆圈位置的高低表示能量的高低。其中简并轨道的能量相同，故处于同一高度，排成一排。例如 p 轨道有 3 个等价轨道，d 轨道有 5 个等价轨道，f 轨道有 7 个等价轨道。

③ 角量子数 l 相同时，随主量子数 n 的增大，轨道能级升高。例如

$$E_{1s}<E_{2s}<E_{3s}<E_{4s}<E_{5s}$$

$$E_{2p}<E_{3p}<E_{4p}$$

④ 当主量子数 n 相同时，随角量子数 l 的增大，轨道能级升高。例如

$$E_{4s}<E_{4p}<E_{4d}<E_{4f}$$

⑤ 当主量子数和角量子数都不同时，有时出现**能级交错**（energy level overlap）现象。例如

$$E_{3d}>E_{4s}$$

$$E_{4d}>E_{5s}$$

$$E_{5d}>E_{4f}>E_{6s}$$

这种 n 值小的亚层反而比 n 值大的能量高的现象称为能级交错现象。除了第一、二、三能级组外，其他能级组都有此现象。对于 n 值和 l 值都不同时原子轨道能级的高低，可根据我国化学家徐光宪总结出的规律进行判断：$(n+0.7l)$ 值越大，能级越高；反之，能级越低。例如 3d 和 4s，它们的 $(n+0.7l)$ 分别为 4.4 和 4，因此 $E_{3d}>E_{4s}$。

（3）屏蔽效应

能级交错现象可用屏蔽效应来解释。

① 屏蔽效应的定义　在多电子原子中，每个电子不仅受到原子核的吸引，还要受到其他电子的排斥作用。为了讨论方便，常可把这种内层电子的排斥作用考虑为对核电荷的抵消或屏蔽，相当于使**有效核电荷**（effective nuclear charge）降低，从而削弱了核电荷对该电子的吸引，这种把其他电子对某电子的排斥作用归属为抵消一部分核电荷的作用称为**屏蔽效应**（screening effect）。

若用 Z 表示核电荷数，Z^* 表示有效核电荷数，σ 表示**屏蔽常数**（screening constant），表明被抵消的核电荷数的多少，则有

$$Z^*=Z-\sigma$$

这样对于多电子原子中的一个电子来说，其能量可用下式表示：

$$E_n=-\frac{2.18\times10^{-18}(Z-\sigma)^2}{n^2}\text{J}$$

从式中可以看出：屏蔽常数越小，有效核电荷数越大，电子能量越低；屏蔽常数 σ 越大，有效核电荷数越小，该电子所受到的原子核的实际吸引力下降，离核更远，能量更高。显然，只要能计算出屏蔽常数 σ，就能求得各轨道能级的近似能量。

② 屏蔽常数的计算规则　在多电子原子中，屏蔽常数（σ）的大小与该电子所处的状态，以及对该电子发生屏蔽作用的其余电子的数目和状态有关。一般情况下，屏蔽常数 σ 可根据斯莱脱（J. C. Slater）经验规则近似计算。

斯莱脱（J. C. Slater）经验规则如下：

a. 将原子中的电子分成以下几组：（1s）（2s，2p）（3s，3p）（3d）（4s，4p）（4d）（4f）（5s，5p）…

b. 任何位于所考虑电子的外面的轨道组，其 $\sigma=0$；

c. 同一轨道组的每个其他电子的 σ 一般为 0.35；但在 1s 情况下为 0.3；

d.（$n-1$）层电子对 n 层电子的 $\sigma=0.85$；（$n-2$）层及更内层电子对 n 层电子的 $\sigma=1.00$；

e. 对于 d 或 f 轨道上的电子而言，前面轨道组的每个电子对它的 $\sigma=1.00$。

根据屏蔽效应计算出的有效核电荷数，可以很好地解释能级交错现象，如例 3-6 所示。

【例 3-5】 求氯原子（$Z=17$）最外层电子上的有效核电荷数。

解 按斯莱脱规则分组 $(1s)^2$ $(2s, 2p)^8$ $(3s, 3p)^7$

所以：$Z^*=Z-\sigma=17-(2\times1.00+8\times0.85+6\times0.35)=6.10$

【例 3-6】 对于钾原子（$Z=19$），计算：(1) 最后一个电子填在 4s 上受到的有效核电荷数是多少？(2) 若填在 3d 上呢？其有效核电荷数又是多少？

解 (1) 最后一个电子填在 4s 上，按斯莱脱规则分组如下：

$$(1s)^2(2s,2p)^8(3s,3p)^8(4s,4p)^1$$

所以：$Z^*=Z-\sigma=19-(8\times0.85+10\times1.00)=2.20$

(2) 若填在 3d 上，按斯莱脱规则分组：

$(1s)^2$ $(2s, 2p)^8$ $(3s, 3p)^8$ $(3d)^1$

$$Z^*=Z-\sigma=19-(18\times1.00)=1.00$$

由此可以看出，电子位于 4s 轨道上的有效核电荷数较大，电子能量较低。所以轨道能级 $E_{4s}<E_{3d}$，出现了能级交错。

(4) 科顿原子轨道能级图

鲍林的原子轨道能级图是假定所有不同元素原子的能级高低次序完全一样提出的，是一种近似的能级图，它简单明了，基本上反映了多电子原子的核外电子填充的次序。但是，鲍林近似能级图不能反映多电子原子轨道能级与原子序数的变化关系。光谱实验和量子力学理论证明，随着原子序数的增加，核电荷对电子的吸引力增强，所以轨道能量降低。但由于各轨道能量随原子序数增加时降低的程度各不相同，因此将造成不同元素的原子轨道能级次序不完全一致。

科顿（F. A. Cotton）原子轨道能级图（见图 3-16）是在量子力学和光谱实验的基础上总结出来的，能较好地反映各种元素的原子轨道的能量及轨道能级的相对高低与元素原子序数的关系。

由图 3-16，可以得到如下几点结论。

① 单电子原子如氢原子（原子序数为 1），轨道的能量由主量子数 n 决定，n 相同，轨道能量相同。

②多电子原子轨道的能量由量子数 n 和 l 决定。

③随着原子序数的增大，原子轨道能量逐渐下降。ns 和 np 轨道下降的坡度正常，而 nd 和 nf 轨道下降的坡度特殊，二者不一致，所以产生了能级交错。

例如 3d 和 4s 能级曲线：当 $Z=1\sim14$，$E_{4s}>E_{3d}$，正常；当 $Z=15\sim20$，$E_{4s}<E_{3d}$，能级交错；当 $Z\geqslant21$，$E_{4s}>E_{3d}$，正常。

科顿原子轨道能级图很好地反映了能级交错现象。但是，这一能级图比较复杂，不如鲍林近似能级图简明易懂。因此，在讨论核外电子排布时，一般采用鲍林近似能级图更加方便有效。

3.4.2 核外电子排布的原则

根据光谱实验结果对元素周期律的分析，大部分元素的基态原子，其核外电子排布要遵

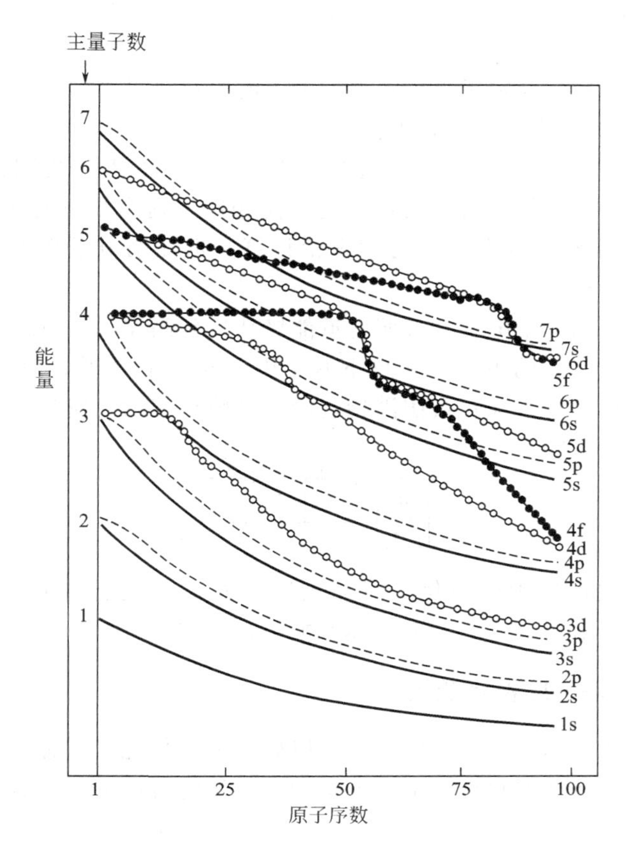

图 3-16　科顿原子轨道能级图

循以下三个原则。

（1）能量最低原理

根据“能量越低越稳定”的规律，电子在原子轨道上的排布，也应使整个原子的能量处于最低状态。在多电子原子的基态时，核外电子总是尽可能分布到能量最低的轨道，这就是**能量最低原理**（principle of the lowest energy）。按照这一原理，核外电子的分布应该按照鲍林近似能级图中各能级的高低顺序，先占据能量最低的轨道，然后依次往能级高的轨道填充，这样的状态就是原子的基态。

（2）泡利不相容原理

能量最低原理确定了电子填入的基本顺序，但每一轨道上排几个电子呢？

1925 年，泡利（W. Pauli）根据原子的光谱现象提出了一个后来被实验证实的假定——**泡利不相容原理**（Pauli exclusion principle），即一个原子中不可能存在四个量子数完全相同的两个电子，或者说在同一个原子中没有运动状态完全相同的电子。按照这一原理，每个原子轨道上最多只能容纳自旋方向相反的 2 个电子。

应用泡利不相容原理，可以获得几个重要推论：

① s 亚层只有一个原子轨道，因此最多容纳 2 个电子；

② p、d、f 的简并轨道分别有 3、5、7 个，所以 p、d、f 亚层所能容纳的电子数为 6、10、14 个；

③ 每个电子层中原子轨道的总数为 n^2 个，如表 3-3 所示，K、L、M 层对应的原子轨

道数分别为1、4、9；因此各电子层中电子的最大容量为$2n^2$个。

（3）洪特规则

根据泡利不相容原理，确定了每个轨道上电子的填充数目，但是对于能量相同的简并轨道（或等价轨道），又该遵守什么规则呢？

1925年，洪特（F. Hund）从光谱实验数据总结出了一个普遍规则：在简并轨道上，电子的排布将尽可能分占不同的轨道，而且自旋方向相同。这个规则称为**洪特规则**（Hund's rule），也叫等价轨道原理。根据量子力学理论计算，也证明电子按照洪特规则进行排布，可使原子系统的能量最低。

例如，碳原子核外的6个电子，按照轨道能级从低到高排入，1s2s 2p…，1s和2s轨道分别排入两个自旋方向相反的电子，还剩下两个电子排入p轨道，但p轨道有3个等价轨道，这两个电子应该如何排入呢？按照洪特规则，其轨道表示式应为：

2s	$2p_x$	$2p_y$	$2p_z$
↑↓	↑	↑	

应该指出，作为洪特规则的特例，简并轨道在处于全充满（p^6、d^{10}、f^{14}）或半充满（p^3、d^5、f^7）或全空（p^0、d^0、f^0）时，体系能量最稳定。

3.4.3 核外电子排布的表示方法

根据原子核外电子排布的三个原则，就可以确定大多数元素基态原子核外电子的排布情况。原子核外的电子排布情况也称为电子层构型，常用的有以下三种表示方法。

（1）电子排布式

按照鲍林近似能级图，按能级由低到高，将电子填入各个亚层，并在亚层符号的右上角用阿拉伯数字标明该亚层（或能级）中的电子数，这样的结构式称为**电子排布式或电子构型**（electron configuration）。例如：

N(7)：$1s^2 2s^2 2p^3$

Ar(18)：$1s^2 2s^2 2p^6 3s^2 3p^6$

K(19)：$1s^2 2s^2 2p^6 3s^2 3p^6 4s^1$

在书写电子排布式时要注意如下事项。

① 电子填充是按照近似能级图由低到高的轨道排布，但书写电子结构式时，要把同一能层（n相同）的轨道写在一起。例如24号元素铬，填充电子时为$1s^2 2s^2 2p^6 3s^2 3p^6 4s^1 3d^5$，而书写时应为$1s^2 2s^2 2p^6 3s^2 3p^6 3d^5 4s^1$，即不能将相同能级的原子轨道分开书写，且$n$最大的轨道在最右侧。

② 为了避免电子排布式书写过长，可把内层已达到稀有气体结构的部分，用该稀有气体元素的符号加上方括号表示，称为“原子实”。如K(19)的电子排布式又可表示成：[Ar] $4s^1$。

表3-4了列出各元素原子的电子排布式。

表3-4所列的各元素原子核外电子排布情况，是由光谱实验结果得出的，其中少数原子序数较大的元素（如某些原子序数较大的过渡元素和镧系、锕系中的某些元素）的电子排布比较复杂，既不符合鲍林能级图的排布顺序，也不符合全充满、半充满及全空规律，属于例外。因此在书写电子排布式时，要掌握一般规律，注意少数例外。

表 3-4　原子的电子层结构（基态）

周期	原子序数	元素符号	电子层																	
			K	L		M			N				O				P			Q
			1s	2s	2p	3s	3p	3d	4s	4p	4d	4f	5s	5p	5d	5f	6s	6p	6d	7s
1	1	H	1																	
	2	He	2																	
2	3	Li	2	1																
	4	Be	2	2																
	5	B	2	2	1															
	6	C	2	2	2															
	7	N	2	2	3															
	8	O	2	2	4															
	9	F	2	2	5															
	10	Ne	2	2	6															
3	11	Na	2	2	6	1														
	12	Mg	2	2	6	2														
	13	Al	2	2	6	2	1													
	14	Si	2	2	6	2	2													
	15	P	2	2	6	2	3													
	16	S	2	2	6	2	4													
	17	Cl	2	2	6	2	5													
	18	Ar	2	2	6	2	6													
4	19	K	2	2	6	2	6		1											
	20	Ca	2	2	6	2	6		2											
	21	Sc	2	2	6	2	6	1	2											
	22	Ti	2	2	6	2	6	2	2											
	23	V	2	2	6	2	6	3	2											
	24	Cr	2	2	6	2	6	5	1											
	25	Mn	2	2	6	2	6	5	2											
	26	Fe	2	2	6	2	6	6	2											
	27	Co	2	2	6	2	6	7	2											
	28	Ni	2	2	6	2	6	8	2											
	29	Cu	2	2	6	2	6	10	1											
	30	Zn	2	2	6	2	6	10	2											
	31	Ga	2	2	6	2	6	10	2	1										
	32	Ge	2	2	6	2	6	10	2	2										
	33	As	2	2	6	2	6	10	2	3										
	34	Se	2	2	6	2	6	10	2	4										
	35	Br	2	2	6	2	6	10	2	5										
	36	Kr	2	2	6	2	6	10	2	6										
5	37	Rb	2	2	6	2	6	10	2	6			1							
	38	Sr	2	2	6	2	6	10	2	6			2							
	39	Y	2	2	6	2	6	10	2	6	1		2							
	40	Zr	2	2	6	2	6	10	2	6	2		2							
	41	Nb	2	2	6	2	6	10	2	6	4		1							
	42	Mo	2	2	6	2	6	10	2	6	5		1							
	43	Tc	2	2	6	2	6	10	2	6	5		2							
	44	Ru	2	2	6	2	6	10	2	6	7		1							
	45	Rh	2	2	6	2	6	10	2	6	8		1							
	46	Pd	2	2	6	2	6	10	2	6	10									
	47	Ag	2	2	6	2	6	10	2	6	10		1							
	48	Cd	2	2	6	2	6	10	2	6	10		2							
	49	In	2	2	6	2	6	10	2	6	10		2	1						
	50	Sn	2	2	6	2	6	10	2	6	10		2	2						
	51	Sb	2	2	6	2	6	10	2	6	10		2	3						
	52	Te	2	2	6	2	6	10	2	6	10		2	4						
	53	I	2	2	6	2	6	10	2	6	10		2	5						
	54	Xe	2	2	6	2	6	10	2	6	10		2	6						

续表

周期	原子序数	元素符号	电子层																	
			K	L		M			N				O				P			Q
			1s	2s	2p	3s	3p	3d	4s	4p	4d	4f	5s	5p	5d	5f	6s	6p	6d	7s
6	55	Cs	2	2	6	2	6	10	2	6	10		2	6			1			
	56	Ba	2	2	6	2	6	10	2	6	10		2	6			2			
	57	La	2	2	6	2	6	10	2	6	10		2	6	1		2			
	58	Ce	2	2	6	2	6	10	2	6	10	1	2	6	1		2			
	59	Pr	2	2	6	2	6	10	2	6	10	3	2	6			2			
	60	Nd	2	2	6	2	6	10	2	6	10	4	2	6			2			
	61	Pm	2	2	6	2	6	10	2	6	10	5	2	6			2			
	62	Sm	2	2	6	2	6	10	2	6	10	6	2	6			2			
	63	Eu	2	2	6	2	6	10	2	6	10	7	2	6			2			
	64	Gd	2	2	6	2	6	10	2	6	10	7	2	6	1		2			
	65	Tb	2	2	6	2	6	10	2	6	10	9	2	6			2			
	66	Dy	2	2	6	2	6	10	2	6	10	10	2	6			2			
	67	Ho	2	2	6	2	6	10	2	6	10	11	2	6			2			
	68	Er	2	2	6	2	6	10	2	6	10	12	2	6			2			
	69	Tm	2	2	6	2	6	10	2	6	10	13	2	6			2			
	70	Yb	2	2	6	2	6	10	2	6	10	14	2	6			2			
	71	Lu	2	2	6	2	6	10	2	6	10	14	2	6	1		2			
	72	Hf	2	2	6	2	6	10	2	6	10	14	2	6	2		2			
	73	Ta	2	2	6	2	6	10	2	6	10	14	2	6	3		2			
	74	W	2	2	6	2	6	10	2	6	10	14	2	6	4		2			
	75	Re	2	2	6	2	6	10	2	6	10	14	2	6	5		2			
	76	Os	2	2	6	2	6	10	2	6	10	14	2	6	6		2			
	77	Ir	2	2	6	2	6	10	2	6	10	14	2	6	7		2			
	78	Pt	2	2	6	2	6	10	2	6	10	14	2	6	9		1			
	79	Au	2	2	6	2	6	10	2	6	10	14	2	6	10		1			
	80	Hg	2	2	6	2	6	10	2	6	10	14	2	6	10		2			
	81	Tl	2	2	6	2	6	10	2	6	10	14	2	6	10		2	1		
	82	Pb	2	2	6	2	6	10	2	6	10	14	2	6	10		2	2		
	83	Bi	2	2	6	2	6	10	2	6	10	14	2	6	10		2	3		
	84	Po	2	2	6	2	6	10	2	6	10	14	2	6	10		2	4		
	85	At	2	2	6	2	6	10	2	6	10	14	2	6	10		2	5		
	86	Rn	2	2	6	2	6	10	2	6	10	14	2	6	10		2	6		
7	87	Fr	2	2	6	2	6	10	2	6	10	14	2	6	10		2	6		1
	88	Ra	2	2	6	2	6	10	2	6	10	14	2	6	10		2	6		2
	89	Ac	2	2	6	2	6	10	2	6	10	14	2	6	10		2	6	1	2
	90	Th	2	2	6	2	6	10	2	6	10	14	2	6	10		2	6	2	2
	91	Pa	2	2	6	2	6	10	2	6	10	14	2	6	10	2	2	6	1	2
	92	U	2	2	6	2	6	10	2	6	10	14	2	6	10	3	2	6	1	2
	93	Np	2	2	6	2	6	10	2	6	10	14	2	6	10	4	2	6	1	2
	94	Pu	2	2	6	2	6	10	2	6	10	14	2	6	10	7	2	6		2
	95	Am	2	2	6	2	6	10	2	6	10	14	2	6	10	9	2	6		2
	96	Cm	2	2	6	2	6	10	2	6	10	14	2	6	10	10	2	6	1	2
	97	Bk	2	2	6	2	6	10	2	6	10	14	2	6	10	11	2	6		2
	98	Cf	2	2	6	2	6	10	2	6	10	14	2	6	10	12	2	6		2
	99	Es	2	2	6	2	6	10	2	6	10	14	2	6	10	13	2	6		2
	100	Fm	2	2	6	2	6	10	2	6	10	14	2	6	10	14	2	6		2
	101	Md	2	2	6	2	6	10	2	6	10	14	2	6	10	14	2	6		2
	102	No	2	2	6	2	6	10	2	6	10	14	2	6	10	14	2	6		2
	103	Lr	2	2	6	2	6	10	2	6	10	14	2	6	10	14	2	6	1	2
	104	Rf	2	2	6	2	6	10	2	6	10	14	2	6	10	14	2	6	2	2
	105	Db	2	2	6	2	6	10	2	6	10	14	2	6	10	14	2	6	3	2
	106	Sg	2	2	6	2	6	10	2	6	10	14	2	6	10	14	2	6	4	2
	107	Bh	2	2	6	2	6	10	2	6	10	14	2	6	10	14	2	6	5	2
	108	Hs	2	2	6	2	6	10	2	6	10	14	2	6	10	14	2	6	6	2
	109	Mt	2	2	6	2	6	10	2	6	10	14	2	6	10	14	2	6	7	2

【例 3-7】 写出铬原子和 Cr^{3+} 的电子排布式。

解 ①铬原子的电子排布式为 Cr：$1s^2 2s^2 2p^6 3s^2 3p^6 3d^5 4s^1$ 或 [Ar]$3d^5 4s^1$。

而不是 [Ar]$3d^4 4s^2$，这是因为洪特规则的特例，d 轨道半充满状态体系更稳定。

也不写成 [Ar]$4s^1 3d^5$，是因为空轨道时，$E_{4s}<E_{3d}$，所以电子先排入能级较低的 4s 轨道，然后再排入能级较高的 3d 轨道，当轨道填入电子后，由于屏蔽效应使 4s 轨道上的电子能量升高，所以 $E_{4s}>E_{3d}$，通常在电子排完之后进行调整，将主量子数相同的轨道排在一起，这样的电子排布能更清晰地反映出各轨道的能量顺序，同时也便于写离子排布式。

② Cr^{3+} 的电子排布式为 Cr^{3+}：$1s^2 2s^2 2p^6 3s^2 3p^6 3d^3$ 或 [Ar]$3d^3$。

注意：写离子排布式时，要根据调整后的原子排布式，电子从最外层开始依次失去。电子填充顺序是：$ns \to (n-2)f \to (n-1)d \to np$；电子失去顺序为：$np \to ns \to (n-1)d \to (n-2)f$。

（2）轨道图排布式

按电子在核外原子轨道中的分布情况表示，这种表示方法称为**轨道图**（orbital diagram）排布式。具体方法为：用一个小方格（或小圆圈）代表一个原子轨道，在方格（或圆圈）内用箭头表示电子的自旋方向，方格（或圆圈）下面注明该轨道的能级。

【例 3-8】 写出 O(8) 和 Cu(29) 的轨道图排布式。

解 O(8) 的电子排布式为 O：$1s^2 2s^2 2p^4$，轨道排布式为：

↑↓	↑↓	↑↓ ↑ ↑
1s	2s	2p

Cu(29) 的电子排布式为 Cu：$1s^2\ 2s^2\ 2p^6\ 3s^2 3p^6\ 3d^{10} 4s^1$，或写成 Cu：[Ar] $3d^{10} 4s^1$；

轨道排布式为：

↑↓	↑↓	↑↓ ↑↓ ↑↓	↑↓	↑↓ ↑↓ ↑↓	↑↓ ↑↓ ↑↓ ↑↓ ↑↓	↑
1s	2s	2p	3s	3p	3d	4s

也可以表示成

Cu: [Ar] ↑↓ ↑↓ ↑↓ ↑↓ ↑↓ ↑

（3）整套量子数排布式

按电子所处状态用整套量子数（4 个量子数）表示，这种表示方法称为整套量子数排布式。原子核外的每个电子，均可用 4 个量子数来确定其运动状态。最简便的方法是由轨道图来着手确定量子数。

【例 3-9】 请用整套量子数表示出 Fe 原子核外价电子的运动情况。

解 先表示出电子排布式和轨道式：

Fe：$1s^2 2s^2 2p^6 3s^2 3p^6 3d^6 4s^2$；

↑↓	↑↓	↑↓ ↑↓ ↑↓	↑↓	↑↓ ↑↓ ↑↓	↑↓ ↑ ↑ ↑ ↑	↑↓
1s	2s	2p	3s	3p	3d	4s

而 Fe 原子的价电子层排布为 $3d^6 4s^2$，根据轨道式写出整套量子数排布如下：

$3d^6$：(3，2，−2，+1/2)，(3，2，−2，−1/2)，

(3，2，−1，+1/2)，(3，2，0，+1/2)，(3，2，+1，+1/2) (3，2，+2，+1/2)

$4s^2$：(4，0，0，+1/2)，(4，0，0，−1/2)

3.5　元素周期系

3.5.1　元素周期律

1869年，俄国化学家门捷列夫（D. I. Mendeleev）经过长期的探索研究，总结出了一个重要的规律：元素的性质随着原子序数（核电荷数）的递增而呈周期性变化，这就是**元素周期律**（periodic law of chemical elements）。元素周期律的发现具有重大的意义，恩格斯称其为“完成了科学上的一个勋业”（《自然辩证法》）。由元素周期律而确立的元素周期系，对于物质结构的研究具有一定的启发。研究发现，元素性质的周期性来源于原子电子层结构的周期性，元素周期律正是原子内部结构周期性变化的反映，元素周期律的图表形式称为元素周期表，元素在周期表中的位置和它们的电子层结构有直接关系。

元素周期性的内涵极其丰富，其中最基本的是：随原子序数递增，元素周期性地从金属渐变成非金属，以稀有气体结束；又从金属渐变成非金属，以稀有气体结束，如此循环往复。

3.5.2　电子层结构与元素周期表的关系

自从1869年门捷列夫给出第一张元素周期表以来，至少已经出现700多种不同形式的周期表。但最常用的是维尔纳长式周期表（见彩插），是由诺贝尔奖得主维尔纳（A. Werner，1866～1919）首先倡导的，长式周期表是目前最通用的元素周期表。它的结构如下。

（1）周期

元素周期表分主表和副表。主表中的第1～5行分别是完整的第1～5周期；但是第6、7行不是完整的6、7周期，其中镧系和锕系元素被分离出来，形成主表下方的副表。

第1周期叫特短周期，只有2个元素，原子核外只有s电子；这一周期每个元素的外层电子结构为：$1s^{1\sim2}$。

第2、3周期叫短周期，有8个元素，原子核外有s电子和p电子；这一周期每个元素的外层电子结构分别为：$2s^{1\sim2}2p^{1\sim6}$、$3s^{1\sim2}3p^{1\sim6}$。

第4、5周期叫长周期，有18个元素，除了钾和钙只有s、p电子外，其他元素还含有d电子；这一周期每个元素的外层电子结构分别为：$4s^{1\sim2}3d^{1\sim10}4p^{1\sim6}$、$5s^{1\sim2}4d^{1\sim10}5p^{1\sim6}$。

第6周期叫特长周期，有32个元素，除了铯和钡外，其他含有f电子；这个周期中的元素的电子层结构出现了新情况，即从第三个元素镧（La）到镱（Yb）共14个元素，原子的新增电子排入由外向内数第三层的4f亚层。这14个元素性质很相似，放在周期表中同一位置，称为**镧系元素**（lanthanide elements），并且常把它们另列一横行，放在周期表下面。镱后面的元素从镥（Lu，$Z=71$）开始，新增电子依次填充在5d、6p亚层，到稀有气体氡，6p全部填满。这一周期每个元素的外层电子结构分别为：$6s^{1\sim2}4f^{1\sim14}5d^{1\sim10}6p^{1\sim6}$，其中14个镧系元素布满4f亚层，10个过渡元素布满5d亚层。

第7周期也是特长周期，其原子核外电子结构的变化规律与第6周期相似，一共有32种元素。从第三个元素锕（Ac）到锘（No）共14个元素，其性质也很相似，故也放在周期表中同一位置，称为**锕系元素**（actinide elements）。

元素周期表的周期与表中各元素的电子层结构的关系如下。

① 元素在周期表中所处的周期数等于该元素原子的最外层电子的主量子数，即**周期数=最外层电子的主量子数=核外电子层数**。例如，$_{24}Cr$ 的电子排布式为 $1s^2 2s^2 2p^6 3s^2 3p^6 3d^5 4s^1$，可知 Cr 为第四周期元素。

② 从电子分布规律可以看出，各周期数与各能级组相对应，即周期数=最高能级组数。每一周期元素的数目等于相应能级组内轨道所能容纳的最多电子数（见表 3-5）。

表 3-5 各周期与最高能级组的关系

周期	起止原子序数	能级组	能级组内各原子轨道	能级内最多电子填充数	元素数目
1	1～2	一	1s	2	2
2	3～10	二	2s2p	8	8
3	11～18	三	3s3p	8	8
4	19～36	四	4s3d4p	18	18
5	37～54	五	5s4d5p	18	18
6	55～86	六	6s4f5d6p	32	32
7	87～118	七	7s5f6d7p	32	32

（2）族

周期表中把性质类似的元素排成纵行，叫做族（即一列）。其实质是根据原子价电子构型对元素进行分族。由于价电子填充在 s、p、d 三个亚层，排满一共是 18 个电子，因此周期表中共有 18 个纵行。根据最后一个电子进入的亚层，区分为主族和副族。如果元素原子核外电子最后填入的亚层为 s 或 p 亚层，该元素便属于主族元素，以 A 表示主族元素；如果元素原子核外电子最后填入的亚层为 d 亚层，该元素便属于副族元素，又称过渡元素（其中 f 亚层的又称内过渡元素），以 B 表示副族元素。

主族和副族的划分和元素分区的关系如下。

① 主族：$(ns+np)$ 的电子数=族数，如 $(ns+np)$ 的电子数=8，则为ⅧA 族，或称为 0 族元素。

② 副族

当 $[(n-1)d+ns]$ 电子数<8 时，$[(n-1)d+ns]$ 电子数=族数；

当 $[(n-1)d+ns]$ 电子数≥8 时，则为ⅧB（有些书中也称Ⅷ族）族元素；

当 $(n-1)d$ 全充满即 d 亚层中有 10 个电子时，族数=ns 中的电子数；

元素在周期表中所处的族数与元素外层电子数的关系见表 3-6。

表 3-6 元素的电子层结构和族的关系

族		外层电子构型	族数
主族	ⅠA～ⅡA	$ns^{1\sim2}$	等于最外层电子数
	ⅢA～ⅦA，0 族	$ns^2np^{1\sim6}$	
副族	ⅠB～ⅡB	$(n-1)d^{10}ns^{1\sim2}$	等于最外层电子数
	ⅢB～ⅦB	$(n-1)d^{1\sim5}ns^{1\sim2}$	等于最外层 s 电子数+次外层 d 电子数
	ⅧB	$(n-1)d^{6\sim9}ns^{1\sim2}$	最外层 s 电子数+次外层 d 电子数=8～10

（3）区

根据原子的价层电子构型，可把周期表中的元素分成 5 个区，即 s 区、p 区、d 区、ds

区和 f 区（见图 3-17）。

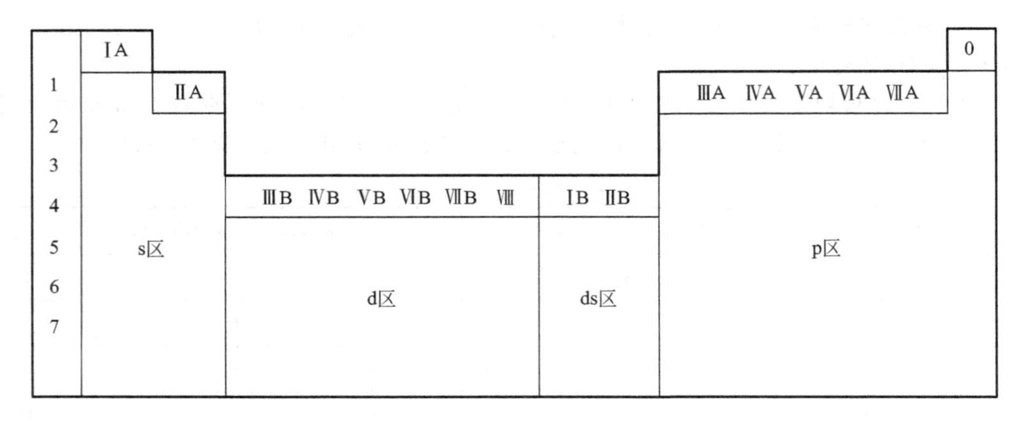

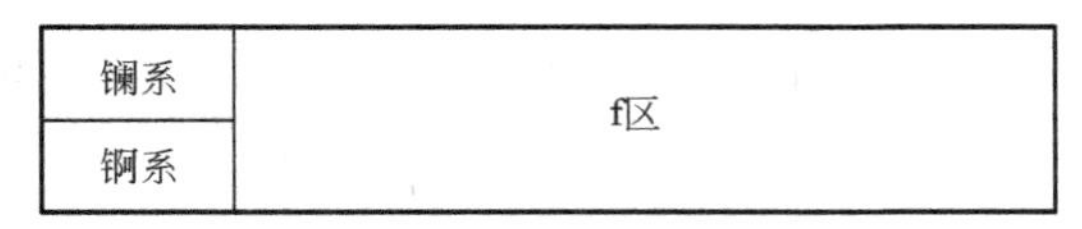

图 3-17 元素周期表分区情况

① s 区——包括第ⅠA、ⅡA 族元素，外层电子构型为 $ns^{1\sim2}$，最后一个电子填充在 s 轨道上；除 H 元素外，都是活泼金属，易失去电子，成为+1、+2 价的金属离子。

② p 区——包括第ⅢA～ⅦA 族和零族元素，外层电子构型为 $ns^2np^{1\sim6}$，最后一个电子填充在 p 轨道上；大多数元素容易得到电子，表现出非金属性。

③ d 区——包括第ⅢB～第ⅧB 族，外层电子构型一般为 $(n-1)d^{1\sim9}ns^{1\sim2}$，最后一个电子填充在 d 轨道上；该区元素都是金属元素，也称**过渡元素**（transition elements）。

④ ds 区——包括第ⅠB、ⅡB 副族元素，外层电子构型为 $(n-1)d^{10}ns^{1\sim2}$；其紧靠 d 区元素，也都是金属元素；与 d 区元素的区别是：d 轨道上电子排布是全满状态。有时也把 d 区和 ds 区元素合称为过渡元素。

⑤ f 区——包括镧系、锕系元素，外层电子构型一般为 $(n-2)f^{1\sim14}(n-1)d^{0\sim2}ns^2$，最后一个电子填充在 f 轨道上；该区元素都是金属元素，称为内过渡元素，又称**稀土元素**（rare earth elements）。

【例 3-10】 请写出 30 号元素的电子排布式，属于哪个周期？哪个族？哪个区？

解 30 号元素的电子排布式为：$1s^22s^22p^63s^23p^63d^{10}4s^2$。

因为周期数=电子层数，所以为第 4 周期；

外层电子构型为 $(n-1)d^{10}ns^2$，所以属于 ds 区，ⅡB 族。

【例 3-11】 某元素位于周期表第 5 周期ⅦA 族，请写出其电子排布式和原子序数，指出它是什么元素。

解 根据元素在周期表中的位置，该元素为主族元素，属于 p 区，原子核外有 5 个电子层，最外层有 7 个电子，外层电子构型为 $5s^25p^5$，电子排布式为：$1s^22s^22p^63s^23p^63d^{10}4s^24p^64d^{10}5s^25p^5$，原子序数为 53，为碘元素。

3.5.3 元素周期性

元素的性质取决于原子的电子层结构，周期系中元素性质呈现周期性的变化规律，就是原子结构周期性变化的体现。

（1）有效核电荷

在周期表中元素的原子序数依次递增，原子核外电子层结构呈周期性变化。由于屏蔽常数 σ 与电子层结构有关，所以有效核电荷 Z^* 也呈现周期性的变化。

有效核电荷随原子序数的变化如图 3-18 所示。

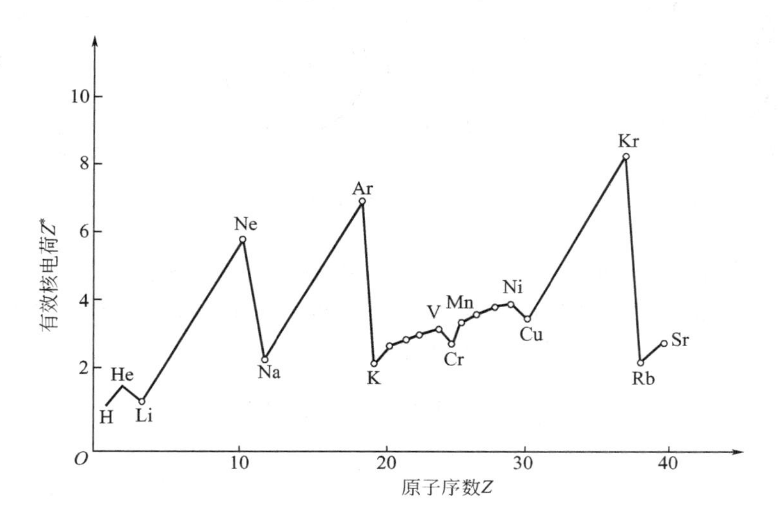

图 3-18　有效核电荷的周期性变化

从图 3-18 中可以看出，有效核电荷随原子序数增加而增加，并呈周期性变化。有效核电荷在周期表中的变化规律如下。

① 同一周期元素

a. 从左到右，主族元素随原子序数的增加，有效核电荷 Z^* 明显增加。

b. 从左到右，副族元素 Z^* 也呈增加趋势，但增大的幅度比主族元素要小许多。这是因为前者为同层电子之间的屏蔽，屏蔽作用较小（$\sigma=0.35$）；而后者是次外层电子对外层电子的屏蔽，屏蔽作用较大（$\sigma=0.85$）。

② 同族元素

由上到下，虽然核电荷增加得较多；但相邻两元素之间依次增加一个电子层（$\sigma=1$），屏蔽作用也较大，故有效核电荷 Z^* 增加不多。

（2）原子半径

按照量子力学的观点，电子云没有明确的界面，因此原子大小的概念是比较模糊的，但可以用**原子半径**（atomic radius）来描述。通常所说的原子半径是通过晶体分析，根据相邻原子的核间距来确定的，因而原子半径只有相对近似的意义。

原子半径常用的有三种定义，即**共价半径**（covalent radius）、**范德华半径**（Van der Waals radius）和**金属半径**（metallic radius）。

① 共价半径　同种元素的两个原子以共价单键结合时（如 H_2、Cl_2 等），它们核间距离的一半称为该原子的共价半径（$r_{共}=d/2$），如图 3-19 所示。如果是共价双键或三键结合的共价半径，应加以注明。

② 范德华半径　在分子晶体中，分子之间以范德华力结合；两个同种原子核间距离的一半称为范德华半径（$r_{范德华}=d/2$），如图 3-20 所示。同一元素原子的范德华半径大于共

价半径，其原子间未相切。

③ 金属半径　在金属晶体中，金属原子被看成刚性球体，彼此相切，其核间距离的一半称为该金属半径（$r_{金属}=d/2$），如图 3-21 所示。因为金属晶体中的原子轨道无重叠，故通常金属半径大于共价半径，例如金属 Na，$r_{金属}=188\text{pm}$，$r_{共}=154\text{pm}$。

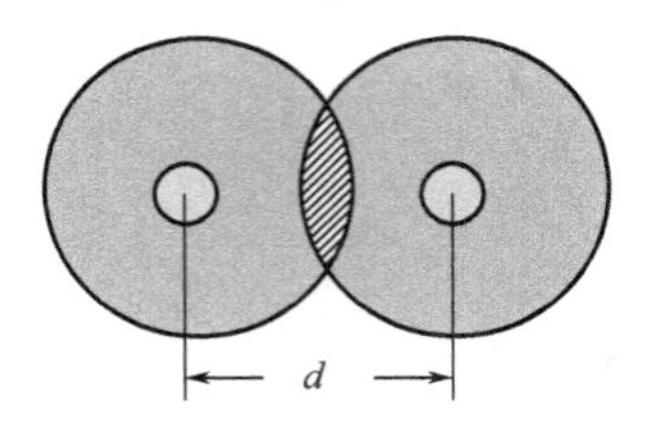

图 3-19　共价半径示意图

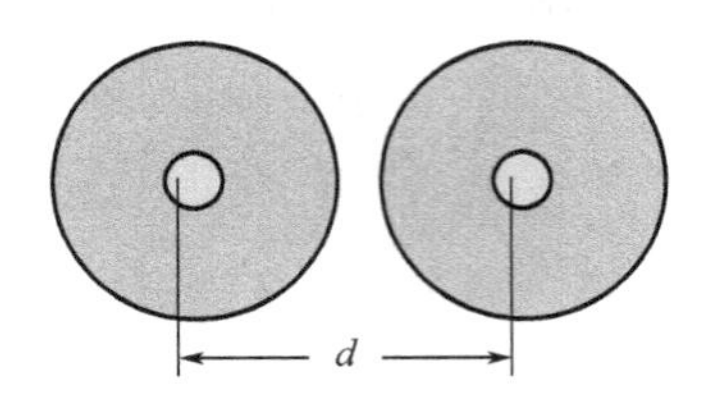

图 3-20　范德华半径示意图

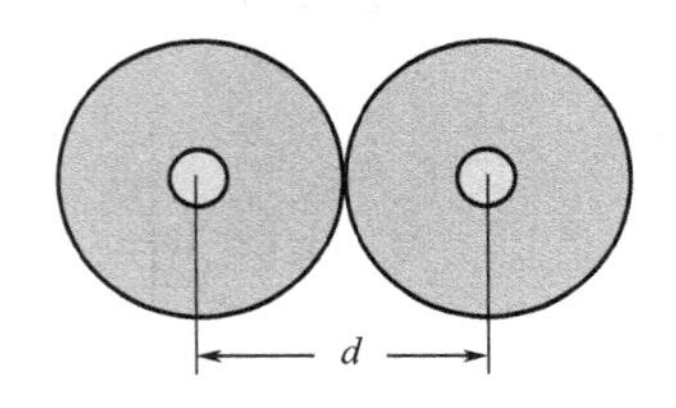

图 3-21　金属半径示意图

一般来说，共价半径较小，金属半径居中，范德华半径最大。这是因为形成共价键时，轨道的重叠程度较大；而分子间力相对较弱，不能将单原子分子拉得很紧密所致。在比较元素的某些性质时，应采用同一套原子半径的数据。

表 3-7　元素的原子半径/pm

H																	He
32																	93
Li	Be											B	C	N	O	F	Ne
123	89											82	77	70	66	64	112
Na	Mg											Al	Si	P	S	Cl	Ar
154	136											118	117	110	104	99	154
K	Ca	Sc	Ti	V	Cr	Mn	Fe	Co	Ni	Cu	Zn	Ga	Ge	As	Se	Br	Kr
203	174	144	132	122	118	117	117	116	115	117	125	126	122	121	117	114	169
Rb	Sr	Y	Zr	Nb	Mo	Tc	Ru	Rh	Pd	Ag	Cd	In	Sn	Sb	Te	I	Xe
216	191	162	145	134	130	127	125	125	128	134	148	144	140	141	137	133	190
Cs	Ba	△ Lu	Hf	Ta	W	Re	Os	Ir	Pt	Au	Hg	Tl	Pb	Bi	Po	At	Rn
235	198	158	144	134	130	128	126	127	130	134	144	148	147	146	146	145	220

△	La	Ce	Pr	Nd	Pm	Sm	Eu	Gd	Tb	Dy	Ho	Er	Tm	Yb
	169	165	164	164	163	162	185	162	161	160	158	158	158	170

在讨论原子半径的变化规律时，非金属为共价半径，金属为金属半径，稀有气体通常为单原子分子，只能采用范德华半径。周期表中各元素的原子半径如表 3-7 所示。

原子半径的大小主要决定于原子核外电子层数和有效核电荷数。从表 3-7 可以看出，原子半径在周期表中的变化规律如下。

① 同一周期元素

a. 主族元素电子层数不变，有效核电荷数依次增加，原子半径依次减小。

b. 过渡元素的有效核电荷数增加缓慢，原子半径减小也较缓慢。

c. 镧系元素的原子半径递减趋势更为缓慢，因为从镧到镱增加的电子填入了内层的 $(n-2)$ f 上，有效核电荷数增加得更为缓慢，这种现象称为**镧系收缩**（lanthanide contraction）。

② 同族元素　同一族自上而下原子半径逐渐增大，但主族和副族情况有所不同。

a. 主族元素自上而下电子层数逐渐增加，有效核电荷几乎不变，因而原子半径逐渐增大。

b. 副族元素原子半径的变化趋势和主族元素相似，但增大不明显。主要原因是内过渡元素镧系收缩，收缩原子半径约 11pm，使得第六周期的原子半径没有因为电子层的增加而大于第五周期元素的原子半径，反而使部分元素原子半径非常接近，性质上极为相似，分离困难。如：

第五周期	锆 Zr	145pm	铌 Nb	134pm	钼 Mo	130pm
第六周期（镧系收缩）	铪 Hf	144pm	钽 Ta	134pm	钨 W	130pm

（3）电离能

任一元素的一个气态原子在基态时失去一个电子成为气态的正一价离子时，所需的能量称为该元素的**第一电离能**（first ionization potential），用 I_1 表示，单位为 $kJ \cdot mol^{-1}$。从气态+1 价离子再失去一个电子成为气态+2 价离子所需的能量叫第二电离能，用 I_2 表示，余类推。

电离能的大小和下列因素有关：①有效核电荷；②原子半径；③原子的电子层结构。由于原子失去电子后，离子所带正电荷越来越大，离子半径越来越小，所以失去电子越来越难，所以 $I_1 < I_2 < I_3 < \cdots\cdots$，这一规律很容易从静电引力角度理解；但一般高于正三价的气态离子就很少存在。

例如：$Li(g) - e^- \longrightarrow Li^+(g)$　　$I_1 = 520kJ \cdot mol^{-1}$

$Li^+(g) - e^- \longrightarrow Li^{2+}(g)$　　$I_2 = 7298kJ \cdot mol^{-1}$

$Li^{2+}(g) - e^- \longrightarrow Li^{3+}(g)$　　$I_2 = 11815kJ \cdot mol^{-1}$

电离能的大小反映了原子失去电子的难易程度。电离能越大，原子失去电子时吸收能量越多，原子失去电子就越难；反之，电离能越小，原子失去电子越易。通常讲的电离能，如果不加注明，指的都是第一电离能。表 3-8 列出了周期系中各元素的第一电离能数据。元素的第一电离能随着原子序数的增加呈明显的周期性变化，如图 3-22 所示。

表 3-8　元素的第一电离能　　　单位：$kJ \cdot mol^{-1}$

H																	He
1312.0																	2372.3
Li	Be											B	C	N	O	F	N
520.3	899.5											800.6	1086.4	1402.3	1314	1681	2080.7
Na	Mg											Al	Si	P	S	Cl	Ar
495.8	737.7											577.6	786.5	1011.8	999.6	1251.1	1520.5
K	Ca	Sc	Ti	V	Cr	Mn	Fe	Co	Ni	Cu	Zn	Ga	Ge	As	Se	Br	Kr
418.9	589.8	631	658	650	652.8	717.4	759.4	758	736.7	745.5	906.4	578.8	762.2	944	940.9	1139.9	1350.7
Rb	Sr	Y	Zr	Nb	Mo	Tc	Ru	Rh	Pd	Ag	Cd	In	Sn	Sb	Te	I	Xe
403.0	549.5	616	660	664	685.0	702	711	720	805	731	867.7	558.3	708.6	831.6	869.3	1008.4	1170.4
Cs	Ba	La*	Hf	Ta	W	Re	Os	Ir	Pt	Au	Hg	Tl	Pb	Bi	Oo	At	Rn
375.7	502.9	538.1	654	761	770	760	840	880	870	890.1	1007	589.3	715.5	703.3	812	[916.7]	1037.0
Fr	Ra	Ac**															
[386]	509.4	490															

*	La	Ce	Pr	Nd	Pm	Sm	Eu	Gd	Tb	Dy	Ho	Er	Tm	Yb	Lu
	538.1	528	523	530	536	543	547	592	564	572	581	589	596.7	603.4	523.5
**	Ac	Th	Pa	U	Np	Pu	Am	Cm	Bk	Cf	Es	Fm	Md	No	Lr
	490	590	570	590	600	585	578	581	601	608	619	627	635	642	410

从表 3-8 中可以看出，周期表中各元素的 I_1 呈现出周期性的变化。

① 同一周期元素

a. 对于主族元素，从左到右元素的 I_1 逐渐增大，且增加显著。

这是因为同一周期元素具有相同的核外电子层数，但从左到右，有效核电荷数逐渐增加，核对外层电子的吸引力逐渐增强，原子半径逐渐减小，因此原子失去电子逐渐变得困难，故电离能明显增大。但有些元素表现反常，比如第二周期的 Be 和 N 元素，其 I_1 反而大于后面的元素 B 和 O（见图 3-22）。这是因为 Be 元素外层电子层结构为 $2s^2$，处于全满状态；N 元素的电子层结构为 $2s^2 2p^3$，处于半充满状态。这都是比较稳定的结构，失去电子较难，因此电离能较大。

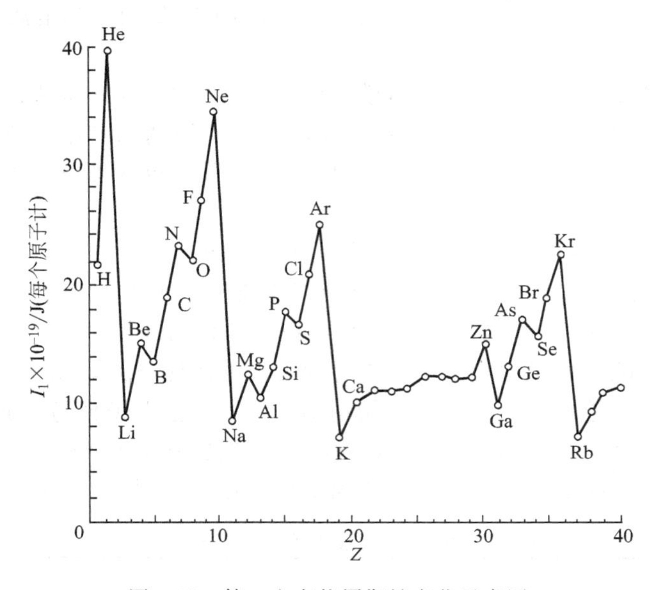

图 3-22 第一电离能周期性变化示意图

b. 对于过渡元素，从左到右电离能逐渐增大，但增加比较缓慢。这和它们的有效核电荷数增加缓慢、半径减小缓慢是一致的。

c. 每一周期的第一个元素（氢和碱金属）的 I_1 最小，最后一个元素（稀有气体）的 I_1 最大。这是因为稀有气体都具有稳定的 8 电子构型所致。

② 同族元素

a. 对于主族元素，自上而下元素的 I_1 逐渐减小。

这是因为自上而下时元素的有效核电荷数几乎不变，电子层数逐渐增多，原子半径增大，核对外层电子的吸引力逐渐减弱，因此失去电子越来越容易，故电离能逐渐减小。

b. 对于副族元素，自上而下元素的 I_1 变化幅度较小，且无一定规律。

这是由于新增加的电子填充在 $(n-1)$d 轨道上，而外层 ns 轨道的电子数相近，再加上内过渡元素的镧系收缩，导致规律性较差。

(4) 电子亲和能

电子亲和能（electron affinity，E_A）是指：元素的一个气态原子在基态时得到一个电子形成气态－1 价离子时所放出的能量称为该元素的第一电子亲和能，用 E_{A1} 表示，单位是 $kJ \cdot mol^{-1}$。电子亲和能也有第一、第二、第三等级，依次用 E_{A1}、E_{A2}、E_{A3} 表示。如果不加注明，都是指的第一电子亲和能。当负一价离子获取电子时，要克服电荷之间的排斥力，因此需要吸收热量。例如：

$$S(g)+e^{-} \longrightarrow S^{-}(g) \qquad E_{A1}=-200.4kJ\cdot mol^{-1}$$

$$S^{-}(g)+e^{-} \longrightarrow S^{2-}(g) \qquad E_{A2}=+590.0kJ\cdot mol^{-1}$$

电子亲和能的数值大小和下列因素有关：①有效核电荷；②原子半径；③原子的电子层结构。电子亲和能的大小可衡量原子得电子的难易，电子亲和能越负，表明原子得到电子时放出的能量越多，越容易得到电子；反之亦然。

需要特别指出，电子亲和能不易测定，一般常用间接方法计算，因此它们数据不多；而且准确性和完整性也要比电离能差。表 3-9 列出了部分主族元素原子的电子亲和能。

表 3-9　主族元素原子的电子亲和能/$kJ\cdot mol^{-1}$

H −72.7							He +48.2
Li −59.6	Be +48.2	B −26.7	C −121.9	N +6.75	O −141.0	F −328.0	Ne +115.8
Na −52.9	Mg +38.6	Al −42.5	Si −133.6	P −72.1	S −200.4	Cl −349.0	Ar +96.5
K −48.4	Ca +28.9	Ga −28.9	Ge −115.8	As −78.2	Se −195.0	Br −324.7	Kr +96.5
Rb −46.9	Sr +28.9	In −28.9	Sn −115.8	Sb −103.2	Te −190.2	I −295.1	Xe +77.2

从表 3-9 中可以看出，周期表中主族元素电子亲和能的变化规律如下。

① 同一周期自左至右，总体趋势是电子亲和能的绝对值越来越大。这是由于对于同一周期的主族元素而言，自左至右，其有效核电荷数增加，原子半径减小；另外原子的最外层上的电子数逐渐增多，趋向于形成 8 电子稳定结构；导致元素失去电子的能力逐渐减弱，得电子能力增强。因此电子亲和能呈现负值，且绝对值逐渐增大。

② 同一主族从上到下，总体趋势是电子亲和能的绝对值逐渐减小。这是由于对于同一主族元素而言，从上到下，有效核电荷增加不多，而原子半径的增加起主要作用，因此核对外层电子的吸引力减弱，导致元素得电子的能力逐渐减弱，因此电子亲和能的绝对值逐渐减小。

③ 特殊性

a. ⅡA 族（ns^2）元素、零族（ns^2np^6）元素以及ⅤA 族（ns^2np^3）中的 N 元素，其电子亲和能为正值。这是由于它们的外层电子构型为半满或全满的稳定结构，不易得到电子所致。

b. ⅤA、ⅥA 和ⅦA 族中，电子亲和能绝对值最大的元素不是出现在第二周期，而是出现在第三周期。这是因为第二周期元素如 N、O、F 的原子半径较小，电子云密度大，进入的电子受到原有电子较强的排斥作用所致。

c. 电子亲和能呈现负值且绝对值最大的元素是 Cl，而不是 F。

(5) 电负性

元素的电离能和电子亲和能分别从一个侧面反映了原子失去和得到电子的能力，但具有一定的局限性。比如在形成化合物时，原子并没有发生得失电子的过程，而只是电子在两原子间发生了偏移。为了更全面地衡量分子中原子吸引电子的能力，又引入了元素电负性的概念。

1932 年，鲍林首先提出：在分子中，原子吸引电子的能力叫做元素的**电负性**（electronegativity）。他指定氟的电负性为 4.0，依次通过对比求出其他元素的电负性，因此电负性是一个相对的数值。元素的电负性通常用符号 χ 表示，数值愈大，表示原子在分子中吸引电子的能力愈强。

电负性的标度，以后又相继提出了很多不同的估算方法，比较有代表性的是密立根（R. S. Mulliken）的电负性数据（χ_M）和阿莱-罗周（Allred-Rochow）的电负性标度（$\chi_{A,R}$）。虽然这些数据有所不同，但在周期系中呈现的周期性变化规律是一致的。目前，使用较为广泛的仍是鲍林的电负性数据，如表 3-10 所示。

表 3-10　鲍林电负性数据

H 2.1																	
Li 1.0	Be 1.5											B 2.0	C 2.5	N 3.0	O 3.5	F 4.0
Na 0.9	Mg 1.2											Al 1.5	Si 1.8	P 2.1	S 2.5	Cl 3.0
K 0.8	Ca 1.0	Sc 1.3	Ti 1.5	V 1.6	Cr 1.6	Mn 1.5	Fe 1.8	Co 1.9	Ni 1.9	Cu 1.9	Zn 1.6	Ga 1.6	Ge 1.8	As 2.0	Se 2.4	Br 2.8
Rb 0.8	Sr 1.0	Y 1.2	Zr 1.4	Nb 1.6	Mo 1.8	Tc 1.9	Ru 2.2	Rh 2.2	Pd 2.2	Ag 1.9	Cd 1.7	In 1.7	Sn 1.8	Sb 1.9	Te 2.1	I 2.5
Cs 0.7	Ba 0.9	La～Lu 1.0～1.2	Hf 1.3	Ta 1.5	W 1.7	Re 1.9	Os 2.2	Ir 2.2	Pt 2.2	Au 2.4	Hg 1.9	Tl 1.8	Ph 1.9	Bi 1.9	Po 2.0	At 2.2
Fr 0.7	Ra 0.9	Ac～Lr 1.1～1.4														

影响电负性的因素与电离能和电子亲和能的因素相同，主要包括：①有效核电荷；②原子半径；③原子的电子层结构。由表 3-10 可以看出，周期系中各元素的电负性具有一定的递变规律。

① 同一周期元素

a. 对于主族元素，同一周期从左到右，元素的电负性逐渐增大，非金属性逐渐增强。这是因为有效核电荷数逐渐增大，原子半径逐渐较小，从而使得原子在分子中吸引电子的能力，即电负性逐渐增加。

b. 对于过渡元素，同一周期从左到右，元素的电负性总体也呈逐渐增大的趋势，但变化不是很有规律。这与原子的电子层结构密切相关，如电子的填充不是在最外层，电子层结构处于半满和全满的稳定状态等。

② 同族元素

a. 对于主族元素，从上到下，元素的电负性依次减小，金属性依次增强。因为原子的电子层构型相同，有效核电荷几乎接近，原子半径增加的影响占主导地位，因此原子在分子中吸引电子的能力，即电负性逐渐减弱。

b. 对于副族元素，从上到下，元素的电负性变化规律不明显。这仍然和原子的电子层结构以及镧系收缩有关。

电负性是一个重要的概念，它有两个主要的应用。

① 根据电负性的大小，可以衡量元素的金属性和非金属性的强弱。例如在元素周期表的右上方，氟的电负性最大，是非金属性最强的元素；左下方的铯，电负性最小，是金属性最强的元素。一般来说，金属元素的电负性小于2.0，非金属元素的电负性大于2.0，但这种分界并不是绝对的。

② 元素的电负性大小也可以用来估计化学键的类型以及键的极性强弱。通常当两元素的电负性差值 $\Delta\chi>2$ 时，形成的是离子键，物质为离子化合物；当 $\Delta\chi<2$ 时，形成的是共价键，物质为共价化合物。例如 Na 和 Cl 的电负性相差 2.2，NaCl 为离子化合物；而 H 和 Cl 的电负性相差 0.9，HCl 为共价化合物。同时，根据构成键的两元素电负性差值也可以用来判断键的极性强弱，一般规律是：差值越大，键的极性越强。例如键的极性大小顺序是：C—F>C—Cl>C—Br>C—I。

本章小结

本章讨论了原子结构与元素周期系，主要学习了四个知识点。

(1) 核外电子运动的量子力学模型

核外电子不同于宏观物体，其运动规律不服从经典牛顿力学模型，而必须用量子力学模型进行描述。微观粒子的运动规律的两个基本特征是：第一，具有波粒二象性；第二，遵守测不准原理。美国的戴维逊等人的电子衍射实验则进一步表明，微观粒子如电子的运动具有波动性是大量粒子统计行为形成的结果，它服从统计规律。因而其状态不能通过其位置、速度等物理量来描述，只能采用统计学的规律来描述。

(2) 核外电子的定量描述

1926年，奥地利科学家薛定谔根据微观粒子具有波粒二象性和对德布罗依实物粒子波的理解，提出了微观粒子运动的波动方程——薛定谔方程。为了使薛定谔方程的解合理，引入 n、l、m 三个参数，称为量子数。在量子力学中，把三个量子数都有确定值的波函数称为1个原子轨道；其中 n 称为主量子数，l 称为角量子数，m 称为磁量子数。为了定量描述核外电子的运动状态，还需要引入第4个量子数——自旋量子数 m_s。

(3) 核外电子的排布

根据光谱实验结果对元素周期律的分析，大部分元素的基态原子，其核外电子排布要遵循以下三个原则：能量最低原理、泡利不相容原理和洪特规则。所谓能量最低原理，是指电子排布按照鲍林近似能级图中各能级的高低顺序进行排列；但对于激发态原子，其排布会违背能量最低原理。核外电子的排布表示方法可区分为电子构型、轨道图以及整套量子数。不管采用哪种方法，电子填充是按照近似能级图由低到高的轨道排布，但书写排布式时，要把同一能层（n 相同）的轨道写在一起。

(4) 元素周期系

1869年，由俄国化学家门捷列夫提出。元素周期表中划分为周期、族和区；其中周期的划分是根据元素原子的最外层电子的主量子数；根据原子的价电子构型（s、p、d）划分为主族和副族；根据价电子排布特征，周期表中的元素又被分成5个区，即s区、p区、d区、ds区和f区。元素的性质取决于原子的电子层结构；而周期系中元素性质呈现周期性的变化规律，就是原子结构周期性变化的体现。

科技人物：门捷列夫

德米特里•伊万诺维奇•门捷列夫，1834 年 2 月 7 日出生于西伯利亚托博尔斯克，1907 年 2 月 2 日卒于彼得堡。俄国最伟大的科学家。他发现了化学元素的周期性，依照原子量制作出世界上第一张元素周期表，并据以预见了一些尚未发现的元素。1907 年 2 月 2 日，这位享有世界盛誉的俄国化学家因心肌梗死与世长辞。他的名著、伴随着元素周期律而诞生的《化学原理》，在 19 世纪后期和 20 世纪初，被国际化学界公认为标准著作，前后共出了八版，影响了一代又一代的化学家。

门捷列夫（1834～1907）

门捷列夫小时候家境并不好，但他有个坚强的母亲。小门捷列夫聪明好学。当看到哥哥上学的时候，7 岁的门捷列夫也吵着要上学。可当地农村的教育很落后，规定儿童满 9 岁才能入学。母亲有心想培养聪明的门捷列夫，就三番五次跑去和学校协商。校长终于答应让他哥俩一块上学，但是有一个条件，那就是门捷列夫的每门功课必须达到 80 分，如果低于 80 分，那就要在一年级学习两年，直到满 9 岁为止。母亲满口答应下来，她相信小门捷列夫没问题。果然一学期结束，门捷列夫的每门功课何止是 80 分，都快 100 分了。他在班上年岁最小，而各门功课却极好，深得老师们的喜欢。从小学到中学，门捷列夫出众的记忆力和数学才能博得了师生们的一致夸奖。然而，一连串的不幸却向这个家庭接踵袭来：门捷列夫 13 岁那年，父亲死了；3 个月后，一个姐姐也死了；第二年，母亲管理的工厂也遭了火灾化为一片灰烬。面对一个个揪心的灾难，坚强的母亲挺住了。在 15 岁的门捷列夫完成中学学业的那一天，母亲为了儿子的学业和前程，变卖财产从西伯利亚千里迢迢送儿子去莫斯科上大学。可等他们经过 2000 多公里艰辛的旅程到达莫斯科时，莫斯科的大学却因为他不是出身于豪门贵族，又来自偏远的西伯利亚，而拒绝他入学。但母亲毫不气馁，又带他到圣彼得堡去争取机会。1848 年，门捷列夫入圣彼得堡医学院专科学校学习，但门捷列夫不喜欢医学，于是于 1850 年转入圣彼得堡师范学院学习化学。在这里门捷列夫幸运地遇到了带领他走上科学道路的引路人——化学家沃斯科列辛斯基，是他发现了门捷列夫在化学研究方面的特殊能力。门捷列夫很快迷上了化学，并立志要成为一名化学家。然而自从来彼得堡后，他亲爱的母亲却积劳成疾。临终前，母亲用那已经冰凉的嘴唇亲吻儿子：“永别了，我的孩子。不要幻想，要坚持工作，耐心地寻求科学的真理。我相信，你会成为一个伟大的......”母亲的话虽然没有说完，但那深情的叮咛，门捷列夫已铭记在心头。他擦干了眼泪，学习更加勤奋。大学毕业后，门捷列夫担任了一所中学的教师。初出茅庐的他一面教书一面刻苦钻研，一年后他以出色的硕士考试成绩和一篇不同凡响的毕业论文，获得了圣彼得堡大学的物理和化学硕士学位。戴上硕士帽仅仅 3 天，他又向校方提出答辩另一篇论文。台下是一排最有学术权威的教授，门捷列夫思维敏捷，顺利地通过了答辩，获得了在这所“俄国第一校”任教的资格。1857年，年方23岁的门捷列夫成为了圣彼得堡大学化学系最年轻的副教授；1866年任圣彼得堡大学普通化学教授，1867年任化学教研室主任，1890年当选为英国皇家学会外国会员。1907年2月2日，俄国著名化学家门捷列夫逝世，享年73岁。为纪念这位伟大的科学家，1955年，由美国的乔索(A. Gniorso)、哈维(B. G. Harvey)、肖邦(G. R. Choppin)等人，在加速器中用氦核轰击锿(^{253}Es)，锿与氦核相结合，发射出一个中子，而获得了新的元素，便以门捷列夫(Mendeleyev)的名字命名为钔(Mendelevium，Md)。

门捷列夫对化学这一学科发展最大的贡献在于发现了化学元素周期律。他在批判地继承前人工作的基础上，对大量实验事实进行了订正、分析和概括，总结出这样一条规律：元素（以及由它所形成的单质和化合物）的性质随着原子量的递增而呈周期性的变化，即元素周期律。他根据元素周期律编制了第一个元素周期表，把已经发现的63种元素全部列入表里，从而初步完成了使元素系统化的任务。他还在表中留下空位，预言了类似硼、铝、硅等未知元素的性质，并指出当时测定的某些元素原子量的数值有错误。而他在周期表中也没有机械地完全按照原子量数值的顺序排列。若干年后，他的预言都得到了证实。门捷列夫工作的成功，引起了科学界的震动。人们为了纪念他的功绩，就把元素周期律和周期表称为门捷列夫元素周期律和门捷列夫元素周期表。

攀登科学高峰的路，是艰苦而又曲折的。门捷列夫在这条路上，也是吃尽了苦头。他担任化学系副教授以后，负责讲授《化学基础》课。在理论化学里应该指出自然界到底有多少元素？元素之间有什么异同和存在什么内部联系？新的元素应该怎样去发现？这些问题，当时的化学界正处在探索阶段。近五十多年来，各国的化学家们，为了打开这神秘的大门，进行了顽强的努力。虽然有些化学家如德贝莱纳和纽兰兹在一定深度和不同角度客观地叙述了元素间的某些联系，但由于他们没有把所有元素作为整体来概括，所以没有找到元素的正确分类原则。年轻的学者门捷列夫也毫无畏惧地冲进了这个领域，开始了艰难的探索工作。他不分昼夜地研究着，探求元素的化学特性和它们的一般的原子特性，然后将每个元素记在一张小纸卡上。他试图在元素全部的复杂的特性里，捕捉元素的共同性。但他的研究，一次又一次地失败了。可他不屈服，不灰心，坚持干下去。

为了彻底解决这个问题，他又走出实验室，开始出外考察和整理收集资料。1859年，他去德国海德堡进行科学深造。两年中，他集中精力研究了物理化学，使他探索元素间内在联系的基础更扎实了。1862年，他对巴库油田进行了考察，对液体进行了深入研究，重测了一些元素的原子量，使他对元素的特性有了深刻的了解。1867年，他借应邀参加在法国举行的世界工业展览俄罗斯陈列馆工作的机会，参观和考察了法国、德国、比利时的许多化工厂、实验室，大开眼界，丰富了知识。这些实践活动，不仅增长了他认识自然的才干，而且对他发现元素周期律，奠定了雄厚的基础。门捷列夫又返回实验室，继续研究他的纸卡。他把重新测定过原子量的元素，按照原子量的大小依次排列起来。他发现性质相似的元素，它们的原子量并不相近；相反，有些性质不同的元素，它们的原子量反而相近。他紧紧抓住元素的原子量与性质之间的相互关系，不停地研究着。他的脑子因过度紧张，而经常昏眩。但是，他的心血并没有白费，在1869年2月19日，他终于发现了元素周期律。他的周期律说明：简单物体的性质，以及元素化合物的形式和性质，都和元素原子量的大小有周期性的依赖关系。门捷列夫在排列元素表的过程中，又大胆指出，当时一些公认的原子量不准确。如那时金的原子量公认为169.2，按此在元素表中，金应排在锇、铱、铂的前面，因为它们被公认的原子量分别为198.6、196.7、196.7，而门捷列夫坚定地认为金应排列在这三种元素的后面，原子量都应重新测定。大家重测的结果，锇为190.9、铱为193.1、铂为195.2，而金是197.2。实践证实了门捷列夫的论断，也证明了周期律的正确性。

门捷列夫发现了元素周期律，在世界上留下了不朽的荣誉，人们给他以很高的评价。恩格斯在《自然辩证法》一书中曾经指出。“门捷列夫不自觉地应用黑格尔的量转化为质的规律，完成了科学上的一个勋业，这个勋业可以和勒维烈计算尚未知道的行星海王星的轨道的勋业居于同等地位。”由于时代的局限性，门捷列夫的元素周期律并不是完整无缺的。1894年，稀有气体氩的发现，对周期律是一次考验和补充。1913年，英国物理学家莫塞莱在研究各种元素的伦琴射线波长与原子序数的关系后，证实原子序数在数量上等于原子核所带的正电荷，进而明确作为周期律的基础不是原子量而是原子序数。在周期律指导下产生的原子结构学说，不仅赋予元素周期律以新的说明，并且进一步阐明了周期律的本质，把周期律这一自然法则放在更严格更科学的基础上。元素周期律经过后人的不断完善和发展，在人们认识自然、改造自然、征服自然的斗争中，发挥着越来越大的作用。

科技动态：原子结构模型的发展

原子结构模型的发展是指从1803年道尔顿提出的第一个原子结构模型开始，经过一代代科学家们不断地发现和提出新的原子结构模型的过程。

(1) 道尔顿实心球模型

1803年，英国自然科学家约翰•道尔顿提出了世界上第一个原子模型，他认为原子是一个坚硬的实心小球，这种模型称为道尔顿模型（1803年）。

理论依据：

① 原子都是不能再分的粒子；

② 同种元素的原子的各种性质和质量都相同；

③ 原子是微小的实心球体。

经过后人证实，虽然这是一个失败的理论模型，但道尔顿第一次将原子从哲学带入化学研究中，明确了今后化学家们努力的方向，化学真正从古老的炼金术中摆脱出来，道尔顿也因此被后人誉为“近代化学之父”。

道尔顿原子模型

(2) 汤姆逊葡萄干蛋糕模型

1904年，约瑟夫•约翰•汤姆逊（J. J. Thompson）提出：原子是一个带正电荷的球，电子镶嵌在里面，原子好似一块“葡萄干布丁”（plum pudding），故名“枣糕模型”或“葡萄干蛋糕模型”；或是像西瓜籽分布在西瓜瓤中，所以也叫“西瓜模型”。

约瑟夫•约翰•汤姆逊在1897年发现电子，否定了道尔顿的“实心球模型”；他在发现电子的基础上提出了原子的葡萄干蛋糕模型（枣糕模型/西瓜模型）。葡萄干蛋糕模型（枣糕模型/西瓜模型）是第一个存在着亚原子结构的原子模型。

理论依据：

① 电子是平均分布在整个原子上的，就如同散布在一个均匀的正电荷的海洋之中，它们的负电荷与那些正电荷相互抵消；

② 在受到激发时，电子会离开原子，产生阴极射线。

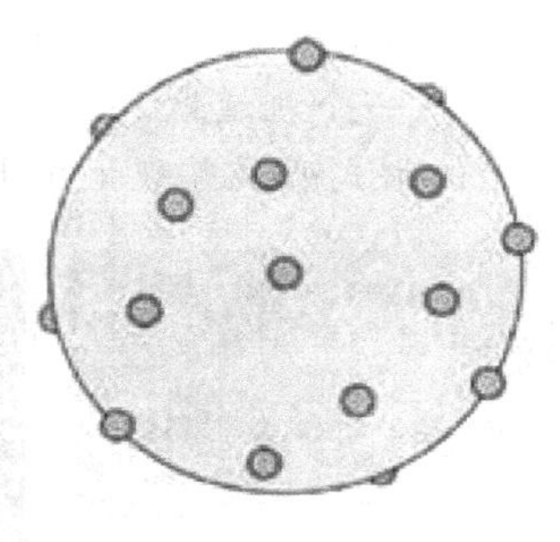

汤姆逊原子模型

（3）卢瑟福行星模型

汤姆逊的学生卢瑟福完成的α粒子轰击金箔实验（散射实验），否认了“葡萄干蛋糕模型”的正确性。

1911年，卢瑟福提出行星模型：原子的大部分体积是空的，电子按照一定轨道围绕着一个带正电荷的很小的原子核运转。

理论依据：

① 原子的大部分体积是空的；

② 在原子的中心有一个很小的原子核；

③ 原子的全部正电荷在原子核内，且几乎全部质量均集中在原子核内部；带负电的电子在核空间进行绕核运动。

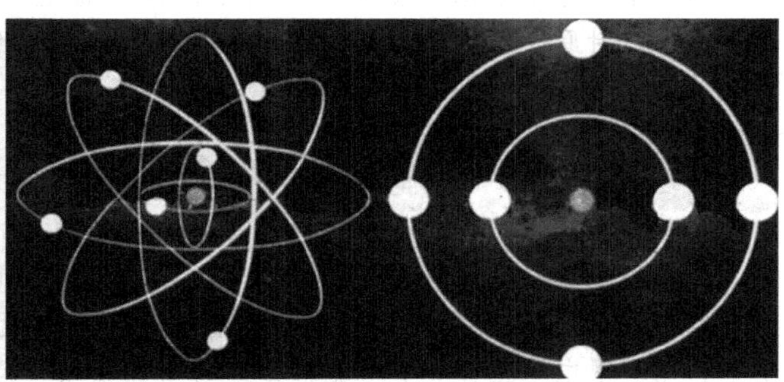

卢瑟福原子模型

(4) 玻尔量子化轨道

1913年，玻尔提出电子不是随意占据在原子核的周围，而是在固定的层面上运动，当电子从一个层面跃迁到另一个层面时，原子便吸收或释放能量。为了解释氢原子线状光谱这一事实，玻尔在行星模型的基础上提出了核外电子分层排布的原子结构模型。

玻尔原子结构模型的基本观点如下：

① 原子中的电子在具有确定半径的圆周轨道（orbit）上绕原子核运动，不辐射能量；

② 在不同轨道上运动的电子具有不同的能量（E），且能量是量子化的，轨道能量值依 n（1，2，3，…）的增大而升高，n 称为量子数；而不同的轨道则分别被命名为K($n=1$)、L($n=2$)、M($n=3$)、N($n=4$)、O($n=5$)、P($n=6$)；

③ 当且仅当电子从一个轨道跃迁到另一个轨道时，才会辐射或吸收能量。如果辐射或吸收的能量以光的形式表现并被记录下来，就形成了光谱。

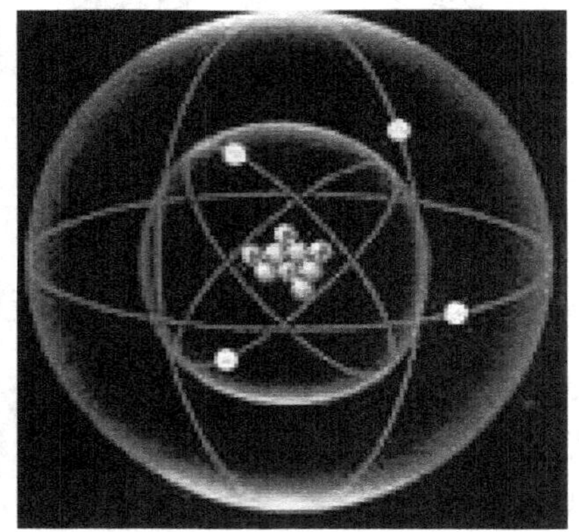

玻尔原子模型

(5) 现代电子云模型

20世纪20年代以来，基于量子力学的发展和科学技术的进步，科学家又提出了电子云模型。所谓电子云是1926年奥地利学者薛定谔在德布罗依关系式的基础上，对电子的运动做了适当的数学处理，提出了二阶偏微分的著名的薛定谔方程式。这个方程式的解，如果用三维坐标以图形表示的话，就是电子云。

电子云模型中的电子在原子核外很小的空间内做高速运动，其运行没有固定的规律，接近近代人类对原子结构的认识，属于分层排布。其理论依据就是德国物理学家海森堡在1927年提出的著名的测不准原理。

理论依据：

电子绕核运动形成一个带负电荷的云团，对于具有波粒二象性的微观粒子来说，在一个确定时刻其空间坐标与动量不能同时测准，这就是著名的测不准原理。

原子结构模型是科学家根据自己的认识，对原子结构的形象描绘。一种模型代表了人类对原子结构认识的一个阶段，人类认识原子的历史是漫长的，也是无止境的。现在，科学家已能利用电子显微镜和扫描隧道显微镜拍摄表示原子图像的照片，随着现代科学技术的发展，人类对原子的认识过程还会不断深化。

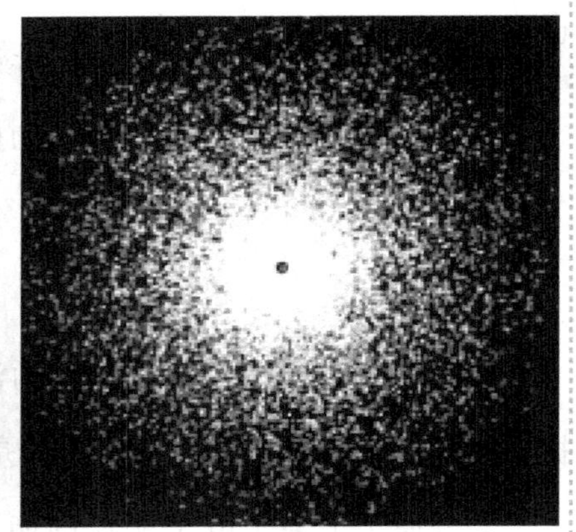

薛定谔、海森堡与电子云模型

复习思考题

1. 何谓基态和激发态？二者有什么区别？

2. 试述下列各名词的意义？

(1) 能级交错 (2) 量子化 (3) 镧系收缩 (4) 屏蔽效应 (5) 原子轨道 (6) 等价轨道

3. 在原子结构理论的发展中，玻尔理论有何贡献？有何局限性？

4. 设原子核位于 $x=y=z=0$，(1) 如果 $x=a$，$y=z=0$ 所围成的微体积内 s 电子出现的概率为 1.0×10^{-3}，问在 $x=z=0$，$y=a$ 所围成的相同大小的体积内该电子出现的概率为多少？(2) 如果这个电子是 p_x 电子，问在第二个位置上的概率为多少？并加以解释。

5. 试述四个量子数的意义和它们取值的规则。对于一个原子轨道要用哪几个量子数来描述？对于一个电子要用哪几个量子数来描述？

6. 回答下述问题：在 3s、$3p_x$、$3p_y$、$3p_z$、$3d_{xz}$、$3d_{yz}$、$3d_{xy}$ 等轨道中，(1) 对氢原子来讲，哪些是等价轨道？(2) 对多电子原子来讲，哪些是等价轨道？

7. 核外电子填充遵守哪几个规则？

8. 原子中电子的运动有何特点？概率和概率密度有何区别和联系？

9. 在角量子数 $l=2$ 的某电子亚层上，电子可处的轨道有几个？可取的电子云形状有哪几种？

10. 在多电子原子内，主量子数 $n=3$ 的电子层中最多可容纳多少个电子？

11. 用量子数 n、l 和 m 对原子核外 $n=4$ 的所有可能的原子轨道分别进行描述。

12. 用四个量子数 n、l、m 和 m_s 对原子核外 $n=3$ 的所有电子分别进行描述。

13. 将氢原子核外电子从基态激发到 2s 或 2p 轨道，所需能量是否相同？为什么？若是 He 原子情况又怎样？若是 He^+ 或 Li^{2+} 情况又是怎样？

14. Cu 原子形成 +1 价离子时失去的是 4s 电子还是 3d 电子？用斯莱脱规则计算结果加以说明。

15. 下列叙述是否正确，试说明原因：

(1) 价电子层排布为 ns^1 的元素都是碱金属元素；

(2) 第四周期过渡元素原子填充电子时先填充 3d 亚层后充填 4s 亚层，所以失去电子时也是按照这个顺序；

(3) $O(g)+e^- \longrightarrow O^-(g)$，$O^-(g)+e^- \longrightarrow O^{2-}(g)$ 都是放热过程。

16. 原子在分子中吸引电子能力的大小用什么来衡量？通常采用哪种标度？

习 题

1. 氢光谱中四条可见光谱线的波长为 655.3nm、486.1nm、434.1nm 和 410.2nm。根据 $\nu=\frac{c}{\lambda}$，计算四条谱线的频率各是多少？($1nm=10^{-9}m$)

2. 汞原子中某个电子跃迁的能量改变值为 $274kJ \cdot mol^{-1}$，试计算相应光子的频率和波长。

3. 下列的电子运动状态是否存在？为什么？

(1) $n=2$，$l=2$，$m=0$，$m_s=+1/2$；

(2) $n=3$，$l=1$，$m=2$，$m_s=-1/2$；

(3) $n=4$，$l=2$，$m=0$，$m_s=+1/2$；

(4) $n=2$，$l=1$，$m=1$，$m_s=+1/2$。

4. 试将某一多电子原子中具有下列各套量子数的电子，按能量由低到高排一顺序，如能量相同，则排在一起。

	n	l	m	m_s
(1)	3	2	1	+1/2
(2)	4	3	2	−1/2
(3)	2	0	0	+1/2
(4)	3	2	0	+1/2
(5)	1	0	0	−1/2
(6)	3	1	1	+1/2

5. 对下列各组轨道，填充合适的量子数：

(1) $n=?$ $l=3$，$m=2$，$m_s=+1/2$；

(2) $n=2$，$l=?$ $m=1$，$m_s=-1/2$；

(3) $n=4$，$l=0$，$m=?$ $m_s=+1/2$；

(4) $n=1$，$l=0$，$m=0$，$m_s=?$

6. 下列电子构型中，哪些是基态？哪些是激发态？哪些是不可能的？

(1) $1s^2 2s^2$；　(2) $1s^2 2s^2 3s^1$；　(3) $[Ne]3s^2 3p^8 4s^1$；

(4) $[He]2s^2 2p^6 2d^2$；(5) $[Ar]3d^3 4s^2$；　(6) $[Ne]3s^2 3p^5 4s^1$。

7. 试用 s、p、d、f 符号表示下列各元素原子的电子层结构：

(1) $_{18}Ar$；(2) $_{26}Fe$；(3) $_{53}I$；(4) $_{47}Ag$。

8. 今有原子序数为 42 的元素。(1) 排出它的电子层结构式；(2) 指出它所处的周期、族、最高正化合价；(3) 用四个量子数分别表示它的每个价电子的运动状态；(4) 画出价电子的原子轨道角度分布示意图（形状、方向、符号）。

9. 已知某元素在氪之前，当此元素的原子失去一个电子后，在其角量子数为 2 的轨道内恰好达到全满，试推断该元素的名称，并说明它属于哪一族。

10.若元素最外层仅有一个电子，该电子的量子数为 $n=4$，$l=0$，$m=0$，$m_s=+1/2$。问：

（1）符合上述条件的元素可以有几个？原子序数各为多少？

（2）写出相应元素原子的电子排布式，并指出在周期表中所处的区域和位置。

11.已知四种元素的原子的价电子层结构分别为：（1）$4s^2$、（2）$3s^2 3p^5$、（3）$3d^2 4s^2$、（4）$5d^{10} 6s^2$；试指出它们在周期系中各处于哪一区？哪一周期？哪一族？

12.已知离子 M^{2+} 3d 轨道中有 5 个电子，试推出：

（1）M 原子的核外电子排布；

（2）M 元素的名称和元素符号；

（3）M 元素在周期表中的位置。

13.根据电子构型预测下列元素的最高氧化态：Mg、Cr、Au。

14. 下列各组元素中，哪一个元素的第一电离能较高：

Li 和 Cs；Na 和 Cl；N 和 O；Cu 和 Zn

15.已知甲元素是第三周期 p 区元素，其最低氧化值为－1，乙元素是第四周期 d 区元素，其最高氧化值为＋4。试填下表：

元素	价电子构型	族	金属或非金属	电负性相对高低
甲				
乙				

16.给出相应于下列每一特征元素的名称：

（1）具有 $1s^2 2s^2 2p^6 3s^2 3p^5$ 电子层结构的元素；

（2）碱金属族中原子半径最大的元素；

（3）ⅡA 族中具有最大电离能的元素；

（4）ⅦA 族中具有电子亲和能最负的元素；

（5）电负性最大的元素；

（6）第一个 4d 轨道全充满的元素。

17.写出下列离子的电子结构式，并给出化学式：

（1）与 Ar 电子构型相同的＋2 价离子；

（2）与 F^- 电子构型相同的＋3 价离子；

（3）核中质子个数最少的 3d 轨道全充满的＋1 价离子；

（4）与 Kr 电子构型相同的－1 价离子。

第4章 化学键与分子结构

【学习要求】

（1）了解离子键的形成，掌握离子键的特征；

（2）掌握杂化轨道的理论要点，会用杂化轨道理论解释分子的空间构型；

（3）掌握分子轨道的理论要点，熟练书写前两个周期同核双原子分子的分子轨道表达式，计算键级和判断分子的磁性；

（4）理解分子间力的种类，熟练利用分子间力解释共价化合物的物理性质；

（5）掌握离子极化的基本概念、不同种类离子的极化特征，并能解释离子极化导致的化合物性质的改变；

（6）了解金属键以及金属键理论。

在自然界中，除了稀有气体，其他元素的原子是不能独立存在的。原子失去电子后形成离子，或原子与原子之间相互作用形成分子。例如，最简单的双原子分子 H_2 由两个 H 原子结合而成；干冰则是众多的 CO_2 分子按一定规律组成的分子晶体；Ag 单质是无数个 Ag 原子（离子）和自由电子结合形成的金属晶体。分子是参与化学反应的基本单元，物质的性质取决于分子的性质及分子间作用力，而分子的性质又取决于分子的内部结构，因此研究分子的内部结构对了解物质的性质和变化规律具有重要意义。

分子结构的研究通常包含以下内容：①**化学键**（chemical bond），即相邻两原子或离子之间强烈的相互作用力；化学键的能量通常为几十到几百千焦每摩尔；②分子的空间构型，在分子中原子的排列并不是杂乱无章的，而是按照一定的规律结合在一起；③分子间力，即分子与分子之间存在的一种较弱的相互作用力，其能量比化学键小 1～2 个数量级；④分子的结构与物质的物理、化学性质的关系。

根据化学键形成的方式与物质的性质的不同，化学键可分为**离子键**（ionic bond）、**共价键**（covalent bond）（包括配位键）和**金属键**（metallic bond）三种基本类型，其中以共价键相结合的化合物占已知化合物的 90%以上。本章在原子结构的基础上，重点讨论分子的形成过程以及有关化学键理论，包括离子键理论、共价键理论（电子配对理论、杂化轨道理论、分子轨道理论）以及金属键能带理论，同时对分子间作用力、氢键以及分子的结构与物质的性质之间的关系也进行简单的介绍。

4.1 共价键理论

化学键的本质是什么？这是化学工作者研究和探索的方向。直至 19 世纪末，电子的发现和近代原子结构理论建立以后，对化学键的本质才获得较好的阐明。

1916 年，德国化学家**柯塞尔**（W. Kossel）根据稀有气体原子具有稳定结构的事实提出了离子键理论，他认为不同的原子相互化合时都有达到稀有气体稳定结构的倾向，首先形成正负离子，然后以静电引力作用形成离子化合物。离子键理论可用来解释电负性差别大的那些元素原子之间相互结合形成离子型化合物（如 NaCl），但无法解释电负性相同或差别不大的元素原子间分子的形成。

同年，美国化学家**路易斯**（G. N. Lewis）提出了共价键理论，他认为分子的形成是由原子间共用一对或几对电子的结果，这种分子称为共价型分子。路易斯的共价键理论也被称为经典共价键理论，它初步揭示了共价键与离子键的区别，成功地解释了电负性相同或差别不大的元素原子间分子的形成。但是路易斯理论也有局限性，它不能解释为什么有些分子的中心原子最外层电子数虽然少于 8（BF_3）或多于 8（PCl_5、SF_6），但这些分子仍能稳定存在；也不能解释共价键的特性（如方向性、饱和性）以及存在单电子键（H_2^+）和氧分子具有磁性等问题；同时，它也不能阐明为什么“共用电子”就能使两个原子结合成分子的本质原因。

目前，关于共价键的形成主要有以下三种理论。

① 价键理论（valence bond theory） 又称电子配对法或 VB 法。该理论由美国化学家鲍林和斯莱脱将量子力学处理氢分子的方法推广应用于其他分子体系而发展成为价键理论。后来，在电子配对法的基础上又建立了**杂化轨道理论**（hybrid orbitaltheory），以解决多原子分子（包括配合物分子）的成键概念和分子的几何构型。

② 分子轨道理论（molecular orbital theory） 简称 MO 法。该理论由莫立根（R. S. Mulliken）、洪特（F. Hund）和伦纳德•琼斯（J. E. Lennard Jones）等人在 1932 年前后提出。

③ 价层电子对互斥理论（valence shell electron pair repulsion theory） 简称 VSEPR 法（见本章阅读材料）。这个理论最初是由**西奇威克**（N. V. Sidgwick）等在 1940 年提出的，20 世纪 60 年代初**吉来斯比**（R. J. Gillespie）等发展了这一理论。

下面就价键理论和分子轨道理论进行介绍。

4.1.1 价键理论

价键理论，又称电子配对法，简称 VB 法。1927 年**海特勒**（W. Heitler）和**伦敦**（F. London）成功地将量子力学应用到简单的氢分子结构上，使共价键的本质得到了理论上的解释。后来，鲍林等人将这一结果进行推广，便发展成为近代价键理论。这种方法与路易斯的电子配对法不同，它是以量子力学为基础的。

（1）共价键的本质

以 H_2 分子的形成为例来说明共价键的本质，海特勒和伦敦用量子力学处理两个 H 原子形成 H_2 分子的过程中，得到了 H_2 分子的能量（E）与核间距离（R）的关系曲线，如图 4-1 所示。当两个 H 原子相互接近时，可以假定有下列两种情况。

① 如果 A、B 两个 H 原子的电子自旋方向相同。当它们相互靠近时，会产生相互排斥作用，系统能量随核间距离关系曲线，如图 4-1 中 E_A 所示。由能量曲线可知，随核间距降低，系统能量均高于单独存在的氢原子能量，它们越靠近能量越升高。这时系统处于不稳定态，不能形成稳定的 H_2 分子。这种不稳定的状态称为 H_2 分子的排斥态［见图 4-2(a)］。

② 如果 A、B 两个氢原子的电子自旋方向相反。当 A、B 两原子相互接近时，此时 A 原子的电子不但受 A 原子核的吸引，同时也受 B 原子核的吸引，同理 B 原子的电子也同时

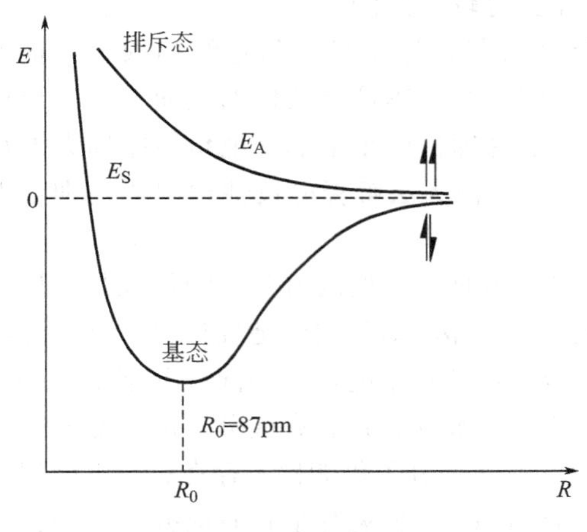

图 4-1 形成氢分子的能量曲线

受到B原子核和A原子核的吸引。整个系统的能量要比两个H原子单独存在时低［见图4-1中E_s曲线］。当核间距离达到平衡距离R_0＝87pm（实验值约为74pm）时，系统能量达到最低；如果两个原子进一步靠近，则排斥力占主导地位，系统能量又逐渐增大。这说明两个氢原子在平衡距离R_0处，形成了稳定的化学键，这种状态称为氢分子的基态［见图4-2(b)］。

基态分子和排斥态分子在电子云的分布上也有很大差别。计算表明基态分子中两核之间的电子概率密度$|\varphi|^2$远远大于排斥态分子中核间的电子概率密度$|\varphi|^2$，如图4-2(c)和(d)所示。由图可见，在基态H_2分子中，氢原子之所以能形成共价键，是因为两个氢原子的自旋方向相反的1s原子轨道发生重叠，电子在两核间的概率密度增大［见图4-2(b)］，体系能量最低，形成了稳定的化学键，这种状态称为H_2分子的基态。排斥态之所以不能成键，是因为自旋相同的1s原子轨道不能发生重叠，电子在两核之间的概率密度几乎为零［见图4-2(a)］，使系统能量升高。

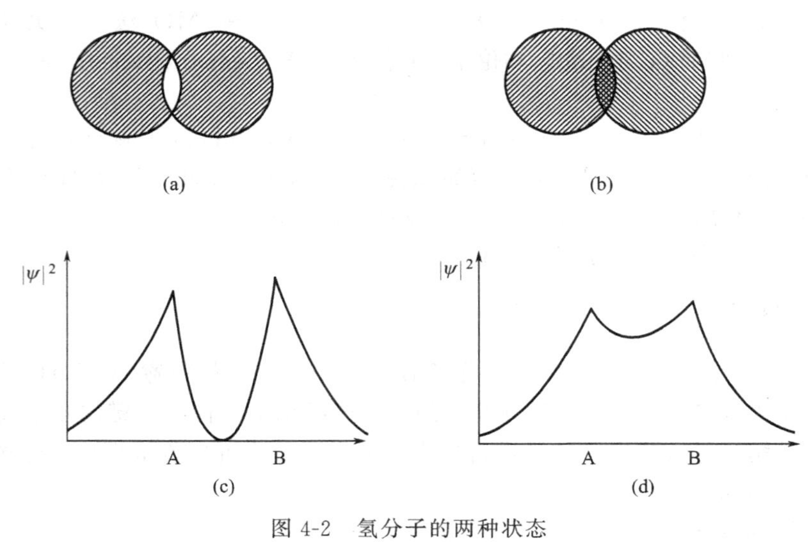

图 4-2 氢分子的两种状态

(a)(c) 排斥态；(b)(d) 基态

由以上讨论可知，量子力学阐明的共价键本质是：氢分子的基态之所以成键，是由于两个氢原子轨道中自旋方向相反的2个未成对电子可以相互配对，原子轨道相互作用而发生重叠，增大了两核之间的电子云概率密度，使系统能量降低而形成稳定的氢分子。

（2）价键理论的基本要点

根据量子力学理论处理氢分子成键的方法，1930年**鲍林**（L. Pauling）和**斯莱脱**（J. C. Slater）等人又加以发展，推广应用到其他分子体系，建立了近代价键理论。其基本要点如下。

① 电子配对原理 自旋方向相反的未成对电子可以相互配对形成共价键。

若A、B两原子各有1个未成对电子，且自旋方向相反，则可以互相配对形成稳定的共价单键（A—B），这对电子为两个原子所共有；若A、B两原子各有2或3个未成对电子，则可形成共价双键（A═B）或叁键（A≡B），例如氮原子有3个未成对的2p电子，可以和另外一个氮原子上自旋方向相反的3个未成对电子相互配对，形成N_2分子。

$$:\dot{\underset{\cdot}{N}}\cdot + \cdot\dot{\underset{\cdot}{N}}: = :N\vdots\vdots N:$$

若A原子有2个未成对电子，B原子有1个，则A与两个B结合形成AB_2分子，例如H原子有一个未成对的1s电子，S原子有两个未成对的3p电子，因此一个S原子能与两个H原子结合形成H_2S分子：

$$H\cdot + \cdot\ddot{\underset{\cdot\cdot}{S}}\cdot + \cdot H = H:\ddot{\underset{\cdot\cdot}{S}}:H$$

② 能量最低原理　在成键过程中，自旋相反的单电子之所以要配对，主要是因为配对后会放出能量，使体系的能量降低。电子配对时，放出的能量越多，形成的化学键就越稳定。例如形成一个C—H键放出$411kJ\cdot mol^{-1}$的能量，形成H—H键时放出$432kJ\cdot mol^{-1}$的能量。

③ 原子轨道最大重叠原理　在成键过程中，成键电子的原子轨道发生重叠时，总是沿着重叠程度最大的方向进行；重叠越多，形成的共价键越牢固，这就是最大重叠原理。根据量子力学原理，成键的原子轨道重叠时，必须考虑原子轨道波函数的“+”、“−”号，只有符号相同的原子轨道才能实现有效重叠。轨道的正、负号相当于机械波中的波峰和波谷，同号相遇时相互加强，异号相遇时相互削弱，甚至抵消。

（3）共价键的特征

在形成共价键时，互相结合的原子既未失去电子，也没有得到电子而是共用电子，在分子中并未存在离子，而只有原子，共价键具有如下特征。

① 共价键的饱和性　共价键的形成条件之一是原子中必须有成单电子，而且成单电子的自旋方向必须相反。由于一个原子的一个成单电子只能与另一个成单电子配对，形成一个共价单键，因此一个原子有几个成单的电子（包括激发后形成的单电子）便可与几个自旋相反的单电子配对成键。所谓饱和性是指1个原子所能形成的共价键的总数不是任意的，一般受未成对单电子数目的制约。也就是说，一个原子含有几个未成对的单电子，就能与几个自旋方向相反的单电子配对形成几个共价键。例如2个氯原子各有1个未成对电子，在形成Cl_2后，2个原子的成单电子都已配对，不能再与第3个氯原子的未成对电子配对而形成Cl_3。

② 共价键的方向性　根据原子轨道最大重叠原理，在形成共价键时，原子间总是尽可能沿着原子轨道最大重叠的方向成键。轨道重叠越多，电子在两核间的概率密度越大，形成的共价键也越稳定。在前一章原子结构的学习中，已经知道原子轨道在空间都有一定的伸展方向，除了s轨道呈球形对称外，p、d、f轨道在空间都有一定的伸展方向。在形成共价键时，s轨道和s轨道可以在任何方向上达到最大程度的重叠；p、d、f等轨道只有沿着一定的方向才能达到轨道的最大重叠，因此共价键是有方向性的。例如，形成氯化氢分子时，氢原子的1s电子和氯原子的一个未成对的$3p_x$电子配对形成一个共价键，有3种可能的重叠方式(见图4-3)，其中只有采取图4-3(a)的重叠方式成键才能使s轨道和p_x轨道发生最大程度的重叠，即才能形成稳定的共价键。

由此可见，所谓共价键的方向性，是指一个原子与周围原子形成共价键有一定的角度。共价键具有方向性的原因是原子轨道有一定的方向性，它和相邻原子的轨道重叠成键要满足

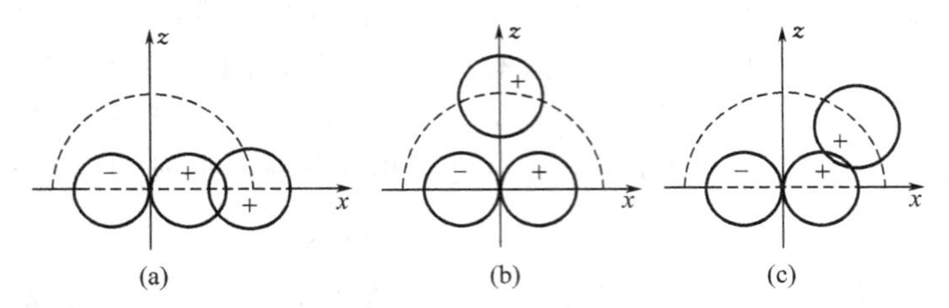

图 4-3　s 和 p_x 轨道的重叠方法

最大重叠条件。共价键的方向性决定着分子的空间构型，因而影响着分子的性质。

（4）共价键的键型

共价键的形成是由原子与原子靠近时，成单电子的原子轨道相互重叠的结果。重叠程度愈大，共价键愈稳定。但是原子轨道的重叠并非都是有效的，只有原子轨道有效的重叠才能成键。

① 原子轨道的重叠　原子轨道有一定的对称性，重叠时必须对称性合适才能达到有效重叠。所谓对称性合适就是两原子轨道以同符号部分（＋与＋或－与－）重叠，这种重叠称为正重叠，见图 4-4(a)、(b)、(c)、(d)、(e)；反之，以不同符号部分（＋与－或－与＋）

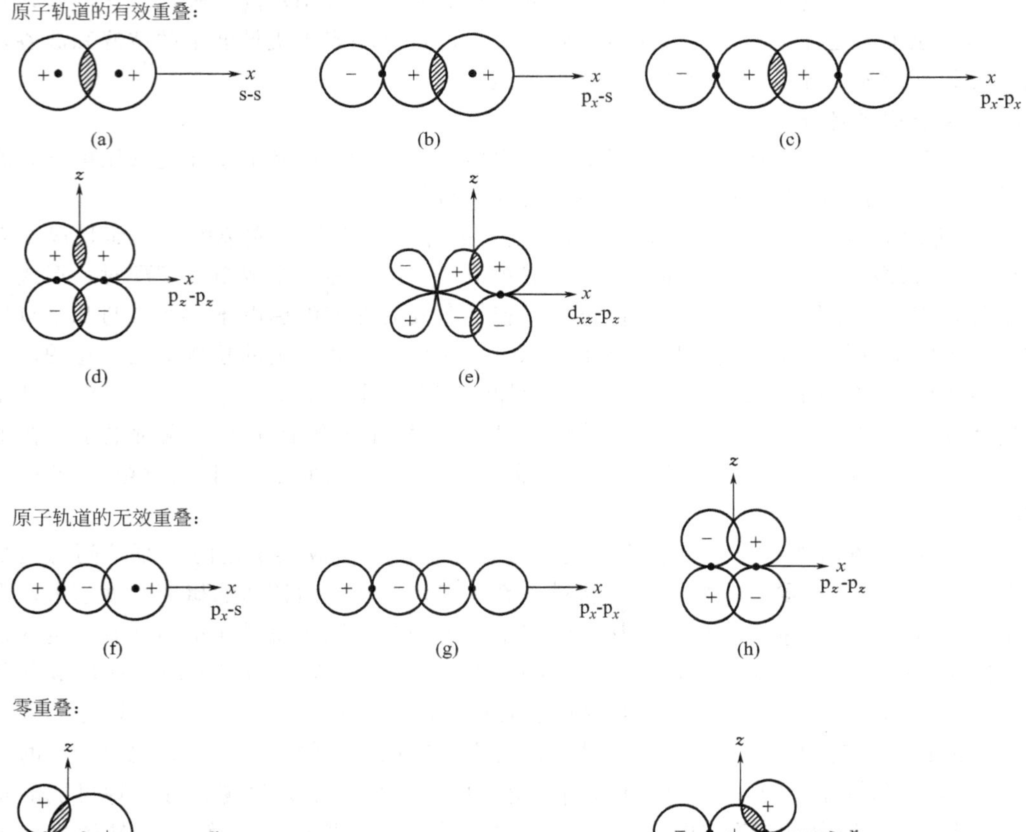

图 4-4　原子轨道的重叠

重叠则为无效重叠，难以成键，也称为负重叠，见图 4-4(f)、(g)、(h)。有时，同号重叠部分和异号重叠部分正好抵消，也无效，不能成键，称为零重叠，见图 4-4(i)、(j)。

② σ 键　原子轨道沿键轴（即两核连线）方向以“头碰头”进行轨道重叠而成键，轨道重叠部分绕键轴旋转 180°，符号和形状不发生改变，符合这种对称特征的图形称为“σ 对称”，而符合 σ 对称的键就称为 σ 键。如 s-s 重叠（H_2 分子中），s-p_x 重叠（HCl 分子中），p_x-p_x 重叠（Cl_2 分子中）［见图 4-5(a)］。

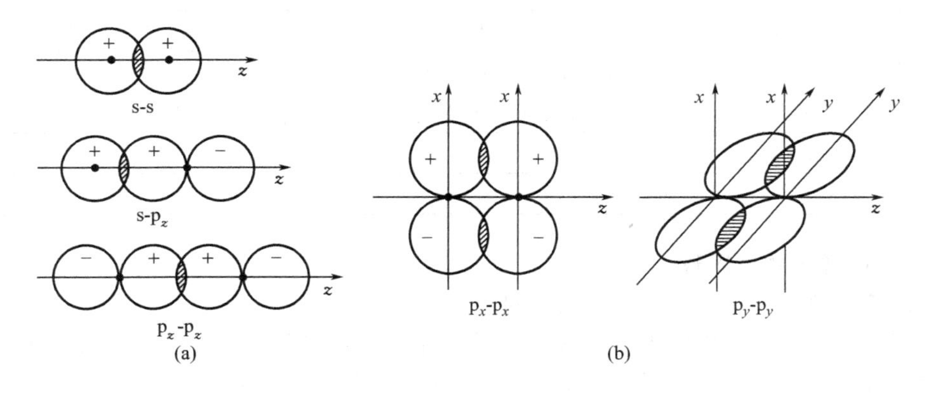

图 4-5　σ 键和 π 键

σ 键的特点是：原子轨道的重叠部分沿着键轴呈圆柱形对称，沿键轴方向可任意旋转，轨道的形状和符号均不改变；原子轨道沿着轴向重叠，能够发生最大程度的重叠，所以 σ 键的键能大，稳定性高。

③ π 键　原子轨道沿键轴方向以“肩并肩”的方式发生轨道重叠而成键，轨道重叠部分绕键轴旋转 180°，形状不发生改变，但符号相反，符合这种对称特征的图形称为“π 对称”，而符合 π 对称的键就称为 π 键。如 p_y-p_y 重叠、p_x-p_x 重叠（N_2 分子中）［见图 4-5(b)］。

π 键的特点是：两个原子轨道以平行或“肩并肩”方式重叠；原子轨道重叠部分对通过一个键轴的平面具有镜面反对称性；原子轨道的重叠程度不如 σ 键，所以 π 键的键能小于 σ 键，π 键的电子活性较高，它是化学反应的积极参与者。

一般而言，当两个原子间形成共价单键时，通常是 σ 键；形成共价双键或叁键时，其中一个是 σ 键，其余是 π 键。例如 N 原子有 3 个未成对的 p 电子（即 p_x、p_y、p_z），在形成 N_2 分子时，如果 2 个 N 原子以 p_x 轨道沿键轴方向以“头碰头”方式重叠形成 1 个 σ 键，则其余的 p_y-p_y 和 p_z-p_z 只能以“肩并肩”方式重叠形成 2 个 π 键，如图 4-6 所示。

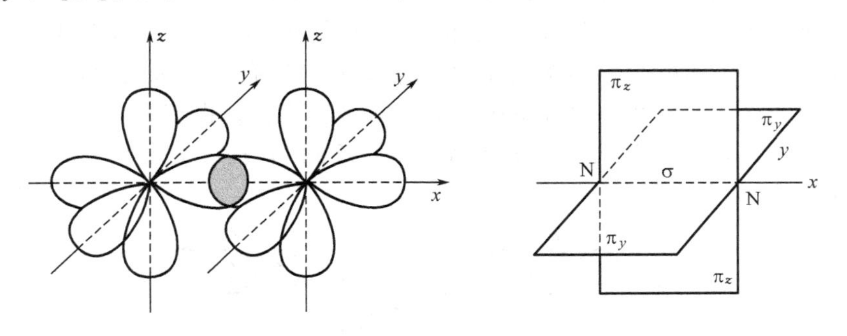

图 4-6　氮分子中的叁键

另外，π 键比较活泼，容易断裂。因为 π 键轨道重叠部分不像 σ 键那样集中在两核的连线上，所以原子核对 π 电子的束缚力较小，π 电子的活动性较高。因此含双键或叁键的化合物（如不饱和烃）一般容易参加反应。

④ σ 键与 π 键的区别　σ 键与 π 键的区别总结于表 4-1 中。

表 4-1　σ 键与 π 键的区别

共价键类型	σ 键	π 键
原子轨道重叠方式	"头对头"	"肩并肩"
原子轨道重叠部位	两原子核之间，在键轴处	键轴上方和下方，键轴处为 0
电子云分布形状	圆柱形，对称于键轴	双冬瓜形，键轴处有一节面
键的强度	大	小
键能	大	小

（5）价键理论的局限性

价键理论简单明了，便于理解，因而被广泛接受。

价键理论阐明了共价键的形成过程和本质，并成功地解释了共价键的方向性和饱和性等特点，能较好地解释许多双原子分子的结构。例如，HCl 分子是由 H 原子的 1s 电子与 Cl 原子外电子层（$3s^2 3p_z^2 3p_y^2 3p_x^1$）中未成对的 $3p_x$ 电子的原子轨道以"头碰头"重叠而成，所以 HCl 分子中有 1 个 σ 键，如图 4-7(a) 所示。

又如 N_2 分子是由两个 N 原子的价电子层（$2s^2 2p_z^1 2p_y^1 2p_x^1$）中 3 个未成对的 2p 电子的原子轨道相互重叠而成。其中两个 p_x 原子轨道以"头碰头"重叠成一个 σ 键；两个 p_y 原子轨道和两个 p_z 原子轨道分别各自以"肩并肩"相互重叠而成两个 π 键，如图 4-7(b) 所示。

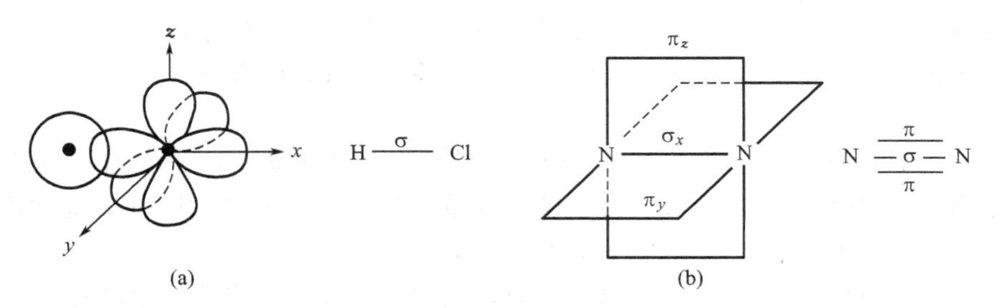

图 4-7　HCl 和 N_2 分子结构示意图

但价键理论在解释多原子分子的空间构型时却遇到了困难。例如在 CH_4 分子中有 4 个 C—H 键，键长为 109pm，键能为 414kJ·mol^{-1}，两个 C—H 键的夹角为 109°28′，因此 CH_4 分子为正四面体的空间构型，碳原子位于四面体中心，四个氢占据四面体四个顶点。根据价键理论，C 原子的电子层结构为 $1s^2 2s^2 2p^2$，p 轨道有 2 个未成对电子，根据共价键的饱和性，C 原子只能形成 2 个共价单键，显然与事实不符。也有人提出激发成键的概念，即在反应过程中，C 原子的 2s 电子，其中有 1 个跃迁到 2p 轨道上去，使价电子层内具有 4 个未成对电子：

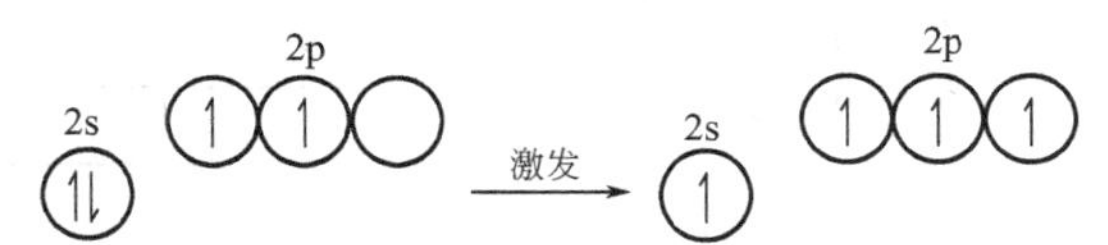

这样就可能形成 4 个 C—H 键。但是问题并没有完全解决，C 原子的 1 个 2s 轨道可以

在任何方向与一个 H 原子的 1s 轨道重叠形成 σ（s-s）键，C 原子的 3 个 2p 轨道互成 90°，与 3 个 H 原子的 1s 轨道分别重叠形成 3 个 σ（p-s）键，由于 s 和 p 轨道能级不同，这 4 个 C—H 应有所不同，这与 4 个共价键完全等同的实验结果仍然不相符。

为了解决上述矛盾，1931 年鲍林在价键理论的基础上提出了杂化轨道理论，成功地解释了多原子分子的空间构型。

4.1.2 杂化轨道理论

（1）杂化与杂化轨道的概念

所谓杂化，是指在形成分子时，由于原子间的相互影响，同一原子中若干个能量相近的原子轨道经过叠加混杂，重新分配能量和调整空间方向，以满足化学结合的需要，成为成键能力更强的一组新的原子轨道，这种轨道组合的过程叫做**杂化**（hybridization），所形成的新的原子轨道称为**杂化轨道**（hybrid orbit）。

例如，在形成 CH_4 分子时，中心 C 原子的 1 个 2s 与 3 个 2p 轨道（共四条原子轨道）发生杂化，形成了一组（四条）新的杂化轨道，即四条 sp^3 杂化轨道，这些 sp^3 杂化轨道不同于原来的 s 轨道和 p 轨道，有自己的波函数、能量、形状和空间取向。

特别注意的是，原子轨道的杂化，只有在形成分子的过程中才会发生，而孤立的原子是不可能发生杂化的。

（2）杂化轨道理论的基本要点

① 同一原子中只有能量相近的原子轨道才能进行杂化，形成成键能力更强的杂化轨道。所谓能量相近，是指处于同一轨道能级组的轨道；所谓成键能力如图 4-8 所示，sp 杂化轨道的形状与原来的 s 和 p 轨道都不相同，其形状一头大一头小，成键时用较大的一头进行轨道重叠，重叠程度增加，因而成键能力更强，形成的共价键更稳定。

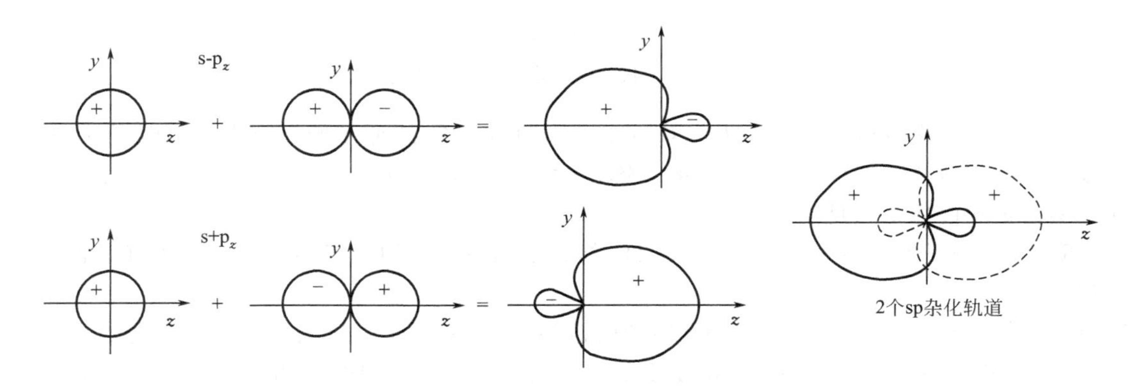

图 4-8 sp 杂化轨道的形成

② 原子轨道杂化时，一般使成对电子激发到空轨道而成单个电子，其所需能量可用成键时放出的能量予以补偿。

③ 杂化轨道成键时，要满足化学键间最小排斥原理。键与键之间排斥力的大小决定于键的方向，即决定于杂化轨道间的夹角，故杂化轨道的类型与分子的空间构型有关。

④ 杂化轨道的数目等于参与杂化的原子轨道数。如在 CH_4 分子形成时，碳原子的一个 2s 原子轨道和三个 2p 原子轨道进行杂化，形成四个 sp^3 杂化轨道。

（3） s 和 p 原子轨道杂化的方式

最简单的杂化方式是 s 和 p 原子轨道之间的杂化，杂化方式通常有三种：sp^3、sp^2、sp

杂化，现分别介绍如下。

① sp^3 杂化　sp^3 杂化是由 1 个 ns 原子轨道和 3 个 np 原子轨道间的杂化，其特点是每个 sp^3 杂化轨道含 1/4 s 成分和 3/4 p 成分；4 个 sp^3 杂化轨道在空间互成 109°28′夹角，空间构型为正四面体［见图 4-9(a)］。

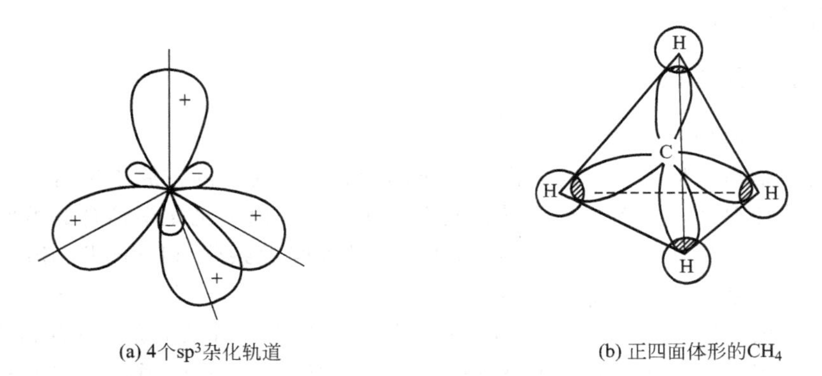

(a) 4个sp^3杂化轨道　　(b) 正四面体形的CH_4

图 4-9　sp^3 杂化轨道和 CH_4 分子构型

例如 CH_4 分子，中心原子 C 的基态外层电子构型为 $2s^2 2p^2$，在成键过程中，C 原子的 1 个 2s 电子被激发到 1 个空的 2p 轨道上，形成外层电子构型为 $2s^1 2p^3$ 的激发态，激发态 C 原子的 2s 轨道和 3 个 2p 轨道进行杂化，形成 4 个能量相等的 sp^3 杂化轨道（见图 4-10）。

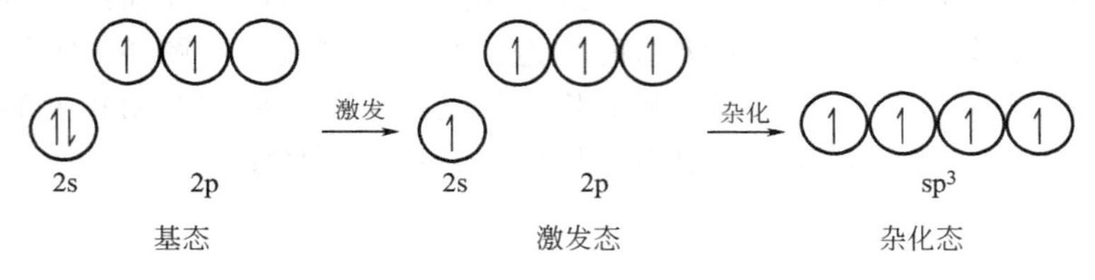

图 4-10　CH_4 中 C 原子的 sp^3 杂化

每个 sp^3 杂化轨道中有一个未成对电子，分别与 4 个 H 原子的含有未成对电子的 1s 轨道发生头碰头重叠，形成 4 个 sp^3-s 的 σ 键，键角在空间互成 109°28′。所以 CH_4 分子的空间构型为正四面体形［见图 4-9(b)］。

除 CH_4 分子外，CCl_4、SiH_4 及 C_2H_6 等分子的空间结构也能用 sp^3 杂化轨道概念得到解释。

② sp^2 杂化　sp^2 杂化是 1 个 ns 原子轨道和 2 个 np 原子轨道间的杂化，其特点是每个 sp^2 杂化轨道含有 1/3s 成分和 2/3p 成分；3 个 sp^2 杂化轨道间的夹角互成 120°，空间构型为平面三角形［图 4-11(a)］。

例如 BF_3 分子，其中心原子为 B 原子，基态 B 原子的外层电子构型为 $2s^2 2p^1$，在成键过程中，B 原子的 1 个 2s 电子被激发到 1 个空的 2p 轨道上，形成外层电子构型为 $2s^1 2p^2$ 的激发态，2s 轨道和 2 个 2p 轨道进行杂化，形成 3 个能量相同的 sp^2 杂化轨道（图 4-12）。

每个 sp^2 杂化轨道有一个未成对的电子，分别与 3 个 F 原子的含有未成对电子的 2p 轨道发生“头碰头”重叠，形成 3 个 sp^2-p 的 σ 键，键角互成 120°，所以 BF_3 分子的空间构型为平面三角形［图 4-11(b)］。

除 BF_3 分子外，BCl_3、C_2H_4 等分子的空间结构也能用 sp^2 杂化轨道概念得到解释。

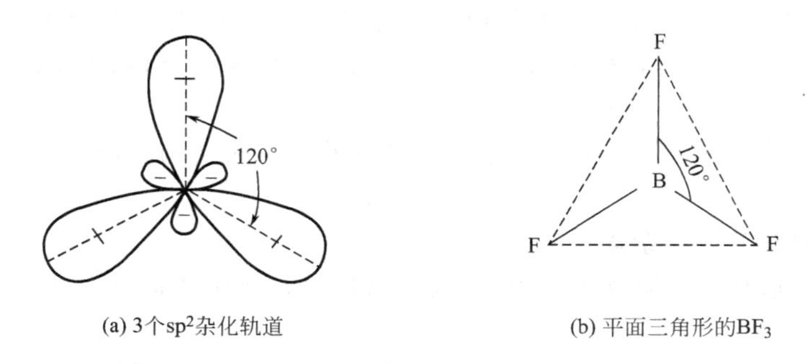

图 4-11　sp^2 杂化轨道和 BF_3 分子构型

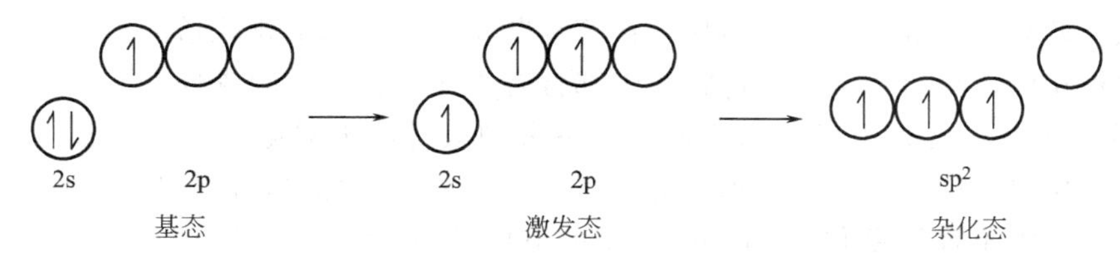

图 4-12　BF_3 中 B 原子的 sp^2 杂化

③ sp 杂化　sp 杂化是由 1 个 ns 原子轨道和 1 个 np 原子轨道间的杂化，其特点是每个 sp 杂化轨道含 1/2 s 成分和 1/2 p 成分；2 个 sp 杂化轨道的夹角为 180°，空间构型为直线形［图 4-13(a)］。

例如气态的 $BeCl_2$ 分子，中心原子为 Be 原子，其基态的外层电子构型为 $2s^2$，成键时 Be 原子的 1 个 2s 电子被激发到 1 个空的 2p 轨道上，形成外层电子构型为 $2s^12p^1$ 的激发态；激发态 Be 原子的 2s 轨道和 1 个 2p 轨道进行杂化，形成 2 个等同的 sp 杂化轨道［图 4-13(b)］。

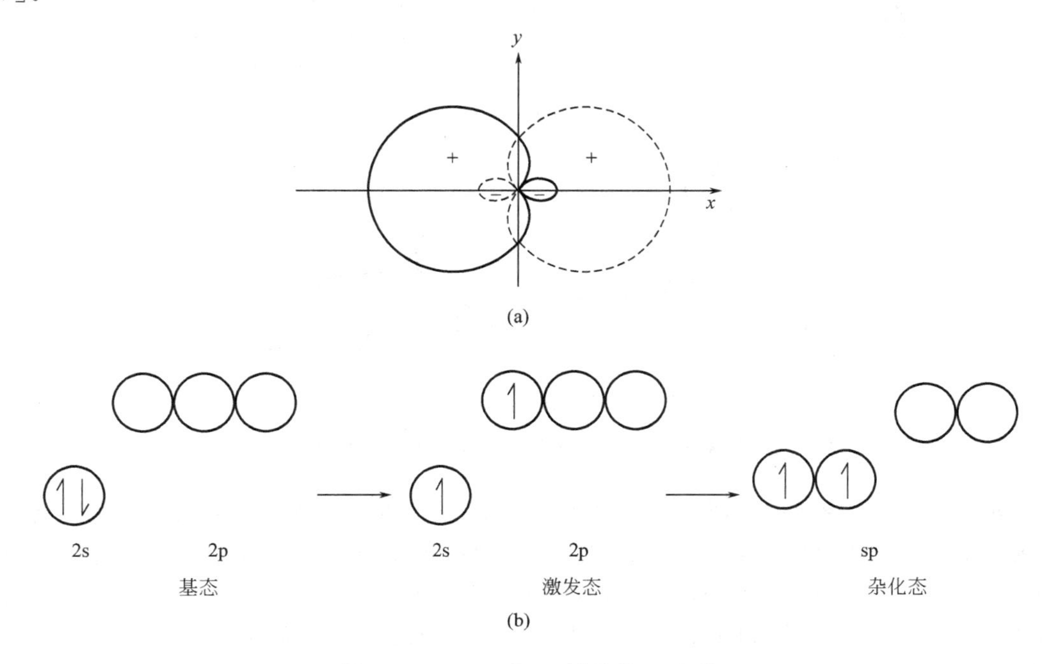

图 4-13　$BeCl_2$ 中 Be 原子的 sp 杂化

每个 sp 杂化轨道中有一个未成对的电子，分别与 2 个 Cl 原子的含有未成对电子 3p 轨道发生“头对头”重叠，形成 2 个 sp-p 的 σ 键，键角为 180°，所以 $BeCl_2$ 分子的空间构型为直线形。

除 $BeCl_2$ 分子外，$HgCl_2$、HgF_2、C_2H_2 等分子的空间结构也能用 sp 杂化轨道概念得到解释。

（4）等性杂化与不等性杂化

根据杂化后轨道是否等同（能量相等、成分相同），杂化轨道可以区分为等性杂化和不等性杂化。

① 等性杂化　如前所述的 sp^3、sp^2 和 sp 杂化中，杂化后所形成的杂化轨道成分相同，轨道性质和能量也完全相同，这种杂化称为**等性杂化**（equivalent hybridization）。例如 CH_4 分子中碳原子就是采取等性的 sp^3 杂化；在等性杂化中，构成杂化轨道的原子轨道对每个杂化轨道的贡献相同，如每个 sp^3 杂化轨道中都含有 1/4s 和 3/4p 的成分。

② 不等性杂化　凡是由于杂化轨道中有不参加成键的孤对电子（也称孤电子对）的存在，而导致杂化轨道中所含原来轨道成分的比例不相等，杂化轨道的性质和能量也不完全相同，这种杂化称为**不等性杂化**（nonequivalent hybridization）。例如 NH_3 分子和 H_2O 分子中的轨道杂化就属于不等性杂化。

在 NH_3 分子形成过程中，中心原子 N 的 1 个 2s 轨道和 3 个 2p 轨道发生 sp^3 不等性杂化，形成 4 个 sp^3 杂化轨道，4 个杂化轨道之间的夹角为 109°28′。由于其中 3 个杂化轨道各含有一个未成对电子，轨道中含 p 成分较多，而另 1 个杂化轨道被一对孤对电子所占据，含 s 成分较多，也即是 4 个 sp^3 杂化轨道中所含 s 和 p 的成分不完全相同。杂化过程如图 4-14（a）所示。

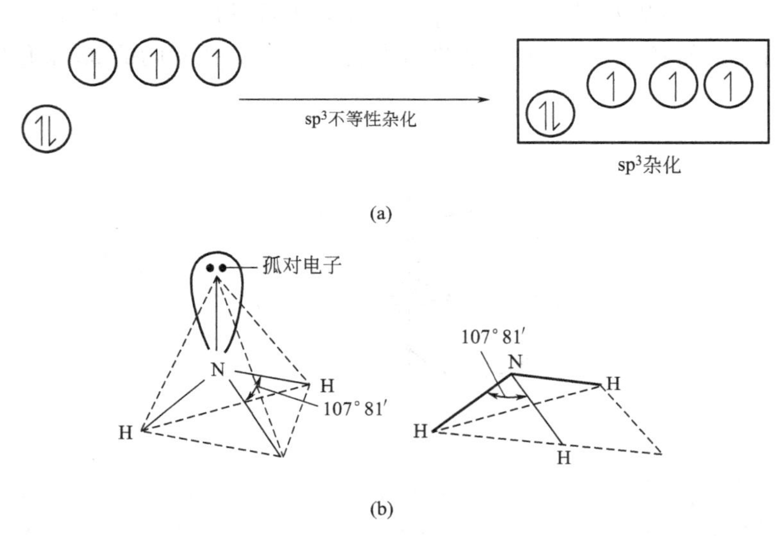

图 4-14　氮原子的不等性杂化（a）和 NH_3 分子的结构（b）

成键时，3 个杂化轨道分别与 3 个 H 原子的 1s 轨道重叠，形成 3 个 N—H 键；而 1 个含有孤对电子的杂化轨道不参与成键。但由于孤对电子仅受限于 N 原子，而键对电子受限于 N 原子和 H 原子，因此孤对电子对键对电子在空间上具有排斥作用，使 N—H 键之间的夹角从最初的 109°28′压缩到 107°18′，所以 NH_3 分子的空间构型为三角锥形［见图 4-14（b）］。

在 H_2O 分子中，中心 O 原子也为 sp^3 不等性杂化，4 个杂化轨道之间的夹角为 109°28′；因为有两个杂化轨道被孤对电子所占据，使 O—H 键之间的夹角进一步压缩到 104°45′[见图 4-15(a)]。因此，H_2O 分子的空间构型为“V”字形 [见图 4-15(b)]。

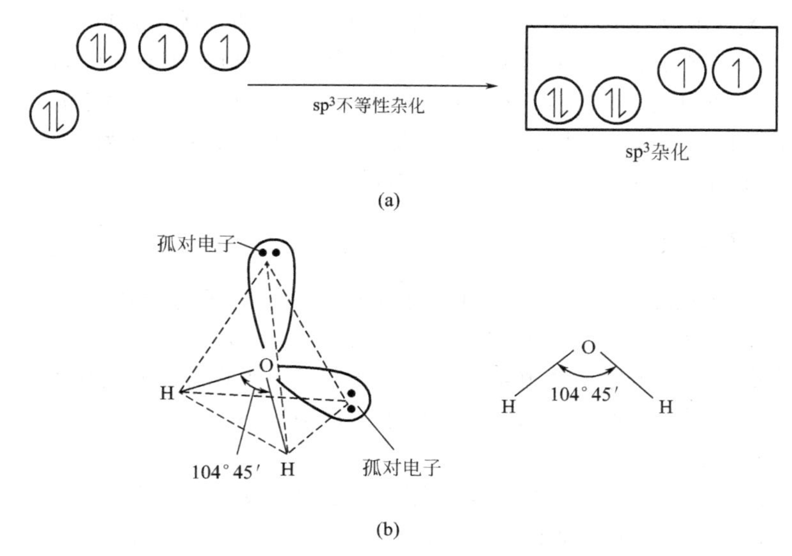

图 4-15　O 原子的不等性杂化（a）和 H_2O 的空间构型（b）

由 s 轨道和 p 轨道形成的杂化轨道和分子的空间构型列于表 4-2。

表 4-2　s-p 型杂化轨道及空间构型

杂化轨道类型	sp^3	sp^2	sp	sp^3(不等性)	
参与杂化的轨道	1 个 s,3 个 p	1 个 s,2 个 p	1 个 s,1 个 p	1 个 s,3 个 p	
杂化轨道数	4	3	2	4	
成键轨道夹角 θ	109°28′	120°	180°	90°<θ<109°28′	
空间构型	正四面体	平面三角形	直线形	三角锥形	“V”字形
实例	CH_4 $SiCl_4$	BF_3 BCl_3	$BeCl_2$ $HgCl_2$	NH_3 PH_3	H_2O H_2S

（5）杂化轨道理论的局限性

杂化轨道理论成功地解释了多原子分子的空间构型，是价键理论的进一步补充和发展。但它和价键理论一样，过分强调两原子间的电子配对成键，具有一定局限性。

首先，价键理论不能解释氧分子的顺磁性。这是由于价键理论强调电子配对，据此推测，一切分子都应呈现反磁性；但某些分子（如氧气）却有顺磁性。

所谓磁性是指物质在外磁场中表现出的性质。如果物质在外磁场中被吸引，称作**顺磁性**(paramagnetism)；如果物质在外磁场中被排斥，则称作**反磁性**（diamagnetism）。

从经典的电磁理论来看，电子绕核旋转就相当于电流在一个小线圈上流动，会产生磁矩。分子的磁矩 μ 等于分子中各电子产生的磁矩之和（$\sum\mu_i$）。当物质中不含有未成对的电子，则磁矩的总和 $\sum\mu_i=0$，这样的物质在外磁场中将被排斥，具有反磁性；当分子中具有未成对的电子，则 $\sum\mu_i\neq0$，这样的物质在外磁场中会被吸引，具有顺磁性。

顺磁性物质产生磁矩的大小，可以由实验测定。根据测定结果，可以按下式算出有些物质中未成对电子数的多少。

$$\mu=\sqrt{n(n+2)}$$

式中，μ 为实验求得的磁矩（单位玻尔磁子 B. M.）；n 为未成对电子数。当已知 μ 的数值后，可用上式求得未成对电子数 n。很显然，n 值越大，顺磁性越强。

除此之外，价键理论也无法解释某些奇数电子分子（NO、NO_2）或离子（H_2^+、He_2^+、O_2^+）的稳定存在；也无法解释某些分子中存在大 π 键的结构。正是由于这些不足，促使学者探求新的理论。1931 年，美国化学家**莫立根**（R. S. Mulliken）、**洪特**（F. Hund）和**伦纳德·琼斯**（J. E. Lennard Jones）等人提出分子轨道（MO）理论。

4.1.3 分子轨道理论

分子轨道（molecular orbital）是基于电子离域于整个分子的概念所提出的化学键理论，分子轨道理论（简称 MO 法）是现代共价键理论的一个分支。与现代共价键理论的重要区别在于：分子轨道理论认为原子轨道组合成分子轨道，电子在分子轨道中填充、运动；而现代共价键理论则讨论原子轨道，认为电子在原子轨道中运动。

（1）分子轨道的概念

在分子轨道理论里，电子不再属于某个原子，而是在整个分子范围内运动。在讨论原子结构时曾用波函数来描述电子在原子中的运动状态，并把 ψ 称为原子轨道。同样分子中电子的空间运动状态也可以用 ψ 来描述，即把分子中的波函数称为分子轨道，简称 MO。$|\psi|^2$ 为分子中的电子在空间各处出现的概率密度。

（2）分子轨道理论的基本要点

① 在原子形成分子时，所有电子都有贡献，用分子轨道波函数 ψ 来描述分子中电子的空间运动状态。分子轨道和原子轨道的区别在于：a. 原子轨道是一个中心（单原子核），而分子轨道是多中心（多原子核）的；b. 原子轨道的名称用 s、p、d 等符号表示，而分子轨道的名称则相应地用 σ、π、δ 等符号表示。

② 分子轨道由原子轨道波函数的**线性组合**（linear combination of atomic orbitals, LCAO）而成，而且组成的分子轨道的数目同互相化合原子的原子轨道的数目相同。

③ 为了有效地组成分子轨道，原子轨道线性组合成分子轨道有三个条件，即分子轨道成键三原则：对称性匹配原则、能量近似原则和轨道最大重叠原则。在这三个原则中，对称性相同原则是首要的，它决定原子轨道能否组成分子轨道的问题；而能量近似原则和最大重叠原则只是决定组合的效率问题。

④ 每个分子轨道 ψ_i 都有相应的能量 E_i 和图像，分子的能量 E 等于分子中电子能量的总和，而电子的能量即是被它们占据的分子轨道的能量。根据分子轨道的能量大小，可以排出分子轨道的近似能级图，根据图像对称性不同，可分为 σ 键和 π 键等。

⑤ 电子在分子轨道中的排布也遵守原子轨道电子排布的同样规则，即**泡利不相容原理、能量最低原理和洪特规则**。

（3）原子轨道线性组合的类型

分子轨道是由原子轨道线性组合而成的。当两个原子轨道 ψ_A 和 ψ_B 组合成两个分子轨道 ψ_1 和 ψ_2 时，由于 ψ_A 和 ψ_B 有正、负之分，所以 ψ_1 和 ψ_2 有两种组合方式：ψ_A 和 ψ_B 符号相同或 ψ_A 和 ψ_B 符号相反，可用下面两个式子表示，其中 c_1 和 c_2 为常数：

$$\psi_1=c_1(\psi_A+\psi_B)$$
$$\psi_2=c_2(\psi_A-\psi_B)$$

当两个原子轨道正、负号相同时，ψ_A 和 ψ_B 叠加后形成分子轨道 ψ_1，两核间电子的概率密度增大，能量降低，称为**成键分子轨道**（bonding molecular orbital），如 σ、π 轨道；当两个原子轨道正、负号相反时，ψ_A 和 ψ_B 叠加后形成分子轨道 ψ_2，两核间电子的概率密度减小，能量升高，称为**反键分子轨道**（antibonding molecular orbital），如 σ^*、π^* 轨道。

下面就分子轨道的类型分别进行近似描述。

① s-s 原子轨道的组合　两个原子的 ns 轨道相互重叠，可得到两个 σ 分子轨道，其中能量较低的为原子轨道同号重叠（波函数相加）得到，称为成键分子轨道，用 σ_{ns} 表示；能量较高的为原子轨道异号重叠（波函数相减）得到，称为反键分子轨道，用 σ_{ns}^* 表示。如图 4-16 所示。

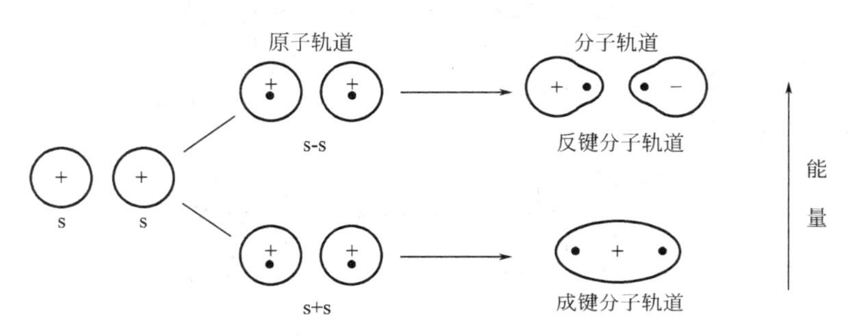

图 4-16　s-s 原子轨道组合成分子轨道

② s-p_x 原子轨道的组合　当一个原子的 ns 轨道和另一个原子的能量相近的 np 轨道沿键轴方向重叠时，可得到两个 σ 分子轨道；原子轨道同号重叠（波函数相加）得到的分子轨道，能量较低称为成键分子轨道，用 σ_{sp_x} 表示；原子轨道异号重叠（波函数相减）得到的分子轨道，能量较高称为反键分子轨道，$\sigma_{sp_x}^*$ 表示。如图 4-17 所示。

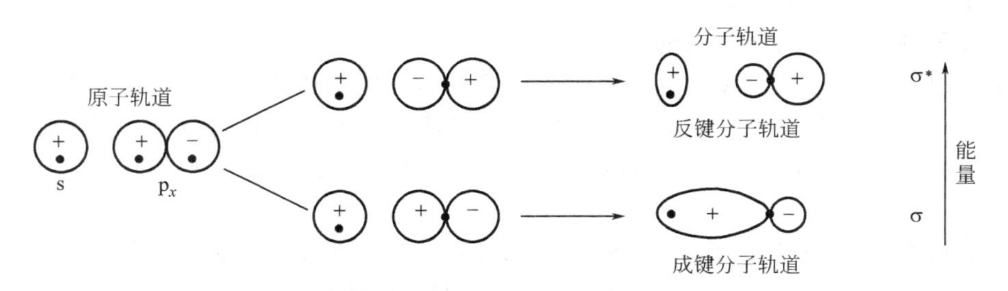

图 4-17　s-p_x 原子轨道组合成分子轨道

③ p-p 原子轨道的组合　两个原子的 p 轨道相互重叠时，有两种组合方式：“头碰头”和“肩并肩”。

当两个原子的 np_x 轨道沿键轴方向以“头碰头”方式进行线性组合时，可以得到两个 σ 分子轨道：能量较低的成键分子轨道 σ_{np_x} 和能量较高的反键分子轨道 $\sigma_{np_x}^*$，如图 4-18 所示。

当两个原子的 np_x 和 np_x 轨道以“头碰头”的方式重叠时，另外两个原子的 np_y 和 np_z 轨道只就能以“肩并肩”的方式组合成四个 π 分子轨道：两个成键分子轨道 π（np_y）和 π_{np_z} 及两个反键分子轨道 $\pi_{np_y}^*$ 和 $\pi_{np_z}^*$；其中 np_y-np_y 和 np_z-np_z 组合得到的分子轨道情况完全相同，互为等价轨道，如图 4-19 所示。

④ p-d 组合和 d-d 组合　这两类原子轨道组合时，只能以“肩并肩”的形式组合成 π 分

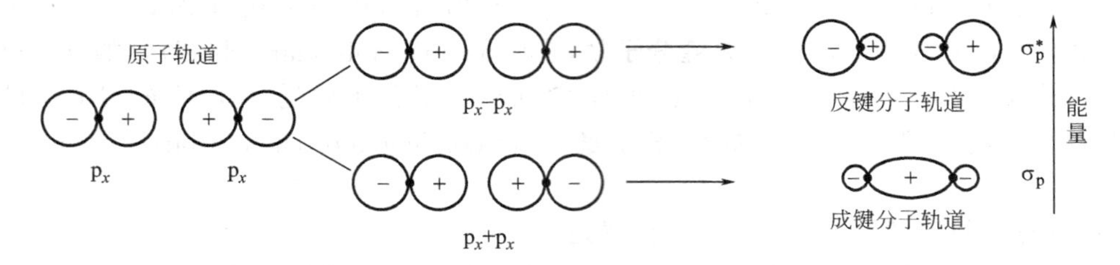

图 4-18　p-p 组合成 σ 分子轨道

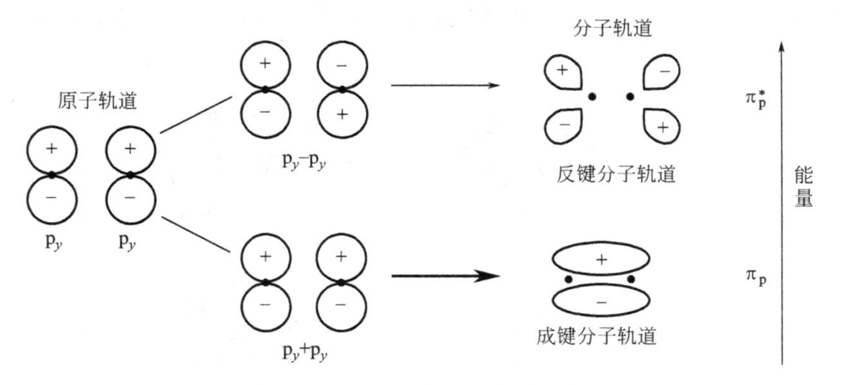

图 4-19　p-p 组合成 π 分子轨道

子轨道，成键分子轨道 $\pi_{p\text{-}d}$、$\pi_{d\text{-}d}$ 和反键分子轨道 $\pi_{p\text{-}d}^*$、$\pi_{d\text{-}d}^*$，这两种组合方式主要出现在过渡金属化合物和含氧酸中。

由以上图中也可以看出：成键分子轨道的电子云在两核之间分布密集，原子核对电子的吸引力增强，形成的化学键更稳定，使分子更稳定；而反键分子轨道的电子云在两核之间分布很少，不利于形成稳定的分子。

（4）原子轨道线性组合的原则

分子轨道是由原子轨道线性组合而成的，但并不是任意的两个原子轨道都能组合成分子轨道。为了有效地组合成分子轨道，要求成键的各原子轨道必须符合以下三条原则。

① 对称性匹配原则　只有对称性相同的原子轨道才能组合成分子轨道，这称为对称性匹配原则。

原子轨道有 s、p 等各种类型，s 轨道是球形对称，p 轨道关于中心是反对称（即原子轨道角度分布波函数符号一半是正，一半是负）。所谓对称性相同（匹配），实际上是指两个原子轨道以两个原子核为轴（指定为 x 轴）旋转 180°时，原子轨道角度分布图中正、负号都发生改变或都不发生改变；若一个轨道正、负号变了，另一个不变则为对称性不相同（不匹配）。例如，图 4-20 的（a）、（b）、（c）、（d）和（e）都属于对称性匹配，均可组合成分子轨道；图 4-20 的（f）、（g）中，两个原子轨道属于对称性不匹配，不能组合成分子轨道。

② 能量近似原则　两个对称性匹配的原子轨道能否组合成分子轨道，还取决于这两个原子轨道能量是否接近。只有能量相近的原子轨道才能有效地组合成分子轨道，而且能量越相近越好，这称为能量近似原则。在同核双原子分子中，1s-1s、2s-2s、2p-2p 当然能有效地组合成分子轨道，但对于异核的双原子分子或多原子分子来说，这个原则对确定两种不同类型的原子轨道之间能否组成分子轨道尤为重要。

例如，H 原子的 1s 轨道的能量为 $-1318\text{kJ}\cdot\text{mol}^{-1}$，Cl 原子的 3p 轨道的能量分别为

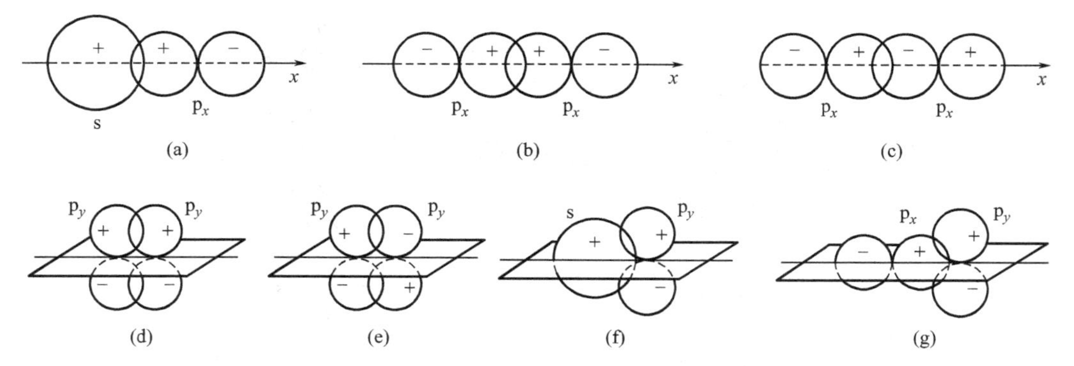

图 4-20　对称性匹配的两个原子轨道组合成分子轨道的示意图

$-1259\mathrm{kJ\cdot mol^{-1}}$，O 原子的 2p 轨道的能量为 $-1322\mathrm{kJ\cdot mol^{-1}}$，Na 原子的 3s 轨道的能量为 $-502\mathrm{kJ\cdot mol^{-1}}$。由于 H 原子的 1s 同 O 的 2p 和 Cl 的 3p 轨道能量相近，所以可以组成分子轨道；而 Na 的 3s 轨道能量较低，同 O 的 2p 和 Cl 的 3p 轨道能量相差较大，不能形成分子轨道，只会发生电子的转移，形成的是离子键。

③ 轨道最大重叠原则　对称性匹配的两个原子轨道组合成分子轨道时，其重叠程度越大，则组合成的分子轨道的能量越低，所形成的化学键越牢固，这称为轨道最大重叠原则。

在上述三条原则中，对称性匹配原则是首要的，它决定了原子轨道能否组成分子轨道。而能量近似原则和轨道最大重叠原则是决定分子轨道的组合效率的。

（5）同核双原子分子的分子轨道能级图

每个分子轨道都有确定的能量，若把分子中各分子轨道按能级的高低顺序排列起来，可得到**分子轨道能级图**（energy level diagram）。由于分子轨道能量理论计算很复杂，目前这个顺序主要借助于分子光谱实验来确定。对于第二周期元素形成的同核双原子分子的分子轨道能级图有两个顺序，如图 4-21 所示。

应该指出，在分子轨道图中，每个圆圈代表一个分子轨道，若两个圆圈在同一高度，说明其所代表的分子轨道能量相等，像图 4-21 中所示的 π_{2p_y} 和 π_{2p_z}，两个成键分子轨道能量相等，形状相同，称之为简并轨道，因此 π_{2p} 是双重简并的。同理，π_{2p}^* 也是双重简并轨道。

比较图 4-21 的（a）和（b），可见 σ_{2p} 和 π_{2p} 能量次序有了变化。这是由于第二周期元素中，2s、2p 轨道能量之差不同所致，分别讨论如下。

① s 与 p 轨道能量相差较大　当组成原子的 2s 和 2p 轨道的能量相差较大（$>1500\mathrm{kJ\cdot mol^{-1}}$），在组合成分子轨道时，不会发生 2s 和 2p 轨道的相互作用。因此，由这些原子组成的同核双原子分子的分子轨道能级顺序为

$$\sigma_{1s}<\sigma_{1s}^*<\sigma_{2s}<\sigma_{2s}^*<\sigma_{2p_x}<\pi_{2p_y}=\pi_{2p_z}<\pi_{2p_y}^*=\pi_{2p_z}^*<\sigma_{2p_x}^*$$

图 4-21(a) 即是此能级顺序的分子轨道能级图。O_2 和 F_2 分子的分子轨道能级排列符合此顺序。

② s 与 p 轨道能量相差较小　当组成原子的 2s 和 2p 轨道的能量相差较小（$<1500\mathrm{kJ\cdot mol^{-1}}$），在组合成分子轨道时，一个原子的 2s 轨道除能和另一个原子的 2s 轨道发生重叠外，还可与其 2p 轨道重叠，其结果是使 σ_{2p_x} 分子轨道的能量超过 π_{2p_y} 和 π_{2p_z} 分子轨道。由这些原子组成的同核双原子分子的分子轨道能级顺序为

$$\sigma_{1s}<\sigma_{1s}^*<\sigma_{2s}<\sigma_{2s}^*<\pi_{2p_y}=\pi_{2p_z}<\sigma_{2p_x}<\pi_{2p_y}^*=\pi_{2p_z}^*<\sigma_{2p_x}^*$$

图 4-21(b) 即是此能级顺序的分子轨道能级图。除 O_2 和 F_2 分子之外，所有第二周期

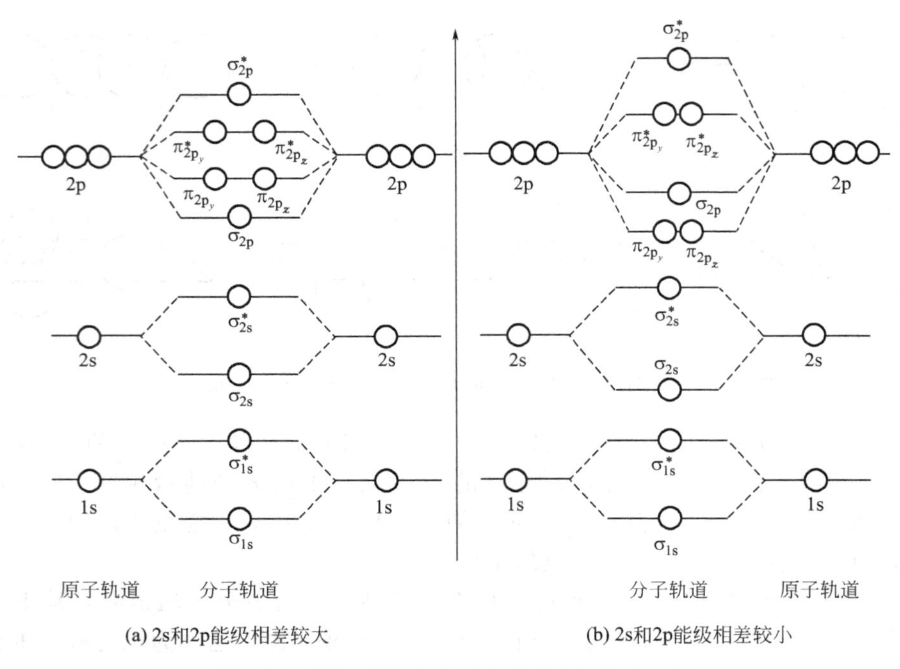

图 4-21　同核双原子分子轨道相对能级示意图

的其他元素在形成同核双原子分子时，其分子轨道能级排列符合此顺序。

下面以第二周期元素为例，举几个同核双原子分子的实例，以说明分子轨道理论的具体应用。

① F_2 分子的结构　F_2 分子由 2 个 F 原子组成，F 原子的电子层结构为 $1s^2 2s^2 2p^5$，一个 F 原子的电子数为 9，因此 F_2 分子的电子总数为 18；分子轨道能级顺序应遵守图 4-21(a)，按电子填入分子轨道的原则，得 F_2 分子轨道能级图（见图 4-22）。

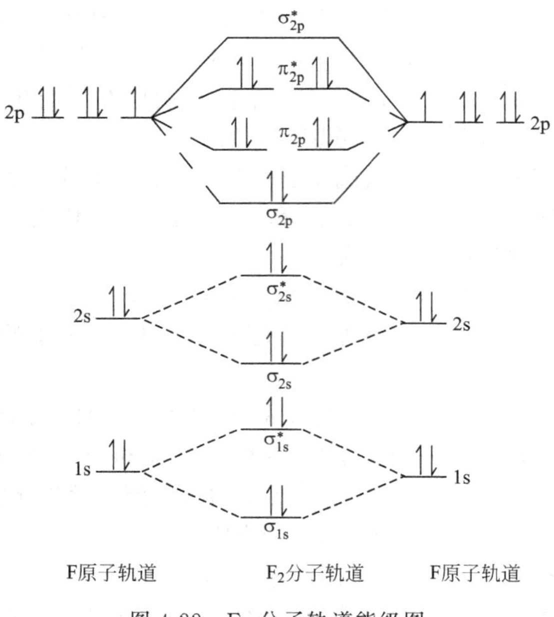

图 4-22　F_2 分子轨道能级图

在 F_2 分子轨道中，电子的排布顺序为：

$$(\sigma_{1s})^2(\sigma_{1s}^*)^2(\sigma_{2s})^2(\sigma_{2s}^*)^2(\sigma_{2p_x})^2(\pi_{2p_y})^2(\pi_{2p_z})^2(\pi_{2p_y}^*)^2(\pi_{2p_z}^*)^2$$

内层　抵消　成键　抵消　抵消

这种按分子轨道能级高低填充电子而得的顺序称为分子的电子构型排布图。原子组成分子主要是外层价电子的相互作用，如果价电子填满相对应的成键和反键分子轨道，则因成键轨道能量的降低值与反键轨道能量的升高值相等，相互抵消而对成键没有贡献。对 F_2 分子而言，其中只有 σ_{2p_x} 轨道上的一对电子对成键有贡献（其余均已抵消），因此成键数目为 1，成键类型为 σ 键，所以 F_2 分子中两个 F 原子间以 1 个 σ 键（或单键）相结合。

在分子轨道理论中，**键级**（bond order）指的是分子中净成键电子数的一半：

$$键级=\frac{成键轨道中电子总数-反键轨道中电子总数}{2}$$

$$F_2\ 分子键级=\frac{8-6}{2}=1$$

通常情况下，键级越大，键能也越大，共价键也越牢固，分子更稳定，因此可用键级来衡量分子的稳定性。

② O_2 分子的结构　O_2 的价电子总数为 16，分子轨道能级顺序应遵守图 4-21（a），按电子填入分子轨道的原则，O_2 分子的电子排布图为：

$$(\sigma_{1s})^2(\sigma_{1s}^*)^2(\sigma_{2s})^2(\sigma_{2s}^*)^2(\sigma_{2p_x})^2(\pi_{2p_y})^2(\pi_{2p_z})^2(\pi_{2p_y}^*)^1(\pi_{2p_z}^*)^1$$

对成键有贡献

抵消　三电子π键　三电子π键

按照分子轨道理论，O_2 分子内应该有一个 σ 键，两个三电子 π 键，其结构式为 $O\overset{\cdots}{\underset{\cdots}{—}}O$。

因为三电子键是由两个成键电子和一个反键电子组成，经抵消后得一个净的成键电子，所以一个三电子键相当于 1/2 键级。

$$O_2\ 分子键级=\frac{8-2-1-1}{2}=\frac{2+1+1}{2}=2$$

因为 O_2 分子中有两个三电子 π 键，因而具有两个成单电子，自旋平行，所以 O_2 分子具有顺磁性，成功解释了 O_2 分子具有顺磁性的内在原因。

③ N_2 分子的结构　N_2 分子中共有 14 个电子，其分子轨道排布式为：

$$(\sigma_{1s})^2(\sigma_{1s}^*)^2(\sigma_{2s})^2(\sigma_{2s}^*)^2(\pi_{2p_y})^2(\pi_{2p_z})^2(\sigma_{2p_x})^2$$

σ_{2s} 和 σ_{2s}^* 各填满两个电子，能量降低和升高相互抵消，对成键没有贡献，其中对成键有贡献的是 $(\pi_{2p_y})^2(\pi_{2p_z})^2(\sigma_{2p_x})^2$ 三对电子，相当于形成两个 π 键和一个 σ 键。N_2 分子中存在叁键，结构式为 N≡N，键级＝3，所以 N_2 分子具有特殊的稳定性。

（6）分子轨道理论的应用

① 推测分子的存在和阐明分子的结构　根据分子轨道理论，如果原子在形成分子后，对成键有贡献，就说明该分子可以稳定存在。

【例 4-1】 说明 H_2^+ 和 Li_2 分子的结构。

解　H_2^+ 只有 1 个电子，根据同核双原子分子轨道能级图可写出其分子轨道：$(\sigma_{1s})^2$，由于有 1 个电子进入了 σ_{1s} 成键轨道，体系能量降低了，因此从理论上推测 H_2^+ 是可能存在的，H_2^+ 中的键称为单电子 σ 键。

Li_2 分子有 6 个电子，可写出其分子轨道式：$(\sigma_{1s})^2$ $(\sigma_{1s}^*)^2$ $(\sigma_{2s})^2$。由于有 2 个价电子进入 σ_{2s} 轨道，体系能量也降低，因此，从理论上推测 Li_2 可以稳定存在。Li_2 分子中的键称为单键。

② 判断分子结构的稳定性　分子轨道理论引入了键级来描述分子结构的稳定性。键级越大，共价键越牢固，分子结构越稳定。键级为零，分子不可能存在，因而可用键级衡量分子的稳定性。

【例 4-2】 说明下列分子的键级及稳定性：Li_2，C_2，O_2，B_2，He_2。

解 Li_2：$(\sigma_{1s})^2(\sigma_{1s}^*)^2(\sigma_{2s})^2$

键级＝2/2＝1，稳定；

C_2：$(\sigma_{1s})^2(\sigma_{1s}^*)^2(\sigma_{2s})^2(\sigma_{2s}^*)^2(\pi_{2p_y})^2(\pi_{2p_z})^2$

键级＝4/2＝2，稳定；

O_2：$(\sigma_{1s})^2(\sigma_{1s}^*)^2(\sigma_{2s})^2(\sigma_{2s}^*)^2(\sigma_{2p_x})^2(\pi_{2p_y})^2(\pi_{2p_z})^2(\pi_{2p_y}^*)^1(\pi_{2p_z}^*)^1$

键级＝(6－2)/2＝2，稳定；

B_2：$(\sigma_{1s})^2(\sigma_{1s}^*)^2(\sigma_{2s})^2(\sigma_{2s}^*)^2(\pi_{2p})^2$

键级＝2/2＝1，稳定；

He_2：$(\sigma_{1s})^2(\sigma_{1s}^*)^2$

键级＝(2－2)/2＝0，不存在。

③ 预言分子的顺磁性和反磁性　物质的磁性实验发现，含有未成对电子的分子，在外磁场中会顺着磁场方向排列，分子的这一性质称为顺磁性，具有这种性质的分子称为顺磁性分子。反之，电子完全配对的分子在磁场中无顺磁场方向排列的性质，分子这一性质称为反磁性，具有这种性质的分子称为反磁性分子。

【例 4-3】 试写出 O_2^+、O_2、O_2^-、O_2^{2-} 的分子轨道电子排布式，计算其键级，比较其稳定性强弱，并说明其磁性。

解 O_2^+：$(\sigma_{1s})^2(\sigma_{1s}^*)^2(\sigma_{2s})^2(\sigma_{2s}^*)^2(\sigma_{2p_x})^2(\pi_{2p_y})^2(\pi_{2p_z})^2(\pi_{2p}^*)^1$

键级$=\dfrac{6-1}{2}=2.5$，呈顺磁性；

O_2：$(\sigma_{1s})^2(\sigma_{1s}^*)^2(\sigma_{2s})^2(\sigma_{2s}^*)^2(\sigma_{2p_x})^2(\pi_{2p_y})^2(\pi_{2p_z})^2(\pi_{2p_y}^*)^1(\pi_{2p_z}^*)^1$

键级$=\dfrac{6-2}{2}=2$，呈顺磁性；

O_2^-：$(\sigma_{1s})^2(\sigma_{1s}^*)^2(\sigma_{2s})^2(\sigma_{2s}^*)^2(\sigma_{2p_x})^2(\pi_{2p_y})^2(\pi_{2p_z})^2(\pi_{2p_y}^*)^2(\pi_{2p_z}^*)^1$

键级$=\dfrac{6-3}{2}=1.5$，呈顺磁性；

O_2^{2-}：$(\sigma_{1s})^2(\sigma_{1s}^*)^2(\sigma_{2s})^2(\sigma_{2s}^*)^2(\sigma_{2p_x})^2(\pi_{2p_y})^2(\pi_{2p_z})^2(\pi_{2p_y}^*)^2(\pi_{2p_z}^*)^2$

键级$=\dfrac{6-4}{2}=1$，呈反磁性。

由此可见，分子轨道理论可以较好地预言分子的顺磁性与反磁性，这是价键理论无法办到的。

4.1.4　价键理论与分子轨道理论的比较

价键理论和分子轨道理论是处理分子结构的两种近似方法。

价键理论继承了早期价键概念，简明直观，在讨论简单分子的空间构型方面有独到之处。但是价键理论把成键局限于两个相邻原子之间的小区域内运动，形成定域键；而且该理论限定只有自旋方向相反的两个电子配对才能成键，缺乏对分子作为一个整体的全面考虑。这使得它的应用范围较狭窄，对多原子分子，特别是有机化合物分子的结构不能说明；同时，对氢分子离子（H_2^+）中的单电子键、氧分子（O_2）中的三电子键以及分子的磁性等也无法解释。

分子轨道理论克服了价键理论的缺点，提出了分子轨道的概念，把分子作为一个整体，电子在分子中重新分布，这样形成的键不再局限于两个相邻原子之间，形成非定域键。它不仅能解释分子中存在的双电子键、单电子键、三电子键的形成，而且对多原子分子的结构也能给以比较好的说明。但是，分子轨道理论中的价键概念不明显，计算方法比较复杂，不易为一般学习者运用和掌握，而且在描述分子的几何构型方面不够直观。不过近年来，由于计算科学的发展，分子轨道理论的发展也很快，应用范围也越来越广泛。

4.1.5 键参数与分子的性质

共价键的性质可以用量子力学计算做出定量的讨论，也可以通过表征键性质的某些物理量来定性或半定量描述。这些能表征化学键性质的物理量称为**键参数**（bond parameter），主要有**键级**（bond order）、**键能**（bond energy）、**键长**（bond length）、**键角**（bond angle）和**键的极性**。

（1）键级

在分子规道理论中，通常以键的数目表示键级。在分子轨道理论中，**键级**指的是分子中净成键电子数的一半。计算方法如下：

$$键级=\frac{成键轨道中电子总数-反键轨道中电子总数}{2}$$

键级的大小说明相邻原子间成键的强度。一般来说，键级越大，成键越牢固，分子越稳定。

【例 4-4】 试计算 He_2、H_2、O_2、N_2 的键级，并比较其分子的稳定性。

解 He_2 的分子轨道式为：$(\sigma_{1s})^2(\sigma_{1s}^*)^2$，所以键级$=\frac{2-2}{2}=0$；

H_2 的分子轨道式为：$(\sigma_{1s})^2$，所以键级$=\frac{2-0}{2}=1$；

O_2 的分子轨道式为：$(\sigma_{1s})^2(\sigma_{1s}^*)^2(\sigma_{2s})^2(\sigma_{2s}^*)^2(\sigma_{2p_x})^2(\pi_{2p_y})^2(\pi_{2p_z})^2(\pi_{2p_y}^*)^1(\pi_{2p_z}^*)^1$

所以键级$=\frac{10-6}{2}=2$；

N_2 的分子轨道式为：$(\sigma_{1s})^2(\sigma_{1s}^*)^2(\sigma_{2s})^2(\sigma_{2s}^*)^2(\pi_{2p_y})^2(\pi_{2p_z})^2(\sigma_{2p_x})^2$

所以键级$=\frac{10-4}{2}=3$；

因此，分子稳定性大小排列的次序为

$$N_2>O_2>H_2>He_2$$

另外，He_2 的键级为 0，说明 He_2 分子是不能稳定存在的。

（2）键能

① 定义　一般来说，**键能**是指在 100kPa、298.15K 下，将 1mol 理想气体分子 AB 断裂

为中性气态原子 A 和 B 所需要的能量，单位为 $kJ \cdot mol^{-1}$。

② 键能与键解离能　**键解离能**是指在气态分子中每单位物质的量的某特定键解离时所需的能量。对双原子分子而言，其键能等于键解离能。多原子分子中若有多个相同的键，则该键的键能为同种键逐级解离能的平均值。

例如，CH_4 分子中虽然有四个等价的 C—H 键，但先后拆开它们所需的能量是不同的。

$$CH_4(g) = CH_3(g) + H(g) \quad D_1 = 435.34 kJ \cdot mol^{-1}$$

$$CH_3(g) = CH_2(g) + H(g) \quad D_2 = 460.46 kJ \cdot mol^{-1}$$

$$CH_2(g) = CH(g) + H(g) \quad D_3 = 426.97 kJ \cdot mol^{-1}$$

$$CH(g) = C(g) + H(g) \quad D_4 = 439.07 kJ \cdot mol^{-1}$$

CH_4 分子中键的键能应为四个键解离能的平均值：

$$E_{C-H} = (D_1 + D_2 + D_3 + D_4)/4 = 440.46 kJ \cdot mol^{-1}$$

③ 键能的意义　键能是用来衡量原子之间所形成的化学键的牢固程度的。键能越大，化学键越牢固，含有该键的分子热稳定性越高。表 4-3 列出了一些双原子分子的键能和某些键的平均键能。

表 4-3　一些双原子分子的键能和某些键的平均键能　　单位：$kJ \cdot mol^{-1}$

分子名称	键能	分子名称	键能	共价键	平均键能	共价键	平均键能
H_2	436	HF	565	C—H	413	N—H	391
F_2	165	HCl	431	C—F	460	N—N	159
Cl_2	247	HBr	366	C—Cl	335	N═N	418
Br_2	193	HI	299	C—Br	289	N≡N	946
I_2	151	NO	286	C—I	230	O—O	143
N_2	946	CO	1071	C—C	346	O═O	495
O_2	493			C═C	610	O—H	463
				C≡C	835		

（3）键长

分子中两个成键的原子核之间的平均距离称为**键长**，用符号 L_b 表示。理论上可以用量子力学近似方法计算出键长，但一般都是根据光谱及衍射实验等方法测定。即使同一种键在不同分子中的键长也不会完全相等，一般采用平均值作为其键长。表 4-4 列出了一些常见双原子分子的键长。

表 4-4　一些双原子分子的键长

键	L_b/pm	键	L_b/pm
H—H	74	H—F	91.3
F—F	141	H—Cl	127.4
Cl—Cl	199	H—Br	140.8
Br—Br	228	H—I	160.8
I—I	267	C—C	154
C—H	109	C═C	134
N—H	101	C≡C	120
O—H	96	N—N	145
S—H	134	N≡N	110

从表 4-4 数据可以看出，H—F、H—Cl、H—Br、H—I 键长依次增加，表示核间距增大，两原子相互间力逐渐减小，也即键的强度减弱。因而从 H—F 到 H—I 分子的热稳定性减小。一般来说，键长越长，键的强度就越弱。就相同的两原子形成的键而言，键的数目越多，键长越小，键的强度越大。例如单键、双键、叁键的键长依次缩短，键的强度依次增大。但是，通常化学键的强度常用键能来进行衡量。

（4）键角

分子中相邻两个键之间的夹角称为**键角**。键角通常根据光谱实验测定，它是反映分子空间构型的一个重要参数。如 H_2O 分子中的键角为 104°45′，表明 H_2O 分子为 V 形结构；NH_3 分子中键角为 107°18′，所以为三角锥结构；CO_2 分子中的键角为 180°，表明 CO_2 分子为直线形结构。一般来说，根据分子中的键角和键长可确定分子的空间构型。

（5）键的极性

键的极性（bond polarity）是由成键原子的电负性不同而引起的。当成键原子的电负性相同时，共用电子对均匀地出现在两个原子之间，原子轨道相互重叠形成的电子云密度最大区域在两核的中间位置，因此电荷的分布是对称的，原子核的正电荷中心和电子云的负电荷中心恰好重合，这样的共价键称为**非极性共价键**（nonpolar covalent bond）。如 H_2、O_2 等非金属单质分子和巨分子单质如金刚石、晶态硅中的共价键就是非极性共价键。

当成键原子的电负性不同时，则共用电子对将会偏向电负性大的原子一方，原子轨道重叠形成的电子云密度最大区域偏向电负性较大的原子一端，造成电荷分布不对称，键的正电荷中心与负电荷中心不重合，这样的共价键称为**极性共价键**（polar covalent bond）。如 HBr 分子中的 H—Br 键就是极性共价键，成键的电子云偏向于电负性较大的 Br 原子一方，使 Br 原子一端带负电，为负极，H 原子一端带正电，为正极。

在极性共价键中，成键原子的电负性差值越大，键的极性就越大。当成键原子的电负性相差很大时，可以认为成键电子对完全转移到电负性较大的原子上，使其成为阴离子，另一方成为阳离子，从而形成离子键。从键的极性看，可以认为离子键是最强的极性键，极性共价键是由离子键到非极性共价键之间的一种过渡状态。

H_2	HI→HBr→HCl→HF	NaF
非极性键	键的极性依次增强	离子键

4.2 离子键理论

1916 年，德国科学家科塞尔（W. Kossel）提出离子键理论。该理论认为，**离子键**（ionic bond）是由原子得失电子后，生成的正、负离子间静电引力而形成的化学键，所形成的化合物称为**离子化合物**（ionic compound）。

4.2.1 离子键的形成

当电负性较小的原子与电负性较大的原子相互靠近时，前者失去电子形成阳离子，后者获得电子形成阴离子，阴、阳离子之间由于静电引力而相互吸引，但当它们充分接近时，两种离子的电子云之间又相互排斥，在吸引力与排斥力达到平衡时，整个体系的能量降到最低，阴、阳离子便稳定地结合形成离子型分子。例如 NaCl 的形成过程可表示为

$$\left.\begin{array}{l} n\mathrm{Na}(3s^1) \xrightarrow{-ne^-} n\mathrm{Na}^+(2s^2 2p^6) \\ n\mathrm{Cl}(3s^2 3p^5) \xrightarrow{ne^-} n\mathrm{Cl}^-(3s^2 3p^6) \end{array}\right\} \xrightarrow{\text{静电引力}} n\mathrm{NaCl}$$

4.2.2 离子键的特征

离子键的特征主要有以下三个方面。

（1）离子键的本质是静电引力

若近似地把阴、阳离子的电荷分布看作是球形对称的，则根据库仑定律，带相反电荷（q^+和q^-）的离子间的静电引力 F 与离子电荷的乘积成正比，而与离子间距离（核间距）d 的平方成反比。即

$$F = k\frac{q^+ q^-}{d^2}$$

因此，离子所带电荷越多，离子间的距离越小，则离子间的引力越大，形成的离子键越牢固。

（2）离子键没有方向性

离子可以近似地看作一个带电球体，其电荷分布是球形对称的，阴、阳离子可以在空间任何方向与带相反电荷的离子相互吸引，所以离子键没有方向性。

（3）离子键没有饱和性

只要空间条件允许，每种离子会尽可能结合更多的异号离子，所以离子键没有饱和性。

4.2.3 离子的极化

（1）离子的极化的概念

对孤立的简单离子来说，离子的电荷分布基本上是球形对称的，离子本身正、负电荷中心是重合的，不存在偶极（见图 4-23）。但将离子置于电场中，离子的原子核就会受到正电场的排斥和负电场的吸引，而离子中的电子则会受到正电场的吸引和负电场的排斥，离子就会发生变形，导致正、负电荷中心不重合，从而产生**诱导偶极**（induced dipole）（见图 4-24），这种过程称为**离子的极化**（ionic polarization）。

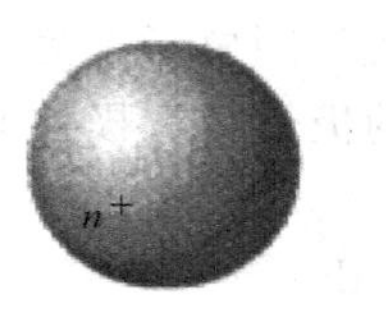

m−

阳离子　　阴离子

图 4-23　未极化的简单离子

每个离子都带有电荷，当带相反电荷的离子靠近时，在其电场的影响下，电子云发生变形。这种使带相反电荷的离子的电子云发生变形的作用称为离子的极化作用，而把受其他离子的极化而使离子本身的电子云发生变形的性能称为该离子的**变形性**（deformability）。

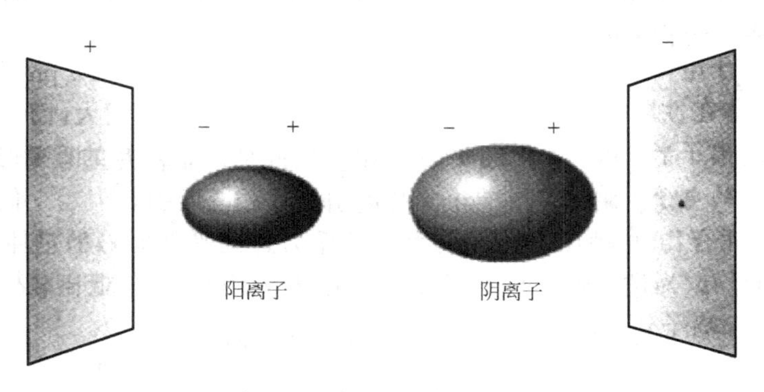

图 4-24　离子在电场中极化

阴、阳离子都有极化作用和变形性两个方面。一方面，离子本身带电，会在周围产生电场，对另一个离子产生极化作用，使该离子发生电子云的变形；另一方面，在另一个离子的极化作用下，本身也可以被极化而变形。当阴、阳离子相互靠近时，会产生互相极化和互相变形，如图 4-25 所示。由于阳离子半径一般小于阴离子半径，电场较强，所以阳离子的极化作用占主导地位，而阴离子的变形性占主导地位。

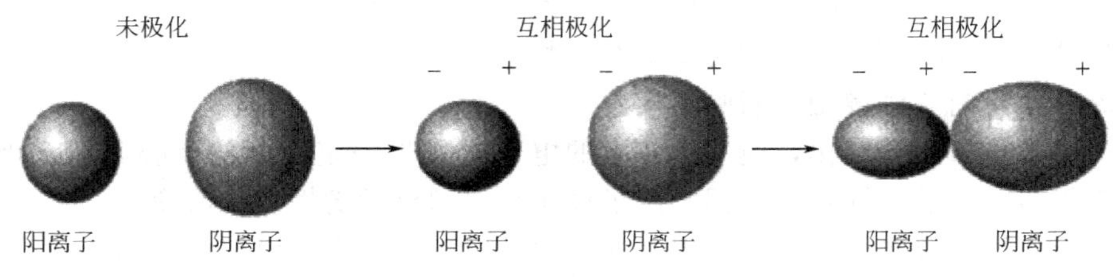

图 4-25　离子的相互极化过程

（2）离子的极化力

所谓离子的极化力（polarization force）是指一种离子使其他离子变形的能力，也即产生电场强度的能力。离子极化力的强弱与离子电荷、离子半径以及离子的电子构型等因素有关。

① 离子电荷　阳离子所带电荷越多，产生的电场强度就越强，离子的极化能力也越强。例如：$Al^{3+}>Mg^{2+}>Na^{+}$。

② 离子半径　当所带电荷相同时，阳离子半径越小，产生的电场强度就越强，离子的极化力就越大。例如，$Li^{+}>Na^{+}>K^{+}>Rb^{+}$。

③ 电子层构型　当阳离子所带电荷相同、半径相近（<2nm）时，阳离子的极化力主要取决于离子的电子层构型。

阴离子是由原子得到电子而形成的，所得电子总是分布在它的最外电子层上，因此阴离子的电子构型一般都具有稀有气体构型，如 O^{2-}（$2s^22p^6$）、Cl^-（$3s^23p^6$）等。阳离子是由原子失去电子而形成，一般是能量较高的最外层电子先失去，其电子层构型除了具有稀有气体结构外，还有其他多种构型。大致有下列几种。

a. 2 电子构型：最外层为 2 个电子的离子，如 Li^+、Be^{2+} 等。

b. 8 电子构型：最外层为 8 个电子的离子，如 Na^+、Ca^{2+} 等。

c. 18 电子构型：最外层为 18 个电子的离子，如 Zn^{2+}、Hg^{2+}、Ag^+ 等。

d. 18+2 电子构型：最外层为 2 个电子，次外层为 18 个电子的离子，如 Pb^{2+}、Sn^{2+} 等。

e. 9～17 电子构型：最外层的电子数为 9～17 之间的不饱和构型的离子，如 Fe^{2+}、Cr^{3+}、Mn^{2+} 等。

一般阳离子的极化力随电子层构型的变化顺序为：

18、(18+2) 以及 2 电子层构型>(9～17) 电子层构型>8 电子层构型

（3）离子的变形性

所谓离子的变形性是指离子在外电场作用下变形的能力，它衡量的是核对外层电子的束缚能力；影响离子变形性的主要因素如下。

① 离子半径　离子半径越大，变形性越大。在外电场作用下，外层电子与核容易产生相对位移，所以一般来说，变形性也越大。如 $Li^+<Na^+<K^+<Rb^+<Cs^+$；$F^-<Cl^-<Br^-<I^-$。

② 离子电荷　对于阳离子，电荷越少，变形性越大；对于阴离子，电荷越多，变形性越大。如 $Na^+>Mg^{2+}$；$S^{2-}>Cl^-$。

③ 离子的电子层构型　当离子电荷相同、离子半径相近时，离子的电子构型对离子的变形性就产生决定性影响。变形性的大小顺序为：

18、(18+2) 电子层构型>(9～17) 电子层构型>8 电子层构型

需要特别指出：阴离子由于半径大，外层具有 8 个电子，所以它们的极化力较弱，变形性较大；相反，阳离子具有较强的极化力，变形性不大。所以当阴、阳离子混合在一起时，着重考虑阳离子的极化力，阴离子的极化率。但是对于具有 18 或者 18+2 的电子层构型的阳离子（如 Ag^+、Cd^{2+} 等），也要考虑其变形性。

(4) 离子极化对化学键型的影响

由于阴、阳离子相互极化，使两个离子的电子云发生一定程度的重叠，相互极化越强，电子云重叠越多，键的极性越弱，因此离子极化会引起化学键性质的改变。

在阴、阳离子结合成离子型分子中，如果阴、阳离子间完全没有极化作用，则它们之间的化学键为纯粹的离子键。但实际上，阴、阳离子间或多或少存在着极化作用，离子极化使离子的电子云变形并相互重叠，在原有离子键上附加了一些共价键成分；结果使键长减小，键的极性降低，离子的配位情况也因之而变化。离子相互极化程度越大，共价键成分越多，离子键就逐渐向共价键过渡（见图 4-26）。

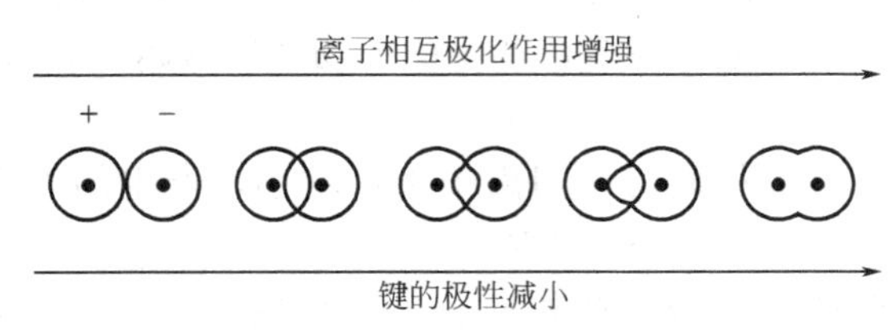

图 4-26　离子极化对键型的影响

(5) 离子极化对金属化合物性质的影响

离子极化对化学键类型产生了影响，必然对相应化合物的形成也产生一定的影响，具体表现在以下几个方面。

① 离子极化对化合物熔、沸点的影响　例如：NaCl 的熔沸点高于 $AlCl_3$。这是因为 Na^+ 和 Al^{3+} 都是 8 电子构型，但 Al^{3+} 的带电荷数高于 Na^+，因此极化能力 $Al^{3+}>Na^+$，$AlCl_3$ 具有共价键的性质，具有典型共价化合物的特征，熔沸点较低。

② 离子极化对化合物溶解度的影响　极化弱易受水分子吸引的离子型化合物，一般易溶于水。而离子极化作用越强，离子的电子云相互重叠越多，越容易向共价键型过渡，化合物的溶解度越低。例如银的卤化物中，AgF、AgCl、AgBr、AgI 在水中的溶解度依次降低，这主要是因为 F^- 的半径较小，不易发生变形，而 Cl^-、Br^-、I^- 的离子半径依次增大，变形性依次增强，相互极化作用增强，键的共价程度增强，极性减弱，溶解度下降。

③ 离子极化对化合物颜色的影响　极化作用越强，金属化合物的颜色越深。例如 K_2CrO_4 溶液呈黄色，而 Ag_2CrO_4 溶液为砖红色，就是因为 Ag^+ 为 18 电子构型，其极化能力强于 K^+ 的 8 电子构型；另外硫化物的颜色都比氧化物深，是因为 S^{2-} 比 O^{2-} 的变形性大的缘故。

④ 离子极化对化合物稳定性的影响　极化作用越强，金属化合物的热稳定性越差。阳离子极化作用越强，阴离子的电子云就越靠近于阳离子，就有可能使阳离子的价电子失而复得，又恢复成原子或单质，导致金属化合物分解。例如从 $BeCO_3$ 到 $BaCO_3$，阳离子半径越来越大，极化作用越来越弱，热分解温度越来越高，热稳定性越来越好。

4.3 金属键理论

金属键作为化学键的一种，主要存在于金属中。金属键决定了金属的许多物理特性，如强度、可塑性、延展性、导热导电性以及光泽。一般金属的熔点、沸点随金属键强度的增大而升高。有关金属键的理论主要有两种：**改性共价键理论**（modified covalent bond theory）和**能带理论**（energy band theory）。

4.3.1 金属键的改性共价键理论

金属键的**改性共价键**（modified covalent bond）理论认为，在固态或液态金属中，金属原子释放出价电子而成为正离子，释放出的价电子可以自由地从一个原子跑向另一个原子，好像价电子为许多原子或离子所共用。正是这些自由流动的价电子把许多金属原子和离子“黏合”在一起，形成金属键。这种键可以认为是改性的共价键，由多个原子共用一些能够流动的自由电子所组成。金属键属于离域键，金属键既无方向性，也无饱和性。对于金属键，有两种形象化的说法：一种是“金属离子浸没在自由电子的海洋中”，另一种是“金属原子（或离子）之间有电子气在自由流动”。

根据改性共价键理论可以定性地解释金属的某些物理性质。

① 金属的密度较大且具有良好的延展性　因为金属具有紧密堆积结构，所以密度一般比较大；而且在外力作用下，一层原子在相邻的一层原子上发生相对位移时，金属键也不会被破坏。所以金属具有延展性和良好的机械加工性能。

② 金属具有银白色光泽　自由电子可以吸收可见光，然后又把大部分光反射出来，因而金属一般显银白色，而且对辐射能有良好的反射性能。

③ 金属具有良好的导电、导热性　金属中具有可“流动”的自由电子，其在外电场的作用下定向流动形成电流。位于晶格结点上的金属原子或离子作一定幅度的振动，这种振动对自由电子的流动产生阻碍作用，构成金属的电阻。随着温度的升高，原子或离子的振动加剧，电子运动受到的阻力加大，因而金属的电阻一般随着温度的升高而加大。自由电子的运动会不断地通过碰撞把热能传递给邻近的原子或离子，使热运动扩展开来，从而很快使金属整体的温度均一化。

④ 金属的密度一般较大　金属的改性共价键理论能够较好地解释金属的一些共性，但无法对导体、半导体和绝缘体在导电性方面的差异给出合理的解释。近代，在分子轨道理论基础上形成了能带理论。

4.3.2 金属键的能带理论

应用分子轨道理论研究金属晶体中金属原子之间的作用力，形成了能带理论，基本要点如下。

（1）成键时，价电子是离域的

为了适应金属高配位数的需要，所有电子为整个金属大分子所共有，不再属于哪个原子，称电子是离域的。

（2）金属能带的形成

Li 原子的电子排布为 $1s^2 2s^1$，按照分子轨道理论，n 个 2s 原子轨道能形成 n 个分子轨道。Li_2 应有两个分子轨道：σ_{2s} 和 σ_{2s}^*，2 个电子进入 σ_{2s} 成键轨道；Li_3 有三个分子轨道：

1 个成键轨道，1 个非键轨道，1 个反键轨道，3 个 2s 电子将进入成键分子轨道（2 个电子）和非键轨道（1 个电子）；Li_4 有四个分子轨道，两个成键轨道和两个反键轨道，其中成键轨道和成键轨道相邻，反键轨道和反键轨道相邻。当有 n 个 Li 原子组成锂金属时，会形成 n 个分子轨道，而且相邻轨道间的能级差也越来越小，能级越来越密，最终形成一个几乎是连成一片的且具有一定的上、下限的能级，这就是**能带**（energy band），如图 4-27 所示。

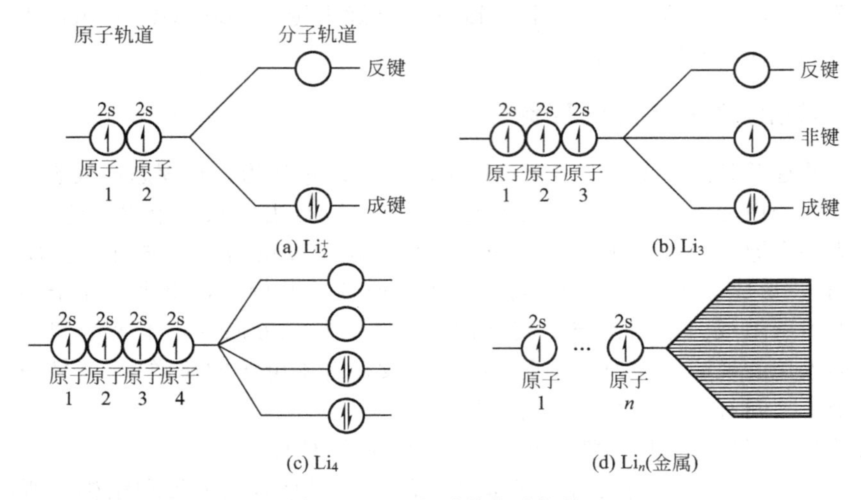

图 4-27 Li 金属的分子轨道

（3）按照组成能带的原子轨道以及电子在能带中的分布，可分为多种能带

按照组成能带的原子轨道以及电子在能带中的分布，可分为如**满带**（filled band）、**导带**（conduction band）、**空带**（vacancy band）和**禁带**（forbidden band）等。

① 满带　充满电子的原子轨道所形成的低能量能带叫做满带。例如，金属 Li 的 1s 能带充满电子，是满带。

② 导带　由未充满电子的原子轨道所形成的较高能量的能带叫做导带。在金属 Li 中，2s 能带的电子为半充满，如图 4-27，其中 $n/2$ 个 σ_{2s} 轨道充满电子，另外 $n/2$ 个 σ_{2s}^* 轨道为空轨道，相邻分子轨道的能级差值很小，电子很容易从 σ_{2s} 轨道跃迁到 σ_{2s}^* 轨道，使 Li 具有良好的导电性能。

③ 空带　由空的原子轨道所形成的能带，叫做空带。例如金属 Li 中的 2p 能带。

④ 禁带　在满带顶和导带底（或空带底）之间的能量差称为禁带，如图 4-28 所示。通常的禁带比较宽，电子从满带越过禁带而跃迁到导带是很困难的，甚至无法实现。

（4）能带可以重叠

相邻近的能带，有时可以重叠，即能量范围有交叉。例如，在理论上，金属 Mg（$1s^2 2s^2 2p^6 3s^2$）的 3p 能带中没有电子，是空带；3s 能带为满带，这样 Mg 为非导体，这显然与事实相违背。实验表明，金属 Mg 晶体中，由于 3s 与 3p 原子轨道能量差较小，3s 能带和 3p 能带间可发生重叠，如图 4-29 所示，即 3s 与 3p 能带间没有禁带，3s 能带上的电子很容易激发到 3p 能带，使得 Mg 同样具有良好的导电性。

能带理论能很好地解释金属的一些物理性质。

① 导电性　根据能带结构中禁带宽度和能带中电子填充情况，可把物质分为**导体**（conductor）、**绝缘体**（insulator）和**半导体**（semiconductor）（见图 4-30）。导电的能带有两种情形：要么有导带，要么满带和空带有部分重叠。一般金属晶体都具有这样的能带，电

子在外电场的作用下能发生跃迁，故一般的金属都是导体。

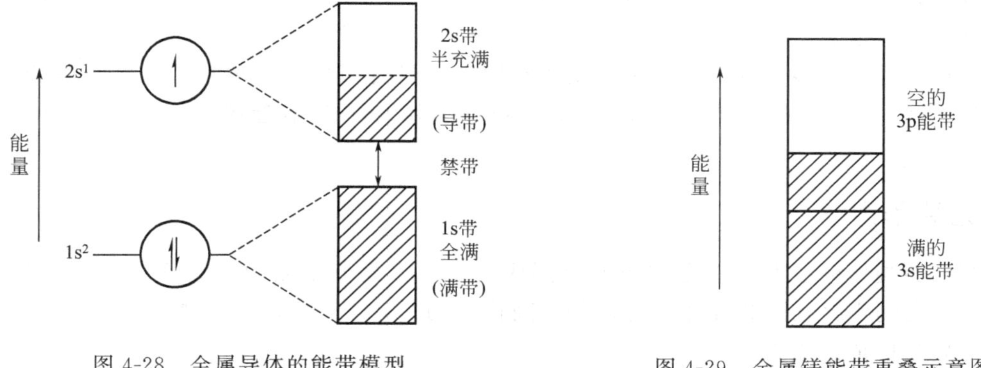

图 4-28　金属导体的能带模型

图 4-29　金属镁能带重叠示意图

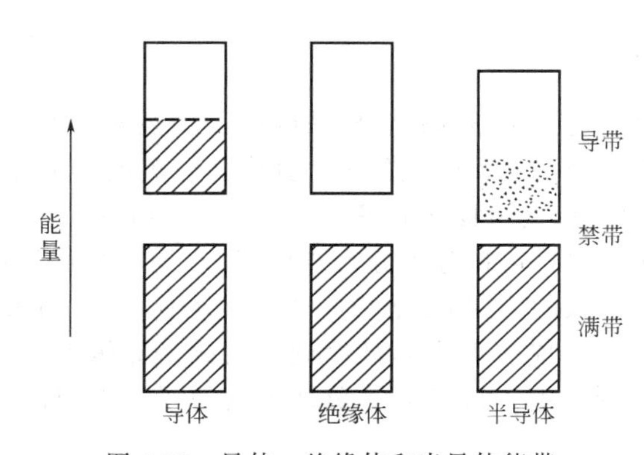

图 4-30　导体、绝缘体和半导体能带

绝缘体的满带与空带之间的禁带很宽，其能量间隔 $\Delta E > 5$eV，电子难以跃迁进入空带，例如金刚石的禁带宽达 5.3eV。

当禁带宽度在 1eV 左右时，在外界能量激发下，电子可以穿越禁带，以致可以导电，称为半导体，例如 Si 和 Ge，它们的禁带宽度分别为 1.12eV 和 0.67eV。

② 金属光泽　能带中的电子能吸收光能，也能将吸收的能量发射出来，能量变化广泛，放出各种波长的光，故大多数金属是银白色。

③ 导热性　电子可以传输热能，因此多数金属都是热的良导体。

④ 延展性　当金属受到机械外力时，由于电子是离域的，一个地方的金属键被破坏，另一个地方又生成了新的金属键，金属能带没有被破坏，因此金属具有良好的机械加工性能。

⑤ 熔、沸点及硬度　一般来说，形成能带的未成对电子越多，金属的熔、沸点越高，硬度越大。例如，熔点最高的金属 W，硬度最大的金属 Cr，其未成对电子数都较多，分别为 4 和 6。

4.4　分子间力

上面讨论了三种基本类型的化学键，它们都是分子内部原子间较强的结合力，是决定分子化学性质的主要因素。除化学键外，在分子和分子之间，还存在着各种各样的作用力，总称为分子间力。分子间力是一类弱的作用力，一般为几个 $kJ \cdot mol^{-1}$，比通常的化学键的键能（$10^2 \sim 10^3 kJ \cdot mol^{-1}$）要弱得多，但分子间这种微弱的结合力却对物质的熔点、沸点、稳定性都有很大的影响。

相对于化学键，大多数分子间力属于短程作用力，只有当分子距离很近时才显现出来，最常见的分子间力有两类——**范德华力**（Van der Waals force）和**氢键**（hydrogen bond），现分别介绍如下。

4.4.1 范德华力

气态物质能凝聚成液态，液态物质能凝固成固态，正是分子之间相互作用或吸引的结果，说明分子之间也存在着相互作用力。分子间作用力是 1873 年由荷兰物理学家**范德华**首先提出的，故又称范德华力。

分子间力的本质是一种电性引力，为了说明这种力的由来，先介绍分子的极性和偶极矩的概念。

（1）分子的极性

分子中都含有带正电荷的原子核和带负电荷的电子，根据分子中原子正、负电荷中心是否重合，可将分子分为极性分子和非极性分子。其中正、负电荷中心相重合的分子为**非极性分子**（nonpolar molecule），反之为**极性分子**（polar molecule）。

根据组成分子的原子个数，可将分子分为双原子分子和多原子分子。对于双原子分子，分子的极性与键的极性是一致的。如 Cl_2、O_2、N_2 等分子，它们是由同一元素的原子组成，成键原子的电负性相等，所形成的键为非极性键，因此是非极性分子。而 HCl、HBr 等分子，成键原子的电负性不同，电子云偏向电负性大的原子，形成的是极性键，因此是极性分子。

对于多原子分子，分子的极性（molecular polarity）除了与键的极性有关，还和分子的空间构型有关。如果分子中都是非极性键，则分子为非极性分子。如果分子中为极性键，则分子的极性取决于分子的空间构型。例如 CH_4、BF_3、CO_2 分子中，虽然都是极性键，但 CH_4 是正四面体构型，BF_3 是平面三角形，CO_2 是直线形（见图 4-31），因此键的极性相互抵消，它们都是非极性分子。而在 H_2O 分子中，O—H 键为极性键，但由于其为 V 形构型，键的极性不能抵消，所以 H_2O 分子是极性分子（见图 4-32）。

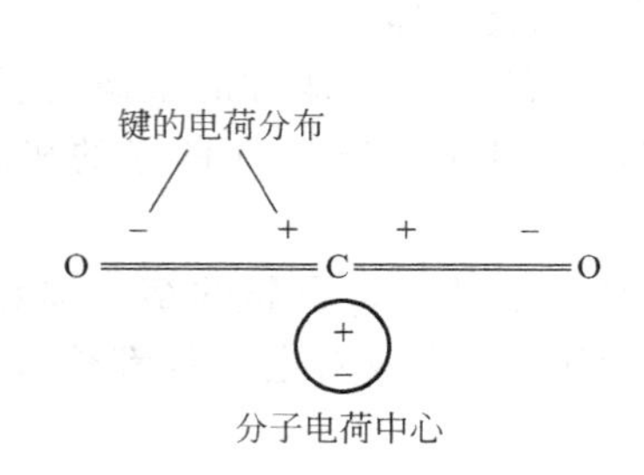

图 4-31 CO_2 分子中的电荷中心分布

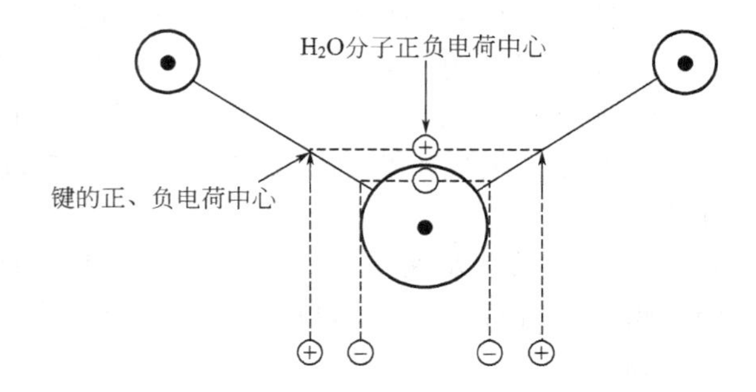

图 4-32 H_2O 分子中的电荷中心分布

（2）分子间偶极矩

当分子中正电荷中心和负电荷中心不重合，分子则为极性分子，其极性大小可以用**偶极矩**（electric dipole moment）来度量。分子偶极矩（$\boldsymbol{\mu}$）的定义是：

$$\boldsymbol{\mu}=q\times \boldsymbol{d}$$

式中，q 为正电荷中心或负电荷中心上的电量；$\boldsymbol{d}$ 为正、负电荷中心之间的距离。偶极矩为一矢量，方向由正电荷的中心指向负电荷的中心。偶极矩的数值可通过实验测定，单位是 C·m。表 4-5 列出了一些分子的偶极矩测定值和分子空间构型。

表 4-5　一些分子的偶极矩和空间构型

分子	$\mu/10^{-30}$C·m	空间构型	分子	$\mu/10^{-30}$C·m	空间构型
H_2	0	直线形	CO	0.33	直线形
Cl_2	0	直线形	HCl	3.43	直线形
CO_2	0	直线形	HBr	2.63	直线形
CH_4	0	正四面体	HI	1.27	直线形
BF_3	0	平面三角形	$CHCl_3$	3.63	四面体
SO_2	5.33	V 形	O_3	1.67	V 形
H_2O	6.16	V 形	H_2S	3.63	V 形

根据偶极矩数值的大小可判断分子的极性大小，偶极矩越大，表示分子的极性越强，当偶极矩 $\mu=0$ 时，分子是非极性分子。

根据偶极产生的原因可以区分为：**永久偶极**（permanent dipole）、**诱导偶极**（induction dipole）和**瞬间偶极**（instantaneous dipole）。

① 永久偶极　极性分子之间的偶极矩称为永久偶极，即是极性分子本身存在的固有偶极。

② 诱导偶极　非极性分子在外电场的作用下，可以变成具有一定偶极的极性分子；而极性分子在外电场作用下，其偶极也可以增大，在电场影响下产生的偶极称为诱导偶极（图 4-33）。

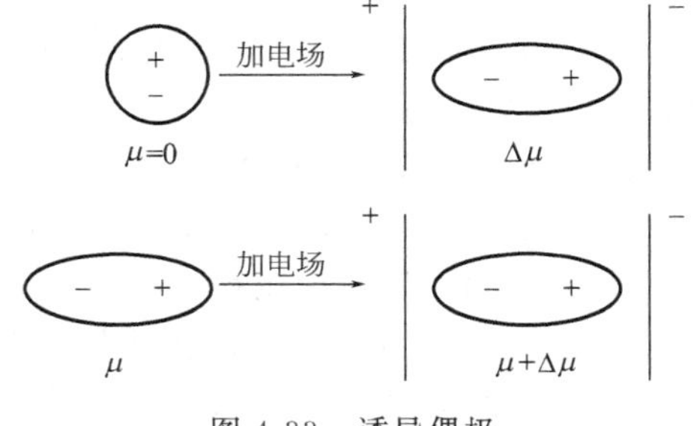

图 4-33　诱导偶极

诱导偶极用 $\Delta\mu$ 表示，其大小与电场强度和分子的变形性成正比。所谓分子的变形性，即为分子的正、负电荷中心的可分离程度。分子的分子量越大，外层电子越多，变形性也就越大。

③ 瞬间偶极　非极性分子在无外电场时，由于电子的不断运动和原子核的不断振动，要使每一瞬间正、负电荷中心都重合是不可能的，因此，在每一瞬间都有偶极存在，这种偶极称为瞬间偶极。当然，极性分子也会由于上述原因改变正、负电荷中心。瞬间偶极和分子的变形性有关，分子的变形性越大，瞬间偶极矩也越大。

(3) 分子间力的三种表现形式

分子间力有三种表现形式，按产生的原因和特点分为**取向力**（orientation force）、**诱导力**（induction force）和**色散力**（dispersion force）。

① 取向力　当两个极性分子相互靠近时，因为极性分子固有偶极的同极相斥，异极相吸作用，分子将发生相对转动，力图在空间按异极相邻的状态排列（见图 4-34），这个过程称为取向。这种由于极性分子的固有偶极之间的定向排列而产生的分子间作用力称为取向力。显然取向力发生在极性分子之间。

② 诱导力　当极性分子与非极性分子靠近时，非极性分子由于受到极性分子固有偶极电场的影响，使正、负电荷中心发生位移，从而产生诱导偶极。这种由非极性分子所产生的

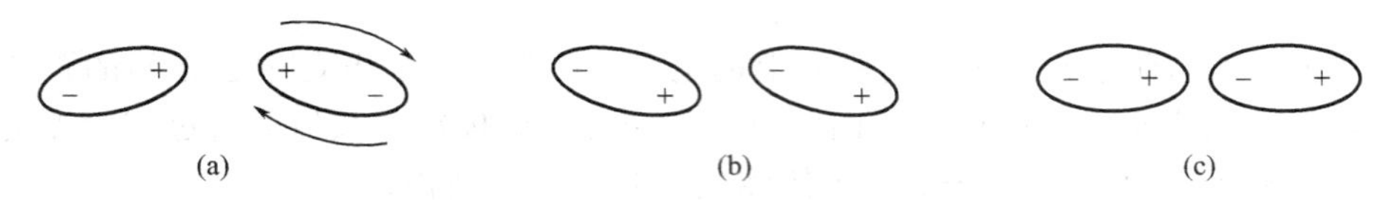

图 4-34　两个极性分子相互作用示意图

诱导偶极和极性分子的固有偶极之间的相互作用力叫做诱导力，如图 4-35 所示。

同样，当两个极性分子互相靠近时，除了取向力外，在对方固有偶极的影响下，每个极性分子也会发生变形，产生诱导偶极，结果使得极性分子的偶极矩被拉大，从而使分子之间出现了额外的吸引力——诱导力。因此诱导力不仅存在于极性分子和非极性分子之间，也存在于极性分子之间。

③ 色散力　由于分子中的电子和原子核都在不停地运动，因此会经常发生正、负电荷中心瞬间相对位移，这样在某一瞬间产生的偶极称为瞬时偶极。这种由瞬时偶极而产生的作用力称为色散力（图 4-36）。

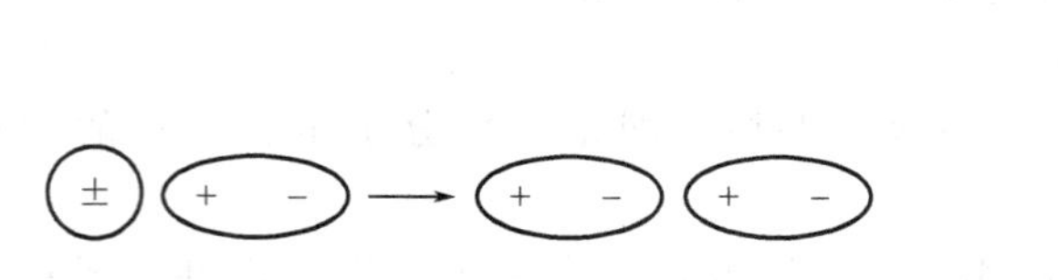
图 4-35　极性分子和非极性分子作用示意图

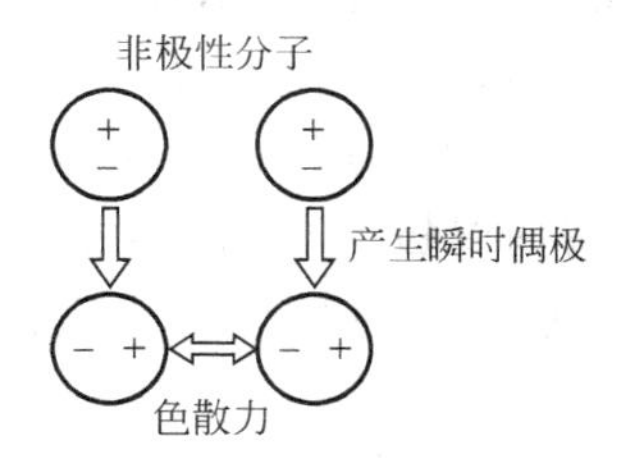

图 4-36　色散力作用示意图

虽然瞬时偶极存在的时间很短，但是分子在不停地运动着，瞬时偶极不断地重复产生，因此色散力始终存在。

分子间力一般具有以下特点：

① 分子间力是普遍存在于分子或原子（稀有气体原子）之间的一种作用力；

② 分子间力是一种短程作用力，作用范围很小，一般是 300～500pm；

③ 分子间力的本质是静电引力，其作用能比化学键能小 1～2 个数量级；

④ 分子间力既没有方向性，也没有饱和性；

⑤ 分子间力以色散力为主；实验证实，色散力在分子间力中占有相当大的比例（见表 4-6）。

表 4-6　三种作用力的分配情况

分子	Ar	CO	HI	HBr	HCl	NH_3	H_2O
偶极矩/10^{-30}C·m	0	0.39	1.40	2.67	3.60	4.90	6.17
取向力/kJ·mol^{-1}	0	0.0029	0.025	0.687	3.31	13.31	36.39
诱导力/kJ·mol^{-1}	0	0.0084	0.113	0.502	1.01	1.55	1.93
色散力/kJ·mol^{-1}	8.50	8.75	25.87	21.94	16.83	14.95	9.00
总计/kJ·mol^{-1}	8.50	8.76	26.01	23.13	21.15	29.81	47.32

（4）分子间力对物质性质的影响

分子间力主要影响物质的物理性质。一般来说，结构相似的同系列物质，分子量越大，分子变形性越大，分子间力越强，熔、沸点越高。所以不难解释，卤素单质的熔点、沸点随分子量的增大而升高，在常温下，F_2、Cl_2 为气体，Br_2 和 I_2 分别为液体和固体。

4.4.2 氢键

同族元素的氢化物的熔点和沸点一般随分子量的增大而升高，是因为结构相似的化合物，分子间力随分子量的增大而增大。但实验发现卤素、氧族的氢化物中，HF、H_2O 的熔、沸点明显高于同族的其他氢化物，见表 4-7。这是由于在 HF、H_2O 分子之间除了存在分子间力外，可能还存在另一种作用力——**氢键**（hydrogen bond）。

表 4-7　卤素及氧族元素的氢化物及沸点

氢化物	沸点/K	氢化物	沸点/K
HF	293	H_2O	373
HCl	189	H_2S	212
HBr	206	H_2Se	231
HI	238	H_2Te	271

（1）氢键的形成

H 原子核外只有一个电子，当 H 原子与电负性很大、半径很小的原子 X（如 F、O、N 等）以共价键结合成分子时，密集于两核间的电子云强烈地偏向于 X 原子，使 H 原子几乎变成裸露的质子，裸露的质子体积很小，又没有内层电子，不被其他原子的电子所排斥，还能与另一个电负性大、半径小且含有孤对电子的 Y 原子（如 F、O、N 等）产生强烈的静电吸引作用，形成氢键。示意如下：

例如，H_2O 分子中的 H 原子可以和另一个 H_2O 分子中的 O 原子互相吸引形成氢键。如图 4-37 所示。

氢键中的 X、Y 可以是同种元素的原子，如 O—H…O、F—H…F，也可以是不同元素的原子，如 N—H…O。除了分子间氢键外，某些分子也可以形成分子内氢键，例如邻硝基苯酚的分子内氢键（见图 4-38）。

X — H ··· Y

↑　　↑

共价键　氢键

图 4-37　H_2O 间的氢键

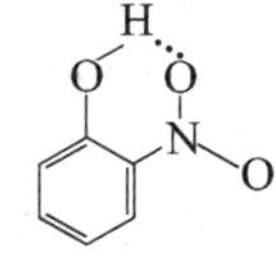

图 4-38　邻硝基苯酚分子内氢键

总之，形成氢键必须具备两个基本条件：①分子中必须含有氢原子；②分子中必须含有电负性大、原子半径小、具有孤对电子的元素。

（2）氢键的特点

① 氢键具有方向性　氢键的方向性是指以 H 原子为中心的 3 个原子 X—H…Y 尽可能在一条直线上，这样 X 原子与 Y 原子间的距离较远，两原子电子云之间斥力最小，形成的氢键更强，体系更稳定。

② 氢键具有饱和性　氢键的饱和性是指 H 原子与 Y 原子形成 1 个氢键 X—H…Y 后，若再有一个 Y 原子靠近时，将会受到已形成氢键的 X 和 Y 原子上电子云的强烈排斥，此排斥力远大于 H 原子对它的吸引力，使得 X—H…Y 中的 H 原子不可能再形成第二个氢键。

③ 氢键的强度　氢键的强弱与 X、Y 的电负性和半径大小有关，X、Y 的电负性越大，半径越小，形成的氢键越强。

④ 氢键的本质　关于氢键的本质，直至目前尚没有统一的认识，但因为氢键的键能一

般在 12～42kJ·mol^{-1}，与分子间力较为接近，所以一般将氢键归属于分子间力的范畴，认为氢键是较强的、有方向性和饱和性的分子间力。

（3）氢键对物质性质的影响

氢键存在于许多化合物中，它的形成对物质的理化性质有一定影响，例如熔、沸点，溶解度，黏度等。

① 对熔、沸点的影响　分子间形成氢键时，化合物的熔、沸点会显著升高。这是因为要使固体熔化，液体汽化，除了要破坏分子间的范德华力，还要给予额外的能量去破坏分子间的氢键。

例如在第ⅣA 族元素氢化物中，各分子间没有形成氢键，所以化合物的沸点随分子量的增加而升高，但在ⅤA～ⅦA 族元素的氢化物中，NH_3、H_2O 和 HF 的沸点明显比同族同类化合物的沸点高（见图 4-39），就是因为它们各自的分子间形成了氢键。

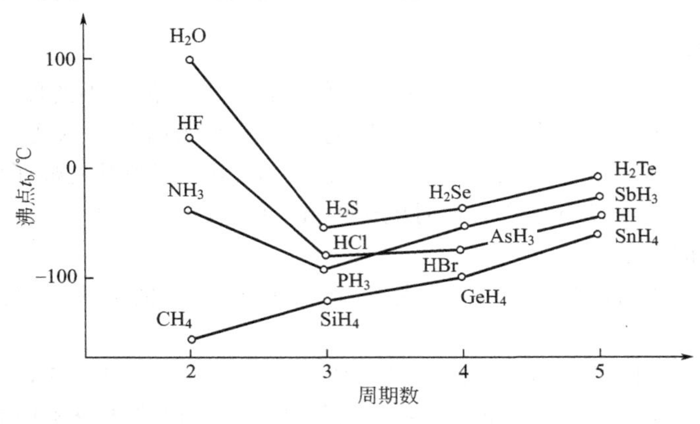

图 4-39　氢化物的沸点变化

② 对物质溶解度的影响　若溶质和溶剂分子间形成氢键，可使溶解度增大；若溶质分子内形成氢键，则分子的极性降低，根据物质的“相似相溶”，在极性溶剂中溶解度下降，而在非极性溶剂中溶解度增大。例如邻硝基苯酚可形成分子内氢键，在水中的溶解度较低，而对硝基苯酚能与水分子形成分子间氢键，所以在水中的溶解度较高，是邻硝基苯酚的 7～8 倍。

③ 对黏度的影响　液体分子间若形成氢键，则分子间的亲和力增大，黏度增大。例如甘油的黏度很大，就是因为其分子间形成了氢键。

④ 对其他物理性质的影响　氢键对物质的酸性和生物活性也有一定的影响。一般来说，分子内氢键会使酸性增强，分子间氢键使酸性减弱。另外，和人类生命现象密切相关的蛋白质和核酸分子中也含有氢键，一旦氢键被破坏，分子结构改变，生物活性就会丧失。

本章小结

本章简单介绍了化学键（相邻两原子或离子之间强烈的相互作用力），涉及共价键、离子键以及金属键，重点讨论了共价键，同时也对分子间力做了讨论。

（1）共价键

所谓共价键，是指成键原子间通过共用一对或几对电子而形成的键。关于共价键的形成主要有三种理论：价键理论（包含杂化轨道理论）、分子轨道理论、价层电子对互斥理论。价键理论包含杂化轨道理论，简单易懂，而且能解释大部分分子的结构，但在解释分子的磁性方面存在不足。为克服价键理论的不足，美国化学家莫立根、洪特和伦纳德•琼斯等人提出分子轨道理论。分子轨道理论克服了价键理论的缺点，提出了分子轨道的概念，不仅能解释分子中存在的双电子键、单电子键、三电子键的形成，而且对多原子分子的结构（大 π 键）也能给以比较好的说明。价层电子对互斥理论（见本章科技动态）在预测分子构型方面有很大优势。这三个理论互为补充，各有优势和不足。在解释分子结构、磁性、构型时，要善于选择某一种理论，给出正确的解释。

（2）离子键

所谓离子键，是指成键原子通过得失电子成为阴、阳离子，然后以静电引力作用形成的键。阴、阳离子都有极化作用和变形性两个方面，由于阳离子半径一般小于阴离子半径，电场较强，所以阳离子的极化作用占主导地位，而阴离子的变形性占主导地位。阳离子的极化作用取决于阳离子的极化能力，除了所带电荷、离子半径外，还与离子外层电子构型有关；而阴离子的变形性主要取决于核对外层电子的束缚能力，束缚能力越大，变形性越小；除此之外，也与离子外层电子构型有关。阴、阳离子的相互极化，使两个离子的电子云发生一定程度的重叠，相互极化越强，电子云重叠越多，键的极性越弱。因此离子极化会引起化学键性质的改变，并引起物质性质的改变。

（3）金属键

所谓金属键，是指金属晶体中，自由电子与金属阳离子之间以库仑力作用形成的键。金属键决定了金属的许多物理特性，如强度、可塑性、延展性、导热导电性以及光泽。一般金属的熔点、沸点随金属键强度的增大而升高。有关金属键的理论主要有两种：改性共价键理论和能带理论。

（4）分子间力

分子与分子之间存在着一种较弱的相互作用力，称作分子间力。分子间这种微弱的结合对物质的熔点、沸点、稳定性都有很大的影响。分子间力属于短程作用力，即只有当分子（或基团）距离很近时才显现出来，最常见的分子间力有两类：范德华力和氢键。分子间力的本质是电性引力作用，具体可以表现为色散力、取向力、诱导力，而色散力是分子间力相对最大的一种作用力。因此分子间力是普遍存在于分子之间的一种作用力，在结构相似时，分子量越大，分子间力越大。氢键仅存在于某些氢化物分子之间，键能更大，但小于化学键。氢键不是共价键，但也具有饱和性和方向性两个特征，对物质的性能有重大的影响。

（5）本章的一些重要的计算公式

磁矩的计算公式：

$$\mu=\sqrt{n(n+2)}$$

科技人物：鲍林

莱纳斯•卡尔•鲍林（Linus Carl Pauling），美国著名化学家，量子化学和结构生物学的先驱者之一。1954 年因在化学键方面的工作取得诺贝尔化学奖，1962 年因反对核弹在地面测试的行动获得诺贝尔和平奖，成为获得不同诺贝尔奖项的两人之一。鲍林被认为是 20

世纪对化学科学影响最大的人之一，他所撰写的《化学键的本质》被认为是化学史上最重要的著作之一。他所提出的许多概念：电负度、共振理论、价键理论、杂化轨道理论、蛋白质二级结构等概念和理论，如今已成为化学领域最基础和最广泛使用的概念。

鲍林（1901～1994）

1901年2月28日，鲍林出生在美国俄勒冈州波特兰市。幼年聪明好学，11岁认识了心理学教授捷夫列斯，捷夫列斯有一所私人实验室，他曾给幼小的鲍林做过许多有意思的化学演示实验，这使鲍林从小萌生了对化学的热爱，这种热爱使他走上了研究化学的道路。鲍林在读中学时，各科成绩都很好，尤其是化学成绩一直名列全班第一名。他经常埋头在实验室里做化学实验，立志当一名化学家。1917年，鲍林以优异的成绩考入俄勒冈州农学院化学工程系，他希望通过学习大学化学最终实现自己的理想。鲍林的家境很不好，父亲只是一位一般的药剂师，母亲多病。家中收入微薄，居住条件也很差。由于经济困难，鲍林在大学曾停学一年，自己去挣学费，复学以后，他靠勤工俭学来维持学习和生活，曾兼任分析化学教室的实验员，在四年级时还兼任过一年级的实验课。鲍林在艰难的条件下，刻苦攻读。他对化学键的理论很感兴趣，同时，认真学习了原子物理、数学、生物学等多门学科。这些知识，为鲍林以后的研究工作打下了坚实的基础。1922年，鲍林以优异的成绩大学毕业，同时，考取了加州理工学院的研究生，导师是著名化学家诺伊斯。诺伊斯擅长物理化学和分析化学，知识非常渊博。对学生循循善诱，为人和蔼可亲，学生们评价他“极善于鼓动学生热爱化学”。诺伊斯告诉鲍林，不要只停留在书本知识上，应当注重独立思考，同时要研究与化学有关的物理知识。1923年，诺伊斯写了一部新书，名为《化学原理》，此书在正式出版之前，他要求鲍林在一个假期中，把书上的习题全部做一遍。鲍林用了一个假期的时间，把所有的习题都准确地做完了，诺伊斯看了鲍林的作业，十分满意。诺伊斯十分赏识鲍林，并把鲍林介绍给许多知名化学家，使他很快进入了学术界。这对鲍林以后的发展十分有用。鲍林在诺伊斯的指导下，完成的第一个科研课题是测定辉铝矿（mosz）的晶体结构，鲍林用调射线衍射法，测定了大量的数据，最后确定了mosz的结构，这一工作完成得很出色，不仅使他在化学界初露锋芒，同时也增强了他进行科学研究的信心。鲍林在加州理工学院，经导师介绍，还得到了迪肯森、托尔曼的精心指导，迪肯森精通放射化学和结晶化学，托尔曼精通物理化学，这些导师的精心指导，使鲍林进一步拓宽了知识面，建立了合理的知识结构。1925年，鲍林以出色的成绩获得化学博士。他系统地研究了化学物质的组成、结构、性质三者的联系，同时还从方法论上探讨了决定论和随机性的关系。他最感兴趣的问题是物质结构，他认为，人们对物质结构的深入了解，将有助于人们对化学运动的全面认识。

鲍林获博士学位以后，于1926年2月去欧洲，在索未菲实验室里工作一年。然后又到玻尔实验室工作了半年，还到过薛定谔和德拜实验室。这些学术研究，使鲍林对量子力学有了极为深刻的了解，坚定了他用量子力学方法解决化学键问题的信心。鲍林从读研究生到去欧洲游学，所接触的都是世界第一流的专家，直接面临科学前沿问题，这对他后来取得学术成就是十分重要的。

1927年，鲍林结束了两年的欧洲游学回到了美国，在帕莎迪那担任理论化学的助理教授，除讲授量子力学及其在化学中的应用外，还讲授晶体化学及开设有关化学键本质的学术讲座。1930年，鲍林再一次去欧洲，到布拉格实验室学习有关射线的技术，后来又到慕尼黑学习电子衍射方面的技术，回国后，被加州理工学院聘为教授。

鲍林在探索化学键理论时，遇到了甲烷的正四面体结构的解释问题。传统理论认为，原子在未化合前外层有未成对的电子，这些未成对电子如果自旋反平行，则可两两结成电子对，在原子间形成共价键。一个电子与另一电子配对以后，就不能再与第三个电子配对。在原子相互结合成分子时，靠的是原子外层轨道重叠，重叠越多，形成的共价键就越稳定。这种理论，无法解释甲烷的正四面体结构。

为了解释甲烷的正四面体结构。说明碳原子四个键的等价性，鲍林在1928～1931年，提出了杂化轨道理论。该理论的根据是电子运动不仅具有粒子性，同时还有波动性。而波又是可以叠加的。所以鲍林认为，碳原子和周围四个氢原子成键时，所使用的轨道不是原来的s轨道或p轨道，而是二者经混杂、叠加而成的“杂化轨道”，这种杂化轨道在能量和方向上的分配是对称均衡的。杂化轨道理论很好地解释了甲烷的正四面体结构。

在有机化学结构理论中，鲍林还提出过有名的“共振论”。共振论直观易懂，在化学教学中易被接受，所以受到欢迎，在20世纪40年代以前，这种理论产生了重要影响，但到60年代，在以苏联为代表的集权国家，对共振论采取了疾风暴雨般的大批判，给鲍林扣上了“唯心主义”的帽子。

鲍林在研究量子化学和其他化学理论时，创造性地提出了许多新的概念。例如，共价半径、金属半径、电负性标度等，这些概念的应用，对现代化学、凝聚态物理的发展都有巨大意义。1932年，鲍林预言，惰性气体可以与其他元素化合生成化合物。惰性气体原子最外层都被8个电子所填满，形成稳定的电子层，按传统理论不能再与其他原子化合。但鲍林的量子化学观点认为，较重的惰性气体原子，可能会与那些特别易接受电子的元素形成化合物，这一预言，在1962年被证实。

鲍林还把化学研究推向生物学，他实际上是分子生物学的奠基人之一，他花了很多时间研究生物大分子，特别是蛋白质的分子结构。20世纪40年代初，他开始研究氨基酸和多肽链，发现多肽链分子内可能形成两种螺旋体，一种是α-螺旋体，一种是β-螺旋体。经过研究他进而指出：一个螺旋是依靠氢键连接而保持其形状的，也就是长的肽键螺旋缠绕，是因为在氨基酸长链中，某些氢原子形成氢键的结果。作为蛋白质二级结构的一种重要形式，α-螺旋体，已在晶体衍射图上得到证实，这一发现为蛋白质空间构象打下了理论基础。这些研究成果，是鲍林1954年荣获诺贝尔化学奖的项目。

1954年以后，鲍林开始转向大脑的结构与功能的研究，提出了有关麻醉和精神病的分子学基础。他认为，对精神病分子学基础的了解，有助于对精神病的治疗，从而为精神病患者带来福音。鲍林是第一个提出“分子病”概念的人，他通过研究发现，镰刀形细胞贫血症，就是一种分子病，包括了由突变基因决定的血红蛋白分子的变态。即在血红蛋白的众多氨基酸分子中，如果将其中的一个谷氨酸分子用缬氨酸替换，就会导致血红蛋白分子变形，造成镰刀形细胞贫血症。鲍林通过研究，得出了镰刀形红细胞贫血症是分子病的结论。他还研究了分子医学，写了《矫形分子的精神病学》的论文，指出：分子医学的研究，对解开记忆和意识之谜有着决定性的意义。鲍林学识渊博，兴趣广泛，他曾广泛研究自然科学的前沿课题。他从事古生物和遗传学的研究，希望这种研究能揭开生命起源的奥秘。他还于1965年提出原子核模型的设想，他提出的模型有许多独到之处。

鲍林坚决反对把科技成果用于战争，特别反对核战争。他指出："科学与和平是有联系的，世界已被科学的发明大大改变了，特别是在最近一个世纪。现在，我们增进了知识，提供了消除贫困和饥饿的可能性，提供了显著减少疾病造成的痛苦的可能性，提供了为人类利益有效地使用资源的可能性。"他认为，核战争可能毁灭地球和人类，他号召科学家们致力于和平运动，鲍林倾注了很多时间和精力研究防止战争、保卫和平的问题。他为和平事业所作的努力，遭到美国保守势力的打击，20世纪50年代初，美国奉行麦卡锡主义，曾对他进行过严格的审查，怀疑他是美共分子，限制他出国讲学，干涉他的人身自由。1954年，鲍林荣获诺贝尔化学奖以后，美国政府才被迫取消了对他的出国禁令。1955年，鲍林和世界知名的大科学家爱因斯坦、罗素、约里奥•居里、玻恩等，签署了一个宣言：呼吁科学家应共同反对发展毁灭性武器，反对战争，保卫和平。1957年5月，鲍林起草了《科学家反对核实验宣言》，该宣言在两周内就有2000多名美国科学家签名，在短短几个月内，就有49个国家的11000余名科学家签名。1958年，鲍林把反核实验宣言交给了联合国秘书长哈马舍尔德，向联合国请愿。同年，他写了《不要再有战争》一书，书中以丰富的资料，说明了核武器对人类的重大威胁。1959年，鲍林和罗素等人在美国创办了《一人少数》月刊，反对战争，宣传和平。同年8月，他参加了在日本广岛举行的禁止原子弹氢弹大会。由于鲍林对和平事业的贡献，他在1962年荣获了诺贝尔和平奖。他以《科学与和平》为题，发表了领奖演说，在演说中指出："在我们这个世界历史的新时代，世界问题不能用战争和暴力来解决，而是按着对所有人都公平，对一切国家都平等的方式，根据世界法律来解决。"最后他号召："我们要逐步建立起一个对全人类在经济、政治和社会方面都公正合理的世界，建立起一种和人类智慧相称的世界文化。"鲍林是一位伟大的科学家与和平战士，他的影响遍及全世界。

科技动态：价层电子对互斥理论

运用杂化轨道理论可以解释和推测分子的空间构型，但在实际预测分子空间构型时，中心原子究竟采取何种类型杂化有时难以判断。1940年，西奇维克（N. Y. Sidgwick）等人对一系列已知分子的空间构型作研究分析后发现，分子中中心原子最外层电子对数与该分子（或离子）的形状有关。后经吉勒斯匹（R. J. Gilespie）等人归纳整理，于1957年提出可以预测二元化合物分子或离子几何构型的理论，称为价层电子对互斥理论（Valence Shell Electron Pair Repulsion Theory），简称VSEPR理论。

（1）VSEPR理论要点

①假定把中心原子周围的价电子层看作一个球面，价层电子成对分布于球面上，各电子对间互斥，彼此保持尽可能远的距离，使静电斥力最小，则分子最为稳定。价层电子对最可能排布的几何形状见表4-1′。

共价化合物中价层电子对数可按下式计算：

$$价层电子对数=\frac{中心原子价电子总数+与其成键的电子总数}{2}$$

例如：

SF_6 价层电子对数$=\frac{1}{2}\times$(S的价电子总数为6+F与它成键的电子总数为1×6)=6

$$PCl_5\text{ 价层电子对数}=\frac{1}{2}\times(5+1\times5)=5$$

② 分子中价层电子对并不一定全部成键。因此，价层电子对就有键对电子（bonded pair）和孤对电子（lone pair）之分。显然由于电子对的本质不同，相互之间的斥力也有所不同，通常斥力大小依次为：

孤对电子与孤对电子间＞孤对电子与键对电子间＞键对电子与键对电子间

分子会尽力避免这些排斥来保持稳定，当排斥不能避免时，整个分子倾向于形成排斥最弱的结构（与理想形状有最小差异的方式）。因此，使分子的理想几何形状产生畸变。

下面以CH_4、NH_3、H_2O分子为例进行讨论（见图4-1′）。

CH_4是四面体结构，是一个典型的AX_4型分子。中心碳原子周围有四个电子对，四个氢原子位于四面体的顶点，键角（H—C—H）为109°28′。

NH_3分子中价层电子对数为4。应取四面体结构，但4对电子中有1对是孤对电子，3对是键对电子，由于孤对与键对间斥力大于键对与键对间斥力，致使N—H键间夹角缩小为107°。

H_2O分子中价层电子对数亦为4，亦应为正四面体结构，但它有2对孤对电子和2对键对电子，相比之下孤对电子间斥力最大，致使O—H键间夹角变得更小，为104.5°。

表4-1′　简单电子对互斥几何分布和对应分子的几何结构

电子对数	电子对排列	电子对几何构型	键角
2	180°	线形	180°
3	120°	平面三角形	120°
4	109.5°	正四面体	109.5°
5	90° 120°	三角双锥	120° 90°

续表

电子对数	电子对排列	电子对几何构型	键角
6	(图：90°，90°)	正八面体	90°

可见价层电子对数为 4 的分子中随孤对电子数目的增多，分子结构畸变，键角逐渐缩小。必须注意，在描绘分子结构时只表示原子的位置，孤对电子不成键只要给予一个标记（本书用 2 个小黑点表示）。当存在孤对电子时，分子的几何结构可以认为是理想构型基础上削角后成为实际构型，如 NH_3 为正四面体，削去一个角而成三角锥形，而 H_2O 为消去两个角，形成角形分子。

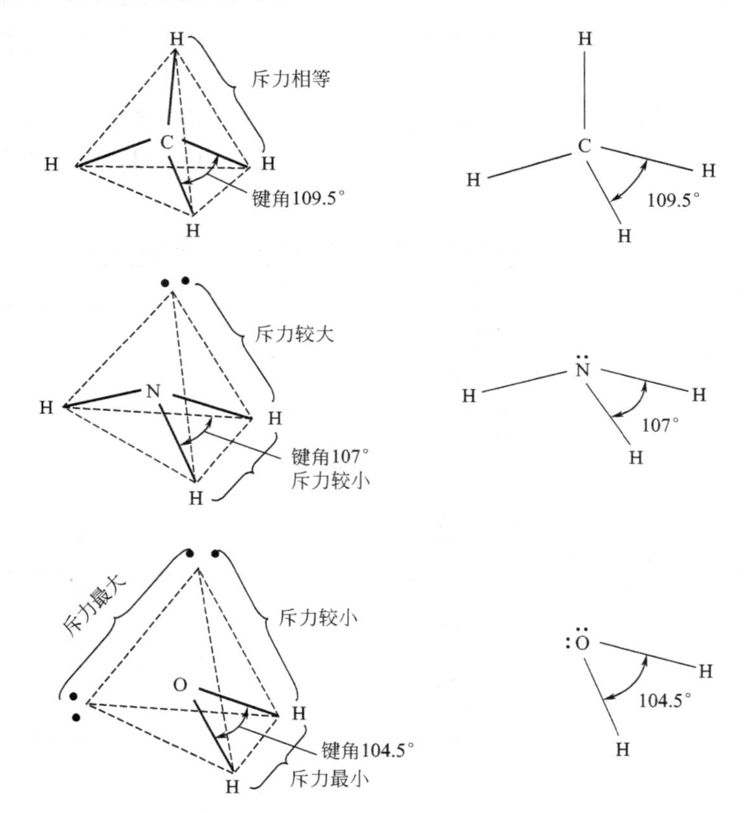

图 4-1′ 中心原子有 4 对电子的分子几何构型

(2) VSEPR 理论的应用

应用价层电子对互斥理论可以推测 AB_n 型分子的几何构型。应用时首先确定中心原子周围价层电子对总数，按此即可得电子对空间分布的几何图像（见表 4-1′）。

已知价层电子对总数为键对电子与孤对电子之和，而分子的几何构型与有无孤对电子密切相关，计算孤对电子成为推测分子几何构型的关键。孤对电子对数（LP）的计算公式如下：

$$LP=\frac{1}{2}\times(\text{中心原子的价电子总数}-n\ \text{个基态配位原子的未成对价电子数})$$

例如：IF_5 分子中价层电子对数为 6，它的理想构型为正八面体，而孤对电子数为 1。

$$LP=\frac{1}{2}\times(7-5\times1)=1$$

因此正八面体消失一个角，使 IF_5 分子几何构型成为四方锥形（见表 4-2′）。

VSEPR 理论同样能用于处理复杂离子的构型。如果是正离子，在计算中心原子价电子总数时要减去离子所带的电荷数；如果是负离子，则加上离子所带的电荷数。

例如：计算 NH_4^+ 的价层电子对数为 4，而孤对电子数为 0：

$$LP=\frac{1}{2}\times[(5-1)-4\times1]=0$$

因而预测该离子为正四面体形状。

又例：I_3^- 价层电子对数为 5，孤对电子数为 3，

$$LP=\frac{1}{2}\times[(7+1)-2\times1]=3$$

该离子为三角双锥形，消失三角而成直线形（见表 4-2′）。

表 4-2′ 中心原子有 5 对或 6 对电子的分子几何构型

分子类型	电子对总数	键对电子数	孤对电子数	电子对空间图像	分子的几何构型	实例
AB_5	5	5	0	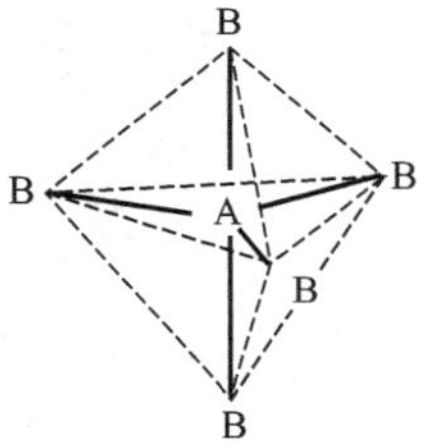	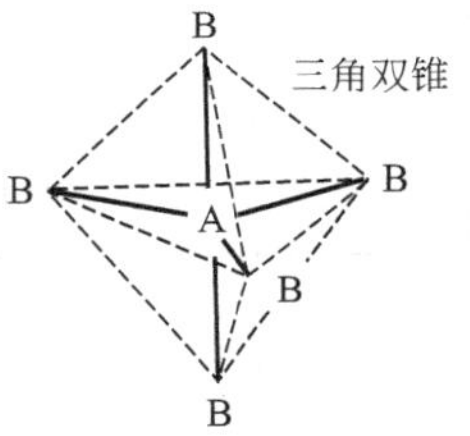 三角双锥	PCl_5
AB_4	5	4	1	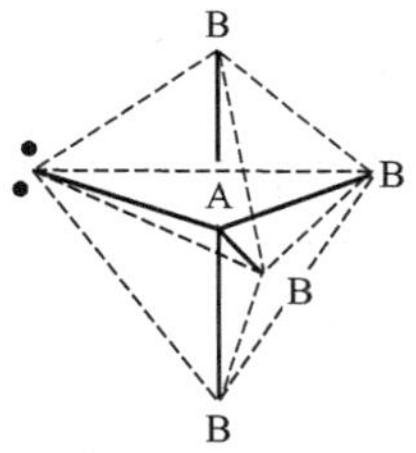	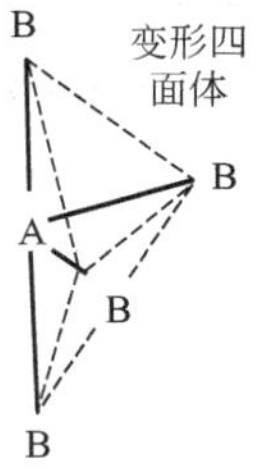 变形四面体	SF_4
AB_3	5	3	2	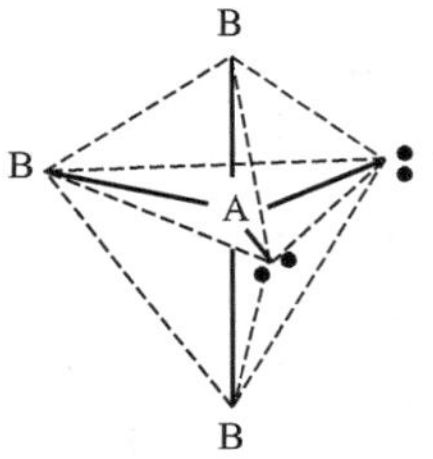	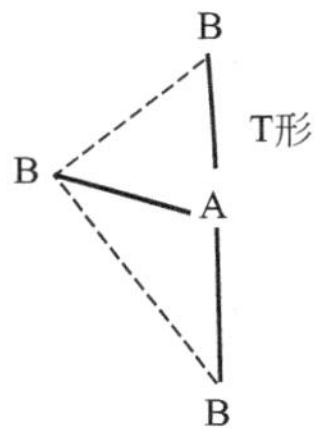 T形	ClF_3

续表

分子类型	电子对总数	键对电子数	孤对电子数	电子对空间图像	分子的几何构型	实例
AB_2	5	2	3	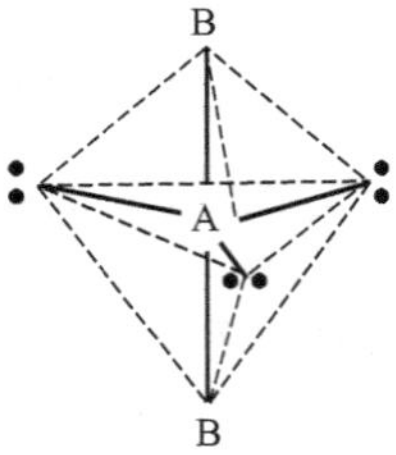	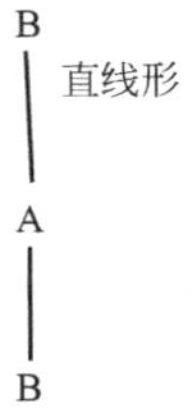 直线形	I_5^-
AB_6	6	6	0	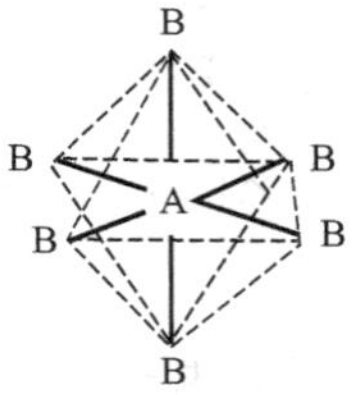	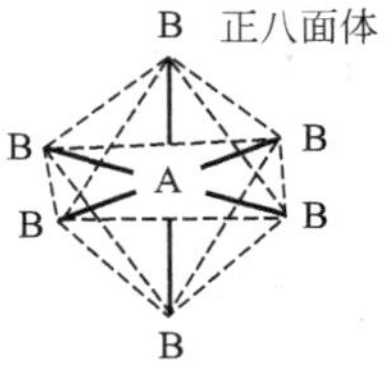 正八面体	SF_6
AB_5	6	5	1	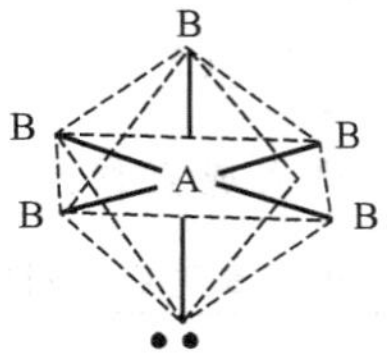	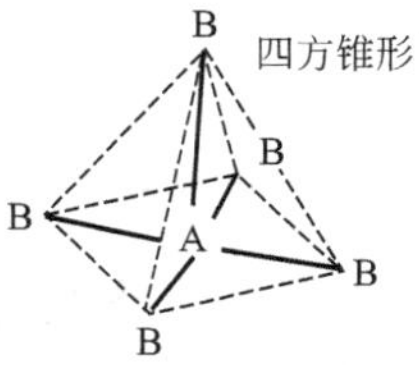 四方锥形	IF_5
AB_4	6	4	2	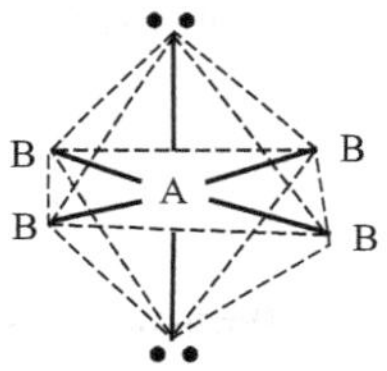	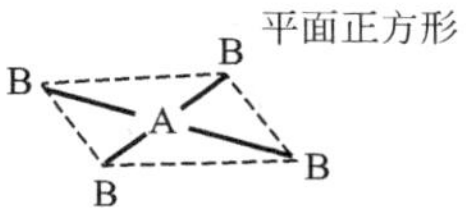 平面正方形	XeF_4

现将价层电子对数与分子几何构型的对应关系总结列于表 4-3′中。

表 4-3′ 价层电子对数与分子的空间几何构型的对应关系

价层电子对总数	键对电子数	孤对电子数	分子类型 AB_nL_m①	分子的空间几何构型	实例
2	2	0	AB_2	直线形	$BeCl_2$、CO_2、$HgCl_2$
3	3	0	AB_3	平面三角形	BF_3、SO_3、CO_3^{2-}
	2	1	AB_2L	V 形	SO_2、$SnCl_2$、NO_2
4	4	0	AB_4	四面体	CH_4、NH_4^+、CO_3^{2-}
	3	1	AB_3L	三角锥	NH_3、NF_3、SO_3^{2-}
	2	2	AB_2L_2	V 形	H_2O、SCl_2、ClO_2
5	5	0	AB_5	双三角锥	PCl_5、AsF_5
	4	1	AB_4L	四面体	$TeCl_4$、SF_4
	3	2	AB_3L_2	T 形	ClF_3
	2	3	AB_2L_3	直线形	XeF_2、I_3^-

续表

价层电子对总数	键对电子数	孤对电子数	分子类型 AB_nL_m①	分子的空间几何构型	实例
6	6	0	AB_6	八面体	SF_4、$[SiF_6]^{2-}$
	5	1	AB_5L	四方锥形	IF_5、$[SbF_5]^{2-}$
	4	2	AB_4L_2	平面四方形	XeF_4

① L代表孤对电子。

注意用VSEPR理论处理具有双键的分子时，可以把双键当作一个单键来处理。例如，SO_2分子中价层电子对数为5，键对电子数为4，因存在双键当2处理，孤对电子数为1，所以，空间图像为正三角形，因消失一角而为角形。

(3) VSEPR理论的局限性

价层电子对互斥理论和正文中介绍的杂化轨道理论，是从不同的角度来探讨分子的空间结构，所得结果大致相符。价层电子对互斥理论对判断分子或离子的空间结构比较简便，但不能说明成键原理和键的相对稳定性。该理论只能判断AB_n型分子或离子的空间构型，而对于某些复杂的多元化合物则无法处理。事实上影响分子几何构型的因素很多，价层电子对之间的互斥仅是其中之一，因此应用时有一定的局限性。该理论仅能作为价键理论的一个侧面补充。对于分子内部结构的认识，人们还在不断探索，永无止境。

(4) 与其他理论的比较

价层电子对互斥理论、杂化轨道理论和分子轨道理论都是关于分子如何构成的理论。但杂化轨道理论主要关注于σ键和π键的形成，通过研究受成键情况影响的轨道形状描述分子的形状；价键理论也会借助VSEPR。分子轨道理论则是关于原子和电子是如何组成分子或多原子离子的一个更精密的理论。

复习思考题

1. 解释下列名词。

(1) σ键和π键；(2) 共价键和离子键；(3) 等性杂化和不等性杂化；(4) 分子间力和氢键；(5) 成键轨道和反键轨道；(6) 离子键；(7) 离子极化和离子变形；(8) 离子极化；(9) 极化力；(10) 变形性；(11) 金属键；(12) 能带；(13) 导带和价带。

2. 简述共价键和氢键的饱和性和方向性；共价键和氢键有何不同？

3. 下列说法对不对？若不对请改正。

(1) s电子与s电子之间形成的键是σ键，p电子与p电子之间形成的键是π键；

(2) 通常σ键的键能比π键大；

(3) sp^3杂化轨道指的是1s轨道和3p轨道混合形成4个sp^3杂化轨道；

(4) 通过杂化轨道成键形成的分子中不会含有π键。

4. 按键角由大到小顺序排列下列分子或离子：

PCl_3、PH_4^+、BCl_3、CS_2

5. 为什么分子间力是普遍存在于分子之间的一种作用力？为什么分子量越大，分子间力越大？

6. 下列说法是否正确？为什么？

(1) 极性分子之间只存在取向力，极性分子与非极性分子之间只存在诱导力，非极性分子之间只存在色散力；

(2) 氢键就是氢和其他元素之间形成的化学键；

(3) 极性键组成极性分子，非极性键组成非极性分子；

(4) 偶极矩大的分子，正、负电荷中心离得远，因此极性大；

(5) 极性分子的分子间力最大，所以极性分子熔点、沸点比非极性分子都高。

7. 用 VB 法和 MO 法分别说明为什么 H_2 能稳定存在而 He_2 不能稳定存在。

8. 用分子轨道法解释 O_2 分子具有顺磁性的原因。

9. 试用价键理论和分子轨道理论处理氮分子结构，说明它们有何不同？

10. 影响分子极性的因素有哪些？

11. 影响离子极化的因素有哪些？

12. 简述离子极化对金属化合物性质的影响。

13. 简述金属键的能带理论。

习题

1. 已知这些物质均为非极性分子：(1) SiF_4，(2) BCl_3，(3) HgI_2。试用中心原子轨道杂化的概念，指出它们可能采取的杂化轨道，并预测这些分子的几何构型。

2. 由实验测得 CH_4 和 CO_2 的偶极矩为零，H_2O 为 $6.23\times10^{-30}C\cdot m$。试结合组成元素的原子结构和杂化轨道理论解释为什么键角依下列次序增大？

$$\angle H—O—H<\angle H—C—H<\angle O—C—O$$

3. 实验测定 BF_3 为三角形构型，而 $[BF_4]^-$ 为四面体构型。试用原子轨道杂化的概念说明硼的杂化轨道类型有何不同。

4. 实验测得 H_2O 分子的键角比 NH_3 分子的键角小，应用杂化轨道理论解释之。

5. 用杂化轨道理论说明 CO_2 分子为直线形，而 $SnCl_2$ 分子为角形。

6. 指出下列各对化合物中哪一种化合物的键角要大些，并简单说明理由。

(1) H_2S 和 $HgCl_2$；　(2) OF_2 和 OCl_2；　(3) NH_3 和 NF_3；

(4) PH_3 和 NH_3；　(5) PH_3 和 PH_4^+；　(6) H_2O 和 H_2S。

7. 列出下列两组物质中各物质的键的极性大小顺序，并指出哪些物质的偶极矩为零？哪些不等于零？

(1) LiCl，$BeCl_2$，BCl_3，CCl_4；

(2) CF_4，CCl_4，CBr_4，CI_4。

8. 用原子轨道杂化概念说明 NH_3 分子的空间构型为三角形，而 NH_4^+ 为正四面体；H_2O 分子为角形，H_3O^+ 为三角锥形。

9. 已知 BF_3 的空间构型为正三角形而 NF_3 是三角锥形，试用杂化轨道理论予以说明。

10. 试用杂化轨道理论分别说明 $HgCl_2$、$SnCl_4$、H_2O、PH_3 的中心原子可能采取的杂化类型及分子的空间构型。

11. 说明下列分子或离子的中心原子的杂化方式。

NCl_3，SF_4，$CHCl_3$，H_3O^+，NH_4^+。

12. 判断下列分子的空间构型和分子的极性，并说明理由。

CO_2，Cl_2，HF，$BeCl_2$，NO，PH_3，SiH_4，H_2O，NH_3，BF_3。

13. NF_3 的偶极矩远小于 NH_3 的偶极矩，但前者的电负性差远大于后者。如何解释这一矛盾现象？

14. 写出下列分子（或离子）的分子轨道表达式，并根据键级判断它们是否存在？

Be_2，N_2，N_2^-，He_2^+，O_2^{3-}。

15. 实验证明 N_2 的解离能大于 N_2^+ 的解离能，而 O_2 的解离能却小于 O_2^+ 的解离能，试用分子轨道理论解释之。

16. 氧分子及其离子的 O—O 核间距（pm）如下：

O_2^+	O_2	O_2^-	O_2^{2-}
112	121	130	148

（1）试用分子轨道理论解释它们的核间距问什么依次增大。

（2）指出它们是否都有顺磁性并比较顺磁性的强弱。

（3）列出它们的键级并比较它们的稳定性。

17. 比较下列各对物质的沸点高低，并简要说明理由。

（1）CO_2，SO_2；（2）SO_2，SO_3；（3）H_2S，H_2O；

（4）HF，HI；　（5）HF，NH_3；（6）CH_4，SiH_4。

18. 判断下列各组分子之间存在什么形式的分子间作用力。

（1）苯和 CCl_4；　（2）氦和水；　（3）CO_2 气体；

（4）HBr 气体；　（5）甲醇和水。

19. 下列化合物中哪些存在氢键？是分子内氢键还是分子间氢键？

C_6H_6，NH_3，C_2H_6，CH_3Cl，HNO_3，邻羟基苯甲醛，间硝基苯甲醛，对硝基苯甲醛，固体硼酸。

20. 用离子极化理论解释下列各组化合物热分解温度的高低关系。

（1）$CaSO_4 > CdSO_4$；　（2）$MnSO_4 > Mn_2(SO_4)_3$；

（3）$SrSO_4 > MgSO_4$；　（4）$Na_2SO_4 > MgSO_4$；

（5）$HNO_3 > HNO_2$；　（6）$NaCO_3 > NaH$。

21.（1）试比较下列各离子极化力的相对大小：Fe^{2+}、Sn^{2+}、Sn^{4+}、Sr^{2+}；

已知离子半径数据：

离子	Fe^{2+}	Sn^{2+}	Sn^{4+}	Sr^{2+}
半径/Å	76	102	71	113

（2）试比较下列各离子变形性的相对大小：O^{2-}、F^-、S^{2-}。

22. 指出下列各化合物中共价性的强弱次序，并估计各物质的熔点高低次序。

$CaCl_2$、$MgCl_2$、$BeCl_2$、$SrCl_2$、$BaCl_2$

23. 判断 Na^+、Mg^{2+}、Al^{3+}、Si^{4+} 极化力及变形性大小顺序，并简单说明理由。

24. 试从离子极化概念推测下列各组物质在水中的溶解度相对大小。

（1）$HgCl_2$、HgI_2；　（2）$PbCl_2$、PbI_2。

第5章 化学热力学基础

【学习要求】

（1）了解化学热力学研究范畴；

（2）理解焓、熵、吉布斯自由能等状态函数的意义；理解化学热力学所涉及的一些基本概念及术语；理解衡量化学反应热效应的两个基准；

（3）了解化学反应方向性判据，从焓判据到吉布斯自由能判据的发展过程；

（4）掌握盖斯定律，并能利用盖斯定律进行化学反应热效应（$\Delta_r H_m^\ominus$）的计算；

（5）掌握标准摩尔吉布斯自由能变（$\Delta_r G_m^\ominus$）的计算公式，并能利用吉布斯自由能判据判断标准状态下化学反应的方向。

5.1 化学热力学的研究范畴

热力学是研究宏观过程的能量变化、过程的方向与限度的规律的一门科学。化学热力学（chemical thermodynamics）是用热力学的理论和方法研究化学过程以及伴随这些化学过程而发生的物理变化，涉及化学反应的热效应、化学反应的方向和限度、化学平衡等内容。

在研究化学反应时，化学工作者总会思考一些问题：

① 在一定条件下，某物质或某混合物能否发生化学反应？

② 如果发生化学反应，伴随着该反应将有多少能量变化？

③ 如果这个化学反应可以进行，在一定条件下达到的平衡状态如何？对于指定的反应物，最大的可能转化率有多大？

④ 反应速率是多少？

⑤ 反应机理如何？

化学热力学可以解决上述的前三个问题，但不涉及第四和第五个问题，后两个问题实际上属于化学动力学研究范畴。

化学热力学研究化学过程的成功之处在于：

第一，化学热力学研究的是物质的宏观性质，不涉及物质的微观结构；

第二，运用化学热力学方法研究化学问题时，只需知道研究对象的起始状态和最终状态，而无需知道物质的微观结构和反应的机理。

化学热力学研究化学过程同样存在如下局限性。

第一，应用化学热力学讨论变化过程时，没有时间概念，因此不能解决变化中的速率及其他与时间有关的问题。例如，热力学预言了氢气和氧气即使在常温、常压下也会化合成水；但这只是可能性，却不是现实性。事实上，氢氧混合气体在常温常压下即使放置千百年，也看不到水的生成；除非你使用合适的催化剂，比如铂黑，反应才能顷刻间完成。而反应速率和催化剂不是化学热力学问题，而是化学动力学研究范畴。热力学预言了反应的可能性，其重要性毋庸置疑；因为若经热力学计算预言某反应根本不可能发生，若还去寻找催化剂，到最后必定是竹篮打水。

第二，热力学只描述了大量原子、分子等微粒构成的宏观系统的行为，不能预言化学反应的微观机理。例如，通过热力学计算可以预言，汽车尾气中的氮氧化物和一氧化碳可以相互反应转化为氮气和二氧化碳，还能计算出不同温度不同组成的反应转化率；但这个反应在分子水平上的微观机理（反应历程）却是化学动力学的研究范畴，热力学无能为力。

5.2 基本概念与术语

5.2.1 系统与环境

被人为划定的作为研究的那部分物质或空间（即研究对象）称为**系统**（system）；系统以外与系统相联系的其他部分称为**环境**（surroundings）。系统和环境相互依存、相互制约。

如研究 NaOH 和 HCl 在水溶液中的反应，含有这两种物质及其反应产物的水溶液是系统，溶液之外的烧杯和周围的空气等就是环境。又如，某容器中充满空气，要研究其中的氮气，则氮气就是系统，其他气体如氧气、二氧化碳、水蒸气等，容器以及容器以外的一切都可以认为是环境。所指的环境，一般是指那些和系统之间有密切关系的部分。

从上面的两个例子可以看出，系统和环境之间有时有实际的界面，如水溶液和盛水的杯子之间；有时两者之间没有实际的界面，如空气混合气体中作为研究系统的氮气和作为环境的氧气之间就属于这种情况。为了研究问题方便，可以设计一个假想的界面，如从分体积的概念出发，把氮气分体积以内的认定为系统，外面则是环境，于是相当于有了系统与环境的界面。

按照系统和环境之间物质和能量的交换关系，可把系统分为**孤立系统**（isolated system）、**封闭系统**（closed system）和**敞开系统**（open system）三种。

① 孤立系统　系统与环境之间既无能量交换又无物质交换的系统称为孤立系统或隔离系统。

② 封闭系统　系统与环境之间只有能量交换而无物质交换的系统称为封闭系统。

③ 敞开系统　系统与环境之间既有能量交换又有物质交换的系统称为敞开系统。

例如，在一个保温良好的保温瓶中盛入热水，再将瓶塞塞紧，选择水及瓶内空间为系统；如果水温在研究阶段保持不变，则属于孤立系统；如果水温发生变化，表明系统与环境之间发生了能量交换，就是封闭系统；如果打开瓶塞使水分子自由出入，则为敞开系统。

在热力学中，主要研究封闭系统。

5.2.2 状态和状态函数

（1）状态

系统的物理性质和化学性质的综合表现称为系统的**状态**（state）。系统的状态是由其一系列宏观性质所确定的，例如气体的状态可由温度（T）、压力（p）、体积（V）及各组分的物质的量（n）等宏观性质确定。

（2）状态函数

用来描述和确定系统状态性质的物理量称为系统的**状态函数**（state function）。通常把系统变化前的状态称为始态（initial state），变化后的状态称为终态（final state）；状态函数的改变量经常用希腊字母 Δ 表示。如始态的温度为 T_1，终态的温度为 T_2，则状态函数 T 的改变量 $\Delta T=T_2-T_1$。同样可以理解其他状态函数的改变量 Δp 的含义。

例如，某理想气体是研究的系统，其物质的量 n、压力 p、体积 V、温度 T 为一定值时，说它处于一确定的状态；当 $n=1\text{mol}$，压力 $p=1.013\times10^5\text{Pa}$，体积 $V=22.4\text{L}$，温度 $T=273\text{K}$，说它处于标准状态；而理想气体的标准状态就是由这些状态函数确定下来的系统的一种状态，这里的 n、p、V 和 T 就是系统的状态函数；因此，系统的状态与其宏观性质的数值密切相关。

有些状态函数，如 V 和 n 等所表示的系统的性质具有加和性；如某系统的物质的量 $n=5\text{mol}$，它等于系统的各物质的物质的量之和。把系统中具有加和性的某些性质，称为系统的**广延性质**（extensive property）。

也有些状态函数，如 T 等所表示的系统的性质，不具有加和性；不能说系统的温度等于各部分的温度之和。系统的这类性质，称为系统的**强度性质**（intensive property）。

（3）状态函数的特点

① 系统的状态是由一系列状态函数确定下来的，因此系统的状态一定，则系统的状态函数的数值就有相应的确定值。系统的一个状态函数或几个状态函数发生改变，则系统的状态随之发生变化。

② 对于确定的变化，状态函数（如 T）的变化量（ΔT）只有唯一的数值，与始态至终态所经历的途径无关。也就是说，从始态（T_1）经不同途径到达终态（T_2）时的变化量（$\Delta T=T_2-T_1$）是相等的；如果系统变化的结果是仍回到了始态，则状态函数数值的变化量为 0。

5.2.3 过程和途径

当系统的状态发生变化时，从始态变到终态，就说系统经历了一个热力学过程，简称**过程**（process）。有一些过程是在特定条件下进行的，热力学常见的过程有如下几种。

恒温过程（isothermal process）：系统的始态温度 T_1 与终态温度 T_2 及环境的温度 T 均相等的过程。

恒压过程（isobaric process）：系统始态压力 p_1、终态压力 p_2 及环境压力 p 均相等的过程。

恒容过程（isochoric process）：系统变化时始态和终态的体积保持不变的过程。

循环过程（cyclic process）：系统经过一系列的变化后又回到始态的过程，因而经历循环过程后，系统的各种状态函数都不变。

绝热过程（adiabatic process）：过程中系统与环境之间无热量传递的过程。

系统经历一个过程，由始态变化到终态。这种变化过程可以采取许多种不同的方式，这每一种具体的方式称为一种**途径**（path）。

例如，某理想气体由始态 $p_1=100\text{kPa}$，$V_1=2\text{L}$ 变成终态 $p_2=200\text{kPa}$，$V_2=1\text{L}$，此过程可以由两种或多种具体方式来实现，如图 5-1 所示。

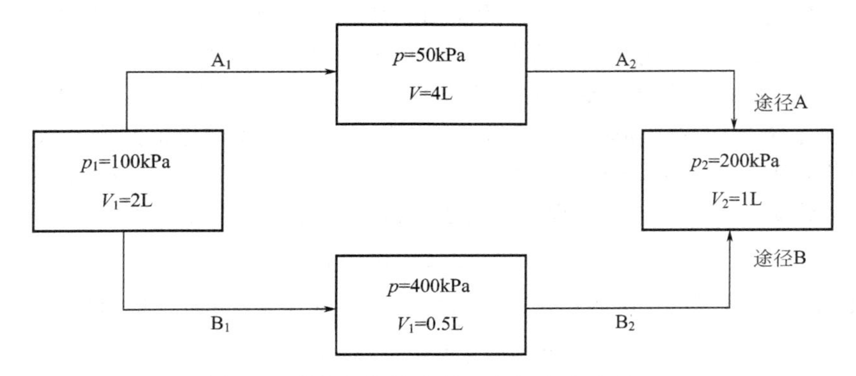

图 5-1 理想气体的途径：途径 A 和途径 B

很显然，从图 5-1 可以看出，状态函数的改变量决定于过程的始态和终态，与采取哪种途径来完成这个过程无关。如上述过程中状态函数 p 的改变量 Δp，和途径 A 或途径 B 就没有关系，

$$\Delta p = p_2 - p_1$$

需要注意的是，过程的着眼点是始态和终态，而途径则是具体的方式。

5.2.4 反应进度

化学反应进行的过程中，大多伴随着热量的放出或吸收；为了比较不同反应的热效应的大小，需要采用一个统一的尺度。为此引进一个新的概念——**反应进度**（extent of reaction)。用 ξ 表示，用于表示反应进行的程度。

（1）反应进度的定义

对于任一化学反应

$$a\text{A} + d\text{D} = g\text{G} + h\text{H}$$

也可表示为：
$$0 = g\text{G} + h\text{H} - a\text{A} - d\text{D}$$

用通式表示：
$$0 = \sum_{\text{B}} \nu_{\text{B}} B$$

式中，ν_B 是任意反应物或产物 B 的化学计量系数，为无量纲的数；生成物的 ν_B 是正值，反应物的 ν_B 是负值。例如对反应

$$N_2 + 3H_2 = 2NH_3$$

可以表示为：$0 = 2NH_3 - N_2 - 3H_2$

$$0 = (+2)NH_3 + (-1)N_2 + (-3)H_2$$

很显然，从上式中可以看出各反应物和产物的计量系数分别为：

$$\nu(NH_3) = +2, \nu(N_2) = -1, \nu(H_2) = -3$$

根据 IUPAC 的推荐，反应进度 ξ 的定义为：当某化学反应进行时，化学反应方程式中某一物质（反应物或生成物）B 的物质的量从始态（$t=0$）的 $n_B(0)$ 变为某一 t 时刻的 $n_B(t)$，反应进度 ξ 定义为：

$$\xi = \frac{n_B(t) - n_B(0)}{\nu_B} = \frac{\Delta n_B}{\nu_B} \tag{5-1}$$

（2）反应进度的含义

从式(5-1) 的表达式可以得出：

① 对于一定的化学反应方程式，ν_B 为定值，所以 ξ 随物质 B 的物质的量变化 Δn_B 而变化。所以，ξ 可以反映一个化学反应进行的程度，故称为反应进度。

② 由于 ν_B 为无量纲的数，Δn_B 的单位为 mol，所以 ξ 的单位为 mol，且为正值。

③ 用反应系统中任一物质表示反应进度，在同一时刻所得的 ξ 值完全一致。

④ 对于指定的化学反应方程式，当 Δn_B 等于 ν_B 时，$\xi=1\text{mol}$，即进行了 1mol 反应；也就是说，各反应物按化学反应方程式进行了一次性的完全反应。例如：

$$N_2+3H_2 = 2NH_3$$

当 $\xi=1\text{mol}$ 时，意指 1mol N_2 与 3mol H_2 完全反应生成 2mol NH_3 的反应。又如：

$$1/2N_2+3/2H_2 = NH_3$$

当 $\xi=1\text{mol}$ 时，意指 1/2mol N_2 与 3/2mol H_2 完全反应生成 1mol NH_3 的反应。所以 $\xi=1\text{mol}$ 的反应一定要指明相应的化学反应方程式，否则是不明确的。

⑤ 转化率也可以表示一个反应进行的程度，但对于不同的反应物，在同一时刻所得的转化率可能不同；对于描述同一个化学反应的进行程度而言，带来不便。而用反应进度 ζ 描述时，可以避免这种情况。

5.2.5 热化学标准状态

为了比较不同反应的热效应的大小，除了要引进反应进度这个统一的尺度外，还要对反应中各物质的能量状态提供一个统一的基准，为此又引进了标准状态这个概念。热化学标准状态也称热化学标准态，或简称**标准态**（standard state）。根据 IUPAC 提议，标准态是在指定温度 T 和标准压力 $p^{\ominus}=100\text{kPa}$ 下该物质的状态，右上标“$\ominus$”是标准态符号。标准态含义主要包括以下三个方面。

① 气体　$p^{\ominus}$压力下处于理想气体状态的气体纯物质。在气体混合物中，是指相应各气体物质的分压力为标准压力 $p^{\ominus}$。

② 液体、固体　在标准压力 $p^{\ominus}$时看作理想的纯液体或纯固体。

③ 溶液　在标准压力 $p^{\ominus}$时溶质的标准浓度（质量摩尔浓度），取 $b^{\ominus}=1\text{mol}\cdot\text{kg}^{-1}$；而对于稀溶液，质量摩尔浓度和物质的量浓度近似相等，因此在本书中溶液标准态溶质的浓度取 $c^{\ominus}=1\text{mol}\cdot\text{L}^{-1}$。

值得注意的是，由于标准态只规定了压力 $p^{\ominus}$，而没有指定具体的温度，即温度可任意选取。

5.3 热力学第一定律

热力学第一定律实际上就是能量守恒定律在热力学过程中的应用，它是关于能量转化遵循的规律，涉及热、功和热力学能三个物理量。

5.3.1 功和热

(1) 热

系统与环境之间由于存在温度差而引起的能量交换，这种形式交换的能量称为热量，简称热（heat），以 Q 表示。热的定义意味着它总是与发生的过程相联系，没有过程发生就没有热。因此，热不是系统本身的属性，不是状态函数；而是与途径有关的途径函数。

热力学规定，系统在变化过程中吸收热量，Q 为正值；系统在变化过程中放出热量，Q 为负值。

（2）功

系统与环境之间除热以外，把其他形式的能量交换统称为**功**（work），以 W 表示。功与热一样，也是与过程相关的量；因此也不是状态函数，而是与途径有关的途径函数。热力学规定，系统对环境做功，W 为负值；环境对系统做功，W 为正值。

功分为体积功（volume work）和非体积功（non-volume work）两种形式。由于系统体积变化而产生的功称为体积功。非体积功包括电功、表面功等。热力学中把体积功以外的功（非体积功）统称为有用功。

在许多过程中，系统在反抗外界压力发生体积变化时有体积功产生。由于液体和固体在压力变化过程中体积变化较小，因此体积功的讨论经常是对气体而言的。下面以气体反抗外压体积增大时产生的体积功为例，对体积功的公式进行推导：

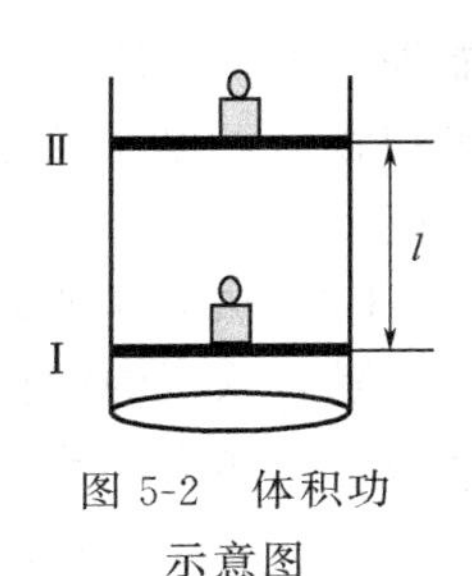

图 5-2　体积功示意图

用活塞将气体密封在截面积为 S 的圆柱形筒内，如图 5-2 所示。忽略活塞自身的质量及其与筒壁间的摩擦力，以活塞上面放置的砝码在活塞上面造成的压力代表外压。膨胀过程中，气体将活塞从Ⅰ位推到Ⅱ位，位移为 l。根据功的概念，功 W 应等于力 F 与沿作用在力方向上位移 l 的乘积，即

$$W=Fl \tag{5-2}$$

式中的力 F 可用压力 p 与受力面积 S 表示，即：

$$F=pS \tag{5-3}$$

体积的改变量 ΔV 等于 l 和面积 S 的乘积，故

$$\Delta V=lS \tag{5-4}$$

将式(5-3) 和式(5-4) 代入式(5-1)，得

$$W=p\Delta V \tag{5-5}$$

式中，ΔV 是系统体积的改变量，$\Delta V=V_2-V_1$；另外热力学对 W 符号的规定，系统对外做功，符号为负，所以体积功的公式应该为：

$$W=-p\Delta V=-p(V_2-V_1) \tag{5-6}$$

式(5-6) 即是热力学中体积功的表达式，从式中可以看出，外压 $p=0$ 或系统体积改变量 $\Delta V=0$ 时，体积功 $W=0$。

本章中，研究的系统都是不做非体积功的，即系统变化过程所做的功全是体积功。

【例 5-1】 某温度下，一定量的理想气体，从压力 $p_1=1.6\times10^6\text{Pa}$，体积 $V_1=1.0\times10^{-3}\text{m}^3$，在恒外压 $p_外=1.0\times10^5\text{Pa}$ 下恒温膨胀至压力 $p_2=1.0\times10^5\text{Pa}$，体积 $V_2=1.6\times10^{-2}\text{m}^3$。求过程中系统所做的体积功 W。

解　系统膨胀，反抗外压做功；由体积功公式(5-6) 可知

$$\begin{aligned}W&=-p_外\Delta V=-p_外(V_2-V_1)\\&=-1.0\times10^5\times(1.6\times10^{-2}-1.0\times10^{-3})\\&=-1500(\text{J})\end{aligned}$$

5.3.2 热力学能

系统的总能量包括三部分：系统整体作机械运动的动能，系统在某种外力场（如重力场、电场、磁场等）作用下所具有的势能以及系统内部的能量。化学热力学中通常研究宏观上相对静止的系统，因此无系统整体的运动，一般也不考虑特殊的外力场引起的势能。

（1）热力学能的定义

系统内部各种能量的总和称为热力学能（thermodynamic energy），也称为内能（internal energy），以符号 U 表示。系统的热力学能主要包括：系统中所有分子（或原子）的平动、转动及振动能；分子内部各种粒子（电子及原子核等）的运动能及分子间相互作用的位能等。由于系统内部离子的运动及其相互作用的复杂性，所以无法确定一个系统热力学能的确切数值，也无确定的必要。人们关心的是热力学能的变化值，实际应用时也只需知道热力学能的变化值 ΔU 即可。

（2）热力学能的特征

随着认识的深化，会不断发现新的能量形式，但有一点是肯定无疑的：任何系统在一定状态下，热力学能是一定的，因而热力学能是状态函数。

根据状态函数的特征，热力学能的变化值 ΔU 只与始态和终态有关；当系统状态改变时，系统的热力学能将从始态的 U_1 变到终态的 U_2，此过程热力学能的变化值 $\Delta U = U_2 - U_1$；只要始态和终态一定，热力学能的变化量 ΔU 是一定值。

5.3.3 热力学第一定律

系统与环境之间的能量交换有两种方式：一种是热传递；另一种是做功。热力学第一定律（the first law of thermodynamics）指出，热能可从一个物体传递给另一个物体，也可以与机械能或其他能量相互转换，在传递和转换过程中，能量的总值不变。

（1）热力学第一定律表达式

若某系统由状态Ⅰ变化到状态Ⅱ，在这一过程中吸热为 Q，并做体积功 W；根据热力学第一定律，则有关系式：

$$\Delta U = Q + W \tag{5-7}$$

这就是热力学第一定律的表达式，可以说系统热力学能的改变量等于系统与环境之间交换的 Q 和 W 的和。

热力学第一定律也称为能量不灭原理，就是能量守恒定律（law of conversation of energy）。

（2）符号规定

按照热力学习惯，Q 和 W 的符号规定如下。

系统失去能量：放出热量，Q 为负值；系统对环境做功，W 为负值。

系统得到能量：吸收热量，Q 为正值；环境对系统做功，W 为正值。

【例 5-2】 某过程中，系统从环境吸收热量 150J，对环境做体积功 30J。求过程中系统热力学能的改变量和环境热力学能的改变量。

解 由热力学第一定律的数学表达式(5-7) 可知

$$\Delta U = Q + W = 150 + (-30) = 120(\text{J})$$

若将环境当做系统来考虑，则有 $Q' = -150\text{J}$，$W' = 30\text{J}$，故环境热力学能的改变量：

$$\Delta U' = Q' + W' = -150 + 30 = -120\ (\mathrm{J})$$

对例 5-2 进一步讨论：系统与环境的总和是热力学中的宇宙。系统的热力学能增加了 120J，环境的热力学能减少了 120J。作为广度性质的热力学能，对宇宙来说其改变量当然是零。这一结果更加说明了热力学第一定律的能量守恒的实质。

5.4 热化学

化学反应总是伴随着热量的吸收或放出，这种能量变化对化学反应来说非常重要。把热力学理论和方法应用到化学反应中，讨论和计算化学反应的热量变化的学科称为热化学(thermochemistry)。

5.4.1 化学反应的热效应

化学反应过程中，反应物的化学键要断裂，又要生成一些新的化学键以形成产物。化学反应的热效应就是反映这种由化学键断裂和生成所引起的热量变化。如果不严格定义反应热效应，可能会使反应热效应失去上述意义。

(1) 反应热的定义

在研究的无非体积功的系统和反应中，化学反应的**热效应**（heat effect）可以定义为：当生成物与反应物的温度相同时，化学反应过程中所吸收或放出的热量。化学反应热效应一般称为反应热（reaction heat）。

化学反应过程中，系统的热力学能改变量 ΔU 与反应物的热力学能 $U_{反应物}$ 和产物的热力学能 $U_{产物}$ 应有如下关系：

$$\Delta U = U_{产物} - U_{反应物}$$

结合热力学第一定律 $\Delta U = Q + W$，则有：

$$U_{产物} - U_{反应物} = Q + W \tag{5-8}$$

式(5-8) 就是热力学第一定律在化学反应中的具体体现。因为化学反应的热效应通常在恒容或恒压的条件下测定，相应地，式(5-8) 中的反应热 Q 就被区分为恒容反应热 Q_V 和恒压反应热 Q_p。

(2) 恒容反应热

在恒容过程中完成的化学反应称为恒容反应，其热效应称为恒容反应热，通常用 Q_V 表示。

由式(5-8)，有

$$\Delta U = Q_V + W \tag{5-9}$$

式中的体积功 $W = -p\Delta V$，恒容反应过程中的 $\Delta V = 0$，故 $W = 0$；代入式(5-9) 中，则

$$\Delta U = Q_V \tag{5-10}$$

式(5-10) 说明，在恒容反应过程中，并且反应过程中无非体积功时，系统热力学能的变化等于恒容条件下的反应热。

当 $\Delta U > 0$ 时，则 $Q_V > 0$，表明该反应是吸热反应；当 $\Delta U < 0$ 时，则 $Q_V < 0$，表明该反应是放热反应。

(3) 恒压反应热

在恒压过程中完成的化学反应称为恒压反应，其热效应称为恒压反应热，通常用 Q_p

表示。

由式(5-8)，有

$$\Delta U=Q_p+W \tag{5-11}$$

式中的体积功 $W=-p\Delta V$，代入式(5-11) 可得

$$Q_p=\Delta U+p\Delta V \tag{5-12}$$

由于恒压过程中 $\Delta p=0$，$p_2=p_1=p$，则式(5-12) 可变成

$$\begin{aligned}Q_p&=(U_2-U_1)+p(V_2-V_1)\\&=(U_2+p_2V_2)-(U_1+p_1V_1)\end{aligned} \tag{5-13}$$

因为 U、p、V 均是系统的状态函数，因此，它们的组合 $U+pV$ 必然也是系统的状态函数，这一新的状态函数称为热焓（enthalpy），简称焓，用 H 表示，即

$$H=U+pV \tag{5-14}$$

故式(5-13) 可写成：

$$Q_p=H_2-H_1=\Delta H \tag{5-15}$$

式(5-15) 说明，在恒压反应过程中，并且反应过程中只做体积功时，系统热焓的变化等于恒压条件下的反应热。

从焓的定义式 $H=U+pV$ 可以看出，焓和热力学能一样，是系统的一种性质，也是状态函数。在一定的状态下，每一种物质具有一定的焓。由于内能的绝对值不能测定，因此焓的绝对值也是不能测定的。

虽然在数值上，恒容反应热和恒压反应热分别等于系统热力学能和焓的变化量，但是，不能认为恒容反应热和恒压反应热就是状态函数。

【例 5-3】 在 25℃和 100kPa 下，1/2mol 的 C_2H_4 和 H_2 按下式反应：

$$C_2H_4(g)+H_2(g)=\!=\!=C_2H_6(g)$$

放出 68.2kJ 的热量，求消耗每摩尔 C_2H_4 时系统的 ΔH 和 ΔU。

解 ①由于反应在恒压下进行，因此

$$\Delta H=2\times(-68.2)=-136.4(\text{kJ})$$

② 由式(5-14) 可得： $\Delta H=\Delta U+p\Delta V$

欲求 ΔU，必须知道 $p\Delta V$，而 $p\Delta V=pV_{生成物}-pV_{反应物}$，根据理想气体状态方程，在恒温恒压下：

$$pV_{生成物}=n_{生成物}RT,\ pV_{反应物}=n_{反应物}RT$$

则 $p\Delta V=n_{生成物}RT-n_{反应物}RT=(n_{生成物}-n_{反应物})RT=\Delta nRT$

则：

$$\Delta H=\Delta U+p\Delta V=\Delta U+\Delta nRT$$

$$\Delta U=\Delta H-\Delta nRT$$

已知：$\Delta H=-136.4\text{kJ}$，$\Delta n=1-(1+1)=-1\text{mol}$，$R=8.314\text{J}\cdot\text{mol}^{-1}\cdot\text{K}^{-1}$，$T=273+25=298\text{K}$，代入得：

$\Delta U=\Delta H-\Delta nRT=-133.9(\text{kJ})$

注意：ΔU、ΔH 的量纲为 kJ，而 $\Delta n RT$ 的量纲为 J，在计算中要注意换算。

5.4.2 热化学方程式

(1) 热化学方程式的定义

标明化学反应热效应的化学方程式称为**热化学方程式**(thermochemical equation)。由于

大多数反应都是在恒压下进行的。通常所讲的热效应或反应热，如果不加注明，都是指 Q_p。由于恒压且不做非体积功时，$Q_p=\Delta H$，所以热化学上用焓变表示反应热效应。

为了比较不同反应的热效应的大小，规定在标准压力 $p^{\ominus}=100\text{kPa}$，反应进度 $\xi=1\text{mol}$ 时的反应热效应作为衡量不同反应的热效应的依据，用 $\Delta_r H_m^{\ominus}$ 表示。

例如下列反应在标准压力及 298K 下，$\xi=1\text{mol}$ 时的热化学方程式表示为：

$$N_2(g)+3H_2(g) = 2NH_3(g) \qquad \Delta_r H_m^{\ominus}=-92.38\text{kJ}\cdot\text{mol}^{-1}$$

（2）书写热化学方程式的注意事项

① 热化学方程式必须标明反应的温度和压强条件，如果反应是在标准压力 $p^{\ominus}$、298K 下进行的，习惯上可以不予注明。

② 注明物质的聚集状态或晶形。因为反应物和生成物的聚集状态不同或固体物质的晶形不同，对反应热也有影响。常用 g、l、s 分别代表气态、液态、固态。

③ 方程式中的配平系数只表示计量数，不表示分子数，因此必要时可写成分数。但计量数不同时，同一反应的反应热数值也不同。

④ 反应热 $\Delta_r H_m^{\ominus}$ 只能写在化学方程式的右边。若为放热反应，$\Delta_r H_m^{\ominus}$ 为负值；吸热反应 $\Delta_r H_m^{\ominus}$ 为正值。

（3）热化学方程式的含义

① 热化学方程式中，各物质化学式前的化学计量数只表示该物质的物质的量，可以是整数、分数或小数。对相同化学反应，化学计量数不同，反应热 $\Delta_r H_m^{\ominus}$ 也不同。

如：$H_2(g)+1/2O_2(g) = H_2O(g) \qquad \Delta_r H_m^{\ominus}=-241.8\text{kJ}\cdot\text{mol}^{-1}$

$2H_2(g)+O_2(g) = 2H_2O(g) \qquad \Delta_r H_m^{\ominus}=-483.6\text{kJ}\cdot\text{mol}^{-1}$

② 相同条件（温度、压强）、相同物质的化学反应，正向进行的反应和逆向进行的反应其反应热 $\Delta_r H_m^{\ominus}$ 数值相等，符号相反。

如：$2H_2(g)+O_2(g) = 2H_2O(l) \qquad \Delta_r H_m^{\ominus}=-571.6\text{kJ}\cdot\text{mol}^{-1}$

$2H_2O(l) = 2H_2(g)+O_2(g) \qquad \Delta_r H_m^{\ominus}=+571.6\text{kJ}\cdot\text{mol}^{-1}$

③ 反应热 $\Delta_r H_m^{\ominus}$ 的单位 $\text{kJ}\cdot\text{mol}^{-1}$ 中的“mol”是指该化学反应进度为 1mol（即指“每摩尔化学反应”），而不是指该反应中的某种物质。

④ 不论化学反应是否可逆，热化学方程式中的反应热 $\Delta_r H_m^{\ominus}$ 表示反应进行到底（完全转化）时的能量变化。

如：$2SO_2(g)+O_2(g) = 2SO_3(g) \quad \Delta_r H_m^{\ominus}=-197\text{kJ}\cdot\text{mol}^{-1}$ 是指 2mol $SO_2(g)$ 和 1mol $O_2(g)$ 完全转化为 2mol $SO_3(g)$ 时放出的能量。若在相同的温度和压强时，向某容器中加入 2mol $SO_2(g)$ 和 1mol O_2（g）反应达到平衡时，放出的热量为 ΔH；因反应不能完全生成 2mol $SO_3(g)$，故 $\Delta H<197\text{kJ}\cdot\text{mol}^{-1}$。

5.4.3 盖斯定律

化学反应的热效应可以用实验方法测得，但许多化学反应由于速率过慢，测量时间过长，因热量散失而难以准确测量；也有一些化学反应由于条件难以控制，产物不纯，也难于准确测量。于是如何通过热化学方法计算反应热，成为化学家关注的问题。

1840 年，俄国化学家盖斯（Hess）根据分析许多反应热的结果，总结出下述规律：一个化学反应，不论是经一步完成还是分几步完成，其热效应完全相同，这就是**盖斯定律**（Hess's law）。换句话说，化学反应的反应热只与反应体系的始态、终态有关，而与反应的途径无关。比如图 5-3 所示的反应：

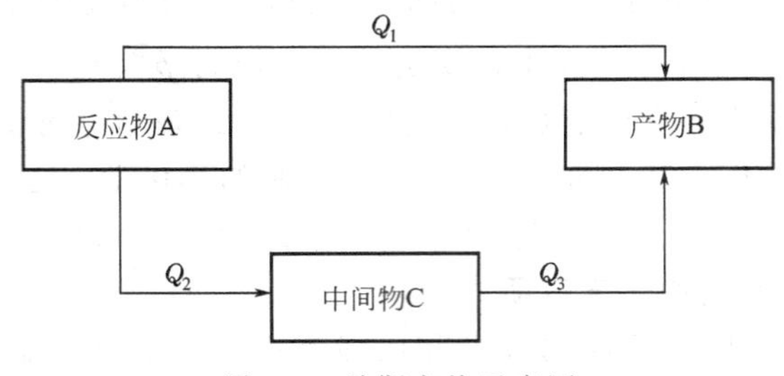

图 5-3　盖斯定律示意图

根据盖斯定律，得到：

$$Q_1=Q_2+Q_3$$

盖斯定律是热力学第一定律的必然结果。热力学第一定律不仅可以解释盖斯定律，而且可以指明它的适用条件，即反应必须在无非体积功的恒压下进行，才有结论 $Q_p=\Delta H$，反应热才可以变成与途径无关的量。下面进行简单推导：

在恒压非体积功为零时，$Q_p=\Delta H$，如果用 ΔH_1、ΔH_2、ΔH_3 表示对应过程的反应焓变，则：

$$Q_1=\Delta H_1;\ Q_2=\Delta H_2;\ Q_3=\Delta H_3$$

由于 H 是状态函数，所以 $\Delta H_1=\Delta H_2+\Delta H_3$，也即：

$$Q_1=Q_2+Q_3$$

盖斯定律的实用价值在于它能使热化学方程式像普通代数方程式那样进行四则运算，从而可利用已知的反应热，方便地求算另一些难以测定的反应热。

【例 5-4】 已知：

① $C(石墨)+O_2(g)═══CO_2(g)$　　$\Delta_r H^{\ominus}_{m,1}(298K)=-393.4kJ\cdot mol^{-1}$

② $CO(g)+1/2O_2═══CO_2(g)$　　$\Delta_r H^{\ominus}_{m,2}(298K)=-282.9kJ\cdot mol^{-1}$

计算 C（石墨）$+1/2O_2(g)═══CO(g)$ 的 $\Delta_r H^{\ominus}_m(298K)$。

解　按盖斯定律，由反应（1）减去反应（2）即可得所求反应

$C(石墨)+O_2(g)═══CO_2(g)$　　$\Delta_r H^{\ominus}_{m,1}(298K)=-393.4kJ\cdot mol^{-1}$

—）$CO(g)+1/2O_2═══CO_2(g)$　　$\Delta_r H^{\ominus}_{m,2}(298K)=-282.9kJ\cdot mol^{-1}$

$C(石墨)+1/2O_2(g)═══CO(g)$　　$\Delta_r H^{\ominus}_m(298K)=-110.5kJ\cdot mol^{-1}$

例 5-4 的实际意义在于，虽然反应 C（石墨）$+1/2O_2(g)═══CO(g)$ 条件不苛刻，但由于很难使反应产物中不混有 CO_2，故它的热效应很不容易测准；而例 5-2 的反应①和②的反应热可以准确测量，所以盖斯定律为难于测准反应热的反应提供了一个可行的方法。

5.4.4　化学反应热效应的计算

化学反应热效应的计算，可以根据热力学第一定律进行计算，也可以根据盖斯定律及其相关热化学数据进行计算，主要有三种计算方法。

（1）利用不同反应的热效应计算

根据盖斯定律，可由已知反应热的化学反应求出相关反应的反应热。

【例 5-5】 已知 298K 时，

① $2C(石墨)+O_2(g)=\!=\!=2CO(g)$　　$\Delta_r H^{\ominus}_{m,1}=-221.0kJ\cdot mol^{-1}$

② $3Fe(s)+2O_2(g)=\!=\!=Fe_3O_4(s)$　　$\Delta_r H^{\ominus}_{m,2}=-1118kJ\cdot mol^{-1}$

求反应③$Fe_3O_4(s)+4C(石墨)=\!=\!=3Fe(s)+4CO(g)$ 在 298K 时的反应热。

解　2×①式得④式：

④ $4C(石墨)+2O_2(g)=\!=\!=4CO(g)$　　$\Delta_r H^{\ominus}_{m,4}=-442.0kJ\cdot mol^{-1}$

④ －②得③式：

$$Fe_3O_4(s)+4C(石墨)=\!=\!=3Fe(s)+4CO(g)$$

$$\begin{aligned}\Delta_r H^{\ominus}_{m,3}&=\Delta_r H^{\ominus}_{m,4}-\Delta_r H^{\ominus}_{m,2}\\&=-442.0-(-1118)\\&=676(kJ\cdot mol^{-1})\end{aligned}$$

（2）利用标准摩尔生成热计算

用盖斯定律求算反应热，需要知道许多反应的热效应，要将反应分解成几个已知反应，有时这是很复杂的过程。从根本上讲，如果知道了反应物和产物的状态函数 H 的值，反应的 ΔH 即可由产物的焓减去反应物的焓而得到。从式(5-14) 焓 H 的定义式 $H=U+pV$ 看到，由于 U 存在，H 值不能实际求得。于是，采取了一种相对的方法来定义了两类物质的焓值，一个是标准摩尔生成焓，另一个是标准摩尔燃烧焓；进而根据盖斯定律，计算反应的热效应 $\Delta_r H^{\ominus}_m$ 值。

① 标准摩尔生成热的定义　在指定温度 T 的标准态下，由元素的最稳定单质生成 1mol 化合物时的反应热，称为该化合物在温度 T 下的**标准摩尔生成焓**（standard molar formation enthalpies）或**标准摩尔生成热**（standard molar formation heat)，或简称标准生成热，用符号 $\Delta_f H^{\ominus}_m(T)$ 表示，单位为 $kJ\cdot mol^{-1}$。$\Delta_f H^{\ominus}_m$ 符号中，右上标“⊖”表示标准态，右下标“m”表示反应进度为 1mol，左下标“f”为 formation 单词的首字母，表示生成之意。例如，298K，100kPa 下石墨与氢气发生化合反应，生成 1mol 甲烷的标准摩尔反应热 $\Delta_r H^{\ominus}_m$ 为 $-74.6kJ\cdot mol^{-1}$，

$$C(s)+2H_2(g)\longrightarrow CH_4(g)\qquad \Delta_r H^{\ominus}_m=-74.6kJ\cdot mol^{-1}$$

根据标准摩尔生成热的定义，则甲烷的标准摩尔生成焓 $\Delta_f H^{\ominus}_m(CH_4,g)=-74.6kJ\cdot mol^{-1}$。因此，标准摩尔生成热可以理解为一个特定反应——生成反应的标准摩尔反应焓变。需要特别注意的是，在相同温度、压力条件下，如果上述反应的化学方程式为：

$$2C(s)+4H_2(g)\longrightarrow 2CH_4(g)$$

则该反应的 $\Delta_r H^{\ominus}_m\neq\Delta_f H^{\ominus}_m(CH_4,g)$，而是 $\Delta_r H^{\ominus}_m=2\Delta_f H^{\ominus}_m(CH_4,g)$。

另外，根据标准摩尔生成热的定义，可知那些稳定单质的标准摩尔生成热应该等于零。因为稳定单质的生成反应相当于并未发生任何变化，因此指定温度标准态下，元素的最稳定单质的标准摩尔生成热为零。

还需注意的是，若把 1mol 某一化合物分解为组成它的元素的最稳定单质时，根据状态函数的性质，其始态和终态颠倒位置。很显然其标准摩尔反应热应该与该化合物的标准摩尔生成热大小相等符号相反。例如：

$$H_2(g)+\frac{1}{2}O_2(g)\longrightarrow H_2O(l)\qquad \Delta_f H^{\ominus}_m=-285.8kJ\cdot mol^{-1}$$

$$H_2O(l)\longrightarrow H_2(g)+\frac{1}{2}O_2(g)\qquad \Delta_f H^{\ominus}_m=+285.8kJ\cdot mol^{-1}$$

化学手册中标准生成焓数据，其温度一般是298K，符号可简写为$\Delta_f H_m^{\ominus}$。一些物质在在298K下的标准摩尔生成热数据见表5-1，更多标准摩尔生成热数据详见附录3。

表5-1　一些物质在100kPa、298K时的标准摩尔生成热数据

物质	$\Delta_f H_m^{\ominus}$/kJ·mol^{-1}	物质	$\Delta_f H_m^{\ominus}$/kJ·mol^{-1}
$Ag^+(aq)$	+105.58	HBr(g)	36.40
AgCl(s)	−127.07	HI(g)	+26.5
AgBr(s)	−100.37	$H_2S(g)$	−20.63
AgI(s)	−61.84	HCN(g)	+130.54
BaO(s)	−553.5	H(g)	+217.97
$BaCO_3(s)$	−1216.3	$HNO_3(l)$	−173.21
$Br_2(g)$	+30.907	F(g)	+134.93
C(s)金刚石	+1.897	KCl(s)	−435.89
C(g)	+716.68	$MgCl_2(s)$	−641.83
CO(g)	−110.52	$NH_3(g)$	−46.11
$CO_2(g)$	−393.51	NO(g)	+90.25
$CH_4(g)$	−74.81	$NO_2(g)$	+33.18
CaO(s)	−635.1	NaCl(s)	−410.89
$Ca(OH)_2(s)$	−986.1	$Na_2O_2(s)$	−513.2
$CaCO_3(s)$	−1206.9	NaOH(s)	−426.73
$CuSO_4·5H_2O(s)$	−2277.98	$Na^+(aq)$	−240.3
$CuSO_4(s)$	−769.85	$NH_4NO_3(s)$	−365.14
$C_2H_6(g)$	−84.68	O(g)	+249.17
Cl(g)	+121.68	$PbSO_4(s)$	−918.39
$Cl^-(aq)$	−167.08	$SiO_2(s)$	−859.39
$H_2O(l)$	−285.83	$SiH_4(g)$	+34.3
$H_2O(g)$	−241.82	$SiCl_4(l)$	−687.0
HF(g)	−271.1	ZnO(s)	−348.28
HCl(g)	−92.31	$ZnSO_4(s)$	−982.82

② 标准摩尔生成热查表的注意事项

a. 固体可能存在多种晶形，因此在明确稳定态时应考虑哪种晶形和指定温度（298K）是最稳定的。例如，碳有石墨和金刚石两种晶形，石墨在上述条件是稳定的，金刚石在高温下稳定，因此石墨是稳定的单质。例如石墨转变为金刚石：

$$C(石墨) \longrightarrow C(金刚石) \qquad \Delta_r H_m^{\ominus} = 1.9\text{kJ·mol}^{-1}$$

根据标准摩尔生成热的定义，则$\Delta_f H_m^{\ominus}$(金刚石)=1.9kJ·mol^{-1}。但也有极少数物质例外，例如，磷有三种同素异形体：白磷、红磷和黑磷。其中黑磷最稳定，但不常见。因此规定稳定性较差、但属常见的白磷的$\Delta_f H_m^{\ominus}=0$kJ·mol^{-1}。

b. 大多数化合物的标准生成热为负值，说明由单质生成化合物时放出能量。

③ 标准摩尔生成热的应用　应用物质的标准摩尔生成热的数据可以计算化学反应的热效应。

理论依据：根据盖斯定律，一个化学反应从参加反应的单质直接转变为生成物与从参加反应的单质先生成反应物再变化为生成物，两种途径的反应热相等；如图5-4所示。

故有$\Delta H_{Ⅰ} = \Delta H_{Ⅱ} + \Delta H_{Ⅲ}$，则$\Delta H_{Ⅲ} = \Delta H_{Ⅰ} - \Delta H_{Ⅱ}$

即：

$$\Delta_r H_m^{\ominus} = \sum_i \nu_i \Delta_f H_m^{\ominus}(生成物) - \sum_i \nu_i \Delta_f H_m^{\ominus}(反应物) \qquad (5\text{-}16)$$

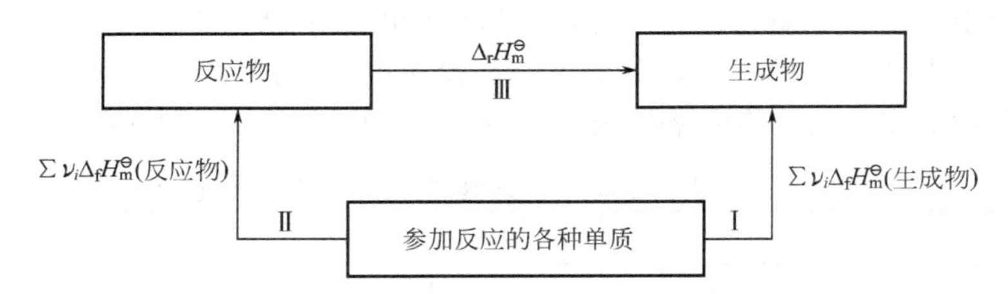

图 5-4　标准摩尔生成热与反应热的关系

式中，ν_i 分别指生成物和反应物的化学计量系数。

【例 5-6】 试用附录 3 标准摩尔生成热数据，计算下列反应的 $\Delta_r H_m^\ominus$。

$$2Na_2O_2(s)+2H_2O(l)=\!=\!=4NaOH(s)+O_2(g)$$

解　　$2Na_2O_2(s)+2H_2O(l)=\!=\!=4NaOH(s)+O_2(g)$

$\Delta_f H_m^\ominus/kJ\cdot mol^{-1}$　　-510.9　　-285.8　　-425.6　　0

由式(5-16) 可得：

$$\Delta_r H_m^\ominus=\sum_i\nu_i\Delta_f H_m^\ominus(\text{生成物})-\sum_i\nu_i\Delta_f H_m^\ominus(\text{反应物})$$
$$=[4\Delta_f H_m^\ominus(NaOH,s)+\Delta_f H_m^\ominus(O_2,g)]-[2\Delta_f H_m^\ominus(Na_2O_2,s)+2\Delta_f H_m^\ominus(H_2O,l)]$$
$$=[4\times(-425.6)+0]-[2\times(-510.9)+2\times(-285.8)]$$
$$=-109.0(kJ\cdot mol^{-1})$$

(3) 利用标准摩尔燃烧热计算

有机化合物的生成热难以测定，而其燃烧热却比较容易通过实验测得。

① 标准摩尔燃烧热　在指定温度 T 的标准态下，1mol 物质完全燃烧，生成指定产物时的反应热称为该物质在温度 T 下的**标准摩尔燃烧焓**（standard molar combustion enthalpy）或**标准摩尔燃烧热**（standard molar combustion heat），或简称标准燃烧热，用符号 $\Delta_c H_m^\ominus(T)$ 表示，单位为 $kJ\cdot mol^{-1}$。$\Delta_c H_m^\ominus$ 符号中，右上标“⊖”表示标准态，右下标“m”表示反应进度为 1mol，左下标“c”为 combustion 单词的首字母，表示燃烧之意。例如，298K，100kPa 下石墨与氧气发生化合反应，生成 1mol 二氧化碳的标准摩尔反应热 $\Delta_r H_m^\ominus$ 为 $-393.5kJ\cdot mol^{-1}$，

$$C(s)+2O_2(g)\longrightarrow CO_2(g)\qquad \Delta_r H_m^\ominus=-393.5kJ\cdot mol^{-1}$$

根据标准摩尔燃烧热的定义，则石墨的标准摩尔燃烧热 $\Delta_f H_m^\ominus(C,\ s)=-393.5kJ\cdot mol^{-1}$。因此，标准摩尔燃烧热可以理解为一个特定反应——燃烧反应的标准摩尔反应焓变。需要特别注意的是，在相同温度、压力的条件下，如果上述反应的化学方程式为：

$$2C(s)+4O_2(g)\longrightarrow 2CO_2(g)$$

则该反应的 $\Delta_r H_m^\ominus\neq\Delta_c H_m^\ominus(CH_4,\ g)$，而是 $\Delta_r H_m^\ominus=2\Delta_c H_m^\ominus(C,\ g)$。

另外，根据标准摩尔燃烧热的定义，在理解概念上还要注意三点：第一，标准生成热以反应起点各种单质作为参照物的相对值，而标准燃烧热则是以燃烧产物为参照物的相对值，因此为使标准摩尔燃烧热成为有用的热力学数据，需要对燃烧产物做严格的规定。按照热力学上规定，碳的燃烧产物为 $CO_2(g)$，氢、氮、硫、氯的燃烧产物分别为 $H_2O(l)$、$N_2(g)$、$SO_2(g)$、$HCl(aq)$。第二，因为氧气与指定产物的燃烧反应相当于并未发生任何变化，因此指定温度的标准态下，氧气的标准摩尔燃烧热为零。第三，同理，这些指定的燃烧产物，如 $CO_2(g)$、$H_2O(l)$、$N_2(g)$、$SO_2(g)$ 等，再与氧气发生燃烧反应，也相当于并未发生任

何变化，因此在指定温度的标准态下，这些物质的标准摩尔燃烧热也为零。

化学手册中的标准燃烧热数据，其温度一般是 298K，符号可简写为 $\Delta_c H_m^{\ominus}$。一些物质在在 298K 下的标准摩尔生成热数据见表 5-2，更多标准摩尔生成热数据见附录 2。

表 5-2　一些物质在 100kPa、298K 时的标准摩尔燃烧热数据

物质	$\Delta_c H_m^{\ominus}/kJ \cdot mol^{-1}$	物质	$\Delta_c H_m^{\ominus}/kJ \cdot mol^{-1}$
$H_2(g)$	−285.84	$CH_3OH(l)$甲醇	−726.64
C(石墨)	−393.51	$C_2H_5OH(l)$乙醇	−1366.95
$CH_4(g)$甲烷	−890.31	$CH_3COOH(l)$乙酸	−874.54
$C_2H_4(g)$乙烯	−1411.0	$C_6H_6(l)$苯	−3267.54
$C_2H_6(g)$乙烷	−1559.84	$C_7H_8(l)$甲苯	−3908.69
$C_3H_8(g)$丙烷	−2219.90	$C_6H_5OH(l)$苯酚	−3053.48
$CH_2O(g)$甲醛	−563.58	$C_6H_5COOH(s)$苯甲酸	−3226.87

② 标准摩尔燃烧热的应用　和标准摩尔生成热数据相似，应用物质的标准摩尔燃烧热的数据同样可以用来计算有机反应的热效应。理论依据：根据盖斯定律，一个化学反应从反应物直接燃烧生成各种燃烧产物与从反应物先转变为生成物再燃烧到各种燃烧产物，两种途径的反应热相等。如图 5-5 所示。

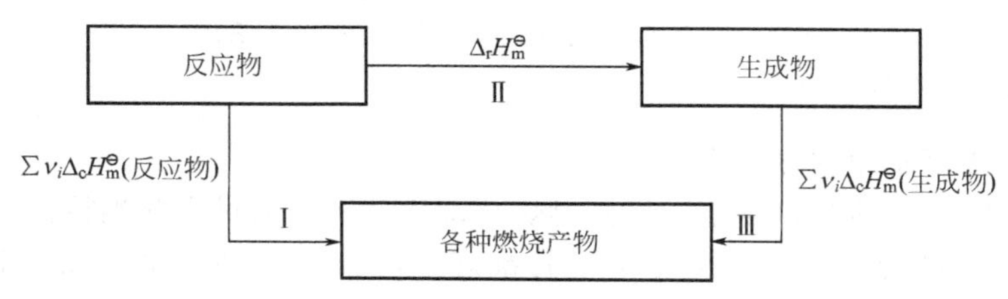

图 5-5　标准摩尔燃烧热与反应热的关系

故有 $\Delta H_{\text{Ⅰ}} = \Delta H_{\text{Ⅱ}} + \Delta H_{\text{Ⅲ}}$，则 $\Delta H_{\text{Ⅱ}} = \Delta H_{\text{Ⅰ}} - \Delta H_{\text{Ⅲ}}$

即：

$$\Delta_r H_m^{\ominus} = \sum_i \nu_i \Delta_c H_m^{\ominus}(\text{反应物}) - \sum_i \nu_i \Delta_c H_m^{\ominus}(\text{生成物}) \tag{5-17}$$

式中，ν_i 分别指生成物和反应物的化学计量系数。

【例 5-7】 求下面反应的反应热

$$CH_3OH(l) + \frac{1}{2}O_2(g) = HCHO(g) + H_2O(l)$$

解

$$CH_3OH(l) + \frac{1}{2}O_2(g) = HCHO(g) + H_2O(l)$$

$\Delta_c H_m^{\ominus}/kJ \cdot mol^{-1}$　−726.64　0　−563.58　0

由式(5-17) 可得：

$$\begin{aligned}\Delta_r H_m^{\ominus} &= \sum_i \nu_i \Delta_c H_m^{\ominus}(\text{反应物}) - \sum_i \nu_i \Delta_c H_m^{\ominus}(\text{生成物}) \\ &= [\Delta_c H_m^{\ominus}(CH_3OH,l) + \frac{1}{2}\Delta_c H_m^{\ominus}(O_2,g)] - [\Delta_c H_m^{\ominus}(HCHO,g) + \Delta_c H_m^{\ominus}(H_2O,l)] \\ &= [1\times(-726.64) + 0 - 1\times(-563.58) - 0] \\ &= -163.06(kJ \cdot mol^{-1})\end{aligned}$$

需特别注意的是，对于一个化学反应的 $\Delta_r H_m^\ominus$ 而言，实际上它与反应温度有关。但以上这些方法计算得到的标准摩尔反应热 $\Delta_r H_m^\ominus$ 均是利用了 298K、标准态下的热力学数据，得到的应该是 298K 下的 $\Delta_r H_m^\ominus$。但是一般来说，$\Delta_r H_m^\ominus$ 受温度影响很小，在无机化学课程中，可以近似认为在一般温度范围内 $\Delta_r H_m^\ominus$ 和 298K 下的 $\Delta_r H_m^\ominus$ 相等。

故可以近似认为：

$$\Delta_r H_m^\ominus(T) \approx \Delta_r H_m^\ominus(298\mathrm{K})$$

5.5 化学反应的方向

热力学第一定律是关于能量转化及其能量守恒定律，热化学解决了化学反应中的热效应问题；但它们都不能判断化学反应的自发性，即化学反应进行的方向和限度，而这是热力学，即本节所要讨论的另一个重要问题。

5.5.1 反应方向的概念

化学反应的方向（reaction direction），即在一定条件下化学反应向哪个方向进行。一定条件下两种物质混合在一起时，能否自发地发生指定的反应，这是化学工作者非常关心的问题。

（1）标准状态下的化学反应

对一个具体的反应而言，若具体给出了系统中各物质的多少，一般能判断或测出反应的具体方向。但是如果笼统地问，在一定条件下，将几种物质混在一起，反应能否发生，反应进行的方向如何，又该如何回答呢？学者们一般采用的解决办法是：先把系统中各物质均处于标准状态时反应的方向作为基本出发点，进而经过热力学讨论，在这种标准状态的基础上判断各种非标准状态下，反应进行的方向。

因此在本章里，所讨论的化学反应的方向，均是指反应物和生成物均处于标准状态下的化学反应的方向。至于非标准状态下的化学反应的方向问题，将在随后的章节里进行讨论。

（2）化学反应的自发性

实践发现，有些反应无需外力帮助就可自发进行，这称为**反应的自发性**（spontaneity of chemical reactions）。例如，铁在潮湿的空气中生锈；盐酸与氢氧化钠的酸碱中和反应；不同浓度的溶液混合时，溶质会自动地从高浓度的地方往低浓度的地方扩散；锌粒投入到过量的硫酸铜溶液中会自动地发生置换反应。有些反应则不能自发进行，如 25℃标准状态下，碳酸钙不能自发地分解为氧化钙和二氧化碳；而它的逆反应则是自发的。

必须注意，所谓不能自发进行，并不是不能发生反应的意思，而是要使非自发反应进行，必须消耗外功。另一方面，反应能自发进行也并不意味着反应可以快速进行，自发反应与反应速率无关。有些自发反应进行得很快，但有些自发反应进行得很慢。例如氢气与氧气化合生成水的反应是自发进行的，但由于反应速率很慢，所以在通常情况下，几乎觉察不出反应进行。

（3）自发过程的特征

自发性的变化形式多样，但却有共同的特点。

① 自发过程（spontaneous process）具有明确的方向和限度。自发过程确定的方向和限度密切相关，若没有确定的限度就没有确定的方向。自发过程的限度是指过程不能无限制地进行下去，当进行到一定的程度后，过程会处于平衡状态。例如，热的流动过程只能进行到

两个物体的温度相等时为止，化学反应进行的限度是达到化学平衡。

② 自发过程是不可逆的。自发过程具有确定的方向是自发过程不可逆性的必然结果。例如，氢气和氧气反应生成水是放热反应，其反应热将传给环境；若要使系统恢复原状，可将水电解重新得到氢和氧，但水电解需电功，所以，在系统复原时，环境要留下损失电功的痕迹。

③ 自发过程常可以用来做功。许多自发过程是系统能量降低的过程，放出的能量可以用来做功。例如，锌和硫酸铜组成原电池可以做电功。

综上所述，自发过程可概括为一切自发过程都自发、单向地趋向给定条件下的平衡状态。判断一个化学反应能否自发进行，对于化学研究和化工生产具有重要的意义。因为，如果事先知道一个反应根本不可能发生，人们就不必再花精力去研究它。推动化学反应自发进行的因素到底是什么呢？除了进行实验外，能否从理论上直接加以判断呢？科学家做了前赴后继的探索，从焓判据到熵判据，最终确定了吉布斯自由能判据，下面对判据的发展做初步介绍。

5.5.2 反应焓变对反应方向的影响

如何判断一个化学反应能否发生，人们首先想到的是反应的热效应。早期学者在对众多实验的研究后，发现许多放热反应都是自发进行的，且反应程度也很大。从反应系统的能量变化来看，放热反应发生以后，系统的能量降低；反应放出的热量越多，系统的能量降低得越多，反应越完全。即：在反应过程中，系统有趋向于最低能量状态的倾向，这与自然界其他自发过程所遵循的能量最低原理一致。因此，能量降低的趋势被认为是化学反应自发进行的一种重要推动力。

于是，19 世纪 70 年代，法国的贝赛罗（M. Berthelot）和丹麦的汤姆斯（J. Thomson）就提出：自发的化学反应趋向于使系统释放出最多的热，即系统的焓减少（$\Delta H<0$），反应将能自发进行。这种以反应焓变作为判断反应方向的依据，简称为**焓变判据**（enthalpy criterion）。

利用焓变判据能解释大部分常温下放热反应的自发性。例如甲烷生物燃烧反应、氢和氧化合成水的反应：

$$CH_4(g)+2O_2(g) = 2H_2O(l)+CO_2(g) \qquad \Delta_r H_m^{\ominus}=-890.3kJ \cdot mol^{-1}$$

$$2H_2(g)+O_2(g) = 2H_2O(g) \qquad \Delta_r H_m^{\ominus}=-483.6kJ \cdot mol^{-1}$$

但有些吸热反应在常温下也可以自发进行，如冰自发融化为水；硝酸铵溶于水是个吸热过程，但能自发溶解于水中。

$$NH_4NO_3(s) \longrightarrow NH_4^+(aq)+NO_3^-(aq) \qquad \Delta_r H_m^{\ominus}=25.8kJ \cdot mol^{-1}$$

也有些放热反应，反应方向与温度有关。如

$$HCl(g)+NH_3(g) = NH_4Cl(s) \qquad \Delta_r H_m^{\ominus}=-176.91kJ \cdot mol^{-1}$$

在常温下该反应能够正向自发进行，但在 621K 以上该反应将会逆向自发进行，即向生成 $HCl(g)$ 和 $NH_3(g)$ 的吸热方向自发进行。由于反应热效应与温度关系不大，在逆转温度以上，正反应仍是放热反应。

还有的吸热反应常温下是非自发反应，但是当升高到一定温度时，就转变为自发反应。如

$$CaCO_3(s) = CaO(s)+CO_2(g) \qquad \Delta_r H_m^{\ominus}=78.96kJ \cdot mol^{-1}$$

该反应为吸热反应，在常温下不能自发进行；但当温度升高到 510K 以上，却可以自发

进行。但并不是所有的吸热反应在高温下都要逆转，如：

$$2N_2(g)+2O_2(g)=\!=\!=2N_2O(g) \qquad \Delta_r H_m^{\ominus}=162.34\text{kJ}\cdot\text{mol}^{-1}$$

该反应常温下不能进行，高温下也不能进行。

综上所述，反应的焓变对反应进行的方向有一定的影响，但不是唯一的影响因素。仅用焓变判据来判断反应的自发性不准确。

5.5.3 反应熵变对反应方向的影响

考察上面所述的自发进行而又吸热的反应或过程，如硝酸铵溶于水吸热和碳酸钙高温分解反应，可以发现，它们有一个共同的特征：即过程或反应发生后体系的混乱程度增大了。因此，系统的混乱度增大是化学反应自发进行的又一个重要推动力；实际上这也是自然界所有物质体系发生变化的一个基本规律。但混乱度只是对系统状态的一种形象的描述，或者说仅是一种定性的描述。为了能够定量描述混乱度这个物理量，科学家引进了熵这个概念。

（1）状态函数——熵

热力学上用**熵**（entropy）来定量描述系统的混乱程度。熵的概念是19世纪由克劳修斯提出，直到玻耳兹曼把熵与系统状态的微观粒子数联系起来，熵有了明确的物理意义之后才为人们所广泛接受。若用Ω表示微观状态数，则有

$$S=k\ \ln\Omega \tag{5-18}$$

式中，S为熵，$k=1.38\times10^{-23}\text{J}\cdot\text{K}^{-1}$，称为玻耳兹曼（Boltzmann）常数。这一关系式为宏观物理量——熵作出了微观的解释，揭示了热现象的本质，具有划时代的意义。

从式(5-18)可以看出，系统Ω越大，熵值S越大，混乱度越大。系统的状态一定，其微观状态数或者混乱度一定。熵是一种具有量度性质的状态函数，它和物质的体积、密度、焓等一样，是物质的一种基本性质，因此S也是状态函数，单位是$\text{J}\cdot\text{K}^{-1}$；熵变的大小也只取决于系统的始态与终态，与变化途径无关。因此若用状态函数表述化学反应向着混乱度增大的方向进行这一事实，可认为化学反应趋向于熵值的增加的方向，即趋向于$\Delta S>0$。

熵是物质混乱度的一种量度，系统混乱度越大，熵值越高。系统熵值高低的判断规律是：①对于同一物质的不同聚集状态，$S(g)>S(l)>S(s)$；②同类物质中，聚集状态相同时，摩尔质量大的分子熵值大，分子结构复杂的熵值大；③在同一聚集状态时，同一物质的熵值随温度的升高而增大；④温度一定时，对于气体物质，压力降低时，气体分子在更大的空间内运动，混乱度增加，熵值增大；对于固态和液态物质，压力改变对熵值影响不大。

在自然界，所有物质体系的变化，包括化学变化和物理变化都是向着增大混乱度的方向进行，例如：在恒温下，用阀门将容器中的理想气体A与理想气体B隔开，如图5-6(a)所示。A和B是两种相互不起反应的气体，当阀门打开时，两气体会自发混合，最后两个容器中含有的气体混合物的组成完全相同，如图5-6(b)所示。很显然两种气体混合的结果，会使体系的混乱度增大，也就是说体系的熵增加。由于A和B都是理想气体，而且混合过程中没有反应发生，所以混合过程的$\Delta H=0$；因此其自发的混合过程，完全是由于系统混乱度增加所致。而欲使混合后的两种气体自发分离，再回到原来的容器中是绝不可能的，因为这样的过程熵要减小。对其他物理过程和化学反应而言也是如此。

NH_4NO_3固体溶于水是个自发吸热过程，它的溶解过程就是个熵增驱动的自发过程。在溶解前，NH_4NO_3固体中NH_4^+和NO_3^-的排布是相对有序的，其内部离子基本上只在晶格点阵上振动；溶于水后，NH_4^+和NO_3^-在水溶液中可以自由运动，由于它们的热运动而使混乱程度增大。$CaCO_3$在高温下之所以能够自发进行分解反应，是由于生成了二氧化

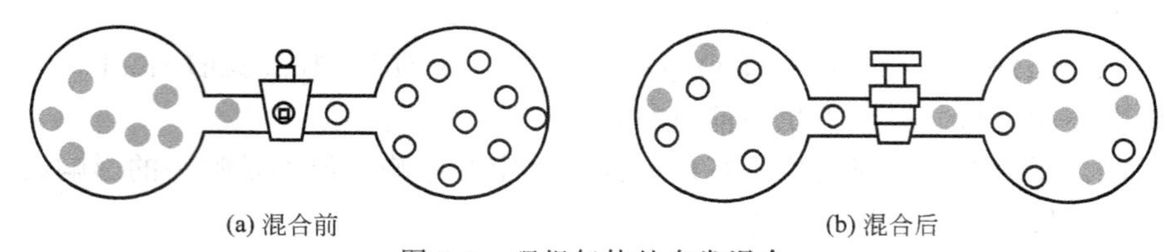
(a) 混合前　　(b) 混合后

图 5-6　理想气体的自发混合

● 代表气体 A 分子；○ 代表气体 B 分子

碳气体，也使系统的混乱度显著增大。

（2）热力学第三定律和标准熵

20 世纪初，人们根据一系列低温实验结果和推测，总结出**热力学第三定律**（the third law of thermodynamics）：在热力学零度 0K 时，任何纯净物质的完美晶体的熵值为零。完美晶体是指内部质点形成完全有规律的点阵结构，以一种几何方式去排列原子或分子，且内部无任何缺陷的晶体。

数学表达式为：

$$S_m^{\ominus}(0K)=0 \tag{5-19}$$

在标准状态下，1mol 纯物质的熵值称为该物质的**标准摩尔熵**（standard molar entropy），简称**标准熵**，以符号 $S_m^{\ominus}(T)$ 表示，单位为 $J \cdot mol^{-1} \cdot K^{-1}$。

化学手册中标准摩尔熵数据，其温度一般是 298K，符号可简写为 $S_m^{\ominus}$。一些物质在 298K 下的标准摩尔熵数据见表 5-3，更多标准摩尔熵数据可以通过查阅相关手册得到。附录 3 中列出了常见物质在 298K 时的标准熵值。

表 5-3　一些物质在 100kPa，298K 时的标准摩尔熵数据

物质	$S_m^{\ominus}/J \cdot mol^{-1} \cdot K^{-1}$	物质	$S_m^{\ominus}/J \cdot mol^{-1} \cdot K^{-1}$	物质	$S_m^{\ominus}/J \cdot mol^{-1} \cdot K^{-1}$
$H_2(g)$	130.57	Zn(s)	41.63	$CO_2(g)$	213.64
$F_2(g)$	202.67	Hg(l)	76.02	$CuSO_4 \cdot 5H_2O(s)$	305.43
$Cl_2(g)$	222.96	La(s)	57.0	$CuSO_4$	113.38
$Br_2(g)$	152.23	$H_2O(g)$	188.715	NO(g)	210.65
$I_2(s)$	116.14	$H_2O(l)$	69.91	$NO_2(g)$	239.95
$O_2(g)$	205.03	HF(g)	173.67	NaCl(s)	72.38
S(斜方)	31.80	HCl(g)	186.80	CaO(s)	39.75
$N_2(g)$	191.50	HBr(g)	198.59	$Ca(OH)_2(s)$	83.4
C(石墨)	5.740	HI(g)	206.48	$CaCO_3(s)$	92.9
C(金刚石)	2.377	$H_2S(g)$	205.7	$Al_2O_3(s)$	51.00
Li(s)	29.12	$NH_3(g)$	192.34	$Fe_2O_3(s)$	90.0
Na(s)	51.30	$CH_4(g)$	186.15	HgO(s)	70.29
Ca(s)	41.4	$C_2H_6(g)$	229.49	ZnO(s)	43.64
Al(s)	28.33	$C_2H_4(g)$	219.5	$SiH_4(g)$	204.5
Ag(s)	42.55	$C_2H_2(g)$	200.8	$Na^+(aq)$	58.41
AgCl(s)	96.23	$SO_2(g)$	248.11	$Cl^-(aq)$	56.73
Fe(s)	27.28	CO(g)	197.56	$Ag^+(aq)$	72.68

特别需要注意的是，标准熵值 $S_m^{\ominus}$ 与标准生成热 $\Delta_f H_m^{\ominus}$ 有着根本的不同。$\Delta_f H_m^{\ominus}$ 是以最稳定单质的热焓值为零的相对数值，因为焓的绝对值没办法得到；而标准熵 $S_m^{\ominus}$ 不是相对数值，可以通过相关公式计算得到绝对值；在无机化学中，不做要求。

（3）反应熵变的计算

熵是状态函数，并具有广度性质，因此，知道了物质的标准熵，应用热化学定律就可以计算任一化学反应的熵变。

对于任意化学反应：

$$aA + dD \Longrightarrow gG + hH$$

其反应熵变为

$$\Delta_r S_m^\ominus = \sum_i \nu_i S_m^\ominus(\text{生成物}) - \sum_i \nu_i S_m^\ominus(\text{反应物}) \tag{5-20}$$

式中，ν_i 分别指生成物和反应物的化学计量系数。特别注意的是，由于温度改变时，$\sum \nu_i S_m^\ominus$(生成物) 的改变和 $\sum \nu_i S_m^\ominus$(反应物) 的改变相近；而书后附录中标准摩尔熵 $S_m^\ominus$ 是 298K 时的数据，故可以近似认为：

$$\Delta_r S_m^\ominus(T) \approx \Delta_r S_m^\ominus(298\text{K})$$

(4) 过程熵变情况的定性估计

从对混乱度和熵的讨论中知道，在化学反应过程中，如果从固态物质或液态物质生成气态物质，体系的混乱度变大；如果从少数的气态物质生成多数的气态物质，体系的混乱度增大。这时体系的熵值将增加，根据这些现象可以判断出过程的 $\Delta_r S_m^\ominus > 0$。

反之，若是由气体生成固体或液体的反应，或气体物质的量减少的反应，可以判断出过程的 $\Delta_r S_m^\ominus < 0$。这种对熵变情况的定性估计，在判断反应进行的方向时很有价值。

【例 5-8】 已知标准状态和 298K 时，$CaCO_3$ 分解生成 CaO 和 CO_2 反应各物质的标准摩尔熵，求该反应的 $\Delta_r S_m^\ominus$(298K)。

解 $CaCO_3(s) \Longrightarrow CaO(s) + CO_2(g)$

$S_m^\ominus/J \cdot mol^{-1} \cdot K^{-1}$	92.9	39.7	213.6

由式(5-20) 可得

$$\begin{aligned}\Delta_r S_m^\ominus &= \sum_i \nu_i S_m^\ominus(\text{生成物}) - \sum_i \nu_i S_m^\ominus(\text{反应物}) \\ &= [S_m^\ominus(CaO,s) + S_m^\ominus(CO_2,g)] - S_m^\ominus(CaCO_3,s) \\ &= 39.7 + 213.6 - 92.9 \\ &= 160.4(J \cdot mol^{-1} \cdot K^{-1})\end{aligned}$$

从例 5-8 可以看出，$CaCO_3$ 的分解反应中，其 $\Delta_r S_m^\ominus = 160.4 J \cdot mol^{-1} \cdot K^{-1}$，$\Delta_r H_m^\ominus = 209.4 kJ \cdot mol^{-1}$。但这个分解反应常温不能自发进行，而只有在高温下分解反应才能自发进行。因此，以熵增判断反应的方向，虽然是必要的，但不是充分的。只能说，熵增是决定反应方向的又一重要因素，而不是唯一因素。

系统的混乱度增加通常需要吸收能量，这与系统趋向于保持最低能量状态的倾向相矛盾。实际上，变化方向是两者共同作用的结果，有些情况下最低能量的倾向起主导作用，而有时，则是最大混乱度的倾向起主导作用。

5.5.4 反应吉布斯自由能变对反应方向的影响

1878 年，美国著名科学家吉布斯 (J. W. Gibbs) 提出，判断反应自发性的标准是有用功。吉布斯证明，在恒温恒压下，如果一个反应能被利用做有用功，这个反应是自发的；如果必须由环境提供有用功才能使反应进行，则这个反应就是非自发的。一个反应中放出的能量可以转变为功，比如体积功、电功、机械功等。除体积功以外，其他的功统称为有用功。

例如，甲烷做家庭燃料时，1mol 甲烷可放出 890.3kJ 的热量用于烹饪；如果把甲烷放到内燃机中燃烧，其中有 100～200kJ 的热量用于做机械功；如果把它用作燃料电池的燃料以产生电能，则有 700kJ 的热量可用来做电功。但不论机器效率如何高，燃烧 1mol 甲烷所能得到的有用功不会超过 818.1kJ（$-\Delta G$）。这个最高限的有用功称作最大有用功，这个可以做有用功的能称为吉布斯自由能。

（1）状态函数——吉布斯自由能

热力学上用吉布斯自由能来描述可以做有用功的能（Gibbs free energy），用符号 G 表示。吉布斯自由能和内能、焓、熵一样，是物质的一种基本性能。

热力学上对吉布斯自由能的定义式为：

$$G=H-TS \tag{5-21}$$

由于吉布斯自由能 G 是状态函数 H、T 和 S 的组合，因此 G 也是系统的状态函数。物质的状态一定，系统的吉布斯自由能也是定值；系统吉布斯自由能变 ΔG 的大小也只取决于系统的始态与终态，与变化途径无关。

恒温恒压下，一个反应产生有用功的本领可以用生成物的吉布斯自由能减去反应物的吉布斯自由能，这个差值称为化学反应的吉布斯自由能变 ΔG。若反应在标准压力 $p^{\ominus}=100\text{kPa}$，反应进度 $\zeta=1\text{mol}$ 时的吉布斯自由能变，称作化学反应的标准摩尔吉布斯自由能变，用 $\Delta_r G_m^{\ominus}$ 表示。

吉布斯自由能具有明确的物理意义，即 G 是系统所具有的在恒温恒压下做非体积功的能力。反应过程中的减少量 ΔG 是系统做非体积功的最大限度，这个最大限度在系统达到平衡时得到实现。

（2）吉布斯自由能判据

热力学已经证明，在恒温恒压、且不做非体积功的条件下，化学反应的吉布斯自由能变 ΔG 可以作为化学反应方向和自发性的判据，这个判据称为**吉布斯自由能判据**（Gibbs free energy criterion）。

$\Delta G<0$，正向反应可自发进行；

$\Delta G=0$，反应处于平衡状态；

$\Delta G>0$，正向反应不能自发进行，但逆向反应可自发进行。

从吉布斯自由能判据可以看出，在恒温恒压下，系统的吉布斯自由能减小的方向是不做非体积功的化学反应进行的方向。不仅化学反应如此，任何恒温恒压下不做非体积功的自发过程的吉布斯自由能都将减小，这也正是**热力学第二定律**（the second law of thermodynamics）的一种表述形式。

根据前面焓变、熵变与反应自发性的讨论，可知任何反应总是倾向于沿着得到最低能量状态和最大混乱度的方向进行。不止化学反应，自然界中所有物质系统的变化都是倾向于取得最低能量状态和最大的混乱度。因此反应的自发性不仅与焓变有关，而且也与熵变有关。从吉布斯自由能 G 的定义式 $G=H-TS$ 也可以看出，在恒温恒压下系统的吉布斯自由能变为：$\Delta G=\Delta H-T\Delta S$，$\Delta G$ 综合了 ΔH 和 ΔS 两种热力学函数对化学反应方向的影响，所以 ΔG 可以用来作为化学反应方向的判据。

综上可知，在等温等压、系统不做体积功的条件下，化学反应的吉布斯自由能是反应焓变和熵变的综合效应，从微观上讲与分子的热运动和混乱度有关。根据 $\Delta G=\Delta H-T\Delta S$ 表达式，按照化学反应的 $\Delta_r H_m$、$\Delta_r S_m$ 的大小、符号以及温度对 $\Delta_r G_m$ 的影响，可分为六种情况进行讨论。

① 反应放热、熵增，即 $\Delta_r H_m<0$，$\Delta_r S_m>0$　$\Delta_r H_m<0$（放热反应），表示系统能量

降低；$\Delta_r S_m>0$，表示系统的混乱度增大。在这类反应中，任何温度下的 $\Delta_r G_m$ 恒为负值，因而都会自发进行。

② 反应吸热、熵减，即 $\Delta_r H_m>0$，$\Delta_r S_m<0$　$\Delta_r H_m>0$（吸热反应），表示系统能量增加；$\Delta_r S_m<0$，表示系统的混乱度减小。在这类反应中，任何温度下的 $\Delta_r G_m$ 恒为正值，因而都不会自发进行。

③ 反应吸热、熵增，即 $\Delta_r H_m>0$，$\Delta_r S_m>0$　$\Delta_r H_m>0$（吸热反应），表示系统能量增加；$\Delta_r S_m>0$，表示系统的混乱度增大。在这类反应中，只有 $T\Delta_r S_m>\Delta_r H_m$ 时，$\Delta_r G_m$ 才会是负值；因此，这类反应只有在高温下才能自发进行。

④ 反应放热、熵减，即 $\Delta_r H_m<0$，$\Delta_r S_m<0$　$\Delta_r H_m<0$（放热反应），表示系统能量降低；$\Delta_r S_m<0$，表示系统的混乱度减小。在这类反应中，只有当 $T\Delta_r S_m$ 的绝对值大于 $\Delta_r H_m$ 的绝对值时，$\Delta_r G_m$ 才会是负值；因此这类反应只有在低温下才能自发进行。

⑤ 当反应放热、熵不变，即 $\Delta_r H_m<0$，$\Delta_r S_m=0$　$\Delta_r H_m<0$（放热反应），表示系统能量降低；$\Delta_r S_m=0$，表示系统的混乱度不变。在这类反应中，反应自发地向能量降低的方向进行。

⑥ 当反应热效应为零、熵增，即 $\Delta_r H_m=0$，$\Delta_r S_m>0$　$\Delta_r H_m=0$，表示系统能量不变化；$\Delta_r S_m>0$，表示系统的混乱度增大。在这类反应中，反应自发地向混乱度增大的方向进行。

上述 6 种情况汇列于表 5-4 中。

表 5-4　恒压下温度对反应自发性的影响

$\Delta_r H_m$	$\Delta_r S_m$	$\Delta_r G_m=\Delta_r H_m-T\Delta_r S_m$	反应的自发性
−	+	−	在任何温度都是自发
+	−	+	在任何温度都是非自发
+	+	+（在低温） −（在高温）	低温非自发 高温自发
−	−	−（在低温） +（在高温）	低温自发 高温非自发
−	0	−	在任何温度都是自发
0	+	−	在任何温度都是自发

（3）标准摩尔生成吉布斯自由能

只要能把化学反应的 ΔG 求出来，就能判断出反应进行的方向。从吉布斯自由能的定义式 $G=H-TS$ 可以看出无法测定吉布斯自由能的绝对值；因此要采取求标准摩尔反应焓变所用的方法来解决自由能改变量的求法。

热力学规定，在指定温度 T 及标准状态下，由稳定单质生成 1mol 某纯物质时的吉布斯自由能变叫做该物质的**标准摩尔生成吉布斯自由能**（standard molar Gibbs free energy of formation），简称标准生成吉布斯自由能，用符号 $\Delta_f G_m^{\ominus}(T)$ 表示，单位是 $kJ \cdot mol^{-1}$。例如，298K、100kPa 下石墨与氢气发生化合反应，生成 1mol 甲烷的标准摩尔吉布斯自由能变 $\Delta_r G_m^{\ominus}$ 为 $-50.5kJ \cdot mol^{-1}$，

$$C(s)+2H_2(g) \longrightarrow CH_4(g) \qquad \Delta_r G_m^{\ominus}=-50.5kJ \cdot mol^{-1}$$

根据标准摩尔生成吉布斯自由能的定义，则甲烷的标准摩尔生成吉布斯自由能 $\Delta_f G_m^{\ominus}(CH_4, g)=-50.5kJ \cdot mol^{-1}$。因此，与标准摩尔生成热的定义类似，标准摩尔生成吉布斯自由能可以理解为一个特定反应——生成反应的标准摩尔吉布斯自由能变。需要特别注意的

是，在相同温度、压力条件下，如果上述反应的化学方程式为：

$$2C(s)+4H_2(g) \longrightarrow 2CH_4(g)$$

则该反应的 $\Delta_r G_m^\ominus \neq \Delta_f G_m^\ominus(CH_4, g)$，而是 $\Delta_r G_m^\ominus = 2\Delta_f G_m^\ominus(CH_4, g)$。

另外，根据标准摩尔生成吉布斯自由能的定义，可知稳定单质的标准摩尔生成吉布斯自由能应该等于零。因为稳定单质的生成反应相当于并未发生任何变化，因此指定温度标准态下，元素的最稳定单质的标准摩尔生成吉布斯自由能为零。

对于有不同晶态的固体单质来说，只有最稳定状态单质的 $\Delta_f G_m^\ominus$ 才等于零。例如，$\Delta_f G_m^\ominus$(石墨)=0，而 $\Delta_f G_m^\ominus$(金刚石)=2.9kJ·mol^{-1}。

化学手册中标准摩尔生成吉布斯自由能数据，其温度一般是 298K，符号可简写为 $\Delta_f G_m^\ominus$。一些物质在 298K 下的标准摩尔生成吉布斯自由能数据见表 5-5，更多物质的标准摩尔生成自由能数据 $\Delta_f G_m^\ominus$(298K) 见附录 3。

表 5-5　一些物质在 100kPa、298K 时的标准摩尔生成吉布斯自由能数据

物质	$\Delta_f G_m^\ominus$/kJ·mol^{-1}	物质	$\Delta_f G_m^\ominus$/kJ·mol^{-1}	物质	$\Delta_f G_m^\ominus$/kJ·mol^{-1}
$H_2O(g)$	−228.59	$CH_4(g)$	−50.79	$Ca(OH)_2(s)$	−898.6
$H_2O(l)$	−237.18	$SO_2(g)$	−300.19	$CaCO_3(s)$	−1128.8
$HF(g)$	−273.22	$CO(g)$	−137.15	$BaO(s)$	−525.1
$HCl(g)$	−95.30	$CO_2(g)$	−394.36	$BaCO_3(s)$	−1137.6
$HBr(g)$	−53.42	$NO(g)$	+86.57	$Al_2O_3(s)$	−1576.41
$H_3BO_3(s)$	−969.01	$NO_2(g)$	+51.30	$Fe_2O_3(s)$	−741.0
$H_2S(g)$	−33.56	$NaCl(s)$	−384.05	$AgCl(s)$	−109.70
$NH_3(g)$	−16.48	$CaO(s)$	−604.0	$ZnO(s)$	−318.32
$HNO_3(l)$	−79.97	$AgNO_3(s)$	−32.17	$I_2(g)$	+19.359
$CuO(s)$	−129.7	$MgCO_3(s)$	−1012.1	$MgO(s)$	−569.4
$Hg(OH)(aq)$	−276.14	$NaOH(aq)$	−419.17	$Mg(OH)_2(s)$	−833.6
HgO(红)	−58.53	$Na_2O(s)$	−379.1	$MgSO_4(s)$	−1173.61
HgO(黄)	−58.41	$Na_2SO_4(s)$	−1266.83	$BaSO_4(s)$	−1353.11
$B_2O_3(s)$	−1193.7	$Na_2SO_4 \cdot 10H_2O$	−3643.97	$H_2O_2(l)$	−120.42
$Br_2(aq)$	+3.93	$Ba(OH)_2(aq)$	−875.29	$FeCl_3(aq)$	−403.76
$KCl(s)$	−413.46	$KOH(aq)$	−439.57	$SO_3(g)$	−368.99
$ZnO(s)$	−318.32	$ZnS(s)$	−198.32	$ZnSO_4 \cdot 7H_2O(s)$	−2560.19

从附录 3 中查出反应物和生成物的 $\Delta_f G_m^\ominus$ 数据后，代入式(5-22) 中，即可计算出化学反应的标准摩尔吉布斯自由能变 $\Delta_r G_m^\ominus$；根据 $\Delta_r G_m^\ominus$ 的符号，利用吉布斯自由能判据即可判断在标准状态下化学反应自发进行的方向。

对于任意化学反应：

$$aA+dD = gG+hH$$

则化学反应的标准摩尔反应吉布斯自由能变为：

$$\Delta_r G_m^\ominus = \sum_i \nu_i \Delta_f G_m^\ominus(\text{生成物}) - \sum_i \nu_i \Delta_f G_m^\ominus(\text{反应物}) \tag{5-22}$$

式中，ν_i 分别指生成物和反应物的化学计量系数。

【例 5-9】 已知在标准状态和 298K 时，下列反应的热力学数据标准摩尔生成吉布斯自由能，求该反应的标准摩尔吉布斯自由能变，并判断反应的自发性。

	$CH_4(g)$ +	$2O_2(g)$ =	$CO_2(g)$ +	$2H_2O(l)$
$\Delta_f G_m^\ominus$/kJ·mol^{-1}	−50.72	0	−394.359	−237.129

解　由式(5-22)可得

$$\Delta_r G_m^{\ominus} = \sum_i \nu_i \Delta_f G_m^{\ominus}(\text{生成物}) - \sum_i \nu_i \Delta_f G_m^{\ominus}(\text{反应物})$$

$$= [\Delta_f G_m^{\ominus}(CO_2, g) + 2\Delta_f G_m^{\ominus}(H_2O, l)] - [\Delta_f G_m^{\ominus}(CH_4, g) + 2\Delta_f G_m^{\ominus}(O_2, g)]$$

$$= [-394.359 + 2\times(-237.129)] - [(-50.72) + 0]$$

$$= -919.337(kJ \cdot mol^{-1})$$

因为 $\Delta_r G_m^{\ominus} < 0$，所以该反应在 298K 及标准状态下，反应可以正向自发进行。

（4）$\Delta_r G_m^{\ominus}$ 的计算方法

计算出化学反应的 $\Delta_r G_m^{\ominus}$，就可以利用吉布斯自由能判据判断标准状态下化学反应自发进行的方向；因此必须掌握 $\Delta_r G_m^{\ominus}$ 的计算方法。

$\Delta_r G_m^{\ominus}$ 的计算方法有两种方法。

① 利用 $\Delta_f G_m^{\ominus}$ 数据进行计算　通过从附录 3 中查出反应物和生成物的 $\Delta_f G_m^{\ominus}$ 数据后，代入式(5-22) 中，即可计算出化学反应的标准摩尔吉布斯自由能变 $\Delta_r G_m^{\ominus}$。但是采用这种方法只能计算 298K 下的 $\Delta_r G_m^{\ominus}$；因为目前只有 298K 下 $\Delta_f G_m^{\ominus}$ 的数据；而 $\Delta_r G_m^{\ominus}$ 是与温度有关的函数，且不能忽略温度的影响。

计算示例详见例 5-7。

② 利用吉布斯自由能定义式计算　根据吉布斯自由能 G 的定义式 $G = H - TS$ 可知，在恒温恒压下以及标准状态下，化学反应的 $\Delta_r G_m^{\ominus}$、$\Delta_r H_m^{\ominus}$、$\Delta_r S_m^{\ominus}$ 三者之间的关系式为：

$$\Delta_r G_m^{\ominus} = \Delta_r H_m^{\ominus} - T\Delta_r S_m^{\ominus} \tag{5-23}$$

式中　T——反应温度，为热力学温度；

$\Delta_r G_m^{\ominus}$——T 时化学反应的标准摩尔吉布斯自由能变；

$\Delta_r H_m^{\ominus}$——T 时标准摩尔反应焓变；

$\Delta_r S_m^{\ominus}$——T 时标准摩尔反应熵变。

由于 $\Delta_r H_m^{\ominus}$ 和 $\Delta_r S_m^{\ominus}$ 随温度变化不明显，可以用 298K 下的 $\Delta_r H_m^{\ominus}$ 和 $\Delta_r S_m^{\ominus}$ 数据代替反应温度 T 时的 $\Delta_r H_m^{\ominus}$ 和 $\Delta_r S_m^{\ominus}$ 数据；但不能忽略温度对 $\Delta_r G_m^{\ominus}$ 的影响。

也就是说，对于标准状态下反应温度为 T 的化学反应，有：

$$\Delta_r G_m^{\ominus}(T) = \Delta_r H_m^{\ominus}(298K) - T\Delta_r S_m^{\ominus}(298K) \tag{5-24}$$

因此，当反应温度不是 298K 时，就必须利用式(5-24) 进行计算。利用式(5-24) 进行计算的最大优势在于：可以计算任一温度下处于标准状态的化学反应的 $\Delta_r G_m^{\ominus}$ 数值。

【例 5-10】 已知标准状态下各物质有关热力学数据，判断下列反应在 298K 时能否自发进行？

	$2Al(s)$ +	$Fe_2O_3(s)$ ══	$Al_2O_3(s)$ +	$2Fe(s)$
$\Delta_f H_m^{\ominus}/kJ \cdot mol^{-1}$	0	−742.2	−1676	0
$S_m^{\ominus}/J \cdot mol^{-1} \cdot K^{-1}$	28.3	87.4	50.9	27.3

解　$$\Delta_r H_m^{\ominus} = \sum_i \nu_i \Delta_f H_m^{\ominus}(\text{生成物}) - \sum_i \nu_i \Delta_f H_m^{\ominus}(\text{反应物})$$

$$= [\Delta_f H_m^{\ominus}(Al_2O_3, s) + 2\Delta_f H_m^{\ominus}(Fe, s)] - [\Delta_f H_m^{\ominus}(Fe_2O_3, s) + 2\Delta_f H_m^{\ominus}(Al, s)]$$

$$= [(-1676) + 0] - [(-742.2) + 0]$$

$$= -933.8(kJ \cdot mol^{-1})$$

$$\Delta_r S_m^{\ominus} = \sum_i \nu_i S_m^{\ominus}(\text{生成物}) - \sum_i \nu_i S_m^{\ominus}(\text{反应物})$$

$=[S_m^\ominus(Al_2O_3,s)+2S_m^\ominus(Fe,s)]-[S_m^\ominus(Fe_2O_3,s)+2S_m^\ominus(Al,s)]$

$=[50.9+2\times27.3]-[87.4+2\times28.3]$

$=-38.5(J\cdot mol^{-1}\cdot K^{-1})$

$\Delta_rG_m^\ominus=\Delta_rH_m^\ominus-T\Delta_rS_m^\ominus$

$=(-933.8)-298\times(-38.5)\times10^{-3}$

$=-922.3(kJ\cdot mol^{-1})<0$

计算结果表明，反应在298K时，由于$\Delta_rG_m^\ominus<0$，故反应可以正向自发进行。

（5）热力学转变温度

对许多反应而言，当温度达到某临界点时，反应的方向将发生逆转，这一温度称为热力学转变温度。下面通过具体的例子来进行讨论。

【例 5-11】 试通过计算讨论温度变化对碳酸钙在热力学标准状态下的分解温度。

$$CaCO_3(s)=\!=\!=CaO(s)+CO_2(g)$$

有关热力学数据如下：

	$CaCO_3(s)$	$CaO(s)$	$CO_2(g)$
$\Delta_fG_m^\ominus/kJ\cdot mol^{-1}$	−1128.8	−604.0	−394.36
$\Delta_fH_m^\ominus/kJ\cdot mol^{-1}$	−1206.9	−635.1	−393.51
$S_m^\ominus/J\cdot mol^{-1}\cdot K^{-1}$	92.9	39.75	213.64

解 $\Delta_rG_m^\ominus(298K)=\Delta_fG_m^\ominus(CaO,s)+\Delta_fG_m^\ominus(CO_2,g)-\Delta_fG_m^\ominus(CaCO_3,s)$

$=(-604.0)+(-394.36)-(-1128.8)$

$=130.44(kJ\cdot mol^{-1})$

由于$\Delta_rG_m^\ominus(298K)>0$，所以该反应常温下不能自发进行。

$\Delta_rH_m^\ominus(298K)=\Delta_fH_m^\ominus(CaO,s)+\Delta_fH_m^\ominus(CO_2,g)-\Delta_fH_m^\ominus(CaCO_3,s)$

$=(-635.1)+(-393.51)-(-1206.9)$

$=178.29(kJ\cdot mol^{-1})$

$\Delta_rS_m^\ominus(298K)=S_m^\ominus(CaO,s)+S_m^\ominus(CO_2,g)-S_m^\ominus(CaCO_3,s)$

$=39.75+213.64-92.9$

$=160.49(J\cdot mol^{-1}\cdot K^{-1})$

当$\Delta G=0$时，反应处于平衡状态。此时：$\Delta_rG_m^\ominus=\Delta_rH_m^\ominus-T\Delta_rS_m^\ominus=0$

则处于平衡时的热力学转变温度为：

$$T(转变)=\Delta_rH_m^\ominus/\Delta_rS_m^\ominus=178.29\times1000/160.49=1110.9(K)$$

要使正向反应自发进行，需$\Delta_rG_m^\ominus<0$，

即：$\Delta_rG_m^\ominus=\Delta_rH_m^\ominus-T\Delta_rS_m^\ominus<0$；$T\Delta_rS_m^\ominus>\Delta_rH_m^\ominus$；

因为$\Delta_rS_m^\ominus$为正值，则得$T>\Delta_rH_m^\ominus/\Delta_rS_m^\ominus=1110.9$ (K)

同理，要使逆向反应自发进行，需$\Delta_rG_m^\ominus>0$，

此时$T<\Delta_rH_m^\ominus/\Delta_rS_m^\ominus=1110.9$ (K)

结果表明，当温度$T>1110.9K$时，反应$\Delta_rG_m^\ominus<0$，反应可自发进行，即$CaCO_3$在温度高于1110.9K时可分解；当温度$T<1110.9K$时，反应$\Delta_rG_m^\ominus>0$，反应可逆向自发进行，即在温度低于1110.9K时生成$CaCO_3$。

从例5-11可以看出：

① $\Delta_r G_m^\ominus$ 受温度变化影响相当显著。在 298K 时，$\Delta_r G_m^\ominus = 130.44\text{kJ}\cdot\text{mol}^{-1}$；而在 1110.9K 时，$\Delta_r G_m^\ominus = 0$；进一步提高温度时，$\Delta_r G_m^\ominus$ 降至负值。

② 用 $\Delta_r G_m^\ominus(T)=0$ 求取的热力学转变温度，只适用于标准状态下的化学反应；对于碳酸钙分解这个反应而言，所谓的标准状态应该是二氧化碳分压达到标准压力时的状态。这对分解只产生一种气体且又是在大气压力（相当于外压）下进行的，是符合标准状态这一前提条件的；如果二氧化碳分压不等于标准压力，说明该反应处于非标准状态下，就不应该用 $\Delta_r G_m^\ominus$ 来判断反应是否自发，否则就会出现错误的计算结果。

特别注意：到此为止，涉及的关于 ΔG 的计算，仅局限在各种均处于标准状态的情况，即仅计算了 $\Delta_r G_m^\ominus$；不论 $\Delta_r G_m^\ominus(298\text{K})$，还是其他温度的 $\Delta_r G_m^\ominus$，都没有离开标准状态这个条件。用 $\Delta_r G_m^\ominus$ 只能判断反应系统中各种物质都处于标准状态时反应自发进行的方向；当反应系统中各种物质不在标准状态时，就必须计算反应在任意状态下的 $\Delta_r G_m$；然后根据 $\Delta_r G_m$ 大于或小于零判断反应在非标准状态下自发进行的方向。

本章小结

本章初步介绍了化学热力学，主要解决两个问题。

（1）化学反应中的热量变化规律

为了能够计算出化学反应的 $\Delta_r H_m^\ominus$，学习了热力学第一定律和盖斯定律，并引进了状态函数 H；利用盖斯定律和两个基础热数据（$\Delta_f H_m^\ominus$ 和 $\Delta_c H_m^\ominus$）可以计算任一化学反应的 $\Delta_r H_m^\ominus$。

（2）化学反应的方向性判据

主要包括吉布斯自由能判据以及标准状态下化学反应的 $\Delta_r G_m^\ominus$ 的计算；为了能够计算出化学反应的 $\Delta_r G_m^\ominus$，引入了两个状态函数：熵 S 和吉布斯自由能 G；根据热力学第三定律的规定，可求得不同物质的标准熵（绝对值）；而吉布斯自由能与焓一样，只能得到系统前后变化的差值，不能得到绝对值。

（3）一些重要的计算公式

① 热力学第一定律：$\Delta U = Q + W$

② 体积功的计算：$W = -p\Delta V = -p(V_2 - V_1)$

③ 在恒压、非体积功等于零时：$\Delta H = Q_p$

④ 在恒温恒压且不做非体积功的条件下，吉布斯自由能判据为：

$\Delta G < 0$，正向反应可自发进行；

$\Delta G = 0$，反应处于平衡状态；

$\Delta G > 0$，正向反应不能自发进行，但逆向反应可自发进行。

⑤ 对于任一化学反应：$a\text{A} + d\text{D} = g\text{G} + h\text{H}$

化学反应 $\Delta_r H_m^\ominus$ 的计算公式：

$$\Delta_r H_m^\ominus = \sum_i \nu_i \Delta_f H_m^\ominus(\text{生成物}) - \sum_i \nu_i \Delta_f H_m^\ominus(\text{反应物})$$

$$\Delta_r H_m^\ominus = \sum_i \nu_i \Delta_c H_m^\ominus(\text{反应物}) - \sum_i \nu_i \Delta_c H_m^\ominus(\text{生成物})$$

化学反应 $\Delta_r G_m^\ominus$ 的计算公式：

$$\Delta_r G_m^\ominus = \sum_i \nu_i \Delta_f G_m^\ominus(\text{生成物}) - \sum_i \nu_i \Delta_f G_m^\ominus(\text{反应物})$$

$$\Delta_r G_m^\ominus = \Delta_r H_m^\ominus - T\Delta_r S_m^\ominus$$

化学反应 $\Delta_r S_m^\ominus$ 的计算公式：

$$\Delta_r S_m^\ominus = \sum_i \nu_i S_m^\ominus(\text{生成物}) - \sum_i \nu_i S_m^\ominus(\text{反应物})$$

科技人物：吉布斯

约西亚•威拉德•吉布斯（Josiah Willard Gibbs），美国物理化学家、数学物理学家。1839 年 2 月 11 日生于康涅狄格州的纽黑文，1903 年 4 月 28 日逝世。吉布斯的主要成就是：奠定了化学热力学的基础，提出了吉布斯自由能与吉布斯相律，创立了向量分析并将其引入数学物理之中。

吉布斯（1839～1903）

早年，吉布斯家族 1658 年从英格兰移民到北美大陆，吉布斯是这个家族的第七代，父亲是耶鲁大学神学院的教授。年少时的吉布斯进入霍普金斯学校学习，被同学描述为腼腆而孤独。1854 年入耶鲁学院学习，并于 1858 年以很优秀的成绩毕业，并在数学和拉丁文方面获奖。1863 年吉布斯以使用几何方法进行齿轮设计的论文在耶鲁学院获得工程学博士学位，这也使他成为美国的第一个工程学博士。随后留校任拉丁文助教两年，自然哲学助教一年。1866 年吉布斯前往欧洲留学，分别在巴黎、柏林、海德堡各学习一年，卡尔•魏尔施特拉斯、基尔霍夫、克劳修斯和亥姆霍兹等大师开设的课程让他受益匪浅。1869 年留学三年的吉布斯回到美国继续任助教，这三年也是他一生中唯一离开纽黑文的三年。

1871 年，吉布斯成为耶鲁学院数学物理学教授，也是全美第一个这一学科的教授。由于吉布斯并没有发表过文章，所以在他担任这一教职的最初几年并没有薪水。吉布斯担任这一教职一直到去世，他终身未婚，始终和妹妹与妹夫住在离耶鲁不远的一间小屋子里，过着平静的生活。在他的坚持下，美国的工程师教育开始注入了理论的因素。1873 年，34 岁的吉布斯才发表他的第一篇重要论文，采用图解法来研究流体的热力学，并在其后的论文中提出了三维相图。麦克斯韦对吉布斯三维图的思想赞赏不已，亲手作了一个石膏模型寄给吉布斯。1876 年，吉布斯在康涅狄格科学院学报上发表了奠定化学热力学基础的经典之作《论非均相物体的平衡》的第一部分。1878 年他完成了第二部分。这一长达三百余页的论文被认为是化学史上最重要的论文之一，其中提出了吉布斯自由能、化学势等概念，阐明了化学平衡、相平衡、表面吸附等现象的本质。但由于吉布斯本人的纯数学推导式的写作风格和刊物发行量太小，美国对于纯理论研究的轻视等原因，这篇文章在美国大陆没有引起回应。随着时间的推移，这篇论文开始受到欧洲大陆同行的重视。1892 年，由奥斯特瓦尔德译成德文，1899 年由勒•沙特列翻译为法语。

1880 年，约翰•霍普金斯大学在马里兰州的巴尔的摩建立，以 3000 美元的薪水邀请吉布斯。作为回应，耶鲁大学将他的薪水提高到 2000 美元，但吉布斯仍留在耶鲁执教。1880～1884 年吉布斯将哈密尔顿的四元数思想与格拉斯曼的外代数理论结合，创立了向量分析，用来解决遇到了彗星轨道的求解问题，通过使用这一方法，吉布斯得到了斯威夫特彗星的轨道，所需计算量远小于高斯的方法。1882～1889 年吉布斯很聪明地避开对光的本质的讨论，应用向量分析建立了一套新的光的电磁理论。1889 年之后，吉布斯撰写了一部关于统计力学的经典教科书《统计力学的基本原理》，他使用刘维尔的成果，对玻耳兹曼提出的系综这一概念进行扩展，从而将热力学建立在了统计力学的基础之上。1901 年吉布斯获得当时的科学界最高奖项柯普利奖章。

尽管 19 纪 70 年代，吉布斯在热力学方面的研究就已经让他声名显赫，但在 1901 年，第一届诺贝尔奖却颁发给了荷兰科学家范特•霍夫——他的研究是建立在吉布斯的基础上。1903 年，吉布斯去世，从此再也没有机会进入让世人敬仰的诺贝尔奖得主名单。由于当时的美国教育对实践知识的看重，吉布斯没有受到应有的重视。直到 1950 年才进入纽约大学的名人馆，并立半身像纪念。奥斯特瓦尔德认为“无论从形式还是内容上，他赋予了物理化学整整一百年。”朗道认为吉布斯“对统计力学给出了适用于任何宏观物体的最彻底、最完整的形式”。2005 年 5 月 4 日美国发行“美国科学家”系列纪念邮票，包括吉布斯、冯•诺伊曼、巴巴拉•麦克林托克和理查德•费曼。

科技动态：人工制备金刚石的热力学分析

金刚石俗称钻石，纯净的金刚石是由碳元素构成的单质，是一种无色透明的、正八面体形状的固体，含有杂质的金刚石带棕、黑等颜色。天然金刚石摩氏硬度为 10，新摩氏硬度为 15，是自然界中最硬的物质。金刚石密度为 $3.52g \cdot cm^{-3}$，熔点高达 3550℃，折射率高达 2.417，色散度 0.044，同时电导率低、热导率高，难溶于常见溶剂。金刚石是典型的原子晶体，属于立方晶系，晶格常数为 0.3566nm，它的微观结构为四面体连接的三维网络结构，即中心碳原子以四个 sp^3 杂化轨道与四个邻近的碳原子成键（键长 0.154nm，键角 109°28′），形成四个 σ 键。这种稳定的结构方式能解释金刚石极高的硬度和强度性质。但是金刚石在自然界极其稀少，光靠天然开采的金刚石远远不能满足人类的需求，于是人类开始了对人工合成金刚石的探索。

非洲之星

1797 年，当发现金刚石是碳的一种同素异形体时，有人曾预言：过不了多久，每位女士的脖子上都可以带上一串钻石项链。在巨大的经济利益驱使下，在以后的一百多年中都有人进行这方面的尝试，但全部以失败而告终。开始无人知道其中的奥秘。到 1938 年，热力学作为一门科学出现，有人用它来计算石墨转化成金刚石所需要的条件，才发现在 1 万大气压以下，无论什么温度都不可能成功，只有在更高的压力下才有可能实现这种转化。下面我们来分析一下：

$$C(石墨) \longrightarrow C(金刚石)$$

该过程的热力学数据分别为：$\Delta_r H_m^{\ominus}=1.9\text{kJ}\cdot\text{mol}^{-1}$，$\Delta_r S_m^{\ominus}=-3.3\text{J}\cdot\text{K}^{-1}\cdot\text{mol}^{-1}$，$\Delta_r G_m^{\ominus}=2.9\text{kJ}\cdot\text{mol}^{-1}$，很显然该转化在常温和标准状态下不能自发进行。因为 $\Delta_r H_m^{\ominus}\geqslant 0$，$\Delta_r S_m^{\ominus}\leqslant 0$，在通常压力下改变温度也无济于事。

金刚石的密度为 $3.52\text{g}\cdot\text{cm}^{-3}$，大于石墨的密度 $2.3\text{g}\cdot\text{cm}^{-3}$，可以推断，加压有利于转化。但即使在压力稍高时也不能够实现，因为室温下反应速率非常慢，即使合成肉眼可以看见的金刚石，也需要数万年。升温可以增加反应速率，但高温下对压力要求更高。因为高温下此转化过程将由吸热反应变成放热反应，所以，升高温度有利于反应速率却不利于转化。当温度升高到 200℃，要求的最低压力为 2 万大气压，当温度升高到 850℃，要求的最低压力为 4 万大气压。在此热力学原理的指导下，在人工合成金刚石历史上，有三次飞跃。

(1) 从石墨到金刚石

1955 年，F. P. Bundy 等首先发表了高温高压法合成金刚石，向世人宣告了美国通用电气公司生产出世界第一颗人造金刚石的成果，实现了第一次飞跃。他们利用专用金刚石压机产生 1.6×10^{10}Pa 的压力，隔绝空气以电流加热到 2700℃ 的高温，在金属 Ni 的催化作用下，实现石墨向金刚石的转化，制造出了第一批金刚石（直径 1mm 的单晶）。接着，又在 1400℃、5×10^{9}Pa 的条件下，合成了金刚石颗粒。

$$\text{C}+\text{Ni}\rightleftharpoons\text{Ni}^{3+}+\text{C}^{3-}\xrightarrow[\text{搬运}]{\text{相互吸引}}\text{C}\downarrow(\text{金刚石})+\text{Ni}(\text{金属膜})$$

其转化机理大致如下：在高压下，石墨内部的六方网格和层之间沿 c 轴（即垂直于石墨层的方向）方向互相接近，层间距被压缩。在高温下，碳原子的振动加剧，由于层间碳原子错开半个格子，当层间相邻原子的振动方向相反时，就使得层与层之间相对应的原子有规律地上下靠近，并相互吸引而缩短距离，原来处于平面六方网格结点上的原子，有一半产生向上的垂直位移，另一半相邻的原子则产生向下的垂直位移，使平面六边形格子有规律地扭曲起来，最后建立起整个格架由一个碳原子以共价键与四个相邻的碳原子连接而成为金刚石立方格子。

用这种方法得到的金刚石，虽然实现了人造金刚石的梦想，但存在以下缺点：第一，由于高压的限制，生长室太小，生产出来的金刚石颗粒只有几十微米到 1mm，最大的也不过 1.3mm；第二，金属催化剂在金刚石内形成包体，产生晶体缺陷，影响粗糙度；第三，无论原料、催化剂或是产物都是固体，为金刚石的分离提纯制造了很大的困难。因此，在用途上受到限制，只使用于切、钻、磨、抛等；但其硬度不亚于天然金刚石。这种方法在工业上生产金刚石一直沿用至今。

(2) 从 CCl_4 到金刚石

1998 年，李亚栋博士和钱逸泰院士在这样的启发下，以 CCl_4 为碳源成功地合成了纳米金刚石。具体做法是：在 700℃ 的不锈钢高压釜内，以镍-钴为催化剂，让 CCl_4 与过量的金属 Na 反应，48h 后得到金刚石，通过 X 射线衍射及拉曼光谱也都证明了金刚石的生成。这是人工合成金刚石的第二次飞跃——实现了人工合成金刚石从固体制固体到液体制固体的飞跃。

$$\text{CCl}_4+4\text{Na}\xrightarrow[\text{Ni-Co}]{700℃}\text{C}(\text{金刚石})+4\text{NaCl}$$

他们从前人的实验及理论得到的启示有：第一，合成金刚石的碳源必须采取 sp^3 杂化，与金刚石的碳一样，使得向金刚石的转化更容易些；第二，在传统无机制备中，Wurtz 反应可以用于形成烷基间的氢键。用 CCl_4 与 Na 反应可以使碳原子连接形成三维网状结构，金属 Na 同时作反应物与溶剂。在这种反应条件下，从热力学角度，生成石墨与金刚石都是自发进行的。所以，反应同时有石墨的生成，要控制它们的比例就可能取决于动力学因素。虽然，他们的制备反应在如何提高产率上需要更深入的研究，但他们的研究成果为人工合成金刚石提供了一种新方法。

(3) 从 CO_2 到金刚石

人们并不会满足现有的成果，科学的进步是没有终点的。2003 年，中国科学技术大学陈乾旺教授领导的研究组发表了论文“低温还原二氧化碳（CO_2）合成金刚石”。论文介绍了他们在人工合成金刚石方面取得的重大突破——在 440℃ 的低温条件下以 CO_2 为碳源成功地将 CO_2 还原成了 250μm 的大尺寸的、无色、透明的金刚石，首次实现了金刚石燃烧实验的逆过程，即把低能、直线形 CO_2 分子变成了碳-碳四面体连接的金刚石，开辟了人工合成金刚石的又一新途径。这是人工合成金刚石的第三次飞跃——实现了从固体制固体到从气体制固体。

他们的制备方法具体如下：在不锈钢高压反应釜（约 10mL）中放入由纯度达 99% 以上的 CO_2 气体制得的干冰，以保证 CO_2 在高温下处于超临界状态。最典型的是用 8.0g CO_2 与 2.0g Na（CO_2 过量）在 440℃和 800 个标准大气压的条件下反应 12h。产物用乙醇、2mol·L^{-1} HCl 和蒸馏水洗涤。由于 CO_2 过量，一般得到的反应产物有金刚石和 Na_2CO_3。这样的反应 CO_2 转化为金刚石的产率达 8.9%，在显微镜下，人们可清晰地看到所生成的美丽晶体，甚至用肉眼也能看到闪烁的小颗粒。X 射线衍射及拉曼光谱的结果都证实：这些晶粒就是金刚石，它外观无色、透明，可与天然金刚石媲美。目前，已能生长出 1.2mm 的金刚石，有望达到宝石级。

用这种方法制备金刚石的优点：第一，产物与原料易分离；第二，CO_2 储量丰富，会引起“温室效应”，利用 CO_2 作合成原料无毒环保，且提高废物利用率；第三，该工艺重复性很好，用其他碳源和还原剂也取得了成功，为人工合成金刚石找到了一条与众不同的发展道路。

总之，金刚石合成新工艺的探索是一项艰难的工作，至今仍在进行中。

复习思考题

1. 试说明下列各术语的含义：

(1) 状态函数；(2) 自发反应；(3) 标准态；(4) 标准摩尔生成焓；(5) 标准摩尔燃烧焓；(6) 标准摩尔生成吉布斯自由能；(7) 标准熵变。

2. 指出下列公式成立的条件

(1) $\Delta H=Q$　　(2) $\Delta U=\Delta H$　　(3) $\Delta U=Q$

3. 何谓盖斯定律？盖斯定律成立的条件是什么？

4. 如何利用物质的 $\Delta_f H_m^\ominus$、$\Delta_c H_m^\ominus$ 计算反应的热效应？

5. 过程自发性的判据是什么？应用判据的条件是什么？

6. $\Delta_r G_m^\ominus$ 和 $\Delta_r G_m$ 作为判据时，需要各自满足什么条件？

7. 已知水在 0℃时的融化热为 6.02kJ·mol^{-1}，在 100℃时的蒸发热为 40.66kJ·mol^{-1}，

则1mol水在融化和沸腾时的熵变ΔS分别为多少？试解释蒸发时ΔS比融化时ΔS大这一事实。

8. 试估计下列各反应属于熵增大反应还是熵减小反应：

(1) $C(s)+O_2(g)=\!=\!=CO_2(g)$

(2) $2SO_2(g)+O_2(g)=\!=\!=2SO_3(g)$

(3) $3H_2(g)+N_2(g)=\!=\!=2NH_3(g)$

(4) $CuSO_4(s)+5H_2O(l)=\!=\!=CuSO_4\cdot 5H_2O(s)$

9. 某种反应在所有温度下都能自发进行的两个条件是什么？在所有温度下都不能自发进行的两个条件是什么？

10. 下列说法是否正确，为什么？

(1) 某化学反应系统的焓变就是该系统的恒压反应热；

(2) 热力学标准态是指温度为298K，气体压力处于100kPa，液体和固体均指纯液体和纯固体。

(3) 所有稳定单质的标准摩尔生成焓、标准熵均为零。

(4) 某系统经过一系列变化，最后又变到初始态，则系统的$Q\neq -W$，$\Delta U=Q+W$，$\Delta H=0$。

习　题

1. 已知某弹式热量计与其内容物总的热容为$4.633kJ\cdot K^{-1}$，在其中完全燃烧0.103g甲苯$C_7H_8(l)$，使热量计升温0.944K。求下面恒容反应的热效应$\Delta_r U_m^\ominus$。

$$C_7H_8(l)+9O_2(g)=\!=\!=7CO_2(g)+4H_2O(l)$$

2. 液态苯和O_2按下式反应：$C_6H_6(l)+7\frac{1}{2}O_2(g)=\!=\!=6CO_2(g)+3H_2O(l)$；在25℃、100kPa下，0.25mol苯与氧作用放出817kJ的热量，求每摩尔C_6H_6与O_2反应时的$\Delta_r H_m^\ominus$和$\Delta_r U_m^\ominus$。

3. 已知在298K时葡萄糖$C_6H_{12}O_6$的标准摩尔燃烧焓$\Delta_c H_m^\ominus$为$-2815.8kJ\cdot mol^{-1}$，燃烧反应如下：$C_6H_{12}O_6(s)+6O_2(g)=\!=\!=6CO_2(g)+6H_2O(l)$；试求葡萄糖的标准摩尔生成焓$\Delta_f H_m^\ominus$。

4. 已知下列化学反应的反应热：

(1) $C_2H_2(g)+\frac{5}{2}O_2(g)=\!=\!=2CO_2(g)+H_2O(g)$　　$\Delta_r H_m^\ominus=-1256.2kJ\cdot mol^{-1}$

(2) $C(s)+2H_2O(g)=\!=\!=CO_2(g)+2H_2(g)$　　$\Delta_r H_m^\ominus=90.1kJ\cdot mol^{-1}$

(3) $2H_2O(g)=\!=\!=2H_2(g)+O_2(g)$　　$\Delta_r H_m^\ominus=483.6kJ\cdot mol^{-1}$

求乙炔的生成热$\Delta_f H_m^\ominus$。

5. 已知：

$C_3H_8(g)+5O_2(g)=\!=\!=3CO_2(g)+4H_2O(l)$　　$\Delta_r H_m^\ominus(1)=-2220kJ\cdot mol^{-1}$

$2H_2O(l)=\!=\!=2H_2(g)+O_2(g)$　　$\Delta_r H_m^\ominus(2)=572.0kJ\cdot mol^{-1}$

$3C(s)+4H_2(g)=\!=\!=C_3H_8(g)$　　$\Delta_r H_m^\ominus(3)=-104.5kJ\cdot mol^{-1}$

求$CO_2(g)$的$\Delta_f H_m^\ominus$。

6. 在热量计中完全燃烧 0.30mol $H_2(g)$ 生成 $H_2O(l)$，热量计中的水温升高 5.212K；将 2.345g 正癸烷［$C_{10}H_{22}(l)$］完全燃烧，使热量计中的水温升高 6.862K。已知 $H_2O(l)$ 的标准摩尔生成热为 $-285.8kJ \cdot mol^{-1}$，求正癸烷的燃烧热。

7. 1g 的 $C_2H_2(g)$ 在 298K 的恒容条件下完全燃烧放出的热量为 50.1kJ，求该温度下 C_2H_2 的标准摩尔燃烧热 $\Delta_c H_m^\ominus$。已知 $H_2(g)$ 和 C(石墨）的标准摩尔燃烧热分别为 $-285.83kJ \cdot mol^{-1}$ 和 $-393.51kJ \cdot mol^{-1}$。求 $C_2H_2(g)$ 的标准摩尔生成热。

8. 已知 C（金刚石）的标准摩尔燃烧焓为 $-391.6kJ \cdot mol^{-1}$，C(石墨）的标准摩尔燃烧焓为 $-393.5kJ \cdot mol^{-1}$，计算：C(石墨)$\longrightarrow$C(金刚石）的 $\Delta_r H_m^\ominus$。

9. 已知 298K 时的 $\Delta_f H_m^\ominus(C_2H_5OH, l) = -277.6kJ \cdot mol^{-1}$，$\Delta_f H_m^\ominus(C_2H_5OH, g) = -234.8kJ \cdot mol^{-1}$，$\Delta_c H_m^\ominus(C_2H_5OH, l) = -1366.7kJ \cdot mol^{-1}$，计算：(1) 298K 时 $C_2H_5OH(l)$ 的蒸发焓；(2) 298K 时 $C_2H_5OH(g)$ 的燃烧焓。

10 已知在 298K、100kPa 下发生反应：$A(g)+B(s) \xlongequal{} C(g)+D(s)$；$\Delta_r H = -52.99kJ$。体系做了最大功并放热 1.49kJ。求反应过程的 Q、W、$\Delta_r U$、$\Delta_r S$、$\Delta_r G$。

11. 反应 $C_2H_4(g)+H_2(g) \longrightarrow C_2H_6(g)$ 的 $\Delta_r U_m^\ominus = -133.9kJ \cdot mol^{-1}$，$\Delta_r S_m^\ominus = -120.8J \cdot mol^{-1} \cdot K^{-1}$，试求该反应在 25℃时的 $\Delta_r G_m^\ominus$，并指出该反应在 25℃、100kPa 下能否自发进行？

12. 在 25℃及 100kPa 下，$CaSO_4(s) \longrightarrow CaO(s)+SO_3(g)$ 已知 $\Delta_r H_m^\ominus = 403.9kJ \cdot mol^{-1}$，$\Delta_r S_m^\ominus = 188.4J \cdot mol^{-1} \cdot K^{-1}$，问：

(1) 上述反应能否自发进行？

(2) 对上述反应，是升高温度有利，还是降低温度有利？

(3) 计算使上述反应逆向进行所需的最高温度？

13. 金属镍在一定条件下可以与 CO 生成 $Ni(CO)_4$（四羰基镍）：$Ni+4CO(g) \longrightarrow Ni(CO)_4(g)$。据此可进行镍的提纯。过程是：在一定温度下以 CO 通过粗镍，生成 $Ni(CO)_4$，在另一温度下 $Ni(CO)_4$ 分解为纯镍及 CO。试计算在 100kPa 下 $Ni(CO)_4$ 的生成和分解温度范围。(已知：$Ni(CO)_4$ 的 $\Delta_f H_m^\ominus(g) = -602.3kJ \cdot mol^{-1}$，$Ni(CO)_4$ 的 $S_m^\ominus(g) = 401.7J \cdot mol^{-1} \cdot K^{-1}$，Ni 的 $S_m^\ominus(s) = 29.9J \cdot mol^{-1} \cdot K^{-1}$)

14. 油酸甘油酯在人体中代谢发生下列反应：$C_{57}H_{104}O_6(s)+80O_2(g) \xlongequal{} 57CO_2(g)+52H_2O(l)$；$\Delta_r H_m^\ominus = -3.35 \times 10^4 kJ \cdot mol^{-1}$，计算消耗这种脂肪 1kg 时，反应的进度是多少？将有多少热量释放出？

15. 已知：

$$2MnO_4^- + 10Cl^- + 16H^+ \xlongequal{} 2Mn^{2+} + 5Cl_2 + 8H_2O \qquad \Delta_r G_m^\ominus(1) = -142.0kJ \cdot mol^{-1}$$

$$Cl_2 + 2Fe^{2+} \xlongequal{} 2Cl^- + 2Fe^{3+} \qquad \Delta_r G_m^\ominus(2) = -113.6kJ \cdot mol^{-1}$$

求反应 $MnO_4^- + 5Fe^{2+} + 8H^+ \xlongequal{} Mn^{2+} + 5Fe^{3+} + 4H_2O$ 的 $\Delta_r G_m^\ominus$。

16. 通过查热力学数据表，估算常压下单质溴（Br_2，l）的沸点。

17. 产生水煤气的反应为 $C(s)+H_2O(g) \xlongequal{} CO(g)+H_2(g)$，各气体分压均处于 $1.0 \times 10^5 Pa$ 下，体系达到平衡，求体系的温度。已知 $\Delta_f H_m^\ominus(H_2O, g) = -241.82kJ \cdot mol^{-1}$，$\Delta_f H_m^\ominus(CO, g) = -110.52kJ \cdot mol^{-1}$，$\Delta_f G_m^\ominus(H_2O, g) = -228.59kJ \cdot mol^{-1}$，$\Delta_f G_m^\ominus(CO, g) = -137.15kJ \cdot mol^{-1}$。

18. 利用下面热力学数据计算反应：$CuS(s)+H_2(g) \xlongequal{} Cu(s)+H_2S(g)$ 可以发生的最低温度。

	$\Delta_f H_m^\ominus$/kJ·mol^{-1}	$S_m^\ominus$/J·mol^{-1}·K^{-1}
CuS(s)	−53.1	66.5
H_2(g)	0	130.57
H_2S(g)	−20.6	205.7
Cu(s)	0	33.15

19.用 CaO(s) 吸收高炉废气中的 SO_3 气体，其反应方程式为：$CaO(s)+SO_3(g)=CaSO_4(s)$。根据附录数据计算该反应 373K 时的 $\Delta_r G_m^\ominus$，说明反应进行的可能性；并计算反应逆转的温度，进一步说明应用此反应防止 SO_3 污染环境的合理性。

第6章

化学动力学基础

【学习要求】

(1) 理解化学反应速率的定义及其表达式；
(2) 了解基元反应、复杂反应、反应级数的概念；
(3) 了解反应速率的碰撞理论和过渡态理论；
(4) 掌握速率方程表达式以及阿仑尼乌斯关系式；
(5) 掌握浓度、温度以及催化剂对反应速率的影响。

上一章介绍了化学反应中能量变化的基本计算，并讨论了在指定条件下化学反应进行的方向，即化学反应热力学。而在研究化学反应时，人们关心的还有两个问题：第一是反应进行的快慢，也就是化学反应速率；第二是反应完成的程度，即有多少反应物可以转化为生成物，也就是化学平衡问题。本章和第 7 章将就化学反应速率和化学平衡的一些基本原理作简单介绍。

6.1 化学动力学的研究范畴

化学反应热力学研究的是反应前后的状态、能量的变化，反应进行的可能性以及进行的程度。由于化学热力学不涉及反应时间，因此不能告诉我们化学反应进行的快慢，即化学反应速率的大小。化学动力学则是研究化学反应速率和反应历程。有些化学反应，从热力学考虑进行的趋势很大，但反应速率却很小，在通常条件下似乎不可能反应。例如：

(1) $H_2(g)+1/2O_2(g) = H_2O(l)$ $\Delta_r G_m^\ominus = -137kJ \cdot mol^{-1}$

(2) $C_{12}H_{22}O_{11}(s)+12O_2(g) = 12CO_2(g)+11H_2O(l)$ $\Delta_r G_m^\ominus = -5796.6kJ \cdot mol^{-1}$

(3) $2NO_2(g) \rightleftharpoons N_2O_4(g)$ $\Delta_r G_m^\ominus = -60.5kJ \cdot mol^{-1}$

在通常情况下，反应 (1) 和 (2) 是不可能发生的（反应速率太小），反应 (3) 能以一定的反应速率向正、逆两个方向进行。可见化学热力学虽然解决了反应的可能性问题，但没有解决反应的现实性问题。

化学工业的各个方面几乎都涉及反应动力学。在化工生产中，反应速率与化学平衡一样重要。例如，由热力学平衡常数可知，在一定的温度和压力下，N_2 和 H_2 反应得到 NH_3 的最大可能产量；但如果反应速率太慢，这种反应是没有实际意义的。反应速率对生命机体的活动是非常重要的，热力学认为生物大分子（蛋白质）是不稳定的，易于发生水解反应。但实际发现没有催化剂时，水解反应速率极为缓慢，只有在生物催化剂（如生物酶）的作用下才能有选择地加速水解反应，从而控制机体的活动。因此想了解化学反应的性质，既要从化学热力学上考虑反应进行的可能性及进行的程度，又要从动力学上考虑反应进行的速率。

化学动力学是研究反应的现实性学科分支，本章主要讨论反应速率，属于化学动力学的基本内容。

6.2 化学反应速率

化学反应，有的进行得很快，例如爆炸反应、强酸和强碱的中和反应等，几乎在瞬间完成；有的则进行得很慢，例如岩石的风化、钟乳石的生长、石油的形成等，需要经过千百万年才有显著的变化。

如何定量描述化学反应的快慢呢？

6.2.1 反应速率的定义

物理上用速率表示物体运动的快慢。对于化学反应而言，可以用**化学反应速率**（chemical reaction rate）来衡量化学反应进行的快慢。化学反应速率的定义为：指在一定条件下，反应物转变为生成物的速率；化学反应速率经常用单位时间内反应物浓度的减少或者生成物浓度的增加来表示。以符号 v 表示，浓度以 $mol \cdot L^{-1}$ 表示，时间则根据反应的快慢用 s（秒）、min（分）、h（小时）、d（天）表示，因此反应速率的常用单位为 $mol \cdot L^{-1} \cdot s^{-1}$、$mol \cdot L^{-1} \cdot min^{-1}$、$mol \cdot L^{-1} \cdot h^{-1}$。

根据化学反应速率的表达式，可以将其分为平均反应速率和瞬时反应速率。

6.2.2 平均反应速率

按照物理对速率的定义，若反应速率是在一定的时间间隔内求得的，应为平均反应速率（average reaction rate）；用符号 $\overline{v}$ 表示。平均反应速率也可区分为两类。

（1）消耗速率/生成速率

定义：反应进程中参与反应的物质在某时间间隔（Δt）内物质的量的变化量，可以用单位时间内反应物浓度的减少或生成物浓度的增加表示，浓度改变量通常用正值表示；在具体表示反应速率时，可选择任一反应物或生成物的物质，但是一定要注明。

例如，对于五氧化二氮在四氯化碳溶液中的分解反应：

$$2N_2O_5 \rightleftharpoons 4NO_2 + O_2$$

表 6-1 给出了在不同的反应时间内 $[N_2O_5]$ 的测定值。在时间间隔 Δt 内，用反应物浓度的减少或生成物浓度的增加来表示的平均反应速率为：

N_2O_5 的消耗速率为：

$$\overline{v}(N_2O_5) = -\frac{[N_2O_5]_2 - [N_2O_5]_1}{t_2 - t_1} = -\frac{\Delta[N_2O_5]}{\Delta t} \tag{6-1}$$

NO_2 的生成速率为：

$$\overline{v}(NO_2) = \frac{[NO_2]_2 - [NO_2]_1}{t_2 - t_1} = \frac{\Delta[NO_2]}{\Delta t} \tag{6-2}$$

O_2 的生成速率为：

$$\overline{v}(O_2) = \frac{[O_2]_2 - [O_2]_1}{t_2 - t_1} = \frac{\Delta[O_2]}{\Delta t} \tag{6-3}$$

式中，Δt 为时间间隔；$\Delta[N_2O_5]$、$\Delta[NO_2]$、$\Delta[O_2]$ 为该时间间隔内反应物 N_2O_5 和生成物 NO_2、O_2 的浓度变化。由于反应物 N_2O_5 的浓度随反应的进行而减小，浓度变化量为负值，为保证反应速率为正值。在其前面加负号；对于生成物 NO_2 和 O_2，由于浓度增大，浓度变化量为正，所以无需添加负号。

表 6-1　CCl_4 溶液中 N_2O_5 的分解速率（298K）

经过的时间 t/s	时间的变化 Δt/s	$[N_2O_5]$ /mol·L^{-1}	$-\Delta[N_2O_5]$ /mol·L^{-1}	反应速率 $\bar{v}$ /mol·L^{-1}·s^{-1}
0	0	2.10	—	—
100	100	1.95	0.15	1.5×10^{-3}
300	200	1.70	0.25	1.3×10^{-3}
700	400	1.31	0.39	0.99×10^{-3}
1000	300	1.08	0.23	0.77×10^{-3}
1700	700	0.76	0.32	0.45×10^{-3}
2100	400	0.56	0.14	0.35×10^{-3}
2800	700	0.37	0.19	0.27×10^{-3}

（2）反应速率

式(6-1)～式(6-3) 均表示同一化学反应的速率，但在同一个时间间隔内，采用不同的物质浓度变化来表示相同化学反应的速率时，其数值不一定相等。如 N_2O_5 的分解反应在300s 时，$\bar{v}(N_2O_5)$ 为 1.3×10^{-3}mol·L^{-1}·s^{-1}、$\bar{v}(NO_2)$ 为 2.6×10^{-3}mol·L^{-1}·s^{-1}、$\bar{v}(O_2)$ 为 0.65×10^{-3}mol·L^{-1}·s^{-1}。虽然各数值表示的反应速率实际含义相同，但一个反应有几种不同的速率数值毕竟不方便，且容易混淆。为避免混乱，较为有效的解决办法是寻找一种新的表达方法，不管用哪个物质的浓度表达，速率的数值完全相同。

根据 IUPAC 的推荐和国家标准，对于任一反应：

$$aA+dD \rightleftharpoons gG+hH$$

其通式为：

$$0=\sum_B \nu_B B \tag{6-4}$$

如果反应前后体积不变（即恒容条件）单位时间内的反应进度定义为反应速率，用公式表示为：

$$v=\frac{1}{V}\times\frac{\xi}{\Delta t} \tag{6-5}$$

由反应进度的定义［见式(5-1)］，上式可变化为：

$$v=\frac{1}{V}\times\frac{\Delta n_B}{\nu_B\Delta t}=\frac{1}{\nu_B}\times\frac{\Delta[B]}{\Delta t} \tag{6-6}$$

式中，ν_B 为化学反应的计量系数，对反应物取负值，生成物取正值；$\Delta[B]/\Delta t$ 为物质 B 的物质的量浓度随时间的变化率；v 为基于浓度的反应速率，单位为 mol·L^{-1}·s^{-1}。

已经知道，任一化学反应存在：

$$\Delta n_A:\Delta n_D:\Delta n_G:\Delta n_H=a:d:g:h$$

如果反应在恒容下进行，则有：

$$\Delta[A]:\Delta[D]:\Delta[G]:\Delta[H]=a:d:g:h$$

因此上述反应速率的定义具有普遍的适用性，与所选择的物质无关。上述 N_2O_5 的反应速率为：

$$\bar{v}=\frac{1}{\nu(O_2)}\times\frac{\Delta[O_2]}{\Delta t}=\frac{1}{\nu(NO_2)}\times\frac{\Delta[NO_2]}{\Delta t}=\frac{1}{\nu(N_2O_5)}\times\frac{\Delta[N_2O_5]}{\Delta t}$$
$$=\frac{1}{1}\times\frac{0.125-0}{184}=\frac{1}{4}\times\frac{0.500-0}{184}=\frac{1}{(-2)}\times\frac{2.08-2.33}{184}$$
$$=6.80\times10^{-4}\,mol\cdot L^{-1}\cdot s^{-1}$$

在实验中，一个化学反应的反应速率往往是通过某一反应物的消耗速率或生成物的生成速率来确定的。很明显，消耗速率或生成速率是分别对反应物或生成物而言的，它与化学计量方程式无关，而反应速率是对特定的化学反应式而言的。因此反应速率必须指明化学计量方程式，否则是没有意义的。

6.2.3 瞬时反应速率

从表 6-1 可以看出，反应物 N_2O_5 的消耗速率随着反应的进行不断减小。也就是说，绝大多数的反应速率不是一个“恒速”的值，而是随反应时间而变的“变速”物理量。平均反应速率可以表示一段时间间隔内的平均反应速率，但更有实际意义的应该是反应处于某时刻时的反应速率，即瞬时速率。

瞬时速率也可以分为两类：一类是指某一时刻的反应物或生成物的瞬时速率；另一类是时间间隔 Δt 无限小，即 $\Delta t\rightarrow0$ 的反应物或生成物的瞬时速率；时间间隔越短，反应的平均速率越接近瞬时速率。用数学式可表示为：

$$v(N_2O_5)=\frac{1}{\nu(N_2O_5)}\lim_{\Delta t\rightarrow0}\frac{\Delta[N_2O_5]}{\Delta t}=\frac{1}{\nu(N_2O_5)}\times\frac{d[N_2O_5]}{dt}$$
$$v(NO_2)=\frac{1}{\nu(NO_2)}\lim_{\Delta t\rightarrow0}\frac{\Delta[NO_2]}{\Delta t}=\frac{1}{\nu(NO_2)}\times\frac{d[NO_2]}{dt}$$
$$v(O_2)=\frac{1}{\nu(O_2)}\lim_{\Delta t\rightarrow0}\frac{\Delta[O_2]}{\Delta t}=\frac{1}{\nu(O_2)}\times\frac{d[O_2]}{dt}$$

为了求得某时刻反应物或生成物的瞬时速率，可以根据反应物的浓度与时间关系，先作出 $[N_2O_5]$-t 关系图（见图 6-1），然后求出该时刻曲线的切线，切线斜率除以对应的计量系数就是该时刻这个化学反应 N_2O_5 的瞬时速率。

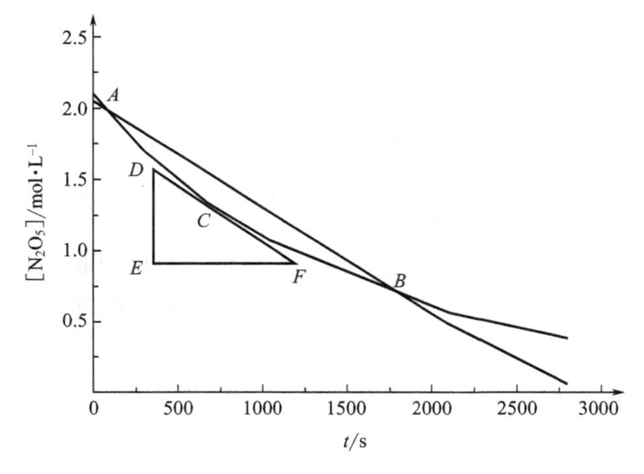

图 6-1 瞬时反应速率的作图求法

图 6-1 中曲线的割线 AB 的斜率表示平均速率，过 C 点曲线切线的斜率则表示该时间间

隔内某时刻 t_c 时 N_2O_5 的瞬时速率。图中所示的三角形△DEF，其切线的斜率表示 N_2O_5 的瞬时速率：

$$v(N_2O_5)=\frac{DE}{EF}$$

当时间间隔 $\Delta t=t_A-t_B$ 越来越小时，割线 AB 越来越接近切线，割线的斜率 $v(N_2O_5)=-\Delta[N_2O_5]/\Delta t$ 也越来越接近切线的斜率，当 $\Delta t\to 0$ 时，割线的斜率等于切线的斜率，即：

$$v(N_2O_5)=\lim_{\Delta t\to 0}\left(-\frac{\Delta[N_2O_5]}{\Delta t}\right)$$

以上表示的是某一反应物或生成物的瞬时速率，另一类表示瞬时速率的方法是用反应进度定义的反应速率式(6-6) 来表示某一时刻化学反应的反应速率，即瞬时速率。时间的间隔越短，平均速率越能表示瞬时速率，当时间间隔趋近于无限小时（$\Delta t\to 0$)，那时的平均速率才能代表某时刻的瞬时反应速率。用数学式表示：

$$v=\frac{1}{\nu_B}\lim_{\Delta t\to 0}\frac{\Delta[B]}{\Delta t} \tag{6-7}$$

如无特殊说明以后所提到的反应速率，都是指瞬时反应速率。

6.3 反应速率理论

从 19 世纪末开始，人们就尝试从分子微观运动论的角度解释反应速率，先后建立了碰撞理论、过渡态理论和单分子反应理论等。作为分子动力学理论模型，它们只讨论基元反应。本节主要讨论碰撞理论和过渡态理论。

6.3.1 碰撞理论

1918 年，路易斯（Lewis）运用气体分子运动论的成果，提出了反应速率**碰撞理论**(collision theory)，主要适用于气相双分子反应。

(1) 理论要点

① 化学反应发生的首要条件是反应物分子必须相互碰撞。

② 并不是所有的反应物分子的相互碰撞都能发生化学反应，只有反应物分子能量超过某一数值时，碰撞才可能发生反应。

③ 分子碰撞发生反应时，要求这些分子有适当的取向。

(2) 常用术语

碰撞理论中常见的术语如下。

① 有效碰撞　是不是气体分子的每一次碰撞都能发生反应呢？不一定。在亿万次的碰撞中，大多数的碰撞不能发生反应，只有极少数分子在碰撞时才能发生反应。这种能发生反应的碰撞称为有效碰撞（effective collision)。

② 取向　发生有效碰撞除了互相碰撞的反应物分子必须具有足够的能量之外，还需要有合适的碰撞取向（orientation)。取向合适，才能发生反应。例如反应：

$$CO(g)+NO_2(g)=\!=\!=CO_2(g)+NO(g)$$

只有当 CO 中的碳原子与 NO_2 中的氧原子接近，并沿着 C—O 与 N—O 直线方向碰撞，才能发生反应，沿着 C 和 N 原子取向相碰撞，则为无效碰撞（见图 6-2)。

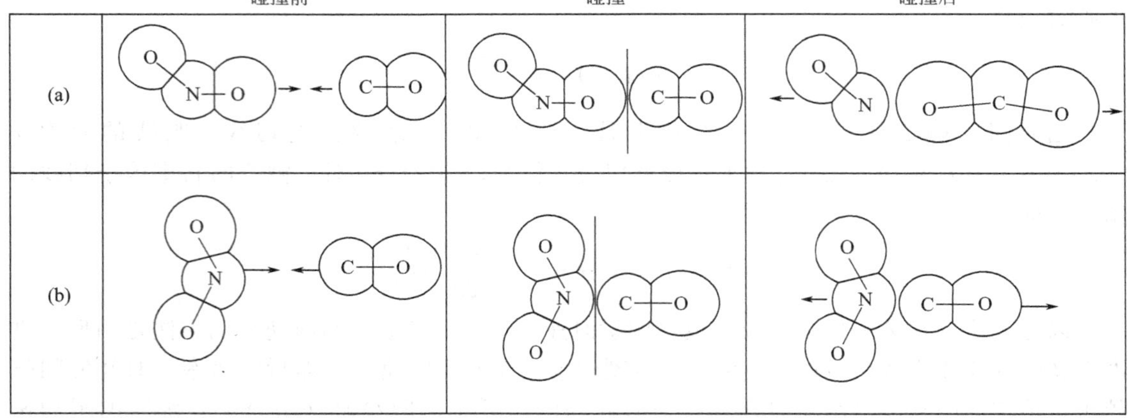

(a) 适当碰撞方向　　　　(b) 不适当碰撞方向

图 6-2　气体分子有效碰撞与无效碰撞示意图

③ 活化分子与活化百分数　能发生有效碰撞的分子与普通分子有什么不同呢？一定温度下，气体分子具有一定的平均动能，但并不是说所有气体分子都具有这样的平均能量。根据分子运动论，有的分子能量高，有的分子能量低，大多数气体分子能量接近于平均动能。但有少数的分子具有比平均值高很多的能量，它们碰撞时能导致原有化学键破裂而发生化学反应，把这些具有较高能量的分子称为**活化分子**（activated molecule）；活化分子占分子总数的百分率称为活化分子百分数，简称活化百分数（activated percentage）。

④ 活化能　使 1mol 具有平均能量的分子变成活化分子所需吸收的最低能量称为**活化能**（activation energy），以 E_a 表示，单位为 $kJ \cdot mol^{-1}$。碰撞理论认为，活化能与温度无关。对于不同的反应，活化能是不同的。不同类型的反应，活化能相差很大，这在一定程度上影响各类反应的反应速率。例如

$$2SO_2 + O_2 \xlongequal{\quad} 2SO_3 \qquad E_a = 251kJ \cdot mol^{-1}$$

$$N_2 + 3H_2 \xlongequal{\quad} 2NH_3 \qquad E_a = 175.5kJ \cdot mol^{-1}$$

$$HCl + NaOH \xlongequal{\quad} NaCl + H_2O \qquad E_a = 20kJ \cdot mol^{-1}$$

下面结合图 6-3，讨论一下碰撞理论。气体分子能量分布曲线与气体分子速率分布情况类似。图 6-3 示意了一定温度下气体分子能量分布曲线，横坐标表示分子能量 E，纵坐标表示具有一定能量的分子百分比，即 $\Delta N / N\Delta E$，其中，ΔN 为能量在 $E \sim E + \Delta E$ 之间的分子数，N 为总分子数，$\Delta N / N\Delta E$ 表示单位能量区间内，具有能量 $E \sim E + \Delta E$ 之间的分子在总分子中所占的百分数。

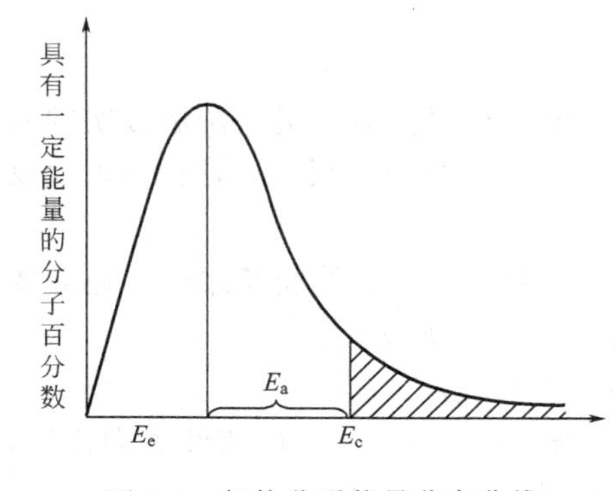

图 6-3　气体分子能量分布曲线

图 6-3 中 E_e 表示在该温度下的分子平均能量；E_c 是活化分子必须具有的最低能量，能量高于 E_c 的分子才能产生有效碰撞。活化分子所具有的最低能量与分子的平均能量之差称为活化能。活化能可以理解为使 1mol 具有平均能量的分子变成活化分子所需吸收的最低能量。

（3）活化能与反应速率的关系

不同反应具有不同的活化能。从数学上可以证

明 E_c 右边曲线下的面积表示活化分子所占百分数。如果反应活化能越大，E_c 的横坐标位置越向右移，活化分子所占百分数越小，活化分子数目就越小，因而反应速率就慢；反之如果活化能越小，反应速率就越快。

（4）碰撞理论的优缺点

碰撞理论比较直观，用于解释简单反应比较成功，但是对于分子结构比较复杂的反应就无能为力了。这是因为碰撞理论把复杂分子看作简单的刚性球体，而没有考虑分子的内部结构和运动规律的原因。

6.3.2 过渡态理论

随着原子结构和分子结构理论的发展，在 20 世纪 30 年代，艾琳（Eyring）、埃文斯（Evans）和波兰尼（Polany）等人在量子力学和统计力学的基础上提出了化学反应速率的过渡态理论（transition state theory）。

（1）理论要点

过渡态理论认为，化学反应不只是通过分子间的简单碰撞就能完成的，而是要经过一个由反应物分子以一定构型存在的过渡态，即反应物分子首先要形成一个中间态的化合物，即**活化络合物**（activated complex）。在形成过渡态的过程中，要考虑分子的内部结构、内部运动，并认为反应物分子相互作用不只是在碰撞接触瞬间，而是在相互接触的全过程，系统的势能一直在变化。当两个具有足够能量的反应物分子相互接近时，分子中的化学键要经过重排，能量要重新分配。在此过程中，原有的化学键尚未完全断开，新的化学键又未完全形成。如反应：

$$CO(g)+NO_2(g) \rightleftharpoons CO_2(g)+NO(g)$$

其反应过程为 $CO(g)+NO_2(g) \rightleftharpoons O{-}N\cdots O\cdots C{-}O \longrightarrow CO_2(g)+NO(g)$

（反应物）　　　　（活化络合物）　　　　（产物）

图 6-4 示意了 CO 与 NO_2 的反应过程。

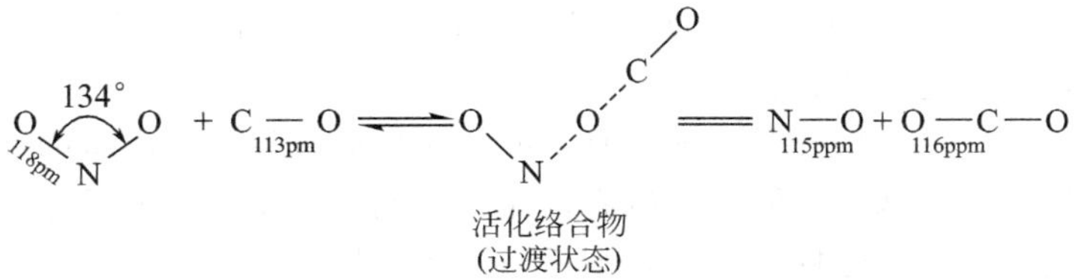

图 6-4　CO 与 NO_2 的反应过程

活化络合物具有极高的势能，极不稳定。一方面它可以很快与反应物建立热力学平衡，另一方面它又能分解为产物。反应 $CO(g)+NO_2(g) \Longrightarrow CO_2(g)+NO(g)$ 的能量变化过程如图 6-5 所示。由图可见，反应物和产物的能量都较低，由于反应过程中分子之间相互碰撞，分子的动能大部分转化为势能，因而活化络合物处于极不稳定的较高势能状态。

过渡态理论认为活化能是反应物分子平均能量与处在过渡态的活化络合物分子平均能量之差。因此，不管是放热反应，还是吸热反应，反应物经过过渡态变成生成物，都必须越过一个高能量的过渡态，好比从一个谷地到另一个谷地必须爬山一样。

（2）反应历程-势能图

反应历程-势能图可以表示过渡态理论中系统势能变化的情况。图 6-5 为 NO_2 与 CO 气

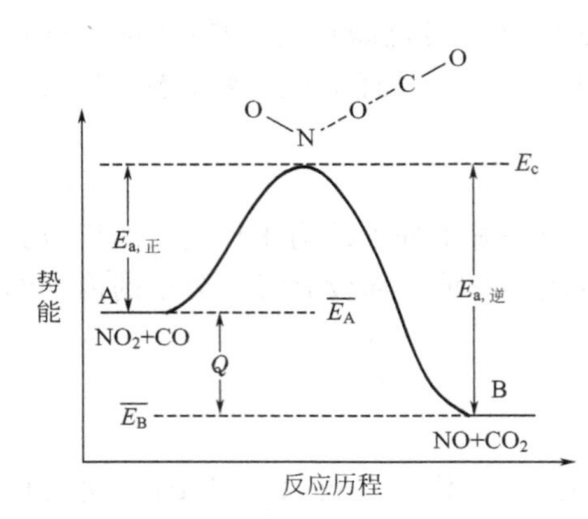

图 6-5　活化络合物形成过程势能图

体反应生成 NO 和 CO_2 的反应历程-势能图。图中虚线所示 $\overline{E}_A$ 为反应物 NO_2 与 CO 分子的平均势能，在此能量条件下反应物分子不能发生反应。E_c 所在虚线为活化配合物的势能。$\overline{E}_B$ 所在虚线为生成物 NO 和 CO_2 平均势能。在反应历程中，要得到生成物 NO 和 CO_2 分子，反应物分子 NO_2 与 CO 必须越过能垒 E_c。

在过渡态理论中，NO_2 与 CO 的反应历程可以概括为：

① 反应物能量升高，吸收 $E_{a,正}$；

② 反应物分子接近，形成活化络合物；

③ 活化络合物分子分解为生成物，释放能量 $E_{a,逆}$。

式中，$E_{a,正}$ 是正反应的活化能，等于活化络合物的势能（E_c）与反应物平均势能（$\overline{E}_A$）之差：

$$E_{a,正}=E_c-\overline{E}_A$$

$E_{a,逆}$ 是逆反应的活化能，等于活化络合物的势能（E_c）与产物平均势能（$\overline{E}_B$）之差：

$$E_{a,逆}=E_c-\overline{E}_B$$

由图 6-5 还可以看出，生成物的平均能量将比反应物低，因此，这个反应是一个放热反应：

(1) $NO_2+CO \longrightarrow O\text{---}N\text{---}O\text{---}C\text{---}O$　　　$\Delta_r H_m(1)=E_{a,正}$

(2) $O\text{---}N\text{---}O\text{---}C\text{---}O \longrightarrow CO_2+NO$　　　$\Delta_r H_m(2)=-E_{a,逆}$

由盖斯定律，反应 (1)+反应 (2)，得

$$CO+NO_2 = CO_2+NO$$

$$\Delta_r H_m=\Delta_r H_m(1)+\Delta_r H_m(2)=E_{a,正}-E_{a,逆}$$

很显然，正反应和逆反应的活化能之差为化学反应的摩尔反应热。如果 $E_{a,正}>E_{a,逆}$，反应的 $\Delta_r H_m$ 大于零，为吸热反应；如果 $E_{a,正}<E_{a,逆}$，反应的 $\Delta_r H_m<0$，为放热反应。

(3) 活化能与反应速率的关系

由上述讨论可知，反应物分子必须具有足够的能量以翻越一个能量的高峰，才能转变为产物分子。反应的活化能越大，能峰就越高，能越过能峰的反应物分子比例就少，反应速率就慢；反应的活化能越小，能峰就越低，则反应速率就快。

(4) 过渡态理论的优缺点

过渡态理论从分子的结构特点和化学键的特征研究反应速率问题，较好地揭示了活化能的本质。然而由于活化络合物极不稳定，不易分离，无法通过实验证实，致使这一理论的应用受到限制。

6.4　影响反应速率的因素

根据速率理论，化学反应速率首先与参加反应的反应物自身属性有关。例如，F_2 和 H_2 混合时，在很低温度下也会爆炸；而 Br_2 与 H_2 的反应，在常温下却不易察觉；这是由于前者活化能太小而后者活化能太大所致。此外，反应速率还受到反应进行时所处的外界条件，如浓度、温度、催化剂的影响。当反应系统确定后，若人为地改变浓度、温度、催化剂等外

界条件，则反应速率也会随之发生改变。本节主要探讨外界因素对反应速率的影响，并建立定量关系。

6.4.1 浓度对反应速率的影响

根据速率理论，在其他条件不变时，对某一化学反应而言，活化分子在反应物中所占的百分数是一定的。因此单位体积内活化分子数与单位体积内反应物分子的总数成正比，即活化分子数与反应物的浓度成正比。当反应物浓度增大时，单位体积内分子数增大，活化分子数也随之增大。例如，原来每单位体积有100个反应物分子，其中只有10个活化分子，如果每单位体积内反应物分子增加到200个，其中就有20个活化分子，那么单位时间内的有效碰撞次数也相应增多，化学反应速率就增大，因而增大反应物的浓度可以增大化学反应速率。

(1) 反应物浓度与反应速率的关系

化学反应如果按照反应机理分类，可以分为基元反应（简单反应）和非基元反应（复杂反应）。为了便于找到反应速率与反应物浓度的定量关系，学者们从简单反应入手，在确定了简单反应的反应物浓度和反应速率的关系基础上，进行修正，从而找到复杂反应其反应物浓度和反应速率的关系。

① 基元反应与非基元反应　所谓**基元反应**（elementary reaction），是指反应物在有效碰撞中一步就能直接转变为产物的反应，也称作简单反应。例如

$$CO(g)+NO_2(g)=\!=\!=CO_2(g)+NO(g)$$

$$2NO_2(g)=\!=\!=2NO(g)+O_2(g)$$

所谓**非基元反应**（non-elementary reaction），是指由两个或两个以上基元反应构成的化学反应，也称为复杂反应（complex reaction）。大多数化学反应是经过多步才完成的。如

$$H_2(g)+I_2(g)=\!=\!=2HI(g)$$

实际上是由两个基元反应组成的复杂反应

$$I_2(g)=\!=\!=2I(g)$$

$$H_2(g)+2I(g)=\!=\!=2HI(g)$$

需要特别注意的是，判断一个反应是不是基元反应，不能主观猜测，而是由实验进行确定。

② 基元反应与质量作用定律　实验证明，对于基元反应，反应速率随着反应物浓度的增加而增加。例如Fe在纯O_2中燃烧要比在空气中燃烧快得多，这是由于纯O_2的浓度是空气中O_2浓度的5倍。人们经过长期的实践，总结出了基元反应中反应物浓度与反应速率存在这样的定量关系：一定温度下，基元反应的化学反应速率与各反应物浓度以其计量系数为指数的幂的乘积成正比，这就是**质量作用定律**（law of mass action）。

对于基元反应：

$$aA+dD \longrightarrow gG+hH$$

根据质量作用定律，有

$$v=k[A]^a[D]^d \tag{6-8}$$

式中，v为反应速率；k是比例常数，称为**速率常数**（rate constant）；速率常数在数值上等于各反应物均为单位浓度时的反应速率，大小与反应物的浓度无关。对于给定的化学反应而言，k仅与温度有关。当温度不变时，k为一个常数。[A]、[D]分别为反应物A、D的浓度，a、d分别为质量作用定律中反应物的计量系数。

必须特别注意，质量作用定律只适用于基元反应，而不适用于非基元反应。

③ 复杂反应与反应速率方程　一般而言，在没有确定一个反应方程式是基元反应之前，它仅表示最初的反应物和最后的生成物，并不表示反应实际进行的历程，因而不能只根据反应方程式就决定反应速率和浓度的关系，而必须通过实验进行确定。对于复杂反应的反应物浓度与反应速率的关系，学者们是在质量作用定律的基础上进行修正，进而给出了复杂反应的速率方程。

对于某一复杂反应：

$$aA + dD \longrightarrow gG + hH$$

其反应速率与反应物浓度之间的定量关系为：

$$v = k\,[A]^m\,[D]^n \tag{6-9}$$

式(6-9) 称为复杂反应的**速率方程**(rate equation)。对于复杂反应而言，m、n 需经实验确定；如果是基元反应，m、n 等于相应的计量系数，$m=a$，$n=d$。m、n 的值可以是整数、分数，也可以是零。

若不知道化学反应的反应机理，即不确定是否是基元反应，就只能通过实验确定其速率方程。例如反应

$$2H_2 + 2NO \longrightarrow 2H_2O + N_2$$

测定其反应速率数据见表 6-2，据此可以计算该反应的速率方程。

表 6-2　H_2 和 NO 的反应速率（1073K）

序号	起始浓度		起始速率
	$[NO]/mol \cdot L^{-1}$	$[H_2]/mol \cdot L^{-1}$	$v/mol \cdot L^{-1} \cdot s^{-1}$
1	6.00×10^{-3}	1.00×10^{-3}	3.19×10^{-3}
2	6.00×10^{-3}	2.00×10^{-3}	6.36×10^{-3}
3	6.00×10^{-3}	3.00×10^{-3}	9.56×10^{-3}
4	1.00×10^{-3}	6.00×10^{-3}	0.48×10^{-3}
5	2.00×10^{-3}	6.00×10^{-3}	1.92×10^{-3}
6	3.00×10^{-3}	6.00×10^{-3}	4.30×10^{-3}

比较实验 1、2、3，当 [NO] 为定值时，$[H_2]$ 扩大 2 倍或 3 倍，反应速率相应扩大 2 倍或 3 倍。这表明反应速率与 $[H_2]$ 成正比：

$$v = k_1[H_2]$$

比较实验 4、5、6，当 $[H_2]$ 为定值时，[NO] 扩大 2 倍或 3 倍，反应速率相应扩大 4 倍或 9 倍，这表明反应速率与 $[NO]^2$ 成正比：

$$v = k_2[NO]^2$$

综合考虑 $[H_2]$ 和 [NO] 对反应速率的影响，得

$$v = k\,[H_2][NO]^2$$

而不是

$$v = k[H_2]^2[NO]^2$$

将表 6-2 中实验 1 的数据代入速率方程，可以求出速率常数 $k=8.86\times10^4 L^2 \cdot mol^{-2} \cdot s^{-1}$。

(2) 反应级数

根据反应速率方程，速率常数 k 由反应物的性质和温度决定，与浓度无关，因此 k 是在给定温度下反应物浓度为单位浓度时的反应速率。由于反应速率的单位为 $mol \cdot L^{-1} \cdot s^{-1}$，则速率常数的单位与**反应级数**（reaction order）有关。

在速率方程中，反应物浓度的指数称为反应物的反应级数，各组分反应级数的代数和称

为该反应的总反应级数。反应级数的引入是为了从实验式上确定反应速率与反应物浓度的关系，即以实验为根据的宏观速率对浓度的依赖关系。

如果速率方程为：

$$v=k\,[A]^m\,[D]^n$$

则

$$k=\frac{v(\text{mol}\cdot\text{L}^{-1}\cdot\text{s}^{-1})}{[A]^m[B]^n(\text{mol}\cdot\text{L}^{-1})^{m+n}}$$

式中，$m+n$ 称为反应级数。若反应为一级反应，k 的单位为 s^{-1}；二级反应速率常数 k 的单位为 $L\cdot mol^{-1}\cdot s^{-1}$；对于 n 级反应，k 的单位为 $L^{n-1}\cdot mol^{1-n}\cdot s^{-1}$，因此，根据速率常数 k 的单位可以判断反应级数。

一般而言，三级以上的反应很难出现。反应级数为分数或零的反应一般不是基元反应，而是产生于复杂反应。常见反应的反应级数和反应速率方程如表 6-3 所示。

表 6-3　常见反应的反应级数和速率方程

反应	速率方程	反应级数	速率常数单位
$NH_3(g)\xrightarrow{钨}1/2N_2(g)+3/2H_2(g)$	$v=k[NH_3]^0$	0	$mol\cdot L^{-1}\cdot s^{-1}$
$N_2O_5(g)\longrightarrow 2NO_2(g)+1/2O_2(g)$	$v=k[N_2O_5]^1$	1	s^{-1}
$NO_2(g)+CO(g)\longrightarrow NO(g)+CO_2(g)$	$v=k[NO_2]^1[CO]^1$	2	$L\cdot mol^{-1}\cdot s^{-1}$
$O_2(g)+2NO(g)\longrightarrow 2NO_2(g)$	$v=k[O_2]^1[NO]^2$	3	$L^2\cdot mol^{-2}\cdot s^{-1}$

【例 6-1】 在 298K 时，测得下列反应

$$2NO(g)+Br_2(g)\longrightarrow 2NOBr(g)$$

的反应速率，数据如下表所示：

实验编号	初始浓度/$mol\cdot L^{-1}$		初始速率/$mol\cdot L^{-1}\cdot s^{-1}$
	NO	Br_2	
1	0.10	0.10	12
2	0.10	0.20	24
3	0.10	0.30	36
4	0.20	0.10	48
5	0.30	0.10	108

求上述反应的速率方程式、反应级数和速率常数。

解　由于不能判定该反应是否为基元反应，所以速率方程可写为

$$v=k\,[NO]^m[Br_2]^n$$

由实验数据，当 NO 浓度不变，Br_2 浓度变为原来的 2 倍和 3 倍时，反应速率也变为初始速率的 2 倍、3 倍，说明 $n=1$；另外当 Br_2 浓度不变，而 NO 浓度变为原来的 2 倍和 3 倍时，反应速率变为初始速率的 4 倍、9 倍，说明 $m=2$。因此该反应的速率方程

$$v=k\,[NO]^2[Br_2]^1$$

反应级数为 2+1=3 级。

将 NO 浓度、Br_2 浓度代入速率方程，得 $k=1.2\times10^4\,L^2\cdot mol^{-2}\cdot s^{-1}$。

6.4.2　温度对反应速率的影响

温度是影响化学反应的重要因素。尽管化学反应速率与温度的关系比较复杂，但一般而

言，化学反应速率随温度的升高都会加快。根据反应速率理论，升高温度，反应物分子的能量增加，会使一部分普通分子变成活化分子，从而增加反应物分子中活化分子的百分数；活化分子百分数的增大，使反应物分子间有效碰撞次数增多，导致反应速率增大。当然，由于温度的升高，也会使分子的运动加快；这样单位时间内反应物分子间的碰撞次数也随之增加。根据计算，温度每升高10℃，分子的碰撞频率增加2%左右，导致反应速率增快；但这不是反应速率加快的主要原因，主要原因应该归功于升高温度使反应物分子能量增加所致。

经过多次实验证实，当反应物浓度一定，温度每升高10℃，反应速率通常会增大到原来的2～3倍。无论对于吸热反应还是放热反应，温度升高时反应速率都是加快的。原因在于：化学反应的反应热是由反应物的能量与生成物的能量之差来决定的。根据过渡态理论，若反应物的能量低于生成物的能量，反应吸热；反之则反应放热（见图6-5）。在反应过程中，不论反应吸热或放热，反应物必须越过一个能垒，反应才可进行。升高温度可以提高反应物的能量，有利于越过能垒，因此可以加快反应速率。

（1）阿仑尼乌斯关系式

为了定量研究温度和反应速率之间的关系，在大量实验的基础上，1889年，瑞典化学家阿仑尼乌斯（Arrhenius）总结出了温度和反应速率常数之间的经验公式：

$$k = A\mathrm{e}^{-\frac{E_a}{RT}} \qquad (6\text{-}10)$$

式(6-10)称为阿仑尼乌斯公式(指数式)。k 为反应速率常数；E_a 为反应的活化能，单位 $kJ \cdot mol^{-1}$；T 为热力学温度，单位为K；A 为反应的特征常数，称为指前因子或频率因子；e为自然对数的底（2.718）；R 为气体常数（$8.314J \cdot mol^{-1} \cdot K^{-1}$）。因为 E_a 的量纲为 $kJ \cdot mol^{-1}$，与 RT 的量纲一致，故指数项 $-E_a/RT$ 无量纲，因而 A 与 k 具有相同的量纲。

阿仑尼乌斯公式的指数项表示温度对反应速率的影响。对于某指定的化学反应，活化能可视为一个定值（一般情况下，A 和 E_a 不随温度而变化）；速率常数仅取决于温度。由于 k 和 T 的关系是一个指数函数，T 的微小改变将会使 k 值发生相对很大的变化。

如果将式(6-10)两端取自然对数，可得

$$\ln k = -\frac{E_a}{RT} + \ln A$$

根据数学关系：$\ln k = 2.303\lg k$，上式可以变换为：

$$\lg k = -\frac{E_a}{2.303RT} + \lg A \qquad (6\text{-}11)$$

由式(6-11)可知，以 $\lg k$ 为纵坐标，$1/T$ 为横坐标作图，可得一条直线。该直线的斜率为 $-E_a/2.303R$，截距为 $\lg A$。因此，可以通过作图的方法得到化学反应的 E_a 和 A。

例如对于反应 $NO_2 + CO \longrightarrow NO + CO_2$ 在某些温度时的速率常数如表6-4所示。

表6-4 反应速率常数与温度关系

温度/K	600	650	700	750	800
速率常数 k	0.0280	0.220	1.30	6.00	23.0

将上表数据处理，转化为下表：

$1/T$	1.67×10^{-3}	1.54×10^{-3}	1.43×10^{-3}	1.33×10^{-3}	1.25×10^{-3}
$\lg k$	−1.55	−0.66	0.11	0.78	1.36

将得到的数据绘图，得图6-6，经线性拟合，其函数关系式为：$y=-6.99x+10.1$，即直线的斜率为-6.99×10^3，截距为10.1。

$$-6.99\times10^3=-\frac{E_a}{2.303\times8.314} \qquad \lg A=10.1$$

所以 $E_a=134\text{kJ}\cdot\text{mol}^{-1}$，$A=1.26\times10^{10}$

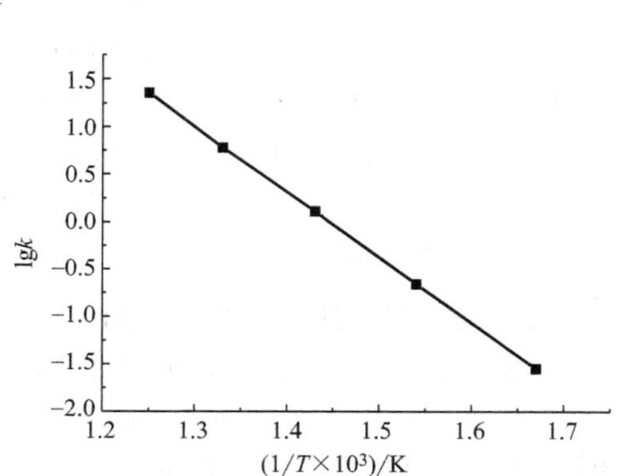

图6-6　lg$k$与$1/T$关系图

活化能可通过作图的方法求得，也可以利用阿仑尼乌斯公式计算求得。假定某一反应在温度T_1和T_2时的速率常数分别为k_1和k_2，根据式(6-11)，可得

$$\lg k_1=\lg A-\frac{E_a}{2.303RT_1}$$

$$\lg k_2=\lg A-\frac{E_a}{2.303RT_2}$$

两式相减，得

$$\lg\frac{k_2}{k_1}=-\frac{E_a}{2.303R}\left(\frac{1}{T_2}-\frac{1}{T_1}\right) \qquad (6\text{-}12)$$

式(6-12)可用来求反应的活化能。如果活化能已知，而且某一温度下的k值也知道，就可计算其他温度的k值。

【例6-2】 某反应的速率常数与温度存在如下关系，试通过作图计算反应的活化能E_a和特征常数A值。

t/℃	20	25	30	35
k/s^{-1}	3.76×10^4	5.01×10^4	6.61×10^4	8.64×10^4

解　首先，将表6-5中所给数据进行相应变换：

t/℃	20	25	30	35
$(1/T)/\text{K}^{-1}$	3.41×10^{-3}	3.36×10^{-3}	3.30×10^{-3}	3.25×10^{-3}
$\lg k/\text{s}^{-1}$	4.58	4.71	4.83	4.94

然后，作lg$k$-$1/T$图，如图

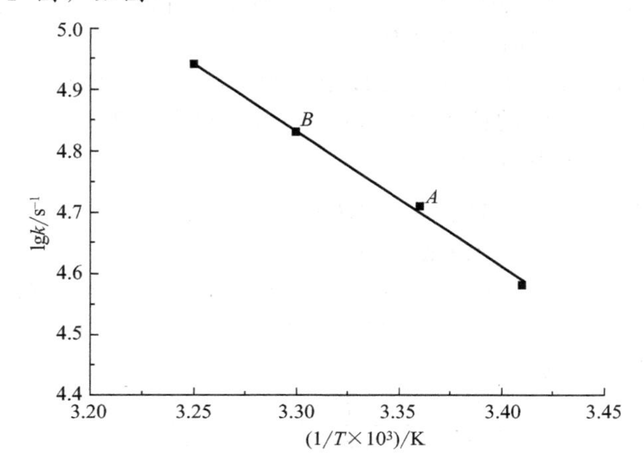

在直线上任取两点（非实验点）$A(3.370\times10^{-3}, 4.665)$、$B(3.275\times10^{-3}, 4.895)$，直线的斜率为 $(4.665-4.895)/(3.370\times10^{-3}-3.275\times10^{-3})=-2.42\times10^{3}$

对照阿仑尼乌斯公式(6-11)，斜率等于$-E_a/2.303R$，所以：

$$E_a=-2.303\times8.314\times10^{-3}\times(-2.42\times10^{3})$$
$$=46.31(kJ\cdot mol^{-1})$$

任取一个温度值（如35℃），代入对应的速率常数（8.64×10^{4}），得

$$\lg A=\lg k+(E_a/2.303R)\times(1/T)$$
$$=4.94+(46.31/2.303\times8.314\times10^{-3})\times3.25\times10^{-3}=12.81$$

所以，$A=6.45\times10^{12}$

（2）阿仑尼乌斯关系式的应用

利用阿仑尼乌斯关系式，可以计算速率常数、活化能等变量，具体表现如下。

① 阿仑尼乌斯关系式反映了温度 T、速率常数 k 和活化能的关系，知道任意两个参数的值，就可以计算第三个物理量。

② 阿仑尼乌斯公式不仅说明 k 与 T 的关系，而且还可以说明 E_a 与 k 的关系。

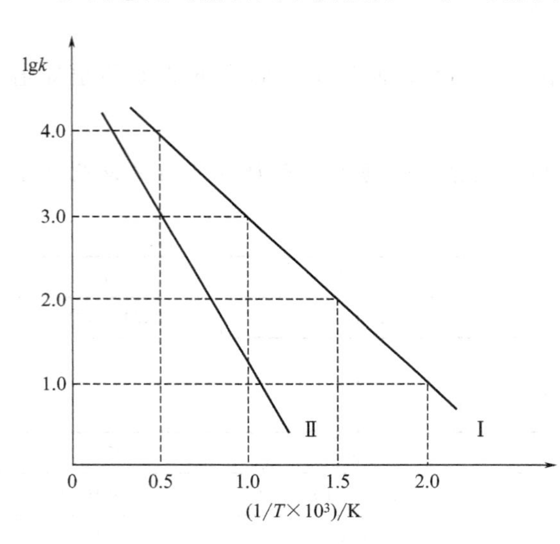

图 6-7　温度 T 与速率常数 k 的关系

如图6-7所示，两条斜率不同的直线分别代表活化能不同的两个化学反应。斜率较小的直线Ⅰ代表活化能较小的反应；斜率较大的直线Ⅱ代表活化能较大的反应。从图6-7可以看出，活化能较大的反应，其反应速率随温度的升高增加较快，所以升高温度更有利于活化能较大的反应进行。例如当温度从1000K升高到2000K时（图中横坐标1.0到0.5），活化能较小的反应速率常数从1000增大到10000，扩大10倍；而活化能较大的反应，其速率常数从10增大到1000，扩大100倍。

对于给定的反应（如反应Ⅰ），如果要把反应速率扩大10倍，在低温区使 k 从10增加到100，只需升温166.7K；而在高温区使 k 从1000增加到10000（也时扩大10倍），则需要升温1000K。这说明一个反应在低温时速率随温度变化比在高温时显著得多。

③ 对于给定的化学反应，在一定的温度范围内，E_a 与 A 变化不大，可视为定值。由式(6-6)，若已知一个温度 T_1 时的速率常数 k_1，则可以求温度为 T_2 时的速率常数 k_2，或者由两个温度下的速率常数求得活化能。

【例 6-3】 已知反应：$2NOCl(g)\longrightarrow2NO(g)+Cl_2(g)$

在300K时，$k_1=2.8\times10^{-5}L\cdot mol^{-1}\cdot s^{-1}$，

400K时，$k_2=7.0\times10^{-1}L\cdot mol^{-1}\cdot s^{-1}$，求反应的活化能和指前因子。

解 将 $T_1=300K$，$k_1=2.8\times10^{-5}L\cdot mol^{-1}\cdot s^{-1}$，$T_2=400K$，$k_2=7.0\times10^{-1}L\cdot mol^{-1}\cdot s^{-1}$ 代入式(6-12)，则

$$\lg\frac{k_2}{k_1}=-\frac{E_a}{2.303R}\left(\frac{1}{T_2}-\frac{1}{T_1}\right)$$

$$\lg\left(\frac{7.0\times10^{-1}}{2.8\times10^{-5}}\right)=-\frac{E_a}{2.303\times8.314}\times\left(\frac{1}{400}-\frac{1}{300}\right)$$

$$E_a=2.303\times8.314\times\left(\frac{300\times400}{400-300}\right)\lg\frac{7.0\times10^{-1}}{2.8\times10^{-5}}$$

$$=36.6\text{kJ}\cdot\text{mol}^{-1}$$

将 $E_a=36.6\text{kJ}\cdot\text{mol}^{-1}$ 代入下式，则

$$\lg k=-\frac{E_a}{2.303RT}+\lg A$$

得 $A=4.0\times10^{8}$

6.4.3 催化剂对反应速率的影响

催化剂是影响化学反应速率的一个重要因素。在现代化工生产中，80%～90%的反应过程都使用催化剂。例如，合成氨、石油裂解、油脂加氢、药物合成等都使用催化剂。催化剂的组成多半是金属、金属氧化物、多酸化合物和配合物等。

（1）催化剂概述

催化剂（catalyst）是能改变化学反应速率而本身的数量和化学性质在反应前后不发生变化的一类物质。加入催化剂改变反应速率的作用称为催化作用。能加快反应速率的催化剂为**正催化剂**（positive catalyst）；反之，能减慢反应速率的催化剂为**负催化剂**（negative catalyst）。比如为防止橡胶制品的老化而掺入的防老化剂，为延缓金属腐蚀而加入的缓蚀剂，防止油脂败坏的抗氧化剂，均可认为是负催化剂。一般提到的催化剂，如果不特殊说明是负催化剂均指具有加快反应速率的正催化剂。催化种类繁多，但就催化剂和反应物所处的状态而言，可分为**均相催化反应**（homogeneous catalysis reaction）和**多相催化反应**（heterogeneous catalysis reaction）。均相催化指催化剂与反应物处于同一相的催化体系；多相催化指催化剂与反应物不在同一相的催化体系。

（2）催化剂作用机理

催化剂为什么能够改变化学反应速率呢？许多实验测定指出，催化剂之所以能加快反应速率，是因为它参与了反应过程，改变了反应的历程，降低了反应的活化能。例如反应：$A+B\longrightarrow AB$，无催化剂时按照图 6-8 中的途径（1）进行，它的活化能为 E_a。当有催化剂 K 存在时，其反应机理发生了变化，反应途径（2）分两步进行，即均相催化反应：

$A+K\longrightarrow AK$　　　活化能为 E_1

$AK+B\longrightarrow AB+K$　　　活化能为 E_2

由于 E_1、E_2 均小于 E_a，所以反应速率加快了。图 6-8 形象地说明了有催化剂存在时由于改变了反应途径，反应沿一条活化能降低的途径进行，因而反应速率加快。

图 6-8 还可以得到，催化剂的存在并不改变反应物和生成物的相对能量。也就是说一个反应有无催化剂，反应过程中系统的始态和终态都不会发生改变，所不同的只是具体途径。因此催化剂并未改变反应的 $\Delta_r H$ 和 $\Delta_r G$。这说明，催化剂只能加速热力学上能进行的反应，即 $\Delta_r G<0$ 的反应；对于通过热力学计算不能进行的反应，即 $\Delta_r G>0$ 的反应，使用任何催化剂都是徒劳。

（3）催化作用的特点

催化剂具有如下特性。

① 催化剂改变了反应的历程，降低了反应的活化能，使反应速率加快。

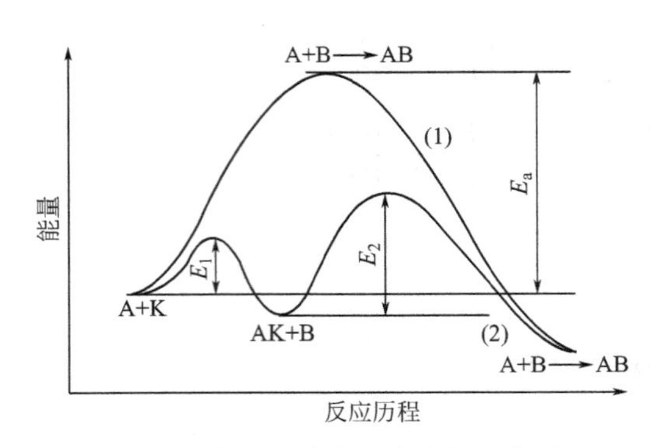

图 6-8　催化剂改变反应途径示意图

② 催化剂只能改变反应速率，不能改变反应的可能性，即催化剂属于化学动力学范畴，不能改变反应的方向与平衡。

③ 催化剂不仅能加快正反应的速率，同时也能加快逆反应的速率。也就是说，催化剂可以同等程度地加快正、逆反应速率。

④ 催化剂具有选择性，即化学反应有它独特的催化剂。如 V_2O_5 对 SO_2 的氧化反应是有效的催化剂，但是对合成氨的反应无催化效果。因此，目前要选用某一反应的有效催化剂，除通过微观结构理论预测外，还必须经过试验探索。

⑤ 催化剂具有高效性。如生物体中各种生命活动如食物的消化、细胞的合成几乎都是在生物催化剂酶的高效催化下完成的。

催化剂只有在特定的条件下才能实现它的活性，否则将会失去活性。如在生产 SO_3 的接触氧化中，Pt 是高效催化剂，但是少量的 As 会使 Pt 中毒失去活性。这种在反应系统中含量很少就会严重降低或破坏催化剂活性的物质称为催化毒物。催化剂在催化毒物的作用下失去催化活性的现象称为**催化剂中毒**（catalyst poisoning)。催化剂中毒可以分为物理中毒（physical poisoning）和化学中毒（chemical poisoning)。对于物理中毒，是指催化剂活性中心被毒物机械地覆盖或者生成键的强度相对较弱，可以采取适当的方法除去毒物，使催化剂活性恢复而不会影响催化剂的性质。化学中毒是指催化剂活性中心与少量毒物相互作用，形成很强的化学键，难以用一般的方法使催化剂活性恢复。对于物理中毒，可以对催化剂进行再生（regeneration)，而使催化活性重现。比如在石油裂解过程中，催化剂表面容易被碳覆盖而导致催化活性降低，可将覆盖碳层的催化剂进行烧结而除去碳层，使催化剂再生。

（4）多相催化

多相催化指的是催化剂和反应组分不为同一相的催化体系。如气相反应合成氨，采用的是固相催化剂铁催化剂。多相催化反应降低活化能，通常采用催化剂的吸附来说明。例如

$$N_2 + 3H_2 \rightleftharpoons 2NH_3$$

反应所需的活化能为 $326\text{kJ}\cdot\text{mol}^{-1}$，常温常压下反应的速率极慢。但反应在高温（550～600℃）和高压（1×10^4～2×10^4kPa）下，并使用 $Fe\text{-}Al_2O_3\text{-}K_2O$ 作催化剂，活化能降低为 $176\text{kJ}\cdot\text{mol}^{-1}$，其催化机理为：

$$n\text{Fe} + 1/2\text{N}_2 \xrightarrow{\text{吸附}} \text{Fe}_n\text{N} \xrightarrow{1/2\text{H}_2\ \text{吸附}} \text{Fe}_n\text{NH} \xrightarrow{1/2\text{H}_2\ \text{吸附}}$$

$$\text{Fe}_n\text{NH}_2 \xrightarrow{1/2\text{H}_2\ \text{吸附}} \text{Fe}_n\text{NH}_3 \xrightarrow{\text{解吸}} \text{Fe}_n + \text{NH}_3$$

由上可见，多相催化机理包含五个步骤：

① 反应物扩散到固体催化剂表面；

② 反应物在固体表面的化学吸附；

③ 表面吸附的分子发生化学反应；

④ 生成物分子从固体表面解吸；

⑤ 生成物分子扩散到气相或液相系统中。

很显然，多相催化与表面吸附有关；表面积越大，催化效率越高。固体催化剂表面上有

一部分具有催化活性，称为**活性中心**（active center）。但这部分较小，故常加入少量某种物质而使催化剂表面积增大。例如，在使用铁催化剂催化合成氨时，加入1.03%的Al_2O_3，可使其表面积提高约20倍。还有些物质会使催化剂表面电子云密度增大，使催化剂的活性中心的效果增强。在Fe中加入少量的K_2O就是此目的。像Al_2O_3和K_2O这样，自身对合成氨反应并无催化作用，却可使Fe催化剂的催化能力增大的物质，称为**助催化剂**（cocatalyst）。在工业上，催化剂常常吸附在一些不活泼的多孔性物质上，这种物质称为**催化剂载体**（catalyst support）。载体的作用是使催化剂分散在载体上，产生较大的表面积。选用导热性较好的载体有助于反应过程中催化剂散热，避免催化剂表面熔结或结晶增大。催化剂分散在载体上，一方面可节省催化剂的用量，另一方面也可增强催化剂的强度。常用载体有硅藻土、高岭土、硅胶和分子筛等。

本章小结

本章初步介绍了化学动力学，主要学习两个知识点。

（1）化学反应速率的表达

反应速率可以用来表示反应进行的快慢，可以用平均速率和瞬时速率来定义。平均速率又可分为生成/消耗速率以及反应速率，基于前者计算得到的平均速率数值可能不同，而基于后者计算得到的平均速率消除了计量系数的差异，得到的数值相同；但更有实际意义的是瞬时速率。

（2）影响化学反应速率的因素

根据碰撞理论和过渡态理论，影响化学反应速率的因素首先与物质的本性即活化能有关。此外，反应速率也会受到外界条件，包括浓度、温度、催化剂的影响；外界条件对反应速率的影响要么改变的是活化分子数，要么改变的是活化能，从而提高反应速率；特别注意的是，对于加入催化剂以后的反应体系，催化剂是同等程度地加快了正逆反应速率。

（3）本章的一些重要的计算公式：

对于任一化学反应

$$aA + dD \longrightarrow gG + hH$$

① 反应速率定义式

平均速率：

$$\bar{v}(\mathrm{A}) = -\frac{[\mathrm{A}]_2-[\mathrm{A}]_1}{t_2-t_1} = -\frac{\Delta[\mathrm{A}]}{\Delta t};\quad \bar{v}(\mathrm{D}) = -\frac{[\mathrm{D}]_2-[\mathrm{D}]_1}{t_2-t_1} = -\frac{\Delta[\mathrm{D}]}{\Delta t};$$

$$\bar{v}(\mathrm{G}) = \frac{[\mathrm{G}]_2-[\mathrm{G}]_1}{t_2-t_1} = \frac{\Delta[\mathrm{G}]}{\Delta t};\quad \bar{v}(\mathrm{H}) = \frac{[\mathrm{H}]_2-[\mathrm{H}]_1}{t_2-t_1} = \frac{\Delta[\mathrm{H}]}{\Delta t}$$

瞬时速率：

$$v = \frac{1}{\nu_\mathrm{B}} \times \frac{\Delta[\mathrm{B}]}{\Delta t} = -\frac{1}{a}\frac{\Delta[\mathrm{A}]}{\Delta t} = -\frac{1}{d}\frac{\Delta[\mathrm{D}]}{\Delta t} = \frac{1}{g}\frac{\Delta[\mathrm{G}]}{\Delta t} = \frac{1}{h}\frac{\Delta[\mathrm{H}]}{\Delta t}$$

② 反应速率表达式

质量作用定律（针对基元反应）：$v = k[\mathrm{A}]^a[\mathrm{A}]^d$

速率方程式（针对非基元反应）：$v = k[\mathrm{A}]^m[\mathrm{A}]^n$

③ 阿仑尼乌斯关系式：

指数形式：$k = A e^{-\frac{E_a}{RT}}$

对数形式：$\ln k = -\frac{E_a}{RT} + \ln A$

科技人物：阿仑尼乌斯

斯范特•奥古斯特•阿仑尼乌斯（Svante August Arrhenius），瑞典物理化学家，电离理论的创立者。学术成果：解释溶液中的元素是如何被电解分离的现象，研究过温度对化学反应速率的影响，得出著名的阿仑尼乌斯公式。还提出了分子活化理论和盐的水解理论。对宇宙化学、天体物理学和生物化学等也有研究，于1903年获诺贝尔化学奖。

阿仑尼乌斯1859年2月19日生于瑞典乌普萨拉的知识分子家庭，从小受到良好教育。阿仑尼乌斯祖父是一个农民，父亲是乌普萨拉大学的总务主任。阿仑尼乌斯3岁就开始识字，并学会了算术。父母并没有专门教他学什么，他是看哥哥写作业时逐渐学会了识字和计算。他的启蒙教育可以算得上“无师自通”了。6岁时就能够帮助父亲进行复杂的计算。阿仑尼乌斯聪明，好学，精力旺盛，有时候也惹是生非。在教会学校上小学时，就常惹老师生气。有一次他给同学们讲故事，竟过了上课时间，老师想要处罚他，又被他逃了过去。进入中学后，阿仑尼乌斯各门功课都名列前茅，特别喜欢物理和化学。聪明的人总喜欢多想一些为什么，遇到疑难的问题他从不放过，经常与同学们争论一番，有时候也和老师辩个高低。

阿仑尼乌斯
（1859～1927）

1876年，17岁的阿仑尼乌斯中学毕业，考取了乌普萨拉大学。他最喜欢选读数学、物理、化学等理科课程，只用两年他就通过了学士学位的考试。1878年开始专门攻读物理学的博士学位。他的导师塔伦教授（T. R. Thalen）是一位光谱分析专家。在导师的指导下，阿仑尼乌斯学习了光谱分析。但他认为，作为一个物理学家还应该掌握与物理有关的其他各科知识。因此，他常常去听一些教授们讲授的数学与化学课程。渐渐地，他对电学产生了浓厚兴趣，远远超过了对光谱分析的研究，他确信“电的能量是无穷无尽的”，他热衷于研究电流现象和导电性。这引起了导师塔伦教授的不满，他要求阿仑尼乌斯多研究一些与光谱分析有关的课题。俗话说，“人各有志，不可强留”；目标不同，使阿仑尼乌斯只好告别这位导师。

1881年，他来到了首都斯德哥尔摩以求深造。当时埃德隆教授正在研究和测量溶液的电导。埃德隆教授非常欢迎阿仑尼乌斯的到来，在教授的指导下，阿仑尼乌斯研究浓度很稀的电解质溶液的电导。这个选题非常重要，如果没有这个选题，阿仑尼乌斯就不可能创立电离学说了。在实验室里，他夜以继日地重复着枯燥无味的实验，整天与溶液、电极、电流计、电压计打交道，这样的工作他一干就是两年。在瑞典科学院物理学家埃德伦德（E. Edlund）教授的指导下，阿仑尼乌斯成了埃德伦德教授的得力助手。每当教授讲课时，他就协助导师进行复杂的实验，在从事科学研究时，他就配合教授进行某些测量工作。因此，他的才干很得教授的赏识。几乎所有的空闲时间，他都在埋头从事自己的独立研究，在电学领域中，他对把化学能转变为电能的电池很有研究兴趣。

年轻的阿仑尼乌斯刻苦钻研，具有很强的实验能力，长期的实验室工作，养成了他对任何问题都一丝不苟、追根究底的钻研习惯。因而他对所研究的课题，往往都能提出一些具有重大意义的假说，创立新颖独特的理论。他发现在电池中，除了由化学反应产生的化学能转化为电能外，还存在一些引起电极极化的因素，而这会降低电流回路的电压。于是，他着手研究能够减少甚至防止发生极化作用的添加物。他坚持反复实验，终于明白极化效应取决于添加物——去极剂的数量。电离理论的创建，是阿仑尼乌斯在化学领域最重要的贡献。

阿仑尼乌斯刻苦钻研，具有很强的实验能力。1883 年 5 月，他提出了电离理论的基本观点："由于水的作用，电解质在溶液中具有两种不同的形态，即非活性的分子形态和活性的离子形态。溶液稀释时，活性形态的数量增加，所以溶液导电性增大"。作为博士论文送交乌普萨拉大学。但是，其导师对其观点不能理解，另一导师则持怀疑态度。最后，由于委员会支持教授们的意见，阿仑尼乌斯的论文答辩没有通过。阿仑尼乌斯并未因此而灰心。他认为他的观点是正确的，为此寻求科学家的支持。1884 年冬再次进行论文答辩时，论文被顺利通过。

阿仑尼乌斯同时提出了酸、碱的定义；解释了反应速率与温度的关系，提出活化能的概念及与反应热的关系等。由于阿仑尼乌斯在化学领域的卓越成就，1903 年荣获了诺贝尔化学奖，成为瑞典第一位获此科学大奖的科学家。著作有《天体物理学教科书》、《免疫化学》、《生物化学中的定量定律》等。

阿仑尼乌斯在物理化学方面造诣很深，他所创立的电离理论留芳于世，直到今天仍常青不衰。他是一位多才多艺的学者，除了化学外，在物理学方面他致力于电学研究，在天文学方面，他从事天体物理学和气象学研究。他在 1896 年发表了"大气中的二氧化碳对地球温度的影响"的论文，还著有《天体物理学教科书》。在生物学研究中他写作出版了《免疫化学》及《生物化学中的定量定律》等书。作为物理学家，他对祖国的经济发展也做出了重要贡献。他亲自参与了对国内水利资源和瀑布水能的研究与开发，使水力发电网遍布于瑞典。他的智慧和丰硕成果，得到了国内广泛的认可与赞扬，就连一贯反对他的克莱夫教授，自 1898 年以后也转变成为电离理论的支持者和阿仑尼乌斯的拥护者。那年，在纪念瑞典著名化学家贝采里乌斯逝世 50 周年集会上，克莱夫教授在其长篇演说中提到："贝采里乌斯逝世后，从他手中落下的旗帜，今天又被另一位卓越的科学家阿仑尼乌斯举起。"他还提议选举阿仑尼乌斯为瑞典科学院院士。由于阿仑尼乌斯在化学领域的卓越成就，1903 年他荣获了诺贝尔化学奖，成为瑞典第一位获此科学大奖的科学家。1905 年以后，他一直担任瑞典诺贝尔研究所所长，直到生命的最后一刻。他还多次荣获国外的其他科学奖章和荣誉称号，如英国皇家学会戴维奖、吉布斯奖、法拉第奖等及英国皇家学会会员、德国电化学学会名誉会员等。

晚年的阿仑尼乌斯体弱多病，但他仍不肯放下自己的研究。他抱病坚持修改完成了《世界起源》一书的第二卷。1927 年 10 月 2 日，这位 68 岁的科学巨匠与世长辞。阿仑尼乌斯科学的一生，给后人以很大的思想启迪。首先，在哲学上他是一位坚定的自然科学唯物主义者。他终生不信宗教，坚信科学。当 19 世纪的自然科学家们还在深受形而上学束缚的时候，他却能打破学科的局限，从物理与化学的联系上去研究电解质溶液的导电性，因而能冲溃传统观念，独创电离学说。其次，他知识渊博，对自然科学的各个领域都学有所长，早在学生时代就已精通英、德、法和瑞典语等四五种语言，这对他周游各国，广泛求师进行学术交流起了重大作用。另外，他对祖国的热爱，为报效祖国而放弃国外的荣誉和优越条件，在当今仍不失为科学工作者的楷模。

科技动态：绿色化学与催化剂

绿色化学又称环境无害化学（Environmentally Benign Chemistry）、环境友好化学（Environmentally Friendly Chemistry）、清洁化学（Clean Chemistry）。绿色化学即是用化学的技术和方法去减少或消灭那些对人类健康、社区安全、生态环境有害的原料、催化剂、溶剂和试剂、产物、副产物等的使用和产生。绿色化学的理想在于不再使用有毒、有害的物质，不再产生废物，不再处理废物。它是一门从源头上阻止污染的化学。

绿色化学要求化学品的生产最大限度地合理利用资源。最低限度地产生环境污染和最大限度地维护生态平衡。它对化学反应的要求是：①采用无毒、无害的原料；②在无毒无害及温和的条件下进行；③反应应具有高的选择性；④产品应是环境友好的。这四点要求之中，有两点涉及催化剂。人们将这类催化反应称为绿色催化反应，其使用的催化剂也就称之为绿色催化剂。

大量催化剂的开发和应用，使化学工业得到了快速发展。据统计，约有85%的化学品是通过催化工艺生产的，过去在研制催化剂时只考虑其催化活性、寿命、成本及制造工艺，极少顾及环境因素。近年来，以清洁生产为目的的绿色催化工艺及催化剂的开发，已成为21世纪的热点。因为只有采用这种工艺及新催化剂才能实现科技创新与绿色环保相结合，才能带来企业的高效益和社会高效益的同步增长，与此同时，将昭示一种新资源观念和环保观念，即人类对自然资源可以进行重复多次的利用，从而使有限的资源构成一个多次生成过程。这种既能多次重复利用资源又能保护环境的绿色科技产业，将使我国传统的化工产业完成由“夕阳产业”到“绿色产业”的革命性转变。

1. 分子筛催化剂（molecular seive catalyst）

分子筛，它是具有均一微孔结构而能将不同大小的分子分离或选择性反应的固体吸附剂或催化剂。是一种结晶型的硅铝酸盐，有天然和合成两种。其组成 SiO_2 与 Al_2O_3 之比不同，商品有不同的型号。在化学工业、石油工业及其他部门，分子筛广泛应用于气体和液体的干燥、脱水、净化、分离、回收及催化裂化等石油加工过程的反应。分子筛使用后可以再生。分子筛催化剂，又称沸石分子筛催化剂，系指以分子筛为催化剂活性组分或主要活性组分之一的催化剂。分子筛具有离子交换性能、均一的分子大小的孔道、酸催化活性，并有良好的热稳定性和水热稳定性，可制成对许多反应有高活性、高选择性的催化剂。大多数活性中心都位于这纳米级的孔道内部，这些多维的孔道体系具有强的催化活性，所以沸石分子筛广泛应用在石油化工中作为催化裂化、裂解、选择性重整等反应的催化剂。

以往烷基芳烃的酰化反应用盐酸和卤化物（$AlCl_3$、$TiCl_4$、$FeCl_3$ 等）、硫酸、氢氟酸作催化剂，这些液体酸对设备腐蚀严重。如氢氟酸对人体及动植物均有剧烈的毒害作用，$AlCl_3$ 本身不仅对设备有腐蚀作用；同时还存在反应后分离困难及排出大量含酸废水的问题。分子筛催化剂就不存在这些问题，它本身无毒、无害，由于是多相催化工艺，反应后有产品分离容易，选择性好、催化活性高，可大大提高生产效率，降低设备投资成本，降低原材料消耗，从而提高产量和质量；而且废催化剂对环境是友好的，不会产生污染。

分子筛热稳定性好，在900K时仍存在催化活性，因而用它制成蜂窝状陶瓷，用于汽车尾气的催化剂转化的载体。另外，分子筛催化裂化在石油化学工业中已大量使用。催化裂化分子筛催化剂一般是稀土元素或高价金属元素取代钠元素的Y型分子筛。与普通硅铝催化剂相比，具有活性高、热稳定性好的特点，可在较缓和条件下进行反应，同时允许在630～680℃的高温下再生，以更好地恢复活性。此外，它抗中毒能力强，能加工某些含重金属较多的劣质原料。

2. 杂多酸催化剂（heteropolyacid catalyst）

杂多酸是一类由中心原子（俗称杂原子）和配位原子（多原子）按一定的空间结构、借助氧原子桥联成的含氧多元酸。它是强度均匀的质子酸，并有氧化还原能力，通过改变组成，可调节酸强度和氧化还原性能。水分存在时形成的拟液相也能影响其酸性和氧化还原能力。杂多酸有固体和液体两种形态，同时含有布朗斯特酸（B酸）中心和路易斯（L）酸中心。作为酸催化剂，其活性中心既存在于“表相”，也存在于“体相”。杂多酸有类似于浓液的“拟液相”，这种特性使其具有很高的催化活性，既可以表面发生催化反应，也可以在液相中发生催化反应，杂多酸如前所述既是氧化催化剂，还是光电催化剂。十二钨磷酸，用于催化丙烯水合制异丙醇，转化率中等，选择性很高，是成功应用的典范。杂多酸在石油化工中作为烷基化、酰基化、异构化、酯化、水合、脱水及氧化等诸多反应的催化剂。

杂多酸具有的可调控酸性，它取代HF、硫酸、磷酸，以固体形式进行多相催化反应，用杂多酸做催化剂可提高反应的回收率。与沸石分子筛催化剂类似，它具有不腐蚀设备、资源利用充分、不污染环境、工艺简便等优点。杂多酸又因其兼具氧化、光电催化等功能，在化工生产尤其是石油化工生产中被广泛采用。

3. 固体超强酸催化剂（solid over-strong acid catalysts）

超强酸是比100%硫酸还强的酸，而固体超强酸是一类固体超强酸的总称。它主要有以下几类：①负载型固体超强酸，这是以金属氧化物作载体将液体超强酸负载起来的一类超强酸，如$HF\text{-}SbF_3\text{-}AlF_3$/固体多孔材料/$SbF_3\text{-}Pt$/石墨等；②混合无机盐类，如$AlCl_3\text{-}CaCl_2$、$AlCl_3\text{-}Ti_2(SO_4)_3$等；③氟代磺酸离子交换树脂（Nafion-H）；④硫酸根离子酸性金属氧化物，如SO_4^{2-}/ZrO_2等；⑤负载金属氧化物的固体超强酸，如WO_3/ZnO_2等。这些固体超强酸的酸度比100%硫酸的高10^3～10^4倍，它们易于制备和保存，不腐蚀反应器，在500℃时仍具有催化活性，且能反复使用。其中以②④⑤三种不含卤原子，不污染环境，可作优良的质子催化剂。

以固体超强酸作催化剂主要应用于石油炼制及有机合成工业，具有多方面的优点。由于是固相催化剂，故反应物和催化剂易于分离，催化剂可反复使用，不腐蚀反应器，催化剂选择性高，反应条件温和，原料利用率高，“三废”少。

4. 其他类型的绿色催化剂

光催化剂：这是一类借助光的激发而进行催化反应的催化剂，如$ZnO\text{-}CuO\text{-}H_2O$，在紫外线作用下，可对染料废水进行催化脱色，脱色率近100%。TiO_2光催化剂光解二氯乙酸、光的光解制氢、CO_2的光催化固碳都是为未来解决能源、人工光合作用的主要催化反应。

电极催化剂：在这类电化学反应中，电极既是电化学反应的反应物场所，也是供应和接收电子的场所，故兼有催化和促进电子迁移的双重功能。通过外部电路调控电极电位，可对反应条件、反应速率进行调控。日本 EbaraResea 公司已应用电极催化处理有机废水。经处理后 99%的酚、酸、烯、酯及其他有机物都发生降解反应，也有用此法来处理含铬废水、烟气及煤中的硫分。

酶催化剂：酶催化剂可以说是一种真正的绿色催化剂。它是一种能加速特殊反应的生物分子，有近乎专一的催化性能。例如以苯为原料制己二酸，原料苯是强致癌物质，且整个操作过程在高温、高压下进行，所用硝酸对设备腐蚀严重，有毒性；生产成本高，投资大。美国人 T. W. Frost 等用纤维素与葡萄糖作原料，以酶催化剂发酵的新工艺生产己二酸，反应可在常温、常压、无毒、无害、无腐蚀的条件下进行；大大提高了生产效率，降低了成本，保护了环境。固氮酶是某些微生物在常温常压下固氮成氨的主要催化剂，它能将生物体中无法直接利用的分子氮（N_2）转化成可利用的氨态氮；而且不需要如工业合成氨过程那样消耗大量的能源，不降低土壤活性，不污染环境，全球每年约有 22.4 亿吨的氨态氮是通过微生物的固氮过程实现的，约占全球氮资源的 65%。而工业合成氨过程提供约 25%。

膜催化剂：膜催化剂是将催化剂制成膜反应器，反应物可选择性地穿越催化膜并发生反应，产物也可以选择性地穿过膜而离开反应区域，从而有效地调节反应区域内的反应物和产物的浓度；这也是将膜技术和催化综合的一种催化工艺。

复习思考题

1. 化学反应速率如何表示？平均速率与瞬时速率有何异同？
2. 什么是基元反应和复杂反应？什么是反应级数？什么是反应机理？
3. 质量作用定律的内容是什么？适用对象是什么？
4. 速率方程的表达式是什么？影响反应速率的因素有哪些？
5. 速率方程与速率定义式有什么关系？
6. 什么叫活化能？活化能的大小与反应速率有何关系？
7. 简述阿仑尼乌斯关系式的三种形式。
8. 催化剂如何影响反应速率？催化类型有哪些？
9. 简述碰撞理论和过渡态理论所用的模型、基本假定和优缺点。
10. 反应活化能越大是代表分子越易活化呢？还是越不易活化？活化能越大的反应受温度影响是越大，还是越小？
11. 某反应，反应物分子的能量比产物分子的能量高，该反应是否就不需要活化能了？

习 题

1. 某温度下乙醛分解反应为：$CH_3CHO(g) = CH_4(g) + CO(g)$

t/s	42	105	242	384	665	1070
c(乙醛)/10^{-3} mol·L^{-1}	6.88	5.85	4.64	3.83	2.81	2.01

(1) 分别求算 42～242s 和 242～665s 时间间隔的平均反应速率，并说明两者大小不同的原因；

(2) 利用作图法求出 $t=100$s 时的瞬时速率。

2. 通过实验，得到反应 $A+B+C \longrightarrow$ 产品的一些数据如下：

编号	A	B	C	初始反应速率/$mol \cdot L^{-1} \cdot s^{-1}$
1	0.01	0.01	0.01	0.05
2	0.01	0.02	0.01	0.05
3	0.01	0.05	0.01	0.05
4	0.01	0.05	0.02	0.20
5	0.01	0.05	0.03	0.45
6	0.02	0.01	0.01	0.10

求：(1) 反应的速率方程式和反应级数；

(2) 速率常数；

(3) A、B、C 的浓度均为 $0.50mol \cdot L^{-1}$ 时的初始反应速率。

3. 已知 H_2 和 I_2 在气相中形成 HI。反过来，HI 又能分解成 H_2 和 I_2。在 100℃左右查得两反应的活化能分别为 $163kJ \cdot mol^{-1}$ 和 $184kJ \cdot mol^{-1}$，试估算 100℃时气相反应 $H_2+I_2 \rightleftharpoons 2HI$ 的 $\Delta_r H_m^{\ominus}$。

4. 某反应 $B \longrightarrow$ 产物，当[B]=$0.200mol \cdot L^{-1}$ 时，反应速率是 $0.00500mol \cdot L^{-1} \cdot s^{-1}$，如果

(1) 反应对 B 是零级；(2) 反应对 B 是一级；(3) 反应对 B 是二级，反应速率常数各是多少？

5. 反应 $2A+B \longrightarrow A_2B$ 是一基元反应。某温度时，当两反应物的浓度均为 $0.01mol \cdot L^{-1}$，则初始反应速率为 $2.5 \times 10^{-3} mol \cdot L^{-1} \cdot s^{-1}$。若 A 的浓度为 $0.015mol \cdot L^{-1}$，B 的浓度为 $0.030mol \cdot L^{-1}$ 时，初始反应速率为多少？

6. 反应 $H_2(g)+I_2(g) = 2HI(g)$ 可能有如下三个基元反应步骤：

(a) $I_2 = I+I$；(b) $I+I = I_2$；(c) $H_2+2I = 2HI$。

试对每个基元反应步骤分别写出其速率方程，指出每个基元反应的反应级数和反应分子数，并给出每个速率常数的单位。

7. 如果浓度单位取 $mol \cdot L^{-1}$，时间单位取 s，推导出下列各类反应的速率常数 k 的单位。

(1) 零级反应；(2) 一级反应；(3) 二级反应；(4) 三级反应；(5) $\frac{1}{2}$级反应。

8. 某一化学反应，当温度由 300K 升高到 310K，其反应速率增加一倍。求此反应的活化能。

9. 反应 $2NOCl(g) \longrightarrow 2NO(g)+Cl_2(g)$ 的活化能为 $101kJ \cdot mol^{-1}$，已知 300K 时的反应速率常数 k 为 $2.8 \times 10^{-5} mol^{-1} \cdot L^{-1} \cdot s^{-1}$。求 400K 时的 k。

10. 某简单反应的活化能为 $80kJ \cdot mol^{-1}$，反应温度由 20℃增至 30℃时，若指前因子不变，则其反应速率常数约为原来的多少倍？

11. 在19世纪末，荷兰科学家van't Hoff根据大量实验指出，温度升高10K，反应速率扩大2～4倍。假定这些实验是在27℃左右进行的，求所涉及的化学反应的活化能E_a的范围。

12. 合成氨反应一般在773K下进行，没有催化剂时反应的活化能约为326kJ·mol^{-1}，使用还原铁粉作催化剂时，活化能降低至175kJ·mol^{-1}。计算加入催化剂后，反应速率增大了多少倍？

13. 已知反应$2H_2O_2 \longrightarrow 2H_2O+O_2$的活化能$E_a$为71kJ·mol^{-1}，在过氧化氢酶的催化下，活化能降至8.4kJ·mol^{-1}。试计算298K时在酶催化下，H_2O_2分解速率为原来的多少倍？

第7章 化学平衡

【学习要求】

（1）理解化学平衡的概念、标准平衡常数的物理意义；
（2）了解实验平衡常数与标准平衡常数的异同；
（3）掌握有关化学平衡的计算；掌握化学平衡与$\Delta_r G_m$、$\Delta_r G_m^{\ominus}$的关系；
（4）掌握利用多重平衡规则计算标准平衡常数的方法；
（5）掌握浓度、温度、压力对化学平衡移动的影响。

在研究化学反应时，人们不仅关心化学反应的方向和速率，也十分关心化学反应可以完成的程度，即在指定条件下，反应物可以转变成生成物的最大限度，也就是化学平衡的问题。

7.1 化学反应的可逆性与化学平衡

高炉中炼铁反应为：$Fe_2O_3+3CO \longrightarrow 2Fe+3CO_2$。19世纪时，人们发现炼铁炉出口气体中含有大量CO，当时认为是由于CO和铁矿石接触时间不够的原因，因此就尝试增加炼铁炉的高度以减少出口气体中CO的含量。比如英国就曾造起30多米高的炼铁炉，但是结果发现出口气体中CO的含量并未减少，白白地浪费了大量资金。如果当时人们对可逆反应和化学平衡有所了解，就不会造成那样的浪费。

7.1.1 化学反应的可逆性

对比不同化学反应发现，不同化学反应进行的程度不尽相同。如$KClO_3$在MnO_2的催化下加热可完全分解为KCl和O_2；但是将KCl与O_2用来制备$KClO_3$却无法实现。像这种只能从反应物制备生成物的反应叫做**不可逆反应**（irreversible reaction），具有不可逆性（irreversibility）。通常用“$\longrightarrow$”或“$=\!=\!=$”表示不可逆反应。如

$$2KClO_3(s) \longrightarrow 2KCl(s)+3O_2(g)$$

又如工业上制备水煤气的反应，反应物转化为生成物的同时，部分生成物又重新转变为反应物。因此，反应具有可以向反应物和生成物同时转变的能力。像这种在一定条件下，既能向某一方向进行，又能向相反方向进行的反应称为**可逆反应**（reversible reaction）。其中，由左向右的反应称为正反应，从右向左进行的反应为逆反应。通常用“$\rightleftharpoons$”表示反应的可

逆性（reversibility）。工业制备水煤气的反应可用下式表示：

$$C(s)+H_2O(g)\rightleftharpoons H_2(g)+CO(g)$$

一般来说，几乎所有的反应都有一定的可逆性（热力学上假定所有的化学反应都可逆），只不过有的反应比较显著，有的则比较微弱。如

$$CO(g)+H_2O(g)\rightleftharpoons CO_2(g)+H_2(g) \quad (1)$$

$$N_2(g)+3H_2(g)\rightleftharpoons 2NH_3(g) \quad (2)$$

$$Ag^+(aq)+Cl^-(aq)\rightleftharpoons AgCl(s) \quad (3)$$

反应（1）和（2）的可逆性较为显著，但是 Ag^+ 与 Cl^- 在溶液体系中生成 AgCl 沉淀的反应（3）可逆性较弱。

7.1.2 化学平衡的定义

可逆反应的特点是反应不能向一个方向进行到底。如工业制备水煤气的反应，其反应速率随时间变化如图 7-1 所示。在反应开始时，将水蒸气加入到炽热的焦炭系统中，此时反应体系中仅有反应物，正向反应速率最大，逆向反应速率为零。随着 $H_2(g)$、CO(g) 的生成，反应物浓度降低，生成物浓度增加；正向反应速率在不断降低而逆向反应速率在不断增大，直至正向反应速率等于逆向反应速率，这时反应系统中的各物质浓度不再变化。这种正、逆反应速率相等的状态称为**化学平衡**（chemical equilibrium）。

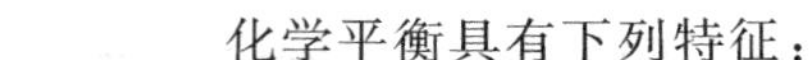

$$C(s)+H_2O(g)\rightleftharpoons H_2(g)+CO(g)$$

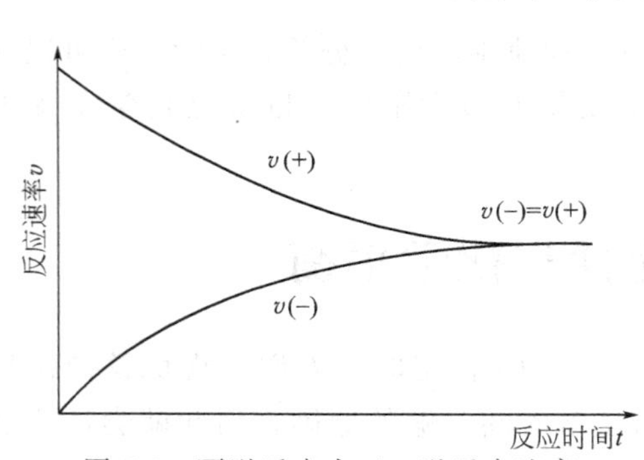

图 7-1 可逆反应中正、逆反应速率随时间的变化趋势

化学平衡具有下列特征：

① 化学平衡研究的是封闭系统的可逆化学反应，只有在封闭、恒温的条件下（温度、压力等外界条件不变）进行的可逆反应，才能建立化学平衡，这是建立化学平衡的前提。

② 可逆反应达到化学平衡时，正逆反应速率相等（反应向左、向右进行的推动力相等），这是化学平衡建立的条件。

③ 平衡状态是可逆反应进行的最大限度，此时反应体系中各组分物质的浓度或者分压不再随时间而改变，反应速率不变，反应物的转化率保持不变，这是反应达到化学平衡的标志。

④ 反应达到化学平衡状态时，无论是正反应还是逆反应仍在进行，只是进行的程度相等，从宏观角度来看反应好像“停滞”了，所以化学平衡是一个动态平衡（dynamic equilibrium）。

⑤ 化学平衡与其他动态平衡一样，是有条件的、暂时的、相对的。当条件发生变化时，化学平衡会被破坏，由平衡状态变为非平衡状态，并在新的条件下建立新的化学平衡。

⑥ 对于一个确定的可逆反应，不管是从反应物开始反应，还是从生成物开始反应，亦或是从反应物和生成物同时开始，只要满足各组分物质的浓度相当，都能够达到相同的化学平衡状态。

⑦ 对化学反应而言，只能判断在某个条件下系统是否达到了平衡状态，但不能判断达到平衡状态需要的时间，因而化学平衡与时间无关，属于化学热力学范畴。

化学平衡规律适用于各种平衡体系，如随后讲到的酸碱解离平衡、沉淀平衡、氧化还原

平衡、配位平衡等，也包括物理平衡体系，比如相平衡等。

7.2 平衡常数

化学反应在不同条件下进行的最大限度很显然与化学反应中各物质的平衡浓度有关。简单来说，生成物的浓度越大，反应朝着生成物方向进行的就越彻底。为了定量描述化学平衡，学者们引入了平衡常数以表征在一定条件下化学反应进行的程度。

根据平衡常数的表达方式，可以分为标准平衡常数和实验平衡常数。

7.2.1 标准平衡常数

可逆反应达到化学平衡时，体系中各物质的浓度不再改变。为了进一步研究平衡状态时的特征，进行了以下实验：在1200℃的恒温条件下，向4个密闭容器中分别加入不同配比的CO_2、H_2、CO和H_2O的混合气体，如表7-1中起始浓度栏所示。各容器中的反应达到化学平衡后，其平衡浓度列在表7-1的平衡浓度栏。平衡时各容器的$[CO][H_2O]/([CO_2][H_2])$值列在表7-1中的最后一栏。

表7-1　$CO_2+H_2 \rightleftharpoons CO+H_2O$ 平衡体系的实验数据（1200℃）

编号	起始浓度/mol·L^{-1}				平衡浓度/mol·L^{-1}				$\frac{[CO][H_2O]}{[CO_2][H_2]}$
	$[CO_2]$	$[H_2]$	$[CO]$	$[H_2O]$	$[CO_2]$	$[H_2]$	$[CO]$	$[H_2O]$	
1	0.010	0.010	0	0	0.0040	0.0040	0.0060	0.0060	2.3
2	0.010	0.020	0	0	0.0022	0.0122	0.0078	0.0078	2.4
3	0.010	0.010	0.0010	0	0.0041	0.0041	0.0069	0.0059	2.4
4	0	0	0.020	0.020	0.0082	0.0082	0.0118	0.0118	2.4

分析表7-1中的数据，可以得到如下结论：

在恒温条件下，可逆反应无论是从正反应开始，还是从逆反应开始，最后达到平衡时，尽管每种物质的起始浓度并不相同，但生成物平衡浓度的乘积与反应物浓度的乘积之比，即$[CO][H_2O]$与$[CO_2][H_2]$的值是一个恒定值（在1200℃时为2.4）。

通过大量实验研究，结果表明，对于任一可逆反应

$$aA+dD \rightleftharpoons gG+hH$$

一定温度下，达到化学平衡时，体系中各物质的浓度间有如下关系：

$$K=\frac{[G]^g[H]^h}{[A]^a[D]^d} \tag{7-1}$$

式中，K称为（实验）**平衡常数**（equilibrium constant）；[B]为任意物质B的平衡浓度。式（7-1）可以表述为：在一定温度下，可逆反应达到平衡时，生成物浓度幂的乘积除以反应物浓度幂的乘积，所得的比值是一个常数（浓度的幂为化学方程式中各物质相应的化学计量数）。

平衡常数是化学反应的特征常数，其数值的大小表示在一定条件下化学反应进行的程度。对相同类型的反应，平衡常数越大，表示正反应进行得越彻底。平衡常数仅与温度有关，与反应物或生成物的浓度无关。对于某一特定反应而言，一定温度下平衡常数保持为定值，不随其他条件的变化而变化。

但是从式（7-1）不难看出，实验平衡常数 K 有可能含有浓度的单位；而且使用不同的浓度单位，对于同一个化学平衡状态，K 可能具有不同的数值。为了避免这个问题，学者们提出了**标准平衡常数**（standard equilibrium constant）的概念，用符号 $K^{\ominus}$表示，$K^{\ominus}$也称为热力学平衡常数。

（1）标准平衡常数的定义

在理解标准平衡常数之前，先定义标准浓度、相对浓度、标准压力和相对分压的概念。

对于溶液而言，规定**标准浓度**（standard concentration）为 $1\text{mol}\cdot\text{L}^{-1}$，用 $c^{\ominus}$表示。以实际浓度除以标准浓度得到一个无单位的比值就是**相对浓度**（relative concentration），用 $c/c^{\ominus}$表示。可以看出溶液的相对浓度就是实际浓度相对于标准浓度的倍数。

对于气相物质而言，引入了**标准压力**（standard pressure）和**相对分压**（relative partial pressure）。标准压力就是一个标准大气压，用 $p^{\ominus}$表示，其值为 100kPa。相对分压就是气体的分压除以标准压力，即 $p/p^{\ominus}$。

热力学规定，在可逆反应达到化学平衡时，标准平衡常数 $K^{\ominus}$可用平衡时各物质的相对浓度（溶液）或相对分压（气体）表示。因此，$K^{\ominus}$是一个无量纲的物理量。在一定的温度下，化学反应只能有一个确定的 $K^{\ominus}$。

对于任意的可逆反应：

$$aA(g)+dD(aq)+eE(s) \rightleftharpoons gG(aq)+hH(g)+fF(l)$$

有

$$K^{\ominus}=\frac{([G]/c^{\ominus})^{g}(p_{H}/p^{\ominus})^{h}}{(p_{A}/p^{\ominus})^{a}([D]/c^{\ominus})^{d}} \tag{7-2}$$

由于 $c^{\ominus}(1\text{mol}\cdot\text{L}^{-1})$，有时将 $c^{\ominus}(1\text{mol}\cdot\text{L}^{-1})$ 省略，因此上式可简化为：

$$K^{\ominus}=\frac{[G]^{g}(p_{H}/p^{\ominus})^{h}}{(p_{A}/p^{\ominus})^{a}[D]^{d}} \tag{7-3}$$

注意，固体和纯液体不出现在平衡常数表达式中（如上平衡表达式中未出现固体物质 E 和液体物质 F）。

进行化学平衡计算时多采用标准平衡常数，因此本书所述的平衡常数，若未特殊注明均为标准平衡常数，标准平衡常数简称为平衡常数。

（2）标准平衡常数的意义

标准平衡常数是热力学基础、化学平衡以及四大平衡体系中非常重要的概念，其重要性和特点可从以下几个方面理解。

① 标准平衡常数是可逆反应正向反应程度的量度。

$K^{\ominus}$越大，在平衡系统中生成物的量越大，正向反应进行的程度越大，也就是反应的平衡转化率越高。对于同类型的反应，平衡常数越大，表示正反应进行得越彻底。

一般而言，$K^{\ominus}>10^{3}$，正反应趋势很大，反应彻底；

$K^{\ominus}<10^{-3}$，正反应趋势很小，逆反应进行得彻底；

$10^{-3}<K^{\ominus}<10^{3}$，为可逆反应，反应既可以正向发生，也可以逆向进行。

② 标准平衡常数与参加反应的各物质浓度无关，只是温度的函数。当温度确定时，$K^{\ominus}$保持为定值。

③ 标准平衡常数与时间无关。$K^{\ominus}$表征化学反应处于平衡态时各物质浓度间的关系，与需经过多长时间到达平衡态无关。

(3) 标准平衡常数的书写规则

标准平衡常数是可逆反应达到平衡时的一个特征性常数，在进行平衡计算时，一般都要用到标准平衡常数。在使用和书写标准平衡常数时，应注意以下几条基本规则。

① 平衡常数表达式中，各物质的浓度（分压）指的是平衡状态时的浓度（分压）。

② 平衡常数表达式中，将生成物浓度（分压）写在分式的上面，反应物浓度（分压）写在分式的下面，每种物质浓度（分压）的指数为化学方程式中该物质的计量系数。

③ 同一反应的化学方程式写法不同，则 $K^{\ominus}$ 的表达式不同。

例如在一定温度下，CO 与 O_2 反应生成 CO_2，达到平衡时，其化学方程式可写成：

$$2CO(g) + O_2(g) \rightleftharpoons 2CO_2(g)$$

$$K_1^{\ominus} = \frac{(p_{CO_2}/p^{\ominus})^2}{(p_{CO}/p^{\ominus})^2(p_{O_2}/p^{\ominus})}$$

如果反应方程式写为：

$$CO(g) + 1/2O_2(g) \rightleftharpoons CO_2(g)$$

则

$$K_2^{\ominus} = \frac{(p_{CO_2}/p^{\ominus})}{(p_{CO}/p^{\ominus})(p_{O_2}/p^{\ominus})^{\frac{1}{2}}}$$

如写成：

$$CO_2(g) \rightleftharpoons CO(g) + 1/2O_2(g)$$

则：

$$K_3^{\ominus} = \frac{(p_{CO}/p^{\ominus})(p_{O_2}/p^{\ominus})^{\frac{1}{2}}}{(p_{CO_2}/p^{\ominus})}$$

显然，$K_1^{\ominus} \neq K_2^{\ominus} \neq K_3^{\ominus}$，其关系式为 $K_1^{\ominus} = (K_2^{\ominus})^2$；$K_2^{\ominus} = 1/K_3^{\ominus}$。因此，书写平衡常数时，必须注明所对应的化学方程式。

④ 对于有固体或纯液体参加的可逆反应，固体或纯液体浓度不包括在平衡常数表达式中，其相对浓度可用 1 代替。

例如反应：

$$CaCO_3(s) \rightleftharpoons CaO(s) + CO_2(g)$$

$$K^{\ominus} = p(CO_2)/p^{\ominus}$$

又如反应：

$$Fe_3O_4(s) + 4H_2(g) \rightleftharpoons 3Fe(s) + 4H_2O(g)$$

$$K^{\ominus} = \frac{(p_{H_2O}/p^{\ominus})^4}{(p_{H_2}/p^{\ominus})^4}$$

⑤ 在水溶液中，有水参加的可逆反应，由于整个过程中水量变化很小，水的浓度不必写进平衡常数表达式中。

例如蔗糖在稀酸水溶液中的水解反应：

$$C_{12}H_{22}O_{11}(aq) + H_2O(aq) = C_6H_{12}O_6(aq，葡萄糖) + C_6H_{12}O_6(aq，果糖)$$

其平衡常数表达式为

$$K^{\ominus} = \frac{[C_6H_{12}O_6]_{葡}[C_6H_{12}O_6]_{果}}{[C_{12}H_{22}O_{11}]}$$

⑥ 在非水溶剂的反应体系中，反应中有水的参加或生成，水的浓度应该写入平衡常数表达式中。

$$C_2H_5OH + CH_3COOH = CH_3COOC_2H_5 + H_2O$$

$$K^{\ominus} = \frac{[CH_3COOC_2H_5][H_2O]}{[C_2H_5OH][CH_3COOH]}$$

7.2.2 实验平衡常数

标准平衡常数是相对平衡常数，实际测定过程中，可分别测定化学反应各物质的平衡浓度或平衡分压，将其代入式（7-1）中，将这种由实验数据得到的平衡常数称为实验平衡常数。标准平衡常数可以从一些热力学数据计算得到，是对实验平衡常数的预测，而实验平衡常数是对标准平衡常数的验证。

例如，对于任意的气相反应

$$aA(g) + dD(g) \rightleftharpoons gG(g) + hH(g)$$

若测得各物质的平衡浓度，有

$$K_c = \frac{[G]^g[H]^h}{[A]^a[D]^d} \tag{7-4}$$

像式（7-4）这样，以平衡浓度表示的平衡常数称为**浓度平衡常数**（concentration equilibrium constant），记为 K_c。由于 $g+h$ 的和不一定等于 $a+d$ 的和，所以 K_c 往往含有浓度的量纲。

由理想气体方程 $pV=nRT$，得 $p=(n/V)RT$，即 $p=cRT$。一定温度下，以气体的分压表示式（7-4），同样得到一个常数：即一定温度下，平衡时气体生成物的分压乘积与气体反应物的分压乘积（各气体分压以方程式中计量系数为指数）之比为常数。

$$K_p = \frac{p_G^g p_H^h}{p_A^a p_D^d} \tag{7-5}$$

式中，K_p 称为**分压平衡常数**（partial pressure equilibrium constant）；p_G、p_H、p_A、p_D 分别为生成物和反应物的平衡分压。综合式（7-4）和式（7-5），得 K_c 与 K_p 之间的关系为

$$K_p = K_c(RT)^{\Delta n} \tag{7-6}$$

式中，Δn 为化学方程式中生成物化学计量系数和与反应物化学计量系数和之差。即

$$\Delta n = (g+h) - (a+d)$$

值得注意的是，对于任意明确的化学反应，其标准平衡常数只有一种表示方法，而实验平衡常数却分为 K_c 和 K_p（对气相反应而言）。今后本书所采用的平衡常数，不加特别说明，均为标准平衡常数。

【例 7-1】 写出反应 $N_2(g)+3H_2(g) \rightleftharpoons 2NH_3(g)$ 的平衡常数 K_c、K_p 的表达式和它们的关系式，并写出标准平衡常数 $K^\ominus$ 的表达式。

解 $N_2(g)+3H_2(g) \rightleftharpoons 2NH_3(g)$

代入式（7-4）和式（7-5）可得：

$$K_c = \frac{[NH_3]^2}{[N_2][H_2]^3}, \quad K_p = \frac{p_{NH_3}^2}{p_{N_2} p_{H_2}^3}$$

根据式（7-6），得：

$$K_p = K_c(RT)^{\Delta n} = K_c(RT)^{(2-1-3)} = K_c(RT)^{-2} = \frac{K_c}{(RT)^2}$$

根据标准平衡常数书写规则，得：

$$K^\ominus = \frac{(p_{NH_3}/p^\ominus)^2}{(p_{N_2}/p^\ominus)(p_{H_2}/p^\ominus)^3}$$

7.2.3 多重平衡规则

一般而言，化学平衡系统往往同时包含多个相互有关的平衡，有些物质同时参加多个反应达到多个平衡，这种平衡系统称为**多重平衡系统**（multiple equilibrium systems）。多重平衡又称为同时平衡，即所有存在于反应系统中的各个化学反应都同时达到平衡状态，这时任何一种物质的平衡浓度或分压，必定同时满足每一个化学反应的标准平衡常数的表达式。

如在同一个反应容器内发生下面反应：

(1) $C(s)+1/2O_2(g) \rightleftharpoons CO(g)$ $\qquad K_1^\ominus=(p_{CO}/p^\ominus)/(p_{O_2}/p^\ominus)^{\frac{1}{2}}$

(2) $CO(g)+1/2O_2(g) \rightleftharpoons CO_2(g)$ $\qquad K_2^\ominus=(p_{CO_2}/p^\ominus)/(p_{CO}/p^\ominus)(p_{O_2}/p^\ominus)^{\frac{1}{2}}$

(3) $C(s)+O_2(g) \rightleftharpoons CO_2(g)$ $\qquad K_3^\ominus=(p_{CO_2}/p^\ominus)/(p_{O_2}/p^\ominus)$

对比发现，反应(3)＝反应(1)＋反应(2)

而平衡常数之间具有如下关系：

$$K_3^\ominus=K_1^\ominus K_2^\ominus$$

同理可推出：当反应（3)＝反应(1)－反应(2）时，则有：

$$K_3^\ominus=K_1^\ominus/K_2^\ominus$$

像这种几个反应相加（减）得到另一个反应时，则所得反应的标准平衡常数等于几个反应的标准平衡常数的乘积（商）的规则称为**多重平衡规则**（multiple equilibrium rules)。

在应用多重平衡规则时，不一定要求实际存在多重平衡系统，即不一定是实际存在的化学平衡系统，只要化学反应方程之间存在加减运算关系，其标准平衡常数之间就有相应的乘除关系。

如只要反应间有关系：反应(1)＝反应(3)－反应(2)，就有：

$$K_1^\ominus=K_3^\ominus/K_2^\ominus$$

【例 7-2】 已知(1) $H_2(g)+S(s) = H_2S(g)$ $\qquad K_1^\ominus=1.0\times10^{-3}$

(2) $S(s)+O_2(g) = SO_2(g)$ $\qquad K_2^\ominus=5.0\times10^{6}$

(3) $H_2(g)+1/2O_2(g) = H_2O(g)$ $\qquad K_3^\ominus=5.0\times10^{21}$

求反应 (4) $2H_2S(g)+SO_2(g) = 2S(s)+2H_2O(g)$的标准平衡常数 $K_4^\ominus$。

解 由多重平衡规则，反应(4)＝反应(3)×2－反应(1)×2－反应(2)

所以

$$\begin{aligned}K_4^\ominus&=(K_3^\ominus)^2/[(K_1^\ominus)^2K_2^\ominus]\\&=(5.0\times10^{21})^2/[(1.0\times10^{-3})^2\times(5.0\times10^{6})]\\&=5.0\times10^{42}\end{aligned}$$

7.2.4 标准平衡常数的计算

当一个反应达到化学平衡时，只要测得平衡时反应物、生成物的浓度（分压），就能直接计算出平衡常数的数值；或者只要能确定最初各物质的浓度（分压）和平衡时某一物质的浓度（分压），也能计算出平衡常数。反之，如果知道了平衡常数，也可以计算平衡时各物质的浓度（分压）或根据反应物的起始浓度（分压）计算反应物的平衡转化率。

化学反应达到平衡时，除了用平衡常数来描述化学反应的反应程度，也可以用平衡转化率来表达化学反应进行的程度。反应的平衡转化率是指反应达到平衡状态时，反应物转变为生成物的百分率，即

$$平衡转化率=\frac{反应物的起始物质的量-反应物的平衡物质的量}{反应物起始物质的量}\times 100\%$$

平衡转化率是在一定条件下，理论上可逆反应所能达到的最大转化率。

【例 7-3】 在27℃、200kPa下，若14.3%的N_2O_4转化为NO_2，计算该条件下的平衡常数。

解 按照标准平衡常数表达式，需知道平衡时各物质的分压。由于气体的分压等于各自的摩尔分数乘以总压，所以可以先求出平衡时各物质的物质的量，求出各自的摩尔分数。设开始时N_2O_4的物质的量为1mol，

	$N_2O_4(g) \rightleftharpoons$	$2NO_2(g)$
开始时物质的量/mol	1.00	0
反应掉的物质的量/mol	-0.143	0.286
平衡时物质的量/mol	0.857	0.286
平衡时总物质的量/mol	$n=0.857+0.286=1.143$	

平衡时各气体分压：

$$p(N_2O_4)=[n(N_2O_4)/n]\times p(总)=200\times 0.857/1.143$$

$$p(NO_2)=[n(NO_2)/n]\times p(总)=200\times 0.286/1.143$$

所以，

$$K^{\ominus}=\frac{(p_{NO_2}/p^{\ominus})^2}{(p_{N_2O_4}/p^{\ominus})}=\frac{\left(\frac{0.286}{1.143}\times\frac{200}{100}\right)^2}{\frac{0.857}{1.143}\times\frac{200}{100}}=0.169$$

【例 7-4】 373K时，已知反应$CO(g)+Cl_2(g)\rightleftharpoons COCl_2(g)$的$K^{\ominus}=1.5\times 10^8$。在定温、定容的条件下，当反应开始时，CO的初始浓度为$0.0350mol\cdot L^{-1}$，$Cl_2(g)$的初始浓度为$0.0270mol\cdot L^{-1}$，$COCl_2$（g）的初始浓度为0，计算373K反应到达平衡时各物质的分压和CO的平衡转化率。

解 由各组分的初始浓度计算其相应的分压，

$$pV=nRT$$

由于T、V不变，所以

$$p=cRT$$

$p_0(CO)=0.0350\times 8.314\times 373=108.5kPa$

$p_0(Cl_2)=0.0270\times 8.314\times 373=83.7kPa$

由于反应在定温、定容的条件下进行，压力的变化正比于物质的量的变化，因而可直接由初始分压减去反应转化的分压而得到平衡时的分压，又因为反应的$K^{\ominus}(373K)=1.5\times 10^8$较大，所以反应进行得较彻底。

	$CO(g)$	$+$ $Cl_2(g)$	$\rightleftharpoons$ $COCl_2(g)$
开始的浓度/$mol\cdot L^{-1}$	0.0350	0.0270	0
开始的压力/kPa	108.5	83.7	0
若Cl_2全部转化	108.5-83.7	0	83.7
若$COCl_2$转化x	x	x	$-x$
平衡的压力/kPa	$24.8+x$	x	$83.7-x$

$$K^{\ominus}=\frac{p(COCl_2)/p^{\ominus}}{[p(CO)/p^{\ominus}][p(Cl_2)/p^{\ominus}]}=\frac{(83.7-x)/100}{\left(\frac{24.8+x}{100}\right)\times\left(\frac{x}{100}\right)}=1.5\times10^{8}$$

由于 x 较小，所以 $83.7-x\approx83.7$，$24.8+x\approx24.8$

解得　$x=2.3\times10^{-6}$

平衡时，$p(CO)=24.8\text{kPa}$，$p(Cl_2)=2.3\times10^{-6}\text{kPa}$，$p(COCl_2)=83.7\text{kPa}$

所以

$$\alpha(CO)=\frac{p_0(CO)-p(CO)}{p_0(CO)}=\frac{108.5-24.8}{108.5}\times100\%=77.1\%$$

7.3 平衡常数 $K^{\ominus}$ 与 $\Delta_r G_m^{\ominus}$ 的关系

通过实验固然可以测定一些反应的平衡常数，但是实验工作量太大。那么，是否可以通过已知热力学数据计算得到化学反应的标准平衡常数呢？答案是肯定的，下面介绍平衡常数与化学反应的摩尔吉布斯自由能变的关系。

7.3.1 $K^{\ominus}$ 与 $\Delta_r G_m^{\ominus}$ 的关系

在化学热力学中已介绍过，可以用 $\Delta_r G_m$ 作为判断反应的自发性的标准。在恒温恒压下，当 $\Delta_r G_m<0$ 时，反应向正方向自发进行。当 $\Delta_r G_m=0$ 时，反应达到平衡。当 $\Delta_r G_m>0$ 时，正反应方向不能自发进行。由于化学反应进行的程度也可用平衡常数来表示，因此，二者之间存在一定的关系。

对于任意反应（非标准态）

$$a\text{A(g)}+d\text{D(g)}\rightleftharpoons g\text{G(g)}+h\text{H(g)}$$

经热力学证明，在恒温恒压下，存在下列关系：

$$\Delta_r G_m=\Delta_r G_m^{\ominus}+RT\ln\frac{(p_G/p^{\ominus})^g(p_H/p^{\ominus})^h}{(p_A/p^{\ominus})^a(p_D/p^{\ominus})^d} \tag{7-7}$$

式中，$\Delta_r G_m$ 为化学反应在任意状态下的摩尔吉布斯自由能变；$\Delta_r G_m^{\ominus}$ 为标准态时的摩尔吉布斯自由能变；p_A、p_D、p_G、p_H 为任意状态下各物质的分压。显然，随着生成物的不断生成和反应物的消耗，式（7-7）中分数部分的大小在持续地发生变化。

当化学反应进行到平衡状态时，$\Delta_r G_m=0$，各组分物质分压达到了平衡分压 p_B，使得：

$$\Delta_r G_m^{\ominus}+RT\ln\frac{(p_G/p^{\ominus})^g(p_H/p^{\ominus})^h}{(p_A/p^{\ominus})^a(p_D/p^{\ominus})^d}=0$$

即：$\Delta_r G_m^{\ominus}+RT\ln K^{\ominus}=0$

故

$$\Delta_r G_m^{\ominus}=-RT\ln K^{\ominus} \tag{7-8}$$

式（7-8）表示了标准平衡常数与化学反应的标准摩尔吉布斯自由能变之间的定量关系。因此，对于任意化学反应而言，可以根据式（7-8），通过热力学计算，即首先由热力学数据 $\Delta_f G_m^{\ominus}$（或 $\Delta_f H_m^{\ominus}$ 与 $S_m^{\ominus}$）计算得到一定温度条件下反应的 $\Delta_r G_m^{\ominus}$，进而得到此温度下的标准平衡常数。

【例 7-5】 利用相关热数据，计算下列反应在 973K 时的标准平衡常数。

$$NO(g)+1/2O_2(g)\rightleftharpoons NO_2(g)$$

解 由于温度为973K，所以$\Delta_r G_m^\ominus$的计算公式需要采用：$\Delta_r G_m^\ominus = \Delta_r H_m^\ominus - T\Delta_r S_m^\ominus$。公式中973K的$\Delta_r H_m^\ominus$和$\Delta_r S_m^\ominus$可以用298K的数据替代。

$$\begin{aligned}\Delta_r H_m^\ominus &= \Delta_f H_m^\ominus(NO_2) - \Delta_f H_m^\ominus(NO) - 1/2\Delta_f H_m^\ominus(O_2)\\ &= 33.18 - 90.25 - 0\\ &= -57.07(\text{kJ}\cdot\text{mol}^{-1})\end{aligned}$$

$$\begin{aligned}\Delta_r S_m^\ominus &= S_m^\ominus(NO_2) - S_m^\ominus(NO) - 1/2S_m^\ominus(O_2)\\ &= 239.95 - 210.65 - 0.5\times 205.03\\ &= -73.22(\text{J}\cdot\text{mol}^{-1}\cdot\text{K}^{-1})\end{aligned}$$

则：

$$\Delta_r G_m^\ominus = \Delta_r H_m^\ominus - T\Delta_r S_m^\ominus = 14.17(\text{kJ}\cdot\text{mol}^{-1})$$

由$\Delta_r G_m^\ominus = -RT\ln K^\ominus$，可得：

$$\ln K^\ominus = -\Delta_r G_m^\ominus/RT = -1.75$$

则：$K^\ominus = 0.174$。

7.3.2 可逆反应的方向性判据

将式（7-8）代入式（7-7），得：

$$\Delta_r G_m = -RT\ln K^\ominus + RT\ln\frac{(p_G/p^\ominus)^g(p_H/p^\ominus)^h}{(p_A/p^\ominus)^a(p_D/p^\ominus)^d} \tag{7-9}$$

$$Q = \frac{(p_G/p^\ominus)^g(p_H/p^\ominus)^h}{(p_A/p^\ominus)^a(p_D/p^\ominus)^d}$$

上式中，Q代表任意状态时各生成物的相对分压与各反应物的相对分压的商，称为反应商（若为溶液中的反应，则Q中的压力用浓度代替）。

因此，式（7-9）可表示为

$$\Delta_r G_m = -RT\ln K^\ominus + RT\ln Q = RT\ln\frac{Q}{K^\ominus} \tag{7-10}$$

式（7-10）称为**化学反应等温方程式**（chemical reaction isotherm），它表明了恒温恒压条件下，反应的摩尔吉布斯自由能变与反应的$K^\ominus$以及参加反应的各物质的相对分压（或相对浓度）的关系。利用等温方程式，根据Q与$K^\ominus$的相对大小，可以得出可逆反应的方向性判据：

当 $Q<K^\ominus$时，$\Delta_r G_m<0$，反应将向正反应方向进行，即正向反应具有自发性；

$Q=K^\ominus$时，$\Delta_r G_m=0$，反应处于平衡态，以可逆方式进行；

$Q>K^\ominus$时，$\Delta_r G_m>0$，反应将向逆反应方向进行，即逆向反应具有自发性。

值得注意的是，公式的推导虽然是以气相反应为例进行讨论的，实际上适用于任意一个可逆反应。Q的表达式与平衡常数的表达式相同，不同之处在于各物质的相对浓度或相对分压不一定处于平衡状态。

式（7-10）是化学平衡中非常重要的公式，其主要作用是判断非标准状态下可逆反应的方向和限度，因而又被称为化学平衡的质量判据。如果说$\Delta_r G_m$是由无数多个点构成的一条线段，那么$K^\ominus$则是这条线段上的某个特定点（平衡点），Q是这个线段上的任意点。任意点移向平衡点的方向就是反应的方向，任意点与平衡点的距离就是反应进行的程度，平衡点是反应进行的限度。

【例 7-6】 在 298K 时，化学反应 $Fe^{2+}(aq)+Ag^{+}(aq)=Fe^{3+}(aq)+Ag(s)$ 的 $K^{\ominus}=2.98$。若溶液中含有 $0.1mol \cdot L^{-1}$ 的 $AgNO_3$、$0.1mol \cdot L^{-1}$ 的 $Fe(NO_3)_2$ 和 $0.1mol \cdot L^{-1}$ 的 $Fe(NO_3)_2$，试判断此时反应进行的方向。

解 $$Q=\frac{(c_{Fe^{3+}}/c^{\ominus})}{(c_{Fe^{2+}}/c^{\ominus})(c_{Ag^{+}}/c^{\ominus})}=\frac{[Fe^{3+}]}{[Fe^{2+}][Ag^{+}]}=\frac{0.01}{0.1\times0.1}=1.0$$

$Q<K^{\ominus}$，所以反应向正反应方向进行。

7.3.3 $\Delta_f G_m^{\ominus}$、$\Delta_r G_m^{\ominus}$ 与 $\Delta_r G_m$ 的关系

通过第 5 章对化学热力学基础的学习已经知道，$\Delta_f G_m^{\ominus}$ 是物质的标准摩尔生成吉布斯自由能，即在指定温度 T 及标准状态下，由稳定单质生成 1mol 某纯物质时的吉布斯自由能变。参加化学反应的各物质，其 $\Delta_f G_m^{\ominus}$ 值可以通过查表得到。

利用公式 $\Delta_r G_m^{\ominus}=\sum_i \nu_i \Delta_f G_m^{\ominus}(\text{生成物})-\sum_i \nu_i \Delta_f G_m^{\ominus}(\text{反应物})$，即可求出一个反应的标准摩尔吉布斯自由能改变量 $\Delta_r G_m^{\ominus}$。$\Delta_r G_m^{\ominus}$ 是化学反应在标准态下进行方式和方向的判据。利用公式 $\Delta_r G_m=\Delta_r G_m^{\ominus}+RT\ln Q$，可以求出处于非标准态下化学反应的 $\Delta_r G_m$。得到的 $\Delta_r G_m$ 可以用来判断非标准状态下化学反应进行的方向和方式。

需要特别注意的是，$\Delta_r G_m^{\ominus}$ 是化学反应体系中各物质的浓度和分压均为标准态时的 $\Delta_r G_m$，而不是特指标准态下平衡时的 $\Delta_r G_m$；当标准态下的体系处于平衡状态时，$\Delta_r G_m^{\ominus}=0$。

非标准态下化学反应进行方向的判断可用 Q 和 $K^{\ominus}$的关系来判断，关于 $\Delta_r G_m$ 的求算在本章不作要求，在随后的第 10 章氧化还原平衡中，会从电化学角度对其加以讨论。

7.4 化学平衡的移动

化学平衡是相对、有条件的平衡系统。当外界条件改变时，平衡就会被破坏，并向某一方向移动直至建立新的平衡。这种因外界条件的改变而使化学反应由原平衡状态改变为新平衡状态的过程称作化学平衡的移动。根据化学反应等温方程式，当 $Q\neq K^{\ominus}$时，化学平衡会发生移动。很显然，在一定温度下，改变反应物或生成物的浓度（分压），虽然不能改变 $K^{\ominus}$的大小，但是可能改变反应商 Q 的大小，从而导致 $Q\neq K^{\ominus}$，反应向正向（或逆向）移动，之后重新建立平衡，平衡右移（或左移）。而当温度改变时，也会使得 $Q\neq K^{\ominus}$，从而导致化学平衡发生移动。因此讨论平衡移动时，可以从改变反应商 Q 和改变平衡常数 $K^{\ominus}$两个方面来进行讨论。

在中学化学中，对化学平衡的移动已有定性的讨论。下面根据 Q 和 $K^{\ominus}$的关系，定量讨论浓度、压力、温度对化学平衡的影响。

7.4.1 浓度对化学平衡的影响

如果某一反应在一定温度下达到化学平衡状态，此时 $Q_1=K^{\ominus}$。当反应物浓度或者生成物浓度改变时，此时的反应商变为 $Q_2\neq K^{\ominus}$，因此平衡发生移动，直到建立新的平衡，此时新的反应商 Q_3 重新等于 $K^{\ominus}$。一般来说，在平衡体系中增大反应物的浓度或者降低生成物的浓度，会使 Q 的数值因其分母增大或者分子减小而减小，于是使 $Q<K^{\ominus}$，这时平衡被破

坏，反应向正方向进行，重新达到平衡，也就是说平衡右移。

下面以一具体可逆反应为例，进行讨论：

$$CO(g)+H_2O(g) \rightleftharpoons CO_2(g)+H_2(g)$$

当反应处于平衡状态时，正、逆反应速率相等，系统有相应的平衡点（B 点），如图7-2所示。当增大反应物 H_2O 的浓度时，由于 $Q<K^\ominus$，化学平衡被破坏，此时正反应速率大于逆反应速率，反应正向进行。随着反应的进行，逆反应速率逐渐增大，当再次等于正反应速率时，反应重新达到了平衡，此时，$Q=K^\ominus$，处于新的平衡点 C。各物质浓度关系为：

$$[CO]_{新}<[CO]_{原}，[CO_2]_{新}>[CO_2]_{原}$$

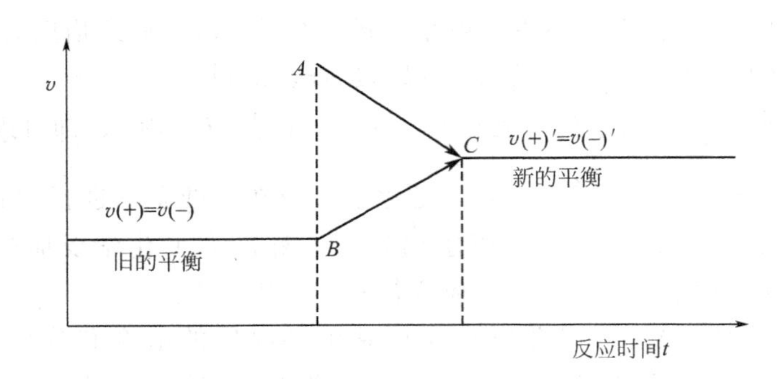

图 7-2　化学平衡的移动与新平衡的建立

由此可见：在恒温下增加反应物的浓度或减小生成物的浓度，平衡向正反应方向移动。相反，减小反应物的浓度或增大生成物的浓度，平衡向逆反应方向移动。

对反应 $CO(g)+H_2O(g) \rightleftharpoons CO_2(g)+H_2(g)$ 而言，已知某温度下 $K^\ominus=9$。当 CO 和 H_2O 的起始浓度均为 $0.02mol \cdot L^{-1}$，CO 的平衡转化率为 75%；而当增加 H_2O 的起始浓度至 $1.00mol \cdot L^{-1}$ 时，CO 的转化率为 99.8%。这说明：

① 当温度确定，$K^\ominus$ 值为一定值，但是转化率可以变化。

② 实际生产中，为了充分利用某种较贵重或有毒性的反应物，经常利用过量另一种较便宜的反应物与它作用。如 $2SO_2+O_2 = 2SO_3$，理论上 $SO_2:O_2$ 的物质的量之比为 1∶0.5，但实际工业上，SO_2 与 O_2 的物质的量之比为 1∶1.6。这是因为氧气来源于空气较为便宜，另外 SO_2 气体会生成酸雨，不能直接排放到空气中。

③ 工业上常把生成物从反应体系中分离出来，使得平衡不断的向正反应方向移动，使可逆反应进行的程度更大。如

$$CaCO_3(s) \rightleftharpoons CaO(s)+CO_2(g)$$

将系统的生成物 CO_2 分离出来，系统的反应商 $Q=p(CO_2)/p^\ominus<K^\ominus$，从而有利于反应向正方向进行。

【例 7-7】 水溶液中 H_3BO_3 与甘油存在反应：

$$H_3BO_3(aq)+C_3H_5(OH)_3(aq) \rightleftharpoons H_3BO_3 \cdot C_3H_5(OH)_3(aq)$$

25℃时，$K^\ominus=0.90$。若以 $0.1mol \cdot L^{-1}$ 的 H_3BO_3 与 $1.5mol \cdot L^{-1}$ 的 $C_3H_5(OH)_3$ 作用，求达到平衡时各物质的浓度和 H_3BO_3 的转化率；若将 $C_3H_5(OH)_3$ 浓度瞬间增至 $2.0mol \cdot L^{-1}$，求 H_3BO_3 的转化率。

解 设有 $x\,mol \cdot L^{-1}$ 的 H_3BO_3 转化

$$H_3BO_3(aq)+C_3H_5(OH)_3(aq) \rightleftharpoons H_3BO_3 \cdot C_3H_5(OH)_3(aq)$$

	H_3BO_3	$C_3H_5(OH)_3$	$H_3BO_3 \cdot C_3H_5(OH)_3$
初始的浓度/$mol \cdot L^{-1}$	0.1	1.5	0
转化的浓度/$mol \cdot L^{-1}$	$-x$	$-x$	$+x$
平衡的浓度/$mol \cdot L^{-1}$	$0.1-x$	$1.5-x$	x

$$K^{\ominus}=\frac{[H_3BO_3 \cdot C_3H_5(OH)_3]}{[H_3BO_3][C_3H_5(OH)_3]}=\frac{x}{(0.1-x)(1.5-x)}=0.90$$

解得，$x=0.056mol \cdot L^{-1}$。

所以，平衡时各物质的浓度为$[H_3BO_3]=0.044mol \cdot L^{-1}$，$[C_3H_5(OH)_3]=1.444mol \cdot L^{-1}$，$[H_3BO_3 \cdot C_3H_5(OH)_3]=0.056mol \cdot L^{-1}$。

$$H_3BO_3 \text{ 的转化率}=\frac{0.056}{0.1}\times 100\%=56\%$$

平衡体系中使 $C_3H_5(OH)_3$ 浓度增加后，各物质的浓度为：

$[H_3BO_3]=0.044mol \cdot L^{-1}$，$[C_3H_5(OH)_3]=2.0mol \cdot L^{-1}$，$[H_3BO_3 \cdot C_3H_5(OH)_3]=0.056mol \cdot L^{-1}$，则

$$Q=\frac{(c_{H_3BO_3 \cdot C_3H_5(OH)_3}/c^{\ominus})}{(c_{H_3BO_3}/c^{\ominus})(c_{C_3H_5(OH)_3}/c^{\ominus})}=\frac{0.056}{0.044\times 2.0}=0.64$$

$Q<K^{\ominus}$，平衡向右移动。

设再次达到平衡时，又有 $y\,mol \cdot L^{-1}$ 的 H_3BO_3 转化

$$H_3BO_3(aq)+C_3H_5(OH)_3(aq) \rightleftharpoons H_3BO_3 \cdot C_3H_5(OH)_3(aq)$$

	H_3BO_3	$C_3H_5(OH)_3$	$H_3BO_3 \cdot C_3H_5(OH)_3$
初始的浓度/$mol \cdot L^{-1}$	0.044	2.0	0.056
转化的浓度/$mol \cdot L^{-1}$	$-y$	$-y$	$+y$
平衡的浓度/$mol \cdot L^{-1}$	$0.044-y$	$2.0-y$	$0.056+y$

$$K^{\ominus}=\frac{[H_3BO_3 \cdot C_3H_5(OH)_3]}{[H_3BO_3][C_3H_5(OH)_3]}=\frac{0.056+y}{(0.044-y)(2.0-y)}=0.90$$

解得，$y=0.008$

平衡时各物质的浓度为：$[H_3BO_3]=0.036mol \cdot L^{-1}$，$[C_3H_5(OH)_3]=1.992mol \cdot L^{-1}$，$[H_3BO_3 \cdot C_3H_5(OH)_3]=0.064mol \cdot L^{-1}$。

$$H_3BO_3 \text{ 的转化率}=\frac{0.056+0.008}{0.1}\times 100\%=64\%$$

计算 H_3BO_3 的总转化率时也可以直接以各物质的初始浓度代入。设转化浓度为 z，

$$H_3BO_3(aq)+C_3H_5(OH)_3(aq) \rightleftharpoons H_3BO_3 \cdot C_3H_5(OH)_3(aq)$$

	H_3BO_3	$C_3H_5(OH)_3$	$H_3BO_3 \cdot C_3H_5(OH)_3$
初始的浓度/$mol \cdot L^{-1}$	0.1	2.0+0.056	0
转化的浓度/$mol \cdot L^{-1}$	$-z$	$-z$	$+z$
平衡的浓度/$mol \cdot L^{-1}$	$0.1-z$	$2.056-z$	z

$$K^{\ominus}=\frac{[H_3BO_3 \cdot C_3H_5(OH)_3]}{[H_3BO_3][C_3H_5(OH)_3]}=\frac{z}{(0.1-z)(2.056-z)}=0.90$$

解得，$z=0.064$

H_3BO_3 的转化率 $=\frac{0.064}{0.1}\times 100\%=64\%$。

7.4.2 压力对化学平衡的影响

压力对固体和液体的影响较小，所以对只有固体和液体参加的化学反应而言，压力几乎不影响其平衡状态。但是有气体参加的化学反应，改变系统总压力或一种气体分压，通常会改变化学平衡状态。下面以合成氨为例进行分析：

$$N_2(g)+3H_2(g) \rightleftharpoons 2NH_3(g)$$

在一定温度下达到平衡，此时：

$$K^{\ominus}=\frac{(p_{NH_3}/p^{\ominus})^2}{(p_{N_2}/p^{\ominus})\times(p_{H_2}/p^{\ominus})^3}$$

若通过缩小体积，使化学反应总压力增加一倍，则各组分的分压都增加一倍，此时化学反应的反应商为：

$$Q=\frac{(2p_{NH_3}/p^{\ominus})^2}{(2p_{N_2}/p^{\ominus})\times(2p_{H_2}/p^{\ominus})^3}=\frac{1}{4}\times K^{\ominus}$$

很显然，此时 $Q<K^{\ominus}$，所以平衡向正反应方向移动。即增大压力，平衡向分子数减小的方向发生移动。

如果在上述平衡体系中，将体系总压力降低为原来的 1/2，则各组分的分压都降低为原来的 1/2，此时化学反应的反应商为：

$$Q=\frac{\left(\frac{1}{2}p_{NH_3}/p^{\ominus}\right)^2}{\left(\frac{1}{2}p_{N_2}/p^{\ominus}\right)\times\left(\frac{1}{2}p_{H_2}/p^{\ominus}\right)^3}=4K^{\ominus}$$

由于 $Q>K^{\ominus}$，所以平衡向逆反应方向移动。即减小压力，平衡向分子数增多的方向发生移动。

对于任意气相化学反应：

$$aA(g)+dD(g) \rightleftharpoons gG(g)+hH(g)$$

在一定温度下达到平衡状态，有：

$$K^{\ominus}=\frac{(p_G/p^{\ominus})^g(p_H/p^{\ominus})^h}{(p_A/p^{\ominus})^a(p_D/p^{\ominus})^d}$$

由于 $K^{\ominus}$ 只是温度的函数，所以当温度不变而压力变化时，$K^{\ominus}$ 值无变化。若将平衡体系的压力变为原来的 n 倍，其他条件不变时，则体系各组分的分压也将变为原来的 n 倍，此时体系的反应商为：

$$Q=\frac{(np_G/p^{\ominus})^g(np_H/p^{\ominus})^h}{(np_A/p^{\ominus})^a(np_D/p^{\ominus})^d}=K^{\ominus}(n)\sum\nu_B \qquad (7\text{-}11)$$

根据式 (7-11)，可以得出如下结论。

如果化学反应的 $\sum\nu_B\neq 0$，即反应前后气体分子数有变化，则 $Q\neq K^{\ominus}$，压力的变化对平衡移动有影响；如果化学反应的 $\sum\nu_B=0$，即反应前后气体分子数相等，则 $Q=K^{\ominus}$，无论体系压力如何改变，平衡不会发生移动。

从上面讨论可以得出如下结论：压力变化只影响反应前后气体分子数有变化的化学反应。在恒温条件下，增大压力，平衡向气体分子数减少的方向移动；减小压力，平衡向气体分子数增多的方向移动。

对于有气体参加的反应体系，在具体处理问题时，经常将体积的变化归结为压力的变化来讨论。体积增大相当于降低体系压力，体积减小相当于增大体系压力。

如果向已经达到平衡的气相体系中加入惰性气体，对化学平衡的影响可分为三种情况。

① 若反应在含有惰性气体的条件下已达到平衡，将反应在定温下压缩，总压增大 x 倍，各组分的分压也增大同样倍数。由于惰性气体的分压不出现在 Q 和 $K^{\ominus}$ 的表达式中，因此，只要反应前后气体分子总数不相等，平衡将向气体分子数减小的方向移动。

② 若反应在恒温恒容下进行，已达到平衡，此时引入惰性气体，使体系的总压增大，但各反应物和生成物的分压不变，由于 $Q=K^{\ominus}$，所以平衡不发生移动。

③ 若反应在恒温恒压下进行，已达到平衡，引入惰性气体，此时为了保持总压不变，使体系的体积相应增大。在此情况下，各组分气体的分压相应减小相同倍数，只要反应前后气体分子总数不相等，平衡将向气体分子数增多的方向移动。

【例 7-8】 在 27℃、200kPa 下，N_2O_4 的转化率为 14.3%；当系统总压力降低为 100kPa 时，N_2O_4 的转化率为多少？

$$N_2O_4(g) \rightleftharpoons 2NO_2(g)$$

解 设开始时有 1mol 的 N_2O_4 参加反应，其中，解离量设为 $x$mol，即

$$N_2O_4(g) \rightleftharpoons 2NO_2(g)$$

开始时物质的量/mol　　1.00　　0

平衡时的物质的量/mol　　$1.00-x$　　$2x$

平衡时物质的量总数/mol　　$n_{总}=1.00-x+2x=1.00+x$

将 $p_{总}=2p^{\ominus}$，转化率为 14.3%代入平衡时各气体分压表达式，

$$p(N_2O_4)=p_{总}\times\frac{n(N_2O_4)}{n_{总}}=2p^{\ominus}\times\frac{1-0.143}{1+0.143}$$

$$p(NO_2)=p_{总}\times\frac{n(NO_2)}{n_{总}}=2p^{\ominus}\times\frac{0.286}{1.143}$$

$$K^{\ominus}=\frac{\left(\dfrac{p_{NO_2}}{p^{\ominus}}\right)^2}{\dfrac{p_{N_2O_4}}{p^{\ominus}}}=\frac{\left(\dfrac{2p^{\ominus}}{p^{\ominus}}\times\dfrac{0.286}{1.143}\right)^2}{\dfrac{2p^{\ominus}}{p^{\ominus}}\times\dfrac{1-0.143}{1+0.143}}=0.169$$

当总压力减半时，$K^{\ominus}$不变，当重新建立平衡时，反应商等于 $K^{\ominus}$，

$$Q=\frac{\left(\dfrac{p_{NO_2}}{p^{\ominus}}\right)^2}{\dfrac{p_{N_2O_4}}{p^{\ominus}}}=\frac{\left(\dfrac{p^{\ominus}}{p^{\ominus}}\times\dfrac{2x}{1.00+x}\right)^2}{\dfrac{p^{\ominus}}{p^{\ominus}}\times\dfrac{1.00-x}{1.00+x}}=K^{\ominus}=0.169$$

$x=0.200$，所以 N_2O_4 的转化率为 20%。

7.4.3 温度对化学平衡的影响

温度对化学平衡的影响与浓度、压力的影响有本质的不同。浓度、压力变化时，平衡常

数不发生变化，它们对化学平衡的影响是通过改变 Q 而得以实现的。而温度发生变化时，平衡常数变化，从而使化学平衡发生移动。

由热化学可知：$\Delta_r G_m^\ominus = \Delta_r H_m^\ominus - T\Delta_r S_m^\ominus$

而对于任意一化学反应，又有 $\Delta_r G_m^\ominus = -RT\ln K^\ominus$

所以 $-RT\ln K^\ominus = \Delta_r H_m^\ominus - T\Delta_r S_m^\ominus$，即

$$\ln K^\ominus = -\frac{\Delta_r H_m^\ominus}{RT} + \frac{\Delta_r S_m^\ominus}{R} \tag{7-12}$$

若某可逆反应在温度为 T_1 和 T_2 时，平衡常数分别为 $K_1^\ominus$ 和 $K_2^\ominus$，在温度变化不大时，$\Delta_r H_m^\ominus$、$\Delta_r S_m^\ominus$ 可看作常数。分别代入式（7-12）得到：

$$\ln K_1^\ominus = -\frac{\Delta_r H_m^\ominus}{RT_1} + \frac{\Delta_r S_m^\ominus}{R}$$

$$\ln K_2^\ominus = -\frac{\Delta_r H_m^\ominus}{RT_2} + \frac{\Delta_r S_m^\ominus}{R}$$

两式相减，得到：

$$\ln\frac{K_2^\ominus}{K_1^\ominus} = -\frac{\Delta_r H_m^\ominus}{R}\left(\frac{1}{T_2} - \frac{1}{T_1}\right) = \frac{\Delta_r H_m^\ominus}{R}\left(\frac{T_2 - T_1}{T_1 T_2}\right) \tag{7-13}$$

式中，$K_1^\ominus$、$K_2^\ominus$ 分别为温度 T_1、T_2 时，化学平衡的标准平衡常数。$\Delta_r H_m^\ominus$ 为化学反应的反应热，在温度变化范围不大时，$\Delta_r H_m^\ominus$ 为常数。

由式（7-13）可以看出：对于放热反应，$\Delta_r H_m^\ominus < 0$，当 $T_2 > T_1$ 时，$K_1^\ominus > K_2^\ominus$，即平衡常数随温度升高而减小，升高温度平衡向逆反应方向移动；对于吸热反应，$\Delta_r H_m^\ominus > 0$，当 $T_2 > T_1$ 时，$K_1^\ominus < K_2^\ominus$，即平衡常数随温度升高而增大，升高温度使平衡向正反应方向移动。很显然，升高温度，平衡向吸热方向移动；而降低温度，平衡向放热方向移动。

【例 7-9】 已知反应

$$I_2(g) + Br_2(g) \rightleftharpoons 2IBr(g)$$

在 25℃时的平衡常数 $K_1^\ominus = 420.25$，$\Delta_r H_m^\ominus = -10.58\text{kJ}\cdot\text{mol}^{-1}$，求 100℃时的平衡常数 $K_2^\ominus$。

解

$$\ln\frac{K_2^\ominus}{K_1^\ominus} = -\frac{\Delta_r H_m^\ominus}{R}\left(\frac{1}{T_2} - \frac{1}{T_1}\right) = -\frac{-10.58\times10^3}{8.314}\times\left(\frac{1}{373} - \frac{1}{298}\right) = -0.8579$$

$$\frac{K_2^\ominus}{K_1^\ominus} = 0.4241$$

$$K_2^\ominus = 178.23$$

7.4.4 催化剂对化学平衡的影响

在化学动力学里，已经知道催化剂可以降低反应的活化能。对于任一可逆反应来说，催化剂可以同等程度地加快正、逆反应的速率。因此，催化剂不影响化学平衡，但可以缩短可逆反应达到平衡的时间。

下面以简单反应 $A \rightleftharpoons B$ 为例进行理论推导。假定这是一个基元反应，根据质量作用定律：

对于正向反应　　$A \longrightarrow B$：$v_+ = k_f[A]$

对于逆向反应　　$B \longrightarrow A$：$v_- = k_r[B]$

上式中：k_f 和 k_r 分别为**正向反应**（forward reaction）和**逆向反应**（reverse reaction）的速率常数。

当反应达到平衡时，正、逆反应速率相等，即 $v_+ = v_-$

则有：$k_f[A] = k_r[B]$

可得：

$$\frac{[B]}{[A]} = \frac{k_f}{k_r} = K \tag{7-14}$$

很显然，当可逆反应达到平衡时，正向反应与逆向反应的速率常数比就是平衡常数。而根据阿仑尼乌斯关系式，速率常数又可以表示为：

$$k_f = A_f e^{-\frac{E_{a_f}}{RT}} \qquad k_r = A_r e^{-\frac{E_{a_r}}{RT}}$$

式中，A_f、A_r 分别为正向反应和逆向反应的特征常数；E_{a_f}、E_{a_r} 分别为正向反应和逆向反应的活化能。

代入式（7-14），则有：

$$K = \frac{k_f}{k_r} = A_f e^{-\frac{E_{a_f}}{RT}} / A_r e^{-\frac{E_{a_r}}{RT}} = \frac{A_f}{A_r} e^{-\frac{E_{a_f}}{RT} + \frac{E_{a_r}}{RT}} = \frac{A_f}{A_r} e^{-\frac{\Delta_r H_m}{RT}} \tag{7-15}$$

式（7-15）为平衡常数的表达式，式中 $\Delta_r H_m$ 为反应的反应热。根据过渡态理论，它等于正、逆反应的活化能之差，一般认为是常数。很显然，从平衡常数表达式中可以看出，影响平衡常数的因素只有一个，就是温度。催化剂的加入确实不能改变平衡常数，因此催化剂不影响化学平衡。

7.5　勒夏特列原理

1887 年，法国化学家勒夏特列（Le Chatelier）总结出一条普遍规律：如果改变平衡系统的条件之一（浓度、压力、温度等），平衡就向能减弱这种改变的方向移动。这一规律就是**勒夏特列原理**（Le Chatelier's principle），又称为平衡移动原理。

勒夏特列原理是一个定性的、更为广泛的、具有指导意义的规律，它不仅适用于化学平衡系统，也适用于物理平衡和所有的动态平衡系统，但不能应用于没有达到平衡的体系，也不能预计体系是否达到平衡，更不含有量的概念。

本章小结

本章讨论了化学平衡，主要学习两个知识点。

（1）化学平衡的特征

根据反应物是否能完全转化为生成物进行区分，化学反应可以区分为可逆反应和非可逆反应，大部分反应都是可逆反应；可逆反应的终点就是反应的平衡状态，即正、逆反应速率相等，反应表观上处于“停滞”状态，是一种动态平衡；热力学上用标准平衡常数来定量描述平衡状态，它是反应的一个特征性常数，只与温度有关，表达的是一定条件下反应进行的限度。

(2) 影响化学平衡移动的因素

在一定条件下，任意可逆反应的平衡状态都为动态平衡。当外界条件改变时，原平衡被打破；根据等温方程式，欲使平衡发生移动，只需 $Q \neq K^{\ominus}$；根据 Q 和 $K^{\ominus}$ 的表达式，改变 Q 值的途径是浓度或者压力，改变 $K^{\ominus}$ 的途径是温度；浓度、压力和温度对平衡移动方向的影响可以用勒夏特列原理来判断；需要注意的是，该原理仅适用于已达到平衡的体系，包括物理平衡。

(3) 本章一些重要的计算公式

① 标准平衡常数

对于任一化学反应：$a\mathrm{A(g)} + d\mathrm{D(aq)} + e\mathrm{E(s)} \rightleftharpoons g\mathrm{G(aq)} + h\mathrm{H(g)} + f\mathrm{F(l)}$

$$K^{\ominus} = \frac{[\mathrm{G}]^{g}(p_{\mathrm{H}}/p^{\ominus})^{h}}{(p_{\mathrm{A}}/p^{\ominus})^{a}[\mathrm{D}]^{d}}$$

② 多重平衡规则

若反应(3)＝反应(1)＋反应(2)，则 $K_3^{\ominus} = K_2^{\ominus} K_1^{\ominus}$

若反应(3)＝反应(1)－反应(2)，则 $K_3^{\ominus} = K_1^{\ominus}/K_2^{\ominus}$

③ 平衡常数与摩尔吉布斯自由能变

$$\Delta_{\mathrm{r}} G_{\mathrm{m}}^{\ominus} = -RT\ln K^{\ominus}$$

④ 化学反应等温方程式

$$\Delta_{\mathrm{r}} G_{\mathrm{m}} = \Delta_{\mathrm{r}} G_{\mathrm{m}}^{\ominus} + RT\ln Q$$

⑤ 可逆反应的方向性判据

$Q < K^{\ominus}$ 时，$\Delta_{\mathrm{r}} G_{\mathrm{m}} < 0$，反应将向正反应方向进行，即正向反应具有自发性；

$Q = K^{\ominus}$ 时，$\Delta_{\mathrm{r}} G_{\mathrm{m}} = 0$，反应处于平衡态，以可逆方式进行；

$Q > K^{\ominus}$ 时，$\Delta_{\mathrm{r}} G_{\mathrm{m}} > 0$，反应将向逆反应方向进行，即逆向反应具有自发性。

科技人物：勒夏特列

亨利·勒夏特列/勒·夏特利埃（Le Chatelier，Henri Louis），于 1850 年 10 月 8 日生于巴黎，1936 年 9 月 17 日卒于伊泽尔，法国化学家。

勒夏特列出生在一个工程师家庭中。勒夏特列的外祖父是个建筑师，对改进水泥的性能有很大兴趣。勒夏特列印象很深刻，他 6 岁时，外祖父叫他去点燃砖窑，燃起熊熊火焰。勒夏特列的父亲是一名工程师，当过法国矿务总监，还领导过在法国、西班牙和奥地利的铁路修建。他跟德维尔（H. Deville）一起炼铝，跟西门斯（Semmes）一起发展了炼钢。这两位科学家都是科技史上的名人。勒夏特列还记得，著名科学家雪弗莱（Chevreul）和杜马（Dumas）曾到他家做客，激起他学习科技的热情。后来，勒夏特列五兄弟全都选择了与科学技术相关的职业。1869 年，勒夏特列立志追随他父亲当名工程师，进入法国科技学院学习。但 1870 年爆发的普法

勒夏特列

(1850～1936)

战争中止了他的学习。战后，勒夏特列退役归来，进入法国矿业学院。同时，他还额外地到法兰西学院听课，特别是到巴黎大学听了著名教授德维尔讲授的化学课。从矿业学院毕业后，他在政府机构当一名市政工程师。1877年被法国矿业学院任命为化学教授。勒夏特列应聘后，研究了水电站的水泥，并以此课题形成他1887年博士学位论文的基础，对水泥的化学问题作出了重要贡献。

勒夏特列为研究水泥反应的热效应，学习了化学热力学；对热学的研究很自然将他引导到热力学的领域中去，使他得以在1888年宣布了一条他因而遐迩闻名的定律，那就是至今仍以他名字命名的勒夏特列原理。勒夏特列原理的应用可以使某些工业生产过程的转化率达到或接近理论值，同时也可以避免一些并无实效的方案（如高炉加高的方案），其应用非常广泛。勒夏特列原理因可预测特定变化条件下化学反应的方向，所以有助于化学工业的合理化安排和指导化学家们最大程度地减少浪费，生产出所希望的产品。例如哈伯借助于这个原理设计出他的从大气氮中生产氨的反应，这是个关系到战争与和平的重大发明，也是勒夏特列本人差不多比哈伯早二十年就曾预料过的发明。勒夏特列是发现吉布斯的欧洲人之一，又是第一个把吉布斯的著作译成法文的人。

勒夏特列还为法国政府咨询委员会作出了重要贡献。他提出了减少采矿事故的措施，降低了可燃性气体爆炸的危险，帮助发展了后来被广泛采用的低温引爆炸药。他广泛涉足工业，对金属和合金很有研究。1904年，创刊了杂志《冶金评论》，该杂志后来成为冶金领域的核心刊物。他还研究了制造气体、陶瓷、耐火砖的化学工程。1907年，他入选法国科学院。同年，受聘为巴黎大学无机化学主任。

勒夏特列是一位善于鼓舞人心的教师。他备课细致入微，讲课时做大量演示实验，吸引了300多人来听课。他指导的研究生很多，却从来不在学生的发表物上署名，尽管他是这些研究的主要贡献者。同时，他还在他女儿的帮助下继续主编刊物《冶金评论》。这不可避免地影响他出研究成果，但他仍然活跃在数个研究领域中。例如，他与著名的美国工程师泰勒的合作是富有成效的。他们成功地开发了高速削切钢材的特殊工具钢。勒夏特列把泰勒革命性的工业管理模式介绍给法国工业界。1914年后，勒夏特列还用泰勒的思想发展法国的军工企业，为改进弹盒、钥盔、修筑工事的快干水泥等战略物资作出了贡献。

勒夏特列在晚年仍很忙碌，但也很幸福。1936年，勒夏特列跟他的妻子一起度过了结婚60周年纪念。他们有7个子女、34个孙子孙女、6个重孙。第二年勒夏特列带着对未来社会的美好愿望离开了人间。他在一篇文章里这样写道："我希望，我们不要过于欺骗我们自己，如果人类值得继续庆幸在19世纪发展了实验科学和大规模的工业生产，到20世纪里，应当为理解社会问题和公正的爱作出杰出贡献。"

法国矿业学院至今每年为最佳博士论文颁发着勒夏特列奖。巴黎大学的勒夏特列铜像经历了另一次战争洗礼，至今仍矗立着。勒夏特列的美好愿望并未实现，还要靠21世纪乃至以后若干个世纪，靠全人类的良知而不是尔虞我诈，靠全人类的努力而不是巧取豪夺，才有可能实现！

科技动态：选择合理生产条件的一般原则

化学反应速率和化学平衡是化工生产中两个非常重要并且彼此密切相关的问题。在实际工作中，应当反复实践、综合分析，采取最有利的工艺条件，以达到最高的经济效益和社会效益。下列几项原则，可作为选择合理生产条件时的参考。

(1) 对于任何一个反应，增大反应物的浓度，都会提高反应速率，生产中常使一种价廉易得的原料适当过量，以提高另一种原料的转化率。例如在水煤气反应过程中，

$$CO(g)+H_2O(g) \rightleftharpoons CO_2(g)+H_2(g)$$

为使 CO 充分转化为 CO_2，常通入过量的水蒸气。但是，当使一种原料过量时，应该配比适当，否则也会引起设备利用率降低，而将另一种原料“冲淡”。对气相反应，更要注意原料气的性质，有的原料的配比一旦进入爆炸范围，将会造成不良后果。

当然，根据勒夏特列原理，使生成物的浓度降低，同样可以使化学平衡向正向移动。在生产中也经常采取不断取走某种反应生成物的方法，使化学反应持续进行，以保证原料的充分利用和生产过程的连续化，并提高化工生产设备的利用率和化工生产的经济效益。

(2) 对于反应后气体分子数减少的气相反应，增加压力可使平衡向正向移动，例如在合成氨工业生产过程中，

$$N_2(g)+3H_2(g) \rightleftharpoons 2NH_3(g)$$

增大压力不但能增加反应速率，而且能提高氨的产率。在 1000×10^5 Pa 下，不用催化剂就可以合成氨。不过氢在这样的高压下，能穿透用特种钢制作的反应器的器壁。考虑到设备的耐压能力，合成氨工业反应体系的压力一般采用 $600\times10^5\sim700\times10^5$ Pa。所以在增加反应速率、提高转化率的同时，必须考虑设备能力和安全防护等。

(3) 对放热反应，升高温度会提高反应速率，但会使转化率降低，使用催化剂可以提高反应速率而不致影响平衡。使用催化剂必须注意活化温度，防止催化剂“中毒”，以提高使用效率和寿命。

对于吸热反应，升高温度既能加快反应速率，又能提高转化率，但要避免反应物或生成物的过热分解，也要注意燃料的合理消耗。

(4) 相同的反应物，若同时可能发生几种反应，而其中只有一个反应是需要的，则首先必须选择合适的催化剂，以保证主反应的进行和遏制副反应的发生，然后再考虑其他条件。

复习思考题

1. 回答下列问题：

(1) 反应系统中各组分的平衡浓度是否随时间、反应物的起始浓度和温度的变化而变化？

(2) 同时有气相和固相参加的反应，平衡常数是否与固相的含量有关？

(3) 有气相和液相参加的反应，平衡常数是否与液相中各组分的含量有关？

(4) 实验平衡常数与标准平衡常数有何区别与联系？

(5) 平衡常数改变后，平衡是否移动？平衡移动后，平衡常数是否改变？

(6) 对于 $\Delta_r G_m^\ominus>0$ 的反应，是否在任何条件下都不能自发进行？

(7) 对于 $\Delta_r G_m^\ominus=0$ 的反应，是否意味着反应一定处于平衡态？

2. 化学平衡的特征是什么？如何定量描述化学平衡的状态？

3. 下列说法是否正确，为什么？

(1) 催化剂可以改变化学平衡状态。

(2) 对于气相反应，增加压力，平衡必定发生改变。

(3) 化学平衡是动态平衡。

(4) 可逆反应建立平衡时，必有 $\Delta_r G_m^\ominus=0$。

(5) 若一个反应的速率方程式符合质量作用定律，则这个反应必定是基元反应。

4. 对于可逆过程，判断反应自发性的判据是什么？与吉布斯自由能判据有什么区别与联系？

5. 影响化学平衡的因素有哪些？催化剂是否影响化学平衡过程？为什么？

6. 在27℃时，反应 $2NO_2(g) \rightleftharpoons N_2O_4(g)$ 达到平衡时，反应物和产物的分压分别为 p_1 和 p_2。写出 K_c、K_p 和 $K^\ominus$ 的表达式，并计算三者之间的关系（以 $p^\ominus=100kPa$ 计算）。

7. 对反应：$aA(g)+dD(g) \rightleftharpoons gG(g)+hH(g)$，$\Delta_r H<0$，试讨论升高温度对化学平衡有何影响，为什么？

8. 在某温度下压力为100kPa时，体积为1L的 PCl_5 部分分解为 PCl_3 和 Cl_2。试说明在下列条件下，PCl_5 的转化率是增大还是减小：

(1) 降低压力至体积为2L。

(2) 加入 Cl_2 至压力为200kPa，体积仍为1L。

(3) 以 N_2 混合至体积为2L，压力仍为100kPa。

(4) 以 N_2 混合至压力为200kPa，体积仍为1L。

9. 可逆反应 $A(g)+B(s) \longrightarrow 2C(g)$ 的 $\Delta_r H_m^\ominus<0$，达到平衡时，如果改变下述各项条件，试将其他各项发生的改变填入表中：

改变条件	正反应速率	速率常数 k	平衡常数	平衡移动的方向
增加A的分压				
增加压力				
降低温度				
使用催化剂				

10. 对于反应：$2C(s)+O_2(g) = 2CO(g)$，反应的自由能变化（$\Delta_r G_m^\ominus$）与温度（T）的关系为 $\Delta_r G_m^\ominus=(-232600-168T)J\cdot mol^{-1}$，由此可以说，随反应温度的升高，$\Delta_r G_m^\ominus$ 更负，反应会更彻底。这种说法是否正确？为什么？

11. 生产硫酸时，用空气氧化 SO_2 生成 SO_3，

$$2SO_2(g)+O_2(g) \rightleftharpoons 2SO_3(g) \qquad \Delta_r H_m^\ominus=-196.6kJ\cdot mol^{-1}$$

在一定温度下建立平衡时，下列情况能否引起平衡的移动？如果移动，移动方向如何？

(1) 通入过量的空气；　(2) 增大系统的压力；　(3) 升高反应温度；

(4) 分离出 SO_3（g）；　(5) 延长反应时间；　(6) 取出催化剂。

习　题

1. 写出下列化学反应的平衡常数 $K^\ominus$ 的表达式：

(1) $2CO_2(g) \rightleftharpoons 2CO(g)+O_2(g)$

(2) $CaCO_3(s) \rightleftharpoons CaO(s)+CO_2(g)$

(3) $Fe_3O_4(s)+4H_2(g) \rightleftharpoons 3Fe(s)+4H_2O(g)$

(4) $CH_4(g)+H_2O(g) \rightleftharpoons CO(g)+3H_2(g)$

(5) $2FeCl_3(aq)+2KI(aq) \rightleftharpoons 2FeCl_2(aq)+2KCl(g)+I_2(s)$

2. 甲醛在水溶液中可聚合为葡萄糖：$6HCHO \rightleftharpoons C_6H_{12}O_6$，理论计算得知，25℃时，上述反应的 $K^{\ominus}=6\times10^{22}$。如果达到平衡时葡萄糖的浓度为 $1.00mol\cdot L^{-1}$，求平衡时甲醛的浓度。

3. 把 $H_2NCOONH_4$ 放入真空容器中加热至 30℃时，平衡时总压力为 16.7kPa，试求反应 $H_2NCOONH_4(s) \rightleftharpoons 2NH_3(g)+CO_2(g)$ 的平衡常数 $K^{\ominus}$。

4. 硫氰化铵的分解反应如下：$NH_4HS(s) \rightleftharpoons H_2S(g)+NH_3(g)$。若在某温度时，把 NH_4HS 固体置于真空容器中使其分解，达到平衡时容器中气体的总压力为 6.67kPa。求在平衡混合物中加入 NH_3，使它的平衡分压为 107kPa，此时 H_2S 的平衡分压为多少？容器内的总压力为多少？

5. 在 497℃、100kPa 时，在某一容器中 $2NO_2(g) \rightleftharpoons 2NO(g)+O_2(g)$ 建立平衡，有 56%NO_2 转化为 NO 和 O_2，求 $K^{\ominus}$。若要使 NO_2 的转化率提高到 80%，平衡时的压力为多少？

6. 在 700℃，反应 $C(s)+CO_2(g) \rightleftharpoons 2CO(g)$，在 2.0L 的容器中处于平衡时，其中有 0.10mol 的 CO、0.20mol 的 CO_2 和 0.40mol 的 C；冷却至 600℃时又生成 0.04mol 的 C，试分别计算 700℃与 600℃时反应的 $K^{\ominus}$，并问此反应是放热反应还是吸热反应？

7. 在 25℃和 100kPa 下，反应 $N_2O_4(g) \rightleftharpoons 2NO_2(g)$ 建立平衡时，测得混合气体的密度为 $3.176g\cdot L^{-1}$，求：(1) 此反应的 $K^{\ominus}$；(2) 25℃和 202.6kPa 下 N_2O_4 的转化率。

8. 在 700K 时反应 $PCl_5(g) \rightleftharpoons PCl_3(g)+Cl_2(g)$ 的 $K^{\ominus}=11.5$，把 PCl_5 放在 0.5L 的密闭容器中加热到 700K，平衡时的 Cl_2 分压为 124kPa。求：

(1) 开始时用的 PCl_5 为多少克？

(2) 达到平衡后，如果在容器中加入 7.1g 的 Cl_2，平衡将向何方移动？试用计算说明。

9. 水煤气的生成反应：$C(s)+H_2O(g) \rightleftharpoons CO(g)+H_2(g)$，在 1300K 时，$K^{\ominus}=48$。当用 1000kPa 的水蒸气加到含有煤的 100L 容器中，问达到平衡时，有多少质量的碳被气化？

10. 已知反应 $2NO_2(g) \rightleftharpoons N_2O_4(g)$，求：

(1) 上述反应在 25℃时的 $\Delta_rG_m^{\ominus}$ 和 $K^{\ominus}$；

(2) 逆反应的 $\Delta_rG_m^{\ominus}$ 和 $K^{\ominus}$。

11. 在 400℃、总压 1000kPa 下，NH_3 的转化率为 98.0%。求反应：$2NH_3(g) \rightleftharpoons N_2(g)+3H_2(g)$的 $\Delta_rG_m^{\ominus}$ (673K)。

12. 查表得知 25℃时 $CuSO_4\cdot5H_2O(s)$ 和 $CuSO_4\cdot3H_2O(s)$ 的 $\Delta_fG_m^{\ominus}$ 分别为 $-1880kJ\cdot mol^{-1}$ 和 $-1399kJ\cdot mol^{-1}$，大气中水的饱和蒸气压为 3.17kPa。通过计算说明 $CuSO_4\cdot5H_2O(s)$ 能否风化 [即失去部分结晶水成为 $CuSO_4\cdot3H_2O(s)$]及产生风化的水蒸气分压范围。

13. 在 273K 时，水的饱和蒸气压为 611Pa，该温度下反应：

$$SrCl_2\cdot6H_2O(s) \rightleftharpoons SrCl_2\cdot2H_2O(s)+4H_2O(g) \quad K^{\ominus}=6.89\times10^{-12}$$

利用计算结果说明实际发生的过程是 $SrCl_2\cdot6H_2O(s)$ 失水风化，还是 $SrCl_2\cdot2H_2O(s)$ 吸水潮解？

14. 根据下列热力学数据，计算 298K 时 Hg 的饱和蒸气压和 Hg 的沸点。

	Hg (l)	Hg (g)
$\Delta_f H_m^{\ominus}$/kJ·mol^{-1}	0	61.4
$S_m^{\ominus}$/J·mol^{-1}·K^{-1}	75.9	175
$\Delta_f G_m^{\ominus}$/kJ·mol^{-1}	0	31.8

15. 一定量的氯化铵受热分解 $NH_4Cl(s) = NH_3(g) + HCl(g)$。已知反应的 $\Delta_r H_m^{\ominus} = 161kJ \cdot mol^{-1}$，$\Delta_r S_m^{\ominus} = 250J \cdot mol^{-1} \cdot K^{-1}$，求在 700K 达到平衡时体系的总压力。

16. 潮湿的 Ag_2CO_3 在 110℃下用含有 CO_2 的空气流干燥，计算空气流中 CO_2 的分压至少为多少时，才能避免 Ag_2CO_3 的分解？已知 298K 时热力学数据：Ag_2CO_3 的 $\Delta_f H_m^{\ominus} = -506.1kJ \cdot mol^{-1}$，$S_m^{\ominus} = 167.4J \cdot mol^{-1} \cdot K^{-1}$，$Ag_2O$ 的 $\Delta_f H_m^{\ominus} = -31.1kJ \cdot mol^{-1}$，$S_m^{\ominus} = 121.3J \cdot mol^{-1} \cdot K^{-1}$，$CO_2$ 的 $\Delta_f H_m^{\ominus} = -393.5kJ \cdot mol^{-1}$，$S_m^{\ominus} = 213.8J \cdot mol^{-1} \cdot K^{-1}$。

17. 反应 $2NaHCO_3(s) = Na_2CO_3(s) + CO_2(g) + H_2O(g)$ 的标准摩尔反应热为 $1.29 \times 10^2 kJ \cdot mol^{-1}$，若 303K 时 $K^{\ominus} = 1.66 \times 10^{-5}$，计算 393K 的 $K^{\ominus}$。

18. 反应 $3H_2(g) + N_2(g) = 2NH_3(g)$ 在 200℃时的平衡常数 $K_1^{\ominus} = 0.64$，在 400℃时的平衡常数 $K_2^{\ominus} = 6.0 \times 10^{-4}$，据此求该反应的标准摩尔反应热 $\Delta_r H_m^{\ominus}$ 和 $NH_3(g)$ 的标准摩尔生成热 $\Delta_f H_m^{\ominus}$。

第8章

酸碱平衡

【学习要求】

（1）了解弱电解质以及强电解质的解离特点，理解强电解质的表观解离度、活度以及活度系数；

（2）掌握酸碱质子理论的定义，了解酸碱质子理论的拉平效应和区分效应；

（3）掌握一元弱酸和一元弱碱的解离平衡及其相关平衡组成计算；

（4）熟悉多元弱酸的解离特点及其平衡组成的计算；

（5）掌握同离子效应和盐效应对弱酸弱碱解离平衡的影响；

（6）掌握缓冲溶液的概念以及pH值的计算；

（7）了解盐类的水解及其水解常数的推导。

科学实验和化工生产中，许多无机化学反应是在水溶液中进行的。水溶液中的化学反应被广泛研究和应用，是由于作为溶剂的水自身具有许多不可替代的优良特性。如很宽的液态范围（0～100℃）、极丰富的资源且较易纯化及良好的溶解性能等。

参与这些反应的物质主要是酸、碱、盐，它们都是电解质。很多物质溶于水后，在溶剂水分子的作用下可以部分或完全解离成离子。因此，水溶液中很多化学反应的实质是离子间的反应。这类反应具有一些共同的特点：①反应的活化能较低（一般在 $40kJ \cdot mol^{-1}$ 以下）而反应速率较快；②反应受压力的影响很小，故常可忽略；③反应的热效应较小、温度对相关反应的平衡常数的影响也较小，可不予考虑。因此讨论这类反应的平衡问题显得比速率问题更为重要，而且在影响平衡诸因素中浓度的影响最为重要。

在涉及溶液中离子反应的平衡问题时，主要包括四大平衡：酸碱平衡、沉淀-溶解平衡、氧化还原平衡以及配位平衡。本章首先对酸碱平衡进行讨论，而后三种平衡问题将在随后章节中加以阐述。

8.1 电解质溶液

人们在研究物质水溶液的导电性时，提出了电解质和非电解质的概念。凡在水溶液中或熔融状态下能导电的物质称为**电解质**（electrolyte），例如酸、碱、盐，这类化合物的水溶液就称为电解质溶液；凡在水溶液中或熔融状态下，不能导电的物质称为**非电解质**（nonelectrolyte），例如苯、乙醇以及许多有机化合物。

根据电解质在水溶液中或熔融状态下导电能力的差异，可以区分为强电解质和弱电解质。在水溶液中能全部解离成离子的电解质，称为**强电解质**（strong electrolyte），包括离子型化合物和强极性分子，如 NaCl、$MgSO_4$、HCl 等物质。在水溶液中仅能部分解离成离子的电解质，称为**弱电解质**（weak electrolyte），如 HAc、$NH_3 \cdot H_2O$ 等物质。

强电解质和弱电解质在溶液中具有不同的解离特点。

8.1.1 弱电解质溶液的解离特点

（1）解离特点

1887 年，阿仑尼乌斯在前人和他本人对电解质溶液导电性和反常依数性研究的基础上，提出了解离理论。这一理论的基本思想为：

① 当电解质溶于水后，它们的分子便或多或少地形成带有正、负电荷的离子，并把这种过程称为**解离**（dissociation）；

② 正、负离子在溶液中不停运动，又会结合成分子；

③ 电解质溶液的导电性，是由于正、负离子迁移的结果；溶液中离子越多，导电性越强；

④ 电解质在溶液中解离后，正离子所带的正电荷总和等于负离子所带的负电荷总和，因此整个溶液仍呈电中性。

根据阿仑尼乌斯解离理论，电解质在水中仅是部分解离。因此，在电解质溶液中还存在着未解离的分子和解离的离子之间的平衡。阿仑尼乌斯的解离理论很好地解释了弱电解质在水溶液中的解离行为。

例如，醋酸（CH_3COOH，通常简写为 HAc）是一种弱电解质，它符合阿仑尼乌斯解离理论；在水溶液中会部分解离成氢离子 H^+ 和醋酸根离子 Ac^-，溶液中存在着下列平衡：

$$HAc \rightleftharpoons H^+ + Ac^-$$

（2）解离度

弱电解质在水溶液中达到平衡时，溶液中已解离的溶质分子占解离前溶质分子总数的百分比叫做**解离度**（dissociation degree）。用符号 α 表示。

$$\alpha = \frac{\text{已解离的分子数}}{\text{原有分子总数}} \times 100\% \tag{8-1}$$

弱电解质解离度 α 的大小表示弱电解质达到解离平衡时，解离程度的大小；弱电解质的解离度一般很小。一些常见弱电解质的解离度见表 8-1。

表 8-1 一些常见弱电解质的解离度（$0.1mol \cdot L^{-1}$，298K）

电解质	解离度 α/%	电解质	解离度 α/%
HAc	1.34	$NH_3 \cdot H_2O$	1.3
H_2CO_3	0.17	H_3BO_3	0.01
H_2S	0.07	HCN	0.01

8.1.2 强电解质溶液的解离特点

（1）表观解离度

阿仑尼乌斯的解离理论很好地解释了弱电解质在水溶液中的解离行为，但不适用于强电解质。根据近代物质结构理论，强电解质在水溶液中是完全解离的，全部以离子的形式存在，不存在分子；因此，理论上来说它们在水溶液中的解离度应为 100%，但导电性实验表明强电解质在溶液中的解离度都小于 100%。显然实验测定的解离度并不代表强电解质在溶液中的实际解离度，故称为**表观解离度**（apparent dissociation degree）。一些常见强电解质的表观解离度如表 8-2 所示。

表 8-2　一些强电解质的表观解离度（$0.1mol \cdot L^{-1}$，298K）

电解质	HCl	HNO_3	H_2SO_4	NaOH	$Ba(OH)_2$	KCl	$ZnSO_4$
表观解离度/%	92	92	61	91	81	86	40

导电性实验表明，强电解质在溶液中似乎不是完全解离，这与实际上强电解质在水溶液中完全解离的事实相矛盾；如何解释强电解质在溶液中的这一矛盾现象？

（2）离子氛

1923 年，德拜（P. J. Debye）和休格尔（E. Hückel）根据离子相互作用理论解释了强电解质在溶液中似乎没有完全解离的现象。他们认为，强电解质在水溶液中是全部解离的，但是解离产生的正、负离子之间所带电荷存在着静电引力：相同电荷的离子之间相互排斥，不同电荷的离子之间相互吸引。因此，溶液中每个离子的周围都被异性离子包围，从而形成球形对称的**"离子氛"**（ion atmosphere）（见图 8-1）；结果在正离子周围有负离子组成的离子氛，负离子周围也有正离子组成的离子氛；使得离子在溶液中不完全自由，而是彼此相互牵制，又称牵制离子。

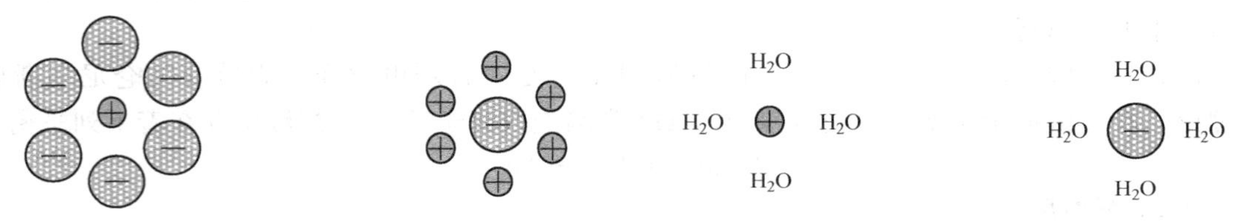

图 8-1　离子氛（牵制离子）示意图　　　　图 8-2　自由离子示意图

由于离子氛的存在，强电解质在水溶液中解离的离子并不是独立的自由离子，即被水分子包围的离子（见图 8-2），而是牵制离子，彼此有着相互牵制作用。这种牵制作用使得单位体积的电解质溶液内所含离子数显得比按完全解离所计算出来的离子数要少，因而表现出似乎没有完全解离。当电解质溶液在通电时，由于离子与它的离子氛之间的相互作用，会使得离子不能百分之百地发挥输送电荷的作用，表象上使人们觉得离子的数目少于电解质全部解离时应有的离子数目；加之强电解质溶液中的离子较多，离子间平均距离小，离子间吸引力和排斥力比较显著等因素，离子氛的运动速度显然比自由离子要慢一些；因此溶液的导电性就比完全解离的理论模型要低一些，产生不完全解离的假象。

离子浓度越大，离子氛的作用越强，这种偏差就越大。当强电解质水溶液被稀释时，离子的浓度降低，离子间平均距离增大，相互的牵制作用减弱，才会逐渐接近于实际的完全解离。所以通过实验测得的电解质溶液的解离度仅仅反映出溶液中离子间相互牵制作用的强度，并不代表电解质溶液中离子的实际存在状况，这种解离度就是表观解离度。

可见，强电解质解离度的意义与弱电解质有很大不同：弱电解质的解离度是达到解离平衡时解离了的分子百分数，反映的是弱电解质解离程度的大小；而强电解质的表观解离度却是反映其溶液中离子相互牵制作用的强弱程度，表观解离度小于理论解离度。

（3）离子强度

根据离子相互作用理论：离子的浓度越大，离子所带电荷数越多，离子与它的离子氛之间的作用就越强。1921 年，路易斯（G. N. Lewis）提出了**离子强度**（ionic strength）的概念，用来定量衡量溶液中离子和它的离子氛之间相互作用的强弱。溶液的离子强度，等于溶液中各种离子的浓度与离子电荷数平方乘积的总和的一半，公式为：

$$I=\frac{1}{2}(c_1z_1^2+c_2z_2^2+\cdots+c_iz_i^2)=\frac{1}{2}\sum_i c_iz_i^2 \tag{8-2}$$

式中，c_i 和 z_i 分别为溶液中 i 离子的摩尔浓度和电荷数；I 的单位为 mol·L^{-1}。

由式（8-2）可知，离子强度仅与溶液中各离子的浓度及电荷数有关，而与离子种类无关。离子浓度越大，电荷数越多，则溶液的离子强度越大，离子间的相互牵制作用就越强。

【例 8-1】 计算下列溶液的离子强度：（1）0.02mol·L^{-1}NaCl 溶液；（2）0.02mol·L^{-1}Na_2SO_4 溶液；（3）0.02mol·L^{-1}HCl 和 0.18mol·L^{-1}KCl 两种溶液等体积混合后形成的溶液。

解 根据式（8-2）可知：

（1）溶液中含有 0.02mol·L^{-1} 的 Na^+ 和 0.02mol·L^{-1} 的 Cl^-，则

$$I=\frac{1}{2}\times[c(Na^+)z(Na^+)^2+c(Cl^-)z(Cl^-)^2]$$

$$=\frac{1}{2}\times(0.02\times1^2+0.02\times1^2)=0.02(mol\cdot L^{-1})$$

（2）溶液中含有（0.02×2）mol·L^{-1} 的 Na^+ 和 0.02mol·L^{-1} 的 SO_4^{2-}，则

$$I=\frac{1}{2}\times[c(Na^+)z(Na^+)^2+c(SO_4^{2-})z(SO_4^{2-})^2]$$

$$=\frac{1}{2}\times(2\times0.02\times1^2+0.02\times2^2)=0.06(mol\cdot L^{-1})$$

（3）等体积混合后两种溶液的浓度都变为原来的 1/2，则该混合液中 H^+、K^+、Cl^- 的浓度分别为 0.02/2=0.01mol·L^{-1}、0.18/2=0.09mol·L^{-1}、(0.02+0.18)/2=0.10mol·L^{-1}，则

$$I=\frac{1}{2}\times[c(H^+)z(H^+)^2+c(K^+)z(K^+)^2+c(Cl^-)z(Cl^-)^2]$$

$$=\frac{1}{2}\times(0.01\times1^2+0.09\times1^2+0.10\times1^2)=0.1(mol\cdot L^{-1})$$

特别注意的是，在计算离子强度时，一般只考虑强电解质；因为弱电解质（比如 H_2O）解离的离子浓度太小，可以忽略。

（4）活度和活度系数

在强电解质溶液中，由于离子间的相互牵制作用，使得溶液中表现出来的能自由运动的离子浓度小于它的真实浓度。例如 0.1mol·L^{-1}KCl 溶液中，K^+ 和 Cl^- 所表现出来的自由离子的浓度都只有 0.08mol·L^{-1}。为了定量描述强电解质溶液中离子间的牵制作用，路易斯（G. N. Lewis）又提出了**活度**（activity）的概念：活度是指电解质溶液中离子在参加化学反应时所表现出来的有效浓度（自由离子的浓度）。活度与实际浓度的关系为：

$$a=fc \tag{8-3}$$

式中，a 表示活度；c 表示实际浓度；f 表示**活度系数**（activity coefficient），它反映溶液中离子间相互牵制作用的程度。活度系数 f 愈小，表示离子间的相互牵制作用愈强，则离子的活度也愈小。

一般情况下，在电解质溶液中，由于离子在溶液中的运动受到牵制，$a<c$，则 $f<1$。

① 当溶液无限稀时，离子间的距离很大，离子间的相互牵制作用可以忽略不计；此时

可近似认为 $f=1$，$a=c$。

② 对于强电解质稀溶液和弱电解质溶液，由于溶液中离子浓度很小，离子间的相互牵制作用很弱，其活度系数视为1，活度近似等于浓度。

③ 对于液态、固态纯物质以及溶液中的中性分子，根本不存在离子之间的相互牵制作用，其活度系数也必定是1。

（5）活度系数的确定

由式（8-3）可知，活度系数 f 反映了溶液中离子之间的相互牵制作用的程度，它与离子强度 I 密切相关：离子的浓度越大，所带电荷越多，溶液的离子强度 I 就越大；而离子间相互牵制作用越强，离子活度系数 f 就越小。表8-3列出了电解质溶液在不同离子强度 I、不同电荷条件下与离子活度系数 f 的关系。

表 8-3　活度系数 f 与离子强度 I 的关系

离子强度 $I/mol \cdot L^{-1}$	活度系数 f		
	$Z=1$	$Z=2$	$Z=3$
1×10^{-4}	0.99	0.95	0.90
5×10^{-4}	0.97	0.90	0.80
1×10^{-3}	0.96	0.86	0.73
1×10^{-2}	0.92	0.72	0.51
1×10^{-2}	0.89	0.63	0.39
5×10^{-2}	0.81	0.44	0.15
0.1	0.78	0.33	0.08
0.2	0.70	0.24	0.04

如果想计算离子的活度 α，就必须先确定离子的活度系数 f。对一个电解质溶液而言，其离子的活度系数 f 的确定方法如下：

① 计算溶液中的离子强度 I；

② 确定溶液离子所带电荷 z；

③ 根据离子强度 I 和离子所带电荷数 z 查表8-3，便可查得离子的活度系数 f。

电解质溶液在参与反应时，只有自由离子（有效浓度）才能参与反应。离子的活度和浓度之间一般存在差异，严格地说都应该采用活度 a 进行计算。从表8-3可见，溶液的离子强度 I 愈小（溶液愈稀），活度系数 f 愈接近于1。这样对于稀溶液、弱电解质溶液和难溶电解质溶液来说，由于溶液中离子的实际浓度都很小，离子强度 I 很小，活度系数 f 接近于1。因此可以用浓度 c 来代替活度 a 直接进行计算。

8.2　酸碱理论的发展

在化学反应中，有许多反应都属于酸碱反应。因此，熟悉有机酸碱概念对理解有机反应及其机理有很大帮助。人类对酸和碱的认识经历了一个由浅入深、由感性到理性的循序渐进的过程。最初人们对酸碱的认识仅限于感性认识，如酸有酸味，能使蓝色石蕊变红；碱有涩味，并能使红色石蕊变蓝。

1887年，阿仑尼乌斯第一次明确提出了酸碱定义：凡是在水溶液中解离出的阳离子全

部是 H^+ 的物质叫酸，凡是在水溶液中解离出的阴离子全部是 OH^- 的物质叫碱，酸碱反应实质是 H^+ 与 OH^- 生成盐和水的反应，称为酸碱解离理论。以解离理论为基础而定义的酸和碱，使人们对酸和碱的认识产生了质的飞跃，是酸碱理论发展的重要里程碑，至今仍被广泛应用。

酸碱解离理论在水溶液中是成功的，但是酸碱解离理论有一定的局限性。①它把酸碱这两种密切相关的物质完全分开，而且把酸碱反应限制在水溶液中；无法解释没有水存在时的酸碱反应。例如，HCl 气体具有酸性，NH_3 气体具有碱性，它们不仅在水溶液中能发生酸碱中和反应生成 NH_4Cl，而且在气相或非水溶剂（如苯）中，同样会生成 NH_4Cl。②它把酸限制为氢化物，把碱限制为氢氧化物，对于那些没有解离出 H^+ 与 OH^- 却依旧呈现出酸性和碱性的现象没办法解释。例如氯化铵水溶液的酸性以及碳酸钠水溶液的碱性。

要解决这些问题，必须对酸碱解离理论进行扩展，随后科学家们相继提出了多个酸碱理论。本章重点讨论 Brönsted-Lowry 的酸碱质子理论（proton theory of acid-base）和 Lewis 的酸碱电子理论（Lewis theory of acid-base）。

8.2.1 酸碱质子理论

（1）酸碱的定义

1923 年，丹麦的布朗斯特（J. N. Brönsted）和英国的劳莱（T. M. Lowry）分别单独提出了酸碱的质子理论。酸碱质子理论认为：凡能给出质子（H^+）的物质都是酸；凡能接受质子（H^+）的物质都是碱；能给出多个质子的物质是多元酸，能接受多个质子的物质是多元碱。例如：HCl、HAc、NH_4^+、HSO_4^- 都是酸；Cl^-、Ac^-、NH_3、SO_4^{2-} 等都是碱。根据酸碱质子理论的定义，酸碱已经不限于电中性的分子，也可以是带电的阴、阳离子。若某物质既能给出质子，又能接受质子，可称为酸碱两性物质，如 HCO_3^-、H_2O、NH_3 等。

（2）酸碱共轭关系

质子理论定义的酸碱不是孤立的，它们通过质子相互联系。根据酸碱质子理论，质子酸给出质子后剩下的部分就是共轭碱，质子碱接受质子后就变成共轭酸。因此它们的关系可用下式表示：

$$HA(\text{酸}) \rightleftharpoons H^+ + A^-(\text{碱})$$

酸和碱的这种对应的相互联系、相互依存的关系称为共轭关系。HA 是 A^- 的共轭酸，A^- 是 HA 的共轭碱。称对应的酸（HA）和碱（A^-）为**共轭酸碱对**（conjugate acid-base couple）。例如：

共轭酸　　　　　　共轭碱

$$HCl \rightleftharpoons H^+ + Cl^-$$

$$NH_4^+ \rightleftharpoons H^+ + NH_3$$

$$HAc \rightleftharpoons H^+ + Ac^-$$

$$H_2CO_3 \rightleftharpoons H^+ + HCO_3^-$$

$$HCO_3^- \rightleftharpoons H^+ + CO_3^{2-}$$

$$H_3O^+ \rightleftharpoons H^+ + H_2O$$

$$H_2O \rightleftharpoons H^+ + OH^-$$

$$(CH_2)_6N_4H^+ \rightleftharpoons H^+ + (CH_2)_6N_4$$

$$[Al(H_2O)_6]^{3+} \rightleftharpoons H^+ + [Al(OH)(H_2O)_5]^{2+}$$

右方所列的碱是左方所列酸的共轭碱；左方各酸又是右方各碱的共轭酸，可见质子酸碱理论中是没有盐的概念的。一般来说，酸越强，其对应的共轭碱越弱；酸越弱，其对应的共轭碱越强。例如，HCl 是很强的酸，而 Cl^- 就是很弱的碱，NH_3 可以说是很弱的酸，而 NH_2^- 就是相当强的碱。

（3）酸碱反应

从酸碱质子理论的观点来看，酸碱反应的实质实际上是两对共轭酸碱对之间质子的转移，只有两个酸碱半反应才能完成一个完整的酸碱反应。例如，NH_3 与 HCl 之间的酸碱反应：

半反应 1　　$NH_3(\text{碱 }1) + H^+ \rightleftharpoons NH_4^+(\text{酸 }1)$

半反应 2　　$HCl(\text{酸 }2) \rightleftharpoons H^+ + Cl^-(\text{碱 }2)$

共轭

总反应　　$NH_3(\text{碱 }1) + HCl(\text{酸 }2) \rightleftharpoons Cl^-(\text{碱 }2) + NH_4^+(\text{酸 }1)$

共轭

在上述反应中，HCl 是强酸，放出质子给 NH_3 成为较弱酸 NH_4^+，同时生成 Cl^-，Cl^- 和 NH_3 都是碱，它们在争夺质子，由于 NH_3 的碱性比 Cl^- 强，所以取得了质子，因而反应向右进行。这就是说，酸碱反应总是由较强的酸和较强的碱反应，往生成较弱的共轭碱和共轭酸的方向进行。

酸和碱的反应能解释很多水溶液中发生的化学过程，本质上都是质子的转移。根据酸碱质子理论，酸碱反应包括了阿仑尼乌斯酸碱的解离、阿仑尼乌斯酸碱反应、阿仑尼乌斯酸碱理论的"盐的水解"以及没有水参与的气态氯化氢和气态氨的反应等，都可以归属为酸碱反应。因此，在酸碱质子理论中实际上根本没有"盐"的概念。对于习惯了阿仑尼乌斯酸碱和酸碱反应的人，接受酸碱质子的概念时必须转换思维。例如：

	酸 1	+	碱 2	$\rightleftharpoons$	酸 2	+	碱 1
强酸的解离：	HCl	+	H_2O	$\rightleftharpoons$	H_3O^+	+	Cl^-
弱酸的解离：	HAc	+	H_2O	$\rightleftharpoons$	H_3O^+	+	Ac^-
弱碱的解离：	H_2O	+	NH_3	$\rightleftharpoons$	NH_4^+	+	OH^-
弱酸盐的水解：	H_2O	+	Ac^-	$\rightleftharpoons$	HAc	+	OH^-
弱碱盐的水解：	NH_4^+	+	H_2O	$\rightleftharpoons$	H_3O^+	+	NH_3
中和反应：	H_3O^+	+	OH^-	$\rightleftharpoons$	H_2O	+	H_2O

（4）酸碱强度

按照酸碱质子理论，酸碱的强弱是它们授受质子能力大小的表现，这是由作为酸碱物质的本性决定的。根据酸碱的共轭关系：酸愈强，愈容易给出质子，其共轭碱必然愈难接受质子，是愈弱的碱。换言之，即强酸的共轭碱必弱，而弱酸的共轭碱必强。

根据上述酸碱反应，反应物转变为生成物的完全程度，不仅取决于酸给出质子能力的大小，而且还受到碱接受质子能力大小的制约。显然，比较不同的酸相对强度的合理方法，应是测定它们向同一种碱传递质子的倾向，即通过下列酸碱之间质子传递反应的平衡常数来比较酸的相对强弱：

$$HA + B \rightleftharpoons HB^+ + A^-$$

其中，B 为参比碱。通常使用的酸 HA 为它们的溶液，应用最广的溶剂是水。因此，通过测定不同的酸向水传递一个质子的反应平衡常数（即通常意义的酸解离常数 $K_a^\ominus$），便可对它们的酸的强度进行比较。例如：

反应 1　　$HCl + H_2O \rightleftharpoons H_3O^+ + Cl^-$

反应 2　　$HAc + H_2O \rightleftharpoons H_3O^+ + Ac^-$

　　　　　酸 1　　碱 2　　　酸 2　　碱 1

测定发现：反应 1 中 HCl 基本上完全与水反应，表明 HCl 可以把质子完全传递给 H_2O（$0.1mol \cdot L^{-1}$ HCl 溶液可产生 $0.1mol \cdot L^{-1}$ H_3O^+）。也就是说上述反应向右进行的程度非常完全，HCl（酸 1）比 H_3O^+（酸 2）更能给出自己的质子，因此，可知 HCl 在水中是强酸。与 HCl 不同，反应 2 中 HAc（醋酸）在水中只能给出少量质子而表现为弱酸（室温时 $0.10mol \cdot L^{-1}$ 的醋酸溶液中只含有约 $1.3 \times 10^{-3} mol \cdot L^{-1}$ H_3O^+）。

结果表明：①HCl 比 HAc 具有更强的给质子能力，所以 HCl 比 HAc 的酸性强度大；②对于其对应的碱，Cl^- 接受质子的能力要弱于 Ac^-，所以 Cl^- 比 Ac^- 碱性强度小。这也正反映了共轭酸碱之间强弱对应的关系。

对于碱的强度，也可用同样的原理和方法进行比较。只要将不同的碱与同一参比酸（如水）作用，比较它们接受一个质子能力的大小（即通常意义的碱解离常数 $K_b^{\ominus}$），即可确定它们碱性的强弱。

特别指出，上述方法得到的只是**酸碱强度**（strength of acid-base）的一种相对比较结果。因为作为参比碱或参比酸的水，其本身接收或给出质子的能力必然反过来影响并制约着这种比较。

（5）拉平效应和区分效应

① 拉平效应　根据酸碱质子理论，一种物质在某种溶液中表现出的酸或碱的强度，不仅与酸碱的本质有关，也与溶剂的性质有关。例如 $HClO_4$、H_2SO_4、HCl 和 HNO_3 等强酸在水中几乎都能 100%地把质子转移给作为参比碱的水而生成 H_3O^+，因而这些酸在水中便表现为相同的强度，即它们的酸性强度差别在水中被消除，或者说被“拉平”了。这种将不同强度的酸拉平到溶剂化质子（这里是水化质子 H_3O^+）水平的效应，称为**“拉平效应”**（leveling effect），也称作水平效应或致平效应。具有拉平效应的溶剂称为**拉平溶剂**（leveling solovent）。

在这里，水是 $HClO_4$、H_2SO_4、HCl 和 HNO_3 的拉平溶剂。又如在水溶液中，HCl 和 HAc 的强度不同，但在液氨中二者的强度差异消失，即被液氨拉平到 NH_4^+ 的强度水平。因此液氨是 HCl 和 HAc 的拉平溶剂。

溶剂的拉平效应，对于碱也同样存在。例如 C_2H_5ONa、$NaNH_2$、NaH 等都可与水完全反应，从水中获得质子而产生 OH^-：

$$C_2H_5ONa + H_2O \rightleftharpoons C_2H_5OH + OH^- + Na^+$$

$$NaNH_2 + H_2O \rightleftharpoons NH_3 + OH^- + Na^+$$

$$NaH + H_2O \rightleftharpoons H_2 + OH^- + Na^+$$

这里水表现出明显的酸性，它能使上述三种碱（C_2H_5ONa、$NaNH_2$、NaH）完全质子化，所以用水作溶剂是不可能区分这些碱的强度的。如果用碱性比水强的液氨作溶剂，上述三种碱的强度便可区分为：

$$NaH > NaNH_2 > C_2H_5ONa \text{（即 } H^- > NH_2^- > C_2H_5O^-\text{）}$$

由于溶剂的拉平效应，酸的相对强度在碱性较强的溶剂中易被拉平而难以区分，应选择酸性较强的溶剂（如无水醋酸）加以比较；碱的相对强度在酸性较强的溶剂中易被拉平而难以区分，应选择碱性较强的溶剂进行比较。

拉平效应可以在任何两性溶剂中发生。如果酸的原有强度大于溶剂共轭酸的强度，即酸的给质子能力比溶剂化质子强，它在该溶剂中必将被拉平。如果碱的原有强度大于溶剂共轭碱的强度，它在该溶剂中也将被拉平。两性溶剂本身的共轭酸和共轭碱就是其自身解离所产生的正离子和负离子。如：

$$2H_2O \rightleftharpoons H_3O^+ + OH^-$$

$$2NH_3 \rightleftharpoons NH_4^+ + NH_2^-$$

$$2CH_3COOH \rightleftharpoons CH_3COOH_2^+ + CH_3COO^-$$

$$2H_2SO_4 \rightleftharpoons H_3SO_4^+ + HSO_4^-$$

通式为

$$\underset{\text{两性溶剂}}{2HA} \rightleftharpoons \underset{\text{共轭酸}}{H_2A^+} + \underset{\text{共轭碱}}{A^-}$$

因此，在任何两性溶剂 HA 中，可以存在的最强的酸和最强的碱，就是溶剂自身的共轭酸（H_2A^+）和共轭碱（A^-）。值得注意的是：在任何两性溶剂（水是其中最普通又最典型的一种）中的酸碱性，正是以该溶剂的共轭酸碱作参照标准而成立的。又由于溶剂本身的酸碱性质的影响，使得在其中能够区分的酸碱强度也局限于一定的范围，超过这个范围就会被拉平。这个范围也就是溶剂自身的共轭酸（溶剂化质子 H_2A^+）和共轭碱（溶剂化阴离子 A^-）。在水中，最强的酸为 H_3O^+，比 H_3O^+ 更强的酸在水中必被拉平为 H_3O^+，最强的碱为 OH^-，强度超过 OH^- 的碱也必被拉平为 OH^-。同理，酸和碱的强度在液氨中不能超过 NH_4^+ 和 NH_2^-，在无水醋酸中不能超过 $CH_3COOH_2{}^+$ 和 CH_3COO^-，在无水硫酸中不能超过 $H_3SO_4^+$ 和 HSO_4^- 等，否则都会被拉平。

② 区分效应　如果用无水醋酸代替水作溶剂，上面那些常见的强酸，便不可能等同地把质子完全转移给溶剂形成溶剂化质子 $CH_3COOH_2{}^+$，这是由于醋酸相比水具有更强的酸性，而不如水那么容易接受质子的缘故。所以，在无水醋酸中可以把一些常见的强酸的强度区分如下：

$$HClO_4 > HBr > H_2SO_4 > HCl > HNO_3$$

这里把能区分酸（或碱）强弱的作用称为**区分效应**（differentiation effect）。具有区分效应的溶剂为**区分（示差）溶剂**（differentiation solvent）。这里，醋酸就是 $HClO_4$、H_2SO_4、HCl 和 HNO_3 的区分溶剂。

溶剂的拉平效应和区分效应与溶质和溶剂的酸碱相对强度有关。例如，水是上述四种酸的拉平溶剂，但它却是这四种酸和醋酸的区分溶剂，因为醋酸在水中只显很弱的酸性。

（6）优势和局限性

与阿仑尼乌斯的电离理论相比，酸碱质子理论具有明显的优势。

①扩大了酸的范围。只要能给出质子的物质，不论它是在水溶液中，还是非水溶剂、气相反应、熔融状态，它们都是酸，如 NH_4^+、HCO_3^-、HS^-、HSO_4^-、H_2O、$H_2PO_4^-$、HPO_4^{2-}、H_2O。

② 扩大了碱的范围。只要能接受质子的物质，不论它是在水溶液中，还是非水溶剂、气相反应、熔融状态，它们都是碱，如 NH_3、HCO_3^-、HSO_4^-、SO_4^{2-}、CO_3^{2-}、Cl^- 等。

③ 物质的酸碱性取决于其在酸碱反应中所起的作用。如

反应 1：　　$HCO_3^- + OH^- \rightleftharpoons CO_3^{2-} + H_2O$

反应 2：　　$HCO_3^- + H^+ \rightleftharpoons CO_2 + H_2O$

在反应 1 中，HCO_3^- 给出质子，此时它是酸；在反应 2 中，它又接受质子，则此时为

碱。由此可见，酸和碱的概念具有一定的相对性。

但在应用过程中酸碱质子理论也有一定的局限性：酸碱质子理论所定义的酸必须有一个可解离的质子。对于不含质子的物质就（如 Cu^{2+}、Ag^{+} 等）不好归类，对于无质子传递的反应（如 $Ba^{2+}+SO_4^{2-} \rightleftharpoons BaSO_4$）也无法讨论，对于 $CaO+SO_3 \rightleftharpoons CaSO_4$ 这个反应，也无法说明；很显然，在这个反应中，SO_3 是酸，但它并未释放质子；CaO 是碱，也并未接受质子。又如，很多不含氢原子的化合物也都可以与碱发生反应，如 $AlCl_3$、$SnCl_4$、BF_3 等，但这些物质并不释放质子，无法用酸碱质子理论进行解释。

8.2.2 酸碱电子理论

（1）酸碱定义

在酸碱质子理论提出的同年，美国化学家路易斯（G. N. Lewis）根据化学反应中电子对的给予和接受关系，提出了酸碱电子理论，也称路易斯（或 Lewis）酸碱理论。酸碱电子理论认为：凡是可以接受电子对的分子或离子为酸；凡是可以给出电子对的分子或离子为碱。因此，酸是电子对的接受体，如 H^{+}、BF_3、Na^{+}、Mg^{2+} 等，其中接受电子对的原子叫**受电原子**；碱是电子对的给予体，如 OH^{-}、CN^{-}、NH_3、F^{-} 等，其中给出电子对的原子叫**给电原子**，通常又把这种酸碱称为 Lewis 酸碱。

在酸碱电子理论中，酸碱反应的产物称为酸碱配合物。例如，对于典型的阿仑尼乌斯解离理论的酸碱中和反应：

$$H^{+}+OH^{-} \rightleftharpoons H_2O$$

根据酸碱电子理论的观点，H^{+} 接受电子对是酸，OH^{-} 给出电子对是碱；二者结合时形成配位键 HO→H（两原子间的共用电子对是由一个原子单独提供的化学键称为配位键。通常用“→”表示，箭头从碱的给电子原子指向酸的受电子原子），H_2O 是酸碱配合物。又如：

$$HCl+NH_3 \rightleftharpoons NH_4^{+}+Cl^{-}$$

在这个反应中，按照酸碱电子理论，HCl 是酸，能接受电子对，NH_3 是碱，能给出电子对，两者结合而生成 NH_4^{+}（$[H_3N\rightarrow H]^{+}$）和 Cl^{-}。

（2）酸碱反应

根据酸碱电子理论，酸碱反应的本质就是酸与碱之间电子对的转移过程。其中碱性物质提供电子对，称为 Lewis 碱；酸性物质接收电子对，称为 Lewis 酸。酸碱反应的实质是形成配位键，生成相应的酸碱配合物。例如：

酸 （电子对接受体）	+	碱 （电子对给予体）	$\rightleftharpoons$	酸碱配合物
BF_3	+	$:F^{-}$	$\rightleftharpoons$	$[F_3B\leftarrow F]^{-}$
SO_3	+	$CaO:$	$\rightleftharpoons$	$CaO\rightarrow SO_3(Ca^{2+}+SO_4^{2-})$
Cu^{2+}	+	$4:NH_3$	$\rightleftharpoons$	$[Cu\leftarrow(NH_3)_4]^{2+}$

因此，BF_3、SO_3 和 Cu^{2+} 都属于 Lewis 酸。而 Lewis 碱通常是含有孤对电子的分子、原子或负离子等。如 NH_3（氨）、NH_2R（胺类）、ROR（醚类）、ROH（醇类）和 RO^{-}（烷氧负离子）等。

由于化合物中配位键广泛存在，显然 Lewis 酸碱的范围也十分广泛，凡金属离子都是酸，与金属离子结合的不论是负离子或中性分子都是碱。这样一切盐类、金属氧化物以及大多数无机化合物几乎都可看作是酸碱配合物。因此也称为广义酸碱。

(3) 优势和局限性

路易斯提出的酸碱电子理论摆脱了物质必须具有某种离子或元素，把酸碱概念扩大到无质子转移的反应。既不受解离过程的限制，又不受溶剂的束缚，用电子对的得失来进行定义，所包括的范围比酸碱解离理论、酸碱质子理论更为广泛。

但酸碱电子理论对于酸碱及酸碱反应的定义过于笼统，不易区分各种酸碱的差别，更不能像酸碱解离理论和质子理论那样进行定量处理；而在溶液（包括水溶液和非水溶液）体系中，酸碱解离理论和质子理论可以作出很好的处理和应用，因而在基础化学的学习中，应着重掌握这两种理论的基本概念和处理方法，并能加以运用。

8.3 弱酸弱碱的解离平衡

根据阿仑尼乌斯解离理论，弱电解质在溶液中仅部分解离为正、负离子，未解离的分子与解离的离子处于平衡。本节以水、弱酸、弱碱为代表讨论有关平衡问题。

8.3.1 水的解离平衡

(1) 水的离子积常数

水作为重要的溶剂，既能接受质子又能提供质子；按照酸碱质子理论，水是两性物质。水是一种极弱的电解质，在水中存在着水分子间的质子转移反应，即水的质子自递反应，也就是水的解离反应：

$$H_2O(碱1) + \overset{\text{共轭}}{\overbrace{H_2O(酸2) \rightleftharpoons OH^-}}(碱2) + H_3O^+(酸1)$$

（下方标注：H_2O(碱1) 与 H_3O^+(酸1) 共轭）

为了书写方便，通常将 H_3O^+ 简写成 H^+，因此上述反应式可简写为：

$$H_2O \rightleftharpoons H^+ + OH^-$$

按照平衡常数的书写原则有：

$$K_w^\ominus = \frac{c(H^+)}{c^\ominus} \times \frac{c(OH^-)}{c^\ominus}$$

为简便起见，书中有关平衡常数表达式中各物质的平衡浓度不再除以标准态 $c^\ominus$。可直接用各物质的平衡浓度表示，则上式可简化为：

$$K_w^\ominus = [H^+][OH^-]$$

式中，$K_w^\ominus$ 为水解离过程的平衡常数，为了区别于化学平衡的平衡常数，下标加一“w”（英文单词 water 的首字母）；$K_w^\ominus$ 又称为水的离子积常数，简称**水的离子积**（ionization product of water）。跟所有的平衡常数一样，水的离子积也是温度的函数，具有以下特点：

① 在一定温度下，$K_w^\ominus$ 是一个常数，即水溶液中 $[H^+]$ 和 $[OH^-]$ 之积为一常数；

② 温度升高，$K_w^\ominus$ 值增大；其改变量比一般弱电解质解离常数较显著，这是因为水解离时要吸收较多的热量，所以温度对 $K_w^\ominus$ 的影响较大。不同温度下水的离子积见表 8-4。

通常，在室温（298K）下，$[H^+] = [OH^-] = 1.00 \times 10^{-7} mol \cdot L^{-1}$，因此

$$K_w^\ominus = [H^+][OH^-] = 1.00 \times 10^{-14} \tag{8-4}$$

③ $K_w^\ominus$ 反映了水溶液中 H^+ 浓度和 OH^- 浓度间的相互制约关系。在水溶液中，不管加入何种物质，也不管加入多少，总存在 H^+ 和 OH^-，且 $[H^+]$ 和 $[OH^-]$ 之积一定是

$K_w^\ominus$。即已知 H^+ 浓度，就可以算出 OH^- 浓度；反之亦然。

表 8-4 不同温度下水的离子积常数

温度/℃	$K_w^\ominus$	温度/℃	$K_w^\ominus$
0	0.13×10^{-14}	30	1.47×10^{-14}
10	0.29×10^{-14}	40	2.92×10^{-14}
15	0.45×10^{-14}	60	9.82×10^{-14}
20	0.68×10^{-14}	80	25.2×10^{-14}
25	1.00×10^{-14}	100	55.1×10^{-14}

【例 8-2】 室温下，纯水中加入盐酸，使其浓度为 $0.10\text{mol}\cdot\text{L}^{-1}$。求该溶液中 OH^- 的浓度？

解 盐酸是强电解质，在水中完全解离，所以 HCl 提供的 H^+ 浓度为 $0.1\text{mol}\cdot\text{L}^{-1}$。由于盐酸的加入，水中 H^+ 浓度增大，使水的解离平衡向左移动，水自身所产生的 H^+ 浓度小于 $10^{-7}\text{mol}\cdot\text{L}^{-1}$，这与 HCl 产生的 H^+ 浓度相比可忽略不计。因此，平衡时水溶液中 $[H^+]\approx0.10\text{mol}\cdot\text{L}^{-1}$。

由于 $K_w^\ominus=[H^+][OH^-]=1.00\times10^{-14}$，所以

$$[OH^-]=\frac{K_w^\ominus}{[H^+]}=\frac{1.00\times10^{-14}}{0.10}=1.00\times10^{-13}\text{mol}\cdot\text{L}^{-1}$$

（2）溶液的 pH 值

在一定温度下，不论水溶液为中性、酸性还是碱性，溶液中 $[H^+]$ 与 $[OH^-]$ 的乘积始终等于 $K_w^\ominus$。水的离子积公式（8-4）表明了溶液中 $[H^+]$ 和 $[OH^-]$ 的相互关系，且有：

$$[H^+]=\frac{K_w^\ominus}{[OH^-]} \qquad [OH^-]=\frac{K_w^\ominus}{[H^+]}$$

溶液的酸、碱性可用 H^+ 或 OH^- 浓度来表示。但通常遇到的一些溶液，它们的 H^+ 浓度可能很小。例如血液的 $[H^+]=3.98\times10^{-8}\text{mol}\cdot\text{L}^{-1}$，$0.01\text{mol}\cdot\text{L}^{-1}$ HAc 溶液的 $[H^+]=1.32\times10^{-3}\text{mol}\cdot\text{L}^{-1}$。这样的表示方式极不方便，1909 年，丹麦生理学家索仑生提出用 pH 值表示水溶液的酸度。

严格地说，pH 定义为氢离子活度的负对数，即 $pH=-\lg a(H^+)$。由于稀酸、稀碱、弱酸、弱碱中氢离子浓度较小，活度系数趋近于 1，所以氢离子活度近似等于氢离子浓度。通常，常采用氢离子浓度的负对数即 pH 值，来表示溶液的酸碱性。即：

$$pH=-\lg\frac{c(H^+)}{c^\ominus} \tag{8-5}$$

为简便起见，可表示为

$$pH=-\lg[H^+] \tag{8-6}$$

相应于 pH 值，还有 pOH 值，则

$$pOH=-\lg[OH^-] \tag{8-7}$$

室温下，根据水的离子积计算式可知，溶液的 pH 和 pOH 值之和等于 14。即

$$pK_w^\ominus=-\lg[K_w^\ominus]=pH+pOH=14$$

通常以 pH 值作为水溶液酸碱性的一种标度，pH 值愈小，溶液中 H^+ 浓度愈大，溶液

的酸性愈强（碱性愈弱）；pH 值愈大，溶液中 H^+ 浓度愈小，溶液的碱性愈强（酸性愈弱）。溶液的酸碱性与 pH 值的关系为：

中性溶液　$[H^+]=[OH^-]=1.0\times10^{-7}mol\cdot L^{-1}$，$pH=pOH=7$

酸性溶液　$[H^+]>[OH^-]$　$[H^+]>1.0\times10^{-7}mol\cdot L^{-1}$　$pH<7<pOH$

碱性溶液　$[H^+]<[OH^-]$　$[H^+]<1.0\times10^{-7}mol\cdot L^{-1}$　$pH>7>pOH$

pH 值一般仅适用于 H^+ 和 OH^- 的浓度为 $1mol\cdot L^{-1}$ 以下的溶液。若浓度在 $1mol\cdot L^{-1}$ 以上，则直接用 H^+ 和 OH^- 的浓度表示，通常不再用 pH 值来表示这种溶液的酸碱性。例如，溶液的 $[H^+]=10^{-5}mol\cdot L^{-1}$，则它的 pH=5，pH 值一般用在 0～14 之间。$[H^+]$ 越大，溶液的酸性越强；$[OH^-]$ 越大，溶液的碱性越强。

但必须指出：酸性强和强酸是两个不同概念，强酸溶液不一定酸性强。酸性强弱指的是溶液中 $[H^+]$ 的高低，而强酸弱酸的区分依据是解离常数，属于强电解质和弱电解质的区分范畴。例如 $0.10mol\cdot L^{-1}$ HAc 溶液的 pH 值为 2.9（读者可自行计算），$0.0001mol\cdot L^{-1}$ 的 HCl 溶液，其 $[H^+]=10^{-4}mol\cdot L^{-1}$，HCl 溶液的 pH 值为 4.0。前者的酸性比后者强，但 HAc 是弱酸（弱电解质），HCl 却是强酸（强电解质）。

在生产实际和科学实验中，严格控制溶液的 pH 值是许多化学反应顺利进行的条件。例如，精制硫酸铜时，在除去粗硫酸铜中铁杂质的过程中，必须严格控制 pH=4 左右才能收到良好的效果。又在抗生素的生产中，控制一定的 pH 值是微生物生长的主要条件之一。人体血液的 pH 值在 7.35～7.45 间，如果稍有变动，则将使人患病；如 pH>7.8 或 pH<7.0，则人将死亡；尿液也有同样情况。另外，一些食物饮料也有其相应的 pH 值范围，如表 8-5 所示，若超出范围就是变质而不可食用。因此，测定和控制溶液的 pH 值十分重要。

表 8-5　一些常见溶液的 pH 值

溶液	pH 值	溶液	pH 值	溶液	pH 值
柠檬汁	2.2～2.4	啤酒	4～5	人尿	4.8～8.4
葡萄糖	2.8～3.8	乳酸	4.8～6.1	人唾液	6.5～7.5
食醋	3.0	牛奶	6.3～6.6	人血液	7.35～7.45
番茄汁	3.5	饮用水	6.5～8.0	海水	8.3

8.3.2　一元弱酸、弱碱的解离平衡

根据酸碱质子理论，在水溶液中，酸、碱的解离实际上就是它们与溶剂水分子间的酸碱反应。酸的解离即酸给出质子转变为其共轭碱，而水接受质子转变为其共轭酸（H_3O^+）。碱的解离即碱接受质子转变为其共轭酸，而水给出质子转变为其共轭碱（OH^-）。酸、碱的解离程度可以用相应平衡常数的大小来衡量。

（1）解离常数

① 一元弱酸的解离常数（$K_a^\ominus$）　醋酸（HAc）是一个典型的一元弱酸，根据阿仑尼乌斯解离理论，醋酸在水溶液中可建立下列平衡：

$$HAc \rightleftharpoons H^+ + Ac^-$$

其标准平衡常数可表示为：

$$K_a^\ominus=\frac{[H^+][Ac^-]}{[HAc]} \tag{8-8}$$

式中，$K_a^\ominus$ 为弱酸的解离常数；各项浓度均是平衡时物质的平衡浓度，平衡常数的下标a为英文单词“acid”的首字母，表示该平衡常数为弱酸的解离常数；为简便起见，书中有关平衡常数表达式中各物质的平衡浓度不再除以标准态 $c^\ominus$。

② 一元弱碱的解离常数（$K_b^\ominus$）氨水是典型的一元弱碱，其解离过程和解离常数可表示为：

$$NH_3 \cdot H_2O \rightleftharpoons OH^- + NH_4^+$$

其标准平衡常数可表示为：

$$K_b^\ominus = \frac{[NH_4^+][OH^-]}{[NH_3 \cdot H_2O]} \tag{8-9}$$

式中，$K_b^\ominus$ 为弱碱的解离常数，各项浓度均是平衡时物质的平衡浓度；平衡常数的下标b为英文单词“base”的首字母，表示该平衡常数为弱碱的解离常数。通常在弱酸和弱碱的解离常数上，为了指明具体的弱电解质，还常在 $K^\ominus$旁的括号内写出其化学式。例如 $K^\ominus(HAc)$、$K^\ominus(NH_3 \cdot H_2O)$ 就分别表示醋酸、氨水的解离常数。

③ 解离常数的物理意义　解离常数也是平衡常数，根据标准平衡常数 $K^\ominus$的物理意义，$K_a^\ominus$ 和 $K_b^\ominus$ 分别表示弱酸和弱碱达到解离平衡时解离出 H^+ 和 OH^- 的能力大小。$K_a^\ominus$ 和 $K_b^\ominus$ 值越大，表示弱酸和弱碱的解离程度越大，该弱电解质也相对较强。通常把 $K_a^\ominus < 10^{-4}$ 的酸称为弱酸，$K_a^\ominus$ 在 $10^{-2} \sim 10^{-3}$ 之间的称为中强酸，$K_a^\ominus < 10^{-7}$ 的则称为极弱酸；弱碱可按 $K_b^\ominus$ 值的大小进行分类。

$K_a^\ominus$ 和 $K_b^\ominus$ 与解离平衡体系中各组分的浓度无关，只与温度有关。但由于弱电解质解离过程的热效应不大，所以温度对 $K_a^\ominus$ 和 $K_b^\ominus$ 的影响较小。在室温范围内可不考虑温度对 $K_a^\ominus$ 和 $K_b^\ominus$ 值的影响。表 8-6 列出一些常见弱酸和弱碱在 298K 时的解离常数。

表 8-6　某些弱电解质的解离常数（298K）

名称	解离方程式	解离常数/$K^\ominus$
醋酸	$HAc \rightleftharpoons H^+ + Ac^-$	1.75×10^{-5}
氢氰酸	$HCN \rightleftharpoons H^+ + CN^-$	6.17×10^{-10}
甲酸	$HCOOH \rightleftharpoons H^+ + HCOO^-$	1.77×10^{-4}
氢硫酸	$H_2S \rightleftharpoons H^+ + HS^-$	1.07×10^{-7}
磷酸	$H_3PO_4 \rightleftharpoons H^+ + H_2PO_4^-$	2.90×10^{-8}
氨水	$NH_3 \cdot H_2O \rightleftharpoons OH^- + NH_4^+$	1.77×10^{-5}

（2）解离度

对弱电解质来说，通常用解离常数来表示其解离程度的大小。除此之外，也可以用解离度（α）来定量弱电解质解离的程度。解离度定义为：弱电解质在溶液里达到解离平衡时，已经解离的电解质分子数占原来总分子数（包括已解离和未解离的分子）的百分数。用式子表示如下：

$$\alpha = \frac{\text{已解离的弱电解质分子数}}{\text{弱电解质的起始分子数}} \times 100\%$$

在学习解离度和解离常数时，要注意以下几点。

① 解离度和解离常数都可以表示弱电解质的解离程度，但解离度相当于转化率，解离常数是平衡常数的一种，二者之间有一定联系，具体关系见稀释定律。

② 在温度、浓度相同的条件下，解离度越大，表示该弱电解质解离程度越大。

③ 解离度与弱电解质的浓度有关，而解离常数与浓度无关，解离常数比解离度应用广泛。

（3）稀释定律

解离度和解离常数都可以表示弱电解质的解离程度，二者的关系符合稀释定律，现推导如下。

设一元弱酸 HA 的起始浓度为 $c_{酸}$，其解离度为 α，则

	HA	$\rightleftharpoons$	H^+	+	A^-
开始时浓度/mol·L^{-1}	$c_{酸}$		0		0
平衡时浓度/mol·L^{-1}	$c_{酸}-c_{酸}\alpha$		$c_{酸}\alpha$		$c_{酸}\alpha$

$$K_a^{\ominus}=\frac{[H^+][A^-]}{[HA]}=\frac{c_{酸}^2\alpha^2}{c_{酸}(1-\alpha)}$$

即

$$K_a^{\ominus}=\frac{c_{酸}\alpha^2}{1-\alpha}$$

当$\dfrac{c_{酸}}{K_a^{\ominus}}>500$时，$\alpha$ 值远小于 1，则 $1-\alpha$ 中 α 可以忽略不计，即 $1-\alpha\approx1$。因此，上式可简化为：

$$K_a^{\ominus}=c_{酸}\alpha^2 \quad 或 \quad \alpha=\sqrt{\frac{K_a^{\ominus}}{c_{酸}}} \tag{8-10}$$

同理，对于一元弱碱，达到平衡时也有

$$K_b^{\ominus}=\frac{c_{碱}\alpha^2}{1-\alpha}$$

当$\dfrac{c_{碱}}{K_b^{\ominus}}>500$时，上式可简化为：

$$K_b^{\ominus}=c_{碱}\alpha^2 \quad 或 \quad \alpha=\sqrt{\frac{K_b^{\ominus}}{c_{碱}}} \tag{8-11}$$

由式（8-10）和式（8-11）可以看出，当溶液稀释（c 值变小），弱电解质的解离度 α 将相应地增加（解离度与浓度的平方根成反比），以使 $K_a^{\ominus}$（或 $K_b^{\ominus}$）值保持不变。这个关系式称为**稀释定律**（dilution law），即弱电解质浓度越稀，其解离度越大。

【例 8-3】 试计算浓度分别为（1）0.100mol·L^{-1}；（2）0.010mol·L^{-1}；（3）1.0×10^{-5}mol·L^{-1} 的 HAc 溶液中 H^+ 浓度及 HAc 的解离度 α。

解 由题意可知，$K_a^{\ominus}$（HAc）$=1.75\times10^{-5}$。

（1）由于$\dfrac{c_{酸}}{K_a^{\ominus}}=\dfrac{0.100}{1.75\times10^{-5}}>500$，故

$$[H^+]=\sqrt{K_a^{\ominus}c_{酸}}=\sqrt{1.75\times10^{-5}\times0.100}=1.32\times10^{-3}(\text{mol·L}^{-1})$$

$$\alpha=\frac{[H^+]}{c}\times100\%=\frac{1.32\times10^{-3}}{0.100}\times100\%=1.32\%$$

（2）由于$\dfrac{c_{酸}}{K_a^{\ominus}}=\dfrac{0.010}{1.75\times10^{-5}}>500$，故

$$[H^+]=\sqrt{K_a^\ominus c_{酸}}=\sqrt{1.75\times10^{-5}\times0.010}=4.18\times10^{-4}(\text{mol}\cdot\text{L}^{-1})$$

$$\alpha=\frac{[H^+]}{c}\times100\%=\frac{4.18\times10^{-4}}{0.010}\times100\%=4.18\%$$

(3) 由于$\dfrac{c_{酸}}{K_a^\ominus}=\dfrac{1.0\times10^{-5}}{1.75\times10^{-5}}<500$，则需按下式求解

$$[H^+]^2+K_a^\ominus[H^+]-K_a^\ominus c_{酸}=0$$

上式系一元二次方程，以 $c=1.0\times10^{-5}\text{mol}\cdot\text{L}^{-1}$，代入求根公式精确解得

$$[H^+]=7.1\times10^{-6}\text{mol}\cdot\text{L}^{-1}(\text{已舍去不合理根})$$

$$\alpha=\frac{[H^+]}{c}\times100\%=\frac{7.1\times10^{-6}}{1.0\times10^{-5}}\times100\%=71\%$$

由例 8-3 不难得到以下启示。

① 对于同一电解质，随着溶液的稀释，其解离度 α 将增大。

② 溶液稀释，其解离度增大，不应错误地认为溶液中 H^+ 的浓度也增大。例 8-3 中 (1)(2)(3) 三小题中解离度 α 值逐渐增大，但 $[H^+]$ 却是逐渐减小的。这是由于溶液稀释时，溶液体积增大，使单位体积的溶液中所含的 H^+ 数目减小。由于后者影响大于前者，因而 $[H^+]$ 逐渐减小。

③ 利用解离过程的近似计算方法，可以大大简化计算程序；但是否可以忽略解离量，关键看$\dfrac{c_{酸}}{K_a^\ominus}>500$ 式子是否成立；若$\dfrac{c_{酸}}{K_a^\ominus}<500$，则不能忽略解离量，必须通过解一元二次方程进行计算。

8.3.3 多元弱酸的解离平衡

(1) 解离特点

分子中含有两个以上可被金属置换的氢离子的酸称为多元酸。例如，H_2S 和 H_2CO_3 是二元弱酸、H_3PO_4 是三元弱酸。多元弱酸的解离特点是分步（分级）进行的，每一步对应一个相应的解离常数。现以 H_2S 为例加以讨论，H_2S 是一个二元弱酸，在水溶液中分两步进行解离。

第一步解离成 H^+ 和 HS^-：

$$H_2S \rightleftharpoons H^+ + HS^-$$

$$K_{a1}^\ominus=\frac{[HS^-][H^+]}{[H_2S]}=1.07\times10^{-7}$$

第二步解离成 H^+ 和 S^{2-}：

$$HS^- \rightleftharpoons H^+ + S^{2-}$$

$$K_{a2}^\ominus=\frac{[S^{2-}][H^+]}{[HS^-]}=1.26\times10^{-13}$$

两步解离综合起来，即两式相加：

$$H_2S \rightleftharpoons 2H^+ + S^{2-}$$

$$K_a^\ominus=\frac{[S^{2-}][H^+]^2}{[H_2S]}$$

根据多重平衡规则：

$$K_a^\ominus = K_{a1}^\ominus K_{a2}^\ominus$$

(2) 解离规律

多元弱酸的解离规律可以从表 8-7 具体的解离常数中得到，从表 8-7 中可以看出，对于任意一种多元弱酸，一级解离常数最大，二级、三级解离常数逐级显著降低；这是多元弱酸解离过程的一个重要规律。

表 8-7　常见多元弱酸的解离常数（298K）

名称	解离方程式	解离常数 $K^\ominus$
碳酸	$H_2CO_3 \rightleftharpoons HCO_3^- + H^+$	$K_{a1}^\ominus = 4.45 \times 10^{-7}$
	$HCO_3^- \rightleftharpoons CO_3^{2-} + H^+$	$K_{a2}^\ominus = 1.17 \times 10^{-11}$
氢硫酸	$H_2S \rightleftharpoons H^+ + HS^-$	$K_{a1}^\ominus = 1.07 \times 10^{-7}$
	$HS^- \rightleftharpoons H^+ + S^{2-}$	$K_{a2}^\ominus = 1.26 \times 10^{-13}$
磷酸	$H_3PO_4 \rightleftharpoons H^+ + H_2PO_4^-$	$K_{a1}^\ominus = 7.08 \times 10^{-3}$
	$H_2PO_4^- \rightleftharpoons H^+ + HPO_4^{2-}$	$K_{a2}^\ominus = 6.31 \times 10^{-8}$
	$HPO_4^{2-} \rightleftharpoons H^+ + PO_4^{3-}$	$K_{a3}^\ominus = 4.17 \times 10^{-13}$
亚硫酸	$H_2SO_3 \rightleftharpoons H^+ + HSO_3^-$	$K_{a1}^\ominus = 1.29 \times 10^{-2}$
	$HSO_3^- \rightleftharpoons H^+ + SO_3^{2-}$	$K_{a2}^\ominus = 6.21 \times 10^{-8}$

比如对于二元弱酸 H_2S，一级解离常数远大于二级解离常数，这是由于：①带 2 个负电荷的 S^{2-} 对 H^+ 的吸引比带 1 个负电荷的 HS^- 对 H^+ 的吸引要强得多，所以二级解离要从 HS^- 中分出 H^+ 就比一级解离困难得多；②在平衡体系中，由第一步解离出的 H^+ 对第二步解离产生同离子效应，故实际上第二步解离出的 H^+ 远远小于第一步的解离量。

实际上，不少多元酸的 $K_{a1}^\ominus$ 都远大于 $K_{a2}^\ominus$，其倍数在 $10^4 \sim 10^7$ 之间。因此，由多元弱酸的二级解离或三级解离所产生的氢离子的浓度很小，可以忽略。多元酸溶液中的 $[H^+]$ 浓度可以近似地由 $K_{a1}^\ominus$ 来求得。

对于多元弱酸体系，体系中一般存在多个平衡。根据多重平衡规则，将 H_2S 两步解离加和，可得：

$$H_2S \rightleftharpoons 2H^+ + S^{2-}$$

则这个总反应的平衡常数为：

$$K^\ominus = \frac{[H^+]^2[S^{2-}]}{[H_2S]} = K_{a1}^\ominus K_{a2}^\ominus = 1.07 \times 10^{-7} \times 1.26 \times 10^{-13} = 1.35 \times 10^{-20}$$

必须指出，上式只是表明 H_2S 溶液中达平衡时 H_2S、H^+ 和 S^{2-} 三者浓度之间的关系，并不意味着 H_2S 在溶液中是按 $H_2S \rightleftharpoons 2H^+ + S^{2-}$ 方式一步解离的。也就是说，在 H_2S 溶液达到解离平衡时，溶液中氢离子浓度 $[H^+]$ 绝不是硫离子浓度 $[S^{2-}]$ 的两倍，而是要大得多，这从例 8-5 的计算结果便可明显看出。

在常温常压下，H_2S 饱和溶液的浓度约为 $0.1mol \cdot L^{-1}$，则上式可写成：

$$[H^+]^2[S^{2-}] = 0.1K_{a1}^\ominus K_{a2}^\ominus = 1.35 \times 10^{-21}$$

此式表明：在 H_2S 饱和溶液中，$[S^{2-}]$ 与 $[H^+]^2$ 成反比。如果在溶液中加入强酸，H^+ 浓度增大，必然使 S^{2-} 浓度减小；如果在溶液中加入碱，H^+ 浓度降低，则 S^{2-} 浓度增大。因此，调节 H_2S 溶液的酸度，就能控制溶液中 S^{2-} 的浓度。这对于溶液中金属硫化物沉淀的生成和溶解，以及金属离子的鉴定和分离具有实用意义。

(3)解离平衡的计算

对于多元弱酸体系，体系中一般存在多个平衡，在计算中要注意以下几条原则。

① 在一种溶液中，各离子间的平衡是同时建立的，涉及多种平衡的离子，其浓度必须同时满足该溶液中的所有平衡，这是求解多种平衡共存问题的一条重要原则。另外，这条原则不仅适用于多元弱酸的解离体系，同样适用于其他多重平衡体系。

② 对于多元弱酸体系而言，溶液的氢离子浓度 $[H^+]$ 由第一级解离来决定，求出氢离子浓度 $[H^+]$ 后，根据各级平衡常数以及总平衡常数的表达式求各步酸根的浓度。

【例 8-4】 试计算室温下，$0.100 mol \cdot L^{-1}$ 的饱和 H_2S 溶液中 H^+ 的浓度和 S^{2-} 的浓度。

解 (1) 由于 H_2S 的 $K_{a1}^{\ominus} \gg K_{a2}^{\ominus}$，所以计算 $[H^+]$ 时，只考虑一级解离。设 $[H^+]=x$，则

$$H_2S \rightleftharpoons H^+ + HS^-$$

平衡浓度/$mol \cdot L^{-1}$　　$0.100-x$　　x　　x

$$K_{a1}^{\ominus}=\frac{x^2}{0.100-x}$$

由于 $\frac{c}{K_{a1}^{\ominus}}>500$，所以 x 很小，$0.100-x \approx 0.100$，代入上式即得：

$$\frac{x^2}{0.100}=1.07\times10^{-7} \qquad x=[H^+]=1.03\times10^{-4} mol \cdot L^{-1}$$

(2) 方法一：由总解离表达式进行求解，由题意可知：

$$K^{\ominus}=\frac{[H^+]^2[S^{2-}]}{[H_2S]}=K_{a1}^{\ominus}K_{a2}^{\ominus}$$

则有

$$[S^{2-}]=\frac{K_{a1}^{\ominus}K_{a2}^{\ominus}[H_2S]}{[H^+]^2}$$

由于 H_2S 的解离度很小，有 $[H_2S] \approx c$，因此

$$[S^{2-}]=\frac{K_{a1}^{\ominus}K_{a2}^{\ominus}[H_2S]}{[H^+]^2}=\frac{1.07\times10^{-7}\times1.26\times10^{-13}\times0.100}{(1.03\times10^{-4})^2}=1.27\times10^{-13}(mol \cdot L^{-1})$$

方法二：S^{2-} 由 H_2S 的第二步解离产生。设 $[S^{2-}]=y$，则

$$HS^- \rightleftharpoons H^+ + S^{2-}$$

平衡浓度/$mol \cdot L^{-1}$　　$x-y$　　$x+y$　　y

$$K_{a2}^{\ominus}=\frac{(x+y)y}{x-y}$$

由于 $K_{a2}^{\ominus}$ 很小，HS^- 解离很少，即 y 非常小，则：

$$x-y \approx x \qquad x+y \approx x$$

所以：　　$y=K_{a2}^{\ominus}$

由此可见，H_2S 溶液中 S^{2-} 浓度在数值上与 $K_{a2}^{\ominus}$ 相等：

$$[S^{2-}]=1.26\times10^{-13}(mol \cdot L^{-1})$$

通过例 8-4 的计算可以得出如下结论。

① 室温下，饱和 H_2S 水溶液的浓度是 $0.1mol \cdot L^{-1}$。

② 在多元弱酸溶液中，H^+ 主要来自第一级解离反应，计算溶液中 H^+ 浓度时可以当做一元弱酸的解离平衡处理。

③ 二元弱酸溶液中，酸根离子浓度近似等于 $K_{a2}^{\ominus}$，与该酸的起始浓度关系不大。

④ 若溶液中 H^+ 不仅仅是来自 H_2S 的解离时，$[H^+] \neq [HS^-]$，此时 S^{2-} 的浓度必须用总平衡常数进行计算，见下例。

【例 8-5】 在饱和 H_2S 水溶液中，加酸使 H^+ 浓度为 $0.24mol \cdot L^{-1}$，这时溶液中 S^{2-} 浓度是多少？

解 由题意可知，加酸后 H^+ 浓度为 $0.24mol \cdot L^{-1}$，在这一酸度下，H_2S 解离出的 H^+ 几乎为 0，因而溶液中 $[H^+] = 0.24mol \cdot L^{-1}$；饱和溶液的浓度为 $0.10mol \cdot L^{-1}$，则

$$[S^{2-}] = \frac{K_{a1}K_{a2}[H_2S]}{[H^+]^2}$$

$$= \frac{1.07 \times 10^{-7} \times 1.26 \times 10^{-13} \times 0.10}{(0.24)^2}$$

$$= 2.34 \times 10^{-20} (mol \cdot L^{-1})$$

比较例 8-4 和例 8-5 的计算结果可以看出：

① 饱和 H_2S 水溶液中 $[S^{2-}] = 1.26 \times 10^{-13} mol \cdot L^{-1}$，加入其他酸后溶液中 $[S^{2-}] = 2.34 \times 10^{-20} mol \cdot L^{-1}$，后者由于强酸加入所引起的同离子效应使 H_2S 的解离受到抑制，$[S^{2-}]$ 变为原来的 $1/10^7$ 倍。

② 总反应式 $H_2S \rightleftharpoons 2H^+ + S^{2-}$ 中物质的计量系数间的关系和它们的浓度之间的关系并不一致，即 $[H^+]$ 与 $[S^{2-}]$ 的浓度不是 2 倍的关系。例 8-5 和例 8-6 很好地证明了这一论点。

三元弱酸碱同二元弱酸碱类似，也具有分步解离特点，其溶液中各离子浓度的计算可参考二元弱酸来进行。

【例 8-6】 试计算 $0.1mol \cdot L^{-1}$ 的 H_3AsO_4 溶液中 $[H_2AsO_4^-]$、$[HAsO_4^{2-}]$、$[AsO_4^{3-}]$、$[H^+]$ 等离子的浓度和溶液的 pH 值。（已知：$K_{a1}^{\ominus} = 5.98 \times 10^{-3}$，$K_{a2}^{\ominus} = 1.74 \times 10^{-7}$，$K_{a3}^{\ominus} = 3.16 \times 10^{-12}$）

解 (1) 由题意可知：

$$H_3AsO_4 \rightleftharpoons H_2AsO_4^- + H^+ \qquad K_{a1}^{\ominus} = \frac{[H_2AsO_4^-][H^+]}{[H_3AsO_4]} = 5.98 \times 10^{-3}$$

$$H_2AsO_4^- \rightleftharpoons HAsO_4^{2-} + H^+ \qquad K_{a2}^{\ominus} = \frac{[HAsO_4^{2-}][H^+]}{[H_2AsO_4^-]} = 1.74 \times 10^{-7}$$

$$HAsO_4^{2-} \rightleftharpoons AsO_4^{3-} + H^+ \qquad K_{a3}^{\ominus} = \frac{[AsO_4^{3-}][H^+]}{[HAsO_4^{2-}]} = 3.16 \times 10^{-12}$$

多元弱酸溶液中，H^+ 主要来自于第一级解离反应。由于 $c/K_{a1}^{\ominus} < 500$，必须按式 $[H^+]^2 + K_a^{\ominus}[H^+] - K_a^{\ominus}c_{酸} = 0$ 解一元二次方程求 $[H^+]$，式中 $K_a^{\ominus}$ 就是多元弱酸的一级解离常数 $K_{a1}^{\ominus}$，则

$$[H^+] = -\frac{K_{a1}^{\ominus}}{2} + \sqrt{\frac{(K_{a1}^{\ominus})^2}{4} + K_{a1}^{\ominus}[H_3AsO_4]}$$

代入数据，求解得 $[H^+]=2.76\times10^{-2}(mol\cdot L^{-1})$

$$pH=1.56$$

(2) 由于 $c/K_{a2}^{\ominus}>500$，可知二级解离程度非常小，$H_2AsO_4^-$ 几乎不发生解离，平衡时的浓度近似等于初始浓度，即一级解离所生成的 $H_2AsO_4^-$，因此

$$[H_2AsO_4^-]=[H^+]=2.76\times10^{-2}mol\cdot L^{-1}$$

(3) 又由于一级解离出的 $[H^+]$ 抑制二级解离，因此二级解离式中可以用一级解离的 $[H^+]$ 来代替。又

$$K_{a2}^{\ominus}=\frac{[HAsO_4^{2-}][H^+]}{[H_2AsO_4^-]}=1.74\times10^{-7}$$

则有 $[HAsO_4^{2-}]=K_{a2}^{\ominus}=1.74\times10^{-7}mol\cdot L^{-1}$

(4) 把上述计算结果代入 $K_{a3}^{\ominus}=\frac{[AsO_4^{3-}][H^+]}{[HAsO_4^{2-}]}=3.16\times10^{-12}$ 中，则

$$[AsO_4^{3-}]=1.99\times10^{-17}mol\cdot L^{-1}$$

所以，H_3AsO_4 溶液中离子的浓度为：

$[H_2AsO_4^-]=[H^+]=2.76\times10^{-2}mol\cdot L^{-1}$，$[HAsO_4^{2-}]=K_{a2}^{\ominus}=1.74\times10^{-7}mol\cdot L^{-1}$，

$[AsO_4^{3-}]=1.99\times10^{-17}mol\cdot L^{-1}$，$[H^+]=2.76\times10^{-2}mol\cdot L^{-1}$

对于多元弱酸溶液，可得出如下结论：

① 当多元弱酸的 $K_{a1}^{\ominus}\gg K_{a2}^{\ominus}\gg K_{a3}^{\ominus}$、$K_{a1}^{\ominus}/K_{a2}^{\ominus}>10^3$ 时，可当作一元弱酸进行计算 $[H^+]$。

② 多元弱酸第二步解离所得的共轭碱的浓度近似等于 $K_{a2}^{\ominus}$，与酸的浓度关系不大，如 $[HAsO_4^{2-}]=K_{a2}^{\ominus}$。

8.3.4 酸碱指示剂

(1) 变色原理

酸碱指示剂（acid-base indicator）是能够利用本身颜色的改变来指示溶液 pH 值的变化，其一般是有机弱酸或弱碱，当溶液中的 pH 值改变时，指示剂由于结构的改变而发生颜色的变化。

如酚酞（phenolphthalein，缩写为 PP）是一种有机弱酸，它是属于三苯甲烷类的单色指示剂，在水中有如下解离平衡：

无色分子 $+2H_2O \rightleftharpoons$ 无色离子（酸型）$+H_3O^+ \underset{H^+}{\overset{OH^-}{\rightleftharpoons}}$ 红色离子（碱型）

由平衡关系式可以看出，在酸性溶液中，酚酞以无色形式存在，在 pH>9.1 的碱性溶液中以醌式结构存在，呈红色。

又如甲基橙（methyl orange，缩写为MO）是一种双色指示剂，属于偶氮类结构，它在水溶液中有如下解离平衡：

$$(CH_3)_2N^+=\!\!\langle\;\rangle\!\!=N-N(H)-\langle\;\rangle-SO_3^- \underset{H^+}{\overset{OH^-}{\rightleftharpoons}} (CH_3)_2N-\langle\;\rangle-N=N-\langle\;\rangle-SO_3^-$$

红色（醌式）　　$pK_a=3.4$　　黄色（偶氮式）

由平衡关系式可以看出，增大酸度，甲基橙以醌式双极离子形式存在，溶液呈红色；降低酸度，以偶氮形式存在，溶液显黄色。

（2）理论变色点和变色范围

酸碱指示剂本身是一种弱的有机酸或碱，在溶液中存在着其自身的解离平衡。例如甲基橙（以 HIn 表示）在水溶液中的解离平衡为：

$$HIn \rightleftharpoons H^+ + In^-$$

红色　　　　黄色

$$K^{\ominus}_{HIn}=\frac{[H^+][In^-]}{[HIn]}$$

式中，$K^{\ominus}_{HIn}$ 为指示剂的解离常数，简称指示剂常数。在一定温度下，它是个常数。上式也可写成：

$$\frac{[In^-]}{[HIn]}=\frac{K^{\ominus}_{HIn}}{[H^+]}$$

$$pH=pK^{\ominus}_{HIn}+\lg\frac{[In^-]}{[HIn]}$$

① 当溶液中 $[H^+]$ 增大（pH 值减小）时，HIn 的解离平衡向左移动，溶液中 $[HIn]$ 增大。若 $[H^+]$ 在数值上大于 $10K^{\ominus}_{HIn}$ 时，溶液的 $pH \leqslant pK^{\ominus}_{HIn}-1$，指示剂 90%以上以弱酸 HIn 形式存在，溶液呈现 HIn 的颜色（对甲基橙而言为红色）。

② 当溶液中 $[H^+]$ 减小（pH 值增大）时，HIn 的解离平衡向右移动，溶液中 $[In^-]$ 增大。若 $[H^+]$ 在数值上小于 $1/10K^{\ominus}_{HIn}$ 时，溶液的 $pH \geqslant pK^{\ominus}_{HIn}+1$，指示剂 90%以上以 In^- 形式存在，溶液呈现 In^- 的颜色（对甲基橙而言为黄色）。

③ 当 $[H^+]$ 在数值上与 $K^{\ominus}_{HIn}$ 相等时，溶液的 $pH=pK^{\ominus}_{HIn}$ 时，指示剂的 HIn 与 In^- 形式各占 50%，溶液应呈现中间色（对甲基橙而言为橙色）。当 $pH=pK^{\ominus}_{HIn}$ 时，称为酸碱指示剂的理论变色点（theoretical color change point of acid-base indicator）。

由上述可见，含有指示剂的溶液的颜色，由 $[HIn]$ 与 $[In^-]$ 的比值来决定，而这一比值又取决于溶液的酸度（pH 值），即溶液颜色的理论变色范围（theoretical color change range）为：

$$pH=pK^{\ominus}_{HIn}\pm 1$$

对于酸碱指示剂的理论变色范围，应该了解以下几点。

① 当溶液的 pH 值由 $pK^{\ominus}_{HIn}-1$ 变化至 $pK^{\ominus}_{HIn}+1$（$[H^+]$ 在数值上由 $10K^{\ominus}_{HIn}$ 变化至 $1/10K^{\ominus}_{HIn}$）时，就能明显地看到指示剂由酸色变为碱色（甲基橙为由红色变为黄色）。这一原理对于弱碱型指示剂同样适用，只是相应的 pH 变色范围应是 $pK^{\ominus}_{In^-}\pm 1$。

② 指示剂的理论变色范围是 $pK^{\ominus}_{HIn}\pm 1$，指示剂的实际变色范围是实验测出来的，而不是靠理论计算出来的，所以实测值与理论值有一定差异。如甲基橙的 $pK^{\ominus}_{HIn}=3.4$，其理论变色点为 $pH=3.4$，理论变色范围应为 $pH=2.4\sim 4.4$；但实际变色范围是 $pH=3.1\sim 4.4$。这是因为人眼对红色比较敏感。当 $pH=3.1$ 时，由 $pH=pK^{\ominus}_{HIn}+\lg\frac{[In^-]}{[HIn]}$ 可计算出 $\frac{[HIn]}{[In^-]}=2$，

也就是说当酸式浓度是碱式浓度的 2 倍时，就可以看到红色。但是必须碱式浓度是酸式浓度的 10 倍时，才可以看到黄色。

③ 不同的酸碱指示剂的 $K^{\ominus}_{HIn}$（或 $K^{\ominus}_{In^-}$）值不同，它们的变色范围也不同。当 $pK^{\ominus}_{HIn}<7$ 时，变色范围在弱酸性范围；当 $pK^{\ominus}_{HIn}>7$ 时，变色范围在弱碱性范围。表 8-8 列出了几种常用酸碱指示剂的变色范围。

表 8-8　常见酸碱指示剂的变色范围

指示剂	变色范围/pH	颜色		$pK^{\ominus}_{HIn}$	浓度
		酸色	碱色		
百里酚蓝(第一次变色)	1.2～2.8	红	黄	1.6	0.1%的 20%乙醇溶液
甲基黄	2.9～4.0	红	黄	3.3	0.1%的 90%乙醇溶液
甲基橙	3.1～4.4	红	黄	3.4	0.05%的水溶液
溴酚蓝	3.1～4.6	黄	紫	4.1	0.1%的 20%乙醇溶液,或其钠盐的水溶液
溴甲酚绿	3.8～5.4	黄	蓝	4.9	0.1%的水溶液，每 100mg 指示剂加 0.05mol·L^{-1}NaOH 2.9mL
甲基红	4.4～6.2	红	黄	5.2	0.1%的 60%乙醇溶液,或其钠盐的水溶液
溴百里酚蓝	6.0～7.6	黄	蓝	7.3	0.1%的 20%乙醇溶液,或其钠盐的水溶液
中性红	6.8～8.0	红	黄橙	7.4	0.1%的 60%乙醇溶液
酚红	6.7～8.4	黄	红	8.0	0.1%的 60%乙醇溶液,或其钠盐的水溶液
酚酞	8.0～9.6	无	红	9.1	0.1%的 90%乙醇溶液
百里酚蓝(第二次变色)	8.0～9.6	黄	蓝	8.9	0.1%的 20%乙醇溶液
百里酚酞	9.4～10.6	无	蓝	10.0	0.1%的 90%乙醇溶液

注：表中列出的是室温下水溶液中几种指示剂的变色范围。实际上温度改变或溶剂不同时，指示剂的变色范围会移动。此外，溶液中盐类的存在也会使指示剂变色范围发生移动。

应用酸碱指示剂，可以粗略地测出溶液的 pH 值落在某个 pH 值范围内，更适合用于酸碱滴定分析中。测定溶液 pH 值的最简便方法是 pH 试纸，它是用多种指示剂的混合溶液浸制而成的。测试方法为：将具有不同 pH 值的溶液沾到 pH 试纸上就会显示不同的颜色，然后与标准色板对照，就可以确定待测溶液的 pH 值。采用 pH 试纸测试溶液的 pH 值，因测试方法简单，在工业和实验室中得到广泛应用。但是如果 pH 值对溶液反应影响大，就需要更精确地控制溶液的 pH 值，这就需要使用 pH 计（又叫酸度计）。

8.3.5　影响解离平衡的因素

弱酸和弱碱的解离平衡与化学平衡一样，也是一个动态平衡；当外界条件改变时，旧的平衡就被破坏，平衡会发生移动，直至在新的条件下又建立新的平衡。对于化学平衡而言，影响平衡的因素主要有温度、浓度、压强。但对于水溶液体系而言，压强的影响可以忽略不计。因此，影响解离平衡的主要因素有温度和浓度；而浓度对解离平衡的影响又具体表现为：稀释作用（见稀释定律）、同离子效应及盐效应。

（1）温度的影响

在弱电解质浓度保持不变的条件下，改变温度会影响解离常数。但由于弱电解质解离过程的热效应一般不大，所以温度对 $K^{\ominus}_{a}$（或 $K^{\ominus}_{b}$）的影响也不大。这从表 8-9 所列的不同温度下醋酸和氨水的解离常数也可以看出，温度改变一般不影响解离常数的数量级。因此，在室温范围内作近似计算时，可以忽略温度对 $K_a^{\ominus}$（或 $K_b^{\ominus}$）的影响。

表 8-9　HAc 和 $NH_3 \cdot H_2O$ 在不同温度时的解离常数

温度/℃	0	10	20	25	30	40	50
$K_a^{\ominus}$(HAc)	1.68×10^{-5}	1.73×10^{-5}	1.75×10^{-5}	1.75×10^{-5}	1.75×10^{-5}	1.70×10^{-5}	1.63×10^{-5}
$K_b^{\ominus}$($NH_3 \cdot H_2O$)	1.37×10^{-5}	1.57×10^{-5}	1.71×10^{-5}	1.77×10^{-5}	1.82×10^{-5}	1.88×10^{-5}	1.89×10^{-5}

（2）稀释作用

根据稀释定律可知：一定温度下，弱电解质的解离度 α 与其浓度 c 的平方根成反比，即溶液越稀，解离度 α 越大。

对于弱酸 HA 的解离

$$HA \rightleftharpoons H^+ + A^- \qquad \alpha = \sqrt{\frac{K_a^{\ominus}}{c_{酸}}}$$

当弱酸 HA 的溶液稀释时，解离常数不变，而 HA 的解离度 α 将增大；因此解离平衡就会向右移动。这也可以用吕•查德里平衡移动原理进行解释：加水稀释时，$[H^+]$、$[A^-]$、$[HA]$ 三者浓度同等程度地减低，导致 $Q<K_a^{\ominus}$，因此平衡右移。

（3）盐效应

定义：在弱电解质溶液中加入其他强电解质时，解离平衡向右移动，使弱电解质的解离度增大，这一影响称为**盐效应**（salt effect）。

原因：这是由于强电解质的加入，强电解质完全解离，增大了溶液中的离子浓度；而离子浓度的增大，导致了离子相互之间牵制作用（离子强度）增大，使与原弱电解质平衡中的部分自由离子变成了牵制离子，相当于降低了原平衡中自由离子的浓度（有效浓度）；要维持体系平衡，必须使解离平衡向右移动，从而增加了弱电解质的解离度，这就是盐效应的产生原因。

例如，在 HAc 溶液中加入不含相同离子的易溶强电解质 NaCl，则溶液中离子的种类和数量大幅增加，不同电荷的离子之间相互牵制的作用增强，使部分自由的 H^+ 和 Ac^- 变成牵制离子，相当于降低了产物的浓度；根据吕•查德里平衡移动原理，平衡右移，结果表现为弱电解质 HAc 的解离度增大的现象。下面通过一个具体的例子，从定量角度来看一下盐效应对解离平衡的影响。

【例 8-7】 试比较 25℃时，$0.10mol \cdot L^{-1}$ HAc 和含有 $0.10mol \cdot L^{-1}$ NaCl 的 $0.10mol \cdot L^{-1}$ HAc 溶液中的 $[H^+]$ 和解离度 α。

解　HAc 在溶液中的解离平衡为：

$$HAc \rightleftharpoons H^+ + Ac^- \qquad K_a^{\ominus} = 1.75 \times 10^{-5}$$

由例 8-3 可知，不含 NaCl 时，溶液中 $[H^+] = 1.32\times10^{-3}\ mol \cdot L^{-1}$，$\alpha = 1.32\%$

当含有 NaCl 时，$0.10mol \cdot L^{-1}$ NaCl 溶液的离子强度为

$$I = \frac{1}{2} \times (0.10 \times 1^2 + 0.10 \times 1^2) = 0.10$$

从表 8-3 可查得相应活度系数 f 为 0.78，则：

$$K_a^{\ominus} = \frac{a_{H^+}^2}{c_{HAc}} = \frac{[H^+]^2 f^2}{0.10} = 1.75 \times 10^{-5}$$

$$[H^+]=\sqrt{\frac{1.75\times10^{-5}\times0.10}{0.78^2}}=1.7\times10^{-3}(mol\cdot L^{-1})$$

$$\alpha=\frac{1.7\times10^{-3}}{0.10}\times100\%=1.7\%$$

从例 8-7 可以得到以下启示：

① 从计算结果可见，加入 NaCl 后，HAc 的解离度 $\alpha=1.7\%$；不加 NaCl 时，$\alpha=1.32\%$，解离度确有增大，但增大不多。因此，在一般情况下，可以忽略盐效应对解离平衡的影响。

② 在计算离子强度时，与强电解质解离的离子相比，弱电解质解离的离子浓度远远小于强电解质，因此可以忽略弱电解质解离出来的离子。

（4）同离子效应

定义：在弱电解质溶液中，加入含有相同离子的强电解质时，解离平衡左移，可使弱电解质的解离度降低，这种现象称为**同离子效应**（common ion effect）。

原因：由于相同离子强电解质的加入，使产物中相同离子的浓度增大；根据吕•查德里平衡移动原理，平衡左移，解离度降低。

比如在 HAc 溶液中存在如下平衡：

$$HAc \rightleftharpoons H^+ + Ac^-$$

往 $0.1mol\cdot L^{-1}$ HAc 溶液中，滴加 1 滴甲基橙指示剂，溶液呈红色，表明溶液的 pH 值小于 3.1；若再往该溶液中滴加 $1mol\cdot L^{-1}$ NaAc 溶液，随着 NaAc 用量的增加，可观察到溶液的颜色由红色逐渐变为黄色，表明溶液的 pH 值逐渐升高，H^+ 的浓度在下降。这是由于强电解质 NaAc 在水溶液中完全解离为 Na^+ 和 Ac^-，从而使溶液中 Ac^- 的浓度增大；导致平衡向生成 HAc 分子的方向移动，从而降低了 HAc 的解离度。下面通过一个具体的例子，从定量角度来看一同离子效应对解离平衡的影响。

【例 8-8】 在 1.00L $0.100mol\cdot L^{-1}$ HAc 溶液中加入 0.100mol 的固体 NaAc（假定溶液的体积未发生变化）。问溶液中 $[H^+]$ 和解离度 α？

解 （1）HAc 在溶液中的解离平衡为：

$$HAc \rightleftharpoons H^+ + Ac^- \qquad K_a^\ominus=1.75\times10^{-5}$$

由例 8-3 可知，未加入 NaAc 时，溶液中 $[H^+]=1.32\times10^{-3}\ mol\cdot L^{-1}$，$\alpha=1.32\%$

（2）加入 NaAc 后

由于 NaAc 是强电解质，完全解离，因此它提供了 $0.100mol\cdot L^{-1}$ 的 Ac^-，使 HAc 的解离平衡向左移动，则溶液中 $[H^+]$ 降低。

设溶液中已解离的 HAc 浓度为 $y\ mol\cdot L^{-1}$。根据下列关系：

	HAc	$\rightleftharpoons H^+$	+	Ac^-
起始浓度/$mol\cdot L^{-1}$	0.100	0		0.100
平衡浓度/$mol\cdot L^{-1}$	$0.100-y$	y		$0.100+y$

$$K_a^\ominus=\frac{[H^+][Ac^-]}{[HAc]}=\frac{y(0.100+y)}{0.100-y}=1.75\times10^{-5}$$

由于平衡向左移动，y 一定比 x 值（例 8-3）更小，也可忽略不计，$0.100-y\approx0.100$，$0.100+y\approx0.100$，所以有：

$$\frac{0.100y}{0.100}=1.75\times10^{-5}$$

$$y=[H^+]=1.75\times10^{-5}(mol\cdot L^{-1})$$

$$\alpha=\frac{1.75\times10^{-5}}{0.10}\times100\%=0.0175\%$$

由例 8-7 和例 8-8 可以看出：

① 与未加入 NaAc 的同浓度的 HAc 相比，当加入 NaAc 后，溶液中的 $[H^+]$ 由 $1.32\times10^{-3}mol\cdot L^{-1}$ 降低到 $1.75\times10^{-5}mol\cdot L^{-1}$；解离度从 1.32%降低到 0.0175%，降低了两个数量级；可见同离子效应的影响是相当大的。

② 往弱电解质的溶液中加入与弱电解质相同离子的强电解质时，在发生同离子效应的同时，必然伴随发生盐效应。加入 NaCl 时，即 $[H^+]$ 稍微增大到 $1.7\times10^{-3}\ mol\cdot L^{-1}$；而加入 NaAc 后，$[H^+]$ 显著降低到 $1.75\times10^{-5}\ mol\cdot L^{-1}$。可见，同离子效应的影响远大于盐效应。

由于同离子效应对解离平衡的影响相当大，因而被人们用来控制溶液中的有关平衡。如在弱酸溶液中加入强酸，则因同离子效应可大大降低弱酸的酸根离子的浓度。前面所述的通过调节 H_2S 溶液的酸度，可以控制溶溶中 S^{2-} 的浓度，也是同离子效应的一种应用。

8.4 缓冲溶液

缓冲溶液是一类具有特殊作用的酸碱体系，它可以控制反应的 pH 值，在科研、生产中具有重要的作用。1900 年，费恩巴赫（Fernbach）和胡伯特（Hubert）两位微生物学家在实验中偶然发现，并借用汽车缓冲器的称呼进行命名。

8.4.1 缓冲溶液的概念

在学习缓冲溶液之前，先来做一个实验：取两个烧杯，一个烧杯（A）里放入 100mL 纯水，另一个烧杯（B）里放入 100mL 的 $0.1mol\cdot L^{-1}$ HAc 和 $0.1mol\cdot L^{-1}$ NaAc 的混合溶液。在 A 烧杯的 100mL 纯水中，加入 $1mol\cdot L^{-1}$ HCl 溶液（或 NaOH 溶液）0.1mL；则 H^+（或 OH^- 的浓度）约增加 $\frac{1\times0.1}{100.1}\approx0.001mol\cdot L^{-1}$，这将引起水的 pH 值由 7 变化到 3（或由 7 变化到 11），变化 4 个单位；说明纯水不能缓解外来少量酸、碱的影响。如果在 B 烧杯里 100mL 的 $0.1mol\cdot L^{-1}$ HAc 和 $0.1mol\cdot L^{-1}$ NaAc 的混合溶液中，加入同样量的 HCl 或 NaOH 时，经测定其溶液的 pH 值始终在 4.7 左右，即 pH 值几乎不变。很显然烧杯 B 中的溶液具有抵抗外来少量酸或碱的能力。

(1) 缓冲溶液的定义

溶液的这种能抵抗外来的少量酸、碱或稀释的影响而使其 pH 值保持稳定的本领称为缓冲作用（buffer action）；具有缓冲作用的溶液称为缓冲溶液（buffer solution）。按照酸碱解离理论的观点，缓冲溶液一般是由弱酸和与弱酸含有共同离子的弱酸盐或由弱碱和与弱碱含有共同离子的弱碱盐组成的。按酸碱质子理论的观点，缓冲溶液则是由一对共轭酸碱对组成的。例如 HAc-NaAc、$NH_3\cdot H_2O$-NH_4Cl 等都可以组成不同的缓冲溶液。本节的缓冲溶液公式基于酸碱质子理论的共轭酸碱对的定义进行推导。

(2) 缓冲溶液的应用

缓冲溶液在工业、农业、生物学、化学等领域具有重要的意义和广泛应用。很多化学反应和生物化学反应只有在严格控制的一定 pH 值范围内，才得以顺利进行。例如，土壤中含有多种弱酸和盐，可看作是一个复杂的缓冲体系，它使土壤维持在一定的 pH 值，有利于植物的生长；人体不同部位的体液具有不同的 pH 值，血液的 pH 值为 7.35～7.45，超出这个范围 0.5 个 pH 单位，则有可能引起酸中毒或碱中毒；唾液的 pH 值为 6.35～6.85；胆囊胆汁的 pH 值为 5.4～6.9。人体的血液之所以能维持一定的 pH 值范围，是因为它含有 H_2CO_3-HCO_3^-、$H_2PO_4^-$-HPO_4^{2-}、$HHbO_2$（带氧血红蛋白)-$KHbO_2$、HHb（血红蛋白)-KHb 等多种缓冲体系，以保证人体正常生理活动在相对稳定的酸度下进行。在植物体内也有酒石酸、柠檬酸、草酸等有机酸及其共轭碱所组成的缓冲体系，保证植物的正常生理功能。土壤中含有 H_2CO_3-HCO_3^-、$H_2PO_4^-$-HPO_4^{2-} 和腐殖酸及其共轭碱类组成的复杂缓冲体系，使土壤维持一定的 pH 值范围，保证农作物的生长，若土壤的 $pH<3.5$ 或 $pH>9$ 都不利于植物的生长，如水稻生长适宜的 pH 值为 6～7。工业上金属器件电镀的电镀液中，也要用缓冲溶液来控制一定的 pH 值。

8.4.2 缓冲作用的原理

缓冲溶液是一种能够抵抗少量外加的强酸、强碱或稍加稀释，而保持溶液本身的 pH 值基本不变的溶液。缓冲溶液为什么具有缓冲作用呢？现以 HAc 和 NaAc 组成的缓冲溶液为例来说明其缓冲作用原理。在 HAc-NaAc 缓冲溶液中存在如下解离平衡：

$$HAc \rightleftharpoons H^+ + Ac^- \qquad (1)$$

$$NaAc = Na^+ + Ac^- \qquad (2)$$

HAc 是弱电解质，在溶液中只能部分解离为 H^+ 和 Ac^-，而 NaAc 是强电解质，在溶液中全部解离生成 Na^+ 和 Ac^-，因此在这个溶液中同时存在着大量的 HAc 和 Ac^-。H^+ 浓度很小，并且它们之间仍按（1）式建立着平衡。此时溶液中的离子满足下列关系：

$$K_a^\ominus = \frac{[H^+][Ac^-]}{[HAc]}$$

① 当在此溶液中加入少量的强酸时，由于溶液中大量存在着 Ac^-，它便和 H^+ 结合成难解离的 HAc 分子，使醋酸的解离平衡向左移动，结果溶液中的 H^+ 浓度几乎没有升高。这就是说 Ac^- 在此具有抗酸的作用。

② 当在此溶液中加入少量的强碱时，溶液中的 H^+ 和碱中的 OH^- 结合成为难解离的 H_2O 分子。当 H^+ 稍有减少时，由于溶液中存在大量的 HAc 分子，它立即解离 H^+ 来进行补充，使溶液中的 H^+ 浓度几乎保持稳定。这就是说 HAc 分子具有抗碱的作用。

③ 当在此溶液中加入少量的水稀释时，则由于溶液中 [HAc] 和 $[Ac^-]$ 降低倍数相等，故 $\frac{[HAc]}{[Ac^-]}$ 的比值不变，根据 $[H^+]=\frac{[HAc]}{[Ac^-]}\times K_a^\ominus(HAc)$，可知 $[H^+]$ 仍无变化。

由以上讨论可知，HAc-NaAc 溶液的缓冲作用是由于溶液中大量存在着抗酸（Ac^-）和抗碱（HAc 分子）的一对物质（称做缓冲对）的缘故。显然，当加入大量的酸或碱时，溶液中的 Ac^- 或 HAc 将被耗尽，抗酸或抗碱能力趋于丧失，就不再具有缓冲作用。若稀释程度太大，对 HAc 的解离度有影响，$\frac{[HAc]}{[Ac^-]}$ 比值将改变，pH 值因而也发生变化。

不仅一元弱酸（弱碱）及其共轭碱（共轭酸）溶液具有缓冲作用，多元弱酸（弱碱）与其共轭碱（共轭酸）的混合溶液也具有缓冲作用。例如，在含有 Na_2CO_3 和 $NaHCO_3$ 的溶液中，就存在着下列平衡：

$$HCO_3^- \rightleftharpoons H^+ + CO_3^{2-}$$

溶液中含有大量的 HCO_3^- 和 CO_3^{2-}。CO_3^{2-} 具有抗酸作用，因为它能与外来酸中的 H^+ 结合成 HCO_3^-。即上述平衡向左方移动，使溶液中的 [H^+]（或 pH 值）几乎不变；HCO_3^- 具有抗碱能力，当有外来碱加入，溶液中 H^+ 浓度降低时，HCO_3^- 解离出 H^+ 来补充，即上述平衡向右移动，使溶液中的 [H^+]（或 pH 值）几乎不变。

8.4.3 缓冲溶液 pH 值的计算

通过上节的介绍，可知在缓冲溶液中存在着弱酸（弱碱）的解离平衡，同时存在同离子效应，使其解离度降低。因此，缓冲溶液的 H^+ 或 OH^- 浓度的计算方法与同离子效应的计算方法相同。

【例 8-9】 计算含有 $0.100 mol \cdot L^{-1}$ HAc 和 $0.100 mol \cdot L^{-1}$ NaAc 溶液的 pH 值。

解 设溶液中 H^+ 浓度为 $x mol \cdot L^{-1}$。根据下列关系：

$$\begin{array}{ccc} HAc & \rightleftharpoons H^+ + & Ac^- \\ 0.100-x & x & x \end{array}$$

$$\begin{array}{ccc} NaAc & = Na^+ + & Ac^- \\ & & 0.100 \end{array}$$

可知平衡时，$[HAc]=0.100-x$，$[H^+]=x$，$[Ac^-]=0.100+x$，将平衡时各组分浓度代入解离常数关系式，则得：

$$K_a^\ominus(HAc)=\frac{x(0.100+x)}{0.100-x}=1.75\times10^{-5}$$

由于 x 的数值极小，所以 $0.100+x\approx 0.100$，$0.100-x\approx 0.100$，则

$$x=[H^+]=1.75\times10^{-5}(mol \cdot L^{-1})$$

$$pH=-\lg(1.75\times10^{-5})=4.76$$

虽然缓冲溶液 pH 值的计算可以采用上例的计算过程，但相对比较复杂。考虑到缓冲溶液是一种存在同离子效应的酸碱体系，解离度很小，因此对于缓冲溶液 pH 值的计算可以用较简便的公式简化处理。

常见的缓冲溶液主要有三种类型：

① 一元弱酸及其共轭碱组成的缓冲溶液；

② 一元弱碱及其共轭酸组成的缓冲溶液；

③ 多元酸酸式盐及其共轭碱组成的缓冲溶液。

下面推导一下这些常见缓冲体系的 pH 值的计算公式。

（1）一元弱酸及其共轭碱组成的缓冲溶液

现以 HA-A^- 所组成的缓冲溶液为例来导出。在 HA-A^- 缓冲溶液中，存在着下列解离：

$$HA \rightleftharpoons H^+ + A^-$$

则

$$K_a^\ominus=\frac{[H^+][A^-]}{[HA]}$$

$$[H^+]=K_a^\ominus\frac{[HA]}{[A^-]}$$

由于 HA 为弱酸，加入 A^- 产生同离子效应，使 HA 解离度更小，因此平衡时的 [HA] 可认为等于弱酸开始时的浓度 c_{HA}，而不考虑已解离的微小部分，即 $[HA]\approx c_{HA}$

（记为 c_a），又由于 HA 解离出来的 A^- 很少，所以平衡时 $[A^-]$ 可认为等于溶液中初始 A^- 的浓度 c_{A^-}，即 $[A^-] \approx c_{A^-}$（记为 c_b）。则上式可写为：

$$[H^+] = K_a^{\ominus} \frac{c_{HA}}{c_{A^-}}$$

两边取负对数

$$-\lg[H^+] = -\lg K_a^{\ominus} - \lg \frac{c_{HA}}{c_{A^-}}$$

$$pH = pK_a^{\ominus} - \lg \frac{c_{HA}}{c_{A^-}} = pK_a^{\ominus} - \lg \frac{c_a}{c_b} \tag{8-12}$$

式（8-12）中 c_a、c_b 分别表示平衡时缓冲体系中共轭酸、共轭碱的浓度。从公式中可以看出，对于弱酸及其对应的共轭碱构成的缓冲体系，缓冲溶液的 pH 值仅由两项决定：弱酸（酸碱质子理论定义的酸）的解离常数 $K_a^{\ominus}$ 和共轭酸碱对的初始浓度比。

（2）一元弱碱及其共轭酸组成的缓冲溶液

对于缓冲溶液中含有的是某一弱碱（B）和其对应的共轭酸（HB）时，其 pOH 值的计算公式可用类似方法推导出来。

$$pOH = pK_b^{\ominus} - \lg \frac{c_B}{c_{HB}} = pK_b^{\ominus} - \lg \frac{c_b}{c_a} \tag{8-13a}$$

或

$$pH = 14 - pK_b^{\ominus} + \lg \frac{c_B}{c_{HB}} = 14 - pK_b^{\ominus} + \lg \frac{c_b}{c_a} \tag{8-13b}$$

从式（8-13a）和式（8-13b）可以看出，对于弱碱及其对应的共轭酸构成的缓冲体系，缓冲溶液的 pOH 或 pH 值仅由两项决定：弱碱的解离常数 $K_b^{\ominus}$ 和共轭酸碱对的初始浓度比。

（3）多元酸酸式盐及其共轭碱组成的缓冲溶液

同理，对于多元弱酸的酸式盐和共轭碱构成的缓冲体系，如 $NaHCO_3$-Na_2CO_3，可以把多元弱酸的酸式盐 $NaHCO_3$ 看做一种弱酸，Na_2CO_3 看做 $NaHCO_3$ 的共轭碱；其 pH 值的计算公式遵从一元弱酸及其共轭碱构成的缓冲体系，可推导得出：

$$pH = pK_{a2}^{\ominus}(H_2CO_3) - \lg \frac{c_{HCO_3^-}}{c_{CO_3^{2-}}} = pK_{a2}^{\ominus}(H_2CO_3) - \lg \frac{c_a}{c_b} \tag{8-14}$$

通过式（8-12）、式（8-13a）、式（8-13a）及式（8-14）可以得出：在缓冲体系中，关键是找到共轭酸或共轭碱浓度和相应的解离常数，即可求出溶液的 pH 值或 pOH 值。

因此，不论缓冲体系的组成成分是弱酸及其共轭碱（包括酸式盐及其正盐）或者弱碱及其共轭酸，该体系的 pH 值都只与弱酸或弱碱的解离常数及体系中共轭酸或共轭碱的初始浓度比有关。即

$$pH = pK_a^{\ominus}(\text{共轭酸}) - \lg \frac{c_{\text{共轭酸}}}{c_{\text{共轭碱}}} \tag{8-15}$$

$$pOH = pK_b^{\ominus}(\text{共轭碱}) - \lg \frac{c_{\text{共轭碱}}}{c_{\text{共轭酸}}} \tag{8-16}$$

【例 8-10】 取例 8-9 的缓冲溶液三份，每份 90.0mL，分别加入（1）0.010mol·L^{-1} HCl 溶液 10.0mL；（2）0.010mol·L^{-1} NaOH 溶液 10.0mL；（3）水 10.0mL。试分别计算它们的 pH 值。

解 假设混合后三份溶液的体积为混合前体积之和，则混合后三份溶液均为 100mL。

体积改变，浓度也改变。

(1) $c(\text{HAc})=\frac{0.100\times 90.0}{100}=0.090\text{mol}\cdot\text{L}^{-1}$

$c(\text{HCl})=\frac{0.010\times 10.0}{100}=0.001\text{mol}\cdot\text{L}^{-1}$

HCl 溶液的加入与 Ac^- 反应生成 HAc，则溶液中 $c(\text{HAc})$ 约增大 $0.001\text{mol}\cdot\text{L}^{-1}$；$c(\text{NaAc})$ 约减小 $0.001\text{mol}\cdot\text{L}^{-1}$。代入式（8-12）得：

$$\text{pH}=\text{p}K_{\text{a}}^{\ominus}-\lg\frac{c_{\text{HAc}}}{c_{\text{Ac}^-}}=4.76-\lg\frac{0.090+0.001}{0.090-0.001}=4.75$$

(2) 由 (1) 可知，NaOH 溶液的加入，与 HAc 反应生成 NaAc，则 $c(\text{HAc})$ 约减少 $0.001\text{mol}\cdot\text{L}^{-1}$，$c(\text{NaAc})$ 约增大 $0.001\text{mol}\cdot\text{L}^{-1}$。同样可得：

$$\text{pH}=\text{p}K_{\text{a}}^{\ominus}-\lg\frac{c_{\text{HAc}}}{c_{\text{Ac}^-}}=4.76-\lg\frac{0.090-0.001}{0.090+0.001}=4.77$$

(3) 加入 10.0mL 水，则 $c(\text{HAc})=c(\text{NaAc})=0.090\text{mol}\cdot\text{L}^{-1}$，显然

$$\text{pH}=\text{p}K_{\text{a}}^{\ominus}-\lg\frac{c_{\text{HAc}}}{c_{\text{Ac}^-}}=4.76-\lg\frac{0.090}{0.090}=4.76$$

由上述计算可以看出：缓冲溶液中加入少量酸、碱，或用少量水稀释，溶液的 pH 值可维持基本不变。

【例 8-11】 将 50.0mL $0.100\text{mol}\cdot\text{L}^{-1}$ $NH_3\cdot H_2O$ 与 30.0mL $0.100\text{mol}\cdot\text{L}^{-1}$ HCl 混合，能否形成缓冲溶液？其 pH 值为多少？

解 (1) $NH_3\cdot H_2O$ 与 HCl 两种溶液混合后，其浓度发生变化，分别为

$$c(\text{NH}_3\cdot\text{H}_2\text{O})=\frac{0.100\times 50.0}{50.0+30.0}=0.0625\text{mol}\cdot\text{L}^{-1}$$

$$c(\text{HCl})=\frac{0.100\times 30.0}{50.0+30.0}=0.0375\text{mol}\cdot\text{L}^{-1}$$

由于混合后 $NH_3\cdot H_2O$ 与 HCl 发生反应生成 NH_4Cl，且 $NH_3\cdot H_2O$ 过量，HCl 完全反应，此时溶液中存在剩余的 $NH_3\cdot H_2O$ 和生成的 NH_4Cl，可以组成缓冲溶液。则

$$c(\text{NH}_4^+)=0.0375\text{mol}\cdot\text{L}^{-1}$$

$$c(\text{NH}_3\cdot\text{H}_2\text{O})=0.0625-0.0375=0.0250\text{mol}\cdot\text{L}^{-1}$$

(2) $$\text{pH}=14-\text{p}K_{\text{b}}^{\ominus}+\lg\frac{c_{\text{NH}_3\cdot\text{H}_2\text{O}}}{c_{\text{NH}_4^+}}=14+\lg 1.77\times 10^{-5}+\lg\frac{0.025}{0.0375}=9.07$$

【例 8-12】 10mL 的 $0.10\text{mol}\cdot\text{L}^{-1}$ 的 KH_2PO_4 与 1.0mL $0.20\text{mol}\cdot\text{L}^{-1}$ 的 Na_2HPO_4 混合，求其混合溶液的 pH 值？

解 由题意可知，混合后此溶液可形成缓冲体系 $H_2PO_4^-$-HPO_4^{2-}，查表可知，H_3PO_4 的 $\text{p}K_{\text{a2}}^{\ominus}=7.20$，代入缓冲溶液计算公式，得

$$\text{pH}=\text{p}K_{\text{a2}}^{\ominus}-\lg\frac{c_{\text{H}_2\text{PO}_4^-}}{c_{\text{HPO}_4^{2-}}}=\text{p}K_{\text{a2}}^{\ominus}-\lg\frac{c_{\text{a}}}{c_{\text{b}}}$$

$$=7.20-\lg\frac{0.10\times 10}{0.20\times 1.0}=6.50$$

通过例 8-11 和例 8-12 可以看出：

① 缓冲溶液中必须同时含有大量的共轭酸及其共轭碱，才具有缓冲作用；

② 弱酸-共轭碱（HA-A^-）或弱碱-共轭酸（B-HB）组成的缓冲体系，在计算其 pH 值时，分别对应的是 $K_a^\ominus$ 或 $K_b^\ominus$；多元酸的酸式盐-共轭碱的缓冲体系，对应的是多元酸的某级解离常数。上例中对应的是 H_3PO_4 的二级解离，因此用的是 $K_{a2}^\ominus$；

③ 缓冲溶液 pH 值的计算中，不论体系组成是什么，都要正确地判断出体系中哪一个是共轭酸，哪一个是共轭碱。

8.4.4 缓冲范围

缓冲溶液具有缓冲作用，只是在一定范围内可以缓冲少量外来酸、碱或水的稀释；超过一定范围，缓冲溶液将会失去缓冲能力。那么缓冲溶液的有效缓冲范围（effctive buffering range）是多少呢？

由式（8-12）和式（8-13）可知，缓冲溶液的 pH 值取决于 $pK_a^\ominus$（或 $pK_b^\ominus$）、以及共轭酸碱对的初始浓度比。当弱酸（或弱碱）确定后，$K_a^\ominus$（或 $K_b^\ominus$）为一常数。那么，在适当的范围内改变 c_{HA}/c_{A^-}（或 c_B/c_{HB}）的比值，便可调节缓冲溶液本身的 pH 值。现以 HAc-NaAc 和 NH_3-NH_4Cl 缓冲对为例示于表 8-10 中。

表 8-10 缓冲溶液的 pH 值与共轭酸碱对初始浓度比的关系

HAc-NaAc	c_{HA}/c_{A^-}	0.1/1.0	0.1/0.1	1.0/0.1	0.1～10
	pH 值	5.76	4.76	3.76	5.76～3.76
NH_3-NH_4Cl	c_B/c_{HB}	0.1/1.0	0.1/0.1	1.0/0.1	0.1～10
	pH 值	8.24	9.24	10.24	8.24～10.24

由表 8-10 所列数据可知，弱酸（或弱碱）组成的缓冲溶液，当 c_a/c_b（或 c_b/c_a）的比值为 1 时，缓冲溶液的 pH＝$pK_a^\ominus$（或 pH＝14－$pK_b^\ominus$）。当比值在 0.1～10 之间改变时，缓冲溶液的 pH 值变化幅度在 2 个 pH 单位之内，即

$$pH = pK_a^\ominus \pm 1 \qquad 或 \qquad pH = 14 - (pK_b^\ominus \pm 1)$$

这就是缓冲溶液的有效缓冲范围或称为缓冲范围（buffering range）。例如 HAc-NaAc 缓冲溶液，$pK_a^\ominus = 4.75$，其缓冲范围为 pH＝3.75～5.75；又如 NH_3-NH_4Cl 缓冲溶液，$pK_b^\ominus = 4.75$，pH＝14－pOH＝14－4.75＝9.25，其缓冲范围为 pH＝8.25～10.25。一些常用缓冲溶液及其缓冲范围列于表 8-11 中。

表 8-11 常用缓冲溶液及其缓冲范围

缓冲溶液	共轭酸	共轭碱	$pK^\ominus$	pH 范围
HCOOH-HCOONa	HCOOH	$HCOO^-$	$pK_a^\ominus=3.75$	2.75～4.75
HAc-NaAc	HAc	Ac^-	$pK_a^\ominus=4.76$	3.76～5.76
六亚甲基四胺-HCl(少)	$(CH_2)_6N_4H^+$	$(CH_2)_6N_4$	$pK_a^\ominus=5.85$	4.85～6.85
NaH_2PO_4-Na_2HPO_4	$H_2PO_4^-$	HPO_4^{2-}	$pK_{a2}^\ominus=7.20$	6.20～8.20
NH_3-NH_4Cl	NH_4^+	NH_3	$pK_b^\ominus=4.75$	8.25～10.25
$NaHCO_3$-Na_2CO_3	HCO_3^-	CO_3^{2-}	$pK_{a2}^\ominus=10.93$	9.93～11.93

注：按质子酸碱理论可知弱酸（或弱碱）及其盐互为共轭酸碱。

8.4.5 缓冲能力

缓冲溶液能够抵抗外来少量的酸、碱或者稀释而溶液本身的pH值基本保持不变，但其缓冲能力是有限的，超过一定限度则会丧失缓冲作用。常用缓冲容量（β）来衡量缓冲能力的大小。缓冲容量（buffer capacity）是指使单位体积缓冲溶液的pH值改变dpH个单位所需加入的强酸或强碱的物质的量dc。

$$\beta=\frac{\mathrm{d}c(\text{碱})}{\mathrm{dpH}}=-\frac{\mathrm{d}c(\text{酸})}{\mathrm{dpH}}$$

缓冲容量越大，缓冲能力越强。影响缓冲容量的因素主要有缓冲对的浓度和缓冲对浓度的比值。

（1）缓冲溶液总浓度的影响

表8-12为四份体积都是1.0L的HAc-NaAc缓冲溶液，其中HAc和NaAc浓度彼此相等，而它们的总浓度不同，分别加入0.02molHCl后，溶液pH值的变化情况。

表8-12　总浓度与缓冲容量的关系

项目	1	2	3	4
c(总)/mol·L^{-1}	1.0	0.40	0.20	0.10
$c(Ac^-)/c(HAc)$	0.5/0.5	0.20/0.20	0.10/0.10	0.05/0.05
加HCl前pH值	4.76	4.76	4.76	4.76
加HCl后pH值	4.72	4.66	4.57	4.38
ΔpH	−0.04	−0.10	−0.19	−0.38

由表8-12可以看出，缓冲对浓度比值相同，总浓度大的缓冲溶液缓冲容量也大，其缓冲能力强。

（2）缓冲组分浓度比的影响

表8-13为四份体积都是1.0L的HAc-NaAc缓冲溶液，其中HAc和NaAc浓度之和都等于1.0mol·L^{-1}，但缓冲组分浓度比不同，分别加入0.02mol HCl后，溶液pH值的变化情况。

表8-13　缓冲对浓度比与缓冲容量的关系

项目	1	2	3	4
c(总)/mol·L^{-1}	1.0	1.0	1.0	1.0
$c(Ac^-)/c(HAc)$	0.5/0.5=1∶1	0.25/0.75=1∶3	0.10/0.90=1∶9	0.05/0.95=1∶19
加HCl前pH值	4.76	4.27	3.80	3.47
加HCl后pH值	4.72	4.22	3.69	3.24
ΔpH	−0.04	−0.05	−0.11	−0.23

由表8-13可以看出，同一缓冲对，总浓度不变时，两组分浓度越接近，亦即缓冲组分浓度比越趋于1，缓冲容量越大，缓冲能力越强，当缓冲组分浓度比等于1时，缓冲溶液的缓冲能力最强。

综上所述，对于缓冲溶液的缓冲能力，应该特别指出：

① 缓冲溶液一般用于缓解少量酸（碱）的冲击而维持pH值在一定范围内基本不变；

② 当 c_a/c_b（或 c_b/c_a）愈接近 1 时，pH＝p$K_a^\ominus$ 或 p$K_b^\ominus$，此时缓冲溶液的缓冲能力愈强；

③ 当缓冲组分浓度比小于 1∶10 或大于 10∶1 时，缓冲溶液的缓冲能力很弱，甚至丧失缓冲作用。当 c_a/c_b 愈大于 1，则抗碱能力强于抗酸能力，反之 c_b/c_a 愈大于 1，则抗酸能力强于抗碱能力；

④ c_a/c_b（或 c_b/c_a）的比值为 0.1～10，缓冲溶液具有有效的缓冲能力。

8.4.6 缓冲溶液的选择和配制原则

实践中，缓冲溶液出现在许多场合，化学化工、材料制备、生物医学、工农业生产中都常遇到缓冲溶液的应用。我们知道，不同弱酸（或弱碱）及其共轭碱（酸）的盐所组成的缓冲溶液，pH 值是不同的。所以，在实际工作中应根据具体需要的 pH 值来选择缓冲物质、配制缓冲溶液。那么在缓冲溶液的选择及配制过程中，应该遵循什么原则呢？

由式（8-12）和式（8-14）可见，缓冲溶液的 pH 值取决于缓冲物质中的弱酸（或弱碱）的 p$K_a^\ominus$（或 p$K_b^\ominus$）及共轭酸碱对的初始浓度比值 c_a/c_b（或 c_b/c_a）。在实际工作中，配制一定 pH 值的缓冲溶液应遵循如下原则。

（1）选择合适的缓冲物质

首先所选用的缓冲物质除与 H^+ 和 OH^- 反应外，不能与系统中其他物质发生反应；其次，应该选择 p$K_a^\ominus$（或 p$K_b^\ominus$）与指定的 pH（或 pOH）相等或相近的弱酸（或弱碱）及其盐，如表 8-14 所示。

表 8-14 缓冲溶液的 pH 值与缓冲对 p$K_a^\ominus$ 的关系

欲配制的缓冲溶液的 pH 值	缓冲对	p$K_a^\ominus$
pH＝5	HAc-NaAc	p$K_a^\ominus$＝4.76
pH＝7	NaH_2PO_4-Na_2HPO_4	p$K_a^\ominus$＝7.21
pH＝9	NH_3-NH_4Cl	p$K_a^\ominus$＝9.26
pH＝10	$NaHCO_3$-Na_2CO_3	p$K_a^\ominus$＝10.33
pH＝12	Na_2HPO_4-Na_3PO_4	p$K_a^\ominus$＝12.35

（2）缓冲组分的浓度要适当

浓度太小，则缓冲容量太小；浓度太大，则会造成溶液中离子强度太大。一般控制组分浓度在 0.05～0.2mol·L^{-1} 范围内即可。

（3）调整组分浓度的比值

如果 p$K_a^\ominus$（或 p$K_b^\ominus$）与指定的 pH（或 pOH）不相等，可利用式（8-12）或式（8-14）适当调整组分浓度的比值，一般控制组分物质浓度的比值在 0.1～10 范围内。

【例 8-13】 今有 2.0L 0.10mol·L^{-1} Na_3PO_4 溶液和 2.0L 0.10mol·L^{-1} NaH_2PO_4 溶液，仅用这两种溶液（不可再加水）来配制 pH＝12.50 的缓冲溶液，最多能配制多少升该缓冲溶液？

解 比较磷酸的三级解离常数可知，只有 p$K_{a3}^\ominus$(H_3PO_4)＝12.35，与欲配制的 pH＝12.50 的缓冲溶液的 pH 值最接近，因此缓冲组分应为 NaH_2PO_4-Na_3PO_4。设需要 0.10mol·L^{-1}NaH_2PO_4 溶液 xL，首先与 Na_3PO_4 发生反应：

$$PO_4^{3-} + H_2PO_4^- \rightleftharpoons 2HPO_4^{2-}$$

	PO_4^{3-}	$H_2PO_4^-$	$2HPO_4^{2-}$
起始量/mol	2×0.10	0.10x	0
平衡量/mol	0.20−0.10x	0	0.20x

$$HPO_4^{2-} \rightleftharpoons H^+ + PO_4^{3-}$$

起始浓度/mol·L^{-1}　　$\dfrac{0.20x}{2.0+x}$　　　　$\dfrac{0.20-0.10x}{2.0+x}$

$$pH = pK_{a3}^{\ominus} - \lg\frac{c_a}{c_b} = 12.50$$

解之得 $$x = 0.12$$

所以，可以配制 2.12L(0.12L NaH_2PO_4＋2.0LNa_3PO_4) 缓冲溶液。

【例 8-14】 (1) 称取 CCl_3COOH 16.34g 和 NaOH 3.0g 溶于水并稀释至 1.0L。问：由此配成的缓冲溶液 pH 值是多少？(2) 要配制 pH＝0.22 的缓冲溶液，在此缓冲溶液中加强酸或强碱的物质的量是多少？[已知三氯乙酸的 $K_a^{\ominus}=0.22$，分子量为 163.4]

解 (1) $$c(CCl_3COOH) = \frac{m(CCl_3COOH)}{M(CCl_3COOH)V} = \frac{16.34g}{163.4g\cdot mol^{-1}\times 1.0L} = 0.10mol\cdot L^{-1}$$

$$c(NaOH) = \frac{m(NaOH)}{M(NaOH)V} = \frac{3.0g}{40.0g\cdot mol^{-1}\times 1.0L} = 0.075mol\cdot L^{-1}$$

体系中存在着反应：$NaOH + CCl_3COOH \longrightarrow CCl_3COONa + H_2O$，由计算可知 NaOH 完全转化为 CCl_3COONa，CCl_3COOH 过量，则有

CCl_3COONa 的浓度：$c_b = 0.075mol\cdot L^{-1}$

剩余 CCl_3COOH 的浓度：

$$c_a = \frac{0.10mol\cdot L^{-1}\times 1.0L - 0.075mol\cdot L^{-1}\times 1.0L}{1.0L} = 0.025mol\cdot L^{-1}$$

此时溶液中 CCl_3COONa 和 CCl_3COOH 大量存在，可以组成缓冲体系，所以

$$pH = pK_a^{\ominus} - \lg\frac{c_a}{c_b} = 0.22 - \lg\frac{0.025}{0.075} = 0.70$$

(2) 欲配制 pH＝0.22 缓冲溶液，设加入强酸 n(HCl)mol

$$pH = pK_a^{\ominus} - \lg\frac{c_a}{c_b} = 0.22 - \lg\frac{n_a}{n_b}$$

即 $$0.22 = 0.22 - \lg\frac{0.025\times 1.0 + n}{0.075\times 1.0 - n}$$

$$n(HCl) = 0.025mol$$

8.5 盐类的水解

盐的概念实际上是阿仑尼乌斯酸碱解离理论定义的一个概念，是由阿仑尼乌斯定义的酸与碱反应后的产物。但按照酸碱质子理论，阿仑尼乌斯定义的盐实际上仍是酸或碱。为了便于学生理解，本书仍沿用阿仑尼乌斯解离理论对盐的定义，讨论盐类的水解。

8.5.1 盐类水解的概念

盐大多为强电解质，在水中溶解后完全解离。但解离出的离子有可能与水作用生成弱电

解质，使水的解离平衡发生移动，pH 值不再为 7。如 NaAc 溶于水后，Ac^- 与 H_2O 作用生成弱酸，溶液显碱性；如 NH_4Cl 溶于水后，NH_4^+ 与 H_2O 作用生成弱碱，溶液显酸性。这种盐的离子与水中 H^+ 或 OH^- 作用生成弱酸或弱碱，使水的解离平衡发生移动，从而可能改变溶液的酸度，这种作用称为**盐类的水解**（hydrolysis of salts）。

不同的盐，其水溶液的酸碱性是不同的，可能是中性、酸性或碱性。这与盐的类型有关，下面将分别讨论。

8.5.2 盐类水解的水解常数

强酸强碱盐不和水作用，即不发生水解，因为它们的离子不能与 H^+、OH^- 结合生成弱电解质，故不影响水的解离平衡。这类盐包括由大部分碱金属和部分碱土金属与盐酸、硝酸、硫酸及高氯酸等强酸生成的盐，如 NaCl，它们的水溶液显中性，不发生水解。

（1）弱酸强碱盐

以 NaAc 水溶液为例来讨论弱酸强碱盐的水解情况。

NaAc 在水中完全解离，其中 Na^+ 不影响水的解离平衡，Ac^- 和水中的 H^+ 可结合生成弱电解质 HAc 分子，使水的解离平衡向右移动。因此，在 NaAc 水溶液中，存在着下列平衡：

$$NaAc \longrightarrow Na^+ + Ac^- \quad (1)$$

$$+$$

$$H_2O \rightleftharpoons OH^- + H^+ \quad (2) \qquad K_2^\ominus = K_w^\ominus = [H^+][OH^-]$$

$$\Updownarrow$$

$$HAc$$

$$(3) \qquad K_3^\ominus = \frac{1}{K_a^\ominus} = \frac{[HAc]}{[H^+][Ac^-]}$$

总反应为(2)+(3)即

$$Ac^- + H_2O \rightleftharpoons OH^- + HAc \tag{8-17}$$

式（8-17）即是 NaAc 的水解反应式。弱酸强碱盐的水解，实质上是盐中阴离子（弱酸根离子）的水解，水解的结果使溶液中 $[OH^-] > [H^+]$，故溶液显碱性。令水解平衡常数为 $K_h^\ominus$，简称**水解常数**（hydrolysis constant）。则有

$$K_h^\ominus = \frac{[HAc][OH^-]}{[Ac^-]}$$

根据多重平衡规则，可得：

$$K_h^\ominus = K_2^\ominus K_3^\ominus = \frac{K_w^\ominus}{K_a^\ominus} \tag{8-18}$$

由式（8-18）可知：

① 弱酸强碱盐的水解常数 $K_h^\ominus$ 等于水的离子积与弱酸的解离常数的比值。弱酸酸性越弱（$K_a^\ominus$ 越小），相应盐的水解程度越大（$K_h^\ominus$ 越大）。对于 NaAc 而言，$K_h^\ominus = 5.71 \times 10^{-10}$，可知其水解程度非常小，故计算中可以做一些近似处理。

② 根据 $K_h^\ominus$ 的大小，可求溶液中 OH^- 的浓度。

以 NaAc 的水解为例，设溶液的初始浓度为 c，平衡时 $[OH^-]$ 为 x，则

$$Ac^- + H_2O \rightleftharpoons OH^- + HAc$$

平衡浓度/mol·L^{-1} $\quad c-x \qquad x \qquad x$

$$K_h^\ominus = \frac{x^2}{c-x}$$

由于 x 很小，可以认为 $c-x \approx c$，则有

$$x = \sqrt{K_h^\ominus c}$$

即 $\quad [OH^-] = \sqrt{K_h^\ominus c} \quad$ 或 $\quad [OH^-] = \sqrt{\frac{K_w^\ominus}{K_a^\ominus} c} \quad (8\text{-}19)$

由式（8-19），体系中 H^+ 的浓度和 pH 值的大小也容易求出。

③ 盐类水解程度的大小除用水解常数 $K_h^\ominus$ 表示外，还可以用**水解度 *h***（degree of hydrolysis）表示

$$h = \frac{\text{已水解的盐的浓度}}{\text{盐的起始浓度}} \times 100\% \qquad (8\text{-}20)$$

④ 弱酸强碱盐的 $K_h^\ominus$、h 和 c 之间的关系：

$$h = \frac{[OH^-]}{c} = \sqrt{\frac{K_h^\ominus}{c}} = \sqrt{\frac{K_w^\ominus}{K_a^\ominus c}} \qquad (8\text{-}21)$$

由此可见，h 不仅与 $K_a^\ominus$ 有关，还与盐的浓度 c 有关。同一种盐，浓度越小，其水解程度越大。

【例 8-15】 计算室温下 0.500mol·L^{-1}NaAc 溶液的 pH 值及 h。

解 由题意可知 $K_h^\ominus = \frac{K_w^\ominus}{K_a^\ominus} = \frac{10^{-14}}{1.75 \times 10^{-5}} = 5.71 \times 10^{-10}$

$$[OH^-] = \sqrt{K_h^\ominus c} = \sqrt{5.71 \times 10^{-10} \times 0.500} = 1.69 \times 10^{-5}\,\text{mol·L}^{-1}$$

即 $$pOH = 4.77$$

故 $$pH = 14 - 4.77 = 9.23$$

水解度 $$h = \frac{[OH^-]}{c} = \frac{1.69 \times 10^{-5}}{0.500} \times 100\% = 0.0034\%$$

（2）强酸弱碱盐

以 NH_4Cl 水溶液为例来讨论强酸弱碱盐的水解情况。

NH_4Cl 在水中完全解离，其中 Cl^- 不与 H^+ 结合成分子，进而不影响水的解离平衡，但 NH_4^+ 和水中的 OH^- 可结合生成弱电解质 $NH_3·H_2O$ 分子，使水的解离平衡向右移动。因此，在 NH_4Cl 水溶液中，同时存在着下列反应：

$$NH_4Cl \longrightarrow NH_4^+ + Cl^- \qquad (1)$$

$$+$$

$$H_2O \rightleftharpoons OH^- + H^+ \qquad (2) \qquad K_2^\ominus = K_w^\ominus = [H^+][OH^-]$$

$$\Updownarrow$$

$$NH_3·H_2O$$

$$(3) \qquad K_3^\ominus = \frac{1}{K_b^\ominus} = \frac{[NH_3·H_2O]}{[NH_4^+][OH^-]}$$

总反应式为(2)+(3)，即

$$NH_4^+ + H_2O \rightleftharpoons NH_3 \cdot H_2O + H^+ \quad (8\text{-}22)$$

式 (8-22) 即是 NH_4Cl 的水解反应式。强酸弱碱盐的水解，实质上是盐中阳离子的水解，水解的结果使溶液中 $[OH^-] < [H^+]$，故溶液显酸性。

根据水解平衡可推导出：

① 强酸弱碱盐的水解常数 $$K_h^\ominus = K_2^\ominus K_3^\ominus = \frac{K_w^\ominus}{K_b^\ominus} \quad (8\text{-}23)$$

对于 NH_4Cl 而言，其水解常数 $K_h^\ominus = 5.71 \times 10^{-10}$。

② 水解度 $$h = \sqrt{\frac{K_h^\ominus}{c}} = \sqrt{\frac{K_w^\ominus}{K_b^\ominus c}} \quad (8\text{-}24)$$

③ 体系中 H^+ 的浓度 $$[H^+] = \sqrt{K_h^\ominus c} \quad (8\text{-}25)$$

(3) 弱酸弱碱盐

以 NH_4Ac 水溶液为例来讨论弱酸弱碱盐的水解情况。

NH_4Ac 在水中完全解离，其中 Ac^- 和水中的 H^+ 结合成弱电解质 HAc 分子，NH_4^+ 和水中的 OH^- 结合成弱电解质 $NH_3 \cdot H_2O$ 分子，使水的解离平衡向右移动。因此，在 NH_4Ac 水溶液中，同时存在着下列反应：

$$
\begin{array}{ccccccc}
NH_4Ac & \rightleftharpoons & NH_4^+ & + & Ac^- & & (1) \\
 & & + & & + & & \\
H_2O & \rightleftharpoons & OH^- & + & H^+ & & (2) \\
 & & \Updownarrow & & \Updownarrow & & \\
 & & NH_3 \cdot H_2O & & HAc & & \\
 & & (3) & & (4) & &
\end{array}
$$

总反应为(2)+(3)+(4)，即

$$NH_4Ac + H_2O \rightleftharpoons NH_3 \cdot H_2O + HAc \quad (8\text{-}26)$$

式 (8-26) 即是 NH_4Ac 的水解反应式。弱酸弱碱盐的水解，实质上是盐中阴离子和阳离子同时水解。其水解常数为：

$$K_h^\ominus = K_2^\ominus K_3^\ominus K_4^\ominus = \frac{K_w^\ominus}{K_a^\ominus K_b^\ominus} \quad (8\text{-}27)$$

式 (8-27) 表明了弱酸弱碱盐的水解常数与弱酸弱碱的解离常数之间的关系。结合式 (8-26) 可以得出如下结论：

① 弱酸弱碱盐水解后仍生成原来的弱酸和弱碱，水解进行得很彻底。对于 NH_4Ac 而言，其水解常数 $K_h^\ominus = 3.23 \times 10^{-5}$，虽然不是很大，但相比于 NH_4Cl 的 $K_h^\ominus$ 和 NaAc 的 $K_h^\ominus$ 却大了 10^5 倍。显然，NH_4Ac 双水解的趋势要比 NH_4Cl 或 NaAc 单方面水解的趋势大得多。即弱酸弱碱盐的 $K_h^\ominus$ 大于强酸弱碱盐的 $K_h^\ominus$ 或强碱弱酸盐的 $K_h^\ominus$。

② 体系的酸碱性取决于酸和碱的相对强弱，即主要与弱酸 $K_a^\ominus$、弱碱 $K_b^\ominus$ 的相对大小有关。可分成三种情况：

a. $K_a^\ominus = K_b^\ominus$，溶液显中性，如 NH_4Ac；

b. $K_a^\ominus > K_b^\ominus$，溶液显酸性，如 NH_4F、$HCOONH_4$；

c. $K_a^\ominus < K_b^\ominus$，溶液显碱性，如 NH_4CN。

（4）多元弱酸盐的水解

多元弱酸盐的水解比较复杂。其水解过程与多元弱酸的解离相似，也是分步进行的，每一步都有相应的水解常数。例如，Na_2CO_3 是二元弱酸的盐，它在水溶液中分两级水解。

第一步水解：　$CO_3^{2-}+H_2O \rightleftharpoons OH^- + HCO_3^-$　　$K_{h1}^{\ominus}$

第二步水解：　$HCO_3^- + H_2O \rightleftharpoons OH^- + H_2CO_3^-$　　$K_{h2}^{\ominus}$

则可导出：

$$K_{h1}^{\ominus}=\frac{[HCO_3^-][OH^-]}{[CO_3^{2-}]}=\frac{K_w^{\ominus}}{K_{a2}^{\ominus}} \qquad K_{h2}^{\ominus}=\frac{[H_2CO_3][OH^-]}{[HCO_3^-]}=\frac{K_w^{\ominus}}{K_{a1}^{\ominus}} \tag{8-28}$$

在上面两式中，$K_{a1}^{\ominus}$ 和 $K_{a2}^{\ominus}$ 分别为二元弱酸的第一级和第二级的解离常数。由于 $K_{a1}^{\ominus} \gg K_{a2}^{\ominus}$，所以 $K_{h2}^{\ominus} \ll K_{h1}^{\ominus}$，可见多元弱酸盐的第一步水解程度远大于第二步水解的程度，因此，在计算溶液中离子浓度时，可忽略其第二步水解。由此可得，对于多元弱酸盐的水解，主要考虑第一步，计算类似于一元弱酸盐水解。

同理可知，多元弱碱盐的水解和 NH_4Cl 一样，是阳离子（常为多价金属离子）的水解，溶液呈酸性。例如 $CuCl_2$ 各步水解的离子反应式为：

$$Cu^{2+}+H_2O \rightleftharpoons Cu(OH)^+ + H^+$$
$$Cu(OH)^+ + H_2O \rightleftharpoons Cu(OH)_2 + H^+$$

对于多元弱碱盐水解的计算类似于一元弱碱盐的水解。

8.5.3 影响盐类水解的因素

盐类水解程度的大小主要与盐类的本性有关，此外，根据平衡移动原理，盐的水解程度还与盐溶液的浓度、温度、酸度等因素有关。

（1）盐类本性的影响

盐类水解程度的大小首先取决于盐类自身性质，形成盐的酸或碱越弱，则盐的水解作用就越强。但盐类的水解程度一般都比较小。例如，18℃时，$0.1mol \cdot L^{-1}$ 溶液中 NaAc 的水解度是 0.0087%，而 KCN 的水解度是 1.2%，这是因为 HCN 的酸性比 HAc 更弱的缘故。

如果盐类水解后生成的酸或碱都很弱，且难溶于水或是气体，则水解程度就极大，甚至完全水解。例如，在 $AlCl_3$ 溶液中加 Na_2S，得不到 Al_2S_3 沉淀，而是生成 $Al(OH)_3$ 沉淀，同时放出 H_2S 气体：

$$2AlCl_3 + 3Na_2S + 6H_2O \rightleftharpoons 2Al(OH)_3\downarrow + 3H_2S\uparrow + 6NaCl$$
$$2Al^{3+} + 3S^{2-} + 6H_2O \rightleftharpoons 2Al(OH)_3\downarrow + 3H_2S\uparrow$$

（2）浓度的影响

一般来说，盐的浓度越小，盐的水解程度就越大。因此稀释可促进水解，增大盐的水解程度。例如：

$$Ac^- + H_2O \rightleftharpoons OH^- + HAc$$
$$K_h^{\ominus}=\frac{[HAc][OH^-]}{[Ac^-]}$$

当溶液稀释为原来的 2 倍时，[HAc]、[Ac^-] 和 [OH^-] 均降到原来的$\frac{1}{2}$。但上式中分子的值为原来的$\frac{1}{4}$，分母的值为原来的$\frac{1}{2}$，因而平衡被破坏。为了使$\frac{[HAc][OH^-]}{[Ac^-]}$的值仍等于 $K_h^{\ominus}$，平衡将朝增大分子和减小分母的方向移动，即平衡向右移动，水解程度增大。

(3) 温度的影响

盐的水解是酸碱中和反应的逆反应，酸碱中和反应是放热反应，所以盐的水解是吸热反应。

因此，升高温度水解程度会增大。例如，$FeCl_3$ 稀溶液水解程度小，看不出有 $Fe(OH)_3$ 沉淀产生。但在长时间煮沸后，就会析出棕黄色 $Fe(OH)_3$ 沉淀。盐类的水解在分离和制备中均有应用。

(4) 酸度的影响

盐的水解反应产生弱酸或弱碱，使溶液酸度发生改变。因此调节酸度可影响水解平衡并控制水解程度。例如在 NH_4Cl 溶液中：

$$NH_4^+ + H_2O \rightleftharpoons NH_3 \cdot H_2O + H^+$$

加入强碱，则中和产生的 H^+，使平衡向右移动，水解程度增大。又如 $BiCl_3$ 在溶液中由于水解产生氯氧铋 BiOCl 白色沉淀和 HCl：

$$BiCl_3 + 2H_2O \rightleftharpoons Bi(OH)_2Cl + 2HCl$$

$$\downarrow$$

$$BiOCl\downarrow + H_2O$$

因此在配制 $BiCl_3$ 溶液时，必须加入盐酸，使平衡向左移动，以减小水解程度。其他如铁、铝、锡、铅、锑等金属的盐溶液也都易水解而产生沉淀，因此在配制它们的溶液时，常加入适量的酸，以抑制水解。

本章小结

本章讨论了酸碱平衡，主要学习三个知识点。

(1) 酸碱理论的发展

酸和碱是重要的化学物质，阿仑尼乌斯的电离学说，使人们对酸和碱的认识产生了飞跃，但这一理论将酸碱局限在水溶液中；随后发展的酸碱质子理论和酸碱电子理论扩大了酸碱的物种范围，使酸碱理论的适用范围扩展到非水体系，乃至无溶剂体系；一般认为，在溶液（包括水溶液和非水溶液）体系，阿仑尼乌斯的电离学说和质子理论可以做出很好的处理和应用，因而在基础化学中，宜着重掌握这两种理论的基本概念和处理方法，并能加以应用。

(2) 弱酸、弱碱的解离平衡

弱酸和弱碱属于弱电解质，其解离特点符合阿仑尼乌斯解离理论；按照书写平衡常数的原则书写解离反应的平衡常数（$K_a^{\ominus}$ 和 $K_b^{\ominus}$），为区别于化学反应的平衡常数，下标加“a”和“b”，称为解离常数；它也只与温度有关，表示一定条件下酸碱解离的限度；对于多元弱酸，其解离特点是逐级解离；影响解离平衡的因素主要是浓度，主要表现为盐效应和同离子效应。

(3) 缓冲溶液

缓冲溶液是一种能抵抗外来少量酸、碱或稀释的影响，而保持 pH 值不变的特殊体系；其缓冲机理是由于体系中含有大量的抗酸因子和抗碱因子；按照缓冲机理，缓冲溶液可以区分为：一元弱酸及其共轭碱、一元弱碱及其共轭酸、多元弱酸（弱碱）及其共轭碱（共轭酸）。但要注意，缓冲溶液一般都具有一定的缓冲范围，为了达到最大缓冲能力，在选择和配制时要注意遵守一定的原则。

（4）本章一些重要的计算公式

① 离子强度 $I=\frac{1}{2}(c_1z_1^2+c_2z_2^2+\cdots+c_iz_i^2)=\frac{1}{2}\sum_i c_iz_i^2$

② 活度和活度系数 $a=fc$

③ 解离度 $\alpha=\frac{\text{已解离的分子数}}{\text{原有分子总数}}\times100\%$

④ pH 值 $\mathrm{pH}=-\lg[\mathrm{H^+}]$

⑤ 解离常数：

弱酸 HAc $K_a^{\ominus}=\frac{[\mathrm{H^+}][\mathrm{Ac^-}]}{[\mathrm{HAc}]}$

弱碱 $NH_3\cdot H_2O$ $K_b^{\ominus}=\frac{[\mathrm{NH_4^+}][\mathrm{OH^-}]}{[\mathrm{NH_3\cdot H_2O}]}$

⑥ 稀释定律： $\alpha=\sqrt{\frac{K_a^{\ominus}}{c_{\text{酸}}}}$ 或 $\alpha=\sqrt{\frac{K_b^{\ominus}}{c_{\text{碱}}}}$

⑦ 缓冲溶液公式：

一元弱酸及其共轭碱（HA-A⁻） $\mathrm{pH}=\mathrm{p}K_a^{\ominus}-\lg\frac{c_{\mathrm{HA}}}{c_{\mathrm{A^-}}}=\mathrm{p}K_a^{\ominus}-\lg\frac{c_a}{c_b}$

一元弱碱及其共轭酸（B-HB） $\mathrm{pOH}=\mathrm{p}K_b^{\ominus}-\lg\frac{c_{\mathrm{B}}}{c_{\mathrm{HB}}}=\mathrm{p}K_b^{\ominus}-\lg\frac{c_b}{c_a}$

酸式盐及其共轭碱（$NaHCO_3$-Na_2CO_3）

$$\mathrm{pH}=\mathrm{p}K_{a2}^{\ominus}(\mathrm{H_2CO_3})-\lg\frac{c_{\mathrm{HCO_3^-}}}{c_{\mathrm{CO_3^{2-}}}}=\mathrm{p}K_{a2}^{\ominus}(\mathrm{H_2CO_3})-\lg\frac{c_a}{c_b}$$

科技人物：路易斯

路易斯，美国物理化学家，1875 年 10 月 25 日生于马萨诸塞州的韦思纽顿，1905～1912 年在马萨诸塞州工业学院任教，并致力于物理化学研究，1911 年成为教授，1912 年后任加利福尼亚大学伯克利分校化学系主任。

路易斯
（1875～1946）

路易斯生于一个律师家庭。他智力早慧，13 岁入内布拉斯加大学预备学校，毕业后进入该大学，两年后又转入哈佛大学。1896 年，在哈佛获得学士学位，1898 年获得硕士学位，1899 年获得博士学位。1900 年在德国哥丁根大学进修，回国后在哈佛大学任教。1904～1905 年任菲律宾计量局局长。1905 年到麻省理工学院任教，1911 年升任教授。1912 年起担任加利福尼亚大学的化学学院院长兼化学化工学院主任。曾获得戴维奖章、瑞典阿仑尼乌斯奖章、美国的吉布斯奖章和理查兹（Richards）奖章，还是苏联科学院的外籍院士。1946 年 3 月 23 日，路易斯在进行荧光实验时，猝然去世。

路易斯具有很强的开辟化学研究新领域的能力，他研究过许多化学基础理论。1901 年和 1907 年，他先后提出“逸度”和“活度”概念；1916 年提出共价键的电子理论；1923 年又对价键和共用电子对成键理论做了进一步阐述；1921 年将离子强度的概念引入热力学，发现了稀溶液中盐的活度由离子强度决定的经验定律；1923 年与兰德尔（Randall）合著《化学物质的热力学和自由能》，该书深入探讨了化学平衡，对自由能、活度等概念作出了新的解释；同年，提出新的广义酸碱概念，认为酸是在化学反应中接受电子对的物质，碱是给予电子对的物质——这一理论是化学反应理论的一个重大突破，在有机反应和催化反应中得到了广泛应用。此外，还研究过重氢及其化合物、荧光、磷光等。主要著作有《价键及原子和分子的结构》、《科学的剖析》等。

科技动态：一种新型的强电解质——离子液体

近几十年来，化学工业正向着绿色化学的方向发展。主要表现在两个方面：一是选择无溶剂的工艺路线；二是选择无污染的溶剂，如水、超临界流体、离子液体等。其中离子液体具有不易挥发、稳定性好、溶解范围广、易分离等优点而有望成为传统有机溶剂的有效替代品，成为人类与环境友好和谐发展的桥梁。

（1）离子液体的特征与发展

离子液体（ionic liquid），是指室温或低温下呈液态、完全由离子构成的物质，又称室温离子液体（room temperature ionic liquid）或室温熔融盐（room temperature molten salt）。离子液体在较低温度（$\leqslant$100℃）下呈液态，没有气味，不燃烧，在作为环境友好的溶剂方面有很大的潜力。早在 19 世纪，科学家就开始研究离子液体，但当时没有引起人们的广泛兴趣。20 世纪 70 年代初，美国空军学院的科学家威尔克斯开始倾心研究离子液体，以尝试为导弹和空间探测器开发更好的电池，发现了一种可用做电池的液态电解质。到了 20 世纪 90 年代末，兴起了离子液体的理论和应用研究的热潮。如今室温离子液体作为 21 世纪最有希望的绿色溶剂和催化剂之一，已经应用到电化学、溶剂萃取、物质的分离和纯化、各类有机化学反应的催化剂和溶剂等多个领域。

（2）离子液体的构成

离子液体由有机阳离子和无机阴离子组成。阳离子通常是烷基季铵离子、烷基季鏻离子、*N*-烷基吡啶离子和 *N*,*N*′-二烷基咪唑阳离子；阴离子常见的是卤素离子，$AlCl_4^-$，含氟、磷、硫的多种离子，如 BF_4^-、PF_6^-、$CF_3SO_3^-$、CF_3COO^-、PO_4^{3-}、NO_3^- 等。离子液体的种类很多，分类方法也很多。根据阳离子组成的不同，大体上可以分为咪唑类、吡啶类、吡唑类、吡咯啉类、季铵盐和季鏻盐 6 类；根据阴离子组成的不同，大体上可以分为 ACl_3 型、非 ACl_3 型和其他型 3 类；此外，还有根据性能或结构分类的，比如高电导率离子液体、低黏度离子液体、高分子离子液体等。

（3）离子液体的优势

离子液体具有独到的、常规溶液所不能比拟的优点：①几乎无蒸气压，在使用、贮藏中不会蒸发散失；可循环使用，不污染环境；②有高的热稳定性和化学稳定性，在宽广的温度范围内处于液体状态；但 ACl_3 型离子液体热稳定性较差，且不可遇水和大气；而非 ACl_3 型离子液体为在 400℃时仍稳定的液体，对水和空气稳定；许多离子液体的液体状态的温度超过300℃；③无可燃性，无着火点；④离子电导率高，分解电压（也称电化学窗口）宽，高达3～5V；⑤热容量较大。

离子液体具有品种多、可设计、性能独特、应用领域广泛的特点，其应用前景乐观。随着人们对离子液体认识的不断深入，相信离子液体绿色溶剂的大规模工业应用指日可待，并给人类带来一个面貌全新的绿色化学高科技产业。

复习思考题

1. 什么是电解质？为什么实验测得的强电解质在溶液中的解离度不是100%？

2. 什么是稀释定律？弱电解质溶液的解离度随溶液的稀释而增大，那么其溶液中离子的浓度是否也增大？为什么？

3. 多元酸在溶液中的解离有何特点？写出磷酸 H_3PO_4 的解离方程式，并指出磷酸溶液中能解离出哪几种离子？排出各种离子浓度大小的顺序。

4. 什么叫同离子效应？什么叫盐效应？如何应用平衡移动原理来解释？

5. 配制一定pH值的缓冲溶液应如何选择弱电解质及其盐？

6. NaHS溶液呈弱碱性，Na_2S 溶液呈强碱性，试解释之。

7. 根据酸碱质子理论，下列物质哪些是酸？哪些是碱？哪些既是酸又是碱？并写出它们的共轭酸、共轭碱。

HCl　H_2CO_3　NH_3　HSO_4^-　NH_4^+　H_2O　HCO_3^-　CO_3^{2-}　Ac^-

8. 试用酸碱质子理论说明下列反应进行的方向：

$Ac^- + H_2O \rightleftharpoons HAc + OH^-$

$NH_4^+ + CN^- + H_2O \rightleftharpoons NH_3 \cdot H_2O + HCN$

$HSO_4^- + OH^- \rightleftharpoons H_2O + SO_4^{2-}$

$HAc + HSO_4^- \rightleftharpoons Ac^- + H_2SO_4$

9. 下列各酸的浓度均为 $0.10mol \cdot L^{-1}$，请按pH值由大到小的顺序进行排列。

CH_3COOH　H_3PO_4　H_2SO_4　$HClO$

10. 下列情况下，溶液的pH值是否有变化？若有变化，则pH值是增大还是减小？

（1）醋酸溶液中加入醋酸钠　　（2）氨水溶液中加入硫酸铵

（3）盐酸溶液中加入氯化钾　　（4）稀硫酸溶液中加入碳酸钠

11. 下列说法是否正确，为什么？

（1）一元弱酸的共轭碱必定是强碱；

（2）相同浓度的HCl和HAc溶液pH值相同，pH值相同的HCl和HAc溶液的浓度也相同；

（3）高浓度的强酸或强碱溶液也是缓冲溶液。

习　题

1. $0.50mol \cdot L^{-1}$ 蚁酸（HCOOH）溶液中 H^+ 浓度等于 $0.01mol \cdot L^{-1}$，求蚁酸的解离常数。

2. 0.1mol·L^{-1} 某一元弱酸（HA）溶液 50mL 与 20mL 0.1mol·L^{-1}NaOH 溶液混合，将混合溶液稀释到 100mL，用酸度计测得溶液的 pH=5.25，求 HA 的 $K_a^\ominus$。

3. pH 值为 5.07 的 HCN 溶液的浓度为多少 mol·L^{-1}？

4. 含 0.86%NH_3、密度为 0.99g·mL^{-1} 的 $NH_3·H_2O$ 中 OH^- 浓度和 pH 值各为多少？

5. 在 0.30mol·L^{-1} 的 HCl 溶液中，通入 H_2S 气体至饱和（此时 H_2S 浓度为 0.10mol·L^{-1}），求此溶液的 pH 值和 S^{2-} 浓度。

6. 298K 时，测得 0.100mol·L^{-1} 的 HF 溶液中 [H^+] 为 7.63×10^{-3}mol·L^{-1}。求反应：$HF(aq) \longrightarrow H^+(aq)+F^-(aq)$的 $\Delta_r G_m^\ominus$ 值。

7. 已知氨水的 $K_b^\ominus=1.8\times10^{-5}$，现有 1.0L0.2mol·$L^{-1}$ 氨水，求：

（1）氨水的 [H^+]；

（2）加入 10.7gNH_4Cl 后，溶液的 [H^+]（加入 NH_4Cl 后溶液体积的变化忽略不计）；

（3）加入 NH_4Cl 后，氨水解离度缩小的倍数。

8. 计算 0.10mol·L^{-1} 的 Na_2CO_3 溶液中各离子的浓度。已知 H_2CO_3 的 $K_{a1}^\ominus=4.5\times10^{-7}$，$K_{a2}^\ominus=4.7\times10^{-11}$。

9. 将 1.00mol·L^{-1}HAc 和 1.00mol·L^{-1}HF 等体积混合，若已知 HAc 的 $K_a^\ominus=1.8\times10^{-5}$，HF 的 $K_a^\ominus=6.3\times10^{-4}$，计算此溶液中的 [$H^+$]、[$Ac^-$] 和 [$F^-$]。

10. 已知 H_2S 的 $K_{a1}^\ominus=1.1\times10^{-7}$，$K_{a2}^\ominus=1.3\times10^{-13}$，求 0.20mol·$L^{-1}$$Na_2S$ 溶液中的 [Na^+]、[S^{2-}]、[OH^-]、[H_2S] 和 [H^+]。

11. 将 150mL 的 0.10mol·L^{-1}HAc 溶液和 50mL 的 0.10mol·L^{-1}NaOH 溶液混合，若已知 HAc 的 $pK_a^\ominus=4.74$，求混合溶液的 [H^+]。

12. 用一元强碱滴定一元弱酸，在加入 3.50mL 碱液时，体系的 pH=4.15；在加入 5.70mL 碱液时，体系的 pH=4.44。求该弱酸的解离平衡常数。

13. 将 80mL 1.0mol·L^{-1} 的某一元弱酸与 50mL 0.40mol·L^{-1}NaOH 溶液混合后，再稀释至 250mL，测得溶液的 pH=2.72，求该弱酸的解离常数。

14. 在 100mL 的 2.0mol·L^{-1} 氨水中，加入 13.2g 的 $(NH_4)_2SO_4$，并稀释至 1.0L，求所得溶液的 pH 值？

15. 欲制备 100mLpH 值为 5.0、并含有 Ac^- 浓度为 0.50mol·L^{-1} 的缓冲溶液，问需加入密度 1.049g·mol^{-1}，含有 HAc100%的醋酸多少毫升以及 $NaAc·3H_2O$ 多少克？

16. 若用氨水配制 pH 值为 9.0 的缓冲溶液 1.0L，并使溶液中 $NH_3·H_2O$ 及其盐的总浓度为 1.00mol·L^{-1}，问需密度为 0.90g·mol^{-1}，含 $NH_3$27%的氨水多少毫升以及 NH_4Cl 多少克？

17. 当 CO_2 溶于水后生成弱酸 H_2CO_3，并发生下列解离平衡：

$H_2CO_3 \rightleftharpoons H^+ + HCO_3^-$

$HCO_3^- \rightleftharpoons H^+ + CO_3^{2-}$

试计算说明下列各 pH 值时，溶液中 H_2CO_3、HCO_3^- 和 CO_3^{2-} 三种离子中浓度最大者。

（1）4.00；（2）6.00；（3）8.00；（4）10.00；（5）12.00

18. 实验测得 0.1mol·L^{-1}HAc 溶液的 pH=2.88，求 HAc 的 $K_a^\ominus$ 及解离度 α。若在此溶液中加入 NaAc 并使其浓度达到 0.1mol·L^{-1}，溶液的 pH 值和解离度 α 又为多少？这说明什么问题？

19. 现有 1.0L 由 HF 和 F^- 组成的缓冲溶液。试计算：

(1) 当该缓冲溶液中含有 0.10mol HF 和 0.30mol NaF 时，其 pH 值为多少？

(2) 往 (1) 缓冲溶液中加入 0.40g NaOH 固体，并使其完全溶解（设溶解后溶液的体积不变），问该溶液的 pH 值为多少？

(3) 当缓冲溶液 pH＝6.5 时，HF 与 F^- 浓度的比值为多少？此时溶液还有缓冲能力吗？

20. 将 $0.300mol \cdot L^{-1}$ NaOH 50mL 与 $0.450mol \cdot L^{-1}$ NH_4Cl 100mL 混合，

(1) 计算所得溶液的 pH 值；

(2) 若在上述混合溶液中加入 1.00mL $2.00mol \cdot L^{-1}$ 的 HCl，问 pH 值有何变化？

(3) 若在上述混合溶液中加入 1.00mL $2.00mol \cdot L^{-1}$ 的 NaOH，pH 值又有何变化？

第9章 沉淀-溶解平衡

【学习要求】

(1) 了解难溶强电解质的沉淀-溶解平衡；
(2) 掌握溶度积常数及其与溶解度之间的关系和计算；
(3) 掌握溶度积规则，能用溶度积规则判断沉淀的生成和溶解；
(4) 熟悉沉淀溶解的各种方法以及平衡常数的计算；
(5) 掌握同离子效应和盐效应对沉淀-溶解平衡的影响；
(6) 了解分步沉淀和沉淀转化及相关平衡常数的计算。

按照溶解度大小，电解质可以区分为易溶电解质和难溶强电解质两大类。第 8 章讨论了易溶的弱酸、弱碱的解离平衡和盐类的水解平衡两类涉及离子的平衡，它们是均相体系(homogeneous system)。本章研究的对象则是难溶强电解质的固体与由它解离而进入溶液的离子之间的平衡，常称为难溶性强电解质的**沉淀-溶解平衡**，这是一种多相体系（heterogenous system)。在科学研究和生产生活中，经常遇到离子的鉴定、杂质的分离、污水的处理等问题。这些都属于难溶强电解质和水系统中所存在的固相与液相中离子之间的平衡问题。

在水中绝对不溶解的物质是不存在的，通常把溶解度小于 0.01g/100g(H_2O) 的物质称作不溶物或者难溶物。但是这种界限不是绝对的，例如，$PbCl_2$ 在 0℃ 时的溶解度为 0.675g/100g(H_2O)、$CaSO_4$ 为 0.176g/100g(H_2O)、$HgSO_4$ 为 0.055g/100g(H_2O)，尽管这些物质的溶解度超过上述标准（0.01g/100g)，但是由于它们的分子量较大，其饱和溶液的物质的量浓度极小；因此这样的物质也是本章的研究对象。顺便指出，为计算方便，在讨论沉淀-溶解平衡时，通常采用饱和溶液的物质的量浓度（$mol \cdot L^{-1}$)，而不采用 g/100g(H_2O) 来表示“溶解度”。

9.1 溶度积和溶度积原理

9.1.1 溶度积常数

在一定温度下，难溶强电解质饱和溶液中的离子与难溶物固体之间的多相动态平衡，称为**沉淀-溶解平衡**（precipitation-dissolution equilibrium)。与弱电解质在溶液中的解离过程类似，难溶强电解质的溶解过程也是一个可逆过程。现以难溶性强电解质 AgCl 在水中的溶解过程为例，讨论难溶性强电解质在水溶液中的沉淀-溶解平衡。

在一定温度下，将 AgCl 固体放入水中，由于水分子是一种极性分子，部分水分子的正极与 AgCl 固体表面的负离子 Cl^- 相吸引，同时部分水分子的负极与 AgCl 固体表面的正离子 Ag^+ 相吸引；这种相互作用使 AgCl 固体表面的一部分 Ag^+ 和 Cl^- 以水合离子的形式进入水中；这种由于水分子和固体表面的粒子相互作用，使溶质离子脱离固体表面以水合离子状态进入溶液的过程称为**溶解**。另一方面，溶液中不断增多的 Ag^+ 和 Cl^- 受 AgCl 表面正、负离子的吸引，重新回到 AgCl 表面，析出固体；这种处于溶液中的溶质离子转为固体状态，并从溶液中析出的过程称为**沉淀**。

当溶解过程产生的 Ag^+ 和 Cl^- 的数目和沉淀过程消耗的 Ag^+ 和 Cl^- 的数目相同，即溶解速率和沉淀速率相等时，便达到沉淀-溶解平衡。可以表示成：

$$AgCl(s) \rightleftharpoons Ag^+(aq) + Cl^-(aq)$$

根据平衡常数的书写规则，这一多相平衡的标准平衡常数表达式为：

$$K_{sp}^{\ominus}(AgCl) = [Ag^+][Cl^-] \tag{9-1}$$

式中，$K_{sp}^{\ominus}$ 称为溶度积常数，简称溶度积（solubility product）。$K_{sp}^{\ominus}$ 为 AgCl 沉淀-溶解平衡过程的平衡常数；为了区别于化学反应的平衡常数，下标加"sp"（英文单词 solubility product 的首字母）。

溶度积常数表明：在一定温度时，难溶强电解质的饱和溶液中，其离子浓度（本章不考虑活度系数大小，用浓度代替活度）以化学计量数为指数的幂的乘积为一常数。溶度积常数是物质的一个特征常数，反映了难溶强电解质在水中溶解能力的大小，具有以下特点。

① 不同的物质具有不同的溶度积常数，其数值的大小与难溶强电解质的本性有关。$K_{sp}^{\ominus}$ 的数值可由实验测定，也可由热力学数据计算。

② 溶度积数值的大小与温度有关，不同温度条件下，同一物质的溶解度不同，平衡体系中实际解离的有关离子的浓度不同，溶度积的数值也不同。例如：$BaSO_4$ 的溶度积，在 298K 时，$K_{sp}^{\ominus} = 1.08\times10^{-10}$；在 323K 时，$K_{sp}^{\ominus} = 1.98\times10^{-10}$。由此可见温度升高时，溶度积常数 $K_{sp}^{\ominus}$ 略有增大。

③ 溶度积常数与组分的初始浓度和体系中存在的其他物质的浓度无关，与难溶强电解质溶于水中形成的饱和溶液的水合离子的浓度有关。

④ 溶度积的表达式需要根据配平的平衡方程式书写，符合平衡常数的一般书写规则，如以 M_mA_n 表示难溶强电解质，在溶液中有如下反应：

$$M_mA_n(s) \rightleftharpoons mM^{n+}(aq) + nA^{m-}(aq)$$

其溶度积为：

$$K_{sp}^{\ominus}(M_mA_n) = [M^{n+}]^m[A^{m-}]^n \tag{9-2}$$

书中附录 5 给出了部分难溶强电解质的溶度积常数，现将部分难溶强电解质的溶度积常数表达式以及溶度积常数列于表 9-1 中。

表 9-1　一些难溶化合物的溶度积表达式（298K）

化合物	溶度积表达式	$K_{sp}^{\ominus}$
AgCl	$K_{sp}^{\ominus}=[Ag^+][Cl^-]$	1.77×10^{-10}
AgBr	$K_{sp}^{\ominus}=[Ag^+][Br^-]$	5.35×10^{-13}
AgI	$K_{sp}^{\ominus}=[Ag^+][I^-]$	8.52×10^{-17}
Ag_2CrO_4	$K_{sp}^{\ominus}=[Ag^+]^2[CrO_4^{2-}]$	1.12×10^{-12}
Bi_2S_3	$K_{sp}^{\ominus}=[Bi^{3+}]^2[S^{2-}]^3$	1.82×10^{-99}

续表

化合物	溶度积表达式	$K_{sp}^{\ominus}$
$Bi(OH)_3$	$K_{sp}^{\ominus}=[Bi^{3+}][OH^-]^3$	6.0×10^{-21}
$Fe(OH)_2$	$K_{sp}^{\ominus}=[Fe^{2+}][OH^-]^2$	8.0×10^{-16}
$Fe(OH)_3$	$K_{sp}^{\ominus}=[Fe^{3+}][OH^-]^3$	2.79×10^{-39}
Hg_2Cl_2	$K_{sp}^{\ominus}=[Hg_2^{2+}][Cl^-]^2$	1.43×10^{-18}
Hg_2Br_2	$K_{sp}^{\ominus}=[Hg_2^{2+}][Br^-]^2$	5.8×10^{-25}
Hg_2I_2	$K_{sp}^{\ominus}=[Hg_2^{2+}][I^-]^2$	5.2×10^{-29}

9.1.2 溶度积和溶解度的关系

在本章中，溶解度 S 表示难溶强电解质在水中溶解部分所生成的离子的浓度，即物质的量浓度，以 $mol\cdot L^{-1}$ 为单位。溶解度 S 和溶度积 $K_{sp}^{\ominus}$ 都可以用来表示难溶强电解质的溶解能力，并且可以用溶度积常数值来估计和比较难溶强电解质溶解度的大小，分以下两种情况。

① 相同类型的难溶强电解质，可以直接根据溶度积大小来比较溶解度的大小。在相同温度下，溶度积 $K_{sp}^{\ominus}$ 越大，则溶解度 S 也越大，反之亦然。

例如：相同类型的难溶强电解质 AgCl、AgBr、AgI，它们的溶度积 $K_{sp}^{\ominus}$ 是依次减小的，因此它们的溶解度 S 也依次减小。

	$K_{sp}^{\ominus}$	$S/mol\cdot L^{-1}$
AgCl	1.77×10^{-10}	1.33×10^{-5}
AgBr	5.35×10^{-13}	7.33×10^{-7}
AgI	8.52×10^{-17}	9.25×10^{-9}

② 不同类型的难溶强电解质，不能用溶度积 $K_{sp}^{\ominus}$ 直接比较其溶解度 S 的大小。根据难溶强电解质的沉淀溶解平衡的有关组分与溶解度的相互关系，可以进行溶解度 S 和溶度积 $K_{sp}^{\ominus}$ 的互相换算。下面通过具体的例子来进行讨论。

【例 9-1】 已知：25℃时，AgCl 的溶度积为 1.77×10^{-10}，Ag_2CrO_4 的溶度积为 1.12×10^{-12}，试比较 AgCl 和 Ag_2CrO_4 溶解度的大小。

解 (1) 设 AgCl 的溶解度为 $S_1 mol\cdot L^{-1}$，则根据

$$AgCl(s) \rightleftharpoons Ag^+ + Cl^-$$

	Ag^+	Cl^-
起始浓度	0	0
平衡浓度	S_1	S_1

即在沉淀-溶解平衡时$[Ag^+]=[Cl^-]=S_1$，

故溶度积常数 $K_{sp}^{\ominus}=[Ag^+][Cl^-]=S_1S_1=S_1{}^2=1.77\times10^{-10}$

则 $$S_1=\sqrt{K_{sp}^{\ominus}}=1.3\times10^{-5}(mol\cdot L^{-1})$$

(2)设 Ag_2CrO_4 的溶解度为 $S_2 mol\cdot L^{-1}$，则根据

$$Ag_2CrO_4(s) \rightleftharpoons 2Ag^+ + CrO_4^{2-}$$

	Ag^+	CrO_4^{2-}
起始浓度	0	0
平衡浓度	$2S_2$	S_2

即在沉淀-溶解平衡时$[Ag^+]=2S_2$，$[CrO_4^{2-}]=S_2$，

故溶度积常数 $K_{sp}^{\ominus}=[Ag^+]^2[CrO_4^{2-}]=(2S_2)^2S_2=4S_2^3=1.12\times10^{-12}$

则 $$S_2=\sqrt[3]{\frac{K_{sp}^{\ominus}}{4}}=6.54\times10^{-5}(mol\cdot L^{-1})$$

计算结果表明，虽然 Ag_2CrO_4 的溶度积小于 AgCl 的溶度积，但 Ag_2CrO_4 的溶解度 S_2 却大于 AgCl 的溶解度 S_1；这是由于两者溶解过程中解离成离子时，正、负离子的数目比不一样。AgCl 的正、负离子数目之比为 1∶1，而 Ag_2CrO_4 的正、负离子数目之比为 2∶1，两者不是同一类型，故溶度积 $K_{sp}^{\ominus}$ 与溶解度 S 的关系会出现上述情形。

不同类型的难溶强电解质在水溶液中的解离方式不同，溶解度 S 与溶度积 $K_{sp}^{\ominus}$ 之间的换算关系也不同，如表 9-2 所示。

表 9-2 溶解度 S 与溶度积 $K_{sp}^{\ominus}$ 之间的换算关系

难溶强电解质的类型	解离方式	$K_{sp}^{\ominus}$ 与 S 的关系
AB	$AB(s) \rightleftharpoons A^+ + B^-$	$K_{sp}^{\ominus}=[A^+][B^-]=S^2$
$A_2B(AB_2)$	$A_2B(s) \rightleftharpoons 2A^+ + B^{2-}$	$K_{sp}^{\ominus}=[A^+]^2[B^{2-}]=(2S)^2S$
AB_3	$AB_3(s) \rightleftharpoons A^{3+} + 3B^-$	$K_{sp}^{\ominus}=[A^{3+}][B^-]^3=S(3S)^3$

严格地讲，该换算关系只是一种近似的计算，其运算结果与实验得到的数据可能有所不同，这是由于近似计算公式忽略了以下两点。

① 溶度积 $K_{sp}^{\ominus}$ 和溶解度 S 之间的换算要求难溶强电解质的离子在溶液中不能发生任何化学反应。如果难溶强电解质的正、负离子在溶液中发生水解反应或者配合反应等，不能按上述方法进行溶解度和溶度积的换算，否则会产生较大的偏差。

② 在进行溶度积 $K_{sp}^{\ominus}$ 和溶解度 S 之间的换算时，要求难溶电解质溶于水后一步完成解离，即难溶强电解质。如果是难溶弱电解质，如 $Fe(OH)_3$ 等，在水溶液中的解离是分步完成的。在 $Fe(OH)_3$ 水溶液中，虽然存在着 $K_{sp}^{\ominus}=[Fe^{3+}][OH^-]^3$ 的关系，但溶液中 $[Fe^{3+}]$ 与 $[OH^-]^3$ 的比例不是 1∶3，因此用近似公式进行溶度积与溶解度的换算也会产生较大的偏差。

9.1.3 溶度积原理

溶度积 $K_{sp}^{\ominus}$ 也是一种平衡常数，因此可以用反应商 Q 和 $K_{sp}^{\ominus}$ 的比较来判断反应进行的方向。由于难溶强电解质溶液中，反应商为离子浓度幂的乘积，因此称为**离子积**（ion product）。它表示体系在任何情况下（不一定是饱和状态）的离子浓度幂的乘积，其数值不定。

根据离子积 Q 与溶度积 $K_{sp}^{\ominus}$ 的相对大小来判断沉淀生成和溶解的关系称为**溶度积原理**（solubility product principle），它是难溶强电解质多相平衡移动规律的总结。即在某溶液中存在难溶强电解质的反应：

$$M_mA_n(s) \rightleftharpoons mM^{n+}(aq)+nA^{m-}(aq)$$

任意时刻：$Q=[M^{n+}]^m[A^{m-}]^n$

当 $Q>K_{sp}^{\ominus}$，溶液过饱和，有沉淀生成；

当 $Q=K_{sp}^{\ominus}$，饱和溶液，沉淀和溶解达到平衡；

当 $Q<K_{sp}^{\ominus}$，溶液不饱和，若体系中有沉淀，沉淀溶解。

对难溶强电解质来说，利用溶度积原理，可判断沉淀-溶解反应的方向问题，具体来说就是来判断沉淀的生成和溶解。

9.1.4 影响沉淀-溶解平衡的因素

(1) 温度

由于溶度积数值的大小仅与温度有关，不同温度条件下，同一物质的溶解度不同，平衡体系中实际解离的有关离子的浓度不同，溶度积的数值也不同。多数难溶性电解质溶解于水是吸热的，所以升高温度，沉淀-溶解平衡向溶解的方向移动。

(2) 盐效应

定义：在难溶强电解质的饱和溶液中，加入某种不含有相同离子的易溶强电解质，而使难溶强电解质的溶解度增大的现象叫做**盐效应**（salt effect）。

原因：这是由于在强电解质加入后，强电解质完全解离，增大了溶液中的离子浓度；而离子浓度的增大，导致了离子相互之间牵制作用（离子强度）增大，使原平衡中的部分自由离子变成了牵制离子，相当于降低了原平衡中自由离子的浓度（有效浓度）；要维持体系平衡，必须使解离平衡向右移动，从而增加了难溶强电解质的溶解度。

例如，向饱和的 AgCl 溶液中加入 KNO_3 固体，溶液中离子数目骤增，使部分 Ag^+ 和 Cl^- 变成牵制离子，降低了自由的 Ag^+ 和 Cl^- 的浓度，导致 $Q<K^{\ominus}_{sp}(AgCl)$，平衡右移，AgCl 的溶解度增大。图 9-1 显示了 AgCl 在不同浓度 KNO_3 中的溶解度曲线，随着 KNO_3 浓度的增大，AgCl 的溶解度增大。

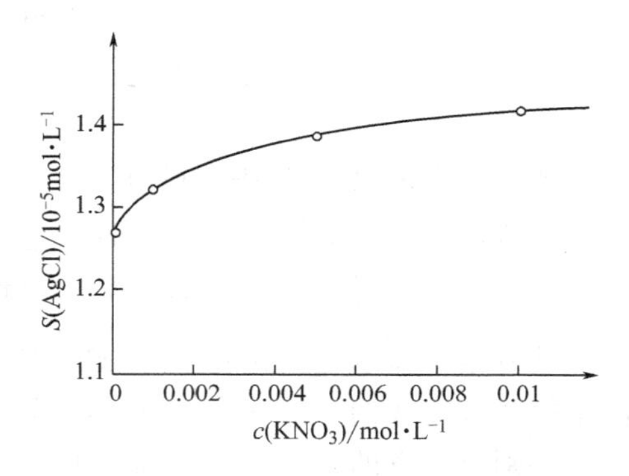

图 9-1 AgCl 在不同浓度的 KNO_3 溶液中的溶解度（25℃）

(3) 同离子效应

定义：在难溶强电解质的饱和溶液中，加入含有相同离子的强电解质，而使难溶强电解质的溶解度减小的现象叫做**同离子效应**（common-ion effect）。

原因：由于含有相同离子的强电解质的加入，使溶液中相同离子的浓度增大，根据吕·查德里平衡移动原理，平衡左移，导致难溶强电解质的溶解度降低。

例如向饱和 AgCl 溶液中加入 NaCl，Cl^- 浓度增大，使得 $Q>K^{\ominus}_{sp}(AgCl)$，平衡左移，即向生成 AgCl 沉淀的方向移动，从而使 AgCl 的溶解度降低。

【例 9-2】 计算说明硫酸钡在饱和水溶液中的溶解度及其在 $0.01mol\cdot L^{-1}$ Na_2SO_4 和 $0.01mol\cdot L^{-1}$ NaCl 溶液中的溶解度。已知 $K^{\ominus}_{sp}(BaSO_4)=1.07\times10^{-10}$。

解 (1) 设 $BaSO_4$ 的溶解度为 $S_1 mol\cdot L^{-1}$，根据

	$BaSO_4(s) \rightleftharpoons$	Ba^{2+}	+	SO_4^{2-}
起始浓度		0		0
平衡浓度		S_1		S_1

可知：在沉淀-溶解平衡时，$[Ba^{2+}]=[SO_4^{2-}]=S_1$

故溶度积常数 $K^{\ominus}_{sp}=[Ba^{2+}][SO_4^{2-}]=S_1S_1={S_1}^2=1.07\times10^{-10}$

$$S_1=1.03\times10^{-5}(mol\cdot L^{-1})$$

(2) 设在 $0.01mol \cdot L^{-1} Na_2SO_4$ 溶液中，$BaSO_4$ 的溶解度为 $S_2 mol \cdot L^{-1}$。

$$BaSO_4(s) \rightleftharpoons Ba^{2+} + SO_4^{2-}$$

起始浓度	0	0.01
平衡浓度	S_2	$0.01+S_2$

可知：在沉淀-溶解平衡时$[Ba^{2+}]=S_2$，$[SO_4^{2-}]=0.01+S_2$

故溶度积常数 $K_{sp}^{\ominus}=[Ba^{2+}][SO_4^{2-}]=S_2(0.01+S_2)=1.07\times10^{-10}$

由于纯水中 $BaSO_4$ 的溶解度为 $1.03\times10^{-5} mol \cdot L^{-1}$，故 $S_2 \ll 0.01$，$0.01+S_2\approx0.01$。

$$K_{sp}^{\ominus}=S_2\times0.01=1.07\times10^{-10}$$

$$S_2=1.07\times10^{-10}(mol \cdot L^{-1})$$

(3) 设在 $0.01mol \cdot L^{-1}$ NaCl 溶液中，$BaSO_4$ 的溶解度为 $S_3 mol \cdot L^{-1}$。

由于加入了强电解质 NaCl 溶液，溶液中离子数目骤增，离子之间相互作用加强，离子受到束缚而活动性有所降低，活度系数 f 偏离 1 的程度增大，此时 $f(Ba^{2+})=f(SO_4^{2-})=0.7$。故溶度积常数的表达式为：

$$K_{sp}^{\ominus}=a_{Ba^{2+}}a_{SO_4^{2-}}=f_{Ba^{2+}}[Ba^{2+}]\cdot f_{SO_4^{2-}}[SO_4^{2-}]$$

$$BaSO_4(s) \rightleftharpoons Ba^{2+} + SO_4^{2-}$$

起始浓度	0	0
平衡浓度	S_3	S_3

可知：在沉淀-溶解平衡时$[Ba^{2+}]=[SO_4^{2-}]=S_3$，

故溶度积常数 $K_{sp}^{\ominus}=f_{Ba^{2+}}\ [Ba^{2+}]\ f_{SO_4^{2-}}\ [SO_4^{2-}]\ =0.7^2S_3S_3=1.07\times10^{-10}$

得：$S_3=1.47\times10^{-5}$ $(mol \cdot L^{-1})$

计算结果显示：$BaSO_4$ 在 NaCl 溶液中溶解度略微大于在饱和水溶液中的溶解度，这是由于盐效应造成的；而在 Na_2SO_4 溶液中的溶解度显著减小，这是由于同离子效应造成的。

特别要注意的是，在产生同离子效应的同时，也会产生盐效应；虽然两者的作用效果相反，但同离子效应要远远大于盐效应。所以，在一般情况下，以同离子效应的影响为主。特别是对较稀的溶液，如不特别指出要考虑盐效应的话，可以忽略盐效应的影响。

9.2 沉淀-溶解平衡的移动

在实际科研和生产中，经常遇到通过化学反应导致的沉淀生成或沉淀溶解的问题。涉及的主要反应有酸碱反应、配合反应、氧化还原反应以及新的沉淀反应。通过化学平衡的计算，可以从理论上推断沉淀生成或溶解的可能性。

9.2.1 沉淀的生成

根据溶度积原理，在一定温度下，当溶液中 $Q>K_{sp}^{\ominus}$ 时，溶液过饱和，将有沉淀生成。可以通过三种方法来控制沉淀的生成。

(1) 加入沉淀剂

如果要使某种离子以沉淀方式从溶液中析出，通常采用的方法是加入适量的化学试剂，使其生成难溶强电解质。当溶液中离子积 Q 大于该难溶强电解质的溶度积 $K_{sp}^{\ominus}$ 时，则析出沉淀；该化学试剂叫**沉淀剂** (precipitator)。一般情况下，当离子与沉淀剂生成沉淀物后在溶液中的残留浓度低于 $1.0\times10^{-5}mol\cdot L^{-1}$ 时，可认为该离子已经沉淀完全。

【例 9-3】 已知 Ag_2CrO_4 的 $K_{sp}^{\ominus}=2.0\times10^{-12}$，为使 $0.001mol\cdot L^{-1}$ 的 CrO_4^{2-} 开始生成 Ag_2CrO_4 沉淀，溶液中的 $[Ag^+]$ 为多大？要使溶液中 CrO_4^{2-} 沉淀完全，$[Ag^+]$ 为多大？

解 （1）Ag_2CrO_4 在水中存在沉淀-溶解平衡：

$$Ag_2CrO_4(s)\rightleftharpoons 2Ag^+ + CrO_4^{2-}$$

$$K_{sp}^{\ominus}(Ag_2CrO_4)=[Ag^+]^2[CrO_4^{2-}]=2.0\times10^{-12}$$

刚开始生成 Ag_2CrO_4 沉淀时，有

$$[Ag^+]=\sqrt{\frac{K_{sp}^{\ominus}(Ag_2CrO_4)}{[CrO_4^{2-}]}}=\sqrt{\frac{2.0\times10^{-12}}{0.001}}=4.5\times10^{-5}(mol\cdot L^{-1})$$

（2）CrO_4^{2-} 沉淀完全时，则认为 CrO_4^{2-} 浓度低于 $1.0\times10^{-5}mol\cdot L^{-1}$，$[Ag^+]$ 可由下式求得：

$$[Ag^+]=\sqrt{\frac{K_{sp}^{\ominus}(Ag_2CrO_4)}{[CrO_4^{2-}]}}=\sqrt{\frac{2.0\times10^{-12}}{1.0\times10^{-5}}}=4.5\times10^{-4}(mol\cdot L^{-1})$$

即当 $[Ag^+]=4.5\times10^{-4}mol\cdot L^{-1}$ 时，CrO_4^{2-} 沉淀完全。

（2）调控溶液的 pH 值

对于大多数难溶性氢氧化物来说，它们的溶解度千差万别。所以，通过控制溶液的 pH 值，可以使它们有的沉淀，有的溶解，达到分离的目的。只要知道氢氧化物的溶度积 $K_{sp}^{\ominus}$ 和金属离子的初始浓度，就可以估算出该氢氧化物开始沉淀以及沉淀完全时溶液的 pH 值。

【例 9-4】 在 $0.01mol\cdot L^{-1}$ 的 $FeCl_3$ 溶液中，欲产生 $Fe(OH)_3$ 沉淀，溶液的 pH 值最小为多少？若使 $Fe(OH)_3$ 沉淀完全，溶液的 pH 值至少为多少？已知 $K_{sp}^{\ominus}[Fe(OH)_3]=2.8\times10^{-39}$。

解 （1）开始沉淀所需的 pH 值

$$Fe(OH)_3(s)\rightleftharpoons Fe^{3+}+3OH^-$$

$$K_{sp}^{\ominus}[Fe(OH)_3]=[Fe^{3+}][OH^-]^3=2.8\times10^{-39}$$

$$[OH^-]=\sqrt[3]{\frac{K_{sp}^{\ominus}[Fe(OH)_3]}{[Fe^{3+}]}}=\sqrt[3]{\frac{2.8\times10^{-39}}{0.01}}=6.5\times10^{-13}(mol\cdot L^{-1})$$

此时 pOH=12.2，故开始沉淀所需的 pH=14−12.2=1.8。

（2）沉淀完全时，则认为 Fe^{3+} 浓度低于 $1.0\times10^{-5}mol\cdot L^{-1}$ 时，$[OH^-]$ 可由下式求得：

$$[OH^-]=\sqrt[3]{\frac{K_{sp}^{\ominus}[Fe(OH)_3]}{[Fe^{3+}]}}=\sqrt[3]{\frac{2.8\times10^{-39}}{1.0\times10^{-5}}}=6.5\times10^{-12}(mol\cdot L^{-1})$$

此时 pOH=11.2，故沉淀完全所需的 pH=14−11.2=2.8。

【例 9-5】 溶液中 Fe^{3+} 和 Mg^{2+} 的浓度都为 $0.01mol\cdot L^{-1}$，求使 Fe^{3+} 沉淀完全而 Mg^{2+} 不沉淀的 pH 值范围。已知 $K_{sp}^{\ominus}[Fe(OH)_3]=2.8\times10^{-39}$，$K_{sp}^{\ominus}[Mg(OH)_2]=5.6\times10^{-12}$。

解 $Fe(OH)_3(s)\rightleftharpoons Fe^{3+} \quad + \quad 3OH^-$

$K_{sp}^{\ominus}[Fe(OH)_3]=[Fe^{3+}][OH^-]^3=2.8\times10^{-39}$

Fe^{3+}沉淀完全时，则认为Fe^{3+}浓度低于$1.0\times10^{-5}mol\cdot L^{-1}$时，$[OH^-]$可由下式求得：

$$[OH^-]=\sqrt[3]{\frac{K_{sp}^{\ominus}[Fe(OH)_3]}{[Fe^{3+}]}}=\sqrt[3]{\frac{2.8\times10^{-39}}{1.0\times10^{-5}}}=6.5\times10^{-12}(mol\cdot L^{-1})$$

此时$pOH=11.2$，故Fe^{3+}沉淀完全所需的$pH=14-11.2=2.8$。

$$Mg(OH)_2(s)\rightleftharpoons Mg^{2+}+2OH^-$$

$$K_{sp}^{\ominus}[Mg(OH)_2]=[Mg^{2+}][OH^-]^2=5.6\times10^{-12}$$

$0.010mol\cdot L^{-1}$ Mg^{2+}开始产生$Mg(OH)_2$沉淀时，所需的pH值：

$$[OH^-]=\sqrt{\frac{K_{sp}^{\ominus}[Mg(OH)_2]}{[Mg^{2+}]}}=\sqrt{\frac{5.6\times10^{-12}}{0.01}}=2.4\times10^{-5}(mol\cdot L^{-1})$$

此时$pOH=4.6$，故Mg^{2+}开始产生$Mg(OH)_2$沉淀时，$pH=14-4.6=9.4$。

因此只要将pH值控制在2.8～9.4之间，Fe^{3+}完全沉淀成$Fe(OH)_3$，而Mg^{2+}仍以离子形式存在，即可将Fe^{3+}和Mg^{2+}分离开来。

需要特别注意的是，在实际操作中，有时溶液中$Q>K_{sp}^{\ominus}$时，理论上应该产生沉淀，但是却没有观察到沉淀，这主要有三方面原因。

① 盐效应的影响。在溶液中，Q不是按照活度a计算的，而是按照浓度c计算的，活度a小于浓度c。例如在$BaSO_4$的沉淀-溶解平衡中，当$Q=[Ba^{2+}][SO_4^{2-}]$略大于$K_{sp}^{\ominus}(BaSO_4)$，其活度积$a(Ba^{2+})a(SO_4^{2-})$可能小于$K_{sp}^{\ominus}(BaSO_4)$，故不能生成沉淀。这是由于离子氛的存在造成的，可以认为是盐效应使得溶解度增大。

② 过饱和现象。如果上述溶液中，$[Ba^{2+}][SO_4^{2-}]$增大，使得$a(Ba^{2+})a(SO_4^{2-})>K_{sp}^{\ominus}(BaSO_4)$。如果此时溶液中没有结晶中心存在，沉淀暂时也不能生成，形成过饱和溶液。若向该溶液中加入晶种，立即析出晶体。

③ 沉淀的量。人眼观察力有限，只有当溶液中沉淀物的量达到$1.0\times10^{-5}g\cdot L^{-1}$时，肉眼才能观察到浑浊现象。

9.2.2 沉淀的溶解

沉淀物与溶液共存时，根据溶度积原理，当$Q<K_{sp}^{\ominus}$时，难溶强电解质的沉淀将发生溶解。可以通过化学反应的方法，降低难溶强电解质阳离子或者阴离子的浓度，使Q减小，从而达到$Q<K_{sp}^{\ominus}$的目的。使Q减小的方法很多，但不外乎三种情况：生成弱电解质、生成配合物以及发生氧化还原反应。本章主要讨论酸碱反应和新的沉淀反应导致的沉淀溶解，生成配合物以及发生氧化还原反应将在后续章节中进行讨论。

生成的弱电解质可以是水、弱酸和弱碱，分别讨论如下。

(1) 生成水

H_2SiO_3、H_2WO_4等难溶解的酸，可以加入强碱（OH^-）；对于$Fe(OH)_2$、$Mg(OH)_2$等难溶的氢氧化物，可以加入强酸（H^+），以生成弱电解质水，达到溶解的目的。

例如：$Fe(OH)_2$在水中存在沉淀-溶解平衡：

$$Fe(OH)_2(s)\rightleftharpoons Fe^{2+}+2OH^- \quad ①$$

加入盐酸后，H^+与溶液中的OH^-反应生成水，使溶液OH^-浓度降低，导致$Q<K_{sp}^{\ominus}[Fe(OH)_2]$，使平衡右移，使$Fe(OH)_2$沉淀溶解。溶解机理为：

$$H^+ + OH^- \rightleftharpoons H_2O \quad ②$$

将上式①②相加，可得 $Fe(OH)_2$ 溶于盐酸的总反应方程式为：

$$Fe(OH)_2(s) + 2H^+ \rightleftharpoons Fe^{2+} + 2H_2O$$

根据多重平衡规则以及平衡常数的表达式，则有：

$$K^{\ominus} = \frac{[Fe^{2+}]}{[H^+]^2} = \frac{K_{sp}^{\ominus}[Fe(OH)_2]}{(K_w^{\ominus})^2}$$

可见，这类难溶碱溶于酸的难易程度与难溶物的溶度积有关。$K_{sp}^{\ominus}$ 越大，$K^{\ominus}$ 就越大，反应正向进行的程度越大，即沉淀在酸中溶解程度越大。

（2）生成弱酸

$CaCO_3$、FeS、NiS 等 $K_{sp}^{\ominus}$ 值较大的难溶解的弱酸盐，可以加入酸与其中的阴离子生成弱酸，达到溶解的目的。

例如：$CaCO_3$ 在水中存在沉淀-溶解平衡：

$$CaCO_3(s) \rightleftharpoons Ca^{2+} + CO_3^{2-} \quad ①$$

加入盐酸后，H^+ 与溶液中的 CO_3^{2-} 反应生成弱酸，使溶液中 CO_3^{2-} 浓度降低，导致 $Q < K_{sp}^{\ominus}(CaCO_3)$，$CaCO_3$ 沉淀溶解。溶解机理为：

$$H^+ + CO_3{}^{2-} \rightleftharpoons HCO_3{}^- \quad ②$$

$$H^+ + HCO_3^- \rightleftharpoons H_2CO_3 \quad ③$$

将上式①②③相加，得到 $CaCO_3$ 溶于盐酸的总反应方程式为：

$$CaCO_3(s) + 2H^+ \rightleftharpoons Ca^{2+} + H_2CO_3$$

根据多重平衡规则以及平衡常数的表达式，则有：

$$K^{\ominus} = \frac{[Ca^{2+}][H_2CO_3]}{[H^+]^2} = \frac{K_{sp}^{\ominus}(CaCO_3)}{K_1^{\ominus}(H_2CO_3)K_2^{\ominus}(H_2CO_3)}$$

可见，这类难溶盐溶于酸的难易程度与难溶盐的溶度积和反应所生成的弱酸的电离常数有关。$K_{sp}^{\ominus}$ 越大，弱酸的解离常数 $K_1{}^{\ominus}$ $K_2{}^{\ominus}$ 越小，$K^{\ominus}$ 就越大；反应正向进行的程度越大，即沉淀在酸中溶解程度越大。

（3）生成弱碱

对于 $Mg(OH)_2$、$Mn(OH)_2$ 一些难溶解的氢氧化物而言，由于具有相对较大的溶度积，可以加入铵盐，生成弱电解质氨水，从而达到溶解的目的。

例如：$Mg(OH)_2$ 在水中存在沉淀-溶解平衡：

$$Mg(OH)_2(s) \rightleftharpoons Mg^{2+} + 2OH^- \quad ①$$

加入 NH_4Cl 后，解离的 NH_4^+ 与 OH^- 反应得到氨水，导致 OH^- 浓度降低；此时 $Q < K_{sp}^{\ominus}[Mg(OH)_2]$，平衡右移，使沉淀溶解。溶解机理为：

$$NH_4^+ + OH^- \rightleftharpoons NH_3 \cdot H_2O \quad ②$$

将上式①②相加，得到 $Mg(OH)_2$ 溶于铵盐的总反应方程式为：

$$Mg(OH)_2(s) + 2NH_4^+ \rightleftharpoons Mg^{2+} + 2NH_3 \cdot H_2O$$

根据多重平衡规则以及平衡常数的表达式，则有：

$$K^{\ominus} = \frac{[Mg^{2+}][NH_3 \cdot H_2O]^2}{[NH_4^+]^2} = \frac{K_{sp}^{\ominus}[Mg(OH)_2]}{[K_b^{\ominus}(NH_3 \cdot H_2O)]^2}$$

可见，这类难溶氢氧化物溶于铵盐的难易程度与难溶氢氧化物的溶度积和反应所生成的弱碱的解离常数有关。由于其 $K_{sp}^{\ominus}$ 相对较大，使这类反应具有较大的 $K^{\ominus}$，反应正向进行的程度大，因此可以在铵盐中溶解。

以上三种情况都是利用酸、碱或者某些盐类（如 NH_4^+ 盐）与难溶强电解质反应生成弱电解质（水、弱酸或者弱碱），以溶解某些弱酸盐、弱碱盐、碱性氧化物或氢氧化物的方法。这些难溶电解质的溶解程度与它们的溶度积成正比，和反应所生成的弱电解质的电离常数成反比。溶度积 $K_{sp}^{\ominus}$ 越大，弱电解质的解离常数越小，其反应越容易进行，难溶强电解质溶解程度越大。

【例 9-6】 使 0.01mol ZnS 溶于 1L 盐酸中，求所需盐酸的最低浓度。已知 $K_{sp}^{\ominus}(ZnS)=2.5\times10^{-22}$，$H_2S$ 的 $K_{a1}^{\ominus}=1.1\times10^{-7}$，$K_{a2}^{\ominus}=1.3\times10^{-13}$。

解 可以采用两种方法进行计算。

方法一：分步计算。

当 0.01mol 的 ZnS 全部溶解于 1L 盐酸时，生成的 $[Zn^{2+}]=0.01mol\cdot L^{-1}$，与 Zn^{2+} 相平衡的 $[S^{2-}]$ 可由沉淀溶解平衡求出。

$$ZnS(s) \rightleftharpoons Zn^{2+} + S^{2-}$$

$$K_{sp}^{\ominus}(ZnS)=[Zn^{2+}][S^{2-}]=2.5\times10^{-22}$$

$$[S^{2-}]=\frac{K_{sp}^{\ominus}(ZnS)}{[Zn^{2+}]}=\frac{2.5\times10^{-22}}{0.01}=2.5\times10^{-20}(mol\cdot L^{-1})$$

当 0.01mol 的 ZnS 全部溶解时，产生的 S^{2-} 将与盐酸中的 H^+ 结合生成 H_2S，且假设 S^{2-} 全部生成 H_2S，则溶液中的 $[H_2S]=0.01mol\cdot L^{-1}$。

根据 H_2S 的解离平衡，由 $[S^{2-}]$ 和 $[H_2S]$ 可以求出与之平衡的 $[H^+]$，

$$H_2S \rightleftharpoons 2H^+ + S^{2-}$$

$$K_{a1}^{\ominus}K_{a2}^{\ominus}=\frac{[H^+]^2[S^{2-}]}{[H_2S]}$$

$$[H^+]=\sqrt{\frac{K_{a1}^{\ominus}K_{a2}^{\ominus}[H_2S]}{[S^{2-}]}}=\sqrt{\frac{1.1\times10^{-7}\times1.3\times10^{-13}\times0.01}{2.5\times10^{-20}}}=0.076(mol\cdot L^{-1})$$

这个浓度是平衡时溶液中的 $[H^+]$，原来的盐酸中的 H^+ 与 0.01mol 的 S^{2-} 结合生成 H_2S 时消耗掉 0.02mol。故所需的盐酸的起始浓度为：

$$(0.076+0.02)mol\cdot L^{-1}=0.096mol\cdot L^{-1}$$

方法二：通过 ZnS 溶解反应的总反应方程式来计算。

	ZnS +	$2H^+$	$\rightleftharpoons$	H_2S +	Zn^{2+}
起始浓度		$[H^+]_0$		0	0
平衡浓度		$[H^+]_0-0.02$		0.01	0.01

$$K^{\ominus}=\frac{[H_2S][Zn^{2+}]}{[H^+]^2}=\frac{K_{sp}^{\ominus}}{K_{a1}^{\ominus}K_{a2}^{\ominus}}=1.75\times10^{-2}$$

即

$$\frac{[H_2S][Zn^{2+}]}{([H^+]_0-0.02)^2}=1.75\times10^{-2}$$

$$[H^+]_0-0.02=\sqrt{\frac{[H_2S][Zn^{2+}]}{K^{\ominus}}}=\sqrt{\frac{0.01\times0.01}{1.75\times10^{-2}}}=0.076(mol\cdot L^{-1})$$

故所需的盐酸的起始浓度为： $[H^+]_0=0.096mol\cdot L^{-1}$

评论：在解题过程中，涉及 ZnS 溶解时，产生的 S^{2-} 全部与 H^+ 结合生成 H_2S 的问题，这一做法是否合适，主要看以 HS^- 和 S^{2-} 形式存在的两种离子的比例。上述体系中，当 $[H^+]$ 为 0.096mol·L^{-1} 的酸度条件下，可以计算出 HS^- 的存在量是 H_2S 的 $1/10^7$，S^{2-} 的存在量是 H_2S 的 $1/10^{20}$。两者所占的比例非常小，所以这种解法是完全合理的。

将 ZnS 换成 CuS（$K_{sp}^{\ominus}=6.3\times10^{-36}$），用上述方法可计算得到溶解 CuS 时，盐酸浓度需要达到 5×10^5 mol·L^{-1}。这种盐酸的浓度是不可能达到的，说明了盐酸不能溶解 CuS。而 CuS 能够溶解于硝酸中，这是因为硝酸可以将 S^{2-} 氧化成 S 单质，从而使平衡向溶解的方向移动。

9.2.3 分步沉淀

前面讨论的沉淀反应是只有一种沉淀的情况，实际上溶液中常会有多种离子。当一种试剂和溶液中的数种离子都发生沉淀时，哪一种先沉淀，哪一种后沉淀？何时一起沉淀？这些与两种沉淀间的平衡有关。溶液中存在多种可能被沉淀的离子时，加入同一沉淀剂而使多种可沉淀离子先后出现沉淀的现象，称作**分步沉淀**（fractional precipitation）。

比如在 0.001mol·L^{-1} $Pb(NO_3)_2$ 和 0.001mol·L^{-1} $AgNO_3$ 溶液中，逐滴加入浓 K_2CrO_4 溶液，刚开始先生成黄色的 $PbCrO_4$ 沉淀；当 K_2CrO_4 溶液加到一定量后，体系中开始出现橙色的 Ag_2CrO_4 沉淀。之所以 $PbCrO_4$ 沉淀先生成，是因为 $PbCrO_4$ 沉淀所需要的 CrO_4^{2-} 的浓度要低于 Ag_2CrO_4 沉淀的需要量。下面进行理论推导：

$$PbCrO_4(s) \rightleftharpoons Pb^{2+} + CrO_4^{2-} \qquad K_{sp}^{\ominus}(PbCrO_4)=2.8\times10^{-18}$$

$$Ag_2CrO_4(s) \rightleftharpoons 2Ag^+ + CrO_4^{2-} \qquad K_{sp}^{\ominus}(Ag_2CrO_4)=1.1\times10^{-12}$$

根据溶度积原理，开始生成 $PbCrO_4$ 沉淀和 Ag_2CrO_4 沉淀所需要的 CrO_4^{2-} 的浓度分别是：

$$[CrO_4^{2-}]_{PbCrO_4}=\frac{K_{sp}^{\ominus}(PbCrO_4)}{[Pb^{2+}]}=\frac{2.8\times10^{-18}}{0.001}=2.8\times10^{-15}(mol\cdot L^{-1})$$

$$[CrO_4^{2-}]_{Ag_2CrO_4}=\frac{K_{sp}^{\ominus}(Ag_2CrO_4)}{[Ag^+]^2}=\frac{1.1\times10^{-12}}{0.001^2}=1.1\times10^{-6}(mol\cdot L^{-1})$$

很显然，Pb^{2+} 沉淀所需 CrO_4^{2-} 的浓度要小得多，所以先生成 $PbCrO_4$ 沉淀。当 K_2CrO_4 溶液增加到 $[CrO_4^{2-}]=1.1\times10^{-6}$ mol·L^{-1} 时，才开始生成 Ag_2CrO_4 沉淀。此时溶液中 Pb^{2+} 的浓度为：

$$[Pb^{2+}]=\frac{K_{sp}^{\ominus}(PbCrO_4)}{[CrO_4^{2-}]}=\frac{2.8\times10^{-18}}{1.1\times10^{-6}}=2.5\times10^{-12}mol\cdot L^{-1}\ll1.0\times10^{-5}mol\cdot L^{-1}$$

也就是说当开始生成 Ag_2CrO_4 沉淀时，溶液中 Pb^{2+} 的浓度为 2.5×10^{-12} mol·L^{-1}，远远小于 1.0×10^{-5} mol·L^{-1}，此时认为 Pb^{2+} 已经沉淀完全。

分步沉淀的先后顺序遵循两个基本规则。

① 对于同种类型的沉淀，且被沉淀离子的起始浓度基本一致，按照 $K_{sp}^{\ominus}$ 由小到大的顺序沉淀。

在相同浓度的 Cl^-、Br^-、I^- 的溶液中逐滴加入 $AgNO_3$ 溶液，由于 $K_{sp}^{\ominus}(AgI)<K_{sp}^{\ominus}(AgBr)<K_{sp}^{\ominus}(AgCl)$，阴离子的浓度相同，随着 $AgNO_3$ 溶液的加入，体系中的 Ag^+ 浓度逐渐增大，首先满足 I^- 沉淀条件的要求，然后满足 Br^- 沉淀条件的要求，最后满足 Cl^- 沉淀条件的要求。所以 AgI 最先沉淀，其次是 AgBr，最后是 AgCl。

② 对于不同类型的沉淀，或被沉淀离子的起始浓度不同，不能只根据 $K_{sp}^{\ominus}$ 大小判断沉淀顺序，而是需要根据溶度积原理，先求出各离子沉淀所需沉淀剂的最小浓度，然后按照所需沉淀剂的浓度由小到大顺序沉淀。

分步沉淀常用于离子的分离，通过有效地控制沉淀反应条件，可以利用分步沉淀的方法达到混合离子的有效分离。

【例 9-7】 在 $1mol \cdot L^{-1} CuSO_4$ 溶液中含有少量的 Fe^{3+} 杂质，pH 值控制在什么范围内，才能除去 Fe^{3+}？已知 $K_{sp}^{\ominus}[Fe(OH)_3]=2.8\times10^{-39}$，$K_{sp}^{\ominus}[Cu(OH)_2]=5.6\times10^{-20}$。

解 将 pH 值控制在 Fe^{3+} 沉淀完全，而 Cu^{2+} 开始沉淀的范围之间，就可以将两种离子分离，即除去 Fe^{3+}。

(1) Fe^{3+} 沉淀完全时，则认为 Fe^{3+} 浓度低于 $1.0\times10^{-5}mol \cdot L^{-1}$ 时，$[OH^-]$ 可由下式求得：

$$Fe(OH)_3(s) \rightleftharpoons Fe^{3+} + 3OH^-$$

$$K_{sp}^{\ominus}[Fe(OH)_3]=[Fe^{3+}][OH^-]^3=2.8\times10^{-39}$$

$$[OH^-]=\sqrt[3]{\frac{K_{sp}^{\ominus}[Fe(OH)_3]}{[Fe^{3+}]}}=\sqrt[3]{\frac{2.8\times10^{-39}}{1.0\times10^{-5}}}=6.5\times10^{-12}(mol \cdot L^{-1})$$

此时 pOH=11.2，故沉淀完全所需的 pH=14－11.2=2.8。

(2) Cu^{2+} 开始沉淀时，

$$Cu(OH)_2(s) \rightleftharpoons Cu^{2+} + 2OH^-$$

$$K_{sp}^{\ominus}[Cu(OH)_2]=[Cu^{2+}][OH^-]^2=5.6\times10^{-20}$$

$$[OH^-]=\sqrt{\frac{K_{sp}^{\ominus}[Cu(OH)_2]}{[Cu^{2+}]}}=\sqrt{\frac{5.6\times10^{-20}}{1.0}}=2.4\times10^{-10}(mol \cdot L^{-1})$$

此时 pOH=9.6，故 Cu^{2+} 开始沉淀时所需的 pH=14－9.6=4.4。

因此只要将 pH 值控制在 2.8～4.4 之间，Fe^{3+} 完全沉淀成 $Fe(OH)_3$，而 Cu^{2+} 仍以离子形式存在，即可将 Fe^{3+} 和 Cu^{2+} 分离开来。

评论：尽管实际情况比计算时的情况要复杂得多，Fe^{3+} 沉淀完全时的 pH 值及 Cu^{2+} 开始沉淀时所需的 pH 值也会与计算时有些出入。但这种计算的结果仍不失为一个相当有价值的参考数据。

【例 9-8】 如果溶液中 Pb^{2+} 和 Mn^{2+} 的浓度都为 $0.10mol \cdot L^{-1}$，若通入 H_2S 气体达到饱和，使 Pb^{2+} 生成 PbS 而沉淀完全，而 Mn^{2+} 仍留在溶液中，溶液中的 $[S^{2-}]$ 应在控制在什么范围？已知 $K_{sp}^{\ominus}(PbS)=1.0\times10^{-28}$，$K_{sp}^{\ominus}(MnS)=2.0\times10^{-13}$。

解 根据溶度积原理，Pb^{2+} 沉淀完全时，则认为 Pb^{2+} 浓度低于 1.0×10^{-5} $mol \cdot L^{-1}$ 时，$[S^{2-}]$ 的值可由下式求得：

$$[Pb^{2+}][S^{2-}] \geqslant K_{sp}^{\ominus}(PbS)$$

$$[S^{2-}] \geqslant \frac{K_{sp}^{\ominus}(PbS)}{[Pb^{2+}]}=\frac{1.0\times10^{-28}}{1.0\times10^{-5}}=1.0\times10^{-23}(mol \cdot L^{-1})$$

要控制 MnS 沉淀不能生成，应该满足

$$[Mn^{2+}][S^{2-}] \leqslant K_{sp}^{\ominus}(MnS)$$

$$[S^{2-}] \geq \frac{K_{sp}^{\ominus}(MnS)}{[Mn^{2+}]} = \frac{2.0 \times 10^{-13}}{0.1} = 2.0 \times 10^{-12} \ (mol \cdot L^{-1})$$

PbS 和 MnS 的溶度积都很小，但是两者差别显著，因此只要将 $[S^{2-}]$ 控制在 $1.0\times 10^{-23} \sim 2.0\times 10^{-12} mol \cdot L^{-1}$ 之间，可使得 Pb^{2+} 完全沉淀成 PbS，而 Mn^{2+} 仍以离子形式存在，即可将 Pb^{2+} 和 Mn^{2+} 分离开来。

9.2.4 沉淀的转化

在沉淀的溶解中，$Mg(OH)_2$ 解离生成的 OH^- 可以与盐酸中的 H^+ 结合生成弱电解质水，从而达到溶解的目的。这个过程涉及沉淀的溶解平衡和弱电解质的解离平衡。难溶性强电解质解离生成的离子与溶液中存在的另一种沉淀剂结合生成一种新的沉淀，称为**沉淀的转化**（precipitation transformation），这个过程涉及两个沉淀-溶解平衡。

沉淀转化具有一定的方向性，根据转化前后溶度积常数的大小，可以区分为两种情况。

① 沉淀转化的方向，一般由 $K_{sp}^{\ominus}$ 值大的沉淀向 $K_{sp}^{\ominus}$ 值小的沉淀转化，即难溶强电解质转化为更难溶的强电解质；转化前后两种沉淀的 $K_{sp}^{\ominus}$ 值相差越大，转化程度越大。

例如，工业上锅炉用水，日久锅炉底部结出锅垢；如不及时清除，传热不均，容易发生危险，且燃烧耗费也大。锅垢的主要成分 $CaSO_4$ 既不溶于水，也不溶于酸，难以除去；但可以用 Na_2CO_3 溶液处理，使其转化为疏松而可溶于酸的 $CaCO_3$ 沉淀而被除去。

下面讨论沉淀转化的条件，$CaSO_4$ 在水中存在沉淀-溶解平衡：

$$CaSO_4(s) \rightleftharpoons Ca^{2+} + SO_4^{2-} \qquad ①$$

由于 $CaSO_4$ 的溶度积（$K_{sp}^{\ominus} = 4.93 \times 10^{-5}$）大于 $CaCO_3$ 的溶度积（$K_{sp}^{\ominus} = 4.96 \times 10^{-9}$），那么 $CaSO_4$ 饱和溶液中的 Ca^{2+} 与加入的 CO_3^{2-} 结合生成溶度积更小的 $CaCO_3$，从而降低了溶液中的 Ca^{2+} 浓度，导致 $Q < K_{sp}^{\ominus}(CaSO_4)$，使平衡右移，$CaSO_4$ 不断溶解并转化为 $CaCO_3$。溶解机理为：

$$Ca^{2+} + CO_3^{2-} \rightleftharpoons CaCO_3(s) \qquad ②$$

将上两式①②相加，可得 $CaSO_4$ 溶于 Na_2CO_3 的总反应方程式为：

$$CaSO_4(s) + CO_3^{2-} \rightleftharpoons CaCO_3(s) + SO_4^{2-}$$

根据多重平衡规则以及平衡常数的表达式，则有：

$$K^{\ominus} = \frac{[SO_4^{2-}]}{[CO_3^{2-}]} = \frac{K_{sp}^{\ominus}(CaSO_4)}{K_{sp}^{\ominus}(CaCO_3)} = \frac{4.93 \times 10^{-5}}{4.96 \times 10^{-9}} = 1.0 \times 10^{4}$$

这说明在加入新的沉淀剂 CO_3^{2-} 时，只要能保持 $[CO_3^{2-}] > 10^{-4}[SO_4^{2-}]$，此时 $Q < K^{\ominus}$，反应正向进行，$CaSO_4$ 就会转变为 $CaCO_3$。

反过来，由溶解度极小的 $CaCO_3$ 转化为溶解度较大的 $CaSO_4$ 则非常困难。从上面的讨论中可以看出，只有保持 $[SO_4^{2-}]$ 大于 $[CO_3^{2-}]$ 的 10^4 倍时，此时 $Q > K^{\ominus}$；反应逆向进行，$CaCO_3$ 转化为 $CaSO_4$，但这样的转化条件是很困难的。

② 若两种沉淀的 $K_{sp}^{\ominus}$ 值比较接近，相差倍数不大时，通过控制离子浓度，则 $K_{sp}^{\ominus}$ 值小的沉淀有可能转化为 $K_{sp}^{\ominus}$ 值大的沉淀。下面通过具体的例子来进行讨论。

【例 9-9】 0.20L 的 $1.5 mol \cdot L^{-1}$ 的 Na_2CO_3 溶液可以使多少克 $BaSO_4$ 固体转化？

解　设平衡时 SO_4^{2-} 的浓度为 $x\, mol \cdot L^{-1}$，由于 SO_4^{2-} 的平衡浓度 x 是转化掉的 $BaSO_4$ 造成的，则存在以下关系：

$$BaSO_4 + CO_3^{2-} \rightleftharpoons BaCO_3 + SO_4^{2-}$$

初始浓度　　　　1.5　　　　　　　0

平衡浓度　　　　$1.5-x$　　　　　　x

则该反应的平衡常数

$$K^{\ominus}=\frac{[SO_4^{2-}]}{[CO_3^{2-}]}=\frac{[SO_4^{2-}][Ba^{2+}]}{[CO_3^{2-}][Ba^{2+}]}=\frac{K_{sp}^{\ominus}(BaSO_4)}{K_{sp}^{\ominus}(BaCO_3)}=\frac{1.1\times10^{-10}}{2.6\times10^{-9}}=0.042$$

即有

$$K^{\ominus}=\frac{[SO_4^{2-}]}{[CO_3^{2-}]}=\frac{x}{1.5-x}=0.042$$

解得 $x=0.06$，即 $[SO_4^{2-}]=0.06mol\cdot L^{-1}$，

于是在 0.2L 溶液中有 SO_4^{2-} 1.2×10^{-2}mol，相当于有 1.2×10^{-2}mol 的 $BaSO_4$ 被转化掉。故转化掉的 $BaSO_4$ 的质量为 $233g\cdot mol^{-1}\times1.2\times10^{-2}mol=2.8g$。

评论：从上可以看出，在加入新的沉淀剂 CO_3^{2-} 时，只要能保持$[CO_3^{2-}]>\frac{[SO_4^{2-}]}{0.042}$（$[CO_3^{2-}]>24[SO_4^{2-}]$），此时 $Q<K^{\ominus}$，反应正向进行，则 $BaSO_4$ 就会转变为 $BaCO_3$，这在实际中是可以实现的。

本章小结

本章讨论了沉淀-溶解平衡，主要学习三个知识点。

（1）难溶强电解质的沉淀-溶解平衡

是指一定温度下难溶强电解质饱和溶液中的离子与难溶物固体之间的多相动态平衡。按照书写平衡常数的原则书写沉淀-溶解平衡的平衡常数（$K_{sp}^{\ominus}$）时，为区别于化学反应的平衡常数，下标加“sp”，称为溶度积常数；它也只与温度有关，表示一定条件下难溶强电解质溶解的限度；影响难溶强电解质的沉淀-溶解平衡的因素除了温度以外，主要是浓度（表现为盐效应和同离子效应）。

（2）溶度积规则

根据溶液中的离子浓度的积 Q 大于、小于还是等于溶度积 $K_{sp}^{\ominus}$，可以判断将有难溶物沉淀的产生、难溶物溶解还是达到沉淀与溶液中的离子之间的动态平衡。

（3）沉淀-溶解平衡的移动

根据溶度积规则，通过改变溶液的酸度或沉淀转化等方式，使沉淀-溶解平衡中的离子浓度降低，从而使沉淀平衡发生移动。利用沉淀-溶解平衡，可对混合离子溶液进行分离。

（4）本章一些重要的计算公式

① 溶度积常数

M_mA_n 表示难溶强电解质，在溶液中有如下反应：

$$M_mA_n(s) \rightleftharpoons mM^{n+}(aq)+nA^{m-}(aq)$$

其溶度积常数表达式为：

$$K_{sp}^{\ominus}(M_mA_n)=[M^{n+}]^m[A^{m-}]^n$$

② 溶度积原理

在任意时刻，难溶强电解质 M_mA_n 在溶液中的离子积表达式为：

$$Q=[M^{n+}]^m[A^{m-}]^n$$

当 $Q>K_{sp}^{\ominus}$，溶液过饱和，有沉淀生成；

当 $Q=K_{sp}^{\ominus}$，饱和溶液，沉淀和溶解达到平衡；

当 $Q<K_{sp}^{\ominus}$，溶液不饱和，若体系中有沉淀，沉淀溶解。

科技人物：侯德榜

侯德榜，字致本，名启荣，福建闽侯人，著名的科学家、化工专家、我国重化学工业的开拓者。侯德榜先后就读于美国马萨诸塞理工学院、纽约市普拉特专科学院，1921 年获哥伦比亚大学博士学位，并受范旭东（爱国实业家）之邀离美回国，开始了与范旭东的长期合作及“实业救国”的努力。1950 年侯德榜出任重工业部化工局顾问；1959 年，被任命为化工部副部长，兼任中国科协副主席、中国化学工业学会理事长。

1890 年，侯德榜出生在福建闽侯一个普通农民家庭。他 5 岁入学，经常参加力所能及的劳动，过着半耕半读的生活。即使在放牛、拉车甚至帮助妈妈做饭烧水时，他也抓紧时间学习。他的学习成绩总是名列前茅，深得全校师生的称赞。中学毕业后北京清华留美预备学堂首次招考留美学生时，侯德榜以优异的成绩被录取。在清华学堂时，他更努力地学习。以 10 门成绩获 1000 分的特佳成绩被保送到著名的美国马萨诸塞理工学院学习。在马萨诸塞理工学院，侯德榜最钟爱的是图书馆和实验室。侯德榜了解到中国盛产皮毛，但皮毛工业一直沿用传统工艺。为革新传统的制革工艺，他又考入哥伦比亚大学研究制革工艺。1921 年，侯德榜完成了《铁盐鞣革》的论文，通过答辩，获得博士学位。由于在校成绩优异，论文水平出众，他被接纳为美国荣誉科学会会员和美国化学会会员。

侯德榜（1890～1974）

在国外留学时，他遇到了赴美考察的陈调甫先生。陈调甫受爱国实业家范旭东委托，为在中国兴办碱业特地到美国来物色人才。具有强烈爱国心的侯德榜马上表示，可以放弃在美国的舒适生活，立即返回祖国，用自己的知识报效祖国。1921 年 10 月侯德榜回国后，出任范旭东创办的永利碱业公司的技师长（即总工程师）。在工作实践中他进一步明白要创业就要避免空谈，避免停留在书本知识上，需要踏实的实干精神。他脱下了白领西服，换上了蓝布工作服和胶鞋，身先士卒同工人们一起操作。哪里出现问题他就出现在哪里，经常干得浑身汗臭，衣服中散发出酸味、氨味。他这种埋头苦干的作风赢得了工人们、甚至外国技师的赞赏和钦佩。1926 年，中国生产的“红三角”牌纯碱在美国费城举办的万国博览会上获得了金质奖章。

侯德榜明白，超越前人必须了解前人走过的路，并深刻地分析其成功的经验和失败的教训。他经过几年的研究探索，作了数百次的试验，成功地把氨碱法与合成氨法合二为一，同时制取了纯碱与氯化铵，此后永利碱业公司将这一新的制碱工艺命名为“侯氏制碱法”，也称“联碱法”，这项重大的工艺改革很快传播到世界各地。20 世纪 50 年代中期开始，新中国建设迫切需要化肥，焦点集中到氨加工品种选择这个关键问题上。侯德榜倡议用碳化法合成氨流程制碳酸氢铵化肥。经过多年的摸索与实践，这项新工艺通过了技术关和经济关。之后，在全国各地迅速推广，为我国农业的发展做出了不可磨灭的贡献。

侯德榜一生勤奋好学，虽工作繁忙却还著书立说。《纯碱制造》一书于1933年在纽约被列入美国化学会丛书出版。这部化工巨著第一次彻底公开了索尔维法制碱的秘密，被世界各国化工界公认为制碱工业的权威专著，相继被译成多种文字出版，对世界制碱工业的发展起了重要作用。美国的威尔逊教授称这本书是“中国化学家对世界文明所作的重大贡献”。《制碱工学》是侯德榜晚年的著作，也是他从事制碱工业40年经验的总结。全书在科学水平上较《纯碱制造》一书有较大提高。该书将侯氏制碱法系统地奉献给读者，在国内外学术界引起强烈反响。

无论是选择学习制革，还是最后从事制碱，侯德榜都把振兴民族工业放在首位。1972年，侯德榜日渐病重，行动不便，仍多次要求下厂视察帮助解决技术问题。他还多次邀请科技人员到家里开会，讨论小联碱技术的完善与发展等问题。侯德榜始终牢记自己是一个中国人，面对鲜花和掌声，他平静地说：“我的一切发明都属于祖国！”他为中国的化学工业事业奋斗终生，呕心沥血，直至生命的最后一息。

科技动态：奇特的喀斯特地貌

喀斯特地貌（Karst landform），是具有溶蚀力的水对可溶性岩石（大多为石灰岩）进行溶蚀作用等所形成的地表和地下形态的总称，又称岩溶地貌。除溶蚀作用以外，还包括流水的冲蚀、潜蚀，以及坍陷等机械侵蚀过程。喀斯特（Karst）一词源自前南斯拉夫西北部伊斯特拉半岛碳酸盐岩高原的名称，当地称谓，意为岩石裸露的地方，“喀斯特地貌”因近代喀斯特研究起源于该地而得名。我国云贵高原、湖南南部郴州等地区属于典型的喀斯特地貌区。

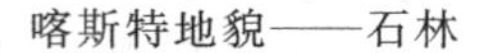

喀斯特地貌——石林

喀斯特地貌——溶洞

喀斯特地貌形成为石灰岩地区地下水长期溶蚀的结果。石灰岩的主要成分是碳酸钙（$CaCO_3$），在有水和二氧化碳时发生化学反应生成碳酸氢钙［$Ca(HCO_3)_2$］，后者可溶于水，于是空洞形成并逐步扩大。这种现象在南欧亚德利亚海岸的喀斯特高原上最为典型，所以常把石灰岩地区的这种地形笼统地称为喀斯特地貌。

喀斯特地貌形成的根本条件，是由于大量的碳酸盐岩、硫酸盐岩和卤化盐岩在流水的不断溶蚀作用下，在地表和地下形成了各种奇特的溶洞。从溶解度上看，卤化盐岩>硫酸盐岩>碳酸盐岩；由于碳酸盐岩种类较多，其各类岩石溶解度随着难溶性杂质的多少而定，石灰岩>白云岩>泥灰岩。从岩石结构分析，结晶质岩石晶粒愈大，溶解度愈小；等粒岩比不等粒岩溶解度要小。

岩石具有一定的孔隙和裂隙，它们是流动水下渗的主要渠道。岩石裂隙越大，岩石的透水性越强，岩溶作用越显著。在溶洞中，岩溶作用愈强烈，溶洞越大，地下管道越多，喀斯特地貌发育越完整，并且形成一个不断扩大的循环网。

（1）流水作用

① 流水的溶蚀作用　水的溶蚀能力来源于二氧化碳（CO_2）与水结合形成的碳酸（H_2CO_3），二氧化碳是喀斯特地貌形成的功臣，水中的二氧化碳主要来自大气流动、有机物在水中的腐蚀和矿物风化。下面几个化学方程式反映了岩溶作用的进行：

$$H_2O+CO_2 \rightleftharpoons H_2CO_3$$

$$H_2CO_3 \rightleftharpoons H^+ + HCO_3^-$$

（第一步：形成碳酸和碳酸根离子）

$$H^+ + CaCO_3 \rightleftharpoons HCO_3^- + Ca^{2+}$$

（第二步：H^+ 与 $CaCO_3$ 反应生成 HCO_3^-，从而使 $CaCO_3$ 溶解）

这几步反应在大自然间是十分复杂的过程，因为温度、气压、生物、土壤等许多自然条件制约着反应的进行，并且这些反应都是可逆的，水中的二氧化碳增多，反应向右进行，就有利于 $CaCO_3$ 的分解，岩溶作用进行比较容易；反之，则不利于岩溶作用。

② 流水的流动作用　流动的水溶蚀性更强烈一些，这是为什么？因为水中的二氧化碳需要得到及时的补充，水的溶蚀作用才能顺利进行，水的溶蚀能力才得以巩固加强。同时，流动的水带动河底砂砾对岩石进行机械侵蚀，这样更有利于岩溶作用的深入。

（2）气候影响

比如我国西南地区气候湿润，降水量大，地表径流相对稳定，流水下渗作用连续，并且降水使流水得以更新和有效补充。因此岩溶作用得以延续进行。

中国喀斯特地貌分布广、面积大。主要分布在西部地区的碳酸盐岩出露地区，面积为91万～130万平方千米。其中以广西、贵州和云南东部所占的面积最大，是世界上最大的喀斯特区之一；西藏和北方一些地区也有分布。广西境内主要是热带和亚热带喀斯特，贵州、云南、西藏多为高原喀斯特，高山喀斯特多分布在四川、云南和西藏等高海拔地区。喀斯特地区的奇峰异洞、明暗相间的河流、清澈的喀斯特泉等，是很好的旅游资源。如湖南张家界桑植县的九天洞已列入洞穴学会会员洞，堪称亚洲第一洞。黄龙洞被列为世界自然遗产、世界地质公园、首批国家5A级旅游区张家界武陵源的组成部分，是张家界地下喀斯特的地形代表，其中喀斯特地貌约占全市面积的40%。广西的桂林山水、云南的路南石林等驰名中外。喀斯特地貌由于其独特的地貌特征，经常容易“产出”类型各异的风景区。

复习思考题

1. 影响沉淀溶解平衡的因素有哪些？
2. 什么是分步沉淀？它与难溶强电解质的溶度积和离子浓度关系如何？
3. 什么是沉淀的转化？要实现沉淀的转化需要什么条件？

4. 向含有 AgCl 沉淀的饱和溶液中加入：(1) $AgNO_3$，(2) AgCl，(3) NaCl，(4) H_2O。上述各种情况下，沉淀溶解平衡朝何方向移动？$[Ag^+]$ 和 $[Cl^-]$ 是增大还是减小？二者乘积是否有变化？

习 题

1. 已知 CaF_2 溶度积为 5.3×10^{-9}，在 500mL CaF_2 的饱和溶液中有多少克 Ca^{2+}，在含有 9.5g 氟离子 500mL 溶液中允许溶解 $CaCl_2$ 多少克（以不生成 CaF_2 沉淀为限）？

2. 将 20mL 的 $0.01mol\cdot L^{-1}BaCl_2$ 和 20mL $0.01mol\cdot L^{-1}H_2SO_4$ 在强烈搅拌下与 960mL 水相混合，计算结果是否有 $BaSO_4$ 沉淀生成。已知 $BaSO_4$ 的 $K_{sp}^{\ominus}=1.1\times10^{-10}$。

3. 某溶液中 Cr^{3+} 的浓度为 $0.10mol\cdot L^{-1}$。若已知 $Cr(OH)_3$ 的 $K_{sp}^{\ominus}=6.3\times10^{-31}$，求开始生成 $Cr(OH)_3$ 沉淀时的 pH 值。

4. 试比较 AgI 在纯水中和在 $0.010mol\cdot L^{-1}KI$ 溶液中的溶解度。已知 AgI 的 $K_{sp}^{\ominus}=8.5\times10^{-17}$。

5. 在下列溶液中不断通入 H_2S，计算溶液中最后残留的 Cu^{2+} 的浓度。

(1) $0.10mol\cdot L^{-1}CuSO_4$ 溶液；

(2) $0.10mol\cdot L^{-1}CuSO_4$ 与 $1.0mol\cdot L^{-1}HCl$ 的混合溶液。

6. 室温下测得 AgCl 饱和溶液中 $[Ag^+]$ 和 $[Cl^-]$ 的浓度均约为 $1.3\times10^{-5}mol\cdot L^{-1}$，求反应：

$$AgCl(s) \xlongequal{} Ag^+(aq) + Cl^-(aq) \text{ 的 } \Delta_r G_m^{\ominus}$$

7. 在 Ba^{2+} 和 Sr^{2+} 的混合溶液中，二者的浓度均为 $0.10mol\cdot L^{-1}$，将极稀的 Na_2SO_4 溶液滴加到混合溶液中。已知 $BaSO_4$ 的 $K_{sp}^{\ominus}=1.1\times10^{-10}$，$SrSO_4$ 的 $K_{sp}^{\ominus}=3.4\times10^{-7}$。求

(1) 当 Ba^{2+} 已有 99%沉淀为 $BaSO_4$ 时的 $[Sr^{2+}]$；

(2) 当 Ba^{2+} 已有 99.99%沉淀为 $BaSO_4$ 时，Sr^{2+} 已经转化为 $SrSO_4$ 的百分数。

8. 已知 AgCl 的 $K_{sp}^{\ominus}=1.81\times10^{-10}$，求 AgCl 饱和溶液中的 $[Ag^+]$；若加入盐酸，使溶液的 pH=3.0，再求溶液中的 $[Ag^+]$。

9. 在 100mL 溶液中含有 0.91g 新生成的 CoS 沉淀（$K_{sp}^{\ominus}=4.0\times10^{-21}$）的溶液中，至少需加入多少毫升 $6.0mol\cdot L^{-1}$ 的 HCl 溶液，才能使 CoS 沉淀完全溶解（不考虑 HCl 的加入引起的体积变化）？

10. 在 100mL、$0.100mol\cdot L^{-1}$ 的 NaOH 溶液中，加入 1.51g 的 $MnSO_4$，如果要阻止 $Mn(OH)_2$ 沉淀析出，最少需要加入 $(NH_4)_2SO_4$ 多少克？

11. 向 $0.50mol\cdot L^{-1}$ 的 $FeCl_2$ 溶液中通 H_2S 气体至饱和，若控制不析出 FeS 沉淀，求溶液 pH 值的范围。已知 FeS 的 $K_{sp}^{\ominus}=6.3\times10^{-18}$，$H_2S$ 的 $K_a^{\ominus}=1.3\times10^{-20}$。

12. 在 $0.50mol\cdot L^{-1}$ 镁盐溶液中，加入等体积 $0.10mol\cdot L^{-1}$ 氨水，问能否产生 $Mg(OH)_2$ 沉淀？如果有 $Mg(OH)_2$ 沉淀生成，需要在每升氨水中再加入 NH_4Cl 固体若干，才能恰好不产生 $Mg(OH)_2$ 沉淀？

13. 在含有 $0.030mol\cdot L^{-1}$ 的 Pb^{2+} 和 $0.020mol\cdot L^{-1}$ 的 Cr^{3+} 的溶液中，逐滴加入 NaOH 溶液（不考虑体积变化）使 pH 值升高，问哪种离子先沉淀？若要使溶液中残留的 Gr^{3+} 浓度小于 $2\times10^{-6}mol\cdot L^{-1}$，而 Pb^{2+} 又不会沉淀出来，问 pH 值应该维持在什么范围内？

14. 在混合溶液中，$[Fe^{3+}]=0.10mol\cdot L^{-1}$，$[Cu^{2+}]=0.50mol\cdot L^{-1}$，如果溶液的 pH 值控制为 4.0，能否使这两种离子分离？

15. 草酸铅（PbC_2O_4）沉淀在 NaI 溶液中可转化为 PbI_2 沉淀，如果要在 1.0L 的 NaI 溶液中使 0.01mol 的 PbC_2O_4 沉淀完全转化，NaI 溶液的最初浓度至少应该是多少 $mol\cdot L^{-1}$？

16. 采用加入 KBr 溶液的方法将 AgCl 沉淀转化为 AgBr，求 Br^- 的浓度必须保持大于 Cl^- 的浓度多少倍？已知 AgCl 的 $K_{sp}^{\ominus}=1.8\times10^{-10}$，AgBr 的 $K_{sp}^{\ominus}=5.4\times10^{-13}$。

第10章 氧化还原平衡

【学习要求】

（1）熟悉氧化还原反应的基本概念以及氧化还原反应的配平方法；

（2）了解原电池的结构，及其正、负极所发生的氧化还原反应；掌握原电池的书写方法以及半电池的分类；

（3）了解双电层理论以及标准电极电势的测试方法；

（4）掌握运用电池反应和电极反应的能斯特方程进行有关计算；

（5）掌握电极电势的相关应用；

（6）掌握元素电势图及其应用。

根据不同的研究目的，化学反应具有不同的分类方法：根据其反应机理，化学反应可以区分为基元反应（简单反应）和非基元反应（复杂反应）；根据其反应程度，可区分为可逆反应和不可逆反应；根据其反应特征，可区分为酸碱反应、沉淀反应、分解反应、取代反应等。但是如果从反应物之间是否有电子转移或者有氧化数的改变这个角度，可将化学反应分为两类：一类是氧化还原反应（redox reaction），另一类是非氧化还原反应（non-redox reaction）；氧化还原反应的反应物之间有电子转移和氧化数的改变，而非氧化还原反应是指反应物之间没有电子转移和氧化数的改变。

氧化还原反应是化学中最重要的反应，如金属的冶炼、煤、石油、天然气等高能燃料的燃烧、金属材料的防腐、有机物以及众多化工产品的合成都涉及氧化还原反应。可以说，凡是涉及化学的工矿企业，包括人类衣、食、住、行在内的各行各业的物质生产；各种生物有机体的发生、成长和消亡的每个过程都离不开氧化还原反应。据不完全估计，化工生产中约50%以上的反应都涉及氧化还原反应。

本章拟通过对原电池的讨论，定量阐述氧化还原反应的规律，并找到解决氧化还原反应规律的钥匙。

10.1 氧化还原反应

10.1.1 基本概念与术语

人们对氧化还原反应的认识经历了一个过程。最初把一种物质同氧化合的反应称为氧化；把含氧的物质失去氧的反应称为还原。随着对化学反应的深入研究，人们认识到还原反应实质上是得到电子的过程，氧化反应是失去电子的过程；氧化与还原必然同时发生。像这样一类有电子转移（或电子得失）的反应，称为氧化还原反应。

（1）氧化数和化合价

1970 年，国际纯粹与应用化学联合会（IUPAC）对氧化数定义如下：氧化数（oxidation number），又称为氧化值，是某元素一个原子的荷电数，这种荷电数通过假设把每个键中的电子指定给电负性更大的原子而求得。

元素的氧化数可按以下规则确定。

① 在单质中元素的氧化数为零。如白磷 P_4、硫 S_8 的氧化数均为 0。这是因为成键电子的电负性相同，共用电子对不能指定给任何一方。

② 在正常氧化物中，氧的氧化数一般为 −2，而在过氧化物（如 H_2O_2、Na_2O_2 等）中为 −1，在超氧化物（如 KO_2）中为 −1/2。在氟化氧中，氧的氧化数为正值。

③ 氢在化合物中的氧化数一般为 +1，而在与活泼金属生成的离子氢化物（如 NaH、CaH_2）中为 −1。

④ 在单原子离子中，元素的氧化数等于离子所带的电荷数；在多原子离子中，各元素原子的氧化数代数和等于离子所带的电荷数。

⑤ 在共价化合物中，将属于两原子的共用电子对指定给电负性更大的原子后形成的电荷数就是它们的氧化数。

⑥ 在结构未知的化合物中，分子或离子的总电荷数等于各元素氧化数的代数和。分子的总电荷为 0。

按以上规则，可求出各种化合物中不同元素的氧化数。例如过氧化氢中，氧的氧化数为 −1；过氧化铬 CrO_5 中，铬的氧化数为 +6，氧的氧化数一个氧原子为 −2，另四个氧原子为 −1；硫代硫酸钠 $Na_2S_2O_3$ 中，配位硫 S 原子的氧化数为 −2，中心硫原子的氧化数为 +4，其平均氧化数为 +2；四氧化三铁中，2 个 Fe(Ⅲ) 和 1 个 Fe(Ⅱ)，铁的平均氧化数为 +8/3。

由上述可知，氧化数是按一定规则指定的形式电荷的数值，它可以是正数和负数，也可以是分数。

1920 年左右，学者提出了化合价（valence）的概念。它是指某元素一个原子与一定数目的其他元素的原子相结合的个数比，也可以说是某一个原子能结合几个其他元素的原子的能力。因此，化合价是用整数来表示的元素原子的性质，而这个整数就是化合物中该原子的成键数。

随着化学键理论的发展，发现并不能简单地根据无机化合物的化学式来确定化学键的数目，并且由化学键的数目来计算化合价有时会出现分数。1960 年以前，正、负化合价和氧化数的概念在许多情况下是混用的，而在 1970 年以后，氧化数的概念成了定义氧化还原反应的主要依据。

氧化数与原子的共价键数并不是同义词。例如，CO 分子中氧的氧化数为 −2，碳的氧化数为 +2，碳和氧原子之间形成的化学键的数目却是 3。在共价化合物中，元素的氧化数与共价键的键数主要区别有两点：①共价键的数目无正、负之分，而氧化数却有正、负；②同一物质中同种元素的氧化数与共价键的数目不一定相同。

（2）氧化还原反应

在化学反应中，凡元素的氧化值升高的过程称为**氧化**（oxidation），元素的氧化值降低的过程称为**还原**（reduction）。氧化还原反应就是指有元素氧化值改变的化学反应。

在氧化还原反应中，元素的氧化值升高或降低与电子得失有关。一切失去电子而元素的氧化值升高的过程称为氧化，一切获得电子而元素的氧化值降低的过程称为还原。氧化与还原的本质就是电子的得失或转移，而且氧化和还原的过程必然同时发生。一物质失去电子，同时必有另一物质得到电子。失去电子的物质称为**还原剂**（reducing agent），获得电子的物质称为**氧化剂**（oxidizing agent）。还原剂具有还原性，在反应中失去电子被氧化，从而转变为还原剂的氧化产物，其中必有元素的氧化值升高；氧化剂具有氧化性，它在反应中获得电子而被还原，从而转变为氧化剂的还原产物，其中必有元素的氧化值降低。氧化剂与还原剂在反应中既相互对立，又相互依存，在一定条件下，各自朝着相反的方向转化。例如：

$$2Na(s) + Cl_2(g) = 2NaCl(s)$$

$$Fe(s) + Cu^{2+}(aq) = Fe^{2+}(aq) + Cu(s)$$

$$H_2(g) + Cl_2(g) = 2HCl(g)$$

式中，氧化剂为：Cl_2、Cu^{2+}、Cl_2，得到电子被还原；还原剂为：Na、Fe、H_2，失去电子被氧化。

物质的氧化还原性质是相对的。同一种物质在和强的氧化剂作用时，表现出还原性；而和强还原剂作用时，又可表现出氧化性。例如二氧化硫和氯气的反应：

$$SO_2 + Cl_2 + 2H_2O = H_2SO_4 + 2HCl$$

这里 Cl_2 具有强氧化性，把 SO_2 氧化为 H_2SO_4，SO_2 是还原剂。当 SO_2 和 H_2S 作用时：

$$SO_2 + 2H_2S = 3S\downarrow + 2H_2O$$

此时 SO_2 是氧化剂，它把具有强还原性的 H_2S 氧化为单质 S。

有时候，某一种单质或化合物，它既是氧化剂又是还原剂，这类氧化还原反应叫做歧化反应（disproportionated reaction），它是自氧化还原反应的一种特殊类型。例如：

$$Cl_2 + H_2O = HClO + HCl$$

$$4KClO_3 = 3KClO_4 + KCl$$

10.1.2 氧化还原方程式的配平

配平氧化还原反应的方法很多。这里介绍两种常用方法：氧化数法和离子-电子法。

（1）氧化数法

利用氧化数法（oxidation number method）在配平氧化还原反应方程式时，基本原则是：反应中还原剂元素氧化数的总升高值等于氧化剂元素氧化数的总降低值，即得失电子数相等。用此方法配平氧化还原反应方程式的具体步骤如下：

① 首先要正确书写反应物和生成物的分子式或离子式；

$$S + HNO_3 \longrightarrow SO_2 + NO + H_2O$$

② 确定还原剂分子中元素的氧化数的总升高值和氧化剂分子中元素的氧化数总降低值；

升(+4)

$$S+HNO_3 \longrightarrow SO_2+NO+H_2O$$

降(−3)

③ 然后按照最小公倍数原则对各氧化数的变化值乘以相应的系数，使氧化数降低值和升高值相等。在上例中它们的最小公倍数为 12，即可确定氧化剂、还原剂分子前面的系数（4，3），即

升(+4)×3

$$3S+4HNO_3 \longrightarrow 3SO_2+4NO+H_2O$$

降(−3)×4

④ 最后根据物质不灭定律，检查在反应中不发生氧化数变化的元素数目，以达到方程式两边所有元素相等。上式中左边比右边多2个H原子和1个O原子，所以右边的H_2O分子前要乘以系数2。

$$3S+4HNO_3 = 3SO_2+4NO+2H_2O$$

【例 10-1】 用氧化数法配平氧化还原反应：$As_2S_3+HNO_3 \longrightarrow H_3AsO_4+H_2SO_4+NO$

解 2As：$2\times(5-3)=+4$

3S：$3\times[6-(-2)]=+24$　　总共升高 28×3

N：$2-5=-3$　　总共降低 3×28

$$3As_2S_3+28HNO_3+4H_2O = 6H_3AsO_4+9H_2SO_4+28NO$$

（2）离子-电子法

离子-电子法（ion-electron method）又称为半反应法（half-reaction method），它是依据每个半反应两边的电荷数与电子数的代数和相等，原子数相等，在此基础上来完成反应的配平。如果反应中元素的氧化数比较难以确定，用离子-电子法配平则比较方便。用此方法配平氧化还原反应方程式的具体步骤如下。

① 首先，将反应物和产物以离子形式列出（难溶物、弱电解质和气体均以分子式表示）；

$$H^++NO_3^-+Cu_2O \longrightarrow Cu^{2+}+NO+H_2O$$

② 任何一个氧化还原反应都是由两个半反应组成的；因此，可将其分成两个半反应：一个是氧化反应，另一个是还原反应；

$$Cu_2O \longrightarrow Cu \qquad NO_3^- \longrightarrow NO$$

③ 调整计量数并加一定数目的电子和介质，使半反应两边的原子个数和电荷数相等。

根据弱电解质存在的形式，可以判断离子反应是在酸性还是在碱性介质中进行。在酸性介质中，去氧加H^+，添氧加H_2O；在碱性介质中，去氧加H_2O，添氧加OH^-。

$$Cu_2O+2H^+-2e^- \longrightarrow 2Cu^{2+}+H_2O \qquad (1)$$

$$NO_3^-+4H^++3e^- \longrightarrow NO+2H_2O \qquad (2)$$

④ 根据氧化还原反应中得失电子必须相等的原则，将两个半反应分别乘以相应的系数，然后合并成一个配平的离子方程式：

(1)×3+(2)×2 得：

$$3Cu_2O+2NO_3^-+14H^+ = 6Cu^{2+}+2NO+7H_2O$$

【例 10-2】 配平 $ClO^-+Cr(OH)_4^- \longrightarrow Cl^-+CrO_4^{2-}$（碱性介质）

解 第一步：

$$ClO^- \longrightarrow Cl^-（还原）$$

$$Cr(OH)_4^- \longrightarrow CrO_4^{2-}（氧化）$$

第二步：由于反应是在碱性介质中进行，虽然在半反应$Cr(OH)_4^- \longrightarrow CrO_4^{2-}$中，产物的氧原子数和反应物的氧原子数相等，但由于氢原子数不等，所以应在左边加足够的OH^-，使右侧生成水分子，并且使两边的电荷数相等：

$$Cr(OH)_4^-+4OH^- = CrO_4^{2-}+4H_2O+3e^-$$

另一个半反应的左边加足够的H_2O，使两边的氧原子和电荷数均相等：

$$ClO^- + H_2O + 2e^- \longrightarrow Cl^- + 2OH^-$$

第三步：根据得失电子数必须相等的原则，将两边的电子消去加合成一个配平的离子反应式：

$$2Cr(OH)_4^- + 8OH^- \longrightarrow 2CrO_4^{2-} + 8H_2O + 6e^-$$

$$+)\ 3ClO^- + 3H_2O + 6e^- \longrightarrow 3Cl^- + 6OH^-$$

$$2Cr(OH)_4^- + 8OH^- + 3ClO^- \longrightarrow 2CrO_4^{2-} + 3Cl^- + 5H_2O$$

综上所述，氧化数法既可配平分子反应式，也可配平离子反应式，是一种常用的配平反应式的方法。离子-电子法除对于用氧化数法难以配平的反应式比较方便之外，还可通过学习离子-电子法掌握书写半反应式的方法，而半反应式是电极反应的基本反应式。配平氧化还原反应方程式的方法还很多，但最根本的一条是：除了要掌握正确的配平方法外，更重要的是必须熟悉该反应的基本化学事实，否则难以得到正确的结果。

10.2 氧化还原反应和电极电势

氧化还原反应是化学中最重要的反应，通过本章的学习拟解决以下三个问题：①不同的氧化剂和还原剂其氧化还原能力不同，如何定量衡量它们的强弱？②一个氧化还原反应必然有氧化剂和还原剂（有时还包括介质）同时参加反应，那么怎样的氧化剂和还原剂才能发生反应，也即氧化还原反应的方向性判据是什么？③按一定方向进行的氧化还原反应的反应程度如何，即氧化还原反应达到平衡时的平衡常数如何计算？如何方便快捷地找到这三个问题的答案？电流是电子的流动产生的，既然氧化还原反应过程中也涉及电子的转移，那么氧化还原反应必定与电现象有一定的联系。

与氧化还原反应相关的电化学装置可以分为两类：一类是通过原电池使化学反应产生电流，也就是把化学能转变为电能，这类反应体系的吉布斯自由能变是减小的（$\Delta G<0$），反应可以自发进行；另一类是使电流通过电解质溶液或熔盐，使电极上产生氧化还原反应，这类装置称为电解池，也就是把电能转变为化学能，这类反应体系的吉布斯自由能变是增加的（$\Delta G>0$），反应不能自发进行。因此，氧化还原反应是电化学基础，电化学的研究又可定量地阐明氧化还原反应的规律。

10.2.1 氧化还原反应和电子转移

将锌片放入硫酸铜溶液中，可以自发地发生锌置换铜的反应：

$$Zn(s) + Cu^{2+}(aq) \longrightarrow Zn^{2+}(aq) + Cu(s)$$

很显然，锌和 Cu^{2+} 在反应中氧化数发生了变化，是一个氧化还原反应。根据它们氧化数的变化可以确定氧化剂是 Cu^{2+}，还原剂是金属锌。怎样证明金属锌置换 Cu^{2+} 的反应有电子转移呢？

在一般化学反应中，是氧化剂和还原剂热运动相遇时直接发生了有效碰撞和电子转移。由于分子热运动没有一定的方向，因此不会形成电子的定向运动——电流，而通常以热能的形式表现出来（激烈时还会伴随有光、声等其他形式能量的释放）。如果可以设计一个特殊的装置，使电子转移变成电子的定向移动，这种装置称为原电池；通过原电池将氧化还原反应的化学能转变为电能，产生电流，可以证明氧化还原反应发生了电子转移。任何氧化还原反应，从理论上来说都可以设计一定的原电池证明有电子转移发生，但实际操作有时会很困难，特别是那些特别复杂的反应。

氧化还原反应有电子转移，不仅在实际上可作为电能的一种来源，而且理论意义也很大，它把化学反应与物质的一种基本成分——电子联系起来了。我们知道化学反应中原子核并没有改变，只是发生了核外电子的转移或变化。氧化还原反应由电子转移揭示了化学现象和电现象的基本关系。这就有可能用电学的方法探讨化学反应的规律，从而形成了无机化学的一个分支——电化学。

应该注意，无机化学中讨论电化学的重点，是应用电化学的规律和结论来解决无机化学中的问题，而不是追究这些结论的来历。

10.2.2 原电池

(1) 原电池构成

如果在放入硫酸锌溶液的烧杯中插入锌片，在硫酸铜溶液的烧杯中插入铜片。将两种电解质溶液用一个倒置的U形管连接起来。U形管中装满用饱和KCl溶液和琼脂做成的冻胶，称作盐桥。如果用导线连接锌片和铜片，这时串联在铜电极和锌电极之间的检流计的指针即向一方偏转（见图10-1）。

检流计指针发生了偏转，说明导线上有电流通过；根据检流计指针的偏转方向还可判断出电子是由Zn电极经导线到Cu电极。这种能把化学能直接转变为电能的装置叫做**原电池**（voltaic cell）。

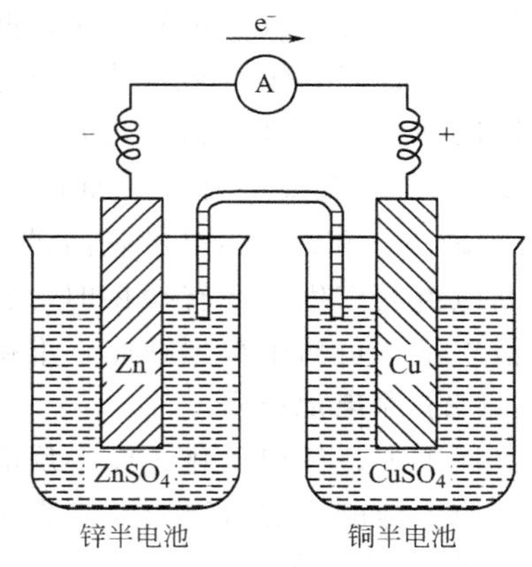

图10-1 铜锌原电池

原电池中常见术语如下。

① 电极 每个原电池都包含两个“半电池”（half-cell），半电池又称为电极（electrode）。例如在Cu-Zn原电池中，锌和锌盐溶液组成一个“半电池”；铜和铜盐溶液组成另一个“半电池”。通常规定，电子流出的一极称为负极（negative electrode/anode），如Cu-Zn原电池的锌电极；电子流入的一极称为正极（positive electrode/cathode），如Cu-Zn原电池的铜电极。

根据电极是否参与电极反应，又可区分为**活性电极和惰性电极**。

比如在Cu-Zn原电池中，金属铜和金属锌做为固态导体，除起导电作用外，还参与电极反应，这类电极称为活性电极（active electrode）。有的电极反应中并无可导电的电极，这些电极反应设计成的电极需添加电极材料。选择的电极材料首先不应改变半电池化学反应的热力学性质，即应该在热力学上是惰性的。一般选取铂和石墨这类惰性导体，只起导电作用，不参与电极反应，称作惰性电极（passive electrode）。

② 电极反应 分别在两个电极中发生的氧化或还原反应叫做半电池反应或电极反应（electrode reaction）。在负极上进行失电子的氧化反应，在正极上进行得电子的还原反应。一般要求电极反应要写成还原反应的方式表示：

$$\text{氧化型} + ne^- \rightleftharpoons \text{还原型}$$

例如，在铜锌原电池中：

负极 $Zn(s) \rightleftharpoons Zn^{2+}(aq) + 2e^-$ 氧化反应

正极 $Cu^{2+}(aq) + 2e^- \rightleftharpoons Cu(s)$ 还原反应

电池反应 $Zn(s) + Cu^{2+}(aq) \rightleftharpoons Zn^{2+}(aq) + Cu(s)$

③ 电对　人们常用诸如 MnO_4^-/Mn^{2+} 这样的符号来表达上述半反应，并称之为“电对”。在电对的符号中只标出“发生电子得失的”，电对中高氧化态物质称为氧化型，写在斜线左边；低氧化态物质称为还原型，写在斜线右边。用通式“氧化型/还原型”表示。例如：Cu^{2+}/Cu、Zn^{2+}/Zn、H^+/H_2、O_2/OH^-。在氧化还原半反应中，同一元素的不同氧化态物质可构成一个氧化还原电对（redox couple）。

氧化还原电对中物质不需要配平，但氧化型或还原型物质必须是能够稳定存在才行，比如 MnO_4^- 和 MnO_2 可以组成一个电对 MnO_4^-/MnO_2；而 MnO_4^- 和 Mn^{4+} 则是不正确的，因为 Mn^{4+} 不存在。

如 MnO_4^-/Mn^{2+} 和 SO_4^{2-}/SO_3^{2-} 两个电对在酸性介质中，分别对应下面两个半反应。

$$MnO_4^- + 8H^+ + 5e^- \rightleftharpoons Mn^{2+} + 4H_2O$$

$$SO_4^{2-} + 2H^+ + 2e^- \rightleftharpoons SO_3^{2-} + H_2O$$

两个电对可以组成一个氧化还原反应，利用前面所讲的离子-电子法配平法，就可得下面的氧化还原反应：$2MnO_4^- + 6H^+ + 5SO_3^{2-} \rightleftharpoons 2Mn^{2+} + 5SO_4^{2-} + 3H_2O$

④ 盐桥　盐桥（salt bridge）是装有饱和氯化钾溶液和琼胶的U形玻璃管，盐桥中的琼脂是一种含水丰富的胶冻，离子在其中既可以运动，又能起到固定作用。原电池中的盐桥起着使整个装置变成通路的作用；同时还可以使两边溶液保持电中性，维持电流持续产生。

例如在Cu-Zn原电池中，两个半电池通过盐桥连接，盐桥通常用一U形管，其中装有琼胶的饱和氯化钾溶液。电池反应进行的过程中，Zn失电子变成 Zn^{2+} 进入 $ZnSO_4$ 溶液，使 $ZnSO_4$ 溶液因正离子增加而带正电荷；Cu^{2+} 还原成Cu沉积在铜片上，使硫酸铜溶液因 Cu^{2+} 减少、SO_4^{2-} 相对过剩而带负电荷。这两种状况会阻碍原电池反应的继续进行，以致中断电流的产生。当有盐桥时，盐桥中的 K^+ 移向 $CuSO_4$ 溶液，Cl^- 移向 $ZnSO_4$ 溶液，使溶液中正、负离子得到补充，维持两半电池的电荷平衡保持电中性，电流便可持续产生。

（2）原电池符号

原则上，任何氧化还原半反应都可以设计成半电池，两个半电池连通，都可以构成原电池。原电池的装置可以用符号表示，称为电池符号。书写电池符号应遵守下述规则。

① 负极写在左边，正极写在右边，以双垂线“‖”表示盐桥，以单垂线“|”表示两个相之间的界面。

② 正、负两极中的电解质溶液紧靠盐桥左、右两侧；左、右两端以导电电极材料表示。无导电电极材料的电极，应附加Pt、C等惰性导电材料作为电极载体。

③ 通常在电解质溶液（或气体）后面以符号“c”（或“p”）表示其浓度（或分压）。

④ 纯液体、固体和气体写在惰性电极一边用“|”分开。

⑤ 参加电极反应的介质，如 H^+、OH^- 等，也影响原电池反应的进行；因此，应随有关的半电池表示其中。

⑥ 同种电解质溶液中的不同离子，应加逗号“,”分隔，如 $|Fe^{2+}, Fe^{3+}|$。

按照上述的书写规则，铜锌原电池可用下面符号表示：

$$(-)Zn|ZnSO_4(c_1) \| CuSO_4(c_2)|Cu(+)$$

（3）电极类型

每个原电池都包含两个半电池，即包含正负两个电极；每个电极都包含一个氧化还原电对，都有自己相应的电极反应。电化学中常见的电极有以下几种类型。

① 金属-金属离子电极　它是金属置于含有同一金属离子的盐溶液中所构成的电极。例如 Zn^{2+}/Zn 电对所组成的电极即是，其电极符号：$Zn | Zn^{2+}$。Cu^{2+}/Cu 电对所组成的

铜电极：$Cu \mid Cu^{2+}$。"|"表示固、液两相之间的界面，Cu、Zn 本身是导体，可做电极材料。

② 气体-离子电极　氢电极就属于气体-离子电极，这类电极的构成需要一个固体导电体，该导电固体对所接触的气体和溶液都不起作用，但它能催化气体电极反应的发生。常用的固体导电体是铂或石墨。$2H^{+}+2e^{-} \rightleftharpoons H_2$ 电极反应中无导体，就需借助于铂来完成电子的转移。其电极符号为：$Pt \mid H_2(g) \mid H^{+}(c)$。

③ 金属-金属难溶盐或氧化物-阴离子电极　将金属表面涂上该金属的难溶盐（或氧化物），然后将它浸在与该盐具有相同阴离子的溶液中。例如氯化银电极就是把表面涂有氯化银的银丝插在 HCl 溶液中。其电极反应为：$AgCl+e^{-} = Ag+Cl^{-}$，电极符号：$Ag \mid AgCl(s) \mid Cl^{-}(c)$。实验室常用的**饱和甘汞电极**（saturated calomel electrode）也属于这一类（见图 10-2）；它是在金属 Hg 的表面覆盖一层氯化亚汞（Hg_2Cl_2），然后注入氯化钾溶液。其电极反应为：

$$1/2Hg_2Cl_2(s)+e^{-} \rightleftharpoons Hg(l)+Cl^{-}$$

电极符号：$Hg \mid Hg_2Cl_2(s) \mid Cl^{-}(c)$

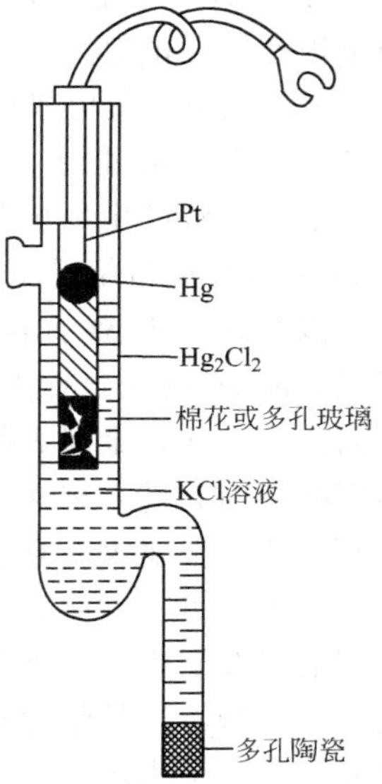

图 10-2　甘汞电极示意图

④ 氧化还原电极　这类电极的组成是将惰性电极材料（铂或石墨）放在一种溶液中，溶液中含有同一元素不同氧化数的两种离子，如 Pt 插在 Fe^{3+} 和 Fe^{2+} 的溶液中就可形成此类的 $Pt \mid Fe^{3+}(c_1), Fe^{2+}(c_2)$ 氧化还原电极，其电极反应为：

$$Fe^{3+}+e^{-} \rightleftharpoons Fe^{2+}$$

(4) 原电池及电池反应的规律

如果给出一个原电池的总反应，或者说给出一个氧化还原反应。那么就可以用原电池符号表示出其对应的原电池装置。

例如：已知电池反应：$2Ag+Cl_2(p) \rightleftharpoons 2Ag^{+}(c_1)+2Cl^{-}(c_2)$

从反应式看出 Cl_2 作为氧化剂把金属 Ag 氧化为 Ag^{+}，所以电对 Cl_2/Cl^{-} 就做为原电池的正极，电对 Ag^{+}/Ag 就做为原电池的负极。其电池符号可以这样表示：

$$(-)Ag \mid Ag^{+}(c_1) \parallel Cl^{-}(c_2) \mid Cl_2(p) \mid (C)(+)$$

反之，如果给出一个原电池符号，也可以写出相应的氧化还原反应。比如某原电池符号为：

$$(-)(Pt) \mid SO_3^{2-}(c_2), SO_4^{2-}(c_5), H^{+}(c_3) \parallel MnO_4^{-}(c_1), Mn^{2+}(c_4), H^{+}(c_3) \mid (Pt)(+)$$

其对应的电池反应为：

$$2MnO_4^{-}(c_1)+5SO_3^{2-}(c_2)+6H^{+}(c_3) \rightleftharpoons 2Mn^{2+}(c_4)+5SO_4^{2-}(c_5)+3H_2O$$

很显然，原电池正极的 MnO_4^{-} 充当氧化剂，原电池负极的 SO_3^{2-} 充当还原剂；MnO_4^{-} 把 SO_3^{2-} 氧化为 SO_4^{2-}，而自身被还原为 Mn^{2+}。

通过以上两个例子不难看出：原电池的负极由还原剂电对构成，还原剂给出电子，转变为对应的氧化型；正极由氧化剂电对构成，氧化剂得到电子，转变为对应的还原型。电池反应中的还原剂在负极上发生氧化反应，电池反应中的氧化剂在正极发生还原反应，这就是原电池及电池反应的一般规律。

10.2.3 电极电势

在铜-锌原电池中，把两个电极用导线和盐桥连起来就会有电流产生，这说明在原电池两电极间存在电势差，或者说原电池的两极各存在一个电势——**电极电势**（electrode potential）。那么正、负电极的电势是怎样产生的呢？为什么锌、铜电极的电势会不同呢？

（1）双电层理论

电极电势产生的机理可以用能斯特（W. Nernst）的**双电层理论**（theory of double electric layers）进行解释。

以金属-金属离子电极为例：金属晶体是由金属原子、金属正离子和自由电子所组成的。当把金属 M 放入含有该金属离子的盐溶液中时，在金属表面与溶液之间存在着两种相反的倾向：一方面，金属表面构成晶格的金属离子 M^{n+} 会由于自身的热运动及极性溶剂分子的强烈吸引而有进入溶液中形成水合离子的倾向，$M \longrightarrow M^{n+} + ne^-$，这种过程称为溶解；这种倾向使得金属表面有过剩的自由电子，并且金属越活泼，盐溶液的浓度越小，金属失电子倾向越大。另一方面，溶液中溶剂化的金属离子，由于受到金属表面自由电子的吸引，也有从溶液向金属表面上沉积的倾向，$M^{n+} + ne^- \longrightarrow M$，这种过程称为沉积；并且金属活泼性越差，其盐溶液的浓度越大，金属离子获得电子的倾向越大。这两种倾向在一定条件下达到平衡，用式子表示为：

$$\underset{(金属)}{M} \underset{沉积}{\overset{溶解}{\rightleftharpoons}} \underset{(在溶液中)}{M^{n+}} + \underset{(在金属上)}{ne^-}$$

如果金属溶解倾向大于沉积倾向，达到平衡后金属表面将有一部分金属离子进入溶液，使金属表面带负电，溶液带正电。因为正、负电荷的吸引，金属离子不是均匀地分布在整个溶液中，而主要是聚集在金属表面的附近，从而形成了双电层［见图 10-3（a）］；反之，如果金属离子沉积的倾向大于溶解的倾向，达到平衡后金属表面带正电，而金属附近的溶液带负电［见图 10-3（b）］。无论是哪一种情况，在达到平衡后，金属与其盐溶液界面之间都会因带相反电荷而形成双电层结构，从而产生电势差，这个电势差称为金属电极的电极电势。必须指出，无论从金属进入溶液的离子或从溶液沉积到金属上的离子的量都非常少，用化学和物理方法还不能测定。

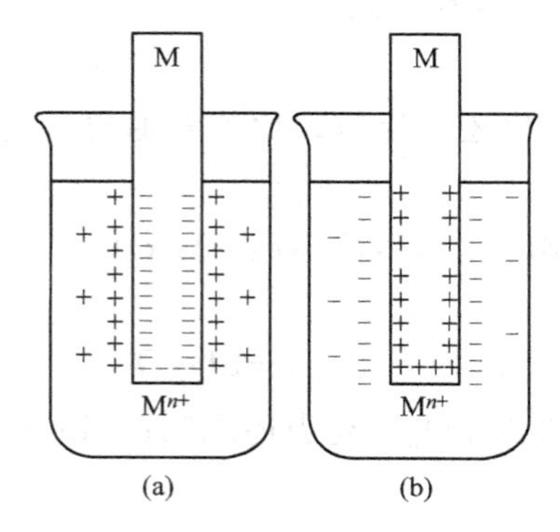

图 10-3　金属的电极电势

影响电极电势的因素有电极的本性、温度、介质、离子浓度（除此之外，还和选择性吸附等有关）。当外界条件一定时，电极电势的高低取决于电极物质的本性。对于金属电极，金属的活泼性越大，其沉积的倾向越小，金属带负电荷越多，平衡时电极电势越低。相反，金属活泼性越小，其离子沉积的倾向越大，金属带正电荷越多，电极电势越高。从氧化还原的角度考虑，电极电势低，说明水溶液中金属的还原能力强。电极电势高，说明金属离子氧化能力强。所以可以利用电极电势的高低来判断电对物质的氧化还原能力。

不同的电极，溶解和沉积的平衡状态是不同的，因此不同电极有不同的电极电势。将两个不同的电极组成原电池，由于两个电极之间有电势差，因而产生了电流。

(2) 标准电极电势

迄今为止，电极电势的绝对值尚无法直接测量，但可以用比较的方法确定其相对值。通常采用一个标准电极作为参比电极，然后将参比电极和待测电极组成原电池，测量出电池的**电动势**（cell potential），就可算出待测电极电势的相对值。

① 标准氢电极　目前国际上选用**标准氢电极**（standard hydrogen electrode）作为标准参比电极，将其电极电势值定为零。

标准氢电极是将镀有一层海绵状铂黑的铂片，浸入氢离子浓度为 $1mol \cdot L^{-1}$ 的 H_2SO_4 溶液中，在温度为 298.15K 时，不断通入压力为 100kPa 的纯氢气流，如图 10-4 所示。这时溶液中的氢离子与被铂黑吸附而达到饱和的氢气，建立起下列动态平衡：

$$2H^+(aq)+2e^- \rightleftharpoons H_2(g)$$

标准氢电极和具有上述浓度的氢离子溶液之间的电势差称为标准氢电极的电极电势。电化学中规定，在任何温度下，标准氢电极的电极电势都为零，记为 $\varphi^\ominus(H^+/H_2)=0.000V$。（实际上电极电势是与温度有关的，而且也很难制得上述那种标准溶液，可把它看做一种理想溶液）。

② 标准电极电势：如果组成电极的物质都处于热力学标准状态，即溶液中离子、分子浓度为 $1mol \cdot L^{-1}$，气体分压为 100kPa，液体或固体为纯净物；那么此时电极就是标准电极，对应的电极电势称为**标准电极电势**（standard electrode potentials），用符号 $\varphi^\ominus$ 表示。

(3) 标准电极电势的测定

以测量在 298.15K 下，锌电极的标准电极电势（即 $[Zn^{2+}]=1mol \cdot L^{-1}$ 时的锌电极）为例。可以用标准氢电极与标准锌电极组成一个原电池装置，如图 10-5 所示，用直流电位计测知电子从锌电极流向氢电极，故氢电极为正极，锌电极为负极。电池反应为：

$$Zn(s)+2H^+(aq) \rightleftharpoons Zn^{2+}(aq)+H_2(g)$$

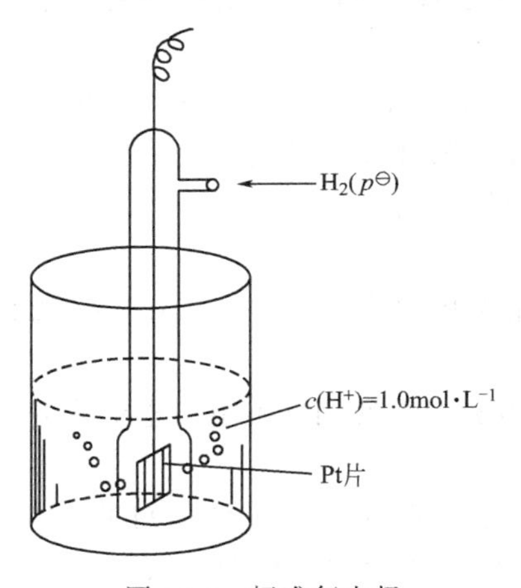

图 10-4　标准氢电极

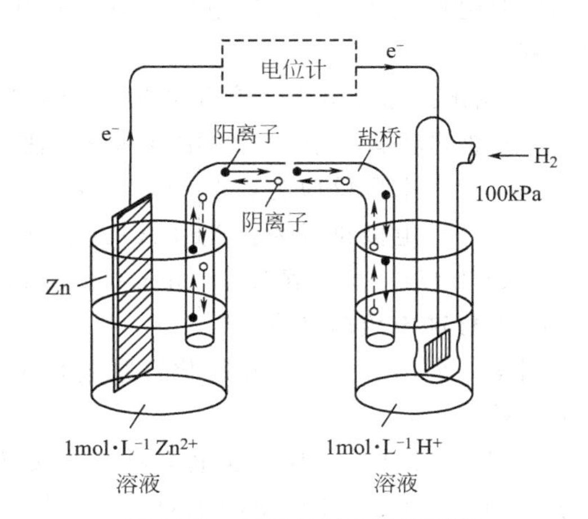

图 10-5　标准电极电势的测定

用电位差计测得在标准状态下上述电池的电动势，即标准电动势($E^\ominus$)为 0.760V。

根据标准电动势 $E^\ominus=\varphi^\ominus(H^+/H_2)-\varphi^\ominus(Zn^{2+}/Zn)=0.760V$

可计算出 Zn^{2+}/Zn 电对的标准电极电势：

$$\varphi^\ominus(Zn^{2+}/Zn)=\varphi^\ominus(H^+/H_2)-E^\ominus=0V-0.760V=-0.760V。$$

如果想得到铜电极的标准电极电势，同理可以让标准铜电极与标准氢电极组成一个原电池，由直流电位计指针的偏转方向可知电子由氢电极经外电路流向铜电极，则相应的电池符号表示为：

$$(-)Pt|H_2(10^5Pa)|H^+(1mol\cdot L^{-1})\|Cu^{2+}(1mol\cdot L^{-1})|Cu(+)$$

电池反应：$H_2+Cu^{2+} \rightleftharpoons 2H^+ +Cu$

用电位差计测得在标准状态下上述电池的电动势，即标准电动势（$E^\ominus$）为 0.342V。

$$E^\ominus=\varphi^\ominus_{正极}-\varphi^\ominus_{负极}$$
$$=\varphi^\ominus(Cu^{2+}/Cu)-\varphi^\ominus(H^+/H_2)=0.342V$$
$$0.342V=\varphi^\ominus(Cu^{2+}/Cu)-0$$
$$\varphi^\ominus(Cu^{2+}/Cu)=+0.342V$$

用类似方法可测得一系列电对在 298.15K 下的标准电极电势，包括非金属以及一些复杂化合物的标准电极电势。有些电对例如 Na^+/Na 或 F_2/F^- 的电极电势不能直接测定，可以用间接方法推算出来。将实验测定或推算的氧化还原电对的标准电极电势数值，按其代数值由小到大的顺序排列成表，即得标准电极电势表；常用的一些标准电极电势数值列于附录 6。

(4) 常见的其他参比电极

在实际工作中，由于标准氢电极中涉及的氢气受温度、压力影响较大，使用很不方便；所以常用饱和甘汞电极（见图 10-2）或氯化银标准电极代替标准氢电极做为参比电极。

① 饱和甘汞电极　它是由金属 Hg、糊状甘汞（Hg_2Cl_2）及 KCl 饱和溶液组成。

电极符号为：$(Pt)Hg(l)|Hg_2Cl_2(s)|KCl(c)$

电极反应为：$Hg_2Cl_2(s)+2e^- \rightleftharpoons 2Hg(l)+2Cl^-(aq)$。

甘汞电极稳定性好、使用方便。在 298.15K 时，饱和甘汞电极的电极电势主要取决于 Cl^- 的浓度，当 KCl 为饱和溶液时，其电极电势的精确测量值为 $\varphi(Hg_2Cl_2/Hg)=0.241V$。注意此时电极电势不是标准电极电势，因为 Cl^- 浓度不是 $1mol\cdot L^{-1}$，电极使用的是 KCl 饱和溶液。

② 氯化银标准电极　它是将镀有 AgCl 薄层的银丝插入内盛有 $1mol\cdot L^{-1}$ 的 KCl（或 HCl）溶液的玻璃管中，下端用石棉丝封住，上端用塞塞紧并接出导线。

电极反应为：$AgCl(s)+e^- \rightleftharpoons Ag(s)+Cl^-(aq)$

电极符号为：$Ag \mid AgCl(s) \mid Cl^-(c)$

在 298.15K，Cl^- 浓度为 $1mol\cdot L^{-1}$ 时，其标准电极电势为 $\varphi^\ominus(AgCl/Ag)=0.222V$。

(5) 标准电极电势表

附录 6 列出了一些常见氧化还原电对的标准电极电势，在使用标准电极电势表时应注意如下几点。

① 本书采用还原型标准电极电势。按照 IUPAC 确认的惯例，在 H^+/H 以上的电对，其 $\varphi^\ominus<0$；在 H^+/H 以下的电对，其 $\varphi^\ominus>0$。电极反应一律用“氧化型$+ne^- \rightleftharpoons$还原型”表示，从上到下按照电极电势的代数值递增顺序排列；且电极电势的数值不随电极反应的写法而改变。

② 标准电极电势的数值与参与反应的物质的量无关，即与半反应方程式的化学计量系数无关。例如：

$$Cu^{2+}(aq)+2e^- \rightleftharpoons Cu(s) \qquad \varphi^\ominus(Cu^{2+}/Cu)=+0.345V$$
$$2Cu^{2+}(aq)+4e^- \rightleftharpoons 2Cu(s) \qquad \varphi^\ominus(Cu^{2+}/Cu)=+0.345V$$

③ 标准电极电势表中的数值只适用于水溶液，对于非水溶液、高温以及固相反应或气

固相反应不可使用。

④ 标准电极电势表常分为酸表和碱表。在电极反应中，H^+无论是在反应物，还是在产物中出现，均查酸表；在电极反应中，OH^-无论是在反应物还是在产物中出现，均查碱表。

若电极反应中没有 H^+或 OH^-出现，则根据电对物质存在状态确定其是在酸表还是碱表中。如 $Fe^{3+}+e^- \rightleftharpoons Fe^{2+}$，$Fe^{3+}$只能在酸性溶液中存在，故在酸表中查此电对的电势。表现两性的金属与金属阴离子盐的电对查碱表，如 $\varphi^{\ominus}(ZnO_2^{2-}/Zn)$ 查碱表。另外，介质没有参与电极反应的电势也列在酸表中，如单质氯气得到电子变成氯离子，$Cl_2+2e^- \rightleftharpoons 2Cl^-$。在查表时应特别注意。

10.3 电极电势和吉布斯自由能变的关系

10.3.1 电动势与吉布斯自由能的关系

在化学热力学中，已经知道判断反应自发性的标准是有用功，一个反应产生有用功的本领可用反应的 $\Delta_r G_m$ 来衡量。一个能自发进行的氧化还原反应，可以装配成一个原电池，把化学能转变为电能（有用功）。则在等温、等压条件下，反应的摩尔吉布斯自由能变等于原电池可能做的最大电功，即

$$\Delta_r G_m = W'_{max} = W_e$$

如果电子从原电池的负极移到正极的电荷总量为 Q，电池的电动势为 E，原电池所做的电功 $W_e=-QE$（负号表示系统向环境做功）。当原电池的两极在氧化还原反应中有单位物质的量的电子发生转移时，就产生 1 法拉第（F）的电量，$1F=96485C \cdot mol^{-1}$。如果氧化还原反应中有 $n$mol 电子得或失，则产生 nF 电量，从而可得：

$$\Delta_r G_m = W'_{max} = -QE = -nFE \tag{10-1}$$

式中，负号表示系统向环境做功。

当原电池处于标准状态时，即有关离子浓度为 $1mol \cdot L^{-1}$，气体分压为 100kPa，温度通常选用 298.15K，此时电动势就是标准电动势 $E^{\ominus}$，$\Delta_r G_m$ 就是 $\Delta_r G_m^{\ominus}$，则

$$\Delta_r G_m^{\ominus} = -nFE^{\ominus} = -96485nE^{\ominus} \tag{10-2}$$

式中，$E^{\ominus}$的单位是 V；n 为电池反应的电子转移数；F 为法拉第常数，$96485C \cdot mol^{-1}$；$\Delta_r G_m^{\ominus}$ 的单位是 $J \cdot mol^{-1}$。

如果知道了电动势，就可以根据式（10-1）和式（10-2），计算电池反应的 $\Delta_r G_m$ 或 $\Delta_r G_m^{\ominus}$。反之，亦然。

例如对于原电池反应 $Zn(s)+Cu^{2+}(aq) \rightleftharpoons Zn^2(aq)+Cu(s)$，如果电池反应处于标准态，则该反应的 $\Delta_r G_m^{\ominus}=-nF[\varphi^{\ominus}(Cu^{2+}/Cu)-\varphi^{\ominus}(Zn^{2+}/Zn)]$。

10.3.2 电极电势与吉布斯自由能的关系

对于电池反应而言，可以直接利用式（10-1）和式（10-2）进行计算，对于任一电极反应而言：

$$氧化型+ne^- \rightleftharpoons 还原型$$

式（10-1）、式（10-2）可以变为：

非标准状态：
$$\Delta_r G_m = -nF\varphi \tag{10-3}$$

标准状态下：
$$\Delta_r G_m^{\ominus} = -nF\varphi^{\ominus} \tag{10-4}$$

式中，φ 以及 $\varphi^{\ominus}$ 的单位是 V、n 为电极反应的电子转移数；$\Delta_r G_m^{\ominus}$ 的单位是 $J \cdot mol^{-1}$。

下面以铜-锌原电池为例进行推导。

正极反应：$Cu^{2+}(aq) + 2e^- \rightleftharpoons Cu(s)$ $\quad\quad \Delta_r G_{m,1}$

负极反应：$Zn^{2+}(aq) + 2e^- \rightleftharpoons Zn(s)$ $\quad\quad \Delta_r G_{m,2}$

两式相减，即可得电池反应：$Zn(s) + Cu^{2+}(aq) \rightleftharpoons Zn^{2}(aq) + Cu(s)$ $\quad\quad \Delta_r G_m$

根据盖斯定律：

$$\Delta_r G_m = \Delta_r G_{m,1} - \Delta_r G_{m,2} \tag{10-5}$$

根据式 (10-1)：$\Delta_r G_m = -nFE$

对于原电池而言，$E = \varphi(Cu^{2+}/Cu) - \varphi(Zn^{2+}/Zn)$

代入式 (10-1)，可得：

$$\Delta_r G_m = -nF[\varphi(Cu^{2+}/Cu) - \varphi(Zn^{2+}/Zn)] = -nF\varphi(Cu^{2+}/Cu) - [-nF\varphi(Zn^{2+}/Zn)]$$

与式 (10-5) 对比，可得：

$$\Delta_r G_{m,1} = -nF\varphi(Cu^{2+}/Cu), \quad \Delta_r G_{m,2} = -nF\varphi(Zn^{2+}/Zn)$$

推广至任意一电极反应：

$$\Delta_r G_m = -nF\varphi \quad 或者 \quad \Delta_r G_m^{\ominus} = -nF\varphi^{\ominus}$$

如果知道了电极电势，就可以根据式 (10-3) 和式 (10-4)，计算电极反应的 $\Delta_r G_m$ 或 $\Delta_r G_m^{\ominus}$。反之亦然。

10.3.3 电极电势与平衡常数的关系

当原电池处于标准状态时，此时电动势就是标准电动势 $E^{\ominus}$，$\Delta_r G_m$ 就是 $\Delta_r G_m^{\ominus}$。对于电池反应而言，则有 $\Delta_r G_m^{\ominus} = -nFE^{\ominus}$。

又根据此前讨论的标准摩尔反应吉布斯自由能变与平衡常数的关系：

$$\Delta_r G_m^{\ominus} = -RT\ln K^{\ominus}$$

联合以上两个式子，则有：

$$\Delta_r G_m^{\ominus} = -nFE^{\ominus} = -RT\ln K^{\ominus}$$

若把自然对数换成以 10 为底的对数，则 $nFE^{\ominus} = 2.303RT\lg K^{\ominus}$

$$\lg K^{\ominus} = \frac{nFE^{\ominus}}{2.303RT}$$

若反应在 298.15K 下进行，则有

$$\lg K^{\ominus} = \frac{nE^{\ominus}}{0.0592} = \frac{n(\varphi_{正}^{\ominus} - \varphi_{负}^{\ominus})}{0.0592} \tag{10-6}$$

式中，n 为电池反应的电子转移数。由式 (10-6) 可知，只要知道正、负极的标准电极电势及电子转移数，就可以计算出该原电池反应的 $K^{\ominus}$，从而衡量电池反应的程度大小。

10.4 影响电极电势的因素

前面讨论的电极电势是电极处于标准状态（各离子浓度为 $1mol \cdot L^{-1}$，各气体的分压为 100kPa）的标准电极电势。但实际上电极往往不是处于标准状态，而且反应过程中各物质的浓度还会不断改变；影响电极电势的因素很多，主要有溶液中离子的浓度（或气体的分压）、温度等。非标准状态的电极电势如何求得呢？

10.4.1 能斯特方程

对于任意状态下的电池反应，电极电势与离子的浓度、温度等因素之间的定量关系，可由热力学关系式——范特霍夫（van't Hoff）等温方程式进行推导。以下述反应为例来进行说明。

将标准氢电极与 Fe^{3+}/Fe^{2+} 电极组成原电池，其电池反应为：

$$Fe^{3+}+1/2H_2 \rightleftharpoons Fe^{2+}+H^+$$

根据 van't Hoff 化学反应等温式，可以给出非标准状态下该反应的自由能变化 $\Delta_r G_m$ 与标准状态下反应的自由能变化 $\Delta_r G_m^\ominus$ 的表达式为：

$$\Delta_r G_m=\Delta_r G_m^\ominus+RT\ln Q$$

式中，Q 为反应商，表达式与标准平衡常数的表达式相同：

$$\Delta_r G_m=\Delta_r G_m^\ominus+RT\ln\frac{[Fe^{2+}]/c^\ominus([H^+]/c^\ominus)}{[Fe^{3+}]/c^\ominus(p_{H_2}/p^\ominus)^{1/2}} \tag{10-7}$$

为了便于运算，等温式中各物质的浓度 $[A]/c^\ominus$（$A=Fe^{2+}$，Fe^{3+}，H^+）可以简单地用 $[A]$ 表示，即 $[Fe^{2+}]/c^\ominus$ 表示为 $[Fe^{2+}]$，$[H^+]/c^\ominus$ 表示为 $[H^+]$。

对于电池反应而言，其在等温、等压且只做电功的条件下：

$$\Delta_r G_m=-nFE，\Delta_r G_m^\ominus=-nFE^\ominus$$

把上式代入化学反应等温式（10-7）可得：

$$-nFE=-nFE^\ominus+RT\ln\frac{[Fe^{2+}]/c^\ominus([H^+]/c^\ominus)}{[Fe^{3+}]/c^\ominus(p_{H_2}/p^\ominus)^{1/2}}$$

在该反应中，电子转移数 $n=1$，所以两边同除以 $-F$，即可得：

$$E=E^\ominus-\frac{RT}{F}\ln\frac{[Fe^{2+}][H^+]}{[Fe^{3+}](p_{H_2}/p^\ominus)^{1/2}} \tag{10-8}$$

式（10-8）就是针对整个电池反应 $Fe^{3+}+1/2H_2 \rightleftharpoons Fe^{2+}+H^+$ 的能斯特（Nernst）方程，用于反映非标准态下该反应的电池电动势 E 与标准态下的电动势 $E^\ominus$，以及该反应中各物质的浓度、温度之间的相互关系。

若用电极电势来表达电动势，则有：

$$E=\varphi_{(+)}-\varphi_{(-)}；E^\ominus=\varphi^\ominus_{(+)}-\varphi^\ominus_{(-)}$$

代入式（10-8）得：

$$\varphi(Fe^{3+}/Fe^{2+})-\varphi(H^+/H_2)=\varphi^\ominus(Fe^{3+}/Fe^{2+})-\varphi^\ominus(H^+/H_2)-\frac{RT}{F}\ln\frac{[Fe^{2+}][H^+]}{[Fe^{3+}](p_{H_2}/p^\ominus)^{1/2}}$$

分别将相关项组合在一起，则有：

$$Fe^{3+}+e^- \rightleftharpoons Fe^{2+} \quad \varphi(Fe^{3+}/Fe^{2+})=\varphi^\ominus(Fe^{3+}/Fe^{2+})-\frac{RT}{F}\ln\frac{[Fe^{2+}]}{[Fe^{3+}]} \tag{10-9}$$

$$H^++e^- \rightleftharpoons \frac{1}{2}H_2 \quad \varphi(H^+/H_2)=\varphi^\ominus(H^+/H_2)+\frac{RT}{F}\ln\frac{[H^+]}{(p_{H_2}/p^\ominus)^{1/2}} \tag{10-10}$$

式（10-9）、式（10-10）就是针对电极反应的能斯特方程，用于反映非标准态下的电极电势 φ 与标准态下的电极电势 $\varphi^\ominus$，以及电极反应中各物质的浓度、温度之间的相互关系。

如果推广到一般电池反应，对任意给定的电池反应，则有：

$$E=E^\ominus-\frac{RT}{nF}\ln Q \tag{10-11}$$

式（10-11）即为针对整个电池反应的能斯特方程。在式（10-11）中，E 为非标准态下的电池的电动势；$E^\ominus$ 为标准态下的电池的标准电动势；n 为电池反应的电子转移数；R 为摩尔气体常数；T 为热力学温度；F 为法拉第常数；Q 为电池反应的反应商，其表达式与标准平衡常数的表达式相同。

如果推广到一般电对，对任意给定的电极反应，则有：

$$\varphi=\varphi^{\ominus}-\frac{RT}{nF}\ln Q \tag{10-12}$$

式（10-12）即为针对电极反应的能斯特方程。在式（10-12）中，φ 为非标准态下的电极电势；$\varphi^{\ominus}$为标准态下的标准电极电势；n 为电极反应的电子转移数；Q 为电极反应的反应商，其表达式与标准平衡常数的表达式相同（注意：自由电子项不出现在表达式中）。

式（10-11）、式（10-12）均为能斯特方程式。能斯特（W. Nernst）从理论上推导出电极电势与浓度、温度的关系式，利用 Nernst 方程可以计算出一个电极在任意条件下的非标准电极电势。

当温度 $T=298.15\text{K}$ 时，把 $F=96485\text{C}\cdot\text{mol}^{-1}$、$R=8.314\text{J}\cdot\text{K}^{-1}\cdot\text{mol}^{-1}$ 代入方程，并把自然对数换算成常用对数，则能斯特方程式变为：

$$E=E^{\ominus}-\frac{8.314\times298.15\times2.303}{n\times96485}\lg Q$$

则得：

$$E=E^{\ominus}-\frac{0.0592}{n}\lg Q \tag{10-13}$$

同理：

$$\varphi=\varphi^{\ominus}-\frac{0.0592}{n}\lg Q \tag{10-14}$$

10.4.2 能斯特方程的应用

能斯特方程反映了电极电势与浓度、压力、温度之间的定量关系。能斯特方程具有多方面的价值，下面通过具体的例子来进行讨论。

（1）溶质浓度和气体压力对电极电势的影响

【例 10-3】 计算在 25℃ 时，Zn^{2+} 浓度为 $0.001\text{mol}\cdot\text{L}^{-1}$ 时，Zn^{2+}/Zn 电对的电极电势。

解 电极反应

$$Zn^{2+}+2e^{-}\rightleftharpoons Zn(s)$$

查表得：$\varphi^{\ominus}(Zn^{2+}/Zn)=-0.7618\text{V}$，代入能斯特方程式得：

$$\varphi(Zn^{2+}/Zn)=\varphi^{\ominus}(Zn^{2+}/Zn)+\frac{0.0592}{2}\lg[Zn^{2+}]$$

$$=-0.762+\frac{0.0592}{2}\lg0.001=-0.851(\text{V})$$

这个例子有三点启示：①能斯特方程第二项前的正负号容易混淆，本例题为“正”，是由于对数项中采用了 $1/Q$ 所致；②纯固体 Zn(s) 不应该出现在 Q 的表达式中，以 1 代替；③降低氧化态（Zn^{2+}）的浓度，电极电势降低。

【例 10-4】 已知氧气的标准电极电势为+1.229V，求当氧气压力下降为 1kPa、1Pa、10^{-3}Pa 时的电极电势。

解 电极反应为

$$O_2 + 4H^+ + 4e^- \rightleftharpoons 2H_2O$$

能斯特方程为

$$\varphi(O_2/H_2O) = \varphi^\ominus(O_2/H_2O) + \frac{RT}{4F}\ln\frac{p(O_2)/p^\ominus[H^+]^4}{1}$$

$$= 1.229 + \frac{0.0592}{4}\lg\{p(O_2)/p^\ominus[H^+]^4\}$$

本题只考虑氧气压力对电极电势的影响，即 $[H^+]$ 保持为 $1mol \cdot L^{-1}$。

$p(O_2)/Pa$	10^5	10^3	1	10^{-3}
$p(O_2)/p^\ominus$	1	0.01	10^{-5}	10^{-8}
$\varphi(O_2/H_2O)/V$	1.229	1.199	1.155	1.111

气体压力对电极电势的影响与浓度对电极电势的影响一样，若用空气代替纯氧，电极电势的降低也是有限的。要注意题中压力数据项的使用。

(2) 溶液的酸度对电极电势的影响

高锰酸钾是一种常见的氧化剂，它在不同酸度的溶液中电极电势有何变化呢？

【例 10-5】 计算 298.15K 时电极反应 $MnO_4^- + 8H^+ + 5e^- \rightleftharpoons Mn^{2+} + 4H_2O$ $\varphi^\ominus = 1.51V$

① pH=1.0，其他电极物质均处于标准态时的电极电势；

② pH=7.0，其他电极物质均处于标准态时的电极电势。

解 $\varphi(MnO_4^-/Mn^{2+}) = \varphi^\ominus(MnO_4^-/Mn^{2+}) + \frac{0.0592}{5}\lg\frac{[MnO_4^-][H^+]^8}{[Mn^{2+}]}$

① pH=1.0，$[H^+] = 0.10mol \cdot L^{-1}$

$$\varphi(MnO_4^-/Mn^{2+}) = 1.51 + \frac{0.0592}{5}\lg 0.1^8 = 1.42(V)$$

② pH=7.0，$[H^+] = 10^{-7} mol \cdot L^{-1}$

$$\varphi(MnO_4^-/Mn^{2+}) = 1.51 + \frac{0.0592}{5}\lg(10^{-7})^8 = 0.847(V)$$

计算结果表明，MnO_4^- 的电极电势随溶液酸度的降低而显著减小；电极电势越大，表示氧化型物质氧化能力越强。这种现象具有普遍性，大多数含氧酸盐和氧化物在酸性条件下氧化能力大大提高，如 MnO_2、$K_2Cr_2O_7$ 在强酸性条件下为强氧化剂，而在碱性或中性条件下却无氧化能力。

(3) 电极电势与弱电解质、难溶物、配合物的平衡常数的关系

①当电对中氧化型或还原型物质与 H^+、OH^-、沉淀剂、配位剂作用生成弱酸、弱碱、沉淀或者配合物时，由于改变了电极反应中相关物质的浓度，从而也会引起电极电势数值的改变。

【例 10-6】 已知 $Ag^+ + e^- \rightleftharpoons Ag$ 的 $\varphi^\ominus = 0.799V$，若在电极溶液中加入 Cl^-，则有 AgCl 沉淀生成，达到平衡后溶液中 Cl^- 的浓度为 $1.0mol \cdot L^{-1}$，计算 $\varphi(Ag^+/Ag)$ 的值。

解 根据能斯特方程：

$$\varphi(Ag^+/Ag)=\varphi^\ominus(Ag^+/Ag)+\frac{0.0592}{1}\lg[Ag^+]$$

由于 AgCl 沉淀的生成，溶液中 Ag^+ 浓度大大降低；达到平衡时，溶液中 Ag^+ 浓度由沉淀-溶解平衡决定：$[Ag^+][Cl^-]=K_{sp}^\ominus(AgCl)$

所以平衡时 Ag^+ 的浓度为：

$$[Ag^+]=K_{sp}^\ominus(AgCl)/[Cl^-]$$

已知：$K_{sp}^\ominus(AgCl)=1.77\times10^{-10}$，$[Cl^-]=1.0mol\cdot L^{-1}$，则

$$[Ag^+]=K_{sp}^\ominus(AgCl)/[Cl^-]=1.77\times10^{-10}(mol\cdot L^{-1})$$

$$\varphi(Ag^+/Ag)=0.799V+\frac{0.0592}{1}\lg(1.77\times10^{-10})=0.222V$$

计算结果表明，由于 AgCl 沉淀的生成，Ag^+/Ag 电对的电极电势从 0.799V 降低至 0.222V，表明 Ag^+ 的氧化性减弱，而单质 Ag 的还原性增强了。但由于 Ag^+ 的存在形式已经转变为 AgCl，实际上已构成了一个新电极，即 Ag-AgCl 电极。

电极反应为：$AgCl+e^-\rightleftharpoons Ag+Cl^-$

根据能斯特方程，AgCl/Ag 电极的电极电势仅与 $[Cl^-]$ 有关；当 $T=298.15K$，$c(Cl^-)=1.0mol\cdot L^{-1}$，计算得到的 Ag^+/Ag 电对的电极电势实际上就是 AgCl/Ag 电对在标准态时的标准电极电势，即 $\varphi(Ag^+/Ag)=\varphi^\ominus(AgCl/Ag)=0.222V$。

利用相同方法可以求得 Ag-AgBr、Ag-AgI 电极以及其他生成沉淀的电极在标准以及非标准状态下的电极电势。对于生成卤化银沉淀的体系，构成新电极的标准电极电势变化如表 10-1 所示。

表 10-1　卤化银/银电极的标准电极电势对比

电对	$K_{sp,AgX}^\ominus$	$[Ag^+]$	$\varphi_{AgX/Ag}^\ominus/V$
$AgI(s)+e^-\longrightarrow Ag+I^-$	↑	↑	−0.151
$AgBr(s)+e^-\longrightarrow Ag+Br^-$	减小	减小	+0.071
$AgCl(s)+e^-\longrightarrow Ag+Cl^-$			+0.222
$Ag^++e^-\longrightarrow Ag$			+0.799

从表 10-1 中，可知 $K_{sp}^\ominus$ 越小，$\varphi_{AgX/Ag}^\ominus$ 越小；对应的 AgX 的氧化性越弱，Ag 的还原性增强。金属银不能从盐酸和氢溴酸中置换氢气，但可以从氢碘酸中置换出氢气就是这个道理，反应方程式：$2Ag+2H^++2I^-\rightleftharpoons 2AgI+H_2\uparrow$；由于碘化银的生成，使金属银的还原性增强，这个反应的电动势 $E^\ominus=+0.151V$，$\Delta_rG_m^\ominus<0$，所以该反应在标准状态下可以正向自发进行。

当电对中氧化型物质或还原型物质与配体形成配离子时，其浓度会发生变化，从而也会引起电极电势值的改变。计算方法与生成沉淀的例 10-6 类似，关键是计算出生成配离子后金属离子的浓度，然后再代入能斯特方程进行计算，相关计算见第 11 章。

② 利用能斯特方程还可以计算弱电解质的解离常数、难溶强电解质的溶度积常数以及配离子的稳定常数。

【例 10-7】 已知 $\varphi^\ominus(HCN/H_2)=-0.545V$，求：$K_a^\ominus(HCN)$。

解　电极反应　$2HCN+2e^-\rightleftharpoons H_2+2CN^-$

$2H^++2e^-\rightleftharpoons H_2$

当 $[HCN]=1mol \cdot L^{-1}$，$[CN^-]=1mol \cdot L^{-1}$，$p_{H_2}=100kPa$ 时，HCN/H_2 电对的电极电势为标准电极电势。

$$\varphi^{\ominus}(HCN/H_2)=\varphi(H^+/H_2)$$
$$=\varphi^{\ominus}(H^+/H_2)+\frac{0.0592}{2}\lg\frac{[H^+]^2}{p_{H_2}/p^{\ominus}}$$
$$-0.545=0+0.0592\lg[H^+]$$
$$[H^+]=6.0\times10^{-10}$$
$$HCN=H^+ + CN^- \qquad K_a^{\ominus}=\frac{[H^+][CN^-]}{[HCN]}=[H^+]$$

则
$$K_a^{\ominus}=6.0\times10^{-10}$$

【例 10-8】 已知 $\varphi^{\ominus}(PbSO_4/Pb)=-0.356V$，$\varphi^{\ominus}(Pb^{2+}/Pb)=-0.126V$，求 $K_{sp}^{\ominus}(PbSO_4)$。

解 电极反应 $PbSO_4+2e^- \rightleftharpoons Pb+SO_4^{2-}$

$Pb^{2+}+2e^- \rightleftharpoons Pb$

根据能斯特方程，可得：

$$\varphi^{\ominus}(PbSO_4/Pb)=\varphi(Pb^{2+}/Pb)$$
$$=\varphi^{\ominus}(Pb^{2+}/Pb)+\frac{0.0592}{2}\lg[Pb^{2+}]$$
$$=-0.126+0.02955\lg[Pb^{2+}]=-0.356$$

可得： $[Pb^{2+}]=1.6\times10^{-8}$

已知在 $PbSO_4/Pb$ 电极处于标准态时，$[SO_4^{2-}]=1mol \cdot L^{-1}$，将 $[Pb^{2+}]$、$[SO_4^{2-}]$ 代入沉淀-溶解平衡：$K_{sp}^{\ominus}=[Pb^{2+}][SO_4^{2-}]$

则得： $K_{sp}^{\ominus}=1.6\times10^{-8}\times1=1.6\times10^{-8}$

从例 10-6 到例 10-8，在体系生成弱电解质、沉淀或者配离子时，可以得到以下启示：①体系中生成弱电解质、沉淀或者配离子，会形成新的电极，且电极电势降低；②计算的关键是要计算出生成弱电解质、沉淀或者配离子后阳离子的浓度，然后再根据能斯特方程计算对应离子构成电对的电极电势；比如 H^+ 结合 CN^- 生成 HCN 后，要计算的实际上是在生成 HCN 条件下 H^+/H_2 的电极电势，它实际上就是 HCN/H_2 的电极电势；③确定新电极是否处于标准态的方法是：先写出新电极的电极反应，比如生成 AgCl 沉淀后的电极反应为：$AgCl+e^- \rightleftharpoons Ag+Cl^-$，然后根据标准态规定判断是否符合。

10.5 电极电势的应用

10.5.1 判断氧化剂和还原剂的强弱

根据双电层理论，电极电势的高低代表了氧化型和还原型物质得失电子的难易程度；因此利用标准电极电势，可以定量地衡量氧化剂和还原剂的相对强弱。电极电势越小，表明电极反应中还原型物质越容易失去电子，是越强的还原剂；其对应的氧化型物质就越难得到电子，是弱的氧化剂。相反，电极电势值越大，表明电极反应中氧化型物质越易得到电子，是越强的氧化剂；而其对应的还原型物质则难失去电子，是弱的还原剂。

例如，如果已知三个电对的电极电势分别为：

$$\varphi^{\ominus}(Cu^{2+}/Cu)=0.34V$$
$$\varphi^{\ominus}(O_2/OH^-)=0.401V$$
$$\varphi^{\ominus}(Ag^+/Ag)=0.799V$$

则根据电极电势可以判断出，在标准状态下，氧化型物质的氧化能力的顺序为：$Ag^+>O_2>Cu^{2+}$，还原型物质的还原能力的顺序为：$Cu>OH^->Ag$。上列三个电对中，Ag^+是最强的氧化剂，Cu 是最强的还原剂。

【例 10-9】 有一混合溶液含 I^-、Br^-、Cl^- 各 $1mol \cdot L^{-1}$，欲使 I^- 氧化而不使 Br^-、Cl^- 氧化，试从 $Fe_2(SO_4)_3$ 和 $KMnO_4$ 中选出合理的氧化剂。

解 首先需要根据附录 6 查出各电对对应的 $\varphi^{\ominus}$ 值：

$$\varphi^{\ominus}(I_2/I^-)=0.535V,\quad \varphi^{\ominus}(Br_2/Br^-)=1.07V,\quad \varphi^{\ominus}(Cl_2/Cl^-)=1.36V,$$
$$\varphi^{\ominus}(Fe^{3+}/Fe^{2+})=0.77V,\quad \varphi^{\ominus}(MnO_4^-/Mn^{2+})=1.51V$$

因为 I^-、Br^-、Cl^- 的浓度均为 $1mol \cdot L^{-1}$，都处于标准状态，所以可以用标准电极电势的大小来比较。由于 $\varphi^{\ominus}(Fe^{3+}/Fe^{2+})>\varphi^{\ominus}(I_2/I^-)$，此时 $\Delta_r G_m^{\ominus}<0$；所以 Fe^{3+} 可以把 I^- 氧化为单质 I_2，反应 $2Fe^{3+}+2I^- \rightleftharpoons 2Fe^{2+}+I_2$ 能够正向自发。

虽然 $\varphi^{\ominus}(MnO_4^-/Mn^{2+})$ 也大于 $\varphi^{\ominus}(I_2/I^-)$，但是 $\varphi^{\ominus}(MnO_4^-/Mn^{2+})$ 也大于 $\varphi^{\ominus}(Cl_2/Cl^-)$ 和 $\varphi^{\ominus}(Br_2/Br^-)$，即 MnO_4^- 不仅能把 I^- 氧化，还可以把 Cl^- 和 Br^- 氧化。Fe^{3+} 只能把 I^- 氧化为 I_2，不能把 Br^-、Cl^- 氧化，是合适的氧化剂。

10.5.2 判断原电池的正负极

电极电势的高低，除了反映氧化还原电对中物质氧化还原能力的相对强弱之外，还可用于判断一个原电池的正负极。电极电势高的做正极，电极电势低的做负极，这样形成的原电池，电动势大于零，才能发生原电池反应。

【例 10-10】 将下列氧化还原反应：$Cu+Cl_2 \rightleftharpoons Cu^{2+}+2Cl^-$ 组成原电池。已知：$p(Cl_2)=100kPa$，$[Cu^{2+}]=[Cl^-]=0.1mol \cdot L^{-1}$，写出原电池符号，并计算原电池的电动势。

解 通过能斯特方程计算可得：$\varphi(Cu^{2+}/Cu)=0.3075V$，$\varphi(Cl_2/Cl^-)=1.4186V$

φ 值大的 Cl_2/Cl^- 电对做正极，φ 值小的 Cu^{2+}/Cu 电对做负极。

因此原电池应该表示为：

$$(-)Cu \mid Cu^{2+}(0.1mol \cdot L^{-1}) \parallel Cl^-(0.1mol \cdot L^{-1}) \mid Cl_2(100kPa) \mid Pt(+)$$

原电池的电动势：

$$E=\varphi_{(+)}-\varphi_{(-)}=\varphi(Cl_2/Cl^-)-\varphi(Cu^{2+}/Cu)$$
$$=1.4186-0.3075=1.11(V)$$

10.5.3 判断氧化还原反应进行的方向

根据化学热力学知识，一个氧化还原反应能否自发进行，可用 $\Delta_r G_m$ 来进行判断。而氧化还原反应的 $\Delta_r G_m$ 与原电池电动势之间的关系为：

$$\Delta_r G_m=-nFE$$

因此，可根据 E 的正负，判断一个氧化还原反应进行的方向。

当$E>0$ 时，$\Delta_r G_m<0$，反应将正向进行；

$E=0$ 时，$\Delta_r G_m=0$，反应处于平衡状态；

$E<0$ 时，$\Delta_r G_m>0$，反应将逆向进行。

如果氧化还原反应处在标准状态下，那么用 $\Delta_r G_m^\ominus$ 来进行判断。而氧化还原反应的 $\Delta_r G_m^\ominus$ 与原电池电动势之间的关系为：$\Delta_r G_m^\ominus=-nFE^\ominus$，可根据 $E^\ominus$ 的正、负，判断一个氧化还原反应在标准状态下进行的方向。

对于电池而言，电动势等于正极的电极电势减去负极的电极电势，即

$$E=\varphi_{(+)}-\varphi_{(-)} \quad ; \quad E^\ominus=\varphi_{(+)}^\ominus-\varphi_{(-)}^\ominus$$

因此也可用电极电势来判断一个氧化还原反应能否自发进行。

当 $E>0$ 即 $\varphi_{(+)}>\varphi_{(-)}$ 时，$\Delta_r G_m<0$，反应将正向进行；

$E=0$ 即 $\varphi_{(+)}=\varphi_{(-)}$ 时，$\Delta_r G_m=0$，反应处于平衡状态；

$E<0$ 即 $\varphi_{(+)}<\varphi_{(-)}$ 时，$\Delta_r G_m>0$，反应将逆向进行。

因此，根据组成氧化还原反应的两电对的电极电势或者标准电极电势，就可以判断氧化还原反应进行的方向。

【例 10-11】 判断下列氧化还原反应进行的方向。

1）$2Ag(s)+Hg^{2+}(1mol\cdot L^{-1}) \rightleftharpoons 2Ag^+(1mol\cdot L)^{-1}+Hg(l)$

2）$2Ag(s)+Hg^{2+}(0.01mol\cdot L^{-1}) \rightleftharpoons 2Ag^+(1mol\cdot L)^{-1}+Hg(l)$

解 先从附录 6 中查出各电对的标准电极电势。

$$\varphi^\ominus(Ag^+/Ag)=0.799V, \quad \varphi^\ominus(Hg^{2+}/Hg)=0.851V$$

1）因为 $[Hg^{2+}]=[Ag^+]=1mol\cdot L^{-1}$，该反应处于标准状态下，所以可用 $\varphi^\ominus$ 值直接比较。根据该氧化还原反应与原电池的规律，该反应若正向进行，氧化剂电对 Hg^{2+}/Hg 充当原电池的正极，还原剂电对 Ag^+/Ag 充当原电池的负极。但是否可以正向进行，可根据氧化还原反应判据进行判断：

因为 $\varphi^\ominus(Hg^{2+}/Hg)>\varphi^\ominus(Ag^+/Ag)$，故

$$E^\ominus=\varphi^\ominus(Hg^{2+}/Hg)-\varphi^\ominus(Ag^+/Ag)>0$$

反应（1）可正向自发进行；此时 Hg^{2+} 是较强的氧化剂，Ag 是较强的还原剂。

2）Ag^+ 仍为标准态，而 $[Hg^{2+}]=0.01mol\cdot L^{-1}$，对应电极处于非标准状态；所以不能根据标准电极电势进行判断，需要首先计算出非标准状态下的 $\varphi(Hg^{2+}/Hg)$ 才能进行判断。

根据能斯特方程（10-14）：

$$\varphi(Hg^{2+}/Hg)=\varphi^\ominus(Hg^{2+}/Hg)+\frac{0.0592}{2}\lg[Hg^{2+}]$$

$$=0.851V+\frac{0.0592}{2}\lg 0.01=0.792V$$

若反应（2）正向进行，则 Hg^{2+}/Hg 应该充当正极，Ag^+/Ag 应该充当负极

但由于 $\varphi(Hg^{2+}/Hg)<\varphi^\ominus(Ag^+/Ag)$，$E=\varphi(Hg^{2+}/Hg)-\varphi^\ominus(Ag^+/Ag)<0$

所以反应（2）正向不能自发进行，但逆向反应能自发进行。

【例 10-12】 25℃时，控制溶液呈酸性（pH=5.0），其他离子或气体处于标准态，通过计算说明能否用下列氧化还原反应制取氧气？

$$2MnO_4^-+5H_2O_2+6H^+ \rightleftharpoons 2Mn^{2+}+5O_2+8H_2O$$

解 依题意 $[H^+]=1.0\times10^{-5}mol\cdot L^{-1}$，$p(O_2)=100kPa$，$[MnO_4^-]=[Mn^{2+}]=1.0mol\cdot$

L^{-1}，$T=298.15K$；很显然，该反应处于非标准状态下。

根据原电池规律，该反应对应的电极反应及标准电极电势为：

$$MnO_4^- + 8H^+ + 5e^- \rightleftharpoons Mn^{2+} + 4H_2O, \quad \varphi^{\ominus}(MnO_4^-/Mn^{2+}) = 1.507V$$

$$O_2 + 2H^+ + 2e^- \rightleftharpoons H_2O_2, \quad \varphi^{\ominus}(O_2/H_2O_2) = 0.695V$$

H^+浓度的改变对电极电势的影响用能斯特方程式（10-14）计算如下：

$$\varphi(MnO_4^-/Mn^{2+}) = \varphi^{\ominus}(MnO_4^-/Mn^{2+}) + \frac{0.0592}{5}\lg\frac{[MnO_4^-][H^+]^8}{[Mn^{2+}]}$$

$$= 1.507V + \frac{0.0592}{5}\lg[10^{-5}]^8$$

$$= 1.033V$$

$$\varphi(O_2/H_2O_2) = \varphi^{\ominus}(O_2/H_2O_2) + \frac{0.0592}{2}\lg\frac{[p(O_2)/p^{\ominus}][H^+]^2}{[H_2O_2]}$$

$$= 0.695V + \frac{0.0592}{2}\lg[10^{-5}]^2$$

$$= 0.399V$$

因为 $\varphi(MnO_4^-/Mn^{2+}) > \varphi(O_2/H_2O_2)$，所以可以用题给反应条件制取氧气。

从例 10-13 可以看出，有介质参与的氧化还原反应，酸度对电极电势的影响是很大的；改变溶液的 pH 值，有可能会影响到含氧酸根（如 MnO_4^-）被还原的产物，还有可能会改变反应的方向。

10.5.4 衡量氧化还原反应的反应程度

氧化还原反应的反应程度由平衡常数 $K^{\ominus}$决定，知道了 $K^{\ominus}$的数值，就可以根据其数值大小评估其反应程度的大小。在 10.3.3 节，已经推导出了 $K^{\ominus}$与标准电极电势之间的关系式（10-6）；本节将从另外一个角度，重新推导 $K^{\ominus}$与标准电极电势的关系式。

现以 Cu-Zn 原电池的电池反应为例来说明。

Cu-Zn 原电池的电池反应为：$Zn(s) + Cu^{2+}(aq) \rightleftharpoons Zn^{2+}(aq) + Cu(s)$

其标准平衡常数为：

$$K^{\ominus} = \frac{[Zn^{2+}]}{[Cu^{2+}]}$$

已经知道，这个反应是个自发过程；随着反应的不断进行，$[Zn^{2+}]$ 不断增加，$[Cu^{2+}]$ 不断减少，根据能斯特方程（10-14）：

$$\varphi(Zn^{2+}/Zn) = \varphi^{\ominus}(Zn^{2+}/Zn) + \frac{0.0592}{2}\lg[Zn^{2+}]$$

$$\varphi(Cu^{2+}/Cu) = \varphi^{\ominus}(Cu^{2+}/Cu) + \frac{0.0592}{2}\lg[Cu^{2+}]$$

即 $\varphi(Zn^{2+}/Zn)$ 数值逐渐增大，$\varphi(Cu^{2+}/Cu)$ 数值逐渐减小。最后，当 $E=0$，即 $\varphi(Zn^{2+}/Zn) = \varphi(Cu^{2+}/Cu)$ 时，反应达到平衡；这时

$$\varphi^{\ominus}(Zn^{2+}/Zn) + \frac{0.0592}{2}\lg[Zn^{2+}] = \varphi^{\ominus}(Cu^{2+}/Cu) + \frac{0.0592}{2}\lg[Cu^{2+}]$$

把标准电极电势放到等号的右边，则有：

$$\frac{0.0592}{2}\lg\frac{[Zn^{2+}]}{[Cu^{2+}]} = \varphi^{\ominus}(Cu^{2+}/Cu) - \varphi^{\ominus}(Zn^{2+}/Zn)$$

当反应达到平衡时，各物质处于平衡浓度，代入标准平衡常数：

$$\lg K^{\ominus}=\frac{2}{0.0592}\times[0.342-(-0.760)]$$

计算可得：$K^{\ominus}=1.70\times10^{37}$

$K^{\ominus}$值很大，说明反应能进行得很完全。由上可见，根据标准电极电势可以计算氧化还原反应的平衡常数；此式可以推广至任意电池反应，可以把$K^{\ominus}$和$E^{\ominus}$的关系写成下面的通式：

$$\lg K^{\ominus}=\frac{n[\varphi^{\ominus}_{(+)}-\varphi^{\ominus}_{(-)}]}{0.0592}=\frac{nE^{\ominus}}{0.0592} \tag{10-15}$$

式中，$\varphi^{\ominus}_{(+)}$ 和 $\varphi^{\ominus}_{(-)}$ 分别为正极和负极的标准电极电势；n 为电池反应的电子转移数。从上式可以看出，氧化还原反应平衡常数大小与 $\varphi^{\ominus}_{(+)}-\varphi^{\ominus}_{(-)}$ 的差值有关；差值越大，$K^{\ominus}$值越大，反应就越彻底；也就是说，如果氧化剂和还原剂在标准电极电势表中的位置相距越远，反应进行得越完全。

【例 10-13】 计算下列反应在 298.15K 时的标准平衡常数 $K^{\ominus}$，并讨论反应的彻底性。

$$Cu(s)+2Ag^{+}(aq)\rightleftharpoons Cu^{2+}(aq)+2Ag(s)$$

解 先将上述反应组成一个标准状态下的原电池。

负极由电对 Cu^{2+}/Cu 组成，$\varphi^{\ominus}(Cu^{2+}/Cu)=0.342V$

正极由电对 Ag^{+}/Ag 组成，$\varphi^{\ominus}(Ag^{+}/Ag)=0.799V$

原电池的电动势为：

$$\begin{aligned}E^{\ominus}&=\varphi^{\ominus}_{(+)}-\varphi^{\ominus}_{(-)}=\varphi^{\ominus}(Ag^{+}/Ag)-\varphi^{\ominus}(Cu^{2+}/Cu)\\&=0.799-0.342\\&=0.457(V)\end{aligned}$$

代入式（10-15）可得：

$$\lg K^{\ominus}=\frac{nE^{\ominus}}{0.0592}=\frac{2\times0.457}{0.0592}=15.44$$

$$K^{\ominus}=2.75\times10^{15}$$

从以上结果可以看出，该反应正向进行的程度很大。但必须注意，根据标准电极电势可以计算平衡常数，评估反应程度，但不能决定反应速率。

10.6 元素电势图及其应用

10.6.1 元素电势图

某种元素可以形成三种或三种以上氧化态，因此可以组成多种氧化还原电对。例如 Cu 元素有 0、+1、+2 三种氧化值，可以组成下列三种电对：

$$Cu^{2+}+2e^{-}\rightleftharpoons Cu \qquad \varphi^{\ominus}(Cu^{2+}/Cu)=+0.342V$$

$$Cu^{2+}+e^{-}\rightleftharpoons Cu^{+} \qquad \varphi^{\ominus}(Cu^{2+}/Cu^{+})=+0.163V$$

$$Cu^{+}+e^{-}\rightleftharpoons Cu \qquad \varphi^{\ominus}(Cu^{+}/Cu)=+0.521V$$

为了可以直观地比较各种氧化态的氧化还原性，把 Cu 元素的不同氧化态物质，按氧化数由高到低的顺序排列，在每两种氧化态物质之间以直线相连，直线上标明对应电对的标准电极电势的数值。如：

$$\varphi_A^\ominus/V \qquad Cu^{2+} \xrightarrow{0.163} Cu^{+} \xrightarrow{0.521} Cu \quad (Cu^{2+}\text{—}Cu: 0.342)$$

这种表明元素各氧化态之间电势变化的关系图称为元素电势图（potential diagram of element）。元素电势图在无机化学中具有重要的作用。

10.6.2 元素电势图的应用

（1）判断歧化反应能否自发进行

歧化反应（disproportionation reaction）就是自氧化还原反应。当一个元素处于中间氧化态时，它一部分作氧化剂，还原为低氧化态；一部分作还原剂，氧化为高氧化态，这类反应就称为歧化反应。例如 Cu^+ 的氧化态处于 Cu^{2+} 和金属 Cu 之间，一部分 Cu^+ 把另一部分 Cu^+ 氧化成为 Cu^{2+}，而自身被还原为金属 Cu。反应方程式为：

$$2Cu^+ \rightleftharpoons Cu^{2+} + Cu^0$$

现利用铜的元素电势图来分析 Cu^+ 发生歧化反应的原因。

Cu^+ 作为氧化剂：$Cu^+ + e^- \rightleftharpoons Cu \qquad \varphi^\ominus(Cu^+/Cu) = +0.521V$

Cu^+ 作为还原剂：$Cu^+ \rightleftharpoons Cu^{2+} + e^- \qquad \varphi^\ominus(Cu^{2+}/Cu^+) = +0.163V$

由于 $\varphi^\ominus_{(正)} - \varphi^\ominus_{(负)} > 0$，所以反应自发进行，即 Cu^+ 可以歧化为 Cu^{2+} 和金属 Cu。

由上例推广，可得出判断歧化反应能否自发的规则。假定某元素不同氧化态的三种物质所组成两个电对，按其氧化态由高到低排列如下：

$$A \xrightarrow{\varphi^\ominus_{(左)}} B \xrightarrow{\varphi^\ominus_{(右)}} C$$

氧化态降低

B 若能歧化，即发生反应 $B \longrightarrow A + C$。

则 $E^\ominus = \varphi^\ominus_{(+)} - \varphi^\ominus_{(-)} = \varphi^\ominus(B/C) - \varphi^\ominus(A/B) = \varphi^\ominus_{(右)} - \varphi^\ominus_{(左)} > 0$

$$\varphi^\ominus_{(右)} > \varphi^\ominus_{(左)}$$

若 $\varphi^\ominus_{(右)} < \varphi^\ominus_{(左)}$，则发生逆歧化反应 $A + C \longrightarrow B$。

【例 10-14】 根据汞的电势图

$$\varphi_A^\ominus/V \quad Hg^{2+} \xrightarrow{0.905} Hg_2^{2+} \xrightarrow{0.797} Hg$$

说明：(a) Hg_2^{2+} 在溶液中能否歧化；

(b) $Hg + Hg^{2+} \rightleftharpoons Hg_2^{2+}$ 反应能否进行。

解 (a) 因为 Hg_2^{2+} 右边电势小于左边电势 $[\varphi^\ominus_{(右)} < \varphi^\ominus_{(左)}]$，所以 Hg_2^{2+} 在溶液中不会歧化（标准态时）。

(b) 在 $Hg + Hg^{2+} \rightleftharpoons Hg_2^{2+}$ 的反应中

Hg^{2+} 作氧化剂（生成 Hg_2^{2+}），$\varphi^\ominus(Hg^{2+}/Hg_2^{2+}) = 0.905V$

Hg 作还原剂（生成 Hg_2^{2+}），$\varphi^\ominus(Hg_2^{2+}/Hg) = 0.797V$

$$E^\ominus = \varphi^\ominus_{(氧)} - \varphi^\ominus_{(还)} = 0.905V - 0.797V = 0.108V > 0$$

所以反应能按正方向自发进行（标准态时）。

（2）计算不同氧化值之间电对的标准电极电势

若已知两个或两个以上的相邻电对的标准电极电势，即可求算出另一个电对的未知标准电极电势。由于电极电势没有加和性，而吉布斯自由能变是有加和性的。因此，可利用吉布斯自由能变与电极电势之间的关系推导有关的计算公式。例如某元素的电势图为：

$$\begin{array}{l} M_1 \xrightarrow[n_1]{\varphi_1^\ominus} M_2 \xrightarrow[n_2]{\varphi_2^\ominus} M_3 \xrightarrow[n_3]{\varphi_3^\ominus} M_4 \\ \quad \underbrace{\qquad\qquad\qquad \varphi^\ominus \qquad\qquad\qquad}_{n_1+n_2+n_3} \end{array}$$

图中，M_1、M_2、M_3、M_4 代表元素所处的不同氧化态；$\varphi_1^\ominus$、$\varphi_2^\ominus$、$\varphi_3^\ominus$ 分别为相邻电对的标准电极电势；n_1、n_2、n_3、n_4 为对应电对中电子转移数，根据吉布斯自由能变与电极电势之间的关系。可得：

$$M_1 + n_1 e^- \rightleftharpoons M_2 \qquad \Delta_r G_{m\,1}^\ominus = -n_1 F \varphi_1^\ominus \qquad (1)$$

$$M_2 + n_2 e^- \rightleftharpoons M_3 \qquad \Delta_r G_{m\,2}^\ominus = -n_2 F \varphi_2^\ominus \qquad (2)$$

$$M_3 + n_3 e^- \rightleftharpoons M_4 \qquad \Delta_r G_{m\,3}^\ominus = -n_3 F \varphi_3^\ominus \qquad (3)$$

$$M_1 + n_4 e^- \rightleftharpoons M_4 \qquad \Delta_r G_{m\,4}^\ominus = -n_4 F \varphi^\ominus \qquad (4)$$

由于式(4)＝式(1)＋式(2)＋式(3)，则

$$\Delta_r G_{m\,4}^\ominus = \Delta_r G_{m\,1}^\ominus + \Delta_r G_{m\,2}^\ominus + \Delta_r G_{m\,3}^\ominus$$

已知 $n_4 = n_1 + n_2 + n_3$

因此有：

$$-(n_1+n_2+n_3)F\varphi^\ominus = (-n_1 F\varphi_1^\ominus) + (-n_2 F\varphi_2^\ominus) + (-n_3 F\varphi_3^\ominus)$$

$$\varphi^\ominus = \frac{n_1\varphi_1^\ominus + n_2\varphi_2^\ominus + n_3\varphi_3^\ominus}{n_1+n_2+n_3}$$

【例 10-15】 已知下列钒的各种氧化态的还原电位图：

$$VO_2^+ \xrightarrow{+0.999V} VO^{2+} \xrightarrow{+0.337V} V^{3+} \xrightarrow{-0.255V} V^{2+} \xrightarrow{-1.175V} V$$

现有三种还原剂：Zn、Sn^{2+}、Fe^{2+}，它们的还原电位分别为 $\varphi^\ominus(Zn^{2+}/Zn) = -0.760V$，$\varphi^\ominus(Fe^{3+}/Fe^{2+}) = +0.771V$，$\varphi^\ominus(Sn^{4+}/Sn^{2+}) = +0.151V$，试选择适当的还原剂，实现钒的下列转变：

(a) $VO_2{}^+$ 到 VO^{2+}，(b) $VO_2{}^+$ 到 V^{3+}，(c) $VO_2{}^+$ 到 V^{2+}。

解 (a) 由于 $\varphi^\ominus(VO_2{}^+/VO^{2+}) = +0.999V$，$\varphi^\ominus(VO^{2+}/V^{3+}) = +0.337V$。

因此只能选 Fe^{2+} 作还原剂，使 $VO_2{}^+$ 被 Fe^{2+} 还原到 VO^{2+}，而不能选择金属 Zn 和 Sn^{2+}，因为 VO^{2+} 能进一步被金属 Zn 和 Sn^{2+} 还原为 V^{3+}。

(b) $\varphi^\ominus(VO_2^+/V^{3+}) = \dfrac{0.999+0.337}{2} = 0.665(V)$，而 $\varphi^\ominus(V^{3+}/V^{2+}) = -0.225(V)$；

只能选 Sn^{2+} 作还原剂，使 $VO_2{}^+$ 被还原到 V^{3+}，而 Sn^{4+} 也不能把 V^{3+} 氧化成 VO^{2+}。金属 Zn 虽然也可以把 $VO_2{}^+$ 被还原到 V^{3+}，但能继续把 V^{3+} 还原为 V^{2+}，所以不能选金属 Zn 做还原剂。

(c) $\varphi^\ominus(VO_2^+/V^{2+}) = \dfrac{0.999+0.337-0.225}{1+1+1} = 0.360(V)$，而 $\varphi^\ominus(V^{3+}/V^{2+}) = -0.225(V)$；

只能选 Zn 作还原剂，使 $VO_2{}^+$ 到 V^{2+}。Sn^{2+} 虽然也能把 $VO_2{}^+$ 还原到 V^{2+}，但生成的 Sn^{4+} 能把 V^{2+} 氧化成 V^{3+}，因为 $\varphi^\ominus(Sn^{4+}/Sn^{2+})$ 高于 $\varphi^\ominus(V^{3+}/V^{2+})$，所以用 Sn^{2+} 做还原剂不合适。

本章小结

本章讨论了氧化还原平衡，主要学习三个知识点。

(1) 氧化还原反应的基本概念

氧化值（氧化数）是元素的氧化还原程度的标度。氧化值升高为氧化，氧化值降低为还原。氧化还原反应的配平经常采取氧化值法和离子-电子法。

(2) 氧化还原平衡

氧化还原平衡是一类特殊的化学平衡，它具有自身特有的反应规律。本章从原电池出发，探求了氧化还原反应的平衡规律。原电池反应可分解为负极反应（氧化反应）和正极反应（还原反应），通常用原电池符号来表示原电池。原电池的电动势等于正极电极电势与负极电极电势的差。由于绝对电极电势没办法测量，一般以标准氢电极作为基准来确定其他电极的标准电极电势；非标准态的电极电势可通过能斯特方程计算得到。标准电极电势是衡量氧化还原能力的一个重要物理量；标准电极电势越高，对应氧化型的氧化能力越强，还原型的还原能力越弱。

(3) 能斯特方程的应用

能斯特方程的应用主要表现在以下三个方面：第一，可以判断原电池的正负极，电极电势高的为正极，电极电势低的为负极；第二，可以判断氧化还原反应的方向，即 $E=0$，氧化还原反应处于平衡；$E>0$，正向自发进行；$E<0$，逆向自发进行；第三，可以求算含沉淀剂、弱酸、弱碱、配离子的半反应的电极电势，或反过来由这些电极电势求算各种平衡常数。

(4) 本章的一些重要的计算公式

① 能斯特方程

对任意给定的电池反应：

$$E=E^{\ominus}-\frac{RT}{nF}\ln Q$$

式中，E 为电动势；n 为电池反应的电子转移数；Q 为电池反应的反应商。

对任意给定的电极反应：

$$\varphi=\varphi^{\ominus}-\frac{RT}{nF}\ln Q$$

式中，φ 为电极电势，n 为电极反应的电子转移数，Q 为电极反应的反应商。

② 电动势与电池反应的吉布斯自由能之间的关系

$$\Delta_r G_m=-nFE\ (\text{非标态})；\quad \Delta_r G_m^{\ominus}=-nFE^{\ominus}\ (\text{标态})$$

式中，E 为电动势；$E^{\ominus}$为标准电动势；n 为电池反应的电子转移数。

③ 电极电势与吉布斯自由能变之间的关系

$$\Delta_r G_m=-nF\varphi\ (\text{非标态})；\quad \Delta_r G_m^{\ominus}=-nF\varphi^{\ominus}\ (\text{标态})$$

式中，φ 为电极电势；$\varphi^{\ominus}$为标准电极电势；n 为电极反应的电子转移数。

④ 电极电势与标准平衡常数之间的关系

$$\lg K^{\ominus}=\frac{nE^{\ominus}}{0.0592}=\frac{n[\varphi_{正}^{\ominus}-\varphi_{负}^{\ominus}]}{0.0592}$$

式中，$E^{\ominus}$为标准电动势；n 为电池反应的电子转移数。

⑤ 氧化还原反应自发性判据

$E>0$，即 $\varphi_{(+)}>\varphi_{(-)}$ 时，$\Delta_r G_m<0$，反应将正向进行；

$E=0$，即 $\varphi_{(+)}=\varphi_{(-)}$ 时，$\Delta_r G_m=0$，反应处于平衡状态；

$E<0$，即 $\varphi_{(+)}<\varphi_{(-)}$ 时，$\Delta_r G_m>0$，反应将逆向进行。

科技人物：能斯特

瓦尔特•赫尔曼•能斯特（Walther Hermann Nernst），1864 年 6 月 25 日生于西普鲁士的布里森，1941 年 11 月 18 日卒于齐贝勒（Zibelle），德国卓越的物理学家、物理化学家和化学史家。热力学第三定律创始人，能斯特灯的创造者。他得出了电极电势与溶液浓度的关系式，即能斯特方程。著有《新热定律的理论与实验基础》等。为表彰他在热化学方面的成就，于 1920 年获得诺贝尔化学奖金。

能斯特是一位法官的儿子，他诞生地点离哥白尼诞生地仅 20 英里。1887 年获维尔茨堡大学博士学位，在那里，他认识了阿仑尼乌斯，并把他推荐给奥斯特瓦尔德当助手。1889 年他作为一个 25 岁的青年在物理化学上初露头角，他将热力学原理应用到了电池上。这是自伏打在将近一个世纪以前发明电池以来，第一次有人能对电池产生电势作出合理解释。他推导出一个简单公式，通常称之为能斯特方程。这个方程将电池的电势同电池的各个性质联系起来，该方程沿用至今。

能斯特（1864～1941）

1883～1887 年能斯特曾在苏黎世大学、柏林大学、格拉茨大学、维尔茨堡大学学习。1887 年能斯特在维尔茨堡大学的 P. W. 科尔劳施教授指导下完成了博士论文，获得博士学位。1887 年底，被莱比锡大学聘请为教授，著名的物理化学家奥斯特瓦尔德邀请能斯特到莱比锡担任他的助教，这是能斯特由物理学转向化学研究的开始。1891 年，能斯特被哥廷根大学聘为物理副教授。1893 年，他出版了著名的理论化学教科书《理论化学》。1895 年，能斯特被提升为物理化学教授并担任系主任，成为当时德国除奥斯特瓦尔德以外的第二个物理化学教授。

能斯特的早期研究主要在物理化学领域，并对物理化学做出了很大的贡献。1889 年，他提出了溶解压理论。能斯特通过应用热力学原理计算 1 克当量金属在等温条件下进入溶液的最大功，从而导出了电极电位公式，即“能斯特公式”。同年提出了溶度积理论，以解释沉淀反应。他设计出用指示剂测定介电常数、离子水化度和酸碱度的方法。他发展了分解和接触电势、钯电极性状和神经刺激理论。但他最辉煌的成就是在化学热力学领域，1906 年能斯特发表的“热定理”或他自称的“热力学第三定律”，能斯特在热定理中企图解决的问题是化学中由来已久的：“为什么有些化学反应能够发生，有些则不能发生？”换言之，能否仅用量热的数据从理论上预言化学平衡？能斯特的第三定律认为在热力学零温度时，处于完全平衡的每个物质的熵等于零，因而压强、体积及表面张力均与温度无关。1920年能斯特因发现热力学第三定律获得诺贝尔化学奖。

能斯特对极为抽象的理论工作并不感兴趣，而对可靠的实验结果却很感兴趣，但在实验中极为重视材料及能源的节省，反对随便滥用自然资源。能斯特对于物理化学在实际中的应用也非常重视，他是第一个在高压条件下研究合成氨反应的人。

能斯特把自己成绩的取得归功于导师奥斯特瓦尔德的培养，因而他自己也毫无保留地把知识传给学生，他的学生中先后有三位诺贝尔物理奖获得者（米利肯1923年，安德森1936年，格拉泽1960年）。师徒五代相传是诺贝尔奖史上空前的。

能斯特热爱他的国家，但又不是一个狭隘的爱国主义者。能斯特本人曾在第一次世界大战初期应召入伍，从比利时进入法国为德军服务。1933年4月，他拒绝与柏林科学院中反对爱因斯坦势力的人合作，也不参加后来法西斯组织的“保护德国物理学”的运动，并于当年申请退休回到齐贝里庄园别墅，在农村度过了他的晚年。1941年能斯特由于心脏病发作卒于齐贝里别墅，终年77岁。1951年，他的骨灰移葬哥廷根大学，以记载哥廷根大学过去的辉煌和对这位杰出科学家的纪念。

新型绿色电池——氢氧燃料电池

燃料电池是一种化学电池，它利用物质发生化学反应时释出的能量，直接将其变换为电能。从这一点看，它和其他化学电池如锌锰干电池、铅蓄电池等是类似的。但是，它工作时需要连续地向其供给反应物质——燃料和氧化剂，这又和其他普通化学电池不大一样。由于它是把燃料通过化学反应释出的能量变为电能输出，所以称为燃料电池。燃料电池是很有发展前途的新的动力电源，一般以氢气、碳、甲醇、硼氢化物、煤气或天然气为燃料，充当电池的负极；用空气中的氧作为正极。和一般电池的主要区别在于一般电池的活性物质是预先放在电池内部的，因而电池容量取决于贮存的活性物质的量；而燃料电池的活性物质（燃料和氧化剂）是在反应的同时源源不断地输入的，因此，这类电池实际上只是一个能量转换装置。这类电池具有转换效率高、容量大、比能量高、功率范围广、不用充电等优点，但由于成本高，系统比较复杂，仅限于一些特殊用途，如飞船、潜艇、军事、电视中转站、灯塔和浮标等方面。

(1) 氢氧燃料电池的工作原理

氢氧燃料电池以氢气作燃料为还原剂，氧气作氧化剂，通过燃料的燃烧反应，将化学能转变为电能的电池，与原电池的工作原理相同。氢氧燃料电池工作时，向负极供给燃料（氢），向正极供给氧化剂（氧气）。氢在负极上的催化剂的作用下分解成正离子H^+和电子e^-。氢离子进入电解液中，而电子则沿外部电路移向正极。用电的负载就接在外部电路中。在正极上，氧气同电解液中的氢离子吸收抵达正极上的电子形成水。这正是水的电解反应的逆过程。氢氧燃料电池不需要将还原剂和氧化剂全部储藏在电池内的装置，氢氧燃料电池的反应物都在电池外部，它只是提供一个反应的容器$2H_2+O_2 \longrightarrow 2H_2O$，氢气和氧气都可以由电池外提供。

具体地说，燃料电池是利用水的电解的逆反应的“发电机”。它由正极、负极和夹在正负极中间的电解质板所组成。最初，电解质板是利用电解质渗入多孔的板而形成，2013年发展为直接使用固体的电解质。燃料电池的电极材料一般为惰性电极，具有很强的催化活性，如铂电极、活性碳电极等。利用这个原理，燃料电池便可在工作时源源不断地向外部输电，所以也可称它为一种“发电机”。

(2) 氢氧燃料电池的电极反应

一般来讲，书写燃料电池的化学反应方程式，需要高度注意电解质的酸碱性。在正、负极上发生的电极反应不是孤立的，它往往与电解质溶液紧密联系。如氢氧燃料电池有酸式和碱式两种：

若电解质溶液是碱溶液，则

负极反应式为：$2H_2 + 4OH^- \rightleftharpoons 4H_2O + 4e^-$，正极为：$O_2 + 2H_2O + 4e^- \rightleftharpoons 4OH^-$

若电解质溶液是酸溶液，则

负极反应式为：$2H_2 \rightleftharpoons 4H^+ + 4e^-$，正极为：$O_2 + 4e^- + 4H^+ \rightleftharpoons 2H_2O$

(3) 氢氧燃料电池的类型

氢氧燃料电池的电池结构和工作方式可区分为离子膜、培根型和石棉膜三类。

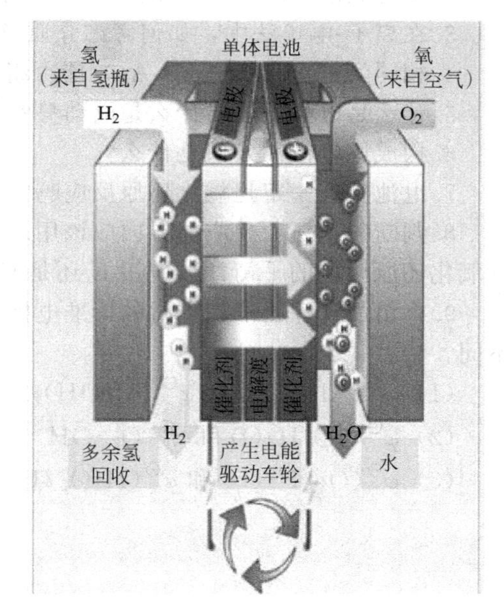

氢氧燃料电池

① 离子膜氢氧燃料电池　用阳离子交换膜作电解质的酸性燃料电池，现代采用全氟磺酸膜。电池放电时，在氧电极处生成水，通过灯芯将水吸出。这种电池在常温下工作、结构紧凑、重量轻，但离子交换膜内阻较大，放电电流密度小。

② 培根型燃料电池　属碱性电池。氢、氧电极都是双层多孔镍电极（内外层孔径不同），加铂作催化剂。电解质为80%～85%的氢氧化钾溶液，室温下是固体，在电池工作温度（204～260℃）下为液体。这种电池能量利用率较高，但自耗电大，启动和停机需较长的时间（启动需24小时，停机17小时）。

③ 石棉膜燃料电池　也属碱性电池。氢电极由多孔镍片加铂、钯催化剂制成，氧电极是多孔银极片，两电极夹有含35%氢氧化钾溶液的石棉膜，再以有槽镍片紧压在两极板上作为集流器，构成气室，封装成单体电池。放电时在氢电极一边生成水，可以用循环氢的办法排出，亦可用静态排水法。这种电池的启动时间仅15分钟，并可瞬时停机。

(4) 氢氧燃料电池的优势

氢氧燃料电池作为一种新型能源，具有很多其他传统电池所不具备的优势，因而吸引了广大学者的广泛关注。其主要优势如下：

① 电池反应产物是水，电池清洁环保；

② 容易持续通氢气和氧气，产生持续电流；

③ 能量转换率较高，超过80%（普通燃烧能量转换率为30%多）；

④ 可以组合为燃料电池发电站，排放废弃物少，噪声低。

复习思考题

1. 试说明下列各术语的含义：

(1) 氧化值；(2) 氧化剂；(3) 还原剂；(4) 原电池；(5) 电极；(6) 电极反应；(7) 电

对；（8）盐桥；（9）电池反应；（10）电极电势。

2. 氧化数法和离子-电子法配平氧化还原反应方程式各有什么特点？

3. 在离子-电子法中，如何考虑介质条件的影响？

4. 相同的电对（如 Ag^+/Ag）能否组成原电池？如何组成？应具备什么条件？

5. 什么是电极电势？什么是电动势？它们之间有何关系？

6. 构成原电池的条件是什么？

7. 电池反应一定是氧化还原反应吗？

8. 判断氧化还原反应的方向应该用 E 还是 $E^{\ominus}$ 值？什么情况下 E 和 $E^{\ominus}$ 值都可以用？求算氧化还原反应的平衡常数应用 E 还是 $E^{\ominus}$ 值？为什么？

9. 查出或计算出下列电对的标准电极电势值，并说明每组两个电对的电极电势值为什么不同？

（1）$\varphi^{\ominus}(Al^{3+}/Al)$ 和 $\varphi^{\ominus}[Al(OH)_3/Al]$；

（2）$\varphi^{\ominus}(O_2/H_2O)$ 和 $\varphi^{\ominus}(O_2/OH^-)$；

（3）$\varphi^{\ominus}(O_2/H_2O_2)$ 和 $\varphi^{\ominus}(H_2O_2/H_2O)$。

习　题

1. 对于下列氧化还原反应：（1）指出哪个是氧化剂，哪个是还原剂？写出有关的半反应；（2）以这些反应组成原电池，并写出电池符号表达式。

（a）$Ag^+ + Cu(s) \rightleftharpoons Cu^{2+} + Ag(s)$

（b）$Pb^{2+} + Cu(s) + S^{2-} \rightleftharpoons Pb(s) + CuS(s)$

（c）$Pb(s) + 2H^+ + 2Cl^- \rightleftharpoons PbCl_2(s) + H_2(g)$

2. 求下列电极在 25℃ 时的电极电势：

（1）金属铜放在 $0.5mol \cdot L^{-1}$ 的 Cu^{2+} 溶液中；

（2）在 1L 上述（1）溶液中加入 0.5mol 固体 Na_2S；

（3）在上述（1）溶液中加入固体 Na_2S，使溶液中的 $[S^{2-}] = 0.5mol \cdot L^{-1}$。（忽略加入固体所引起的溶液体积变化）

3. 保持标准氢电极中 H_2 的压强不变，将标准浓度的盐酸换成 $0.10mol \cdot L^{-1}$ 的醋酸。已知醋酸的 $K_a^{\ominus} = 1.8 \times 10^{-5}$，求此时氢电极的电极电势。

4. 计算下列原电池的电动势，指出正极、负极，并写出电极反应和电池反应的反应式。

（1）$Ag|Ag^+(0.1mol \cdot L^{-1}) \| Cu^{2+}(0.01mol \cdot L^{-1})|Cu$

（2）$Cu|Cu^{2+}(1mol \cdot L^{-1}) \| Zn^{2+}(0.001mol \cdot L^{-1})|Zn$

（3）$Pb|Pb^{2+}(0.1mol \cdot L^{-1}) \| S^{2-}(0.1mol \cdot L^{-1})|CuS|Cu$

（4）$Hg|Hg_2Cl_2|Cl^-(0.1mol \cdot L^{-1}) \| H^+(1mol \cdot L^{-1})|H_2[p(H_2)=100kPa]|Pt$

（5）$Zn|Zn^{2+}(0.1mol \cdot L^{-1}) \| HAc(0.1mol \cdot L^{-1})|H_2[p(H_2)=100kPa]|Pt$

5. 设有一原电池，正极为氢电极 [$p(H_2)=100kPa$，溶液的 pH 值 $=4.01$]，负极的电极电势为一恒定值，测得该电池的电动势为 0.412V。若将氢电极的溶液改为一缓冲溶液，$p(H_2)$ 不变，重新测得原电池的电动势为 0.428V。求该缓冲溶液的 pH 值。若缓冲溶液由 HA 及 A^- 组成，它们的浓度均为 $0.50mol \cdot L^{-1}$。求该弱酸 HA 的解离常数。

6. 已知电池：$Zn|Zn^{2+}(x mol \cdot L^{-1}) \| Ag^+(0.1mol \cdot L^{-1})|Ag$ 的电动势 $E = 1.51V$。

求 Zn^{2+} 的浓度。

7. 拟装置下列原电池：

$(-)Pt|Sn^{2+}(1mol \cdot L^{-1}), Sn^{4+}(1mol \cdot L^{-1}) \| Cl^{-}(1mol \cdot L^{-1})|AgCl|Ag(+)$

(1) 试写出电池反应；

(2) 求反应的 $\Delta_r G_m^{\ominus}$，判断电池反应能否自发进行。

已知：$\varphi^{\ominus}(Ag^+/Ag)=0.799V$，$\varphi^{\ominus}(Sn^{4+}/Sn^{2+})=0.151V$。

8. 已知 $Mn + 2H^+ \rightleftharpoons Mn^{2+} + H_2$；$\Delta_r G_m^{\ominus} = -228kJ \cdot mol^{-1}$，计算电对 Mn^{2+}/Mn 的 $\varphi^{\ominus}$。

9. 将下列氧化还原反应分成两个半电池反应，并用标准电极电势表的数据，求出 298K 时反应的平衡常数 $K^{\ominus}$。

(1) $2Fe^{2+} + Cl_2 \rightleftharpoons 2Fe^{3+} + 2Cl^-$

(2) $Zn + Hg_2Cl_2 \rightleftharpoons 2Hg + Zn^{2+} + 2Cl^-$

(3) $Cl_2 + H_2O \rightleftharpoons HClO + H^+ + Cl^-$

(4) $2H_2O \rightleftharpoons 2H_2 + O_2$

10. 试为下述反应设计一原电池（标准状态下）：

$$Fe^{3+} + I^- \rightleftharpoons Fe^{2+} + \frac{1}{2}I_2$$

求电池在 298K 时的 $E^{\ominus}$，电池反应的 $K^{\ominus}$ 及 $\Delta_r G_m^{\ominus}$。又如将反应写成：

$$2Fe^{3+} + 2I^- \rightleftharpoons 2Fe^{2+} + I_2$$

再计算 $E^{\ominus}$、$K^{\ominus}$、$\Delta_r G_m^{\ominus}$。从计算结果可得到哪些启示？

11. 试由电对 Fe^{3+}/Fe^{2+} 和 Ag^+/Ag 组成原电池，

(1) 写出原电池的符号，正、负极反应和原电池反应方程式，计算原电池的电动势 $E^{\ominus}$；

(2) 计算原电池反应的平衡常数 $K^{\ominus}$；

(3) 当 Fe^{3+} 和 Fe^{2+} 的浓度相同时，求电池电动势为零时 Ag^+ 的浓度（$mol \cdot L^{-1}$）。

12. 已知 $\varphi^{\ominus}(Cu^{2+}/Cu^+) = +0.15V$，$\varphi^{\ominus}(I_2/I^-) = +0.54V$，CuI 的 $K_{sp}^{\ominus} = 1.3 \times 10^{-12}$，求：

(1) 氧化还原反应 $Cu^{2+} + 2I^- \rightleftharpoons CuI + 0.5I_2$，在 298K 时的平衡常数；

(2) 若溶液 Cu^{2+} 的起始浓度为 $0.10mol \cdot L^{-1}$，计算达到平衡时留在溶液中 Cu^{2+} 的浓度。

13. 为了测定 $PbSO_4$ 的溶度积，设计了下列原电池：

$(-)Pb|PbSO_4|SO_4^{2-}(1.0mol \cdot L^{-1}) \| Sn^{2+}(1.0mol \cdot L^{-1})|Sn(+)$

在 25℃时测得其电动势 $E^{\ominus}=0.22V$。已知 $\varphi^{\ominus}(Pb^{2+}/Pb)=-0.126V$，$\varphi^{\ominus}(Sn^{2+}/Sn)=-0.138V$，求 $K_{sp}^{\ominus}(PbSO_4)$。

14. 已知：$O_2 + 4H^+ + 4e^- \rightleftharpoons 2H_2O$　　$\varphi^{\ominus}=1.229V$

$O_2 + 2H_2O + 4e^- \rightleftharpoons 4OH^-$　　$\varphi^{\ominus}=0.401V$

求：水的离子积（$K_w^{\ominus}$，298K）

15. 已知：

$Cu^{2+} + 2e^- \rightleftharpoons Cu$　　$\varphi^{\ominus}=0.34V$

$Cu^+ + e^- \rightleftharpoons Cu$　　$\varphi^{\ominus}=0.52V$

$Cu^{2+} + Br^- + e^- \longrightarrow CuBr$　　　　$\varphi^{\ominus} = 0.64V$

求 CuBr 的 $K_{sp}^{\ominus}$。

16. 根据铬在酸性介质中的电势图：

$$\varphi^{\ominus}/V \quad Cr_2O_7^{2-} \xrightarrow{1.23} Cr^{3+} \xrightarrow{-0.407} Cr^{2+} \xrightarrow{-0.913} Cr$$

（1）计算 $\varphi^{\ominus}(Cr_2O_7{}^{2-}/Cr^{2+})$ 和 $\varphi^{\ominus}(Cr^{3+}/Cr)$；

（2）判断 Cr^{3+} 在酸性溶液中是否稳定。

17. 已知溴在碱性介质中的电势图：

$$\varphi^{\ominus}/V \quad BrO_3^- \xrightarrow{0.54} BrO^- \xrightarrow{0.45} Br_2 \xrightarrow{1.07} Br^-$$

判断哪些物质可以歧化，并写出歧化反应式。

第 11 章
配位平衡

【学习要求】

(1) 熟练掌握配合物的基本概念、组成及命名方法;

(2) 理解配合物价键理论的主要内容、配合物的空间构型; 了解配合物晶体场理论的相关知识;

(3) 掌握配合物的平衡常数的表示方法及其意义, 会用配位平衡常数进行相关计算;

(4) 理解影响配位平衡移动的因素, 并掌握相关计算;

(5) 了解螯合物的概念及其特殊的稳定性。

1891 年，瑞士化学家维尔纳（Werner）提出了配位理论，奠定了配合物化学的基础。之后，人们发现绝大多数的无机化合物，包括盐类的水合晶体，都是以配合物的形式存在的，自然界中，动、植物等有机体内部也广泛存在着大量的配合物。因此有必要研究配合物的相关结构和性质，通过对配合物结构和性质的研究，加深和丰富了人们对元素性质的认识，推动了化学键和分子结构理论的发展，同时也促进了无机化学的发展。随着科学技术的进步，大量新配合物的发现、合成及在各个领域的广泛应用，又促进了配合物研究的迅速发展，配合物化学已从无机化学的分支发展成为独立的一门学科——**配位化学**（coordination chemistry）。

配位化合物（coordination compound），简称配合物，又称为络合物（complex），是一类组成复杂的重要化合物，它的存在和应用都很广泛，特别是在生物和医学方面更具有特殊的重要意义。如生物体内的金属元素多以配合物的形式存在；植物中进行光合作用的叶绿素是镁的配合物；血液中输送氧气的血红蛋白是铁的配合物；动物体内的各种酶几乎都是金属配合物；用于治疗和预防疾病的一些药物本身就是配合物。

目前，随着分析与合成技术的不断发展，配位化学已渗透到有机化学、分析化学、物理化学和生物化学等各大领域，形成了具有广阔发展前途的边缘学科，如有机金属化学、生物无机化学等。此外，催化工业、生物模拟过程、新型无机材料制备等诸多具有实际应用前景的领域，都与配位化学密切相关。因此，学习和研究配位化学，无论在实践上还是在理论上都具有重要的价值。

11.1 配位化合物的基本概念

11.1.1 配位化合物的定义

先来看两个对比实验。实验 1：在硫酸铜溶液中加入 $BaCl_2$ 溶液时，有白色 $BaSO_4$ 沉淀生成；加入稀 NaOH 溶液时，有浅蓝色 $Cu(OH)_2$ 沉淀生成；这个实验说明在硫酸铜溶液中存在着游离的 Cu^{2+} 和 SO_4^{2-}。实验 2：在硫酸铜溶液中加入氨水时也有浅蓝色 $Cu(OH)_2$ 沉淀生成，若继续加入氨水直至过量，所生成的浅蓝色 $Cu(OH)_2$ 沉淀会溶解变为深蓝色溶液；此时向溶液中加入稀 NaOH 溶液，则看不到浅蓝色 $Cu(OH)_2$ 沉淀的生成，但加入 $BaCl_2$ 溶液，则有白色 $BaSO_4$ 沉淀生成。这个实验说明在深蓝色的溶液中存在 SO_4^{2-}，几乎不存在游离的 Cu^{2+}。

产生这些现象的原因是实验 2 中加入了过量的氨水，过量的氨（NH_3）与硫酸铜溶液中的 Cu^{2+} 发生反应，生成一种深蓝色的新物质；若在上述深蓝色溶液中加入适量酒精，便有深蓝色的晶体析出。经分析：该深蓝色结晶物质的化学式为 $[Cu(NH_3)_4]SO_4$。反应式如下：

$$CuSO_4 + 4NH_3 = [Cu(NH_3)_4]SO_4$$

用离子方程式表示：

$$Cu^{2+} + 4NH_3 \longrightarrow [Cu(NH_3)_4]^{2+}\text{(深蓝色)}$$

在溶液中，$[Cu(NH_3)_4]SO_4$ 按如下形式解离：

$$[Cu(NH_3)_4]SO_4 = [Cu(NH_3)_4]^{2+} + SO_4^{2-}$$

结合实验结果，在纯的 $[Cu(NH_3)_4]SO_4$ 溶液中，除 SO_4^{2-} 和 $[Cu(NH_3)_4]^{2+}$ 外，几乎检不出 Cu^{2+} 和 NH_3 分子的存在，说明 $[Cu(NH_3)_4]^{2+}$ 复杂且稳定，这种离子和 SO_4^{2-} 以一种新的成键方式结合在一起，也不能用经典的化合价理论解释。再如，在 $HgCl_2$ 溶液中加入 KI，开始形成橘黄色的 HgI_2 沉淀，继续加 KI 过量时，沉淀消失，变成无色的溶液。

$$HgCl_2 + 2KI \rightleftharpoons HgI_2\downarrow + 2KCl \qquad HgI_2 + 2KI \rightleftharpoons K_2[HgI_4]$$

像 $[Cu(NH_3)_4]SO_4$ 和 $K_2[HgI_4]$ 这类结构复杂的化合物就称为配合物（coordination compound）。这些分子在形成过程中，没有电子的得失和氧化数的变化，也没有共用电子对的形成，不符合经典的化合价理论。

在 $[Cu(NH_3)_4]SO_4$ 和 $K_2[HgI_4]$ 中，都含有一个由阳离子（或原子）与一定数目的阴离子或中性分子按一定的组成和空间构型以配位键结合形成的复杂离子（或分子），这种复杂的离子（或分子）称为**配位个体**，如 $[Cu(NH_3)_4]^{2+}$、$[HgI_4]^{2-}$ 和 $[Ni(CO)_4]$ 等。配位个体可以是中性分子，也可以是带电荷的离子。中性配位个体也称配位分子，它本身就是配合物，如 $[Ni(CO)_4]$；带电荷的配位个体称为配离子，其中带正电荷的配位个体称为配阳离子，如 $[Cu(NH_3)_4]^{2+}$；带负电荷的配位个体称为配阴离子，如 $[Ag(CN)_2]^-$。含有配离子的化合物以及中性配位分子统称为**配位化合物**，简称配合物，如 $[Ag(NH_3)_2]Cl$ 和 $[Ni(CO)_4]$ 都是配合物。

1980 年中国化学会规定："配位化合物是由可以给出孤电子对或多个不定域电子的一定数目的离子或分子（称为配体）和具有接收孤电子对或多个不定域电子的空位的原子或离子（统称中心原子）按一定的组成和空间构型所形成的化合物。"配位化合物简称配合物。

配合物与复盐的组成都比较复杂，但性质不同。它们的区别在于：配合物在晶体和水溶液中都存在难解离的配位个体，它在水溶液中不能完全解离成简单离子；而复盐在水溶液中能完全解离成简单离子。例如，硫酸铝钾是一种复盐，它在水中完全解离为 K^+、Al^{3+} 和 SO_4^{2-}。

11.1.2 配位化合物的组成

配合物一般由配位个体（内界）和带相反电荷的离子（外界）两部分组成，通常把内界写在方括号内。下面以配合物$[Cu(NH_3)_4]SO_4$ 和 $K_3[Fe(CN)_6]$为例说明配合物的组成（见图 11-1）。

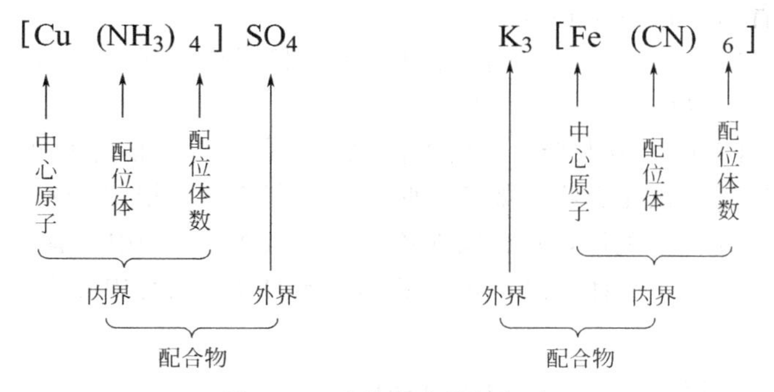

图 11-1 配位化合物的组成

（1）内界和外界

配位个体是配合物的特征部分，由一个占据中心位置的金属离子（或原子）和一定数目的配位体组成，称为配合物的内界（inner sphere），通常把内界写在方括号内；把配合物中除配离子外的部分称为外界（outer sphere），如$[Cu(NH_3)_4]SO_4$ 和 $K_3[Fe(CN)_6]$。配合物的内界与外界之间以离子键相结合，在水溶液中，配合物可以完全解离生成内界（配离子）和外界；而中心离子与配体之间以配位键结合构成了内界（配离子），很难发生解离。配位分子中只有内界，没有外界。

（2）中心离子（或原子）

在配合物的内界，有一个带正电荷的离子（或原子），位于配合物的中心位置，称为配合物的中心离子（central ion）（或原子）或配合物的形成体。

作为中心离子（或原子），一般有以下三种类型：

① 中心离子（或原子）通常是金属离子，大多数为过渡金属离子，如 $[Ag(NH_3)_2]^+$、$[Co(NH_3)_6]^{3+}$、$[Fe(CN)_6]^{4-}$中的 Ag^+、Co^{3+}、Fe^{2+}都是带正电荷的中心离子；

② 某些副族元素的原子，如 $[Ni(CO)_4]$、$[Fe(CO)_5]$、$[Cr(CO)_6]$ 中的 Ni、Fe、Cr 都是电中性的原子；

③ 高氧化值的非金属元素也是比较常见的中心离子，如 $[SiF_6]^{2-}$ 中的 Si^{4+}、$[PF_6]^-$ 中的 P^{5+}都是非金属元素。

作为中心离子（原子）的条件：

① 中心离子（原子）必须具有空轨道，这是其作为中心离子（原子）的必要条件；

② 中心离子（原子）必须具有接受孤对电子的能力，它决定着配位键的强度。

（3）配位体和配位原子

在配合物中，与中心离子（或原子）以配位键结合的离子或分子称为**配位体**（ligand），简称配体。如 $[FeF_6]^{3-}$、$[Ag(NH_3)_2]^+$和 $[Ni(CO)_4]$ 中的 F^-、NH_3 和 CO 都是配体。在配体中提供孤对电子的原子称为**配位原子**，如配体 NH_3 中的 N 原子，配体 H_2O 和 OH^-

中的 O 原子，CN^- 中的 C 原子等。常见的配位原子多数是电负性较大的非金属原子，如 C、N、P、O、S、F 等。提供配体的物质称为**配位剂**（coordination reagent），如 NaF、NH_4SCN 等。

作为配位原子的条件：

① 配位原子必须具有孤对电子，这是其作为配位原子的必要条件；

② 配位原子必须愿意给出电子，它决定着配位键的强度。

配体按其所含配位原子数目的多少，可分为**单基（单齿）配体**（monodentate ligand）和**多基（多齿）配体**（polydentate ligand）。

① 单基配体：只含一个配位原子且与中心离子只形成一个配位键，其组成比较简单，如上述的 NH_3、H_2O、OH^-、CN^-、F^-、I^- 等。

② 多基配体：含有两个或两个以上的配位原子，它们与中心离子可以形成多个配位键，其组成较复杂，多数是有机化合物。如乙二胺（en）和乙二酸根（ox），分子中的两个 N 和 O 是其配位原子，称为双基配体，乙二胺四乙酸（EDTA）分子中含有的两个氨基氮和四个羟基氧是配位原子，为六基配体。这些常见多基配体的分子式与中心离子形成的螯合物结构如图 11-2 所示。

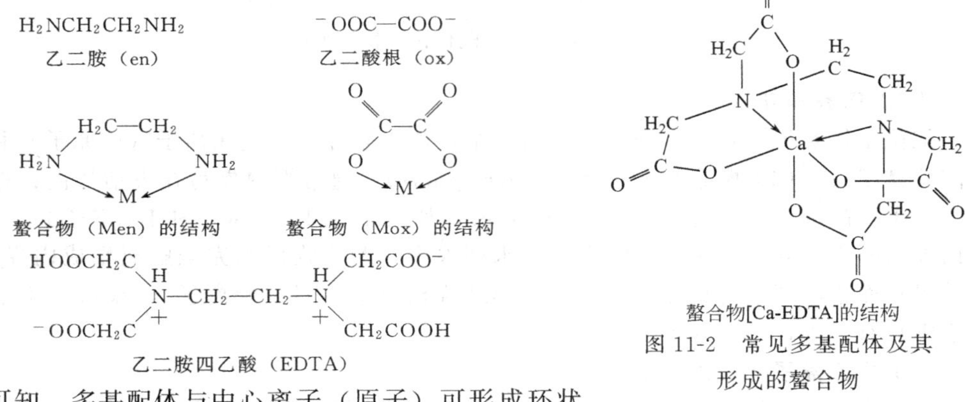

图 11-2 常见多基配体及其形成的螯合物

由此可知，多基配体与中心离子（原子）可形成环状结构的配合物，又称螯合物。螯合物因具有环状结构，表现出特殊的稳定性。

特别指出，有少数配体虽然含有两个配位原子，但由于配位原子距离太近，仅有其中的一个配位原子能与中心原子配位，这些配体仍属于单基配体。例如硫氰酸根（SCN^-）以 S 配位，异硫氰酸根（NCS^-）以 N 配位；又如硝基（$—NO_2$）以 N 配位，而亚硝酸根（ONO^-）以 O 配位。表 11-1 列出了常见的配位体。

表 11-1 常见的配位体

配位原子	配位体举例
卤素	F^-、Cl^-、Br^-、I^-
O	H_2O、OH^-、$RCOO^-$、$C_2O_4^{2-}$（草酸根离子）、ONO^-（亚硝酸根）
N	NH_3（氨）、$—NO_2$（硝基）、—NO（亚硝基）、$NH_2—CH_2—CH_2—NH_2$（乙二胺）、NCS^-（异硫氰酸根）
C	CO（羰基）、CN^-（氰根）
S	SCN^-（硫氰酸根）

（4）配位数

在配合物中，直接与中心离子（或原子）形成配位键的配位原子的数目，称为中心离子的**配位数**（coordination number）。

配合物中配位数一般具有以下特点。

① 一般中心离子（或原子）的配位数为偶数，最常见的为 2、4、6。

② 一定的配位数，对应特定的空间构型。例如在 $[Ag(NH_3)_2]^+$ 中，Ag^+ 的配位数为 2，并具有直线构型；在 $[Cu(en)_2]^{2+}$ 中，Cu^{2+} 的配位数为 4，配离子有平面正方形或四面体的构型；在 $[Fe(CO)_5]$ 中，Fe 的配位数为 5，配离子构型为三角双锥形；在 $[CoCl_3(NH_3)_3]$ 中，Co^{3+} 的配位数为 6，配离子具有八面体构型。

计算配位数时，一般先确定中心离子和配位体，然后找出配位原子的数目；在单基配体中，配位体的数目就是该中心离子（或原子）的配位数；在多基配体中，配位数等同于中心离子（或原子）配位的原子数目。

研究表明，具有一定配位数和特定几何构型，是配合物的特征之一。表 11-2 列出了某些金属离子常见的配位数。

表 11-2 某些金属离子常见的配位数

配位数	金属离子	实　例
2	Ag^+、Cu^{2+}、Au^+	$[Ag(NH_3)_2]^+$、$[Cu(CN)_2]^-$
4	Zn^{2+}、Cu^{2+}、Hg^{2+}、Ni^{2+}、Co^{2+}、Pt^{2+}、Pd^{2+}、Si^{4+}、Ba^{2+}	$[PtCl_3(NH_3)]^-$、$[Cu(NH_3)_4]^{2+}$、$[Pt(NH_3)_2Cl_2]$
6	Fe^{2+}、Fe^{3+}、Co^{2+}、Co^{3+}、Cr^{3+}、Pt^{4+}、Pd^{4+}、Al^{3+}、Si^{4+}、Ca^{2+}、Ir^{3+}	$[PtCl_6]^{2-}$、$[Co(NH_3)_2(en)_2]^{3+}$ $[Co(NH_3)_3(H_2O)Cl_2]$、$[Fe(CN)_6]^{4-}$、

配位数的多少取决于中心离子（或原子）和配体的性质（电荷、半径和电子层构型等）以及它们之间相互影响的情况、形成配合物时的外界条件等有关。影响配位数的因素的一般规律如下：

① 中心离子（或原子）的电荷越多，越有利于形成配位数较大的配合物；

② 中心离子（或原子）相同时，配体的电荷越多，配体间的斥力越大，形成的配合物的配位数越小；

③ 中心离子（或原子）的半径越大，其周围能容纳配体的空间就越大，配位数就越高；

④ 对同一种中心离子（或原子），配体半径越大，配位数越小。

一般来说，增加配体的浓度或降低温度有利于形成高配位数的配合物；在一定的外界条件下，中心离子（或原子）有其特征的配位数。

（5）配离子的电荷

配离子的电荷等于组成它的中心离子（或原子）和配体所带电荷的代数和。例如，Cu^{2+} 与 4 个 NH_3 配位生成 $[Cu(NH_3)_4]^{2+}$，配离子的电荷为＋2。反之，由配离子的电荷可推算出中心离子的氧化态。例如，$[Fe(CN)_6]^{3-}$ 和 $[Fe(CN)_6]^{4-}$ 中，Fe 的氧化态分别为＋3 和＋2。

由于配合物是电中性的，因此，外界离子的电荷总数和配离子的电荷总数相等，符号相反，所以也可以根据外界离子所带电荷数推断配离子的电荷或中心原子的氧化数。

11.1.3 配位化合物的命名

配位化合物的命名服从无机化合物命名的一般原则。但由于配位化合物种类繁多，有些配合物的组成相对比较复杂，因此配合物的命名也较为复杂。本章仅简单介绍配合物命名的基本原则。

(1) 配位化合物的内外界命名

配位化合物的内界与外界之间的命名总体来说遵循一般无机化合物的命名原则。

配阳离子化合物，命名时称为“某化某”、“某酸某”或“氢氧化某”。如 $[Co(NH_3)_4Cl_2]Cl$ 为氯化某，$[Cu(NH_3)_4]SO_4$ 为硫酸某；若为配阴离子化合物，则外界和内界之间用“酸”字连接，若外界阳离子为“H^+”，则在配阴离子的名称之后缀以“酸”字即可。如 $K_3[Fe(CN)_6]$ 为某酸钾，$H_2[PtCl_4]$ 为某酸。

(2) 配合物的内界（配位个体）命名

配位体的命名是将其名称写在中心离子（或原子）名称之前，配体数目用二、三、四等表示，配体数目为一时可以省略不写；复杂的配体写在圆括号内以免混淆，不同配体之间用“•”分开，最后一种配体与中心原子之间加“合”字，中心离子（或原子）后用加括号的罗马数字表示中心原子的氧化值。即：

配体数目→配体名称→“合”→中心离子（或原子）名称（氧化值）

(3) 配位体中不同配体的命名

当配体不止一种时，关于配体的命名遵守以下规则。

① 配位体中同时存在无机配体和有机配体时，无机配体在前，有机配体在后。如 $[CoCl_2(en)_2]Cl$ 命名为氯化二氯•二(乙二胺) 合钴(Ⅲ)。

② 同为无机配体或有机配体时，阴离子配体写在前，中性配体写在后。如 $K[PtCl_3(NH_3)]$命名为三氯•一氨合铂(Ⅱ)酸钾。

③ 同为阴离子或中性分子时，按配位原子元素符号的英文字母顺序命名。如 $[Co(NH_3)_5(H_2O)]^{3-}$ 命名为五氨•一水合钴(Ⅲ)配离子。

某些常见配合物，通常用习惯名称。如：$[Ag(NH_3)_2]^+$ 称为银氨配离子，$[Cu(NH_3)_4]^{2+}$ 称为铜氨配离子，$H_2[PtCl_6]$ 称为氯铂酸，$K_3[Fe(CN)_6]$ 称为铁氰化钾，$K_4[Fe(CN)_6]$ 称为亚铁氰化钾。有时也用俗名，如 $K_3[Fe(CN)_6]$ 称为赤血盐，$K_4[Fe(CN)_6]$ 称为黄血盐等。表 11-3 列出了一些配合物的命名实例。

表 11-3　一些常见配合物的化学式及系统命名

化学式	系统命名
$[Ag(NH_3)_2]NO_3$	硝酸二氨合银(Ⅰ)
$[CrCl_2 \cdot (NH_3)_4]Cl$	氯化二氯•四氨合铬(Ⅲ)
$[Co(NH_3)_5 \cdot (H_2O)]Cl_3$	氯化五氨•一水合钴(Ⅲ)
$K_3[Fe(CN)_6]$	六氰合铁(Ⅲ)酸钾
$H_2[SiF_6]$	六氟合硅(Ⅳ)酸
$[PtCl_2(NH_3)_2]$	二氯•二氨合铂(Ⅱ)
$[Ni(CO)_4]$	四羰基合镍
$[CoCl_2(en)_2]Cl$	氯化二氯•二(乙二胺)合钴(Ⅲ)

11.1.4　配位化合物的分类

配位化合物范围广泛，类型多样。按中心离子（或原子）分类，有单核配合物和多核配合物；按配体分类，每种配体均可以分为一类配合物；按成键类型分类，有经典配合物（σ 配键）、簇状配合物（金属-金属键）和笼状配合物（离域共轭配键）等；按学科分类，有无机配合物、生物无机配合物和有机金属配合物等。这里介绍三类最常见的配合物。

（1）简单配合物

由中心离子（或原子）与单基配体形成的配合物称为简单配合物（mononuclear complex），如 $[Cu(NH_3)_4]SO_4$、$[Ag(NH_3)_2]Cl$、$K_3[Fe(CN)_6]$、$K_2[PtCl_4]$ 等。这类配合物数量大，应用广，研究深入，在化工、冶金、材料和环境等行业常见，并起重要作用。

（2）螯合物

螯合物（chelate）又称内配合物，是一类由多基配体与中心离子（或原子）结合形成的具有环状结构的配合物。如乙二胺与 Cu^{2+} 配位，可以形成具有环状结构的螯合物 $[Cu(en)_2]^{2+}$（见图 11-3）。

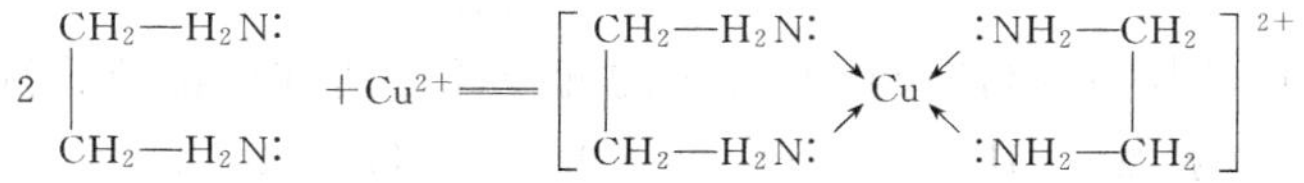

图 11-3　螯合物 $[Cu(en)_2]^{2+}$ 的结构

能与中心离子（或原子）形成螯合物的多基配体称为**螯合剂**（chelating agent）。螯合剂具有以下两个特点：第一，同一配体分子（或离子）中必须含有两个或两个以上的配位原子；第二，配体中相邻两个配位原子之间必须相隔两个或三个其他原子，以便形成稳定的五元环或六元环。氨基羧酸类化合物是最常见的螯合剂，例如，在氨基乙酸根离子（$H_2N—CH_2—COO^-$）中，配位原子羟基氧和氨基氮之间，隔着两个碳原子，因此可以形成具有五元环的稳定配合物。其中应用最广泛的是乙二胺四乙酸及其盐（其结构见图 11-2）；乙二胺四乙酸及其二钠盐或四钠盐，一般都简写为 EDTA，在化学式中常用 H_4Y 表示酸、Na_2H_2Y 表示二钠盐、Na_4Y 表示四钠盐。EDTA 是一个六基配体，其中 2 个氨基氮和 4 个羧基氧都可以充当配位原子，与金属离子结合形成六配位、五个五元环的螯合物。

EDTA 是一个很强的螯合剂，可以与除了 Na^+、K^+、Rb^+、Cs^+ 等以外的大多数金属离子形成螯合物；其中多数都具有很好的稳定性。Ca^{2+}、Mg^{2+} 等一般不易形成配合物，但可以与 EDTA 形成较稳定的螯合物。

$$Ca^{2+} + H_2Y^{2-} \rightleftharpoons [CaY]^{2-} + 2H^+$$

所形成的螯合离子 $[CaY]^{2-}$ 的空间构型如图 11-4 所示。利用这一性质可以测定水中 Ca^{2+}、Mg^{2+} 等的含量，也可以用来去除水中的 Ca^{2+}、Mg^{2+}，使水软化。

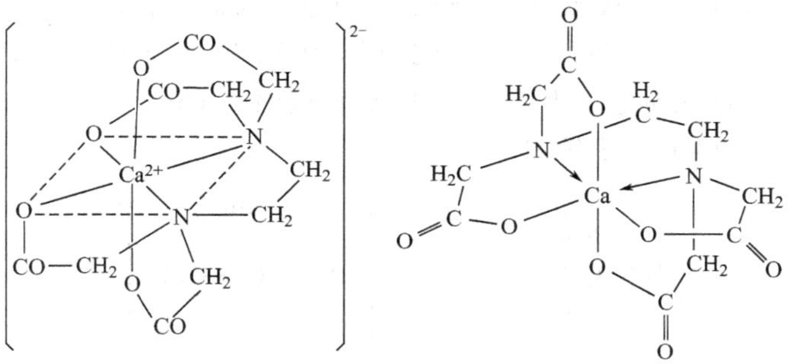

图 11-4　$[CaY]^{2-}$ 的空间结构

与简单配合物相比，螯合物具有特殊的稳定性，而且螯合物具有特殊的颜色。螯合物的稳定性是由于环状结构的形成而产生的，螯合物结构中的多元环称为螯合环；由于螯合环的形成使螯合物具有特殊稳定性的作用称为**螯合效应**（chelating effect）。例如：中心原子、配位原子和配位数都相同的两种配离子$[Cu(NH_3)_4]^{2+}$、$[Cu(en)_2]^{2+}$，其$K_f^{\ominus}$分别为2.08×10^{13}和1.0×10^{20}。很显然，$[Cu(en)_2]^{2+}$比$[Cu(NH_3)_4]^{2+}$稳定性大很多。

（3）多核配合物

分子中含有两个或两个以上中心离子（或原子）的配合物称为多核配合物（polynuclear complex）。多核配合物的形成是由于配体中的一个配位原子同时与两个中心离子（或原子）以配位键相结合。最常见的如$AlCl_3$，在这个配合物中，配位原子Cl同时连接两个中心离子：

$$\left[\begin{matrix} Cl & & Cl & & Cl \\ & Al & & Al & \\ Cl & & Cl & & Cl \end{matrix}\right]$$

在多核配合物中，同时连接两个中心离子的配位原子所在的配位体称为中继基（桥基），作为中继基的配位体一般为—OH、$—NH_2$、—O—、$—O_2—$、Cl^-等。

11.2 配位化合物的价键理论

为什么配合物具有许多独特的性质？具有空轨道的中心离子（或原子）与含有孤对电子的配体间如何形成稳定的化学键？为阐明这种特殊化学键的本质，已经建立的理论有：价键理论、晶体场理论和配位体场理论；它们分别从不同角度解释了配体与中心原子（或离子）间的作用力。本章主要介绍价键理论和晶体场理论。

11.2.1 价键理论

鲍林等在20世纪30年代初提出了杂化轨道理论，并把它应用于讨论配位化合物的结构和成键，建立了配合物的价键理论，其核心是中心离子（或原子）和配位原子是通过杂化了的共价配位键结合的。

（1）配位键

在配位化合物中，由配位体中的配位原子提供成对电子与中心离子（或原子）共有而相互结合所形成的化学键就是**配位键**（coordinate bond），通常以L→M表示。其中配位体L为电子对给予体，配合物中心离子（或原子）M为电子对接受体。很显然，配位化合物中的化学键既不像离子键那样通过电子得失形成带相反电荷的离子相互吸引而结合；也不像共价键那样由成键原子各自提供成单电子，组成共有电子对而结合。

例如铜氨配离子$[Cu(NH_3)_4]^{2+}$中配位体NH_3分子与中心离子Cu^{2+}之间就是靠NH_3分子中N原子提供孤对电子进入Cu^{2+}的空轨道而与Cu^{2+}共用，形成$Cu \leftarrow NH_3$配位键，进而形成稳定的配离子（见图11-5）。

$$\left[\begin{matrix} & NH_3 & \\ H_3N: & \ddot{\underset{..}{Cu}} & :NH_3 \\ & NH_3 & \end{matrix}\right]^{2+} \quad 或 \quad \left[\begin{matrix} & NH_3 & \\ & \downarrow & \\ H_3N \rightarrow & Cu & \leftarrow NH_3 \\ & \uparrow & \\ & NH_3 & \end{matrix}\right]^{2+}$$

图11-5 铜氨配离子$[Cu(NH_3)_4]^{2+}$的结构

从配位键的定义可以看出，配位键的形成必须具备两个基本条件：①配体必须具有孤对电子；②中心离子（或原子）则必须具有空的价层轨道，以接受配体给出的孤对电子。常见配位数为 2、4、6 的配离子都具有特定的空间构型，分别为直线形、平面正方形或四面体形及八面体形。如果配位原子中的孤对电子只是简单地进入中心离子（或原子）的价层空轨道形成配位键，则不可能形成这些对称性很好、构型特定的配离子。对于这一矛盾，应作何认识呢？

（2）价键理论的基本要点

美国化学家鲍林 1931 年把杂化轨道理论应用到配位化合物结构的研究中，提出了配位化合物的**价键理论**。他认为除了配位体具有孤对电子和中心离子（或原子）具有空轨道这两个必要条件外，在配合物形成时还必须有中心离子（或原子）的轨道杂化。这样便成功地解释了配合物的磁性和空间构型。

价键理论的基本要点如下。

① 在配位个体中，中心离子（或原子）与配体之间的化学键是配位键。

② 为了形成配位键，配体 L 的配位原子必须至少含有一对孤对电子以提供给中心离子（或原子），中心离子（或原子）M 的外层必须有空的原子轨道以接受配位原子提供的孤对电子。

③ 为了提高成键能力，中心离子（或原子）提供的空轨道先进行杂化，形成数目相等、能量相同且有一定空间取向的杂化轨道；然后杂化轨道分别和配位原子中含有孤对电子的原子轨道在一定方向上发生最大重叠形成配位键。

④ 杂化轨道的类型决定配合物的空间构型。

（3）配合物的空间构型与杂化方式

以几种常见配位数的配合物为例，用价键理论来说明其磁性和空间构型。

① 配位数为 2 的配离子　配位数为 2 的配离子，中心离子的外层轨道采用 sp 杂化，空间构型为直线形。例如：$[Ag(NH_3)_2]^+$、$[Cu(NH_3)_2]^+$ 和 $[Ag(CN)_2]^-$ 等，现以 $[Ag(NH_3)_2]^+$ 为例进行讨论。

实验测定，$[Ag(NH_3)_2]^+$ 空间构型为直线形，磁矩为 0。中心离子 Ag^+ 的价电子层结构为 $4d^{10}$，其能级相近的 5s 和 5p 轨道是空的。

价键理论认为：当 Ag^+ 与 NH_3 接近时，Ag^+ 的 1 个 5s 轨道和 1 个 5p 轨道要先发生 sp 杂化，形成 2 个能量相同的 sp 杂化轨道；然后 2 个 sp 杂化轨道再分别接受 2 个配体 NH_3 中的 N 原子提供的 2 对孤对电子，形成 2 个配位键，所以 $[Ag(NH_3)_2]^+$ 的价电子分布为（虚线内杂化轨道中的共用电子对由配位原子提供）：

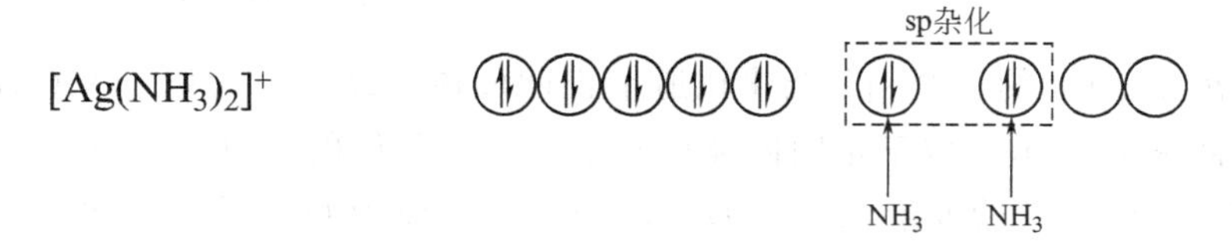

由于中心离子 Ag^+ 的 2 个 sp 杂化轨道为直线形结构，所以 $[Ag(NH_3)_2]^+$ 的空间构型为直线形。很显然形成配离子的外层电子构型中，没有单电子，所以配离子的磁矩为 0。

② 配位数为 3 的配合物　配位数为 3 的配离子，中心离子的外层轨道采用 sp^2 杂化，空间构型为平面三角形。例如 $[CuCl_3]^{2-}$、$[HgI_3]^-$ 和 $[Cu(CN)_3]^{2-}$ 等，现以 $[CuCl_3]^{2-}$

为例进行讨论。

实验测定，[$CuCl_3$]$^{2-}$ 空间构型为平面三角形，磁矩为 0。中心离子 Cu^+ 的价电子层结构为 $3d^{10}$，其能级相近的 4s 和 4p 轨道是空的。

价键理论认为：当 Cu^+ 与 Cl^- 接近时，Cu^+ 的 1 个 4s 轨道和 2 个 4p 轨道要先发生 sp^2 杂化，形成 3 个能量相同的 sp^2 杂化轨道；然后 3 个 sp^2 杂化轨道再分别接受 3 个配体 Cl^- 中的 Cl^- 提供的 3 对孤对电子，形成 3 个配位键，所以 [$CuCl_3$]$^{2-}$ 的价电子分布为：

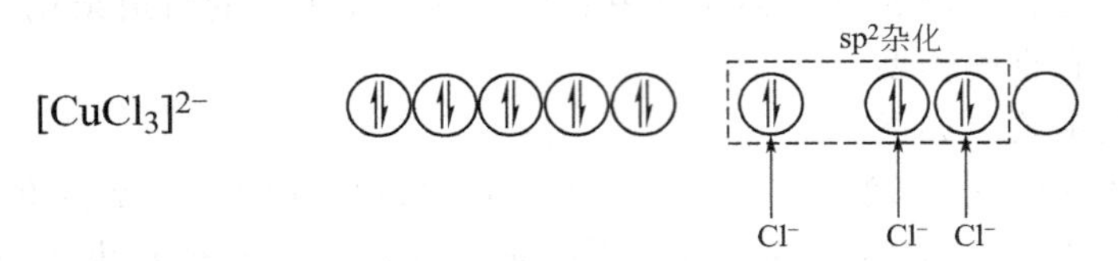

由于中心离子 Cu^+ 的 3 个 sp^2 杂化轨道为平面三角形结构，所以 [$CuCl_3$]$^{2-}$ 的空间构型为平面三角形。很显然形成配离子的外层电子构型中，没有单电子，所以配离子的磁矩为 0。

③ 配位数为 4 的配合物　配位数为 4 的配离子，中心离子的外层轨道通常采用 sp^3 或 dsp^2 类型的杂化，空间构型为正四面体或平面正方形。例如：[$Ni(NH_3)_4$]$^{2+}$ 和 [$Zn(NH_3)_4$]$^{2+}$ 具有正四面体的构型，[$Ni(CN)_4$]$^{2-}$ 和 [$Cu(NH_3)_4$]$^{2+}$ 具有平面正方形构型，现以 [$Ni(NH_3)_4$]$^{2+}$ 和 [$Ni(CN)_4$]$^{2+}$ 为例进行讨论。中心离子 Ni^{2+} 的价电子层结构为 $3d^8$，其能级相近的 4s 和 4p 轨道是空的。

a. [$Ni(NH_3)_4$]$^{2+}$ 的形成　实验测得 Ni^{2+} 和 [$Ni(NH_3)_4$]$^{2+}$ 的磁矩相同，均为 2.82B. M.；根据磁矩计算公式，可知 Ni^{2+} 和 [$Ni(NH_3)_4$]$^{2+}$ 的电子层结构中都有两个单电子。这就是说，Ni^{2+} 与 NH_3 形成 [$Ni(NH_3)_4$]$^{2+}$ 时，3d 轨道上的电子排布没有发生变化。因此价键理论认为：当 Ni^{2+} 与 NH_3 接近时，Ni^{2+} 的 1 个 4s 轨道和 3 个 4p 轨道进行杂化，形成 4 个能量相同的 sp^3 杂化轨道。Ni^{2+} 用 4 个 sp^3 杂化轨道分别接受 4 个配体 NH_3 分子中 N 原子提供的 4 对孤对电子，形成 4 个配位键，所以 [$Ni(NH_3)_4$]$^{2+}$ 的价电子分布为：

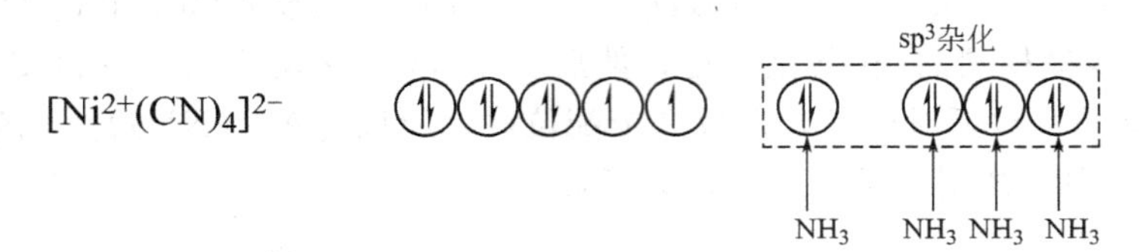

由于中心离子 Ni^{2+} 的 4 个 sp^3 杂化轨道呈正四面体形结构，所以 [$Ni(NH_3)_4$]$^{2+}$ 的空间构型为正四面体形，Ni^{2+} 位于正四面体的体心，4 个配位的 N 原子在正四面体的 4 个顶角上。很显然形成配离子的外层电子构型中，仍保留着原中心离子 Ni^{2+} 的单电子数，所以配离子的磁矩与 Ni^{2+} 的相同。

b. [$Ni(CN)_4$]$^{2+}$ 的形成　实验测定，[$Ni(CN)_4$]$^{2+}$ 的空间构型为平面正方形，磁矩为 0。当 Ni^{2+} 与 4 个 CN^- 接近时，由于配体 [:C≡N:]$^-$ 中的配位原子 C 的电负性较小，更愿意给出孤对电子。价键理论认为：当配体 (C≡N)$^-$ 靠近 Ni^{2+} 时，Ni^{2+} 外层的 3d 轨道电子发生重排，原有的两个自旋平行的成单电子首先进行偶合，空出 1 个 3d 轨道；然后这个 3d 轨道和 1 个 4s 轨道、2 个 4p 轨道进行杂化，形成 4 个 dsp^2 杂化轨道。Ni^{2+} 用 4 个 dsp^2 杂化轨道分别接受 4 个配体 CN^- 中 C 原子提供的 4 对孤对电子，形成 4 个配位键，所以 $[Ni(CN)_4]^{2+}$ 的价电子分布为：

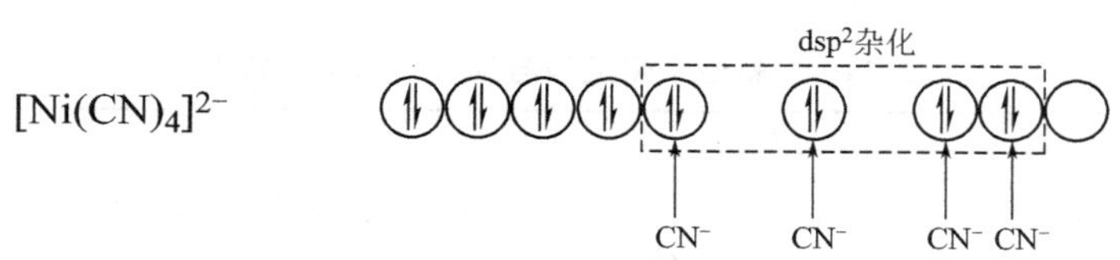

由于中心离子 Ni^{2+} 的 dsp^2 杂化轨道的空间取向为平面正方形，所以 $[Ni(CN)_4]^{2+}$ 的空间构型为平面正方形。Ni^{2+} 位于平面正方形的中心，4 个配位的 C 原子在平面正方形的 4 个顶角上。很显然形成配离子的外层电子构型中，没有单电子，所以配离子的磁矩为 0。

④ 配位数为 6 的配合物　配位数为 6 的配位个体，中心离子的外层轨道通常采用 sp^3d^2 或 d^2sp^3 类型的杂化，空间构型为正八面体。例如 $[FeF_6]^{3-}$、$[Fe(H_2O)_6]^{3+}$、$[Fe(CN)_6]^{3-}$ 和 $[Fe(CN)_6]^{4-}$ 等，现以 $[FeF_6]^{3-}$ 和 $[Fe(CN)_6]^{3-}$ 为例进行讨论。中心离子 Fe^{3+} 的价电子层结构为 $3d^5$，其能级相近的 4s 和 4p 轨道是空的。

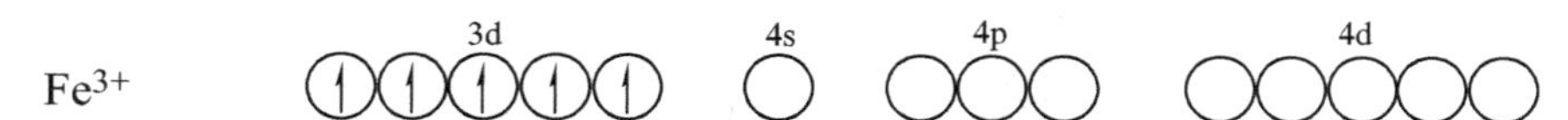

a. $[FeF_6]^{3-}$ 配离子的形成　实验测得 Fe^{3+} 和 $[FeF_6]^{3-}$ 的磁矩相同，均为 5.92B·M；根据磁矩计算公式，可知 Fe^{3+} 和 $[FeF_6]^{3-}$ 的电子层结构中都有 5 个单电子；说明 Fe^{3+} 与 F^- 形成 $[FeF_6]^{3-}$ 时，3d 轨道上的电子排布没有发生变化。因此价键理论认为：当 Fe^{3+} 与 6 个 F^- 接近时，Fe^{3+} 的 1 个 4s 轨道、3 个 4p 轨道和 2 个 4d 轨道进行杂化，形成 6 个 sp^3d^2 杂化轨道。Fe^{3+} 用 6 个 sp^3d^2 杂化轨道分别接受 F^- 提供的 6 对孤对电子，形成 6 个配位键，所以 $[FeF_6]^{3-}$ 的价电子分布为：

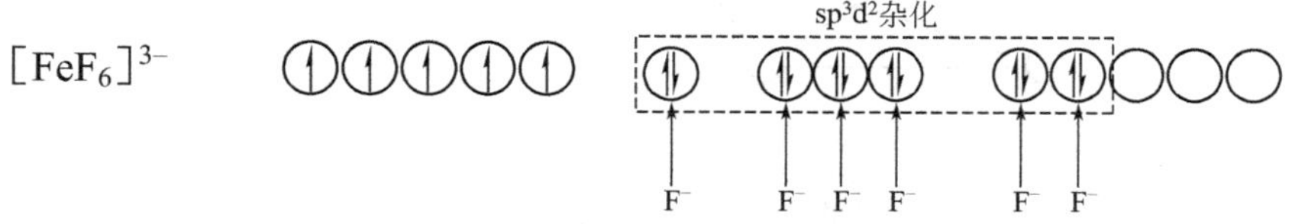

由于中心离子 Fe^{3+} 的 6 个 sp^3d^2 杂化轨道呈正八面体结构，所以 $[FeF_6]^{3-}$ 的空间构型为正八面体构型，Fe^{3+} 位于正八面体的体心，6 个配位的 F^- 在正八面体的 6 个顶角上。很显然形成配离子的外层电子构型中，仍保留着原中心离子 Fe^{3+} 的单电子数，所以配离子的磁矩与 Fe^{3+} 的磁矩相同。

b. $[Fe(CN)_6]^{3-}$ 配离子的形成　实验测定，$[Fe(CN)_6]^{3-}$ 的磁矩为 1.73B·M，与 Fe^{3+} 的磁矩 5.92B·M 相比明显减小。价键理论认为：当 Fe^{3+} 与 6 个 CN^- 接近时，Fe^{3+} 外层的 3d 轨道电子发生重排，原有的 4 个自旋平行的成单电子首先进行自旋偶合，空出 2 个 3d 轨道；这 2 个 3d 轨道和 1 个 4s 轨道、3 个 4p 轨道进行杂化，形成 6 个 d^2sp^3 杂化轨道；Fe^{3+} 用 6 个 d^2sp^3 杂化轨道分别接受 6 个配体 CN^- 中 C 原子提供的 6 对孤对电子，形成 6 个配位键，所以 $[Fe(CN)_6]^{3-}$ 的价电子分布为：

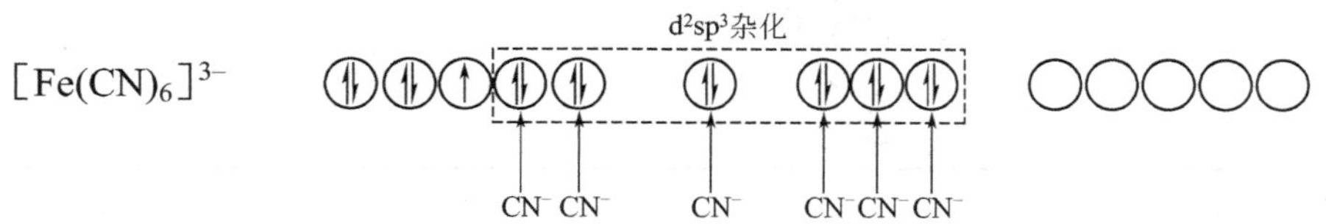

由于中心离子 Fe^{3+} 的 d^2sp^3 杂化轨道的空间取向为正八面体结构，所以，$[Fe(CN)_6]^{3-}$ 的空间构型为正八面体。很显然形成配离子的外层电子构型中，单电子数较之 Fe^{3+} 明显减少，所以配离子的磁矩低于 Fe^{3+} 的磁矩。

常见的杂化轨道类型与配合物空间构型的关系列于表 11-4 中。

表 11-4　轨道杂化类型与配合物的空间构型

杂化类型	配位数	空间构型	实　　例
sp	2	直线形	$[Cu(NH_3)_2]^+$、$[Ag(NH_3)_2]^+$、$[CuCl_2]^-$、$[Ag(CN)_2]^-$
sp^2	3	平面三角形	$[CuCl_3]^{2-}$、$[HgI_3]^-$、$[Cu(CN)_3]^{2-}$
sp^3	4	正四面体	$[Ni(NH_3)_4]^{2+}$、$[Zn(NH_3)_4]^{2+}$、$[Ni(CO)_4]$、$[HgI_4]^{2-}$、$[BF_4]^-$
dsp^2	4	正方形	$[Ni(CN)_4]^{2-}$、$[Cu(NH_3)_4]^{2+}$$[PtCl_4]^{2-}$、$[Cu(H_2O)_4]^{2+}$
dsp^3	5	三角双锥	$[Fe(CO)_5]$、$[Ni(CN)_5]^{3-}$
sp^3d^2 (d^2sp^3)	6	正八面体	$[FeF_6]^{3-}$、$[Fe(H_2O)_6]^{3+}$、$[Co(NH_3)_6]^{2+}$ $[Fe(CN)_6]^{3-}$、$[Fe(CN)_6]^{4-}$、$[Co(NH_3)_6]^{3+}$、$[PtCl_6]^{2-}$

注：●为形成体，○为配体。

(4) 外轨型配合物和内轨型配合物

在配位个体中，中心离子（或原子）为过渡元素时，其价电子轨道往往包括次外层的 d 轨道，根据中心离子（或原子）杂化时提供的空轨道所属电子层的不同，配合物可以分为两种类型：外轨型配合物（outer-orbital coordination complex）和内轨型配合物（inner-orbital coordination complex）。

① 外轨型配合物

在配合物形成时，当配位原子的电负性较大，如卤素、氧等，它们不易给出孤对电子，中心离子（或原子）的电子排布受配体的影响较小，中心离子（或原子）仍保持原有的电子层结构不变。因此，中心离子（或原子）以最外层的空轨道（ns、np、nd）进行杂化，生成数目相同、能量相等的杂化轨道，与配位原子形成的配位键，称为外轨配键，相应的配合物称为外轨型配合物，如 $[Ag(NH_3)_2]^+$、$[FeF_6]^{3-}$ 和 $[Ni(NH_3)_4]^{2+}$。

② 内轨型配合物

当配位原子的电负性较小（如氰根离子 CN^- 以 C 配位），配位原子较易给出孤对电子，配体对中心离子（或原子）的影响较大，中心离子（或原子）的价电子层结构发生变化，$(n-1)$d 轨道上的未成对电子强行配对，空出能量较低的 $(n-1)$d 轨道（次外层）与 n 层的 s、p 轨道杂化，形成的杂化轨道与配体成键，则形成的配位键称为内轨配键，相应的配合物称为内轨型配合物。中心离子（或原子）采用 dsp^2、d^2sp^3 杂化形成的配合物（如 $[Ni(CN)_4]^{2+}$ 和 $[Fe(CN)_6]^{3-}$）都是内轨配合物。

③ 影响外轨型/内轨型配合物的主要因素

影响因素可从两个角度进行考虑。

第一，中心离子（或原子）的电子构型。内层没有 d 电子或 d 轨道全充满（d^{10}）的离子，如 $Zn^{2+}(3d^{10})$、$Ag^+(4d^{10})$，只能形成外轨型配合物；d 轨道未充满的离子，如 Ni^{2+}、Pt^{2+}、Pd^{2+} 等，大多数情况下形成内轨配合物。另外，中心离子的价态越高，越趋向于形成内轨型配合物，如$[Co(NH_3)_6]^{2+}$为外轨型配合物，$[Co(NH_3)_6]^{3+}$为内轨型配合物。

第二，配位原子的电负性。若配体中配位原子（如 C、N）的电负性较小，更容易给出孤对电子，那么配体对中心原子的电子结构影响较大，通常易形成内轨型配合物；若配体的配位原子（如卤素原子和氧原子等）的电负性较大，它们不易给出孤对电子，配体对中心原子的电子结构影响较小，中心原子保持原有的电子层结构不变，一般易形成外轨型配合物。

④ 外轨型/内轨型配键对配合物性质的影响

第一，对配位键强度有影响。外轨型配合物中的配位键共价性较弱，离子性较强；内轨型配合物中配位键的共价性较强，离子性较弱。在内轨型配合物中，中心原子的内层 $(n$-$1)$ d 轨道参与杂化，配位原子所提供的孤对电子深入到中心原子的内层轨道。由于内层轨道的能量比外层轨道的低，形成的配位键的键能较大，所以同一中心离子（或原子）形成的内轨型配合物比外轨型配合物稳定。

例如配位数为 6 的 Fe(Ⅲ) 配合物，$[FeF_6]^{3-}$ 参与杂化的轨道是 4s、4p、4d，发生 sp^3d^2 杂化，形成外轨型配合物，其稳定常数为 $K_f^\ominus=1.0\times10^{16}$；而 $[Fe(CN)_6]^{3-}$ 参与杂化的轨道是 3d、4s、4p，发生 d^2sp^3 杂化，形成内轨型配合物，其稳定常数为 $K_f^\ominus=1.0\times10^{42}$；通过比较稳定常数，很显然 $[Fe(CN)_6]^{3-}$ 的稳定常数远远大于 $[FeF_6]^{3-}$，表明 $[Fe(CN)_6]^{3-}$ 的稳定性更大。

第二，对配离子的磁性有影响。外轨型配合物因中心离子仍保持原有的电子构型，单电子数没有改变，故磁矩较大，常呈顺磁性；内轨型配合物因中心离子的电子构型发生改变，单电子数减少，甚至单电子完全成对，故磁矩降低，甚至变为 0，常呈逆磁性。

例如 $[Fe(H_2O)_6]^{2+}$ 配离子为外轨型配合物，在形成配离子时中心离子 Fe^{2+} 原有的电子层结构没有变化，仍旧为 4 个单电子，$\mu=4.90$B.M.，为顺磁性物质；$[Fe(CN)_6]^{4-}$ 配离子为内轨型配合物，在形成配离子时中心离子 Fe^{2+} 的电子层结构发生变化，单电子完全进行自旋偶合，$\mu=0$，为逆磁性物质。

（5）配合物的磁性与配合物的类型

在原子结构一章中，已经讨论过物质的磁性与组成物质的分子、原子或离子中电子的自旋运动有关。物质磁性的强弱用磁矩（μ）表示。$\mu=0$ 的物质，说明其中电子都已成对，物质具有反磁性。$\mu>0$ 的物质，说明其中有单电子，物质具有顺磁性；而且磁矩随物质内部单电子数的增多而增大。假定配体中的电子都已成对，配离子的磁矩可用“唯自旋”公式近似计算：

$$\mu=\sqrt{n(n+2)} \tag{11-1}$$

式中，n 为未成对电子数；μ 的单位为玻尔磁子，B.M.。

配合物的磁矩的理论值与其单电子数 n 的关系列于表 11-5 中。

表 11-5　配合物的磁矩的理论值与单电子数 n 的关系

未成对电子数(n)	1	2	3	4	5	6
磁矩 μ/B. M.	1.73	2.82	3.87	4.90	5.92	6.93

由于配合物的磁矩与配合物内部的单电子数有直接的关系，所以可以通过实验测定配合物的磁矩，根据式（11-1）就可以计算出配合物的未成对电子数 n，从而可以推断出中心离子在形成配合物时其内层 d 电子是否发生电子重排，进而可以确定该配合物的类型。

【例 11-1】 实验测得 $[FeF_6]^{3-}$ 和 $[Fe(CN)_6]^{3-}$ 的磁矩分别为 5.8B. M. 和 2.3B. M.，试据此推测中心离子的杂化轨道类型和配离子的空间构型，配合物属内轨型还是外轨型。

解　Fe^{3+} 的价电子层结构为 $3d^5$，自由状态的未成对电子数为 5。

(1) 对于 $[FeF_6]^{3-}$，实验测得的磁矩为 5.8B. M.，根据式（11-1），可得：

$$\mu=\sqrt{n(n+2)}=5.8 \qquad n\approx 5$$

表明在 $[FeF_6]^{3-}$ 中，中心离子 Fe^{3+} 有 5 个未成对电子，其电子排布与自由状态时相同。

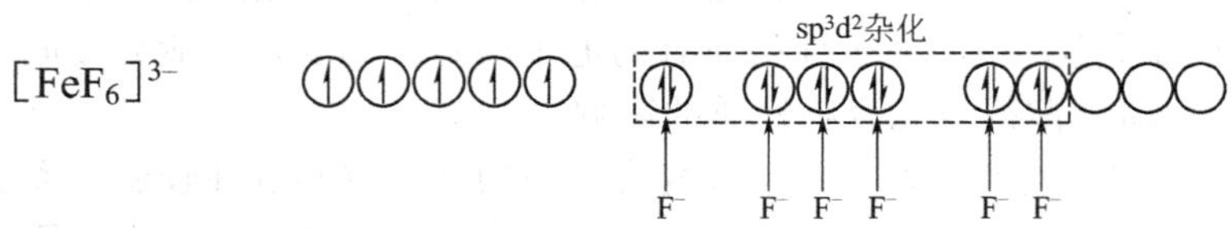

所以，中心离子 Fe^{3+} 的杂化轨道类型是 sp^3d^2，配离子的空间构型为正八面体，是外轨配键，$[FeF_6]^{3-}$ 属外轨型配合物。

(2) 对于 $[Fe(CN)_6]^{3-}$，实验测得的磁矩为 2.3B. M.，根据式（11-1），可得：

$$\mu=\sqrt{n(n+2)}=2.3 \qquad n\approx 1$$

表明在 $[Fe(CN)_6]^{3-}$ 中，中心离子 Fe^{3+} 有 1 个未成对电子，其电子排布与自由状态时不同，d 电子在配体的影响下发生了电子重排。

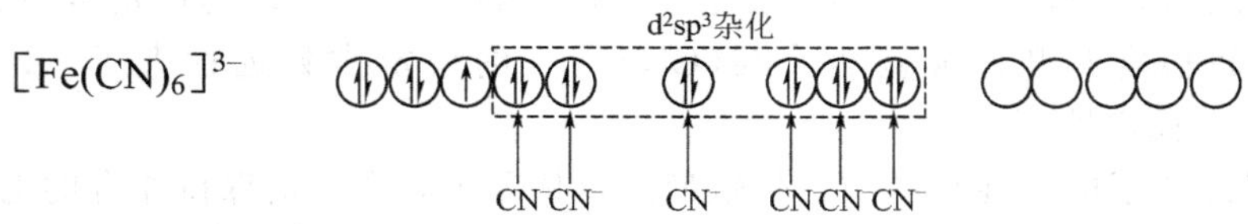

所以，中心离子 Fe^{3+} 的杂化轨道类型是 d^2sp^3，配离子的空间构型为正八面体，是内轨

配键，$[Fe(CN)_6]^{3-}$属内轨型配合物。

11.2.2 价键理论的优缺点

鲍林的价键理论不仅成功地说明了配合物的空间结构、中心离子的配位数以及一些配合物的稳定性，而且也能根据配合物中单电子的情况，较好地解释了配合物的磁性。但价键理论仍存在不少缺点：

① 只能解释配合物基态的性质，不能解释配合物激发态的性质，如配合物的颜色；

② 不能解释配合物的紫外光谱、可见吸收光谱和红外光谱，也不能解释配合物的特征吸收光谱和颜色；

③ 不能解释某些 Cu^{2+} 配合物中的电子分布情况，例如 $[Cu(NH_3)_4]^{2+}$ 中 Cu^{2+} 的电子构型为 $3d^9$，只有把 1 个 3d 电子激发到外层轨道上，Cu^{2+} 才能采取 dsp^2 杂化，一旦这样就不稳定，Cu^{2+} 易被氧化为 Cu^{3+}，但实际上 $[Cu(NH_3)_4]^{2+}$ 在空气中非常稳定，即 Cu^{2+} 的 dsp^2 杂化不成立，价键理论却无法给予解释。

11.3 配位化合物的晶体场理论

价键理论未考虑配体对中心离子（或原子）的影响。事实上，配体对中心离子（或原子）d 电子影响是非常大的，不能忽略不计。因此，学者们在考虑了中心离子（或原子）与配体之间的作用后又提出了晶体场理论。

11.3.1 晶体场理论

1929 年，贝塞（H. Bethe）等在研究离子晶体时提出了晶体场理论。晶体场理论以静电理论为基础，把配体看做是点电荷或偶极子，再考虑它们对中心离子最外层电子的影响。这个理论最早应用于物理学的某些领域中，直到 20 世纪 50 年代，才开始广泛应用于处理配合物的化学键问题。

（1）晶体场理论的基本要点

① 在配合物中，中心离子（或原子）是带正电的点电荷，配体是带负电的点电荷，中心离子（或原子）和配体之间的作用为纯粹的静电吸引和排斥作用，就像离子晶体中的正、负离子间的静电作用一样，中心离子（或原子）处于配位体的负电荷所形成的晶体场之中，晶体场理论也因之得名。

② 中心离子（或原子）的 5 个简并 d 轨道受周围配体负电场的排斥作用，致使中心离子（或原子）d 轨道的能量发生改变，能级发生分裂；有些 d 轨道能量相对升高，有些 d 轨道能量则相对降低。

③ 配合物的空间构型不同，配位体所形成的晶体场也不同。中心离子（或原子）的电子所受到的排斥也不同，结果也会造成不同情况的 d 轨道分裂。

（2）中心离子（或原子）d 轨道的能级分裂

中心离子（或原子）的 5 个简并 d 轨道在自由离子状态中，空间伸展方向不同，但能量相同，如图 11-6 所示。

但在周围配体电场的作用下，5 个 d 轨道要发生分裂，有的轨道能量升高，有的轨道能量降低，具体分裂情况主要取决于配体的空间分布，配体的电场越强，d 轨道能级分裂的程度越大。下面以八面体场为例，讲述 d 轨道的能级分裂。

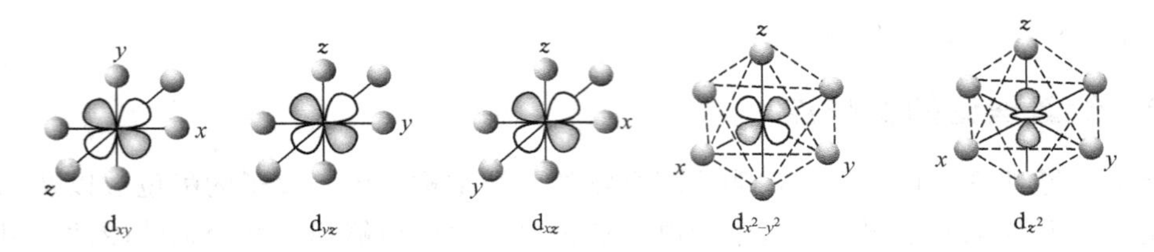

图 11-6　d 轨道的空间伸展方向

在自由电子状态，周围无电场时，5 个 d 轨道是简并的［见图 11-7(a)］，当置于球形对称的负电场中时，5 个 d 轨道中的电子受到负电场的均匀排斥力，使轨道能量升高，但不发生分裂［见图 11-7(b)］。但是在空间构型为八面体的配合物中（见图 11-8），6 个配体分别占据八面体的 6 个顶点，沿着 $\pm x$、$\pm y$、$\pm z$ 轴的方向中心离子接近时，一方面，带正电的中心离子（或原子）与带负电的配体相互吸引；另一方面，中心离子 d 轨道上的电子受到配体负电场的排斥，5 个 d 轨道的能量都将升高，但升高的程度不同。由于 $d_{x^2-y^2}$ 和 d_{z^2} 轨道与配体处于"头碰头"的位置，轨道中的电子受到的静电排斥力较大，能量升高较多；而 d_{xy}、d_{yz} 和 d_{xz} 轨道却正好处在配体的空隙中间，轨道中电子受到的静电排斥力较小，能量比前两个轨道的能量要低。

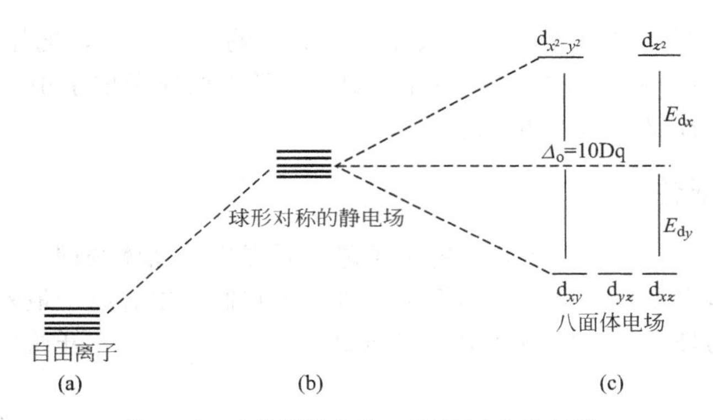

图 11-7　d 轨道能级在八面体场中的分裂

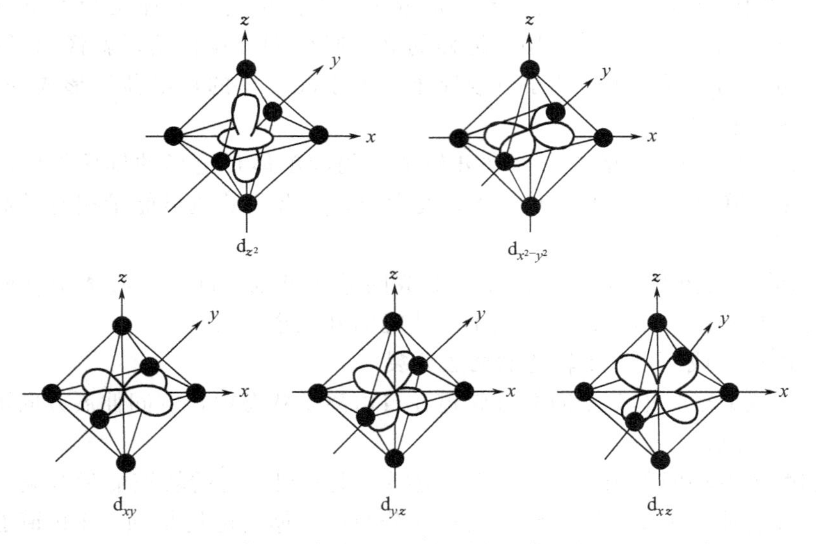

图 11-8　正八面体配合物中 5 个 d 轨道与配体的相对位置示意图

因此，在八面体场配体的影响下，原来能级相等的 5 个 d 轨道分裂为两组［见图 11-7 (c)］：一组为能量较高的 $d_{x^2-y^2}$ 和 d_{z^2} 轨道，称为 e_g 或 d_γ 轨道；另一组为能量较低的 d_{xy}、d_{yz} 和 d_{xz} 轨道，这组轨道称为 t_{2g} 或 d_ε 轨道（d_γ 和 d_ε 是晶体场理论所用符号，e_g 和 t_{2g} 是分子轨道理论用的符号）。这种能级分裂的现象称为**晶体场分裂**（crystal field sqlitting）。

(3) 晶体场分裂能及其影响因素

① 晶体场分裂能　在不同构型的配合物中，中心离子（或原子）d 轨道分裂的方式和程度都不相同。中心离子（或原子）d 轨道分裂后的最高能级和最低能级之间的能量差称为**晶体场分裂能**（crystal field splitting energy），用符号 Δ 表示。正八面体场的分裂能就是 1 个电子在 d_γ 和 d_ε 之间跃迁（d-d 跃迁）时所需的能量，通常用符号 Δ_o 表示。在八面体场中，设球形场的能量 $E=0$，规定：d_γ 和 d_ε 之间跃迁时所需能量差 $\Delta_o=10Dq$，则

$$\Delta_o=E_{d_\gamma}-E_{d_\varepsilon}=10Dq \tag{11-2}$$

量子力学指出，在外电场作用下的 d 轨道的平均能量是不变的，因此，分裂前后 d 轨道的总能量应保持不变，d_γ 轨道上可容纳 4 个电子，而 d_ε 轨道上可容纳 6 个电子，则有

$$4E_{d_\gamma}+6E_{d_\varepsilon}=0 \tag{11-3}$$

联立式 (11-2) 和式 (11-3)，可得

$$E_{d_\gamma}=6Dq$$
$$E_{d_\varepsilon}=-4Dq$$

晶体场分裂能的大小可通过配合物的吸收光谱实验测得。

② 晶体场分裂能的影响因素　分裂能的大小既与中心离子（或原子）有关，也与配位体有关。在大量光谱实验数据和理论研究的结果基础上，发现主要影响晶体分裂能的因素如下。

a. 配合物的空间构型。　在同种配体、同种中心离子（或原子）且配体与中心离子（或原子）距离相同的条件下，配合物的空间构型不同，分裂能的大小也不同。一般有平面四边形＞八面体＞四面体。

b. 配体的性质。　同种中心离子（或原子）与不同的配体形成相同空间构型的配合物时，分裂能的大小随配体电场的强弱而变化。不同的配体有不同的电场强度，配体电场越强，分裂能越大。例如 Cr^{3+} 与不同配体形成八面体配合物时的分裂能列于表 11-6 中。

表 11-6　不同配体的晶体场分裂能

配离子	$[CrCl_6]^{3-}$	$[CrF_6]^{3-}$	$[Cr(H_2O)_6]^{3+}$	$[Cr(NH_3)_6]^{3+}$	$[Cr(en)_3]^{3+}$	$[Cr(CN)_6]^{3-}$
Δ_o/cm^{-1}	13600	15300	17400	21600	21900	26300

由表 11-6 可以看出，同一中心离子（或原子）形成构型相同的配合物时，分裂能随配体场的强弱不同而变化，配体场的强弱顺序如下：

弱场配体→强场配体

$$I^-<Br^-<SCN^-\approx Cl^-<F^-<OH^-<C_2O_4^{2-}<H_2O<$$
$$NCS^-<EDTA<NH_3<en<SO_3^{2-}<NO_2^-<CN^-\approx CO$$

这个顺序是从配合物的吸收光谱实验获得的，故称为**光谱化学序**（spectrochemical series）。它代表了配体电场的强弱顺序，排在左边的配体称为弱场配体，排在右边的配体称为强场配体。

c. 中心离子（或原子）的电荷。高氧化态配合物比低氧化态配合物的分裂能大。这是由于随着中心离子（或原子）正电荷数的增加，配体更靠近中心离子（或原子），从而对中心离子（或原子）的 d 轨道产生的排斥较大。第四周期过渡金属的某些 M^{2+} 和 M^{3+} 水合配离子的分裂能列于表 11-7 中。

表 11-7　不同中心离子的晶体场分裂能/cm^{-1}

中心离子	V	Cr	Mn	Fe	Co
$[M(H_2O)_6]^{2+}$	12600	13900	7800	10400	9300
$[M(H_2O)_6]^{3+}$	17700	17400	21000	13700	18600

d. 中心离子所属周期数。相同氧化态的同族过渡金属离子与同种配体形成相同空间构型的配合物时，分裂能 Δ 随中心离子在周期表中所属的周期数的增加而增大，这主要是由于与 3d 轨道相比，4d、5d 轨道伸展得较远，与配体更接近，受配体电场的排斥较大。第二过渡系金属离子的 Δ 比第一过渡系金属离子增大 40%～50%，第三过渡系比第二过渡系又增大 20%～25%。例如：

	$[CrCl_6]^{2-}$	$[MoCl_6]^{3-}$
Δ/cm^{-1}	13600	19200
	$[RhCl_6]^{3-}$	$[IrCl_6]^{3-}$
Δ/cm^{-1}	20300	24900

e. 中心离子（或原子）的半径　中心离子（或原子）的半径越大，d 轨道离核越远，其能量受外电场影响越大，分裂能越大。即相同配体相同电荷的同族过渡金属离子，配合物的分裂能顺序为 3d<4d<5d。

（4）晶体场稳定化能

① 稳定化能的定义　由于配位场的作用，d 轨道发生分裂，有的轨道能量升高，有的轨道能量降低。当 d 轨道为全空或全满时，d 轨道分裂前后总能量保持不变。多数情况下，d 轨道处于非全空或全满状态，所以 d 轨道电子进入分裂轨道后总能量往往低于未分裂（球形场中）时的总能量，这个总能量的降低值就称为**晶体场稳定化能**（crystal field stabilization energy），记为 *CFSE*。晶体场稳定化能越大，配合物越稳定。

② 稳定化能的计算　在八面体场中，Cr^{3+}（d^3）的电子排布为 d_ε^3，则晶体场稳定化能为：

$$CFSE=3E_{d_\varepsilon}=3\times(-4Dq)=-12Dq$$

又如 Co^{2+}（d^7）：

在弱场中，为高自旋排布 $d_\varepsilon{}^5 d_\gamma{}^2$，与未分裂的 d 轨道成对电子一样多，$E_p$ 相互抵消则晶体场稳定化能为

$$CFSE=5E_{d_\varepsilon}+2E_{d_\gamma}=5\times(-4Dq)+2\times(6Dq)=-8Dq$$

在强场中，为低自旋排布 $d_\varepsilon^6 d_\gamma^1$，比在 d 轨道未分裂时多出一对成对电子，因此需多付出一对电子成对时所需要的能量 E_p，则晶体场稳定化能为

$$CFSE=6E_{d_\varepsilon}+E_{d_\gamma}+E_p=6\times(-4Dq)+6Dq+E_p=-18Dq+E_p$$

由此可见，晶体场稳定化能与中心离子（或原子）的 d 电子数有关，也与晶体场的场强有关，此外还与配合物的空间构型有关。中心离子（或原子）的 d 电子在八面体场中的排布及对应的晶体场稳定化能列于表 11-8 中。

表 11-8 d 电子在八面体场中的排布及对应的晶体场稳定化能

d^n	弱场				强场			
	构型	电子对数		CFSE	构型	电子对数		CFSE
		n_1	n_2			n_1	n_2	
d^1	$d_\varepsilon{}^1$	0	0	−4Dq	$d_\varepsilon{}^1$	0	0	−4Dq
d^2	$d_\varepsilon{}^2$	0	0	−8Dq	$d_\varepsilon{}^2$	0	0	−8Dq
d^3	$d_\varepsilon{}^3$	0	0	−12Dq	$d_\varepsilon{}^3$	0	0	−12Dq
d^4	$d_\varepsilon^3 d_\gamma^1$	0	0	−6Dq	$d_\varepsilon^3 d_\gamma^1$	1	0	$-16Dq+E_p$
d^5	$d_\varepsilon^3 d_\gamma^2$	0	0	0	$d_\varepsilon^3 d_\gamma^2$	2	0	$-20Dq+2E_p$
d^6	$d_\varepsilon^4 d_\gamma^2$	1	1	−4Dq	$d_\varepsilon^4 d_\gamma^2$	3	1	$-24Dq+2E_p$
d^7	$d_\varepsilon^5 d_\gamma^2$	2	2	−8Dq	$d_\varepsilon^5 d_\gamma^2$	3	2	$-18Dq+E_p$
d^8	$d_\varepsilon^6 d_\gamma^2$	3	3	−12Dq	$d_\varepsilon^6 d_\gamma^2$	3	3	−12Dq
d^9	$t_{2g}^6 d_\gamma^3$	4	4	−6Dq	$d_\varepsilon^6 d_\gamma^3$	4	4	−6Dq
d^{10}	$d_\varepsilon^6 d_\gamma^4$	5	5	0	$d_\varepsilon^6 d_\gamma^4$	5	5	0

由表 11-8 可知，$d^4 \sim d^7$ 构型的中心离子，在弱场和强场配体作用下，d 电子的排布方式有高、低自旋之分，其对应的晶体场稳定化能是不同的；对 $d^1 \sim d^3$ 和 $d^8 \sim d^{10}$ 构型的中心离子（或原子），无论是弱场还是强场配体，d 电子的排布方式均只有一种，但由于场的强度不同，分裂能 Δ_o 值不同，因此，所形成的配合物其晶体场稳定化能也是有差别的。在相同条件下，晶体场稳定化能值越小，系统的能量越低，配合物越稳定。

11.3.2 晶体场理论的应用

（1）决定配合物的自旋状态

在八面体场中，d 轨道分裂为 d_γ 和 d_ε 两组，中心离子（或原子）的 d 电子在 d_γ 和 d_ε 轨道中的排布，同样必须服从能量最低原理、泡利不相容原理和洪特规则。具体排布如下。

① 中心离子（或原子）的电子构型为 $d^1 \sim d^3$ 时，d 电子优先排布在能量较低的 d_ε 轨道上，且自旋平行，d 电子的排布方式只有一种。例如 $Cr^{3+}(d^3)$，d 电子排布方式为 $d_\varepsilon{}^3 d_\gamma{}^0$。

② 中心离子（或原子）的电子构型为 $d^4 \sim d^7$ 时，d 电子排布方式有两种。以 d^4 电子构型的离子（Cr^{2+}、Mn^{3+}）为例。第一种方式（b），其第 4 个电子进入 d_γ 轨道，此时需要克服分裂能 Δ_o，这种排布方式为 $d_\varepsilon{}^3 d_\gamma{}^1$，未成对电子数相对较多，磁矩较大，就称为高自旋排布，相应的配合物称为高自旋配合物；第二种方式（a），其第 4 个电子进入 d_ε 轨道，此时需要克服两个电子相互排斥而消耗的能量，这种排布方式为 $d_\varepsilon{}^4 d_\gamma{}^0$，未成对电子数相对减少，磁矩较小，称为低自旋排布，相应的配合物称为低自旋配合物。中心离子（或原子）d 轨道上的电子究竟按何种方式排布，取决于分裂能 Δ_o 和电子成对能 E_p（晶体场理论提出，电子配对也要消耗能量，因为处于同一轨道的 2 个电子都带负电，存在静电排斥，这种能量就叫电子成对能，记为 E_p。）的相对大小。

前 3 个电子的排布方式为

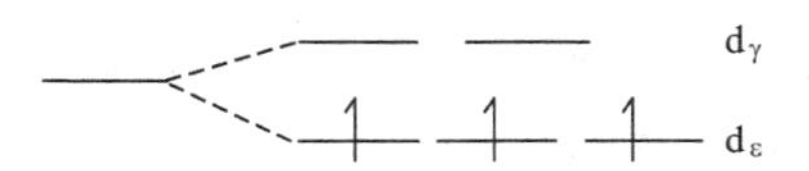

第 4 个电子有两种可能的排布方式为

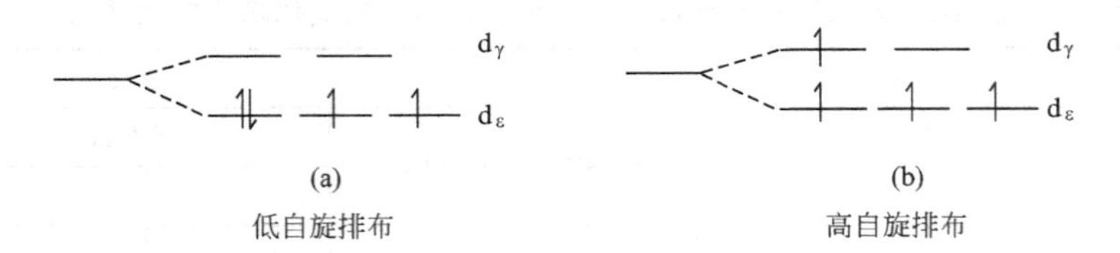

低自旋排布　　　　高自旋排布

若 $\Delta_o < E_p$，电子成对困难，优先进入 d_γ 轨道，保持较多的成单电子，形成高自旋排布；若 $\Delta_o > E_p$，电子尽可能占据能量低的 d_ε 轨道，进行配对，成单电子减少，形成低自旋排布。

③ 中心离子（或原子）的电子构型为 $d^8 \sim d^{10}$ 时，同 $d^1 \sim d^3$ 构型一样，d 电子只有一种排布方式，与分裂能大小无关，无高低自旋之分。

电子成对能 E_p 的大小可以从自由状态的中心离子的光谱实验数据估算得到。不同的中心离子（或原子）的 E_p 值有所不同，但相差不大，而 Δ_o 受中心离子（或原子）和配体的影响较大。这样，中心离子 d 电子的排布方式就主要取决于 Δ_o 的大小。在强场配体作用下，分裂能大，此时 $\Delta_o > E_p$，易形成低自旋配合物；在弱场配体作用下，分裂能较小，此时 $\Delta_o < E_p$，则易形成高自旋配合物。

（2）决定配合物的空间构型

由表 11-9 可以看出，对于 d^0、d^{10} 以及弱场中的 d^5，其稳定化能均为 0Dq，其余 d 电子数的金属离子配合物，正方形构型的稳定化能大于正八面体的稳定化能，似乎绝大多数配合物应当是正方形。

但事实上，八面体的配合物更为常见。这主要归因于两个方面：①八面体配合物中有 6 个配位键，而正方形配合物中只有 4 个配位键，前者的总能量大于后者；②这两种构型的稳定化能虽然有差别，但相差不大，从键能和稳定化能综合来看，当键能大于稳定化能时，有利于八面体的形成，当键能小于稳定化能时，也就是稳定化能差值最大时，才能形成正方形配合物。

（3）解释配合物的颜色

晶位场理论认为，由于 d 轨道未充满还有空轨道，当吸收能量时，电子从低能轨道跃迁到高能轨道，其能量差一般为 $10^5 \sim 3\times10^5\,cm^{-1}$，相当于可见波长，因而配合物的颜色，就是从入射光中去掉被吸收的光，剩下的可见光所呈现的颜色。

当可见光照射到物体上时会出现几种情况：①若全部被物体吸收，则物体显黑色；②若完全不被吸收（全部反射）或全部透过，则物体显白色或无色；③若物体对所有波长的光吸收程度都差不多，则显灰色；④若物体只选择性地吸收白光中某一波长的光，则物体显这一波长的光的补色。物质吸收波长与其颜色的关系见表 11-9。

表 11-9　物质吸收波长与其颜色的关系

吸收波长 λ/nm	波数 ν/cm^{-1}	被吸收光颜色	物质的颜色
400～435	25000～23000	紫	绿黄
435～480	23000～20800	蓝	黄
480～490	20800～20400	绿蓝	橙
490～500	20400～20000	蓝绿	红
500～550	20000～17900	绿	红紫
560～580	17900～17200	黄绿	紫

续表

吸收波长 λ/nm	波数 ν/cm⁻¹	被吸收光颜色	物质的颜色
580～595	17200～16800	黄	蓝
595～605	16800～16500	橙	绿蓝
605～750	16500～13333	红	蓝绿

以具有 1 个 d 电子的 Ti^{2+} 配合物 $[Ti(H_2O)_6]^{3+}$ 为例，$[Ti(H_2O)_6]^{3+}$ 的分裂能 $\Delta_o=20300cm^{-1}$，当白光照射含有 $[Ti(H_2O)_6]^{3+}$ 的溶液时，其中能量为 $20300cm^{-1}$（相当于波长约 500nm）的蓝绿色光被配合物吸收，如图 11-9 所示；同时，发生 d-d 跃迁，如图 11-10 所示，所以 $[Ti(H_2O)_6]^{3+}$ 呈现与蓝绿色相对应的互补色——紫红色。

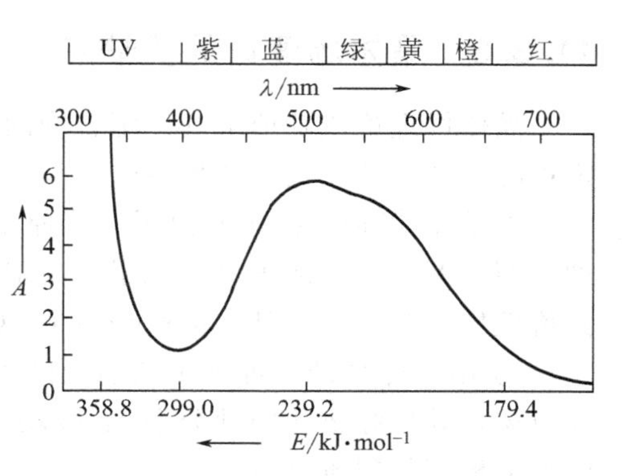

图 11-9　$[Ti(H_2O)_6]^{3+}$ 的吸收光谱

对于不同的中心离子或不同的配体，Δ_o 值不相同，d-d 跃迁时吸收的可见光的波长不同，配离子显现的颜色不同，如果中心离子（或原子）的 d 轨道全空（d^0）或全满（d^{10}），则不能发生 d-d 跃迁，其配离子是无色的。

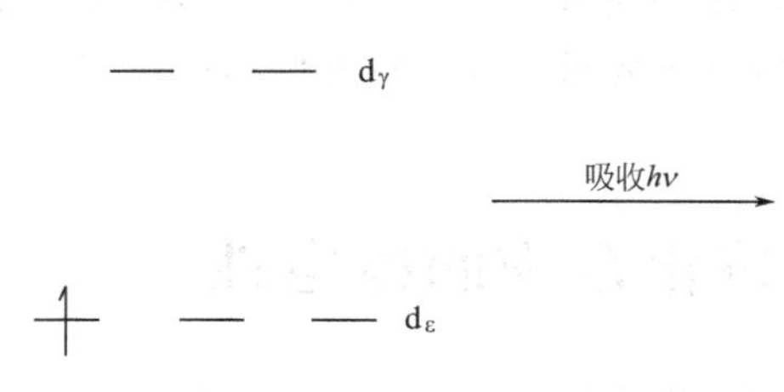

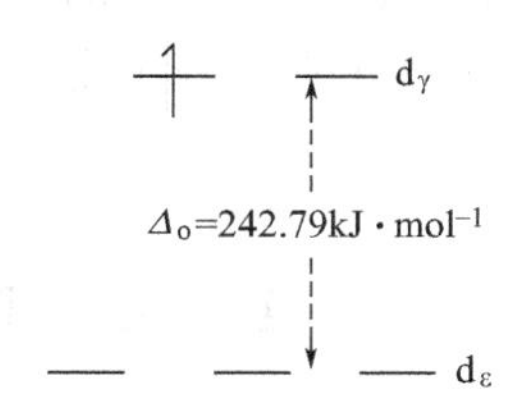

图 11-10　$[Ti(H_2O)_6]^{3+}$ 中的 d-d 跃迁

（4）解释过渡金属离子的水合热

298K 时，标准状态下，气态离子溶于水生成 1mol 水合离子时所放出的热量，称为过渡金属离子的水合热，记为 $\Delta_h H_m^{\ominus}$，用反应式可表示为

$$M^{n+}(g)+6H_2O(l)=\!=\!=[M(H_2O)_6]^{n+}(aq)$$

$$\Delta_r H_m^{\ominus}=\Delta_h H_m^{\ominus}$$

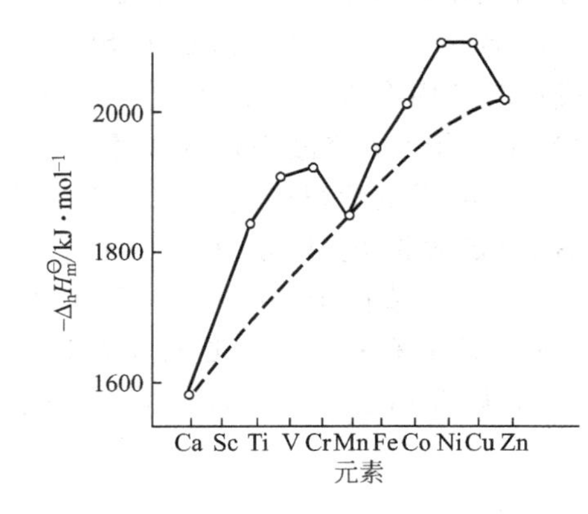

图 11-11　第四周期过渡元素离子的水合热

许多 +2 价离子都可以形成 6 配位八面体构型的水合离子。对于第四周期的 +2 价金属离子，从 Ca^{2+} 到 Zn^{2+}，d 电子数逐渐增加，离子半径逐渐减小，金属离子与水分子结合得愈牢固，所形成水合金属离子的水合热也应有规律地增大（见图 11-11 中的虚线），但实验测得的水合热并非如此，而是如图 11-11 中实线所示，出现了两个小“山峰”。

图 11-11 中的两个小“山峰”可以用晶体场稳定化能进行定量解释。在八面体场中，水合离子 Ca^{2+}

(d^0)、$Mn^{2+}(d^5)$ 和 $Zn^{2+}(d^{10})$ 的 *CFSE* 为 0，其水合热均落在图 11-11 中的虚线上。其他离子的水合热，由于都有相应的稳定化能，而使实验结果如图中实线那样出现“双峰”现象。如果把各个水合离子的 *CFSE* 从水合热的实验值中一一扣去，再用 $-\Delta_h H_m^{\ominus}$ 对 d^n 作图，相应各点将落在图中虚线上，这就证明实验曲线之所以“反常”，是由于晶体场稳定化能造成的，这正反映了配离子的 *CFSE* 是随 d 电子数的变化而变化，同时，也是晶体场理论具有一定定量准确性的又一例证。

11.3.3 晶体场理论的优缺点

晶体场理论成功地解释了配合物的颜色、磁性、稳定性及某些热力学性质，并有一定的定量准确性，这无疑要比价键理论大大地前进了一步。然而，它也有很多不足之处。

① 晶体场理论把中心离子（或原子）与配位体之间的相互作用完全作为静电问题来处理，而不考虑中心离子（或原子）与配位体之间的共价作用，这显然与许多配合物中明显的共价性质不符合，尤其不能解释像 $Fe(CO)_5$ 这类中性原子配合物的形成问题。

② 由晶体场理论推导出来的光谱化学序，却不能用该理论来进行解释。例如 F^- 是弱场配位体，其场强要比中性分子 H_2O 弱，相比于 CO 更是弱得多，这一结果按照晶体场理论的静电模型是很难理解的。

晶体场理论的局限性正是由于它只考虑配位键的离子性，而忽略了配位键的共价性所引起的。后续发展起来的配位场理论考虑了配位体与金属离子间的共价作用，引入了分子轨道理论的方法，弥补了晶体场理论的不足，较好地解释了配合物的许多性质，如配合物中化学键的本质及配合物的性质。限于本课程的基本要求，本书对配位场理论和分子轨道理论不作介绍。

11.4 配位化合物的稳定性

本节讨论配合物的稳定性主要是指它的热力学稳定性，也就是配合物在水溶液中的解离行为。解离程度越低，说明配合物的稳定性越大。

11.4.1 稳定常数和不稳定常数

（1）稳定常数

配合物的内界与外界之间是通过离子键结合的，在水溶液中配合物会完全解离成配离子与外界离子。例如，在 $[Cu(NH_3)_4]SO_4$ 溶液中加入少量 Ba^{2+}，可以看到白色 $BaSO_4$ 沉淀，而加入少量 NaOH 溶液却并无 $Cu(OH)_2$ 沉淀生成；溶液中存在大量的 SO_4^{2-}，$[Cu(NH_3)_4]^{2+}$ 配离子在溶液中能稳定存在。但当在 $[Cu(NH_3)_4]SO_4$ 溶液中加入少量 Na_2S 溶液时，却可以生成黑色 CuS 沉淀；说明 $[Cu(NH_3)_4]^{2+}$ 配离子虽然很稳定，但仍然可以发生微弱的解离。通过比较 $Cu(OH)_2$ 沉淀和 CuS 沉淀的溶度积常数，可知 $[Cu(NH_3)_4]^{2+}$ 配离子虽然解离出的 Cu^{2+} 的量极少，但足以与 S^{2-} 生成极难溶的 CuS 沉淀。以上表明水溶液中 $[Cu(NH_3)_4]^{2+}$ 配离子与 Cu^{2+} 和 NH_3 分子之间存在平衡，这种平衡称为配位平衡。如果以配离子的生成过程来表示这个配位平衡，则配离子 $[Cu(NH_3)_4]^{2+}$ 的生成过程可以表示为：

$$Cu^{2+} + 4NH_3 \rightleftharpoons [Cu(NH_3)_4]^{2+}$$

根据化学平衡书写平衡常数的一般原则，其平衡常数的表达式为：

$$K_f^\ominus = K_{稳}^\ominus = \frac{[Cu(NH_3)_4^{2+}]}{[Cu^{2+}][NH_3]^4}$$

式中，$K_f^\ominus$ 为配离子 $[Cu(NH_3)_4]^{2+}$ 生成反应的标准平衡常数，为区别于化学反应的标准平衡常数，下标加一“f”，为生成的英文单词 formation 的首字母，即生成常数。关于 $K_f^\ominus$ 有几点说明。

① $K_f^\ominus$ 既然是平衡常数，那就表示它仅与温度有关，与离子浓度没有关系。当温度确定时，配离子的 $K_f^\ominus$ 就是一个常数。

② $K_f^\ominus$ 表示中心离子（或原子）与配体的反应进行的程度以及配离子的稳定性，也可用 $K_{稳}^\ominus$ 表示。在相同条件下，$K_f^\ominus$ 值越大，表示生成配离子的程度越大，即配离子越稳定；反之，$K_f^\ominus$ 值越小，配离子越不稳定。因此，$K_f^\ominus$ 又称为配离子的标准稳定常数，简称为**稳定常数**（stability constant），一般用 $K_f^\ominus$ 或 $\lg K_f^\ominus$ 表示。

③ 对于同类型配离子，可以根据 $K_f^\ominus$ 的大小，比较配离子的稳定性；即 $K_f^\ominus$ 越大，配离子越稳定；不同类型的配离子，不能直接进行比较，必须通过计算来比较其稳定性。

（2）不稳定常数

实际上，配离子在水溶液中的生成或解离是可逆的，如果以配离子的解离过程来表示这个配位平衡，则配离子 $[Cu(NH_3)_4]^{2+}$ 的解离过程可以表示为：

$$[Cu(NH_3)_4]^{2+} \rightleftharpoons Cu^{2+} + 4NH_3$$

根据书写平衡常数的一般原则，其平衡常数的表达式为：

$$K_d^\ominus = K_{不稳}^\ominus = \frac{[Cu^{2+}][NH_3]^4}{[Cu(NH_3)_4^{2+}]}$$

式中，$K_d^\ominus$ 就是配离子解离反应的平衡常数；下标加一“d”，为解离的英文单词 disscoiation 的首字母，即解离常数（dissociation constant）。因此配离子的稳定性也可以用配离子的不稳定常数 $K_{不稳}^\ominus$（或 $K_d^\ominus$）来表示。

$K_d^\ominus$ 越大，表示配离子越易解离，即越不稳定。显然，配离子的稳定常数和不稳定常数互为倒数关系，即

$$K_f^\ominus = \frac{1}{K_d^\ominus}$$

不同配离子具有不同的稳定常数和不稳定常数。稳定常数（或不稳定常数）是配合物的一个特征常数。一些常见配离子的稳定常数列于表 11-10 和附录 7 中。

表 11-10　一些常见配离子的稳定常数（298K）

配离子	$K_f^\ominus$	配离子	$K_f^\ominus$
$[AgCl_2]^-$	1.10×10^{6}	$[CaEDTA]^{2-}$	1.0×10^{11}
$[AgI_2]^-$	5.49×10^{11}	$[Cd(en)_2]^{2+}$	1.20×10^{12}
$[Ag(CN)_2]^-$	1.26×10^{21}	$[Cd(NH_3)_4]^{2+}$	1.32×10^{7}
$[Ag(NH_3)_2]^+$	1.12×10^{7}	$[Co(SCN)_4]^{2-}$	1.00×10^{5}
$[Ag(SCN)_2]^-$	3.72×10^{7}	$[Co(NH_3)_6]^{2+}$	1.29×10^{5}
$[Ag(S_2O_3)_2]^{3-}$	2.88×10^{13}	$[Co(NH_3)_6]^{3+}$	1.58×10^{35}
$[AlF_6]^{3-}$	6.94×10^{19}	$[Cu(CN)_2]^-$	1.0×10^{24}
$[Au(CN)_2]^-$	2.0×10^{3}	$[Cu(en)_2]^+$	6.33×10^{10}

续表

配离子	$K_f^\ominus$	配离子	$K_f^\ominus$
$[Cu(NH_3)_2]^+$	7.25×10^{10}	$[HgI_4]^{2-}$	6.76×10^{29}
$[Cu(NH_3)_4]^{2+}$	2.09×10^{13}	$[Hg(CN)_4]^{2-}$	2.5×10^{41}
$[Fe(SCN)_2]^+$	2.29×10^{3}	$[MgEDTA]^{2-}$	4.37×10^{8}
$[Fe(CN)_6]^{4-}$	1.0×10^{35}	$[Ni(CN)_4]^{2-}$	2.0×10^{31}
$[Fe(CN)_6]^{3-}$	1.0×10^{42}	$[Ni(NH_3)_4]^{2+}$	9.09×10^{7}
$[FeF_6]^{3-}$	1.0×10^{16}	$[Zn(CN)_4]^{2-}$	5.0×10^{16}
$[HgCl_4]^{2-}$	1.17×10^{15}	$[Zn(NH_3)_4]^{2+}$	2.88×10^{9}

应该指出：配离子的稳定常数（或不稳定常数）大都是由实验测得的。随着离子强度、温度等条件的不同，以及所用测试方法精确程度的差异，必然会引起数据的差异。因而不同书刊中所引用的数据在数值上会有些出入，但基本上还是比较接近的。

11.4.2 逐级稳定常数

与多元弱酸（或弱碱）相似，在配离子溶液中，多个配体与中心离子（或原子）的结合或配离子的解离都是逐步进行的。因此，溶液中存在着一系列的配位平衡；反应达到平衡时，每一步都有其对应的稳定常数，称为逐级稳定常数（stepwise stability constant），用 $K_{f,n}^\ominus$ 表示。例如 $[Cu(NH_3)_4]^{2+}$ 的形成过程：

第一步
$$Cu^{2+}+NH_3 \rightleftharpoons [Cu(NH_3)]^{2+}$$
$$K_{f,1}^\ominus=\frac{[Cu(NH_3)^{2+}]}{[Cu^{2+}][NH_3]}=2.04\times10^4$$

第二步
$$[Cu(NH_3)]^{2+}+NH_3 \rightleftharpoons [Cu(NH_3)_2]^{2+}$$
$$K_{f,2}^\ominus=\frac{[Cu(NH_3)_2^{2+}]}{[Cu(NH_3)^{2+}][NH_3]}=4.67\times10^3$$

第三步
$$[Cu(NH_3)_2]^{2+}+NH_3 \rightleftharpoons [Cu(NH_3)_3]^{2+}$$
$$K_{f,3}^\ominus=\frac{[Cu(NH_3)_3^{2+}]}{[Cu(NH_3)_2^{2+}][NH_3]}=1.10\times10^3$$

第四步
$$Cu[(NH_3)_3]^{2+}+NH_3 \rightleftharpoons [Cu(NH_3)_4]^{2+}$$
$$K_{f,4}^\ominus=\frac{[Cu(NH_3)_4^{2+}]}{[Cu(NH_3)_3^{2+}][NH_3]}=2.0\times10^2$$

若将逐级稳定常数依次相乘，就得到各级累积稳定常数。各级累积稳定常数用 $\beta_n^\ominus$ 表示：

$$\beta_1^\ominus=K_{f,1}^\ominus=\frac{[Cu(NH_3)^{2+}]}{[Cu^{2+}][NH_3]}$$

$$\beta_2^\ominus=K_{f,1}^\ominus K_{f,2}^\ominus=\frac{[Cu(NH_3)_2^{2+}]}{[Cu^{2+}][NH_3]^2}$$

$$\beta_3^\ominus=K_{f,1}^\ominus K_{f,2}^\ominus K_{f,3}^\ominus=\frac{[Cu(NH_3)_3^{2+}]}{[Cu^{2+}][NH_3]^3}$$

$$\beta_4^\ominus=K_{f,1}^\ominus K_{f,2}^\ominus K_{f,3}^\ominus K_{f,4}^\ominus=\frac{[Cu(NH_3)_4^{2+}]}{[Cu^{2+}][NH_3]^4}$$

最后一级累积稳定常数等于该配离子的总稳定常数。即：

$$K_f^\ominus=\beta_4^\ominus=K_{f,1}^\ominus K_{f,2}^\ominus K_{f,3}^\ominus K_{f,4}^\ominus$$

一般地说

$$K_f^\ominus=\beta_n^\ominus=K_{f,1}^\ominus K_{f,2}^\ominus K_{f,3}^\ominus\cdots K_n^\ominus$$

通常也有以配离子的解离为基础的，这样得到的就是配合物的逐级不稳定常数。

已经知道，稳定常数和不稳定常数互为倒数；不过对于逐级常数来说，第一级不稳定常数为最后一级稳定常数的倒数；其余类推。对于配离子 $[Cu(NH_3)_4]^{2+}$，其逐级不稳定常数（用 $K_{d,n}^\ominus$ 表示）分别为：$K_{d,1}^\ominus=\dfrac{1}{K_{f,4}^\ominus}=5.01\times10^{-3}$，$K_{d,2}^\ominus=\dfrac{1}{K_{f,3}^\ominus}=9.12\times10^{-4}$，$K_{d,3}^\ominus=\dfrac{1}{K_{f,2}^\ominus}=2.14\times10^{-4}$，$K_{d,4}^\ominus=\dfrac{1}{K_{f,1}^\ominus}=4.90\times10^{-5}$，故

$$K_d^\ominus=K_{d,1}^\ominus K_{d,2}^\ominus K_{d,3}^\ominus K_{d,4}^\ominus=4.79\times10^{-14}$$

需要特别注意的是：在计算溶液中离子浓度时，如果考虑各级离子的存在，就会导致计算很麻烦。但实际工作中，一般总是使用过量的配位剂，即让配体过量，这样中心离子（或原子）绝大部分处在最高配位数状态，而其他低配位数的各级配离子可忽略不计。这样只需用总的 $K_f^\ominus$（或 $K_d^\ominus$）计算就大为简化，误差也不致很大。

【例 11-2】 已知 $[Cu(NH_3)_4]^{2+}$ 的 $K_d^\ominus=4.79\times10^{-14}$。若在 1.0L 6.0mol·L^{-1} 氨水溶液中溶解 0.10mol $CuSO_4$，求溶液中各组分的浓度。（假设溶解 $CuSO_4$ 后溶液的体积不变）

解 $CuSO_4$ 完全解离为 Cu^{2+} 及 SO_4^{2-}，假定所得的 Cu^{2+} 因有过量的 NH_3 而完全生成 $[Cu(NH_3)_4]^{2+}$，那么溶液中 $[Cu(NH_3)_4]^{2+}$ 的浓度为 0.10mol·L^{-1}，剩余的 NH_3 浓度为（6.0−4×0.1）＝5.6mol·L^{-1}。由于 $[Cu(NH_3)_4]^{2+}$ 在溶液中还存在解离平衡，设平衡时溶液中 $[Cu^{2+}]=x$ mol·L^{-1}，则

$$[Cu(NH_3)_4]^{2+} \rightleftharpoons Cu^{2+} + 4NH_3$$

$$0.10-x \qquad x \qquad 5.6+4x$$

代入不稳定常数表达式，即得：

$$K_d^\ominus=K_{不稳}^\ominus=\frac{[Cu^{2+}][NH_3]^4}{[Cu(NH_3)_4^{2+}]}=\frac{x(5.6+4x)^4}{0.10-x}=4.79\times10^{-14}$$

由于 $K_d^\ominus$ 很小，解离出来的 Cu^{2+} 必定很少，即 x 非常小，可认为：$0.10-x\approx0.10$，$5.6+4x\approx5.6$，于是可得

$$\frac{x(5.6)^4}{0.10}=4.79\times10^{-14}$$

$$x=4.9\times10^{-18}(mol\cdot L^{-1})$$

因此溶液中各组分的浓度分别为：

$[Cu^{2+}]=4.9\times10^{-18}$ mol·L^{-1}　　　$[Cu(NH_3)_4{}^{2+}]=0.10$mol·L^{-1}

$[NH_3]=5.6$mol·L^{-1}　　　$[SO_4^{2-}]=0.10$mol·L^{-1}

【例 11-3】 在 0.10mol·L^{-1} $[Ag(NH_3)_2]^+$ 溶液中含有 1.00mol·L^{-1} 的 NH_3，计算溶液中 Ag^+ 的浓度。（$K_f^\ominus[Ag(NH_3)_2{}^+]=1.12\times10^7$）

解 设平衡时 $c(Ag^+)=x$ mol·L^{-1}，则

$$Ag^+ + 2NH_3 \rightleftharpoons [Ag(NH_3)_2]^+$$

$$x \qquad 1.00+2x \qquad 0.10-x$$

由于 NH_3 过量时配离子的解离受到抑制，此时 $0.10-x\approx0.10$，$1.00+2x\approx1.00$

$$K_f^{\ominus}[Ag(NH_3)_2^+]=\frac{[Ag(NH_3)_2^+]}{[NH_3]^2[Ag^+]}=\frac{0.10}{1.00^2\times[Ag^+]}=1.12\times10^7$$

解得

$$c(Ag^+)=8.93\times10^{-9}\,mol\cdot L^{-1}$$

故，溶液中 Ag^+ 的浓度为 $8.93\times10^{-9}\,mol\cdot L^{-1}$。

11.4.3 影响配合物稳定性的因素

配离子的稳定性是指配离子解离为金属离子和配体并达到平衡时解离程度的大小。影响配合物稳定性的因素很多，大体上可区分为内因和外因；内因是指中心离子与配体的性质，外因是指溶液的温度、浓度、压力等。另外，配离子的稳定常数实际上就是配离子在水溶液中稳定性的定量量度，对于配位数相同的配离子的稳定性，可根据稳定常数的大小直接判断。本节主要讨论内因即中心离子（或原子）结构及配体性质对配离子稳定性的影响。

（1）中心离子（或原子）的结构

决定中心离子（或原子）作为配合物形成体的能力的因素主要有金属离子的电荷、半径及电子构型。

① 金属离子的电荷和半径　一般而言，中心离子（或原子）的电场越强，它同配体的配位能力也越强，形成的配合物也就越稳定。中心离子的电场强度即取决于中心离子的半径和电荷，可合并为金属离子的离子势进行衡量（记为 Z/r，这里 Z 表示金属离子的电荷，r 表示金属离子的半径）。一般情况下，金属离子的离子势 Z/r 越大，所生成的配离子的稳定常数 $K_f^{\ominus}$ 越大，则配离子越稳定。但是，这仅针对较简单的离子型配合物，具体见表 11-11。

表 11-11　一些金属离子的半径 r 和离子势 Z/r 与配离子稳定常数 $K_f^{\ominus}$(EDTA) 的关系

中心离子	r/pm	Z/r	$K_f^{\ominus}$(EDTA) ($T=298K, I=0.1mol\cdot L^{-1}$)
Mg^{2+}	65	0.031	6.17×10^8
Ca^{2+}	99	0.02	9.90×10^{10}
Sr^{2+}	113	0.018	5.37×10^8
Ba^{2+}	135	0.015	7.24×10^7
Ra^{2+}	140	0.014	1.26×10^7
Li^+	60	0.017	6.16×10^7
Na^+	95	0.011	4.57×10^1
K^+	133	0.0075	6.31

表 11-11 中半径相近的 Ca^{2+} 和 Na^+ 的稳定性随电荷的增大而递增，这是因为电荷总是成倍地增加，而半径的变化范围较小。若只考虑离子势的影响，配离子 Ca-EDTA 的稳定性应小于 Mg-EDTA；实际上，从表 11-11 中可以看出，Ca-EDTA 的稳定性大于 Mg-EDTA。因此除考虑半径外，还要考虑配体与中心离子（或原子）体积的相对大小。一般而言，半径小的中心离子（或原子）和半径小的配体形成的配合物最稳定，半径小的中心离子（或原子）和半径大的配体形成的配合物较稳定，而配体半径过大或过小，可使配合物的稳定性降低。Mg^{2+} 的半径较小，不能和多基配体的所有配位原子配位，所以，它的配合物的稳定性就降低了。

② 金属离子的电子构型

a. 8e^-构型的金属离子。一般而言，这一类型的金属离子与配体间的作用主要是静电引力，形成配合物的能力较差。因此，配合物的稳定性主要取决于金属离子的电荷和半径，且电荷的影响明显大于半径的影响。如碱金属、碱土金属离子及B^{3+}、Al^{3+}、Si^{4+}、Sc^{3+}、Y^{3+}、La^{3+}、Ti^{4+}、Zr^{4+}、Hf^{4+}等。

b. 18e^-构型的金属离子。同一族中，随着金属离子半径增大，其配离子的稳定性也增大。如Cu^+、Ag^+、Au^+、Zn^{2+}、Cd^{2+}、Hg^{2+}、Ga^{3+}、In^{3+}、Tl^{3+}、Ge^{4+}、Sn^{4+}、Pb^{4+}等。例如Zn^{2+}、Cd^{2+}、Hg^{2+}形成的配合物的稳定性基本上随半径增大而递增。当配体为Cl^-、Br^-、I^-时，其稳定性次序为$Zn^{2+}<Cd^{2+}<Hg^{2+}$，这是因为随金属离子半径的增大，共价性增强，配合物的稳定性增大；但当配体为F^-时，稳定性次序却是$Zn^{2+}>Cd^{2+}<Hg^{2+}$，这是由于F^-半径小，与Zn^{2+}、Cd^{2+}配位时以静电引力为主，而同Hg^{2+}配位时，Hg^{2+}与F^-之间有较大程度的共价性，因此生成的配合物稍稳定一些。

c.（18+2）e^-构型的金属离子。其配合物稳定性同18e^-构型类似，但由于外层s电子的存在使内层d电子的活动性受到限制，不易生成稳定的配离子，但较8e^-构型的金属离子生成配合物的倾向大，如Ga^+、In^+、Tl^+、Ge^{2+}、Sn^{2+}、Pb^{2+}、As^{3+}、Sb^{3+}、Bi^{3+}等。

d.（9～17）e^-构型的金属离子。这些金属离子都具有未充满的d轨道，容易接受配体的孤电子对，易生成稳定的配合物。电荷高且d电子数少的金属离子（如Ti^{3+}、V^{3+}等）与配体间的作用力以静电引力为主，其配位能力与8e^-构型类似；电荷低且d电子数多的金属离子（如Fe^{2+}、Co^{2+}、Ni^{2+}、Pt^{2+}、Pd^{2+}、Cu^{2+}等），与配体形成的配位键的共价性提高，其配位能力与18e^-金属离子类似。

（2）配体性质的影响

配位化合物的稳定性与配体性质如酸碱性、螯合物效应、空间位阻等因素有关，这里仅介绍配体的螯合效应。

当多基配体与金属离子形成螯合环时，配合物的稳定性比组成和结构相似的非螯合物提高得多，这种现象称为螯合效应。例如$\lg K_f^\ominus[Ni(NH_3)_6{}^{2+}]=8.61$，而$\lg K_f^\ominus[Ni(en)_3{}^{2+}]=18.26$，稳定常数增加近$10^{10}$倍。

在螯合物结构中，螯合形成五元环或六元环，配合物稳定性较好。例如，乙二胺的2个配位氮原子之间相隔2个碳原子，螯合环为五元环，又如丙二胺的2个配位氮原子相隔3个碳原子，形成六元的螯合环等。

螯合物的稳定性还与形成螯合环的数目有关，形成的螯合环数目越多，螯合物越稳定。例如，图11-12示意了不同螯合环数目的稳定常数。

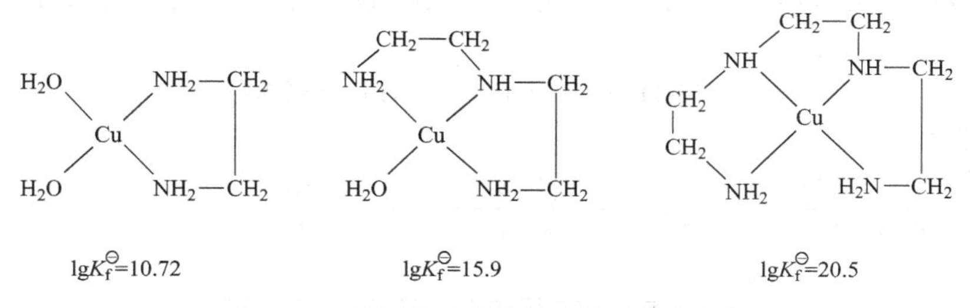

图11-12 不同螯合环数目的螯合物稳定性

从图11-12可以看出：对于中心离子Cu^{2+}而言，随着螯合环数目从1到3，稳定常数（$\lg K_f^\ominus$）从10.72增大到20.5，表示该螯合物的稳定性显著增大。

11.5 配位平衡的移动

配位平衡和其他化学平衡一样，也是建立在一定条件下的动态平衡。根据化学平衡移动原理，平衡体系中任一组分浓度的变化，都会使配位平衡发生移动，在新的条件下建立起新的配位平衡。

$$M+L \rightleftharpoons ML$$

在配位平衡中，增加金属离子 M 或配体 L 的浓度，配合物 ML 的稳定性增加，平衡向右移动；降低金属离子 M 或配体 L 的浓度，配合物的稳定性降低，平衡向左移动。

下面就沉淀反应、氧化还原反应、溶液的 pH 值及其他配离子对配位平衡的影响分别进行讨论。

11.5.1 配位平衡与沉淀溶解平衡

在溶液中，金属离子可以生成氢氧化物、硫化物或卤化物等沉淀。利用这些沉淀的生成，可以破坏溶液中的配离子。例如，在 $[Cu(NH_3)_4]^{2+}$ 配离子溶液中，若加入 Na_2S 可以生成 CuS 沉淀，若加入大量的 NaOH 会生成 $Cu(OH)_2$ 沉淀，这两个过程都破坏了 $[Cu(NH_3)_4]^{2+}$ 配离子的平衡；反之，利用配离子的生成也可以使某些沉淀溶解。

也就是说，中心离子（或原子）M 的溶液中加入配位剂或沉淀剂都会发生反应，生成相应的配离子或者沉淀；但究竟是生成配离子还是沉淀，与配位剂和沉淀剂争夺金属离子的能力及其浓度有关，争夺能力的大小主要取决于配离子的 $K_f^{\ominus}$ 与难溶物的溶度积常数 $K_{sp}^{\ominus}$；哪一种能使游离的金属离子浓度降得更低，体系便向哪一方转化。

例如，①在 AgCl 沉淀中加入氨水，NH_3 会夺取与沉淀剂 Cl^- 结合的 Ag^+ 而生成 $[Ag(NH_3)_2]^+$，结果 AgCl 发生溶解。反应机理如下：

$$AgCl \rightleftharpoons Ag^+ + Cl^- \tag{1}$$

$$Ag^+ + 2NH_3 \rightleftharpoons [Ag(NH_3)_2]^+ \tag{2}$$

将（1）、（2）相加得 AgCl 沉淀中加入氨水的总反应方程式为：

$$AgCl+2NH_3 \rightleftharpoons [Ag(NH_3)_2]^+ + Cl^- \tag{3}$$

根据多重平衡法则以及平衡常数的表达式，则有：

$$K_1^{\ominus}=\frac{[Ag(NH_3)_2^+][Cl^-]}{[NH_3]^2}=\frac{[Ag(NH_3)_2^+][Cl^-]}{[NH_3]^2}\times\frac{[Ag^+]}{[Ag^+]}$$

$$=K_f^{\ominus}[Ag(NH_3)_2^+]\times K_{sp}^{\ominus}(AgCl)=1.12\times10^7\times1.77\times10^{-10}=1.98\times10^{-3}$$

② 继续在①的溶液中加入 KI，则配离子 $[Ag(NH_3)_2]^+$ 又会转化为 AgI 沉淀。反应机理如下：

$$[Ag(NH_3)_2]^+ + I^- \rightleftharpoons AgI\downarrow + 2NH_3$$

其平衡常数为：

$$K_2^{\ominus}=\frac{[NH_3]^2}{[Ag(NH_3)_2^+][I^-]}=\frac{[NH_3]^2}{[Ag(NH_3)_2^+][I^-]}\times\frac{[Ag^+]}{[Ag^+]}$$

$$=\frac{1}{K_f^{\ominus}[Ag(NH_3)_2^+]K_{sp}^{\ominus}(AgI)}=\frac{1}{1.12\times10^7\times8.52\times10^{-17}}=1.05\times10^9$$

③ 继续在②的 AgI 中加入 KCN，则 AgI 沉淀又会生成更稳定的 $[Ag(CN)_2]^-$ 而发生溶解（$K_f^{\ominus}[Ag(CN)_2^-]=1.26\times10^{21}$）。

以上事实进一步证实：配离子与沉淀之间的转化，主要取决于沉淀的溶度积 $K_{sp}^{\ominus}$ 和配离子的稳定常数 $K_f^{\ominus}$，哪一种物质能使金属离子浓度降低得更低，便向哪一方向转化。

基于这一规律，Ag^+ 在水溶液中可以发生如下的沉淀及溶解转化：

$$Ag^+ \xrightarrow{Cl^-} AgCl\downarrow \xrightarrow{NH_3} [Ag(NH_3)_2]^+ \xrightarrow{Br^-} AgBr\downarrow \xrightarrow{S_2O_3^{2-}} [Ag(S_2O_3)_2]^{3-}$$

$$\xrightarrow{I^-} AgI\downarrow \xrightarrow{CN^-} [Ag(CN)_2]^- \xrightarrow{S^{2-}} Ag_2S\downarrow$$

由上述转化可以看出，争夺和束缚 Ag^+ 能力的次序为：

$$Cl^- < NH_3 < Br^- < S_2O_3^{2-} < I^- < CN^- < S^{2-}$$

例 11-4 (1) 在 1.0L 0.1mol·L^{-1} $AgNO_3$ 溶液中加入 0.1mol NaCl 固体，生成 AgCl 沉淀。要使 AgCl 沉淀恰好溶解，问溶液中 $NH_3·H_2O$ 的浓度至少为多少？(2) 在上述已溶解了 AgCl 的溶液中，再加入 0.1mol NaI 固体，问能否生成 AgI 沉淀？(假设固体的加入不引起溶液体积的变化。已知 $K_{sp}^{\ominus}(AgCl)=1.77\times10^{-10}$，$K_{sp}^{\ominus}(AgI)=8.52\times10^{-17}$，$K_f^{\ominus}[Ag(NH_3)_2^+]=1.12\times10^7$)。

解 (1) 由题意可知，加入 0.1mol NaCl 后可以生成 0.1mol AgCl 沉淀。设 AgCl 完全溶解时 $NH_3·H_2O$ 的浓度为 x mol·L^{-1}，则

$$AgCl + 2NH_3·H_2O \rightleftharpoons [Ag(NH_3)_2]^+ + Cl^- + 2H_2O$$

平衡浓度/mol·L^{-1}　　x　　　0.1　　0.1

$$K^{\ominus}=\frac{[Ag(NH_3)_2^+][Cl^-]}{[NH_3·H_2O]^2}=K_f^{\ominus}([Ag(NH_3)_2]^+)K_{sp}^{\ominus}(AgCl)$$

即
$$\frac{0.1\times0.1}{x^2}=1.12\times10^7\times1.77\times10^{-10}$$

解之得
$$x=2.25\text{mol·L}^{-1}$$

0.1mol·L^{-1} Ag^+ 转变成 0.1mol·L^{-1} $[Ag(NH_3)_2]^+$ 时，需要消耗掉 0.2mol·L^{-1} 的 $NH_3·H_2O$，平衡时还剩余 2.25mol·L^{-1} 的 $NH_3·H_2O$。所以要想恰好溶解至少需要 $NH_3·H_2O$ 为：2.25+0.2=2.45(mol·L^{-1})。

(2) 设平衡时 Ag^+ 的浓度为 y mol·L^{-1}

$$Ag^+ + 2NH_3·H_2O \rightleftharpoons [Ag(NH_3)_2]^+ + 2H_2O$$

平衡浓度/mol·L^{-1}　y　　$2.25+2y$　　　$0.1-y$

$$K_f^{\ominus}([Ag(NH_3)_2]^+)=\frac{0.1-y}{y(2.25+2y)}=1.12\times10^7$$

解之得
$$y=[Ag^+]=3.97\times10^{-9}\ (\text{mol·L}^{-1})$$

$$Q=[Ag^+][I^-]=3.97\times10^{-9}\times0.1=3.97\times10^{-10}>K_{sp}^{\ominus}(AgI)=8.52\times10^{-17}$$

所以，体系中有 AgI 沉淀生成。

11.5.2 配位平衡与氧化还原平衡

氧化还原电对的电极电势随着配合物的形成会发生变化，进而会改变其氧化还原能力的相对强弱。例如：Cu 可以从 Hg^{2+} 的溶液中置换出 Hg，即发生 $Cu+Hg^{2+} \rightleftharpoons Cu^{2+}+Hg$；却不能从含 $[Hg(CN)_4]^{2-}$ 的溶液中置换出 Hg，即 $Cu+[Hg(CN)_4]^{2-} \rightleftharpoons Cu^{2+}+Hg+4CN^-$ 不能正向进行。这是由于形成配离子 $[Hg(CN)_4]^{2-}$ 后，溶液中 Hg^{2+} 的浓度大为减少，氧化能力也因而大为降低。从其电极电势的数据也可以看出：

$$Cu^{2+}+2e^- \rightleftharpoons Cu \qquad \varphi^{\ominus}=0.34V$$

$$Hg^{2+} + 2e^- \rightleftharpoons Hg \qquad \varphi^\ominus = 0.85V$$
$$[Hg(CN)_4]^{2-} + 2e^- \rightleftharpoons Hg + 4CN^- \qquad \varphi^\ominus = -0.37V$$

这就是说金属配离子-金属组成的电对，其电极电势比该金属离子-金属组成电对的电极电势要低。如何解释上面的现象呢？在配位平衡中，金属离子一旦形成配离子后，溶液中金属离子的浓度会降低，其氧化能力也随之降低，导致金属离子/金属的电极电势降低。这一现象可用能斯特方程来说明：

$$M^{n+} + ne^- \rightleftharpoons M$$
$$\varphi = \varphi^\ominus + \frac{0.0592}{n}\lg[M^{n+}]$$

当溶液中 $[M^{n+}] \ll 1mol \cdot L^{-1}$ 时，$\varphi << \varphi^\ominus$。所以，在简单金属离子溶液中加入配位剂 L 后，由于发生配位反应 $M^{n+} + xL^- \rightleftharpoons ML_x^{(n-x)+}$，溶液中金属离子的浓度 $[M^{n+}]$ 大为降低，其氧化能力也随之降低，即 φ 降低；配离子越稳定（$K_f^\ominus$ 越大），则 $[M^{n+}]$ 越小，φ 越小，配离子中金属的氧化态就越稳定（见表 11-12）。

从表 11-12 可以看出，配离子的稳定常数与该配离子-金属组成的电对的电极电势之间关系密切。利用这一关系可以求算配离子和金属组成电对的电极电势。具体计算方法和技巧见例 11-5 和例 11-6。一些不活泼的金属如 Au，其电极电势很高，难溶于硝酸，但溶于王水。这是因为 Au^+ 能与王水中的 Cl^- 结合生成 $[AuCl_4]^-$ 配离子，大大降低了 Au^+/Au 的电极电势，提高了金属 Au 的还原性，从而使反应的 $\varphi > 0$，反应正向进行。

表 11-12　配离子的稳定常数与电极电势的关系（298K）

配位反应	$\lg K_f^\ominus$	$\varphi^\ominus/V$	$[Cu^+]$
$Cu^+ + e^- \rightleftharpoons Cu$		+0.52	
$[CuCl_2]^- + e^- \rightleftharpoons Cu + 2Cl^-$	5.50	+0.20	
$[CuBr_2]^- + e^- \rightleftharpoons Cu + 2Br^-$	5.89 ↓增大	+0.17 ↓减小	↓减小
$[CuI_2]^- + e^- \rightleftharpoons Cu + 2I^-$	8.85	0.00	
$[Cu(CN)_2]^- + e^- \rightleftharpoons Cu + 2CN^-$	16.0	−0.86	

例 11-5　已知 $\varphi^\ominus(Hg^{2+}/Hg) = 0.85V$，$K_f^\ominus([Hg(CN)_4]^{2-}) = 2.5 \times 10^{41}$。求：$\varphi^\ominus[Hg(CN)_4^{2-}/Hg]$。

解　本例可采用两种不同的方法求解。

解法一：$[Hg(CN)_4]^{2-}$ 溶液中存在平衡

$$Hg^{2+} + 4CN^- \rightleftharpoons [Hg(CN)_4]^{2-}$$

由平衡常数可知

$$K_f^\ominus[Hg(CN)_4^{2-}] = \frac{[Hg(CN)_4^{2-}]}{[Hg^{2+}][CN^-]^4}$$

当 $[Hg(CN)_4^{2-}]$ 和 $[CN^-]$ 均为 $1mol \cdot L^{-1}$ 时，则有：

$$[Hg^{2+}] = \frac{1}{K_f^\ominus[Hg(CN)_4^{2-}]}$$

代入 Hg^{2+}/Hg 电对的电极电势表达式中得：

$$\varphi(Hg^{2+}/Hg) = \varphi^\ominus(Hg^{2+}/Hg) + \frac{0.059}{2}\lg[Hg^{2+}]$$

$$=\varphi^{\ominus}(Hg^{2+}/Hg)+\frac{0.059}{2}\lg\frac{1}{K_f^{\ominus}[Hg(CN)_4^{2-}]}$$

此电极电势就是标准电极电势，即

$$\varphi^{\ominus}[Hg(CN)_4^{2-}/Hg]=\varphi^{\ominus}(Hg^{2+}/Hg)+\frac{0.059}{2}\lg\frac{1}{K_f^{\ominus}[Hg(CN)_4^{2-}]}$$

$$=0.85+\frac{0.059}{2}\lg\frac{1}{2.5\times10^{41}}=-0.37(V)$$

解法二：$[Hg(CN)_4]^{2-}$ 溶液中存在平衡

$$Hg^{2+}+4CN^-\rightleftharpoons[Hg(CN)_4]^{2-}$$

将上述平衡两边各加上一个金属 Hg，则有

$$Hg^{2+}+4CN^-+Hg\rightleftharpoons[Hg(CN)_4]^{2-}+Hg$$

此反应分解为两个电对组成原电池：

$$(-)Hg\mid[Hg(CN)_4]^{2-},CN^-\parallel Hg^{2+}\mid Hg(+)$$

正极反应为 $Hg^{2+}+2e^-\rightleftharpoons Hg$ $\qquad\varphi^{\ominus}=0.85V$

负极反应为 $[Hg(CN)_4]^{2-}+2e^-\rightleftharpoons Hg+4CN^-$ $\qquad\varphi^{\ominus}=?$

电池反应为 $Hg^{2+}+4CN^-\rightleftharpoons[Hg(CN)_4]^{2-}$ $\qquad K^{\ominus}=K_f^{\ominus}([Hg(CN)_4]^{2-})$

按自发电池反应，其平衡常数为

$$\lg K^{\ominus}=\frac{n[\varphi^{\ominus}(正)-\varphi^{\ominus}(负)]}{0.059}$$

代入数据,解之得

$$\varphi^{\ominus}(负)=\varphi^{\ominus}[Hg(CN)_4^{2-}/Hg]=-0.37(V)$$

例 11-6 测得 $Cu\mid[Cu(NH_3)_4]^{2+}(1.00mol\cdot L^{-1})$，$NH_3(1.00mol\cdot L^{-1})\parallel H^+(1.00mol\cdot L^{-1})\mid H_2$，Pt 的电动势为 0.03V，试计算 $[Cu(NH_3)_4]^{2+}$ 的稳定常数。[已知 $\varphi^{\ominus}(Cu^{2+}/Cu)=0.34V$]

解 根据 $K^{\ominus}_{稳}=\frac{[Cu(NH_3)_4{}^{2+}]}{[Cu^{2+}][NH_3]^4}$，式中 $[Cu(NH_3)_4]^{2+}$ 和 NH_3 的浓度分别为 $1.00mol\cdot L^{-1}$，则 $K^{\ominus}_{稳}=\frac{1}{[Cu^{2+}]}$，只需找出 Cu^{2+} 的浓度即可。

由题意可知：$\varphi^{\ominus}=\varphi^{\ominus}(H^+/H_2)-\varphi^{\ominus}[Cu(NH_3)_4^{2+}/Cu]=0.03V$

则 $\varphi^{\ominus}[Cu(NH_3)_4^{2+}/Cu]=-0.03V$

又因为 $\varphi^{\ominus}[Cu(NH_3)_4^{2+}/Cu]=\varphi^{\ominus}(Cu^{2+}/Cu)+\frac{0.0592}{2}\lg[Cu^{2+}]$

$$=0.34+\frac{0.0592}{2}\lg[Cu^{2+}]=-0.03$$

解之得 $[Cu^{2+}]=3.16\times10^{-13}mol\cdot L^{-1}$

所以

$$K^{\ominus}_{稳}=\frac{1}{[Cu^{2+}]}=3.16\times10^{12}$$

11.5.3 配位平衡与酸碱平衡

(1) 配体的酸效应

根据酸碱质子理论，多数配体如 NH_3 和 F^- 等都是碱，可以与 H^+ 结合生成相对应的共

轭酸，反应程度的大小取决于配体碱性的强弱，碱性越强就越易与 H^+ 结合。因此，在研究配位平衡时，要考虑 H^+ 与配体之间的酸碱反应。

在弱酸性介质中，F^- 能与 Fe^{3+} 配位形成 $[FeF_6]^{3-}$，但是当溶液的酸度过大（$[H^+]>0.5mol\cdot L^{-1}$）时，H^+ 就和 F^- 反应生成 HF，使 F^- 浓度减小，配位平衡向右移动，使大部分 $[FeF_6]^{3-}$ 配离子发生解离。关系如下所示：

$$[FeF_6]^{3-} \rightleftharpoons 6F^- + Fe^{3+}$$
$$+$$
$$6H^+$$
$$\updownarrow$$
$$6HF$$

平衡移动方向

因此，从配体方面来看，当 H^+ 浓度增大，配体浓度减小，配合物的解离程度就会增大。这种因溶液的酸度增大（pH 值降低）导致配离子解离（稳定性降低）的现象，称为**配体的酸效应**（acid effect of ligand）。酸效应使配离子的稳定性降低。

例 11-7 在 1.0L 水中加入 1.0mol $AgNO_3$ 和 2.0mol 氨（设溶液无体积变化）。求（1）溶液中各组分的浓度。（2）加入硝酸使配离子消失 99%时，溶液的 pH 值为多少？［已知 $K_f^{\ominus}=1.2\times10^7$，$K_b^{\ominus}(NH_3)=1.8\times10^{-5}$］

解 （1）由题意可知，溶液中存在如下平衡，设平衡时溶液中浓度为 $x\,mol\cdot L^{-1}$：

$$Ag^+ + 2NH_3 \rightleftharpoons [Ag(NH_3)_2]^+$$

平衡浓度/$mol\cdot L^{-1}$　x　　$2x$　　$1.0-x$

则
$$K_f^{\ominus}=\frac{[Ag(NH_3)_2^+]}{[Ag^+][NH_3]^2}$$

代入数据，即
$$1.2\times10^7=\frac{1.0-x}{x(2x)^2}$$

解得
$$x=[Ag^+]=2.8\times10^{-3}mol\cdot L^{-1}$$
$$[NH_3]=5.6\times10^{-3}mol\cdot L^{-1}$$
$$[Ag(NH_3)_2^+]=1.0mol\cdot L^{-1}$$

（2）当加入 HNO_3 后，总反应为

$$[Ag(NH_3)_2]^+ + 2H^+ \rightleftharpoons Ag^+ + 2NH_4^+$$

平衡浓度/$mol\cdot L^{-1}$　0.01　　y　　0.99　　2×0.99

则
$$K_i^{\ominus}=\frac{[Ag^+][NH_4^+]^2}{[Ag(NH_3)_2^+][H^+]^2}=\frac{K_b^{\ominus}(NH_3)}{K_f^{\ominus}(K_w^{\ominus})^2}$$

代入数据，即
$$\frac{1.8\times10^{-5}}{1.2\times10^7\times(1.0\times10^{-14})^2}=\frac{0.99\times(2\times0.99)^2}{0.01y^2}$$

解得
$$y=[H^+]=3.7\times10^{-5}mol\cdot L^{-1}$$
$$pH=4.43$$

从例 11-7 可以看出：溶液的酸度增加，配合物的稳定性会降低；因此适当降低酸度，可提高配合物的稳定性。

（2）中心离子（或原子）的水解效应

配位体的中心离子（或原子）大多数是过渡金属离子，在水溶液中都有明显的水解作用。当溶液的 pH 值升高时，中心离子（或原子）将发生水解使其浓度降低，配位反应向解

离方向移动。这种因金属离子 M 与溶液中 OH^- 结合使配合物的稳定性降低甚至破坏的现象，称为中心离子（或原子）的**水解效应**（hydrolysis effect）。如溶液的 pH 值升高（即酸度降低）时，Fe^{3+} 发生水解反应使 $[FeF_6]^{3-}$ 配离子解离，如下所示：

$$[FeF_6]^{3-} \rightleftharpoons Fe^{3+} + 6F^-$$
$$Fe^{3+} + OH^- \rightleftharpoons Fe(OH) \cdots\cdots Fe(OH)_3$$

平衡移动方向

在水溶液中，配体的酸效应和中心离子（或原子）的水解效应同时存在，至于哪个效应起主要作用，取决于配离子的稳定常数、配体的碱性以及中心离子（或原子）氢氧化物的溶解性。酸度大，水解程度小，金属离子浓度大，有利于配离子的形成；但配体浓度小，又不利于配离子的形成。因为酸效应和水解效应两者的作用刚好相反，酸度对配体和金属离子浓度的影响也完全相反，所以在考虑酸度对配合物稳定性的影响时要全面地考虑这些因素。

总之，从上述两种效应来看，酸度对配合物稳定性的影响是复杂的，既要考虑配体的酸效应，又要考虑中心离子（或原子）的水解效应。一般在中心离子（或原子）不发生水解的情况下，提高溶液的 pH 值以保证配合物的稳定性。

例 11-8 在 1.0L 含 $1.0\times10^{-3}mol\cdot L^{-1}[Cu(NH_3)_4]^{2+}$ 和 $1.0mol\cdot L^{-1}NH_3$ 的溶液中加入 0.0010mol NaOH，问有无 $Cu(OH)_2$ 沉淀生成？[已知的 $K_f^{\ominus}[Cu(NH_3)_4^{2+}]=2.09\times10^{13}$，$K_{sp}^{\ominus}[Cu(OH)_2]=2.2\times10^{-20}$]

解 由题意可知，判断是否有沉淀生成，需找出平衡时溶液中 Cu^{2+} 和 OH^- 的浓度，再根据溶度积规则进行判断。

（1）设平衡时溶液中 Cu^{2+} 的浓度为 x，

$$[Cu(NH_3)_4]^{2+} \rightleftharpoons Cu^{2+} + 4NH_3$$

平衡浓度/$mol\cdot L^{-1}$ $\quad 1.0\times10^{-3} \quad x \quad 1.0$

则

$$K_f^{\ominus}=K_{稳}^{\ominus}=\frac{[Cu(NH_3)_4{}^{2+}]}{[Cu^{2+}][NH_3]^4}$$

代入数据，即

$$2.09\times10^{13}=\frac{1.0\times10^{-3}-x}{x\times(1.0+4x)^4}$$

$$x=[Cu^{2+}]=4.8\times10^{-17}mol\cdot L^{-1}$$

（2）当在 1L 溶液中加入 0.0010mol NaOH 后，溶液中的 $[OH^-]=0.0010mol\cdot L^{-1}$

（3）判断：该溶液中相应离子浓度幂的乘积：

$Q=[Cu^{2+}][OH^-]^2=4.8\times10^{-17}\times(1.0\times10^{-3})^2=4.8\times10^{-23}<K_{sp}^{\ominus}[Cu(OH)_2]$

故加入 0.0010mol NaOH 后，无 $Cu(OH)_2$ 沉淀生成。

11.5.4 配离子之间的平衡

在某种配离子溶液中，加入另一种能与中心离子或配体生成更稳定的配离子的配位剂或金属离子时，将发生配位取代反应，使配位反应向生成更稳定的配离子的方向进行。

配位取代反应存在两种形式：①在某种配离子溶液中加入另一种配体，新加入的配体将取代原配离子中的配体生成一种稳定性更大的配离子，这类取代反应称为**配体取代反应**（ligand substitution reaction）；②向某配离子溶液中加入另一金属离子 M，M 取代原中心离子生成一种稳定性更大的配合物，这类取代反应称为**中心离子取代反应**（central ion substitution reaction）。配体取代反应和中心离子取代反应统称为配位取代反应。配位取代反应将使一种配位平衡转化为另一种新的配位平衡。例如：

$$[HgCl_4]^{2-} \rightleftharpoons Hg^{2+} + 4Cl^- \qquad [CaY]^{2-} \rightleftharpoons Y^{4-} + Ca^{2+}$$

$$Hg^{2+} + 4I^- \rightleftharpoons [HgI_4]^{2-} \qquad Y^{4-} + Pb^{2+} \rightleftharpoons [PbY]^{2-}$$

平衡移动方向　　平衡移动方向

配位取代反应是可逆反应，利用反应的标准平衡常数可以大致判断反应进行的程度和方向。可见，在溶液中，配离子之间的转化总是向着生成更稳定的配离子的方向进行，转化程度取决于两种配离子的稳定常数。稳定常数相差越大，转化反应越完全。

例 11-9　向含有 $[Ag(NH_3)_2]^+$ 的溶液中分别加入 KCN 和 $Na_2S_2O_3$，此时发生下列反应：

$$[Ag(NH_3)_2]^+ + 2CN^- \rightleftharpoons [Ag(CN)_2]^- + 2NH_3 \tag{1}$$

$$[Ag(NH_3)_2]^+ + 2S_2O_3^{2-} \rightleftharpoons [Ag(S_2O_3)_2]^{3-} + 2NH_3 \tag{2}$$

试问，在相同的情况下，哪个转化反应进行得较完全？

解　反应式（1）的平衡常数表示为：

$$K_1^\ominus = \frac{[Ag(CN)_2^-][NH_3]^2}{[Ag(NH_3)_2^+][CN^-]^2} = \frac{[Ag(CN)_2^-][NH_3]^2[Ag^+]}{[Ag(NH_3)_2^+][CN^-]^2[Ag^+]}$$

$$= \frac{K_f^\ominus[Ag(CN)_2^-]}{K_f^\ominus[Ag(NH_3)_2^+]} = \frac{1.26\times10^{21}}{1.12\times10^7} = 1.13\times10^{14}$$

同理，可求出反应式（2）的平衡常数 $K_2^\ominus = 2.57\times10^6$。

由计算得知，反应式（1）的平衡常数 $K_1^\ominus$ 比反应式（2）的平衡常数 $K_2^\ominus$ 大，说明反应（1）比反应（2）进行得较完全。

本章小结

本章讨论了配位平衡，主要学习了四个知识点。

（1）配位化合物的基本概念

配位化合物简称配合物，一般由配位个体（内界）和带相反电荷的离子（外界）两部分组成，通常把内界写在方括号内；内界与外界之间以静电力结合，在水中可以完全解离；内界的中心离子（或原子）与配位原子之间以配位键结合，很难发生解离；配合物最重要的特征是具有一定的配位数和特定的空间构型；根据中心离子（或原子）与配体的结构和数目，配合物可以区分为简单配合物、螯合物以及多核配合物。

（2）配位键的理论

配位键不同于离子键，也不同于共价键；它是由配位体中的配位原子提供成对电子与中心离子（或原子）共有而相互结合所形成的化学键。价键理论和晶体场理论从不同角度解释了配体与中心原子（或离子）间的作用力，各有优缺点：价键理论简单明了，而且成功地解释了配合物的空间构型与磁性；而晶体场理论在解释配合物的颜色、磁性、稳定性及某些热力学性质等方面很成功，并有一定的定量准确性；但不如价键理论简单。

（3）配位平衡

配离子的生成或者解离过程称作配位平衡，配合物的稳定常数是由中心离子（或原子）与配体结合成配离子的反应的平衡常数，其逆反应对应的平衡常数称为不稳定常数，分别用 $K_f^\ominus$ 和 $K_d^\ominus$ 表示；它们也只与温度有关，从不同侧面表示一定条件下配离子的稳定性；影响配离子稳定性的因素主要有两个：一个是中心离子（或原子）的结构和性质，另一个是配体的性质。配离子的生成和解离是分步进行的，其对应的分步平衡常数称作逐级稳定常数和逐级不稳定常数。

（4）配位平衡的移动

配位平衡也是一个动态平衡，改变平衡常数中相关离子的浓度，可以改变平衡移动的方向；不仅配离子之间可以相互转化，配位平衡与沉淀平衡、氧化还原平衡、酸碱平衡也具有一定的关系；要求能够定量推导这些平衡之间发生相互转变过程中的平衡常数，并进行定量的计算。

（5）本章的一些重要的计算公式

① 稳定常数：$Cu^{2+} + 4NH_3 \rightleftharpoons [Cu(NH_3)_4]^{2+}$　　$K_f^\ominus = K_稳^\ominus = \dfrac{[Cu(NH_3)_4^{2+}]}{[Cu^{2+}][NH_3]^4}$

② 不稳定常数：$[Cu(NH_3)_4]^{2+} \rightleftharpoons Cu^{2+} + 4NH_3$　　$K_d^\ominus = K_{不稳}^\ominus = \dfrac{[Cu^{2+}][NH_3]^4}{[Cu(NH_3)_4^{2+}]}$

③ 配合物的磁矩：$\mu = \sqrt{n(n+2)}$

科技人物：乔根森

乔根森（S. M. Jorgensen），1837 年出生在丹麦的一个穷人家里，病逝于 1914 年；丹麦著名化学家，一生致力于对钴、铬、铑、铂的配合物的研究，对配位理论的发展起了重要的作用。今天的化学工作者一般认为配位化学的奠基人是维尔纳。然而，很少有人认识到，维尔纳配位化学理论是建立在乔根森的实验事实基础之上的。

乔根森出身贫寒，在中学读书时，一位名叫 F. Johnstrup 的老师使他对化学产生了浓厚的兴趣，从此乔根森与化学结下了不解之缘。乔根森一生主要致力于对钴、铬、铑、铂的配合物进行广泛、深入的研究。他修正、扩展了瑞典化学家布隆斯特兰德（Blomstrand，1826～1897）著名的氨链理论，并用来解释他在实验室的新发现。

在 1893 年之前，乔根森的观点一直未受到任何挑战。后来维尔纳和乔根森两人在关于配合物的构造方面进行的一场引人注目的、激烈的学术争论，这场争论起因于在阐明塔索尔特制备的 $CoCl_3 \cdot 6NH_3$ 这类化合物的成键结构。乔根森提出了一种链理论，他为 $CoCl_3 \cdot 6NH_3$（a），$CoCl_3 \cdot 5NH_3$（b），$CoCl_3 \cdot 4NH_3$（c），$CoCl_3 \cdot 3NH_3$（d）提出的结构分别为：

```
(a)    NH3—Cl
      /
    Co—NH3—NH3—NH3—NH3—Cl
      \
       NH3—Cl

(b)    Cl
      /
    Co—NH3—NH3—NH3—NH3—Cl
      \
       NH3—Cl

(c)    Cl
      /
    Co—NH3—NH3—NH3—NH3—Cl
      \
       Cl

(d)    Cl
      /
    Co—NH3—NH3—NH3—Cl
      \
       Cl
```

乔根森的思路与当时有机化学中碳形成4个化学键的概念和碳原子之间形成链的概念一脉相承。他认为 Co^{3+} 只能形成3个化学键，Cl^- 在水中能否电离，与它和 Cr^{3+} 之间的距离有关。但他未能制备出 $CoCl_3 \cdot 3NH_3$ 这个化合物，当时无法证明他的理论是否错误。但维尔纳则用主、副价概念解释上述几个化合物的成键作用；所谓主价是离子键，副价就是后来广为接受的配位键，与副键结合的基团不电离。前述几个化合物分别表示为：

$[Co(NH_3)_6]Cl_3$	$[Co(NH_3)_5Cl]Cl_2$	$[Co(NH_3)_4Cl_2]Cl$	$[Co(NH_3)_3Cl_3]$
(a)	(b)	(c)	(d)

维尔纳比乔根森年轻很多，他对维尔纳的挑战极为不悦。他不许他的助手和学生们讨论维尔纳的观点，他的学生往往把自己锁在男厕所讨论两种理论的短长。在未能制得 $CoCl_3 \cdot 3NH_3$ 的情况下，乔根森这个出色的实验化学家制得了同族元素Ir的类似物 $IrCl_3 \cdot 3NH_3$。不幸的是，这个化合物的水溶液不导电，该结果意味着他输掉了与维尔纳的争论，作为出色的无机化学家，在事业行将结束的时候发生这种事，让这位老人非常伤心。然而，他做了一个有诚信的科学家应该做的事：发表实验，说明自己的理论是错的。

乔根森（左：1837～1914）和维尔纳（右：1866～1919）

尽管并非乔根森的所有批评都正确，但在许多情况下，维尔纳不得不对自己理论的某些方面进行修正。虽然维尔纳的理论最终获得胜利，但乔根森的实验观察并没有因此而失效。相反，由于他的实验做得特别精细，不仅证明可靠，而且成为维尔纳理论的基础。从争论的开始，维尔纳就多次公开承认他从乔根森那里受益匪浅。1907年，当年诺贝尔奖得主莫瓦桑（Moissan）曾向诺贝尔奖委员会提名乔根森为下届诺贝尔奖候选人。不幸的是乔根森不久病逝，这个建议再也无人重提。1913年，维尔纳接受诺贝尔奖时，不忘乔根森为他的配位理论所作的贡献，高度赞扬乔根森在配位理论的发展中所起的重要作用。维尔纳和乔根森从来没有见过面，诺贝尔奖颁奖仪式结束后，维尔纳从斯德哥尔摩赶到哥本哈根探望乔根森。可惜后者已在弥留之际，两人终生未遇。

作为化学家，乔根森工作的特点是条理有序、谨严审镇和细致周密。他常把许多日常事务委派给助手去做，培养了索伦森、布朗斯台德、布邓隆（Bjerrum）等一批杰出的丹麦化学家。对于实验分析，他总是亲自操作，从不假手他人，因此，他的实验做得特别精确。他在配合物化学研究方面取得了惊人的成就。今天，配位化学教科书中的许多基本事实最初就是由他发现的。

1874年，乔根森当选为丹麦皇家科学院院士。自1879年丹麦化学会创立至1906年，任丹麦化学会会长。他也是奥斯陆、斯德哥尔摩、隆德等科学学会的会员。1914年，乔根森因病逝世。在丹麦皇家科学院举行的有国王克里斯蒂安五世参加的追思会上，pH概念的创始人索伦森高度评价了他的工作，称乔根森是一位为自己的国家赢得巨大荣誉的勇士。

科技动态：奇特的“三明治”结构——二茂铁

1. 二茂铁的发现

1951年，英国化学家鲍森（P. L. Puason）和基利（T. J. Kealy）首先宣布发现了二茂铁。它的发现非常具有偶然性。1949年，鲍森获得博士学位后进入一所大学任助理教授，他读到了布朗（R D. Brown）在著名的杂志 Nature 上发表的关于富瓦烯（fulvalene）的一篇文章。布朗在文中指出富瓦烯可能具有芳香性，这引起了鲍森的极大兴趣。于是，鲍森和合作伙伴基利一起在1951年7月开始进行制备富瓦烯的实验。根据他们的实验设计方案，经过2步反应就可以得到目标产物：首先让两分子的溴化环戊二烯基镁联结生成化合物，然后去氢即可得到富瓦烯。在第一步反应中，他们选择氯化铁作催化剂，这样做是因为反应中使用的溴化环戊二烯基镁是格氏试剂，它的存在要求体系必须是无水的，而无水状态的氯化铁比其他过渡金属卤化物更为常见，并且它溶于醚，可用于格氏试剂使用的环境。

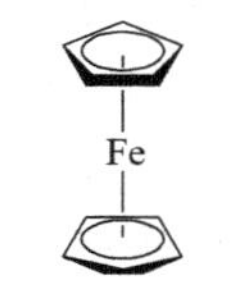

二茂铁的结构

然而实验得到的结果却让人大吃一惊，他们得到了一种黄色的晶体！难道制得了黄色的烃？众所周知，烃类物质一般都是无色的。很快，他们又用相同的方法制得了一批纯净的晶体，并用元素分析法测量化合物中C、H、O的质量分数。结果3种元素的质量分数之和却大于100%，这说明化合物中应该存在一种原子量大于O的元素。经过简单的数学计算，他们很容易地推断出该物质的分子式是$C_{10}H_{10}Fe$。虽然前人也合成过一些过渡金属的化合物，蔡斯盐以及铂的甲基化合物，但是由于没有研究出它们的分子结构，所以很快就被人们遗忘了。然而现在鲍森和基利却制得了过渡金属铁的有机化合物，而且这种化合物的性质是如此奇特：它的熔点为172.5～173℃，沸点为249℃，不溶于水、10%（质量分数）的氢氧化钠和热浓盐酸，但溶于稀硝酸、浓硫酸、苯、乙醚和四氢呋喃，对空气和湿气都稳定。为什么这种化合物具有这样的特性呢？鲍森和基利试图对它的结构进行研究，由于当时研究方法和条件的限制：他们并没有正确认识到这种化合物的独特结构，但鲍森仍试着给它画了个结构，并将这一工作成果报告给了 Nature。Nature 在1951年底刊登了这一研究成果。几乎与此同时，1952年初，在 Journal of Chemical Society 上也刊登了一篇文章，报道了由英国化学家米勒（Miller）领导的一个团队也制备出了这种化合物。于是，这种化合物开始引起人们的极大关注。

2. 二茂铁结构的确定

鲍森在 Nature 上发表了他的研究成果后，引起了许多学者的研究兴趣。其中，英国化学家威尔金森（G. Wilkinson）和德国化学家费歇尔（E. O. Fischer）对于二茂铁结构的测定作出了杰出的贡献，并因此共同获得了1973年的诺贝尔化学奖。这两位化学家最初的工作是分别进行的。1952年，费歇尔和他的合作者基拉（R. Jira）开始了对二茂铁结构的研究。他们用鲍森报道的方法制得该物质后，由它对空气及一些化学环境的稳定性推测出一个结论：假设处于中心的铁元素是+2价，那么也许这2个环戊二烯基的6对π电子参与了中心铁原子的成键作用，每个环就像三齿配体一样给中心原子提供电子，这样铁的原子轨道就满足了其同周期的稀有气体氪的18电子构型。如果这个假设成立，那么这个化合物就可能像 $Fe(CN)_6$ 一样具有八面体构型。据此，他们绘出了二茂铁的结构。这是一种全新的金属有机化合物。后来，这种假设被各种先进的测试手段证实，如重氢分析、X射线分析、红外(IR)光谱、核磁共振等。

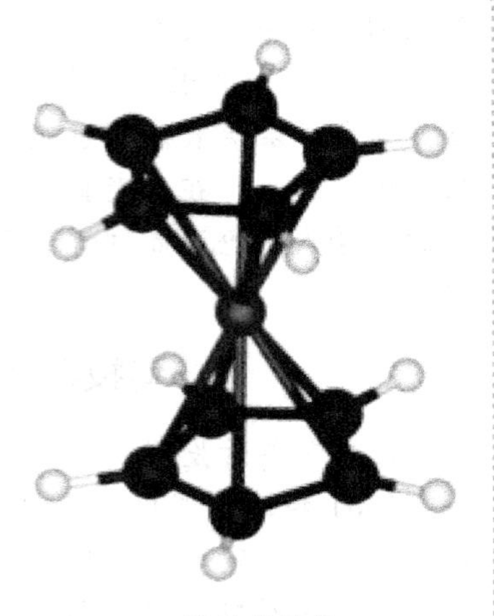

二茂铁的结构

1952～1954年，威尔金森和他领导的工作小组在研究二茂铁结构方面也做了许多富有成效的工作。例如，他们用傅里叶分析法证明了该物质的结构，第一次使用了“三明治化合物”来形容这种物质，并将它命名为二茂铁(ferrocene)。研究显示，在二茂铁结构中，上下两端是2个带负电的环戊二烯基芳环，2个环的距离为332pm，中间是1个带2个正电荷的+2价铁离子，处于C5对称轴上，Fe—C间距为206pm。环戊二烯基含有垂直于碳原子平面的5个p轨道，根据分子轨道理论，这5个p轨道可以线性组合成5个离域的pπ分子轨道。由于2个环戊二烯基具有相同的结构，可以将这2个环的10个pπ分子轨道按 D_{5h} 群的对称性组合成10个配体群轨道，然后将这10个配体群轨道与金属原子的9个价轨道按对称性匹配原则组成分子轨道。后来，这个工作小组又分别继续做了许多相关工作，直到1954年，威尔金森受邀访问了费歇尔，两位化学家达成协议，将周期表分为2个部分，每人各负责研究其中一部分的金属茂制备及性质研究等问题。当时被公认为无机化学界泰斗的美国化学家科顿（F. A. Cotton）也参与了这项工作。当被问到未来无机化学和配位化学哪个领域将会最有前途时，他非常坚定地回答是“三明治化合物”。现在看来，他的预言是完全正确的。

3. 二茂铁的制备

自鲍森和基利用环戊二烯溴化镁与无水氯化铁反应制得二茂铁以来，人们又相继研究出多种制备二茂铁的方法。例如，与鲍森同时发现二茂铁的化学家米勒用还原铁粉与环戊二烯在氮气氛中发生反应，制得了二茂铁。

也有人用金属钠与环戊二烯在四氢呋喃溶液中反应，先制得环戊二烯钠，然后将环戊二烯钠与氯化亚铁反应制得目标产物。

还有人在有机碱（二乙胺）存在的四氢呋喃溶液中，使氯化亚铁与环戊二烯经一步反应制得二茂铁。用相转移催化法，即在室温下向环戊二烯的四氢呋喃溶液中加入相转移催化剂18-冠-6和氢氧化钾，然后加入氯化亚铁进行反应也可得到二茂铁。

另外，用电解法也可以制取二茂铁。

4. 二茂铁的用途

由于二茂铁及其衍生物具有特殊的化学结构，所以对于二茂铁及其衍生物的合成、性质与结构的研究工作也异常活跃，二茂铁的发现使有机金属化学进入了飞速发展的阶段。

随着研究的不断深入，人们发现二茂铁及其衍生物在多个领域都有着广泛的应用。

（1）用作催化剂

有机金属化合物在化工生产中是非常重要的催化剂，二茂铁及其衍生物在不对称催化、羟醛缩合、烯烃常压氢化、苯酮氢化硅烷化等反应中都有广泛应用。例如，将二茂铁和钾吸附在活性炭上作为合成氨催化剂，可使合成氨反应在缓和的条件下进行，增加二茂铁的含量，催化剂的活性也随之增强；在甲苯氯化反应中用二茂铁作催化剂，可以提高对氯甲苯的产率；在气相制备碳纤维的过程中，以二茂铁作催化剂，可以获得高质量的碳纤维产品。

（2）用作添加剂

二茂铁及其衍生物可以作为燃料添加剂，起到节油、消烟、抗爆等作用。将二茂铁及其衍生物添加到固体、液体或气体燃料中，有助于增强燃料的抗爆性，因为在400℃以上时它们可分解产生游离 Fe，这种游离 Fe 容易与空气中的 O_2 作用生成 Fe_2O_3，然后 Fe_2O_3 与未燃工作混合气中产生的过氧化物作用，生成化学性质不活泼的有机氧化物和 FeO，而 FeO 又能进一步氧化生成 Fe_2O_3。这样，有了铁的存在，发动机气缸中未燃工作混合气中的过氧化物减少，从而消除了发动机因自燃而产生的爆震现象。二茂铁的抗爆机理与四乙基铅相似，但是四乙基铅容易与汽油中的硫化物和酸反应而降低抗爆作用，并且四乙基铅会污染环境，因此二茂铁是能够替代四乙基铅的良好的汽油添加剂。将二茂铁衍生物添加到火箭燃料中，能促进燃料充分燃烧并起到消烟作用，二茂铁衍生物是目前使用最广泛的火箭燃料添加剂之一。另外，二茂铁及其衍生物也可以作为辐射吸收剂、热稳定剂、光稳定剂和阻烟剂添加到塑料制品中。

（3）用于生物材料

二茂铁及其衍生物的特殊结构使它们具有许多特殊的性质。例如，亲油性，这使其能够顺利地通过细胞膜，从而可能与细胞内各种酶相互作用；芳香性，这使其容易发生取代反应生成多种化合物；低毒性，它们对人体的伤害小。鉴于二茂铁及其衍生物的这些特性，在医学上它们可用于制造新型抗贫血剂、抗癌药物、抗肿瘤剂、杀菌剂等。另外，二茂铁及其衍生物还具有氧化还原的可逆性，可在酶的作用下参与代谢作用，还可用于制造植物生长调节剂、杀虫剂等。

除了以上这些用途，二茂铁及其衍生物也用于液晶材料、感光材料、电极修饰材料、敏化剂等的制造。虽然二茂铁的发现是偶然的，但对它的研究极大地促进了有机金属化学的发展。随着科学技术的进步，二茂铁的特殊作用逐渐被深入认识，其应用范围将会越来越广。

复习思考题

1. 解释下列名词

（1）内界与外界；（2）配离子与配分子；（3）配位体与配位原子；

（4）单齿配体与多齿配体；（5）内轨型配合物和外轨型配合物。

2. 已知某金属离子在形成配合物时所测得的磁矩可以是 5.92B.M.，也可以是 1.73B.M.，问中心离子可能是下列中的哪一个。

（1）Cr^{3+}，（2）Fe^{3+}，（3）Fe^{2+}，（4）Co^{2+}

3. 已知 $[NiCl_4]^{2-}$ 具有顺磁性，$[Ni(CN)_4]^{2-}$ 具有逆磁性。试用杂化轨道理论说明它们的几何构型。

4. 下列说法是否正确？为什么？

(1) 配离子中，中心离子的配位数就是与它结合的配位体的个数；

(2) 具有 d^8 电子构型的中心离子，在形成八面体型配合物时，必定以 sp^3d^2 杂化轨道与配体成键。

(3) 在八面体场中，因为 $\Delta_o = 10Dq$，所以，同一中心离子形成的任何八面体型配合物，中心离子 d 轨道的分裂能 Δ_o 都是相等的。

(4) 配离子的第一级不稳定常数越大，则其第一级稳定常数就越小。

5. 八面体型配合物 $[Cr(en)_3]^{3+}$ 和 $[Ni(en)_3]^{2+}$ 的中心原子分别为 d^3 和 d^8 电子构型，它们的 *CFSE* 都是 $-1.2\Delta_o$，能否说二者稳定性相同？为什么？

6. 请解释原因：

$[Fe(CN)_6]^{3-}$ 比 $[Fe(CN)_6]^{4-}$ 稳定，但与邻二氮菲（phen）生成的配位化合物却是 $[Fe(phen)_3]^{3+}$ 不如 $[Fe(phen)_3]^{2+}$ 稳定。

7. 试比较 $[Ag(NH_3)_2]^+$ 和 $[Ag(CN)_2]^-$ 氧化能力的相对强弱，并计算说明。

习　题

1. 指出下列配合物的中心离子（或原子）、配位体、配位数、配离子电荷及名称（列表表示）：

(1) $[Cu(NH_3)_4](OH)_2$；　(2) $[CrCl(NH_3)_5]Cl_2$；　(3) $[CoCl(NH_3)(en)_2]Cl_2$；

(4) $[PtCl_2(OH)_2(NH_3)_2]$；　(5) $Ni(CO)_4$；　(6) $K_3[Fe(CN)_5(CO)]$

2. 命名下列配合物，指出中心离子、配体、配位原子、配位数和配位个体所带的电荷。

配合物	名称	中心原子	配体	配位原子	配位数	电荷
$H_2[SiF_6]$						
$Na_3[Ag(S_2O_3)_2]$						
$[Zn(OH)(H_2O)_3]NO_3$						
$[CoCl_2(NH_3)_3(H_2O)]Cl$						
$[Cu(NH_3)_4][PtCl_4]$						
$(NH_4)_2[FeCl_5(H_2O)]$						
$NH_4[Cr(NCS)_4(NH_3)_2]$						
$[Co(en)_3]_2(SO_4)_2$						
$[Ni(CO)_4]$						

3. 有一配合物，其组成为钴 21.4%、氢 5.4%、氮 25.4%、氧 23.2%、硫 11.6%、氯 13%，该配合物水溶液与 $AgNO_3$ 溶液相遇不发生沉淀，但与 $BaCl_2$ 溶液相遇则会生成白色沉淀。它与稀碱无反应。若其分子量为 275.5，试写出其化学式。

4. 无水 $CrCl_3$ 可与 NH_3 作用形成两种配合物，其组成分别为 $CrCl_3 \cdot 6NH_3$ 和 $CrCl_3 \cdot 5NH_3$。$AgNO_3$ 水溶液能从第一种配合物溶液中将几乎所有的氯沉淀为 AgCl，而从第二种配合物溶液中仅能使组成中 2/3 的氯生成 AgCl 沉淀。写出这两种配合物的化学式，并命名之。

5. 今有四种含氨的钴配合物，其组成如下：

(1) $CoCl_3 \cdot 6NH_3$（橙黄色）　(2) $CoCl_3 \cdot 5NH_3$（紫色）

(3) $CoCl_3 \cdot 4NH_3$（绿色）　(4) $CoCl_3 \cdot 3NH_3$（绿色）

若用 $AgNO_3$ 溶液沉淀上述配合物中的 Cl^-，测得沉淀的含氯量依次相当于总含氯量的量 3/3、2/3、1/3、0。根据这一实验测定结果，推测这四种钴配合物的化学式。

6. 下面列出一些配合物磁矩的测定值，试按价键理论判断下列各配离子的单电子数目、成键轨道、电子分布和空间构型；并判断哪几种属于内轨型？哪几种属于外轨型？

(1) $[FeF_6]^{3-}$　5.90B. M.　(2) $[Fe(CN)_6]^{4-}$　0B. M.

(3) $[Fe(H_2O)_6]^{2+}$　5.30B. M.　(4) $[Co(NH_3)_6]^{3+}$　0B. M.

(5) $[Co(NH_3)_6]^{2+}$　4.26B. M.　(6) $[Mn(CN)_6]^{4-}$　1.80B. M.

7. 请根据晶体场理论完成下表：

配离子	Δ_o 与 E_p	d_ε 轨道上电子	d_γ 轨道上电子	*CFSE*
$[Co(H_2O)_6]^{2+}$	$\Delta_o < E_p$			
$[Co(CN)_6]^{3-}$				

8. 通过计算判断下列反应在标准态下进行的方向：

(1) $[Zn(NH_3)_4]^{2+} + S^{2-} \rightleftharpoons ZnS\downarrow + 4NH_3$

(2) $[Cu(NH_3)_4]^{2+} + Zn^{2+} \rightleftharpoons [Zn(NH_3)_4]^{2+} + Cu^{2+}$

(3) $[Hg(NH_3)_4]^{2+} + Y^{4-} \rightleftharpoons [HgY]^{2-} + 4NH_3$

9. 若在含有 $2.0mol \cdot L^{-1}$ NH_3 的 $0.10mol \cdot L^{-1}$ $[Ag(NH_3)_2]^+$ 溶液中加入少量 NaCl 晶体，使 NaCl 浓度达到 $0.0010mol \cdot L^{-1}$ 时，有无 AgCl 沉淀生成？

10. 将 40.0mL $0.10mol \cdot L^{-1}$ $AgNO_3$ 溶液和 20.0mL $6.0mol \cdot L^{-1}$ 氨水混合并稀释至 100mL。试计算：

(1) 平衡时溶液中 Ag^+、$[Ag(NH_3)_2]^+$ 和 NH_3 的浓度；

(2) 在混合稀释后的溶液中加入 0.010mol KCl 固体，是否有 AgCl 沉淀产生？

(3) 若要阻止 AgCl 沉淀生成，则应该加 $12.0mol \cdot L^{-1}$ 氨水多少毫升和 40.0mL $0.10mol \cdot L^{-1}$ $AgNO_3$ 溶液混合稀释到 100mL？

11. (1) 在 $0.10mol \cdot L^{-1}$ $K[Ag(CN)_2]$ 溶液中，分别加入 KCl 或 KI 固体，使 Cl^- 或 I^- 的浓度为 $1.0 \times 10^{-2} mol \cdot L^{-1}$，问能否产生 AgCl 或 AgI 沉淀？

(2) 如果在 $0.10mol \cdot L^{-1}$ $K[Ag(CN)_2]$ 溶液中加入 KCN 固体，使溶液中自由 CN^- 的浓度 $[CN]^- = 0.10mol \cdot L^{-1}$，然后分别加入 KI 或 Na_2S 固体，使 I^- 或 S^{2-} 的浓度为 $0.10mol \cdot L^{-1}$，问能否产生 AgI 或 Ag_2S 沉淀？

12. 已知 $Cu^+ + e^- \rightleftharpoons Cu$　$\varphi^\ominus = +0.522V$

$[Cu(NH_3)_2]^+ + e^- \rightleftharpoons Cu + 2NH_3$　$\varphi^\ominus = -0.11V$

试求 $[Cu(NH_3)_2]^+ \rightleftharpoons Cu^+ + 2NH_3$ 的不稳定常数。

13. 金属铜不能溶于盐酸，但有硫脲 $CS(NH_2)_2$（可简写为 Tu）存在时，金属铜能与盐酸反应放出氢气。根据下列已知条件：(1) 写出反应方程式；(2) 通过计算说明铜片、硫脲和盐酸（$6.0mol \cdot L^{-1}$）混合加热可产生氢气的道理。

已知　$Cu^{2+} + e^- \rightleftharpoons Cu^+$　　　$\varphi^\ominus = +0.522V$　　　$K_d^\ominus[Cu(Tu)_4^+] = 4.0 \times 10^{-16}$

14. 溶液中 Cu^{2+} 与 $NH_3 \cdot H_2O$ 的初始浓度分别为 $0.2mol \cdot L^{-1}$ 和 $1.0mol \cdot L^{-1}$，若反应生成的 $[Cu(NH_3)_4]^{2+}$ 的 $K_稳^\ominus = 2.1 \times 10^{13}$，计算平衡时溶液中残留的 Cu^{2+} 的浓度。

15. 已知 $Cu^{2+} + 2e^- = Cu$ 的 $\varphi^\ominus = 0.34V$，$[Cu(NH_3)_4]^{2+}$ 的 $K_稳^\ominus = 2.1 \times 10^{13}$。求电对 $[Cu(NH_3)_4]^{2+}/Cu$ 的 $\varphi^\ominus$。

16. 求在 100mL 浓度为 $10mol \cdot L^{-1}$ 的氨水中能溶解多少克 AgCl 固体？已知 $[Ag(NH_3)_2]^+$ 的 $K_稳^\ominus = 1.1 \times 10^7$，AgCl 的 $K_{sp}^\ominus = 1.8 \times 10^{-10}$。

17. 一原电池构成如下：电极 A 铜片插入 $1.00mol \cdot L^{-1} CuSO_4$ 和 $10mol \cdot L^{-1}$ 氨水的等体积混合溶液；电极 B 铜片插入 $1.0mol \cdot L^{-1} CuSO_4$ 溶液。若该原电池的电动势 $E = 0.39V$，求 $[Cu(NH_3)_4]^{2+}$ 的稳定常数。

18. 测得下列电池的电动势为 1.34V：

$(-)Pt|H_2(100kPa)|H^+(1.0mol \cdot L^{-1}) \| [AuCl_2]^-(1.0mol \cdot L^{-1}), Cl^-(1.0mol \cdot L^{-1})|Au(+)$

试计算 $[AuCl_2]^-$ 的 $K_{不稳}^\ominus$[已知 $\varphi^\ominus(Au^+/Au) = 1.68V$]。

19. 已知下列原电池

$$(-)Zn|Zn^{2+}(0.010mol \cdot L^{-1}) \| Cu^{2+}(0.010mol \cdot L^{-1})|Cu(+)$$

(1) 先向右半电池中通入过量 NH_3，使游离 $[NH_3] = 1.00mol \cdot L^{-1}$，测得电动势 $E_1 = 0.714V$，求 $[Cu(NH_3)_4]^{2+}$ 的 $K_{不稳}^\ominus$（假定 NH_3 的通入不改变溶液体积）；

(2) 然后向左半电池中加入过量的 Na_2S，$[S^{2-}] = 1.00mol \cdot L^{-1}$，求此时原电池的电动势 E_2（已知 ZnS 的 $K_{sp}^\ominus = 1.6 \times 10^{-24}$，假定 Na_2S 的加入不改变溶液的体积）；

(3) 用原电池符号表示经 (1)、(2) 处理后的新原电池并标出正、负极；

(4) 写出新原电池的电极反应和电池反应；

(5) 计算新原电池反应的平衡常数 $K^\ominus$ 和 $\Delta_r G_m^\ominus$。

20. 已知两个配离子的分裂能和成对能：

	$[Co(NH_3)_6]^{3+}$	$[Fe(H_2O_6)]^{2+}$
Δ/cm^{-1}	23000	10400
P/cm^{-1}	21000	15000

(1) 用价键理论及晶体场理论解释 $[Fe(H_2O)_6]^{2+}$ 是高自旋的，$[Co(NH_3)_6]^{3+}$ 是低自旋的；

(2) 计算两种配离子的晶体场稳定化能。

第 12 章

d区金属——过渡金属（Ⅰ）

【学习要求】

（1）掌握过渡元素在周期表中的位置以及价电子层结构的特点，熟悉过渡元素的通性；

（2）熟悉铬的元素电势图，掌握溶液中Cr（Ⅲ）、Cr（Ⅵ）化合物的氧化还原性与相互转化；

（3）熟悉锰的元素电势图，掌握Mn（Ⅱ）、Mn（Ⅳ）、Mn（Ⅵ）、Mn（Ⅶ）重要化合物的性质、氧化还原反应及其相互转化；

（4）熟悉铁的元素电势图，掌握Fe（Ⅱ）、Fe（Ⅲ）化合物的氧化还原性与相互转化；

（5）了解铂系元素的单质的重要特性以及几种铂系重要化合物的性质、反应以及应用。

过渡元素（transition element）包括周期系中的 d 区、ds 区和 f 区。其中 d 区元素一般具有部分充满的 d 亚层，它包括周期系第四、五、六周期ⅢB～ⅧB 族的元素，共有 8 个直列，如表 12-1 所示；f 区元素一般具有部分充满 f 亚层，位于周期表底端的镧系和锕系元素（内过渡元素，详见 14 章）；ds 区元素是指具有充满的 d 亚层，包括周期系中的ⅠB 和ⅡB 族，详见 13 章。这些元素都是金属，也称为过渡金属（transition metal）。

表 12-1　d 区元素

周期 \ 族	ⅢB	ⅣB	ⅤB	ⅥB	ⅦB	ⅧB		
四	Sc	Ti	V	Cr	Mn	Fe	Co	Ni
五	Y	Zr	Nb	Mo	Tc	Ru	Rh	Pd
六	La	Hf	Ta	W	Re	Os	Ir	Pt
七	Ac	104Rf	105Db	106Sg	107Bh	108Hs	109Mt	110Uun

本章仅讨论 d 区元素，其原子结构特点是它们原子的最外、次外两个电子层都未充满，具有未充满的 d 轨道（Pd 除外 $4d^{10}$），价电子构型为：$(n-1)\ d^{1\sim9}ns^{1\sim2}$。

不同于主族元素，同周期 d 区元素具有相似性。通常人们按不同周期将 d 区元素分成三个过渡系。第四周期从钪（Sc）到镍（Ni）为第一过渡系；第五周期从钇（Y）到钯（Pd）为第二过渡系；第六周期从镧（La）到铂（Pt）为第三过渡系。第一过渡系的元素及其化合物应用较广，并有一定的代表性。本章重点讨论d区元素的第一过渡系。

12.1 d区元素通性

12.1.1 单质的物理性质

与主族元素相比，d区元素的原子半径小，d电子多，金属键一般较强。由于存在能级交错，具有明显的金属光泽。金属晶体是通过金属键结合的，所以过渡金属具有良好的延展性以及机械加工性；良好的导电、导热性；大多金属还具有磁性。因此过渡金属广泛地用于制造合金钢，例如不锈钢（含镍和铬）、弹簧钢（含钒）、锰钢等。除钪和钛外，密度均大于$5g \cdot cm^{-3}$，密度最大的金属是锇（$22.48g \cdot cm^{-3}$）；硬度最大的金属是铬，莫氏硬度为9；熔点最高的金属是钨（3410℃）；导电导热性最好的金属是银；延性最好的金属是铂，展性最好的金属是金。

12.1.2 金属活泼性

所谓金属活泼性（chemical activity of metal）是指金属单质在水溶液中失去电子生成金属阳离子的倾向，属于热力学范畴。第一过渡系元素电子结构的特点是具有未充满的3d轨道，最外层电子为1～2个，其价电子构型为$(n-1)d^{1\sim9}ns^{1\sim2}$，由表12-2可见，它们的电离能（ionization energy）和电负性（electronegativity）都比较小，容易失去电子呈金属性（metallicity），而且标准电极电势值几乎都是负值，表明具有较强的还原性，能从非氧化性酸中置换出氢。第一过渡系金属元素从左到右金属的还原能力逐渐减弱。

表12-2 第一过渡系d区元素的基本性质

族数	ⅢB	ⅣB	ⅤB	ⅥB	ⅦB	ⅧB		
元素符号	Sc	Ti	V	Cr	Mn	Fe	Co	Ni
价层电子结构	$3d^14s^2$	$3d^24s^2$	$3d^34s^2$	$3d^44s^2$	$3d^54s^2$	$3d^64s^2$	$3d^74s^2$	$3d^84s^2$
原子半径/pm	144	132	122	118	117	117	116	116
M^{2+}离子半径/pm	—	94	88	89	80	74	72	69
第一电离能/$kJ \cdot mol^{-1}$	631	658	650	653	717	759	758	737
电负性	1.3	1.5	1.6	1.6	1.5	1.8	1.9	1.9
$\varphi^{\ominus}(M^{2+}/M)/V$		−1.63	−1.13	−0.90	−1.18	−0.44	−0.25	−0.26

第二、三过渡系的金属元素除ⅢB族外，有些元素单质仅能溶于王水和氢氟酸中，如锆、铪等，有些甚至不溶于王水，如钌、铑、锇、铱等。铂质器皿具有耐酸（尤其是氢氟酸）的性能正在于此。这些金属活泼性的差别与第二、三过渡系的原子具有较大的电离能（I_1+I_2）和升华热有关。值得注意的是，有时金属在表面形成致密的氧化膜，也影响活泼性。

同一族的过渡元素除ⅢB族外，其他各族都是自上而下活泼性降低。一般认为这是由于同族元素自上而下原子半径增加不大，而核电荷数却增加较多，对电子吸引增强，所以第二、三过渡系元素的活泼性急剧下降。特别是镧以后的第三过渡系的元素，又受镧系收缩的影响，它们的原子半径与第二过渡系相应的元素的原子半径几乎相等。因此第二、三过渡系的同族元素及其化合物，在性质上很相似。例如，锆与铪在自然界中彼此共生在一起，把它们的化合物分离开比较困难。铌和钽也是这样。同一过渡系的元素在化学活泼性上，总的来说自左向右减弱，但是减弱的程度不大。

12.1.3 氧化值

过渡元素的价电子构型决定了它们具有多种氧化值（oxidation value)。第一过渡系 d 区元素的常见氧化值列于表 12-3 中。

表 12-3 d 区元素的氧化值

元素	Sc	Ti	V	Cr	Mn	Fe	Co	Ni
氧化态		+2	+2	+2	$\underline{+2}$	$\underline{+2}$	$\underline{+2}$	$\underline{+2}$
	$\underline{+3}$	+3	+3	$\underline{+3}$	+3	$\underline{+3}$	+3	+3
		$\underline{+4}$	$\underline{+4}$		$\underline{+4}$		+4	+4
			$\underline{+5}$					
				$\underline{+6}$	+6	+6		
					$\underline{+7}$			

注：表中划横线表示常见氧化态。

过渡元素呈现多种氧化值的原因主要是由于：过渡元素的 $(n-1)$d 和 ns 轨道能级差相对较小，价电子不仅包括最外层的 s 电子，还包括次外层的部分或全部 d 电子。因此，过渡元素具有多种氧化值。例如 Mn 元素，主要呈现+2、+3、+4、+6、+7 氧化态；Fe 元素，主要显示+2、+3、+6 氧化态。

对于ⅢB～ⅦB 族，它们的最高氧化数等于最外层 s 电子和次外层 d 电子数的总和。例如 Sc 元素，价电子构型为 $3d^1 4s^2$，最高氧化数为+3。Cr 元素，价电子构型为 $3d^5 4s^1$，最高氧化数为+6。Mn 元素，价电子构型为 $3d^5 4s^2$，最高氧化数为+7。但对于ⅧB 族：多数最高氧化态小于族数，仅有 Ru 和 Os 可显示+8 氧化态，例如：RuO_4 和 OsO_4。

具有较低氧化数的过渡元素，大都以“简单”离子（M^+、M^{2+}、M^{3+}）存在，高氧化数的过渡元素常以含氧酸根形式存在。例如 Fe(Ⅵ) 和 Ni(Ⅵ) 具有强氧化性，以含氧酸根形式存在，例如：FeO_4^{2-}（高铁酸根）和 NiO_4^{2-}（高镍酸根）。

12.1.4 配位性

从过渡元素的结构特征可以看出，过渡金属的离子具有能量相近的 $(n-1)$d、ns、np 原子轨道，其中 ns、np 轨道是空的，$(n-1)$d 轨道可以部分填充或全空，这就具备了形成各种成键能力较强的杂化轨道的条件；同时其原子或离子半径较主族元素小，而有效核电荷大。因此过渡金属元素的原子或离子不仅具有接受电子对的空轨道，同时还具有较强的吸引配体的能力。

因而，过渡金属元素比主族金属元素具有更强的形成配合物的倾向，对过渡金属离子配合物的研究，是现代配位化学的重要内容。例如，第一过渡系金属均易与 NH_3、SCN^-、CN^-、X^-（卤离子）、$C_2O_4^{2-}$ 等常见配体形成配合物，还能与 CO 形成羰基配合物如 $Ni(CO)_4$、$Fe(CO)_5$ 等。在水溶液或晶体中所有第一过渡系金属的+3 和+2 氧化态的配合物通常是四或六配位的，在化学性质方面也具有相似性。

12.1.5 离子的颜色

d 区金属的低价离子在水溶液中都是以水合离子形式存在的，例如 $[Cr(H_2O)_6]^{3+}$、$[Fe(H_2O)_6]^{3+}$ 等，一般常常简写为 Fe^{3+}、Cr^{3+} 等。由于过渡金属离子具有未成对的 d 电子，可吸收可见光发生 d-d 跃迁，使其显示出互补色，因而它们常常具有颜色。没有未成对 d 电子的离子如 Sc^{3+}、Zn^{2+}、Ag^{+}、Cu^{+} 等都是无色的，而具有未成对 d 电子的离子则呈现出颜色，如 Cu^{2+}、Cr^{3+}、Co^{2+} 等（见表 12-4）。

表 12-4 d 区元素水合离子及其化合物的颜色

元素	Ti	V	Cr	Mn	Fe
水合离子（颜色）	$[Ti(H_2O)_6]^{2+}$（褐色）	$[V(H_2O)_6]^{2+}$（紫色）	$[Cr(H_2O)_6]^{2+}$（蓝色）	$[Mn(H_2O)_6]^{2+}$（肉色）	$[Fe(H_2O)_6]^{2+}$（浅绿色）
	$[Ti(H_2O)_6]^{3+}$（紫色）	$[V(H_2O)_6]^{3+}$（绿色）	$[Cr(H_2O)_6]^{3+}$（绿色）	$[Mn(H_2O)_6]^{3+}$（红色）	$[Fe(H_2O)_6]^{3+}$（浅紫色）
	TiO^{2+}（无色）	VO_4^{3-}（淡黄色）	CrO_4^{2-}（黄色）	MnO_4^-（紫色）	
			$Cr_2O_7^{2-}$（橙色）		

过渡元素与其他配体形成的配离子也常具有颜色。这些配离子吸收了可见光（波长在 400～730nm）的一部分，发生了 d-d 跃迁（d-d transition，生色机理之一），而把其余部分的光透过或散射出来，人们肉眼看到的就是这部分透过或散射出来的光，也就是该物质呈现的颜色。例如 Ti^{3+} 的水合离子 $[Ti(H_2O)_6]^{3+}$ 主要吸收了蓝绿色的光，而透过的是紫色和红色光，因而 $[Ti(H_2O)_6]^{3+}$ 的溶液呈现紫色。

对于某些具有颜色的含氧酸根离子，如 VO_4^{3-}（淡黄色）、CrO_4^{2-}（黄色）、MnO_4^-（紫色）等，它们的显色被认为是由于电荷跃迁（charge transition，生色机理之一）所引起。上述离子中的金属元素都处于最高氧化态，钒、铬和锰的氧化数分别为＋5、＋6 和＋7，它们都具有 d^0 电子构型，均有较强的夺电子能力。这些酸根离子吸收了一部分可见光的能量后，氧原子所带的负电荷会向金属原子迁移，伴随电荷迁移，这些离子呈现出各种不同的颜色。

12.1.6 磁性

物质的磁性（magnetism）是物质内部结构的一种宏观表现，按照物质在外加磁场作用下的性质，可表现为顺磁性（paramagnetism）、反磁性（diamagnetism）和铁磁性（ferromagnetism）。铁磁性和顺磁性的差别表现在顺磁性只是在外磁场存在下时才呈现出来，而铁磁性物质在外加磁场移去后仍然保持磁性。呈现铁磁性的原因是由于铁磁性物质中顺磁性原子间在一定区域内以相同方向排列，外加磁场会进一步加强磁性，而且磁性在外磁场撤掉后依然保存下来。

过渡元素原子一般都具有未充满的 d 亚层结构特征，因此在形成化合物时其原子或离子中有未成对的 d 电子，因而使得它们的许多化合物呈现出顺磁性；而表现出铁磁性的物质一般为 Fe、Co、Ni 及其合金 Nd-Fe-B（第三代永磁材料）。

12.1.7 催化性

许多过渡元素及其化合物都具有催化性能（catalytic performance）。例如，在硝酸制造过程中，铂 Pt-铑 Rh 合金用于氧化 NH_3 制取 NO；在接触法制造硫酸中，用五氧化二钒 V_2O_5 催化把 SO_2 氧化为 SO_3；二氧化锰 MnO_2 能催化 $KClO_3$ 受热分解制造氧气。在有机化学中，钯 Pd 被用于制备林德拉（Lindlar）催化剂，可以把炔烃还原为烯烃；雷尼（Raney）镍 Ni 也可用于有机合成中的催化加氢反应。许多过渡金属配合物，如 $RhCl[P(C_6H_5)_3]_3$、$Ni(CO)_4$、$SnCl_2 \cdot H_2PtCl_6$、$HCo(CO)_4$ 等，可用作均相催化氢化反应、烃基羰基化反应、氢甲酰化反应的催化剂，如齐格勒-纳塔型催化剂是定向聚合的特效催化剂。

过渡元素及其化合物之所以具有很好的催化性能，一方面是由于过渡元素的多种氧化态有利于形成不稳定的中间化合物，进行配位催化（coordination catalysis）；另一方面是由于过渡元素可以提供适宜的反应表面，进行接触催化（contact catalysis）。两种方式均可降低反应的活化能（activation energy），加速反应的进程。

12.2 钛副族元素

12.2.1 钛副族元素概述

钛副族（titanium subgroup）为周期表中ⅣB 族元素，包括钛（Ti）、锆（Zr）、铪（Hf）3 种元素，它们在地壳中的丰度（质量分数）分别为 Ti 0.45%、Zr 0.02%、Hf 0.00045%。虽然钛在地壳中的丰度居元素分布序列的第十位，但由于它在自然界存在分散且金属钛提炼困难，一直认为它是一种稀有金属。钛的主要矿物有钛铁矿（ilmenite，$FeTiO_3$）和金红石（rutile，TiO_2）。1791 年 W. Gregor 和 1795 年 M. H. Klaproth 得到二氧化钛（titanium dioxide，TiO_2）；1910 年 M. A. Hunter 制得钛。锆和铪是稀有金属，锆的主要矿物是锆英石（zirconite，$ZrSiO_4$）。铪总是以锆的百分之几的量和锆伴生且分离困难。钛副族元素的一些性质列于表 12-5 中。

表 12-5 钛族元素的基本性质

元　素	钛	锆	铪
元素符号	Ti	Zr	Hf
原子序数	22	40	72
原子量	47.90	91.22	178.49
价层电子结构	$3d^24s^2$	$4d^25s^2$	$5d^26s^2$
主要氧化数	+3,+4	+4	+4
共价半径/pm	136	145	144
M^{4+}离子半径/pm	68	80	79
第一电离能/$kJ \cdot mol^{-1}$	658	660	654
电负性	1.54	1.33	1.30
$\varphi^{\ominus}(M^{2+}/M)/V$ $MO_2+4H^++4e^- \longrightarrow M+2H_2O$	−0.86	−1.43	−1.57
熔点/K	1933±10	2125±2	2500±20
沸点/K	3560	4650	4875
密度/$g \cdot cm^{-3}$	4.54	6.506	13.31

钛副族元素原子的价电子构型为 $(n-1)d^2ns^2$，由于 d 轨道在全空的情况下原子结构

比较稳定，除了最外层的两个 s 电子参加成键外，次外层的两个 d 电子也很容易参加成键，所以钛、锆和铪的最稳定氧化态是+4，其次是+3，+2 氧化态则比较少见。这一点和 d 区各族元素一样，在族中自上而下，高氧化态趋于稳定，低氧化态不稳定。但与主族元素ⅣA 族中氧化态的变化规律相反。在个别配位化合物中，钛还可以成低氧化态 0 和−1。锆、铪生成低氧化态的趋势比钛小，它们的 M(+4) 化合物主要以共价键结合。在水溶液中主要以 MO^{2+} 形式存在，并且容易水解。

由于镧系收缩 (lanthanide contraction)，铪的离子半径与锆非常接近，因此它们的化学性质非常相似，造成铪和锆在分离上困难。

钛副族元素的电势图如图 12-1 所示。

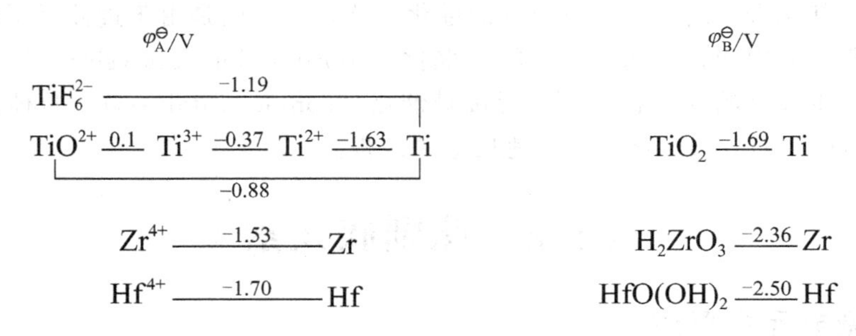

图 12-1　钛族元素在酸性、碱性条件下的元素电势图

金属钛是一种新兴的结构材料，呈银白色，有光泽，熔点高，密度小。钛的密度为 $4.54g\cdot cm^{-3}$，比钢轻，可机械强度与钢相似。铝的密度虽小，但机械强度较差。钛恰好兼有钢和铝的优点。钛是热和电的良导体。高纯度的钛具有良好的可塑性，越纯可塑性越大。液体钛几乎能溶解所有的金属，因此可以和多种金属形成合金。将钛加入钢中制得的钛钢坚韧而有弹性。此外，钛与生物体组织相容性好，结合牢固，用于接骨和制造人工关节（生物金属）。在酸性溶液中 $\varphi^\ominus(Ti^{2+}/Ti)=-1.63V$；从标准电极电势看，钛是还原性强的金属，但因在钛的表面容易形成致密的、钝性的氧化膜，使得钛具有优良的抗腐蚀性；特别是对海水的抗腐蚀性很强。由于金属钛具有这些良好的性能，它在国防和高能技术中占有重要的地位，目前在航海和航空制造业上得到广泛应用。

虽然在通常温度下钛不活泼，但在高温时钛相当活泼，能直接与绝大多数非金属反应达到最高氧化态，如加热至红热时可与氧气反应生成 TiO_2，600K 时可与氯气反应生成四氯化钛 $TiCl_4$，800K 时可与氮气反应生成 Ti_3N_4。在高温时，钛能直接同许多非金属如氢、卤素、氧、氮、碳、硼、硅、硫等生成很稳定、很硬并且难熔的填隙式化合物，如 TiN、TiC、TiB 和 TiB_2。钛还能同一些金属如 Al、Sb、Be、Cr、Fe 等生成填隙式化合物 (interstitial compound) 或金属间化合物 (intermetallic compound)。

在室温下，钛不与无机酸反应，但能溶于热盐酸和热硫酸中。

$$2Ti+6HCl(浓)=\!=\!=2TiCl_3+3H_2\uparrow$$

$$2Ti+3H_2SO_4(浓)=\!=\!=Ti_2(SO_4)_3+3H_2\uparrow$$

钛最好的溶剂是氢氟酸或含有氟离子的酸（将氟化物加入酸中），这是因为氟离子与钛的配位作用改变了钛的标准电极电势：$\varphi^\ominus(TiF_6^{2+}/Ti)=-1.19V$。

$$Ti+6HF=\!=\!=TiF_6^{2-}+2H^++2H_2\uparrow$$

钛不溶于热碱，但与熔融碱作用：

$$2Ti+6KOH \xlongequal{} 2K_3TiO_3+3H_2\uparrow$$

用金属钠或镁还原四氯化钛可以制取金属钛。

$$TiCl_4(g)+4Na \xlongequal{} 4NaCl(s)+Ti$$

$$\Delta_r G_m^\ominus = -946.42 kJ\cdot mol^{-1}+0.273T(kJ\cdot K^{-1}\cdot mol^{-1}) \quad (1)$$

$$TiCl_4(g)+2Mg \xlongequal{} 2MgCl_2(s)+Ti$$

$$\Delta_r G_m^\ominus = -540.57 kJ\cdot mol^{-1}+0.188T(kJ\cdot K^{-1}\cdot mol^{-1}) \quad (2)$$

钛的主要矿物有钛铁矿（$FeTiO_3$）和金红石（TiO_2），其次是钒钛铁矿（其中主要成分是钛铁矿和磁铁矿），由于高温时 Ti 与 O_2、N_2 分别生成氧化物、氮化物，熔融时，与碳酸盐、硅酸盐等形成碳化物、硅化物，所以冶炼比较困难。

工业上常用 $FeTiO_3$ 为原料来制备金属钛。

① 矿石中含有 FeO、Fe_2O_3 杂质，先用浓硫酸处理

$$FeTiO_3+3H_2SO_4 \xlongequal{} FeSO_4+Ti(SO_4)_2+3H_2O$$

$$FeTiO_3+2H_2SO_4 \xlongequal{} FeSO_4+TiOSO_4+2H_2O$$

$$FeO+H_2SO_4 \xlongequal{} FeSO_4+H_2O$$

$$Fe_2O_3+3H_2SO_4 \xlongequal{} Fe_2(SO_4)_3+3H_2O$$

② 加入单质铁把 Fe^{3+} 还原为 Fe^{2+}，然后使溶液冷却至 273K 以下，使 $FeSO_4\cdot 7H_2O$ 结晶析出。

③ 加热煮沸 $Ti(SO_4)_2$ 和 $TiOSO_4$：

$$Ti(SO_4)_2+H_2O \xlongequal{} TiOSO_4+H_2SO_4$$

$$TiOSO_4+2H_2O \xlongequal{} H_2TiO_3\downarrow+H_2SO_4$$

④ 分离煅烧：

$$H_2TiO_3 \xlongequal{} TiO_2+H_2O\uparrow$$

⑤ 碳氯法：

$$TiO_2(金红石)+2Cl_2+2C \xlongequal{\triangle} TiCl_4\uparrow+2CO\uparrow$$

⑥ 在 1070K 时用熔融的镁在氩气氛中还原 $TiCl_4$ 可得海绵钛，再经熔融制得钛锭。

$$TiCl_4(g)+2Mg \xlongequal{} 2MgCl_2(s)+Ti$$

该反应在低温下便能进行，为使反应速率加快，反应温度控制在 800～900℃。在此温度范围内，$MgCl_2$（熔点 140℃）和 Mg（熔点 650℃）以液态形式存在，$TiCl_4$ 以气体形式存在，与固体钛（熔点 1660℃）很好分离。用 Ar 气保护，防止生成的 Ti 被空气中的 O_2 氧化。

Ti 中少量的 $MgCl_2$ 和 Mg 用酸浸取，这样得到的金属钛如海绵，被称为“海绵钛”。为进一步提高钛的纯度，可采用电解法或碘化法精炼。

钛的碘化法精炼过程如下：

$$Ti(粗)+2I_2(s) \xrightarrow{200℃} TiI_4(s) \xrightarrow{373℃} TiI_4(g) \xrightarrow{1000\sim1400K} Ti(s)+2I_2(g)$$

锆是采用钛的制备方法，将锆矿石转变为氯化物，然后以活泼金属在氩气中还原为粗锆。再将粗锆与碘共热转变为碘化物，最后热分解碘化物制得金属锆。其主要反应如下：

$$2ZrSiO_4+4C \xlongequal{电弧炉} 2ZrC+2SiO_2+2CO_2$$

$$ZrC+2Cl_2 \xlongequal{623\sim723K} ZrCl_4(g)+C$$

$$ZrO_2+2Cl_2+2C \xlongequal{1173K} ZrCl_4+2CO\uparrow$$

$$ZrCl_4(g)+2Mg(l)\xrightarrow[Ar]{1150K}2MgCl_2(s)+Zr(s)(粗)$$

$$Zr(粗)+2I_2\xrightarrow{473K}ZrI_4$$

$$ZrI_4\xrightarrow{1673K}Zr+2I_2\uparrow$$

由于锆铪矿石共生，所以用上述方法制得的锆中常含有2%左右的铪。当锆用做原子反应堆结构材料时，锆中铪的含量应低于0.01%，这就必须将锆铪分离。目前主要采取离子交换法或溶剂萃取法。

离子交换法是利用强碱型阴离子交换树脂［结构以 $R—N(CH_3)_3{}^+Cl^-$ 为例］，使 Zr 和 Hf 形成的 $[ZrF_6]^{2-}$、$[HfF_6]^{2-}$ 与阴离子树脂进行交换吸附，由于锆、铪配离子与阴离子树脂结合能力不同，所以可以用 HF 和 HCl 混合溶液为淋洗剂，使这两种阴离子先后被淋洗下来，以此达到分离的目的。

$$2R—N(CH_3)_3Cl+K_2ZrF_6 = [R—N(CH_3)_3]_2ZrF_6+2KCl$$

$$2R—N(CH_3)_3Cl+K_2HfF_6 = [R—N(CH_3)_3]_2HfF_6+2KCl$$

$$[R—N(CH_3)_3]_2ZrF_6+2HCl = H_2ZrF_6+2R—N(CH_3)_3Cl$$

$$[R—N(CH_3)_3]_2HfF_6+2HCl = H_2HfF_6+2R—N(CH_3)_3Cl$$

Zr-Hf 的溶剂萃取法是利用 Zr、Hf 的硝酸溶液与有机相磷酸三丁酯（TBP）或三辛胺（TDA）的甲基异丁基酮溶液混合振荡萃取。由于锆的配位能力比铪强，比较容易进入有机溶剂相中，因而可达到 Zr 和 Hf 分离的效果。

锆（Zr）和铪（Hf）的价电子构型分别为 $4d^25s^2$ 和 $5d^26s^2$，由于“镧系收缩”，锆和铪的性质非常相似。锆是具有浅钢灰色的可锻金属，铪是银白色、可锻的柔软性金属。致密锆在空气中是稳定的，加热到673～873K时，表面生成一层致密的、有附着力的、能自行修补裂缝的氧化物保护膜，因而具有突出的抗腐蚀能力。在更高温度下，锆的氧化速度增大，同时氧能溶解于锆中，溶解的氧即使在真空中加热也不能除去，使金属变脆、难于加工。锆的粉末在空气中加热到453～558K开始着火燃烧。锆在高温空气中燃烧时与氮的反应比氧快，生成氮化物、氧化物和氮氧化物 $ZrON_2$ 的混合物。与硼、碳分别生成硼化物（ZrB_2）和碳化物（ZrC_2）。锆对氧的亲和力很强，高温时能夺取氧化镁、氧化铍和氧化钍等坩埚材料中的氧，所以锆只能在金属坩埚中熔融。

锆能吸收氢生成一系列氢化物：Zr_2H、ZrH、ZrH_2，在真空管加热到1273～1473K时吸收的氢几乎可以全部排出，因此可用作贮氢材料。

锆的抗化学腐蚀性优于钛和不锈钢，接近于铌、钽。在373K以下锆与各种浓度的盐酸、硝酸及浓度低于50%的硫酸均不发生作用，也不与碱溶液作用。但是溶于氢氟酸、浓硫酸和王水，也被熔融碱所侵蚀。

由于具有惊人的抗腐蚀性能、极高的熔点、超高的硬度和强度等特性，锆被广泛用在航空航天、军工、核反应、原子能领域。锆可以用于原子能反应堆中二氧化铀燃烧棒的包层，因为含约1.5%锡的锆合金具有在辐射下稳定的抗腐蚀性和机械性能，而且对热中子的吸收率特别低。含有少量锆的各种合金钢有很高的强度和耐冲击的韧性，可用于制造坦克、军舰等。

铪类似于锆，在高温下会生成氧化物薄膜，其氧化速率稍低于锆，可吸收氢气，铪也可以与氧、氮等气体直接化合，形成氧化物和氮化物。铪的抗腐蚀性能稍弱于锆，能抵抗冷稀酸和碱液的侵蚀，但可溶于硫酸中，易溶于氢氟酸而形成氟合配合物。

12.2.2 钛副族元素重要的化合物

（1）钛的重要化合物

① 二氧化钛 TiO_2

二氧化钛（titanium dioxide，TiO_2）是一种白色粉末，工业上俗称“钛白粉”，由于它在耐化学腐蚀性、热稳定性、抗紫外线粉化及折射率高等方面所表现的良好性能，是优良的白色涂料，着色力强，遮盖力强，化学稳定性好，优于“锌白”（zinc white，ZnO）和“铅白”［white lead，$2PbCO_3 \cdot Pb(OH)_2$］等白色涂料，因而得到广泛应用。TiO_2 有金红石（rutile）、锐钛矿（anatase）、板钛矿（brookite）三种晶形；其中最重要的是金红石，金红石为 MX_2 型晶体构型，属四方晶系。

TiO_2 不溶于水及稀酸，可溶于 HF 和浓硫酸中。

$$TiO_2 + 6HF \xlongequal{} H_2[TiF_6] + 2H_2O$$

$$TiO_2 + H_2SO_4 \xlongequal{} TiOSO_4 + H_2O \quad （TiO^{2+} 氧基钛阳离子）$$

$$TiO_2 + 2NaOH \xlongequal{} Na_2TiO_3 + H_2O$$

TiO_2 可通过两种方法制取：

干法（dry process）：$TiO_2（金红石）+ 2Cl_2 + 2C \xlongequal{\triangle} TiCl_4 \uparrow + 2CO$

$$TiCl_4 + O_2 \xlongequal{700 \sim 900℃} TiO_2 + 2Cl_2$$

在此制备过程中，Cl_2 可循环使用。

湿法（wet process）：磨细的钛铁矿和 80%以上硫酸反应。

$$FeTiO_3 + 2H_2SO_4 \xlongequal{} TiOSO_4 + FeSO_4 + 2H_2O$$

$TiOSO_4$ 水解：

$$TiOSO_4 + 2H_2O \xlongequal{\triangle} TiO_2 \cdot H_2O + H_2SO_4$$

促进水解的方法有：稀释水解、加碱水解、加热水解等。

② 四氯化钛 $TiCl_4$

四氯化钛（titanium tetrachloride，$TiCl_4$）由 TiO_2、Cl_2 和焦炭在高温下反应制得，为共价化合物，固态为分子晶体；熔点为−24℃，沸点为 136.5℃；常温下为无色、有刺激性气味的液体，可溶于有机溶剂。

Ti^{4+} 电荷高，半径小，极易水解，在潮湿空气中由于水解而冒烟：

$$TiCl_4 + 3H_2O \xlongequal{} H_2TiO_3 \downarrow + 4HCl \uparrow$$

此性质常被用于制烟幕弹、空中广告等。

Ti^{4+} 容易水解，在水溶液中以钛酰离子 TiO^{2+} 形式存在。

$TiCl_4$ 是制备钛的其他化合物的原料，利用氮等离子体，由 $TiCl_4$ 可获得仿金镀层 TiN：

$$2TiCl_4 + N_2 \xlongequal{等离子体技术} 2TiN + 4Cl_2$$

Ti^{3+} 的重要化合物是紫色的 $TiCl_3$。在 500～800℃用氢气还原干燥的气态 $TiCl_4$ 制得：

$$2TiCl_4 + H_2 \xlongequal{\triangle} 2TiCl_3 + 2HCl \uparrow$$

$TiCl_3$ 和 $TiCl_4$ 均可做为有机合成反应的催化剂。Ti^{3+} 较强的还原性，在分析化学中用于许多含钛试样的钛含量测定。

例如：先用混酸 H_2SO_4-HCl 溶解试样，再加入 Al 片把 TiO^{2+} 还原为 Ti^{3+}。

$$3TiO^{2+} + Al + 6H^+ \xlongequal{} 3Ti^{3+} + Al^{3+} + 3H_2O$$

然后用 NH_4SCN 做指示剂，用标准的 $FeCl_3$ 溶液去滴定，终点指示为红色。（Fe^{3+} 与 SCN^- 形成血红色 $[Fe(SCN)_6]^{3-}$）

$$Ti^{3+} + Fe^{3+} + H_2O \longrightarrow TiO^{2+} + Fe^{2+} + 2H^+$$

（2）锆的重要化合物

由于镧系收缩（lanthanide contraction）的影响，锆和铪两者的原子半径和离子半径非常接近，因而它们的化学性质也非常相似。锆和铪在化合物中主要显示＋4 氧化态。由于属 d^0 结构，所以它们的盐几乎都是无色的。它们可形成 MX_4 型的卤化物和 MO_2 型的氧化物。氢氧化物（水合二氧化物）的碱性要比酸性大，酸碱性之间的差别比钛更明显。它们的化合物中，氧化物和卤化物及其配位化合物比较重要。

① 二氧化锆

二氧化锆（zirconium dioxide）是硬的白色粉末，不溶于水，熔点 2715℃。有三种晶型结构：单斜、四方和立方。常温时的稳定晶型是单斜晶系，在 1273K 以上转变为四方晶系。未经高温处理的二氧化锆 ZrO_2 能溶于无机酸，但在高温制得的二氧化锆却有很高的化学惰性，除了氢氟酸以外不与其他酸作用，由于熔点很高，是制造坩埚和优良高温陶瓷的原料。

锆盐和钛盐水溶液相似，容易按下式水解：

$$ZrCl_4(s) + H_2O \longrightarrow ZrOCl_2 + 2HCl$$

$$ZrOCl_2 + (x+1)H_2O \longrightarrow ZrO_2 \cdot xH_2O + 2HCl$$

得到的二氧化锆水合物 $ZrO_2 \cdot xH_2O$ 是一种含水量不定的白色凝胶，也称为 α-锆酸（zirconic acid）。它可以溶解在稀酸中，容易生成溶胶，即被吸附的酸或碱所胶溶。在加热条件下产生的沉淀，转变为 β-偏锆酸（zirconium hydroxid，H_2ZrO_3）。

二氧化锆水合物 $ZrO_2 \cdot xH_2O$ 有微弱的两性，它的酸性比 $TiO_2 \cdot xH_2O$ 更弱。它和强碱熔融时，生成晶状的偏锆酸盐 M_2ZrO_3 和锆酸盐 M_4ZrO_4。碱金属的偏锆酸盐 M_4ZrO_4 在水中的溶解度很小，和其他弱酸盐一样，它们在水溶液中也容易水解：

$$Na_2ZrO_3 + 3H_2O \longrightarrow Zr(OH)_4 \downarrow + 2NaOH$$

在浓的强碱中加锆盐，并不生成组成固定的锆酸盐，所得到的是吸附了碱金属氢氧化物的二氧化锆水合物的沉淀。

② 四卤化锆

四氯化锆（zirconium tetrachloride）为白色结晶粉末，升华温度为 331℃，熔点 437℃（2208kPa），密度 $2.8g \cdot cm^{-3}$，极易吸潮产生氯化氢，与水剧烈反应：

$$ZrCl_4(s) + 9H_2O \longrightarrow ZrOCl_2 \cdot 8H_2O + 2HCl$$

水解生成的水合氯化锆酰（水合氧氯化锆）难溶于冷浓盐酸中，但能溶于水。从溶液中结晶析出的四方形棱晶或针状晶体的 $ZrOCl_2 \cdot 8H_2O$，这可用于锆的鉴定和提纯。它可用作纺织品防水剂、防汗剂和防臭剂。四氯化锆和碱金属氯化物配合，生成 M_2ZrCl_6 型配合物。

四氟化锆（zirconium tetrafluoride，ZrF_4）是无色单斜晶体，熔点 640℃，沸点 905℃，密度为 $4.6g \cdot cm^{-3}$，几乎不溶于水，易与碱金属盐生成稳定的 M_2ZrF_6 型配合物。其中最重要的是 $K_2[ZrF_6]$，它在热水中的溶解度比在冷水中大得多，化学性质稳定。在冶炼中利用 $K_2[ZrF_6]$ 的可溶性，将锆英砂 $ZrSiO_4$ 与氟硅酸钾烧结，以氯化钾为填充剂，在 923～973K 发生下列反应：

$$ZrSiO_4 + K_2SiF_6 \longrightarrow K_2[ZrF_6] + 2SiO_2$$

用质量分数为 1% 的盐酸在 358K 左右进行沥取，沥取液冷却后便结晶析出氟锆酸钾

(potassium fluozirconate，$K_2[ZrF_6]$)。六氟合锆酸铵 $(NH_4)_2[ZrF_6]$ 在稍加热下分解，放出 NH_3 和 HF，留下 ZrF_4：

$$(NH_4)_2[ZrF_6] = ZrF_4 + 2NH_3\uparrow + 2HF\uparrow$$

ZrF_4 在 873K 开始升华，利用这一特性可把锆和铁及其他杂质分离。

(3) 铪的重要化合物

铪在化合物中常呈+4 价。主要的化合物是二氧化铪 [hafnium(Ⅳ) oxide，HfO_2]、四氯化铪 [hafnium(Ⅳ) chloride，$HfCl_4$]、氢氧化铪 (hafnium hydroxide，H_4HfO_4)。

① 二氧化铪

HfO_2 有三种不同的晶体结构：将铪的硫酸盐和氯氧化物持续煅烧所得的 HfO_2 是单斜变体；在 400℃左右加热铪的氢氧化物所得的 HfO_2 是四方变体；若在 1000℃以上煅烧，可得立方变体。HfO_2 为白色粉末，不溶于水、盐酸和硝酸，可溶于浓硫酸和氢氟酸。由硫酸铪、氯氧化铪等化合物热分解或水解制取。是生产金属铪和铪合金的原料，并用作耐火材料、抗放射性涂料和催化剂。

② 四氯化铪　$HfCl_4$ 是制备金属铪的原料，可由氯气作用于氧化铪和碳的混合物制取。为白色块状结晶加热至 250℃挥发。对眼睛、呼吸系统、皮肤有刺激性。能溶于丙酮和甲醇，但与水接触，立即水解生成氯化氧铪 ($HfOCl_2$)。HfO^{2+} 性质稳定，存在于铪的许多化合物中，在盐酸酸化的 $HfCl_4$ 溶液中可结晶出针状的水合氯氧化铪 $HfOCl_2\cdot8H_2O$ 晶体。

③ 氢氧化铪　H_4HfO_4 通常以水合氧化物 $HfO_2\cdot nH_2O$ 存在，难溶于水，易溶于无机酸，不溶于氨水，很少溶于氢氧化钠。加热至 100℃，生成羟基氧化铪 $HfO(OH)_2$。可由铪(Ⅳ)盐与氨水反应得到白色氢氧化铪沉淀。可用于制取其他铪化合物。

④ 铪的配合物　铪的卤配合物，如 K_2HfF_6、$(NH_4)_2HfF_6$ 的溶解度比锆的配合物大。铪的烷氧基配合物如 $Hf(OC_4O_7)_4$ 的沸点 (360.6K) 与 $Zr(OC_4O_7)_4$ (362.2K) 不同。由于溶解度或沸点存在着差异，这些配合物曾被用于锆和铪的分离。

12.3　钒副族元素

12.3.1　钒副族元素概述

钒副族 (vanadium subgroup) 为周期表中ⅤB 族元素，包括钒 (V)、铌 (Nb)、钽 (Ta) 3 种元素，它们的价电子构型为 $(n-1)d^3ns^2$，5 个价电子都可以参与成键，因此它们的最高氧化态为+5，且最稳定。此外，还能形成+4、+3、+2 氧化态的化合物。在族中自上而下，高氧化态的稳定性依次增强，低氧化态的稳定性依次减弱。例如，钒有稳定的+4、+3 氧化态存在，而铌和钽只有+5 氧化态稳定。这一情况与 d 区其他元素相似，而与主族元素ⅤA 族中氧化态的变化规律相反。它们在地壳中的丰度（质量分数）分别为 V 0.015%、Nb 0.0024%、Ta 0.0002%。钒副族元素的基本性质列于表 12-6 中。

表 12-6　钒族元素的基本性质

元　素	钒	铌	钽
元素符号	V	Nb	Ta
原子序数	23	41	73

续表

元　素	钒	铌	钽
原子量	50.94	92.91	180.95
价层电子结构	$3d^3 4s^2$	$4d^3 5s^2$	$5d^3 6s^2$
主要氧化数	+2,+3,+4,+5	+3,+5	+5
共价半径/pm	122	134	134
M^{5+}离子半径/pm	59	70	69
第一电离能/$kJ \cdot mol^{-1}$	650	664	761
电负性	1.63	1.60	1.50
$\varphi^{\ominus}(M^{2+}/M)/V$ $MO_2^+ + 4H^+ + 5e^- = M\downarrow + 2H_2O$ $M_2O_5 + 10H^+ + 10e^- = 2M\downarrow + 5H_2O$	-0.25	-0.64	-0.81
熔点/K	2163±10	2741±10	3269
沸点/K	3653	5015	5698±100
密度/$g \cdot cm^{-3}$	4.54	6.506	13.31

钒副族元素在自然界中分散而不集中，提取和分离都比较困难，因此被列为稀有金属(rare metal)。钒主要以+3和+5两种氧化态存在于矿石中，比较重要的钒矿有绿硫钒矿(patronite) VS_2 或 V_2S_5、钒酸钾铀矿 [carnotite，$K_2(UO_2)_2(VO_4)_2 \cdot 3H_2O$]、铅钒矿 [vanadinite，$Pb_5(VO_4)_3Cl$]（或褐铅矿）。

钒族元素的电势图如图 12-2 所示。

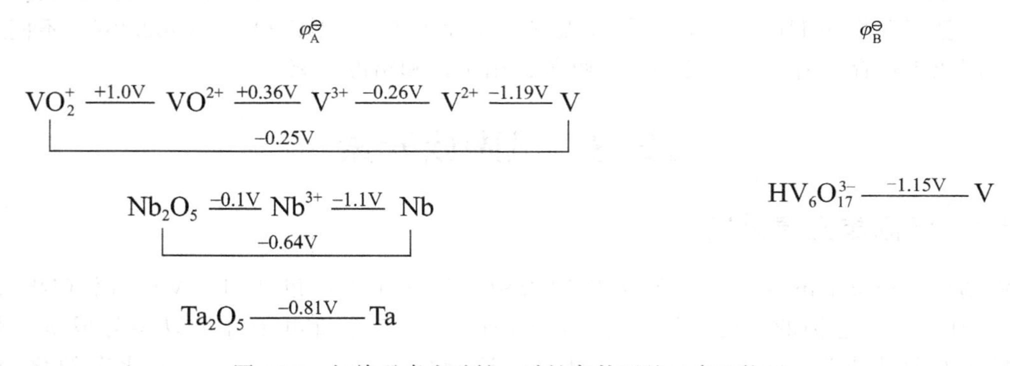

图 12-2　钒族元素在酸性、碱性条件下的元素电势图

钒常温下呈“钝化”状态，与强碱、HCl、稀 H_2SO_4、空气、海水均不反应。但溶于HF(aq)、HNO_3、浓 H_2SO_4 和“王水”。

$$2V + 6HF = 2VF_3 + 3H_2\uparrow$$

$$V + 8HNO_3 = V(NO_3)_4 + 4NO_2\uparrow + 4H_2O$$

在高温下，钒与大多数非金属反应，钒与氧、氟可直接反应分别生成 V_2O_5、VF_5，与氯反应仅生成 VCl_4，与溴、碘反应则分别生成 VBr_3、VI_3，可与熔融苛性碱发生反应：

$$4V + 5O_2 = 2V_2O_5 \text{（砖红色固体）}$$

$$V + 2Cl_2 \xlongequal{\quad} VCl_4 \text{（红色液体）}$$

钒被称为“现代工业的味精”，它是现代工业中的重要添加剂，用途十分广泛。钒主要用来制造合金钢、结构钢、弹簧钢等。含钒0.1%～0.3%的钒钢韧性好、弹性好、强度高、抗腐蚀性好。

铌与钽在地壳中的丰度分别为0.002%和2.5×10^{-4}%。铌与钽原子和离子半径相同，化学性质极为相似，总是共生在一起。主要矿物可用通式（Fe、Mn）MO_3表示，若M以铌为主，称为铌铁矿（niobite），若M以钽为主，称为钽铁矿（tantalite）。

钽与铌都是钢灰色的金属，具有典型的体心立方金属结构。铌的熔点为2468℃，沸点4742℃，密度$8.57g\cdot cm^{-3}$。室温下铌在空气中稳定，在氧气中红热时也不被完全氧化，高温下与硫、氮、碳直接化合，能与钛、锆、铪、钨形成合金。不与无机酸或碱作用，也不溶于王水，但可溶于氢氟酸。铌的氧化态为－1、＋2、＋3、＋4和＋5，其中以＋5价化合物最稳定。

钽的熔点为2996℃，沸点为5425℃±100℃，密度为$16.65g\cdot cm^{-3}$。钽具有良好的延展性能，可以冷加工。钽在空气中很稳定，抗腐蚀性强，能抵抗除氢氟酸以外的一切无机酸，包括王水。钽是所有金属中最耐腐蚀的，即使加热到1200K左右的高温，在熔融的K、Na中也不受腐蚀。但能溶解在硝酸和氢氟酸的混合液中。

铌和钽在高温时可以与氧、氯、硫、碳等化合。在室温时具有吸收氧气、氢气、氮气的能力，例如1g铌在室温时可以吸收100mL的氢气，生产高真空的电子管就是利用这一性质。

在医学上，钽是理想的生物适应性材料。它与人体的骨骼、肌肉组织以及液体直接接触时，能够与生物细胞相适应，具有极好的亲和性，几乎不对人体产生刺激和副作用。钽不仅可用于制作治疗骨折用的接骨板、螺钉、夹杆等，而且可以直接用钽板、钽片修补骨头和用钽条来代替因外伤而折断的骨头。钽丝和钽箔可以缝合神经、肌腱以及1.5mm以上的血管，极细的钽丝可以代替肌腱甚至神经纤维。用钽丝织成的钽纱、钽网可以用来修补肌肉组织。

由于钽具有独特的耐酸性，被广泛用于化学工业的耐酸设备。钽具有熔点高、蒸气压低、冷加工性能好、化学稳定性高、抗液态金属腐蚀能力强、表面氧化膜介电常数大等一系列优异性能。因此，钽在电子、冶金、钢铁、化工、硬质合金、原子能、超导技术、汽车电子、航空航天、医疗卫生和科学研究等高新技术领域有重要应用。世界上50%～70%的钽以电容器级钽粉和钽丝的形式用于制作钽电容器。

铌和钽在冶金工业中，可用于生产高强度合金钢、改善各种合金性能和制作超硬工具的添加剂。铌钢合金能起到固定碳的作用，提高钢在高温时抵抗氧化的性能、改善焊接性能以及增加钢的抗蠕变性能。含7.5%的钽合金能在红热时保持弹性。用铌和钽与钨、铝、镍、钴、钒等一系列金属合成的超级合金，是超音速喷气式飞机、火箭和导弹等的良好结构材料。

12.3.2 钒副族元素重要的化合物

（1）钒的重要化合物

五氧化二钒（vanadium pentoxide，V_2O_5）为砖红色固体，无臭、无味、有毒，是钒酸（vanadic acid，H_3VO_4）及偏钒酸（metavanadic acid，HVO_3）的酸酐。

可通过热分解偏钒酸铵（ammonium metavanadate，NH_4VO_3）来制备：

$$2NH_4VO_3 \xlongequal{\triangle} V_2O_5 + 2NH_3\uparrow + H_2O$$

V_2O_5 在 H_2O 中溶解度很小，但在酸、碱中都可溶，为两性偏酸性的氧化物：

$$V_2O_5 + 6NaOH \xlongequal{} 2Na_3VO_4 + 3H_2O$$

$$V_2O_5 + H_2SO_4 \xlongequal{} (VO_2)_2SO_4 + H_2O$$

V_2O_5 是一种重要的催化剂：

$$2SO_2(g) + O_2(g) \xlongequal{V_2O_5} 2SO_3(g)$$

酸介质中，V(Ⅴ) 显示中等氧化性，可氧化 Fe^{2+}、$H_2C_2O_4$ 等。

$$V_2O_5 + 2H^+ \xlongequal{} 2VO_2^+ + H_2O \quad \varphi^\ominus(VO_2^+/VO^{2+}) = +1.00V$$

$$VO_2^+ + Fe^{2+} + 2H^+ \xlongequal{} VO^{2+} + Fe^{3+} + H_2O$$

$$2VO_2^+ + H_2C_2O_4 + 2H^+ \xlongequal{} 2VO^{2+} + 2CO_2\uparrow + 2H_2O$$

在 $pH<1$ 的酸性溶液中，氧化性增强。

$$2VO_2^+ + 4H^+ + 2Cl^-(浓) \xlongequal{} 2VO^{2+} + Cl_2(g)\uparrow + 2H_2O \quad \varphi^\ominus(Cl_2/Cl^-) = +1.36V$$

V(Ⅴ) 具有较大的电荷半径比，所以在水溶液中不存在简单的 V^{5+}，而以钒氧基（在 H^+ 条件下，VO_2^+）或含氧酸根离子（在 OH^- 条件下，VO_3^-、VO_4^{3-}、$V_2O_7^{4-}$、$V_3O_9^{3-}$……）等形式存在。

V(Ⅴ) 在不同的 pH 值条件下还可形成多种形式的钒酸盐。比较重要的有偏钒酸盐（metavanadate，MVO_3）、正钒酸盐（vanadic acid，M_3VO_4）、焦钒酸盐（pyrothioarsenite，$M_4V_2O_7$）和多钒酸盐（polyvanadate）$M_3V_3O_9$、$M_6V_{10}O_{28}$ 等（M 为一价阳离子）。向正钒酸盐溶液中加酸，会形成不同聚合度的多钒酸盐：

$$2VO_4^{3-} + 2H^+ \rightleftharpoons 2HVO_4^{2-} \rightleftharpoons V_2O_7^{4-} + H_2O(pH \geqslant 13)$$

$$3V_2O_7^{4-} + 6H^+ \rightleftharpoons 2V_3O_9^{3-} + 3H_2O(pH \geqslant 8.4)$$

$$10V_3O_9^{3-} + 12H^+ \rightleftharpoons 3V_{10}O_{28}^{6-} + 6H_2O(3<pH<8)$$

若酸度再增大，则缩合度不变，而是获得质子：

$$V_{10}O_{28}^{6-} + H^+ \rightleftharpoons HV_{10}O_{28}^{5-}$$

若 $pH=1$ 时，则变为 VO_2^+。

随着 pH 值降低，多钒酸根中的氧被 H^+ 夺走，使钒氧比降低，随之发生颜色的变化：淡黄色→深红色（聚合度增大）→黄色（VO_2^+）

$$VO_4^{3-} \xrightarrow{H^+} V_2O_7^{4-} \xrightarrow{H^+} V_3O_9^{3-} \xrightarrow{H^+} V_{10}O_{28}^{6-} \xrightarrow{H^+} H_2V_{10}O_{28}^{4-} \xrightarrow{H^+} VO_2^+$$

VO_4^{3-}	$V_2O_7^{4-}$	$V_3O_9^{3-}$	$V_{10}O_{28}^{6-}$	$H_2V_{10}O_{28}^{4-}$	VO_2^+
1∶4	1∶3.5	1∶3	1∶2.8	1∶2.8	1∶2
浅黄色		黄色	红棕色	红棕色	浅黄色

(2) 铌和钽的重要化合物

铌和钽原子半径接近，性质非常相似。+5 氧化态是铌、钽最稳定的价态，它们的低氧化态不稳定。

钽的金属性较铌强，和浓硫酸作用，钽最终能生成正盐 $Ta_2(SO_4)_5$，铌一般只能生成 $Nb_2O_4SO_4$、$Nb_2O_3(SO_4)_2$。

铌比钽较易还原，如硫酸铌易被锌、汞、碱金属还原成 3 价，钽只能还原到 4 价；在盐酸、硝酸、草酸等溶液中铌可还原为 3 或 4 价，钽则很困难。钽的卤化物远较铌的卤化物难于还原成金属。

铌对氧的亲和力大于钽，精矿氯化时铌容易生成 $NbOCl_3$，钽则只能生成 $TaCl_5$，一般

很难生成 $TaOCl_3$；铌有 $Nb_2O_4^{2+}$、$Nb_2O_3^{4+}$ 存在，钽未有类似的离子态。

铌有 Nb_2O_5、NbO_2、NbO 三种稳定的氧化物。

五氧化二铌（niobium pentoxide，Nb_2O_5）为白色粉末，具有两性性质：和酸作用呈碱性特征，和碱作用呈酸性特征。它溶于 HF 生成五氟化物，与碱共熔生成铌酸盐。

$$2NbO_5 + 10HF \xlongequal{} 2NbF_5 + 5H_2O$$

$$NbO_5 + 10NaOH \xlongequal{共熔} 2Na_5NbO_5 + 5H_2O$$

钽的氧化物只有五氧化二钽（tantalum pentoxide，Ta_2O_5）是稳定的。Ta_2O_5 为白色粉末，具有两性性质，和酸作用呈碱性特征，和碱作用呈酸性特征。溶于 HF 生成五氟化物，与碱共熔生成钽酸盐。

铌和钽的四种五卤化物 MX_5（X=F，Cl，Br，I）均可由金属直接与卤素加热制得。五氯化铌［niobium(Ⅴ) chloride，$NbCl_5$］在氧气氛中加热分解为氯氧化铌（niobium oxide chloride，$NbOCl_3$），它是一种白色丝光针状晶体，约在 670K 升华，易水解为含水的五氧化物：

$$2NbOCl_3 + (n+3)H_2O \xlongequal{} 6HCl + Nb_2O_5 \cdot nH_2O$$

三氯氧铌在浓盐酸和 NaCl 溶液中能结晶析出氯氧化物的配合物：

$$NbOCl_3 + NaCl \xlongequal{浓 HCl} NaNbOCl_4$$

$$NbOCl_3 + 2NaCl \xlongequal{浓 HCl} Na_2NbOCl_5$$

铌和钽的化合物都是易挥发和易水解的固体，五氟化铌［niobium(Ⅴ) fluoride，NbF_5］在弱酸溶液中的水解产物依赖于 HF 的量和浓度；如果 HF 浓度小于 70%时生成氟氧化铌（fluorine niobium oxide，$NbOF_3$）和相应的铌氧氟氢酸（niobium oxide hydrogen fluoride acid，$H_2[NbOF_5]$），浓度为 95%～100%时可能出现 $[NbF_7]^{2-}$。

铌和钽都易生成配合物，但配合物性质有差别；如随酸浓度增加，铌有 $H_2NbOF_5 \longrightarrow H_2NbF_7 \longrightarrow H_2NbF_6$ 三种形态转变，钽只有 $H_2TaF_7 \longrightarrow H_2TabF_6$ 两种形态，而且铌化合物较易水解，钽配合物比较稳定，它们的溶解度也有很大差别。TaF_5 生成的 K_2TaF_7 的溶解度比 $K_2NbOF_5 \cdot H_2O$ 溶解度小得多，这种差异被用于铌、钽的分离。

12.4 铬副族元素

12.4.1 铬副族元素概述

铬副族（chromium subgroup）元素属周期系第ⅥB 族，包括铬（Cr）、钼（Mo）和钨（W）3 种元素。铬矿资源比较贫乏，在自然界中主要以铬铁矿 $Fe(CrO_2)_2$ 形式存在。铬、钼、钨虽然为稀有元素，但在我国蕴藏丰富，江西省大庾岭的钨锰铁矿［主要成分为 $(Fe^{Ⅱ}, Mn^{Ⅱ})WO_4$］和辽宁杨家杖子的辉钼矿（主要成分为 MoS_2）闻名于世。我国钨的储量占世界总储量的一半以上，居世界第一位；钼的储量居世界第二位。

钼最重要的矿物是辉钼矿 MoS_2，还有钼酸钙矿（$CaMoO_4$）、钼酸铁矿［$Fe_2(MoO_4)_2 \cdot nH_2O$］。钨的主要矿物是黑钨矿 $(Fe^{Ⅱ}, Mn^{Ⅱ})WO_4$、白钨矿（$CaWO_4$）。铬、钼、钨在地壳中的丰度（质量分数）分别为 $1.0\times10^{-2}\%$、$1.5\times10^{-4}\%$、$1.55\times10^{-4}\%$。铬族元素的基本性质列于表 12-7 中。

表 12-7　铬族元素的基本性质

元素	铬	钼	钨
元素符号	Cr	Mo	W
原子序数	24	42	74
原子量	51.99	95.94	183.90
价层电子结构	$3d^5 4s^1$	$4d^5 5s^1$	$5d^4 6s^2$
主要氧化数	+2,+3,+6	+3,+5,+6	+5,+6
共价半径/pm	118	130	130
M^{3+}离子半径/pm	64		
M^{4+}离子半径/pm		75	
M^{6+}离子半径/pm	52	62	62
第一电离能/$kJ \cdot mol^{-1}$	652.8	685.0	770
电负性	1.66	2.16	2.36
熔点/K	2130±20	2890	3683±20
沸点/K	2945	4885	5933
密度/$g \cdot cm^{-3}$	7.20	10.22	19.3

铬、钼、钨这三种元素原子中的6个价电子都可以参与成键，因此，它们的最高氧化态都是+6。和所有d区元素性质相同，它们的d电子也可以部分参加成键，从而表现出具有多种氧化态的特性。这三种元素的氧化态除+6外，还有+5、+4、+3、+2。对于铬来说，常见氧化态是+6、+3，+2；对钼和钨来说，常见氧化态则是+6、+5、+4。在某些配合物中，铬、钼、钨还可能呈现低氧化态+1、0、−1、−2，甚至−3。

铬族元素的元素电势图如图12-3所示。

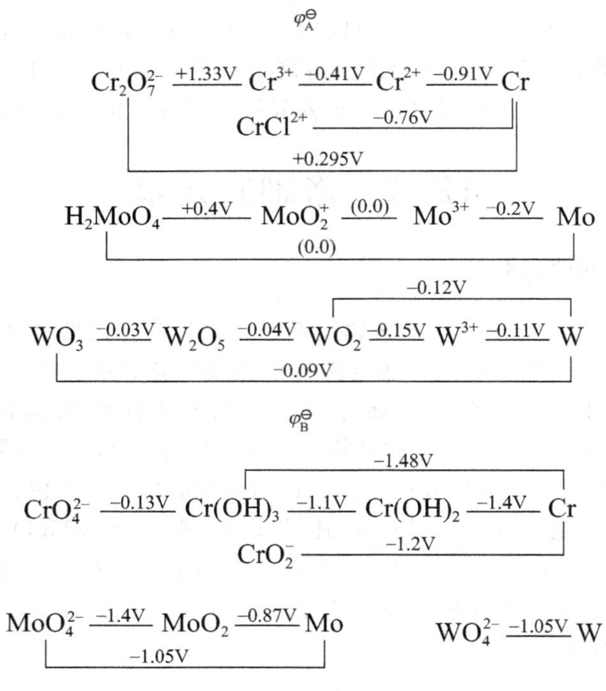

图 12-3　铬副族元素在酸性、碱性条件下的元素电势图

铬副族元素的最高氧化态（+6），按铬、钼、钨的顺序稳定性增强。在酸性溶液中，Cr^{6+} 具有强氧化性，可被还原为 Cr^{3+}；Mo^{6+} 的氧化性很弱；W^{6+} 的氧化性更弱。Mo^{6+} 和 W^{6+} 只有与强还原剂反应时才能被还原。在酸性溶液中，铬以+3 价氧化态最稳定，而钨则以+6 价氧化态最稳定。从存在于自然界中的矿物也可以看出，铬、钼、钨的最高氧化态依次趋于稳定。铬铁矿 $Fe(CrO_2)_2$ 中铬的氧化数为+3，辉钼矿（MoS_2）中钼的氧化数为+4，黑钨矿（Fe^{II}，Mn^{II}）WO_4、白钨矿（$CaWO_4$）中的氧化数为+6。

金属铬以两种形式生产：一种是在电弧炉中用炭还原铬铁矿生产铬铁；另一种是还原 Cr_2O_3 生产金属铬。用铝（铝热法）或硅还原 Cr_2O_3 的化学反应为：

$$Cr_2O_3+2Al = 2Cr+Al_2O_3$$

$$2Cr_2O_3+3Si = 4Cr+3SiO_2$$

铬是银白色有光泽的金属，粉末状的钼和钨是深灰色的，致密块状的钼和钨是银白色并带有金属光泽。含有杂质的铬硬而脆，高纯度的铬软一些，有延展性。铬族元素的原子可以提供 6 个价电子，形成较强的金属键，因此它们的熔点、沸点是同周期中最高的一族。钨的熔点是金属中最高的。钼和钨的硬度也很大。由于具有这些优良的特性，钼丝、钨丝在氢气氛或真空中用作加热元件，在灯泡中用作灯丝。钼、钨和其他金属制成的合金在军工生产和高速工具钢中应用很广。

在酸性溶液中，$\varphi^{\ominus}(Cr^{2+}/Cr)=-0.91V$，$\varphi^{\ominus}(Cr^{3+}/Cr)=-0.74V$。从标准电极电势来看，铬的还原性相当强。实际上，当铬没有被钝化的时候，确实很活泼，很容易将铜、锡、镍等从它们的盐溶液中置换出来，也很容易溶于盐酸、硫酸和高氯酸。由于铬的钝化，王水和硝酸（不论稀、浓）都不能溶解铬。在铬的表面上容易形成一层钝态的薄膜，所以铬有很强的抗腐蚀性。由于铬具有漂亮的色泽及很高的硬度，因此常被镀在其他金属表面起装饰和保护作用。铬可以形成合金，它与铁、镍可制成有性能优良的抗腐蚀的不锈钢，在化工设备的制造中占重要地位。

钼和钨是银白色高熔点金属，在常温下很不活泼，与大多数非金属（F_2 除外）不作用。在高温下易与氧、硫、卤素、碳及氢反应。在高温下，钼和钨与碳形成碳化物 Mo_2C、WC 或 W_2C、与氮形成氮化物 WN_2、Mo_2N 或 MoN。

在常温下，钼和钨表面因形成致密的氧化膜而降低其活性，在空气和水中都相当稳定。由于镧系收缩，钼、钨的原子半径和性质都较为类似，化学性质较稳定，与铬有显著区别，钼与稀酸、浓盐酸都不起作用，但能溶于浓硝酸、热浓硫酸以及王水。

钨与盐酸、硫酸和硝酸都不起作用，在任何浓度、温度的硝酸中发生钝化，形成 WO_3 层。

$$W+2HNO_3 = WO_3+2NO\uparrow+H_2O$$

但是能溶于王水和 HNO_3-HF 中：

$$W+2HCl+2HNO_3 = WO_2Cl_2+2NO\uparrow+2H_2O$$

$$W+2HNO_3+6HF = WF_6+2NO\uparrow+4H_2O$$

$$3W+12HF+6HNO_3 = 3WOF_4+6NO\uparrow+9H_2O$$

要使钼和钨溶解，可以使它们形成配合物，例如在浓磷酸中，由于形成 12-钨磷酸（12-tungstophosphoric acid，$H_3[P(W_3O_{10})_4]$）而能使钨溶解。在 230℃时，钨粉可以溶解在 90%磷酸中：

$$12W+H_3PO_4+36H_2O = H_3[P(W_3O_{10})_4]+36H_2\uparrow$$

钨和氨水不反应，但在有氧化剂如过氧化氢、过硫酸铵等存在的条件下可以溶解

$$W+2NH_3 \cdot H_2O+3H_2O_2 = (NH_4)_2WO_4+4H_2O$$

$$W+3(NH_4)_2S_2O_8+8NH_3 \cdot H_2O = (NH_4)_2WO_4+6(NH_4)_2SO_4+4H_2O$$

在有氧气存在时，钨可以和氢氧化钾反应，得到钨酸钾（potassium tungstate，K_2WO_4）。和熔融的氢氧化钾反应缓慢，有氧化剂存在时反应激烈。

$$2W+3O_2+4KOH(aq) = 2K_2WO_4+2H_2O$$

$$W+4KOH(l) = K_2WO_4+2K+2H_2\uparrow$$

我国钼和钨的蕴藏量极为丰富。以辉钼矿（molybdenite，主要成分为 MoS_2）为原料，制得三氧化钼（molybdenum trioxide，MoO_3）后，用碳或铝还原 MoO_3 可制得金属钼，这种钼用于制造钼合金（molybdenum alloy）。

$$MoO_3+2Al \xlongequal{\text{灼热}} Mo+Al_2O_3$$

高纯度的钼是用氢气做还原剂来制备的，这种还原分为两个阶段：

$$MoO_3+H_2 \xlongequal{723\sim923K} MoO_2+H_2O\uparrow$$

$$MoO_2+2H_2 \xlongequal{1223\sim1373K} Mo+2H_2O\uparrow$$

还原出来的钼是粉状的，可利用粉末冶金法，将粉末加压成型，然后在氢气流中加热或利用电热烧结。

以黑钨矿（wolframite，主要成分为铁和锰的钨酸盐）为原料，制得三氧化钨（tungsten trioxide，WO_3）后，再用氢气还原 WO_3，即得粉末状钨。

先用碱熔法处理黑钨矿，在空气的参与下发生下述反应：

$$4FeWO_4+4Na_2CO_3+O_2 = 4Na_2WO_4+2Fe_2O_3+4CO_2$$

$$6MnWO_4+6Na_2CO_3+O_2 = 6Na_2WO_4+2Mn_3O_4+6CO_2$$

用水浸取钨酸钠（sodium tungstate，Na_2WO_4），过滤后用盐酸酸化 Na_2WO_4 溶液，得到黄色的钨酸（tungstic acid，H_2WO_4）沉淀，将 H_2WO_4 加热脱水则得到黄色的 WO_3：

$$Na_2WO_4+2HCl = H_2WO_4\downarrow+2NaCl$$

$$H_2WO_4 \xlongequal{773K} WO_3+H_2O\uparrow$$

$$WO_3(s)+3H_2 \xlongequal{923\sim1093K} W(s)+3H_2O\uparrow$$

实际生产上，用 H_2 还原 WO_3 的反应是在 923～1093K 下进行，得到黑色的金属钨粉。要制备各种形状的块状钨，可以将钨粉加压成型，然后通电流利用电热烧结。

钼和钨大量用于制合金钢，可提高钢的耐高温强度、耐磨性、耐腐蚀性等。在机械工业中，钼钢和钨钢可做刀具、钻头等各种机器零件；钼和金属的合金在武器制造，以及导弹火箭等尖端领域有重要地位。此外，钨丝用于制作灯丝、高温电炉的发热元件。金属钼易加工成丝、带、片、棒等，在电子工业中有广泛应用。钼丝用作支撑电灯泡中加热丝的小钩、电子管的栅极等。

12.4.2 铬副族元素重要的化合物

在酸性溶液中，Cr^{3+} 最稳定，Cr^{2+} 是强还原剂，而 $Cr_2O_7^{2-}$ 则是很强的氧化剂。虽然 Cr^{3+} 在酸性溶液中是稳定的，不易被氧化，但 Cr^{3+} 在碱性溶液中却有较强的还原性，较易被氧化。

（1）铬的重要化合物

铬原子的价电子是 $3d^54s^1$。铬的最高氧化数是+6，但也有+5、+4、+3、+2 的。最重要的是氧化数为+6和+3的化合物。氧化数为+5、+4和+2的化合物都不稳定。

在酸性条件下，Cr(Ⅲ)以Cr^{3+}形式为主，

$$Cr+2HCl(稀)=CrCl_2(蓝色)+H_2\uparrow$$

$$4CrCl_2(蓝色)+4HCl+O_2(空气)=4CrCl_3(绿色)+2H_2O$$

Cr与浓硫酸生成三价盐，但不溶于浓硝酸（钝化）。常见的Cr^{3+}盐有$CrCl_3\cdot6H_2O$（紫色或绿色）、$Cr_2(SO_4)_3\cdot18H_2O$（紫色）、$KCr(SO_4)\cdot12H_2O$（蓝紫色），都易溶于水。

在碱性条件下，三价铬以亚铬酸根CrO_2^-［也常写作$Cr(OH)_4^-$］形式存在，能被过氧化氢、过氧化钠、Br_2等氧化。

$$\underset{(紫色)}{Cr^{3+}}\underset{H^+}{\overset{OH^-}{\rightleftharpoons}}\underset{(灰蓝色)}{Cr(OH)_3}\underset{H^+}{\overset{OH^-}{\rightleftharpoons}}\underset{(亮绿色)}{Cr(OH)_4^-}$$

$$2CrO_2^-+3H_2O_2+2OH^-=2CrO_4^{2-}+4H_2O$$

在酸性条件下，三价铬以Cr^{3+}存在，要使其氧化为六价铬则需强氧化剂，如$KMnO_4$、HIO_4、$(NH_4)_2S_2O_8$等。

$$10Cr^{3+}+6MnO_4^-+11H_2O=5Cr_2O_7^{2-}+6Mn^{2+}+22H^+$$

铬酸盐（chromate，CrO_4^{2-}）和重铬酸盐（dichromate，$Cr_2O_7^{2-}$）在溶液中存在下列平衡：

$$\underset{(黄色)}{2CrO_4^{2-}}+2H^+\rightleftharpoons2HCrO_4^-\rightleftharpoons\underset{(橙红色)}{Cr_2O_7^{2-}}+H_2O$$

在碱性或中性溶液中主要以黄色的CrO_4^{2-}存在；在$pH<2$的溶液中，主要以$Cr_2O_7^{2-}$（橙红色）形式存在。从上述存在的平衡关系就可以理解为什么在铬酸钠（sodium chromate，Na_2CrO_4）溶液中加入酸就能得到重铬酸钠（sodium bichromate，$Na_2Cr_2O_7$），而在$Na_2Cr_2O_7$的溶液中加入碱或碳酸钠时，又可以得到Na_2CrO_4。例如：

$$2Na_2CrO_4+H_2SO_4=Na_2Cr_2O_7+H_2O+Na_2SO_4$$

$$Na_2Cr_2O_7+2NaOH=2Na_2CrO_4+H_2O$$

铬的元素电势图如下。

酸性溶液中$\varphi_A^\ominus/V$

$$Cr_2O_7^{2-}\xrightarrow{1.33}Cr^{3+}\xrightarrow{-0.41}Cr^{2+}\xrightarrow{-0.91}Cr$$

$$Cr^{3+}\xrightarrow{-0.74}Cr$$

碱性溶液中$\varphi_B^\ominus/V$

$$CrO_4^{2-}\xrightarrow{-0.13}Cr(OH)_3\xrightarrow{-1.1}Cr(OH)_2\xrightarrow{-1.4}Cr$$

$$Cr(OH)_3\xrightarrow{-1.48}Cr$$

根据电极电势数值：$\varphi_{CrO_4^{2-}/CrO_2^-}=-0.13V$，$\varphi_{Cr_2O_7^{2-}/Cr^{3+}}=+1.33V$，可知：在碱性条件下，$CrO_2^-$是强还原剂，可被$H_2O_2$、$Na_2O_2$氧化成$CrO_4^{2-}$；

$$2Cr(OH)_4^-+3Na_2O_2=2CrO_4^{2-}+4OH^-+6Na^++2H_2O$$

而在酸性条件下，Cr^{3+}的还原性非常弱，必须用强氧化剂才能把Cr^{3+}氧化成$Cr_2O_7^{2-}$；

$$10Cr^{3+}+6MnO_4^-+11H_2O\overset{\triangle}{=}6Mn^{2+}+5Cr_2O_7^{2-}+22H^+$$

氧化数为+3和+6的铬在酸碱介质中的相互转化关系可总结如下：

$$
\begin{array}{ccc}
Cr(OH)_4^- & \xrightarrow{OH^-,\text{氧化剂}} & CrO_4^{2-} \\
H^+ \Big\Updownarrow OH^- & & H^+ \Big\Updownarrow OH^- \\
Cr^{3+} & \underset{H^+,\text{还原剂}}{\overset{H^+,\text{强氧化剂}}{\rightleftharpoons}} & Cr_2O_7^{2-}
\end{array}
$$

① 三价铬的化合物　三氧化二铬（chromium sesquioxide，Cr_2O_3）是难溶和极难熔化的氧化物之一，熔点是2275℃，微溶于水，溶于酸。灼烧过的 Cr_2O_3 不溶于水，也不溶于酸。在高温下它可与焦硫酸钾分解放出的 SO_3 作用，形成可溶性的硫酸铬 $Cr_2(SO_4)_3$：

$$Cr_2O_3+3K_2S_2O_7 \xlongequal{\text{共熔}} Cr_2(SO_4)_3+3K_2SO_4$$

Cr_2O_3 是具有特殊稳定性的绿色物质，被用作颜料（铬绿）。近年来也用它作有机合成的催化剂。它是制取其他铬化合物的原料之一。

氢氧化铬［chromic hydroxide，$Cr(OH)_3$］是用适量的碱作用于铬盐溶液（pH 值约为5.3）而生成的灰蓝色沉淀：

$$Cr^{3+}+3OH^- \rightleftharpoons Cr(OH)_3\downarrow$$

$Cr(OH)_3$ 是两性氢氧化物。它溶于酸，生成绿色或紫色的水合配离子（由于 Cr^{3+} 的水合作用随条件——温度、浓度、酸度等而改变，故其颜色也有所不同）。从溶液中结晶出的铬盐大多为紫色晶体。$Cr(OH)_3$ 与强碱作用生成绿色的配离子［$Cr(OH)_4$］$^-$［或为 $Cr(OH)_6^{3-}$］：

$$Cr(OH)_3+OH^- = Cr(OH)_4^-$$

由于 $Cr(OH)_3$ 的酸性和碱性都较弱，因此铬(Ⅲ）盐和四羟基合铬(Ⅲ）酸盐（或亚铬酸盐）在水中容易水解。

铬钾矾［potassium chrome alum，$KCr(SO_4)_2\cdot 12H_2O$］是以 SO_2 还原重铬酸钾（potassium dichromate，$K_2Cr_2O_7$）溶液而制得的蓝紫色晶体：

$$K_2Cr_2O_7+H_2SO_4+3SO_2 = 2KCr(SO_4)_2+H_2O$$

它应用于鞣革工业和纺织工业。

自然界中存在的铬(Ⅲ）盐有铬铁矿［chromite，$Fe(CrO_2)_2$］。把铬铁矿和碳酸钠在空气中煅烧可得铬酸盐，工业上把这种方法叫碱熔法（alkali fusion）：

$$4Fe(CrO_2)_2+8Na_2CO_3+7O_2 = 8Na_2CrO_4+2Fe_2O_3+8CO_2$$

在所得的熔体中，用水可以把铬酸盐浸取出来。

从铬的元素电势图可以看出，在碱性条件下铬(Ⅲ）具有较强的还原性，易被氧化。例如在碱性介质中，Cr^{3+} 可被稀的 H_2O_2 溶液氧化：

$$\underset{\text{(绿色)}}{2Cr(OH)_4^-}+2OH^-+3H_2O_2 \rightleftharpoons \underset{\text{(黄色)}}{2CrO_4^{2-}}+8H_2O$$

在酸性条件下铬(Ⅲ）具有较强的稳定性，只有用强氧化剂如过硫酸钾 $K_2S_2O_8$，才能使 Cr^{3+} 氧化：

$$2Cr^{3+}+3S_2O_8^{2-}+7H_2O \xlongequal{\triangle} Cr_2O_7^{2-}+6SO_4^{2-}+14H^+$$

② 铬(Ⅵ）的化合物　浓 H_2SO_4 作用于饱和的 $K_2Cr_2O_7$ 溶液，可析出铬(Ⅵ）的氧化物——三氧化铬（chromium trioxide，CrO_3）：

$$K_2Cr_2O_7+H_2SO_4(\text{浓}) = 2CrO_3\downarrow+K_2SO_4+H_2O$$

CrO_3 是暗红色针状晶体。它极易从空气中吸收水分，并且易溶于水，形成铬酸（chromic acid，H_2CrO_4）。CrO_3 在受热超过其熔点（196℃）时，就分解放出氧而变为 Cr_2O_3。

CrO_3 是较强的氧化剂，一些有机物质如酒精等与它接触时即着火，同时 CrO_3 被还原为 Cr_2O_3。CrO_3 是电镀铬的重要原料。CrO_3 与水作用生成铬酸 H_2CrO_4 和重铬酸（dichromic acid，$H_2Cr_2O_7$）。

$H_2Cr_2O_4$ 和 $H_2Cr_2O_7$ 都是强酸，但后者酸性更强些。$H_2Cr_2O_7$ 的第一级解离是完全的：

$$HCr_2O_7^- \rightleftharpoons Cr_2O_7^{2-} + H^+ \qquad K_2^\ominus = 0.85$$

$$H_2CrO_4 \rightleftharpoons HCrO_4^- + H^+ \qquad K_1^\ominus = 9.55$$

$$HCrO_4^- \rightleftharpoons CrO_4^{2-} + H^+ \qquad K_2^\ominus = 3.2 \times 10^{-7}$$

在碱性介质中，铬(Ⅵ) 的氧化能力很差。在酸性介质中它是较强的氧化剂，即使在冷的溶液中，$Cr_2O_7^{2-}$ 也能把 H_2S、H_2SO_3 和 HI 等物质氧化，在加热的情况下它能氧化 HBr 和 HCl：

$$Cr_2O_7^{2-} + 3H_2S + 8H^+ = 2Cr^{3+} + 3S\downarrow + 7H_2O$$

$$Cr_2O_7^{2-} + 6Cl^- + 14H^+ \xlongequal{\triangle} 2Cr^{3+} + 3Cl_2\uparrow + 7H_2O$$

实验室常用的铬酸洗液就是由浓硫酸和 $K_2Cr_2O_7$ 饱和溶液配制而成的，用于浸洗或润洗一些容量器皿，除去还原性或碱性的污物，特别是有机污物。此洗液可以反复使用，直到洗液发绿才失效。但由于铬酸洗液对人体和环境有较大的毒害，实验室一般不再使用。

固体重铬酸铵［ammonium dichromate，$(NH_4)_2Cr_2O_7$］在加热的情况下，也能发生氧化还原反应：

$$(NH_4)_2Cr_2O_7 \xlongequal{\triangle} Cr_2O_3 + N_2 + 4H_2O$$

实验室常利用这一反应来制取 Cr_2O_3。

一些铬酸盐的溶解度要比重铬酸盐小。当向铬酸盐溶液中加入 Ba^{2+}、Pb^{2+}、Ag^+ 时，可形成难溶于水的 $BaCrO_4$（柠檬黄色）、$PbCrO_4$（铬黄色）、Ag_2CrO_4（砖红色）沉淀。

$$H_2O + 4Ag^+ + Cr_2O_7^{2-} = 2Ag_2CrO_4\downarrow(\text{砖红色}) + 2H^+$$

$$H_2O + 2Ba^{2+} + Cr_2O_7^{2-} = 2BaCrO_4\downarrow(\text{黄色}) + 2H^+$$

$$H_2O + 2Pb^{2+} + Cr_2O_7^{2-} = 2PbCrO_4\downarrow(\text{黄色}) + 2H^+$$

从而使平衡向着生成铬酸盐的方向移动。

实验室也常用 Ag^+、Pb^{2+} 和 Ba^{2+} 来检验 CrO_4^{2-} 的存在。

③ 铬(Ⅲ) 和铬(Ⅵ) 的鉴定　在 $Cr_2O_7^{2-}$ 的溶液中加入 H_2O_2，可生成蓝色的过氧化铬 CrO_5 或写成 $CrO(O_2)_2$。

$$Cr_2O_7^{2-} + 4H_2O_2 + 2H^+ = 2CrO_5 + 5H_2O$$

或

$$CrO_4^{2-} + 2H_2O_2 + 2H^+ = CrO_5 + 3H_2O$$

CrO_5

CrO_5 很不稳定，很快分解为 Cr^{3+} 并放出 O_2。它在乙醚或戊醇溶液中较稳定。这一反应，常用来鉴定 CrO_4^{2-} 或 $Cr_2O_7^{2-}$ 的存在。

以上是铬(Ⅵ) 的鉴定，铬(Ⅲ) 的鉴定是先把铬(Ⅲ) 氧化到铬(Ⅵ) 后再鉴定，方法如下：

$$Cr^{3+} \xrightarrow{OH^- \text{过量}} Cr(OH)_4^- \xrightarrow[OH^-]{H_2O_2} CrO_4^{2-} \xrightarrow[\text{乙醚}]{H^+ + H_2O_2} CrO_5(\text{蓝色})$$

或 $$Cr^{3+} \xrightarrow{OH^- 过量} Cr(OH)_4^- \xrightarrow[OH^-]{H_2O_2} CrO_4^{2-} \xrightarrow{Pb^{2+}} PbCrO_4 \downarrow (黄色)$$

(2)钼的重要化合物

由于镧系收缩，钼和钨彼此更相似。钼和钨的常见氧化态是+6、+5 和+4，最重要的是氧化数为+6 的化合物。

三氧化钼（molybdenum trioxide，MoO_3）为白色粉末，加热时变黄，熔点为 1068K，沸点为 1428K，即使在低于熔点的情况下，它也有显著的升华现象。不溶于水，能溶于氨水和强碱。

在 820～920K 焙烧辉钼矿（molybdenite，MoS_2），有三氧化钼生成：

$$2MoS_2 + 7O_2 = 2MoO_3 + 4SO_2 \uparrow$$

焙烧过的矿石中，除含有 MoO_3 外，还含有其他杂质。将烧结块用氨水浸取，MoO_3 转化为可溶性的钼酸铵［ammoniummolybdate，$(NH_4)_2MoO_4$］进入浸取液：

$$MoO_3 + 2NH_3 \cdot H_2O = (NH_4)_2MoO_4 + H_2O$$

再用盐酸酸化 $(NH_4)_2MoO_4$ 溶液，就会析出钼酸（molybdic acid，H_2MoO_4）沉淀：

$$(NH_4)_2MoO_4 + 2HCl = H_2MoO_4 \downarrow + 2NH_4Cl$$

再将钼酸加热至 673～723K，即分解产生 MoO_3：

$$H_2MoO_4 = MoO_3 + H_2O \uparrow$$

MoO_3 主要用作制取金属钼及钼化合物的原料，石油工业中用作催化剂，还可用于搪瓷釉料颜料。

MoO_3 溶于碱金属氢氧化物，在一定 pH 值范围内，可结晶出简单的钼酸盐（molybdate，M_2MoO_4）。在 MoO_3 的浓氨水溶液中能析出 $(NH_4)_2MoO_4$。不论在固体盐中，还是在水溶液里，MoO_4^{2-} 的构型都是四面体。只有碱金属、铵、铍、镁、铊的简单钼酸盐能溶于水，其他金属的盐都难溶于水。在可溶性盐中，最重要的是钠盐 Na_2MoO_4 和铵盐 $(NH_4)_2MoO_4$。在难溶盐中，钼酸铅（leadmolybdate，$PbMoO_4$）可用于 Mo 的重量分析测定。

钼酸盐在弱酸性溶液中有很强的缩合倾向，能形成重钼（钨）酸、三钼（钨）酸等较为复杂的多酸及其盐。同多酸根阴离子的形成和溶液的 pH 值有密切关系，一般 pH 值越小，缩合度越大。钼酸盐溶液呈强酸性时，会得到钼酸；它是 MoO_3 的水合物，在水中的溶解度很小。例如，在浓的硝酸溶液中，钼酸盐可转化为黄色的水合钼酸 $H_2MoO_4 \cdot H_2O(MoO_3 \cdot 2H_2O)$，加热脱水变为白色的钼酸 H_2MoO_4。

钼酸 H_2MoO_4 实际上是 $MoO_3 \cdot H_2O$，$H_2MoO_4 \cdot H_2O$ 实际上是 $MoO_3 \cdot 2H_2O$。在晶体中它们都含有共用角顶氧原子的 MoO_6 八面体。$MoO_3 \cdot 2H_2O$ 含有由 MoO_6 八面体共用角顶氧原子所形成的片层，最好将 $MoO_3 \cdot 2H_2O$ 写成 $[MoO_{4/2}O(H_2O)] \cdot H_2O$，有一个 H_2O 与 Mo 结合，而另一个 H_2O 以氢键结合在晶格中。

钼酸盐与铬酸盐不同，它的氧化性很弱。在酸性溶液中，只能用强还原剂才能将 Mo(Ⅵ) 还原为 Mo^{3+}。例如向 $(NH_4)_2MoO_4$ 溶液中加入浓盐酸，再用金属锌还原，溶液最初显蓝色，生成钼蓝［molybdate blue，钼蓝的组成介于 $MoO(OH)_3$ 和 $MoOO_3$ 之间，为 Mo(Ⅵ)、Mo(Ⅴ) 混合氧化态化合物］，然后还原为红棕色的 MoO_2^+，若 HCl 浓度很大会出现翡翠绿色物质 $MoCl_5$，继续还原最终得棕色 $MoCl_3$：

$$2(NH_4)_2MoO_4 + 3Zn + 16HCl = 2MoCl_3 + 3ZnCl_2 + 4NH_4Cl + 8H_2O$$

溶液中若有 NCS^- 存在时，因形成 $[Mo(NCS)_6]^{3-}$ 而呈红色。这一反应常用来鉴定溶液中是否有钼(Ⅲ) 存在。

将 H_2S 通于钼酸盐微酸性溶液中得棕色的水合硫化物后，经脱水得到 MoS_3：

$$(NH_4)_2MoO_4+3H_2S+2HCl \longrightarrow MoS_3\downarrow+2NH_4Cl+4H_2O$$

这种 MoS_3 沉淀能溶于过量 $(NH_4)_2S$ 中形成硫代钼酸盐：

$$MoS_3+S^{2-} \longrightarrow MoS_4^{2-}$$

钼的一个重要特点是能够形成众多的多钼(Ⅵ)酸及其盐。例如将 MoO_3 溶于稀氨水，再将溶液酸化，降低其 pH 值至 6 时，主要形成仲钼酸根离子 $Mo_7O_{24}^{6-}$ 。溶液蒸发、结晶可得一种多钼酸盐 $(NH_4)_6Mo_7O_{24}\cdot 4H_2O$，为区别于正钼酸盐，称其为仲钼酸铵（ammonium paramolybdate，$(NH_4)_6[Mo_7O_{24}]$)：

$$7MoO_3+6NH_3\cdot H_2O \longrightarrow (NH_4)_6[Mo_7O_{24}]+3H_2O$$

仲钼酸铵 $(NH_4)_6[Mo_7O_{24}]$ 是实验室常用的试剂，也是一种微量元素肥料。将溶液稍微再酸化，则形成八钼酸根离子 $[Mo_8O_{26}]^{4-}$ 。

在某些多酸中，除了由同一种酸酐组成的同多酸外，也可以由不同的酸酐组成多酸，称为杂多酸（heteropoly acid)。钼的一个重要特点是能够形成杂多酸及杂多酸盐（heteropoly acid salt)。

将含有钼酸盐的溶液和杂多酸盐中杂原子的含氧酸盐溶液加在一起，酸化并加热，可制得钼的杂多酸盐。例如，把用硝酸酸化的钼酸铵溶液加热到约 323K，加入 Na_2HPO_4 溶液，可得到黄色晶状沉淀 $(NH_4)_3[P(Mo_{12}O_{40})]\cdot 6H_2O$，其为钼磷酸铵（ammoniummolybdophosphate）的六水合物：

$$12MoO_4^{2-}+3NH_4^++HPO_4^{2-}+23H^+ \longrightarrow (NH_4)_3[P(Mo_{12}O_{40})]\cdot 6H_2O\downarrow+6H_2O$$

这个反应常用来检查溶液中是否存在 MoO_4^{2-}，也可用来鉴定溶液中的 PO_4^{3-} 。

钼磷酸铵就是一种杂多酸的盐。根据实验测定和配合物的结构理论，把它写为 $(NH_4)_3[P(Mo_3O_{10})_4]\cdot 6H_2O$，其中 P(Ⅴ) 是形成体，而四个 $Mo_3O_{10}^{2-}$ 是配体。

(3) 钨的重要化合物

钨在空气中燃烧或加热氧化，在 400～500℃ 时形成三氧化钨（tungsten trioxide，WO_3)，WO_3 为深黄色粉末，密度 $7.16g\cdot cm^{-3}$，加热时变为橙黄色，熔点为 1450K，在空气中稳定。常温下，WO_3 是由 WO_6 八面体通过共用角顶氧原子在三维空间无限扩展而形成的。

WO_3 是酸性氧化物，难溶于水，作为酸酐，却不能通过与水的反应来制备钨酸。WO_3 可溶于氨水或强碱溶液，生成相应的盐：

$$WO_3+2NaOH \longrightarrow Na_2WO_4+H_2O$$

WO_3 主要用于制备金属钨和钨酸盐，制造硬质合金、刀具、磨具和拉钨丝，也可用于处理防火织品，它同二硫化钼结合可以形成高硬度抗磨损的自身润滑涂料。还可用于 X 射线屏以及用作陶瓷器的着色剂和分析试剂。

钨(Ⅵ) 的含氧酸盐中，主要是碱金属的盐和铵盐，它们易溶于水。在可溶性钨酸盐中，增加酸度，往往形成聚合的酸根离子。在含有 WO_4^{2-} 的溶液中，H^+ 浓度增大时，可形成 $HW_6O_{21}^{5-}$、$W_{12}O_{41}^{10-}$ 等。

在 Na_2WO_4 的溶液中加入适量的盐酸，则析出难溶于水的钨酸（tungstic acid，H_2WO_4)，H_2WO_4 受热脱水得到 WO_3。

钨(Ⅵ) 在溶液中容易被还原剂（如 Zn、Sn^{2+} 和 SO_2 等）还原为低氧化值的化合物。

在用盐酸或硫酸酸化的 WO_4^{2-} 溶液中，加入锌或氯化亚锡时，溶液呈现出蓝色——钨蓝（tungsten blue）。钨蓝是 W(Ⅵ) 和 W(Ⅴ) 氧化物的混合物，利用钨蓝的生成可以鉴定钨。

WO_4^{2-} 可以与 H_2S 作用，首先生成硫代钨酸盐（glucosinolates tungstate，Na_2WS_4）。

$$Na_2WO_4+4H_2S \xlongequal{\quad} Na_2WS_4+4H_2O$$

它在酸性溶液中分解生成亮棕色 WS_3 沉淀。

$$Na_2WS_4+2HCl \xlongequal{\quad} WS_3\downarrow+H_2S+2NaCl$$

酸化钨酸盐溶液，降低其 pH 值，也可以形成多钨酸根阴离子，其中最重要的是 $HW_6O_{21}^{5-}$，和 $W_{12}O_{41}^{10-}$。不论是在溶液中还是在晶体中，这些离子在某些程度上都是水合的。例如，已经证明，在化学式为 $(NH_4)_{10}W_{12}O_{41}\cdot 11H_2O$ 的结晶中，存在 $H_2W_{12}O_{42}^{10-}$。

12.5 锰副族元素

12.5.1 锰副族元素概述

锰副族元素（manganese subgroup）属周期系第ⅦB族，包括锰（Mn）、锝（Tc）和铼（Re）3种元素。在重金属中，锰在地壳中的丰度仅次于铁，为 0.085%（质量分数）。锰的主要矿石是软锰矿 MnO_2、黑锰矿 Mn_3O_4、水锰矿 $Mn_2O_3\cdot H_2O$ 以及褐锰矿 $3Mn_2O_3\cdot MnS_iO_3$。我国锰矿资源较多，分布广泛，以广西、湖南最为丰富，储量居世界第 3 位。虽然在自然界发现了锝，但主要还是由人工核反应制得。铼是金属元素（人造的元素除外）中最后一个被发现的元素，它是一种非常稀少的元素，通常与钼伴生。锰族元素的基本性质列于表 12-8 中。

表 12-8 锰族元素的基本性质

元　素	锰	锝	铼
元素符号	Mn	Tc	Re
原子序数	25	43	75
原子量	54.94	97	186.2
价层电子结构	$3d^54s^2$	$4d^55s^2$	$5d^66s^2$
主要氧化数	+2,+3,+4,+6,+7	+4,+6,+7	+3,+4,+6,+7
共价半径/pm	117	127	128
M^{2+}离子半径/pm	80		
M^{7+}离子半径/pm	46		56
第一电离能/$kJ\cdot mol^{-1}$	717.4	702	760
电负性	1.55	1.9	1.9
熔点/K	1517±3	2445	3453
沸点/K	2235	5150	5900
密度/$g\cdot cm^{-3}$	α7.44	11.50	21.02
	β7.29		
	γ7.21		

锰副族元素均有 7 个价电子，它们的最高氧化态为+7。同其他副族元素性质递变的规律一样，从 Mn 到 Re 高氧化态趋向于稳定，Re_2O_7 和 Tc_2O_7 性质相似，比 Mn_2O_7 稳定得多。它们溶于水形成高锰酸（permanganic acid，$HMnO_4$）、高锝酸（pertechnetic acid，$HTcO_4$）和高铼酸（perrhenic acid，$HReO_4$），其氧化性和酸性按下列顺序递变：

$$\underleftarrow{\quad HMnO_4 \qquad HTcO_4 \qquad HReO_4 \quad}$$

酸性增强，氧化性增强

低氧化态的稳定性恰好相反，锰以 Mn^{2+} 为最稳定，而锝(Ⅱ)和铼(Ⅱ)只在少数配位化合物中稳定，并不存在简单离子。

锰是银白色金属，性坚而脆，化学性质活泼，粉末状的锰能着火，在常温下缓慢地溶于水，与稀酸作用放出氢气。锰的外形与铁相似，它的主要用途是制造合金。锰可以制锰钢，增强钢的耐腐蚀性、延展性和硬度，几乎所有的钢中都含有锰。Mn 是生物生长的微量元素，是人体多种酶的核心成分，在植物的光合作用中不可缺少。

锰原子的价电子是 $3d^5 4s^2$。它也许是迄今氧化态最多的元素，可以形成氧化数由−3 到+7 的化合物，其中以氧化数+2、+4、+7 的化合物较重要。

锰的元素电势图如下：

酸性溶液中 $\varphi_A^\ominus/V$

$$MnO_4^- \xrightarrow{0.5545} MnO_4^{2-} \xrightarrow{2.27} MnO_2 \xrightarrow{0.95} Mn^{3+} \xrightarrow{1.51} Mn^{2+} \xrightarrow{-1.18} Mn$$

（MnO_4^- → MnO_2：1.700；MnO_2 → Mn^{2+}：1.2293；MnO_4^- → Mn^{2+}：1.512）

碱性溶液中 $\varphi_B^\ominus/V$

$$MnO_4^- \xrightarrow{0.5545} MnO_4^{2-} \xrightarrow{0.6175} MnO_2 \xrightarrow{-0.20} Mn(OH)_3 \xrightarrow{-0.10} Mn(OH)_2 \xrightarrow{-1.56} Mn$$

（MnO_4^- → MnO_2：0.5965；MnO_2 → $Mn(OH)_2$：−0.0514）

12.5.2 锰的重要化合物

（1）锰(Ⅱ)的化合物

Mn^{2+} 有 d^5 半充满结构，因此比较稳定。

在酸性介质中 Mn^{2+} 不易被氧化，只有遇到强氧化剂如 PbO_2、$K_2S_2O_8$（Ag^+ 催化）、$NaBiO_3$ 和 HIO_4 等时才可把 Mn^{2+} 氧化为 MnO_4^-。该反应可用来鉴别 Mn^{2+}。

$$2Mn^{2+} + 5S_2O_8^{2-} + 8H_2O \xlongequal[\triangle]{Ag^+} 2MnO_4^- + 10SO_4^{2-} + 16H^+$$

$$2Mn^{2+} + 5NaBiO_3 + 14H^+ \xlongequal{\quad} 5Na^+ + 5Bi^{3+} + 2MnO_4^- + 7H_2O$$

在碱性介质中 Mn^{2+} 易被氧化：

$$Mn^{2+} + 2OH^- \xlongequal{\quad} Mn(OH)_2 \downarrow \text{白色}$$

$$2Mn(OH)_2 + O_2 \xlongequal{\quad} 2MnO(OH)_2 (MnO_2 \cdot H_2O)$$

Mn^{2+} 在水溶液中以 $[Mn(H_2O)_6]^{2+}$ 存在，肉色。其化合物除 $MnCO_3$、$Mn_3(PO_4)_2$、MnS 难溶外，一般都易溶。

（2）锰(Ⅳ)的化合物

锰(Ⅳ)无 $[Mn(H_2O)_6]^{4+}$ 存在，只有二氧化锰（manganese dioxide，MnO_2）或其他的配合物，如 K_2MnF_6 存在。MnO_2 为棕黑色粉末，表现出一定的氧化性及还原性。

在酸性介质中，MnO_2 具有较强的氧化性，如与浓盐酸反应可制氯气：

$$MnO_2+4HCl(浓)=\!=\!=MnCl_2+Cl_2\uparrow+2H_2O$$

$$4MnO_2+6H_2SO_4(浓)\xlongequal{\triangle}2MnSO_4+O_2\uparrow+6H_2O$$

$$C_6H_5-CH_3+2MnO_2+2H_2SO_4=\!=\!=C_6H_5-CHO+2MnSO_4+3H_2O$$

MnO_2 遇强氧化剂，显还原性。

$$3MnO_2+KClO_3+6KOH\xlongequal{熔融}3K_2MnO_4+KCl+3H_2O$$

$$2MnO_2+3PbO_2+6HNO_3=\!=\!=2HMnO_4+3Pb(NO_3)_2+2H_2O$$

在碱性介质中 MnO_2 能被氧化为 MnO_4^{2-}：

$$2MnO_2+4KOH+O_2\xlongequal{\triangle}2K_2MnO_4+2H_2O$$

这也是制高锰酸钾的重要一步。二氧化锰除用于氧化剂，还可做催化剂。

(3) 锰(Ⅵ)和锰(Ⅶ)的化合物

Mn(Ⅵ) 最重要的化合物是墨绿色的 K_2MnO_4。

$$\varphi_A^{\ominus}/V \quad MnO_4^- \xrightarrow{0.564} MnO_4^{2-} \xrightarrow{2.26} MnO_2 \quad (MnO_4^- \to MnO_2:\ 1.679)$$

$$\varphi_B^{\ominus}/V \quad MnO_4^- \xrightarrow{0.564} MnO_4^{2-} \xrightarrow{0.60} MnO_2 \quad (MnO_4^- \to MnO_2:\ 0.588)$$

碱性增强则 MnO_4^{2-} 稳定性增高，碱性降低则有利于其歧化。在酸性、中性、弱碱性介质中均自发歧化：

$$3K_2MnO_4+2CO_2=\!=\!=2KMnO_4+MnO_2\downarrow+2K_2CO_3$$

$$3K_2MnO_4+2H_2O=\!=\!=2KMnO_4+MnO_2\downarrow+4KOH$$

碱性条件下加氧化剂或电解法可氧化锰酸钾：

$$2K_2MnO_4+Cl_2=\!=\!=2KMnO_4+2KCl$$

通过电解 K_2MnO_4 溶液制 $KMnO_4$，具有纯度高、产率高的优点。

阳极（Ni 制）：$2MnO_4^{2-} \rightleftharpoons 2MnO_4^- +2e^-$　　氧化反应

阴极（Fe 制）：$2H_2O+2e^- \rightleftharpoons H_2(g)+2OH^-$ 还原反应

总反应：$2MnO_4^{2-}+2H_2O \xrightleftharpoons{电解} 2MnO_4^- +H_2(g)+2OH^-$

Mn(Ⅶ) 最重要的化合物是高锰酸钾（potassium permanganate，$KMnO_4$），俗称“灰锰氧”，紫色晶体，其水溶液呈紫红色、缓慢分解，光能催化其分解，因此其水溶液保存于棕色瓶中。$KMnO_4$ 是最重要的氧化剂、消毒剂（PP 粉）。

$KMnO_4$ 在 H^+ 或光照条件下分解，中性或微碱性下分解较慢。

$$4MnO_4^- +4H^+=\!=\!=4MnO_2\downarrow+3O_2+2H_2O$$

$\varphi_{MnO_4^-/Mn^{2+}}=+1.51V$，所以 MnO_4^- 是强氧化剂，若 MnO_4^- 过量，它可与还原产物 Mn^{2+} 反应，析出 MnO_2。

$$2MnO_4^- +3Mn^{2+}+2H_2O=\!=\!=5MnO_2\downarrow+4H^+$$

$KMnO_4$ 在不同介质中被还原的产物也不同。通常在酸性条件下的产物是 Mn^{2+}（注：

当 $KMnO_4$ 过量时，反应生成的 Mn^{2+} 要和 $KMnO_4$ 反应生成 MnO_2），在中性条件下的产物是 MnO_2，在碱性条件下的产物是 MnO_4^{2-}。

$$2MnO_4^- + 5SO_3^{2-} + 6H^+ \xlongequal{\quad} 2Mn^{2+} + 5SO_4^{2-} + 3H_2O$$

$$2MnO_4^- + 3SO_3^{2-} + H_2O \xlongequal{\quad} 2MnO_2 \downarrow + 3SO_4^{2-} + 2OH^-$$

$$2MnO_4^- + SO_3^{2-} + 2OH^- \xlongequal{\quad} 2MnO_4^{2-} + SO_4^{2-} + H_2O$$

12.6 ⅧB 族元素

周期表中ⅧB 族（有些书中也叫Ⅷ族）包括铁（Fe）、钴（Co）、镍（Ni）、钌（Ru）、铑（Rh）、钯（Pd）、锇（Os）、铱（Ir）、铂（Pt）9 种元素。与前面介绍的族的纵向相似性有所不同，这 9 种元素更多的却是横向相似性。其中第一过渡系的铁（iron）、钴（cobalt）、镍（nickel）3 种元素性质相似，称为“铁系元素”（iron group），第二和第三过渡的钌（ruthenium）、铑（rhodium）、钯（palladium）、锇（osmium）、铱（iridium）、铂（platinum）性质较为接近，称为“铂系元素”（platinum group）。

12.6.1 铁系元素

（1）铁系元素概述

铁是人类最早发现的元素之一，也是为人类文明作出最大贡献的元素。早在 6000 年以前已被人类认识并使用了。铁系元素在地壳中的丰度（质量分数）依次为 Fe 5.1%、Co 1.0×10^{-3}%、Ni 1.6×10^{-2}%。铁的主要矿物有赤铁矿（hematite，Fe_2O_3）、磁铁矿（magnetite，Fe_3O_4）、褐铁矿（limonite，$2Fe_2O_3 \cdot 3H_2O$）、菱铁矿（siderite，$FeCO_3$）、黄铁矿（pyrite，FeS_2）。钴和镍在自然界中常共生，重要的钴矿和镍矿有辉钴矿（cobaltite，CoAsS）和镍黄铁矿（pentlandite，NiS·FeS）。

铁、钴、镍的价电子构型分别为 $3d^6 4s^2$、$3d^7 4s^2$、$3d^8 4s^2$，由于最后一个电子填充在次外层的 3d 轨道上，并且半充满已过，成单 d 电子数减少，d 电子稳定性逐渐增强，所以从铁到镍原子半径缓慢减小。在一般条件下，它们的价电子全部参与成键的可能性逐渐减小，因而呈现高氧化态倾向逐渐降低。铁系元素一般呈现+2 氧化态，铁有较稳定的+3 氧化态，钴和镍的+3、+4 氧化态都有极强的氧化性。与很强的氧化剂作用，铁也可以呈现与族数相同的+6 价最高氧化态。在某些配位化合物中，铁系元素也可以呈现更低的氧化态。铁系元素的基本性质列于表 12-9 中。

表 12-9 铁系元素的基本性质

元素	铁	钴	镍
元素符号	Fe	Co	Ni
原子序数	26	27	28
原子量	55.85	58.93	58.70
价层电子结构	$3d^6 4s^2$	$3d^7 4s^2$	$3d^8 4s^2$
主要氧化数	+2,+3,+6	+2,+3,+4	+2,+4,
金属原子半径/pm	117	116	115
M^{2+} 离子半径/pm	75	72	70
M^{3+} 离子半径/pm	60	—	—
第一电离能/$kJ \cdot mol^{-1}$	759.4	758	736.7

续表

元　素	铁	钴	镍
第二电离能/kJ·mol^{-1}	1561	1646	1753
第三电离能/kJ·mol^{-1}	2957.4	3232	3393
电负性	1.83(Ⅱ)、196(Ⅲ)	1.88(Ⅱ)	1.91(Ⅱ)
熔点/K	1808	1768	1726
沸点/K	3023	3143	3005
密度/g·cm^{-3}	7.874	8.90	8.902

铁系元素的元素电势图如图 12-4 所示。

$\varphi_A^\ominus/V$

$$FeO_4^{2-}\xrightarrow{+2.20}Fe^{3+}\xrightarrow{+0.771}Fe^{2+}\xrightarrow{-0.44}Fe$$

$$Co^{3+}\xrightarrow{+1.808}Co^{2+}\xrightarrow{-0.277}Co$$

$$NiO_2\xrightarrow{+1.678}Ni^{2+}\xrightarrow{+0.25}Ni$$

$\varphi_B^\ominus/V$

$$FeO_4^{2-}\xrightarrow{+0.72}Fe(OH)_3\xrightarrow{0.56}Fe(OH)_2\xrightarrow{-0.877}Fe$$

$$Co(OH)_3\xrightarrow{+0.17}Co(OH)_2\xrightarrow{-0.73}Co$$

$$NiO_2\xrightarrow{+0.49}Ni(OH)_2\xrightarrow{-0.72}Ni$$

图 12-4　铁族元素在酸性、碱性条件下的元素电势图

与大多数金属一样，铁系元素 Fe、Co、Ni 单质都是具有光泽的银白色金属，密度大、熔点高（分别为 1808K、1768K、1726K，逐渐降低）。高纯度的铁和镍有很好的延展性，钴则较硬而脆。铁磁性是它们的共同特点，其合金是良好的磁性材料，如 Al-Ni-Co、Co-Fe-Cr 等。

在化学性质上，Fe、Co、Ni 都是中等活性金属，金属性从 Fe 到 Ni 逐渐减弱。常温下，在没有水蒸气存在时，它们不与 O_2、S、P、H_2、Cl_2 等非金属反应，但在高温时，它们与上述非金属以及水蒸气剧烈反应，铁在潮湿的空气中不稳定（生锈），主要反应如下：

$$4Fe+3O_2+2H_2O=\!=\!=2Fe_2O_3\cdot H_2O$$

$$3Fe+2O_2=\!=\!=Fe_3O_4$$

$$Fe+S=\!=\!=FeS$$

$$2Fe+3Cl_2=\!=\!=2FeCl_3$$

$$3Fe+C\xlongequal{\text{高温}}Fe_3C$$

铁、钴、镍都溶于非氧化性稀酸中而置换出 H_2，但不与强碱发生作用，故熔融碱性物质可以用镍制容器。常温下，单质铁与浓硝酸不起作用，因为在铁的表面生成一层保护膜，使铁钝化。和铁不同，钴和镍与浓硝酸激烈反应，与稀硝酸反应较慢。

铁及其合金是基本的金属结构材料，钢铁的产量为一个国家工业化程度的标志之一。铁、钴、镍都是重要的合金元素，能形成多种多样、性质各异的金属合金材料。如不锈钢（18%Cr，9%Ni），钴钢可制永磁铁；白钢耐高温、抗腐蚀和氢脆；镍铬合金做电热丝；镍铁合金制录音机磁头；超硬合金生产钻头、模具和高速刀具，等等。镍易吸附氢，是一种氢化催化剂，在有机合成中有重要应用。

铁族金属在维持生命活动中发挥重要作用，铁是血红蛋白的构成元素。钴和镍也都是生物体必需的元素。钴在体内的重要化合物是维生素 B_{12}，它是人类和几乎所有动植物都必需的营养物。镍对促进体内铁的吸收，红细胞的增长，氨基酸的合成均有重要

的作用。

（2）铁的重要化合物

铁有三种氧化物，氧化亚铁（ferrous oxide，FeO）、四氧化三铁［iron（Ⅱ，Ⅲ）oxide，Fe_3O_4］和三氧化二铁（ferric oxide，Fe_2O_3）。

FeO 可在隔绝空气条件下加热草酸亚铁制得：

$$FeC_2O_4 = FeO + CO + CO_2$$

用上述方法制得的 FeO 是一种能自燃的黑色粉末。它在低于 848K 时不稳定，发生歧化反应生成 Fe 和 Fe_3O_4。FeO 呈碱性，与酸反应生成二价铁和水，可溶于盐酸、稀硫酸生成亚铁盐。不溶于水，不与水反应。

在无氧条件下，碱与铁(Ⅱ)盐溶液反应生成白色胶状的氢氧化亚铁［$Fe(OH)_2$］。在有氧气的情况下迅速变暗，逐渐形成红棕色的 $Fe_2O_3 \cdot nH_2O$。$Fe(OH)_2$ 呈碱性，但能溶于浓碱溶液生成［$Fe(OH)_6$］$^{4+}$：

$$Fe(OH)_2 + 4OH^- \rightleftharpoons [Fe(OH)_6]^{4-}$$

四氧化三铁［iron(Ⅱ，Ⅲ)oxide，Fe_3O_4］是具有磁性的黑色晶体，Fe_3O_4 是一种混合价态（$Fe^{Ⅱ}/Fe^{Ⅲ}$）氧化物。所以 Fe_3O_4 可看成是由 FeO 与 Fe_2O_3 组成的化合物，可表示为 $FeO \cdot Fe_2O_3$，而不能说是 FeO 与 Fe_2O_3 组成的混合物，它属于纯净物。经研究证明了 Fe_3O_4 是一种铁(Ⅲ)酸盐，即 $Fe^{Ⅱ}Fe^{Ⅲ}[Fe^{Ⅲ}O_4]$。天然磁铁矿（magnetite）的主要成分是四氧化三铁的晶体。在晶体中由于 Fe^{2+} 与 Fe^{3+} 在八面体位置上基本上是无序排列的，电子可在铁的两种氧化态间迅速发生转移，所以 Fe_3O_4 固体具有优良的导电性。

它可用红热铁跟水蒸气反应制得，铁和高温的水蒸气发生置换反应生成四氧化三铁和氢气：

$$3Fe + 4H_2O = Fe_3O_4 + 4H_2$$

此外，铁丝在氧气中燃烧生成 Fe_3O_4；铁在空气里加热到 500℃，铁跟空气中的氧气起反应也可生成 Fe_3O_4。

三氧化二铁（Ferric oxide，Fe_2O_3）是棕红（红）色或黑色粉末，俗称铁红（iron oxide red），熔点为 1565℃，相对密度为 5.24。在自然界以赤铁矿形式存在，具有两性，与酸作用生成 Fe(Ⅲ)盐，与强碱作用得［$Fe(OH)_6$］$^{3-}$。在强碱性介质中，Fe_2O_3 有一定的还原性，可被强氧化剂所氧化。Fe_2O_3 不溶于水，也不与水起作用。灼烧硫酸亚铁、草酸铁、氧氧化铁都可制得，它也可通过在空气中煅烧硫铁矿来制取，常用做颜料、抛光剂、催化剂和红粉等。

碱与铁(Ⅲ)盐溶液生成的红棕色沉淀实际上是水合三氧化二铁 $Fe_2O_3 \cdot nH_2O$，习惯上写成 $Fe(OH)_3$。新沉淀的 $Fe(OH)_3$ 略有两性，易溶于酸：

$$Fe(OH)_3 + 3HCl = FeCl_3 + 3H_2O$$

也能溶于热的浓 KOH 溶液，生成 $KFeO_2$ 或 $K_3[Fe(OH)_6]$：

$$Fe(OH)_3 + KOH = KFeO_2 + 2H_2O$$

或 $$Fe(OH)_3 + 3KOH \rightleftharpoons K_3[Fe(OH)_6]$$

铁(Ⅱ)和铁(Ⅲ)的硝酸盐、硫酸盐、氯化物和高氯酸盐都易溶于水，并且在水中有微弱的水解使溶液显酸性。它们的碳酸盐、磷酸盐、硫化物等弱酸盐都较难溶于水。

它们的可溶性盐从水溶液中析出结晶时，往往带有一定数量的结晶水，如 $FeSO_4 \cdot 7H_2O$、$Fe_2(SO_4)_3 \cdot 9H_2O$。铁(Ⅱ)盐一般为浅绿色，而铁(Ⅲ)盐一般为红棕色。

硫酸亚铁（ferrous sulfate，$FeSO_4$）由铁屑与稀硫酸反应制得，工业上也可用氧化黄铁矿（pyrite）的方法来制取。还可以利用一些副产物，如用硫酸法分解钛铁矿（ilmenite）制钛白粉 TiO_2 时，钛铁矿用硫酸分解生成硫酸亚铁和硫酸铁，三价铁用铁丝还原成二价铁，经冷冻结晶可得副产 $FeSO_4$。

$$2FeS_2 + 7O_2 + 2H_2O = 2FeSO_4 + 2H_2SO_4$$

从水溶液中结晶出来的是绿色的七水合硫酸亚铁（iron sulfate heptahydrate，$FeSO_4 \cdot 7H_2O$），俗称绿矾（green vitriol）。无水硫酸亚铁（ferrous sulphate anhydrous）是白色粉末。

$FeSO_4$ 与鞣酸反应生成易溶的鞣酸亚铁，它在空气中易被氧化成黑色的鞣酸铁，所以可以用来制蓝黑墨水。在农业上还可用作杀虫剂，能防治小麦黑穗病和大麦条纹病，还可用于染色和木材防腐。

$FeSO_4$ 在空气中可逐渐风化而失去一部分水，且表面容易氧化为黄褐色碱式硫酸铁(Ⅲ) $Fe(OH)SO_4$：

$$4FeSO_4 + 2H_2O + O_2 = 4Fe(OH)SO_4$$

因此，绿矾在空气中不稳定而变为黄褐色，其溶液久置也常有棕色沉淀。在酸性介质中 Fe^{2+} 较稳定，在碱性介质中立即被氧化。因而保存 Fe^{2+} 盐溶液应加足够浓度的酸，同时放入铁钉来防止氧化。

硫酸亚铁与碱金属或铵的硫酸盐形成复盐。如硫酸亚铁铵 $(NH_4)_2SO_4 \cdot FeSO_4 \cdot 6H_2O$，又称为摩尔盐（Mohr's salt）。它比绿矾稳定得多，因此在分析化学中常被用做还原剂。

$$6FeSO_4 + K_2Cr_2O_7 + 7H_2SO_4 = 3Fe_2(SO_4)_3 + Cr_2(SO_4)_3 + K_2SO_4 + 7H_2O$$

$$10FeSO_4 + 2KMnO_4 + 8H_2SO_4 = 5Fe_2(SO_4)_3 + 2MnSO_4 + K_2SO_4 + 8H_2O$$

铁的卤化物以三氯化铁（ferric chloride，$FeCl_3$）应用较广，$FeCl_3$ 是比较重要的铁(Ⅲ)盐。无水 $FeCl_3$ 是用氯气和铁粉（或铁刨花）在高温下直接合成。它明显地具有共价性，能通过升华法进行提纯。它的熔点（555K）、沸点（588K）都比较低，易溶于有机溶剂(如丙酮)。这些事实说明它具有共价性，这是由于离子极化所造成的。673K 时，它的蒸气含有双聚分子 Fe_2Cl_6，其结构为：

```
Cl     Cl     Cl
  \   /  ↘   /
   Fe      Fe
  /  ↖   /   \
Cl     Cl     Cl
```

$FeCl_3$ 易潮解，易溶于水，并形成含有 2～6 分子水的水合物。其水和晶体一般为 $FeCl_3 \cdot 6H_2O$，加热 $FeCl_3 \cdot 6H_2O$ 晶体，则水解失去 HCl 而形成碱式盐。

$FeCl_3$ 及其他三价铁盐在酸性溶液中是较强的氧化剂，可把 Sn^{2+}、I^-、H_2S、Cu 等氧化。用 $SnCl_2$ 来还原三价铁盐是分析化学中常用的反应：

$$2FeCl_3 + SnCl_2 = 2FeCl_2 + SnCl_4$$

$FeCl_3$ 在某些有机反应中用作催化剂。因为它可以使蛋白质沉淀，故可作外伤止血剂。它还用于照相、印刷、印刷电路的腐蚀剂和氧化剂。

$$2Fe^{3+} + Cu = 2Fe^{2+} + Cu^{2+} \text{（刻蚀电路铜板）}$$

从铁的元素电势图可以看出，铁(Ⅲ) 处于中间氧化态，既可呈现氧化性，又具有还原性。在酸性溶液中高铁酸根离子 FeO_4^{2-} 是一个很强的氧化剂（$\varphi_A^\ominus = 2.20V$），所以一般的氧化剂很难把 Fe^{3+} 氧化成 FeO_4^{2-}。但在强碱性介质中，铁(Ⅲ) 却能被一些氧化剂如 NaClO 氧化成紫红色的高铁酸盐溶液：

$$2Fe(OH)_3 + 3ClO^- + 4OH^- = 2FeO_4^{2-} + 3Cl^- + 5H_2O$$

高铁酸根离子 FeO_4^{2-} 的颜色与 MnO_4^- 颜色相同，显紫红色。

还可将 Fe_2O_3、KNO_3 和 KOH 混合加热共熔生成紫红色的高铁酸钾（potassium ferrate，K_2FeO_4）。

$$Fe_2O_3 + 3KNO_3 + 4KOH \xlongequal{\triangle} 2K_2FeO_4 + 3KNO_2 + 2H_2O$$

在酸性介质中，它是强氧化剂，其电极电势介于 MnO_4^- 和 O_3 之间：

$$2K_2FeO_4 + 2NH_3 + 2H_2O \xlongequal{} 2Fe(OH)_3 + 4KOH + N_2$$

$$FeO_4^{2-} + 2NH_4^+ \xlongequal{} Fe + N_2 + 4H_2O$$

将 FeO_4^{2-} 溶液进行酸化时，迅速分解为 Fe^{3+}：

$$2FeO_4^{2-} + 2OH^+ \xlongequal{} 2Fe^{3+} + 3O_2\uparrow + 10H_2O$$

高铁酸盐在强碱性介质中才能稳定存在，是比高锰酸盐更强的氧化剂。它是新型净水剂，具有氧化、杀菌性质，生成的 $Fe(OH)_3$ 对各种阴、阳离子有吸附作用，对水体中的 CN^- 去除能力非常强。涉及的反应为：

$$4FeO_4^{2-} + 10H_2O \xlongequal{} 4Fe(OH)_3\downarrow + 8OH^- + 3O_2\uparrow$$

铁在氧化态超过+3 时不形成任何配合物，铁主要是 Fe(Ⅲ)（d^5）和 Fe(Ⅱ)（d^6）的多种配合物。不仅可以与 F^-、Cl^-、SCN^-、$C_2O_4^{2-}$ 等离子形成配合物，还可以与 CO、NO 等分子以及许多有机试剂形成配合物。由于 Fe(Ⅱ) 阳离子电荷比 Fe(Ⅲ) 少，所以 Fe(Ⅱ) 配合物的稳定性一般要比 Fe(Ⅲ) 配合物差。

在水溶液中，Fe^{2+} 和 Fe^{3+} 形成的简单配合物，除了高自旋的 $[FeF_6]^{3-}$ 和 $[Fe(SCN)_n(H_2O)_{6-n}]^{3-n}$ 以及低自旋的 $[Fe(CN)_6]^{3-}$、$[Fe(CN)_6]^{4-}$ 和 $[Fe(CN)_5NO]^{2-}$ 外，其他配合物多是不太稳定的。Fe^{2+} 难以形成稳定的氨配合物，在无水状态下，$FeCl_2$ 与 NH_3 形成 $[Fe(NH_3)_6]Cl_2$，但遇水即按下式分解：

$$[Fe(NH_3)_6]Cl_2 + 6H_2O \xlongequal{} Fe(OH)_2\downarrow + 4NH_3\cdot H_2O + 2NH_4Cl$$

Fe^{3+} 由于其水合离子发生水解，所以在水溶液中加入氨时，不会形成氨合物，而是 $Fe(OH)_3$ 沉淀。

Fe^{2+} 和 Fe^{3+} 的氰配合物主要是下列两种：六氰合铁(Ⅱ)酸钾 $K_4[Fe(CN)_6]$ 和六氰合铁(Ⅲ)酸钾 $K_3[Fe(CN)_6]$。$K_4[Fe(CN)_6]$ 为黄色晶体，俗称黄血盐（potassium ferrocyanide），又名亚铁氰化钾；$K_3[Fe(CN)_6]$ 为深红色晶体，俗称赤血盐（potassium ferricyanide），又名铁氰化钾，它们都溶于水，在水中相当稳定，几乎检验不出游离的 Fe^{2+}、Fe^{3+} 的存在。

在 Fe^{2+} 的溶液中，加入 KCN 溶液，首先生成白色的氰化亚铁 $Fe(CN)_2$ 沉淀，当 KCN 过量时，$Fe(CN)_2$ 溶解生成 $[Fe(CN)_6]^{4-}$：

$$Fe^{2+} + 2CN^- \xlongequal{} Fe(CN)_2(s)$$

$$Fe(CN)_2 + 4CN^- \rightleftharpoons [Fe(CN)_6]^{4-}$$

用氯气氧化 $[Fe(CN)_6]^{4-}$ 时，生成 $[Fe(CN)_6]^{3-}$：

$$[Fe(CN)_6]^{4-} + Cl_2 \rightleftharpoons 2[Fe(CN)_6]^{3-} + 2Cl^-$$

利用上述反应，可分别得到黄血盐 $K_4[Fe(CN)_6]$ 和赤血盐 $K_3[Fe(CN)_6]$。

在 Fe^{3+} 的溶液中加入 $K_4[Fe(CN)_6]$ 溶液，生成蓝色沉淀，称为普鲁士蓝（Prussian blue）：

$$K^+ + Fe^{3+} + [Fe(CN)_6]^{4-} \xlongequal{} KFe[Fe(CN)_6]\downarrow\text{（蓝色）}$$

在 Fe^{2+} 的溶液中加入 $K_3[Fe(CN)_6]$ 溶液，也生成蓝色沉淀，称为滕氏蓝（Turnbull blue)：

$$K^+ + Fe^{2+} + [Fe(CN)_6]^{3-} \xlongequal{} KFe[Fe(CN)_6]\downarrow(蓝色)$$

这两个反应常用来鉴定 Fe^{3+} 和 Fe^{2+}。实验已经证明普鲁士蓝和滕氏蓝的组成都是 $[KFe^{III}(CN)_6Fe^{II}]$。

Fe^{3+} 与 SCN^- 形成血红色的 $[Fe(SCN)_n]^{3-n}$。此反应很灵敏，常用于鉴定 Fe^{3+} 和 Fe^{3+} 的比色测定。如果 Fe^{3+} 浓度太低，可用乙醚或异戊醇萃取。

$$Fe^{3+} + nSCN^- \rightleftharpoons [Fe(SCN)_n]^{3-n}(血红色), n=1\sim6$$

Fe^{3+} 与卤离子配合物的稳定性从 F 到 Br 显著减小，没有 Fe^{3+} 与 I^- 的配合物（Fe^{3+} 把 I^- 氧化为 I_2）。Fe^{3+} 与 F^- 能形成 $[FeF]^{2+}$ 到 $[FeF_6]^{3-}$ 的一系列配合物。而且这些配合物都十分稳定，所以 $[FeF_6]^{3-}$ 配离子常用在分析化学中作掩蔽剂，氯配合物的稳定性明显地减小，经常生成四面体配合物 $[FeCl_4]^-$。

铁与一氧化碳 CO 作用生成羰基配合物，其中铁的氧化态为零：

$$Fe + 5CO \xlongequal[加压]{473K} Fe(CO)_5$$

铁还可以与烯烃、炔烃等不饱和烃生成配合物，例如 Fe(Ⅱ) 与环戊二烯基反应生成环戊二烯基铁，又称二茂铁（ferrocene）。C_5H_5 的每一个碳原子上各有一个垂直于其平面的 2p 轨道，形成 Π_5^6。2 个 $C_5H_5^-$ 各提供 6 个电子与 Fe(Ⅱ) 配位，将铁原子夹在中间，如图 12-5 所示。二茂铁中铁原子也符合 18 电子构型。二茂铁易升华且可溶于有机溶剂中，表明它是共价分子。

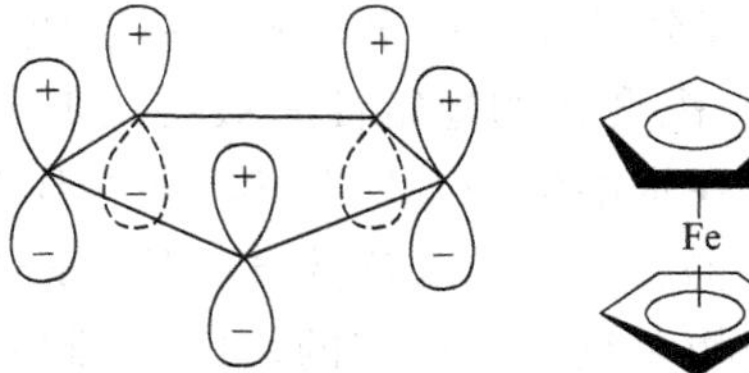

图 12-5　环戊二烯基和二茂铁的结构

（3）钴和镍的重要化合物

① 简单化合物　钴、镍的氧化物与铁的氧化物相类似，它们是暗褐色的 $Co_2O_3\cdot nH_2O$ 和灰黑色 $Ni_2O_3\cdot nH_2O$，灰绿色的 CoO 和暗绿色的 NiO 等。氧化值为+3 的钴、镍的氧化物在酸性溶液中有强氧化性，如 Co_2O_3 与浓盐酸反应放出 Cl_2：

$$Co_2O_3 + 6HCl \xlongequal{} 2CoCl_2 + Cl_2\uparrow + 3H_2O$$

在 Co^{2+} 和 Ni^{2+} 的溶液中加入强碱时，分别生成 $Co(OH)_2$（粉红色）和 $Ni(OH)_2$（苹果绿色）沉淀。

低价氢氧化物的还原性按 Fe→Co→Ni 顺序依次减弱。$Fe(OH)_2$ 在空气中很易被氧化为 $Fe(OH)_3$；$Co(OH)_2$ 在空气中可被缓慢氧化为 $Co_2O_3\cdot nH_2O$（棕色）；$Ni(OH)_2$ 在空气中不被氧化为 $Ni(OH)_3$。$Co(OH)_2$、$Ni(OH)_2$ 在碱性条件下可被 NaClO、溴水等氧化为相应的三价氢氧化物。

$$2Co^{2+} + Cl_2(或\ NaOCl) + 6H_2O \xlongequal{pH>3.5} 2Co(OH)_3\downarrow + 6H^+ + 2Cl^-$$

$$2Ni(OH)_2 + Br_2 + 2OH^- \xlongequal{>25℃} 2Ni(OH)_3\downarrow + 2Br^-$$

高价氢氧化物的氧化性按 Fe→Co→Ni 顺序依次递增，钴和镍的 M_2O_3 或 $M(OH)_3$ 都是强氧化剂，当与盐酸反应时生成 MCl_2 与氯气：

$$2Co(OH)_3 + 6HCl \xlongequal{} 2CoCl_2 + Cl_2\uparrow + 6H_2O$$

三价钴盐和三价镍盐都不稳定具有强氧化性，易分解。

钴和镍与氯气反应可以制得二氯化钴和二氯化镍。由于二氯化钴含结晶水数目不同而呈现不同颜色：

$$\underset{\text{粉红色}}{CoCl_2\cdot 6H_2O}\xrightarrow{53℃}\underset{\text{紫红色}}{CoCl_2\cdot 2H_2O}\xrightarrow{90℃}\underset{\text{蓝紫色}}{CoCl_2\cdot H_2O}\xrightarrow{120℃}\underset{\text{蓝色}}{Co[CoCl_4]}$$

$CoCl_2$ 常用于干燥剂硅胶中的变色剂，当干燥硅胶吸水后，逐渐由蓝色变为粉红色，表示干燥剂失效，放在烘箱中受热失水后可重复使用。$CoCl_2$ 还主要用于电解金属钴和制备钴的化合物，此外还用作氨的吸收剂、防毒面具和肥料添加剂等。

硫酸镍（nickel sulfate，$NiSO_4$）可利用金属镍同硫酸和硝酸的反应来制取，也可以将氧化镍或碳酸镍溶于稀硫酸中来制取：

$$2Ni+2HNO_3+2H_2SO_4 = 2NiSO_4+NO_2\uparrow+NO\uparrow+3H_2O$$

$$NiO+H_2SO_4 = NiSO_4+H_2O$$

$$NiCO_3+H_2SO_4 = NiSO_4+H_2O+CO_2\uparrow$$

$NiSO_4$ 一般结晶成 $NiSO_4\cdot 7H_2O$，有时也有 $NiSO_4\cdot 6H_2O$ 存在。它们都是绿色晶体。加热到 376K 时可失去水分子成无水盐。$NiSO_4$ 能与碱金属硫酸盐形成复盐 $M_2Ni(SO_4)_2\cdot 6H_2O$。$NiSO_4$ 大量用于电镀、催化剂和纺织品染色。

② 配合物　Co(Ⅲ) 能形成许多配合物，如 $[Co(NH_3)_6]^{3+}$、$Co[(CN)_6]^{3-}$ 等，它们在水溶液中都是十分稳定的。Ni(Ⅲ) 的配合物比较少见，而且是不稳定的。由于 Co^{3+} 在水溶液中不能稳定存在，难以与配体直接形成配合物，通常把 Co(Ⅱ) 氧化，从而制出 Co(Ⅲ) 的配合物。例如制取 $[Co(CN)_6]^{3+}$ 时的反应为：

$$4[Co(CN)_6]^{4-}+O_2+2H_2O \rightleftharpoons 4[Co(CN)_6]^{3-}+4OH^-$$

Co^{2+} 与 CN^- 形成的 $Co[(CN)_6]^{4-}$ 不稳定，$Co[(CN)_6]^{4-}$ 为一个相当强的还原剂，它能从水中还原出氢气：

$$2Co[(CN)_6]^{4-}+2H_2O = 2Co[(CN)_6]^{3-}+2OH^-+H_2\uparrow$$

实验测得其有一个未成对电子。其原因为：Co^{2+} 在 CN^- 强配位场作用下，有 1 个电子被激发到能量很高的 5s 轨道中，这个高能量的电子很容易失去，从而显示出很强的还原性。

$[Co(NH_3)_6]^{2+}$ 也不稳定，容易被氧化。

$$[Co(NH_3)_6]^{3+}+e^- \rightleftharpoons [Co(NH_3)_6]^{2+}\quad \varphi_B^{\ominus}=0.1V$$

$$4[Co(NH_3)_6]^{2+}+O_2+2H_2O \rightleftharpoons 4[Co(NH_3)_6]^{3+}+4OH^-$$

磁矩测定 $[Co(NH_3)_6]^{2+}$ 有 3 个未成对电子，杂化类型为 sp^3d^2，$[Co(NH_3)_6]^{3+}$ 中无未成对电子，杂化类型为 d^2sp^3，稳定性增强。

Co(Ⅱ) 的配合物在水溶液中稳定性较差。例如 Co^{2+} 与 SCN^- 形成蓝色的 $[Co(SCN)_4]^{2-}$，$Co(SCN)_4^{2-}$ 在水中不稳定，可用丙酮或戊醇萃取。利用这一反应可以鉴定 Co^{2+} 的存在。

$$Co^{2+}+4NCS^- \overset{\text{丙酮}}{\rightleftharpoons} [Co(SCN)_4]^{2-}$$

在镍(Ⅱ)盐的水溶液中，总是以 $[Ni(H_2O)_6]^{2+}$ 存在，能与许多配体形成配合物。如 $[Ni(NH_3)_6]^{2+}$、$[Ni(CN)_4]^{2-}$，Ni(Ⅱ) 的配位数很少超过 6，主要是六配位的八面体和四配位的平面正方形构型。$[Ni(CN)_4]^{2-}$ 是很稳定的配合物，它是平面正方形构型，Ni^{2+} 采取 dsp^2 杂化，与配体形成 4 个 σ 配键指向平面正方形的 4 个顶角，Ni^{2+} 位于平面正方形的中心。

在 Ni(Ⅱ) 的八面体构型配合物中，$[Ni(NH_3)_6]^{2+}$ 是稳定的配合物，有 2 个未成对电子，杂化类型为 sp^3d^2。Ni^{2+} 不太可能以 d^2sp^3 杂化轨道成键，因为这需要把 Ni^{2+} 的 2 个 3d 电子激发到 4d 轨道中，这样会使系统变得不稳定。所以 Ni(Ⅱ) 的八面体配合物一般认为是以 sp^3d^2 杂化轨道成键。

Ni(Ⅱ) 的平面正方形配合物，除了 $[Ni(CN)_4]^{2-}$ 外，还有二(丁二酮肟)合镍(Ⅱ)。它们都是反磁性的，以 dsp^2 杂化轨道成键。Ni^{2+} 与丁二酮肟在弱碱性条件下生成难溶于水的鲜红色螯合物沉淀——二(丁二酮肟)合镍(Ⅱ)。

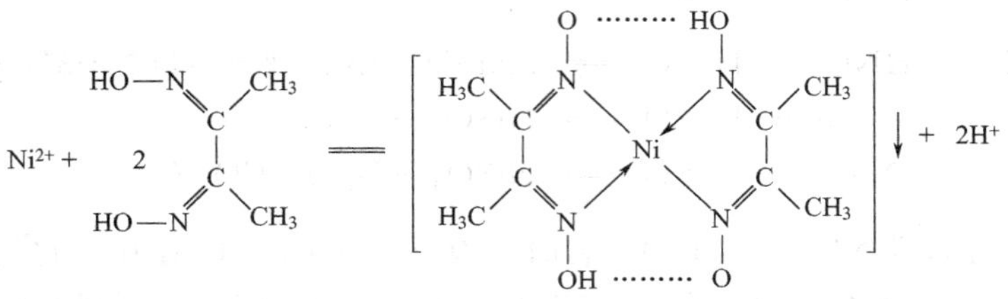

二(丁二酮肟)合镍(Ⅱ)(鲜红色沉淀)

该反应可以用来鉴别 Ni^{2+}。

第一过渡系中钒到镍，第二过渡系中钼到铑，第三过渡系中钨到铱等元素都能和一氧化碳形成羰基配合物（carbonyl complexes）。在这些配合物中，金属的氧化态为零。而且简单的羰基配合物的结构有一个普遍的特点：每个金属原子的价电子数和它周围 CO 提供的电子数（每个 CO 提供两个电子）加在一起满足 18 电子结构规则。是反磁性的。例如 $Fe(CO)_5$、$Ni(CO)_4$、$Cr(CO)_6$、$Mo(CO)_6$ 等。

在金属羰基配合物（metal carbonyl complexes）中，CO 的碳原子提供孤电子对，与金属原子形成 σ 配键。CO 空的反键 π* 轨道可以和金属原子的 d 轨道重叠生成反馈 π 键。除 $Fe(CO)_5$、$Ni(CO)_4$、$Ru(CO)_5$ 和 $Os(CO)_5$ 在常温是液体外，许多羰基配合物在常温下都是固体。这些配合物的熔点和沸点一般都较低，易挥发，受热易分解，并且易溶于非极性溶剂。

利用金属羰基配合物的生成和分解，可以制备纯度很高的金属。例如，Ni 和 CO 很容易反应生成 $Ni(CO)_4$，它在 423K 就分解为 Ni 和 CO，从而制得纯度很高的镍粉。

12.6.2 铂系元素

(1) 铂系元素概述

铂族元素（platinum group metals）包括ⅧB 族中的钌（Ru）、铑（Rh）、钯（Pd）、锇（Os）、铱（Ir）、铂（Pt）6 种元素。根据它们的相对密度，钌、铑、钯称为轻铂金属；锇、铱、铂称为重铂金属。但由于这两组元素在性质上有很多相似之处，并且在自然界中也常共生存在，因此统称为铂族元素。铂系元素在自然界存在很少，其各自的丰度（质量分数）依次为 Ru $1.0\times10^{-7}\%$、Rh $1.0\times10^{-7}\%$、Pd $1.0\times10^{-6}\%$、Os $1.0\times10^{-7}\%$、Ir $1.0\times10^{-7}\%$、Pt $5.0\times10^{-7}\%$。

铂系元素都是稀有金属，由于在地壳中的丰度都很小，尤其是钌、铑极其稀少，所以又把铂系元素称为稀有元素。铂系元素的部分基本性质见表 12-10。

表 12-10 铂系元素的基本性质

性质	钌	铑	钯	锇	铱	铂
元素符号	Ru	Rh	Pd	Os	Ir	Pt
原子序数	44	45	46	76	77	78
价层电子结构	$4d^7 5s^1$	$4d^8 5s^1$	$4d^{10} 5s^0$	$5d^6 6s^2$	$5d^7 6s^2$	$5d^9 6s^1$
主要氧化数	+4，+3，+2	+3，+4	+2，+4	+4，+8	+3，+4	+2，+4
原子量	101.07	102.9	106.4	190.2	192.2	195.1
原子半径(金属)/pm	132.5	134.5	137.6	134	135.7	138
离子半径(M^{2+})/pm	—	—	80	—	—	80
第一电离能/$kJ \cdot mol^{-1}$	716	724	809	842	885	868.4
电负性	2.2	0.6	0.987	0.85	1.0	1.2
$\varphi^{\ominus}(M^{2+}/M)/V$	0.45	−1.63	−1.13	−0.90	−1.18	−0.44
熔点/K	2583	2239±3	1825	3318±30	2683	2045
沸点/K	4173	4000±100	3413	5300±100	4403	4100±100
密度/$g \cdot cm^{-3}$	12.41	12.41	12.02	22.57	22.42	21.45

铂族元素在自然界主要以游离态存在，如天然铂矿和锇铱矿等。也有极少量的以硫化物等形式存在于铜矿中，所以电解冶炼铜的阳极泥可用来提取铂族元素。

从它们的电子构型来看：除了锇铱的 ns 轨道上有两个电子外，钌、铑、铂为 1，而钯为零。这种情况说明铂系元素原子的价电子有从 ns 轨道移到 $(n-1)d$ 轨道的强烈趋势，而且这种趋势在三元素组里随原子序数的增高而增强。也说明它们的 $(n-1)d$ 和 ns 原子轨道之间的能级间隔小，气态原子的核外电子排布随意性增大。这种特殊排布并不影响金属与化合物的化学性，因为对于化合物而言，其金属离子的电子构型中已不存在 ns 上的电子。

铂系元素的氧化态变化和铁系元素相似，形成高氧化态的倾向从左向右（由钌到钯，由锇到铂）逐渐降低。和其他各副族的情况一样，铂系元素的第 6 周期各元素形成高氧化态的倾向比第 5 周期相应各元素大。其中只有钌和锇表现出了与族数相一致的+8 氧化态。

Ru	Rh	Pd
+4（+8）	+3	+2
Os	Ir	Pt
+8	+3，+4	+2，+4

↓ 高氧化态稳定性增强

→ 高氧化态稳定性减弱

铂系元素都是难熔金属，轻铂金属和重铂金属的熔、沸点都是从左到右逐渐降低。其中锇的熔点最高，钯的熔点最低。熔沸点的这种变化趋势与铁系金属相似，这也可以从 nd 轨道中成单电子数从左到右逐渐减少，金属键逐渐减弱得到解释。铂系元素除锇呈蓝灰色外，其余都是银白色。在硬度方面，钌和锇的特点是硬度高并且脆，因此不能承受机械处理。铑和铱虽可以承受机械处理，但也很困难。钯和铂，尤其是铂，极易承受机械处理，纯净的铂具有高度的可塑性。将铂冷轧，可以制得厚度为 0.0025mm 的箔。

铂系金属都有一个特性，即很高的催化活性，金属细粉又称铂黑（platinum black），其催化活性尤其大。大多数铂系金属能吸收气体，特别是氢气。钯吸收氢气的能力最强（在标准状况下，1 体积海绵钯能吸收 680～850 体积氢气）；铂吸收氧气的能力较强，1 体积铂能吸收 70 体积氧气。铂系金属吸收气体的性能是与它们的高度催化性能有密切关系的。

铂系元素的化学稳定性很高，常温下与氧、硫、卤素等非金属都不起作用，高温下才能与氧、硫、磷、氟、氯等非金属作用，生成相应的化合物。室温下只有粉状的锇在空气中会慢慢地被氧化，生成挥发性的四氧化锇 OsO_4：

$$Os(s)+2O_2(g)=\!=\!=OsO_4(g)$$

OsO_4 的蒸气没有颜色，对呼吸道有剧毒，尤其有害于眼睛，会造成暂时失明。

铂系金属对酸的化学稳定性比所有其他各族金属都高。钌和锇，铑和铱对酸的化学稳定性最高，不仅不溶于普通强酸，也不溶于王水中。钯和铂都能溶于王水，钯还能溶于硝酸（稀硝酸中溶解慢，浓硝酸中溶解快）和热硫酸中。

如：

$$3Pt+4HNO_3+18HCl=\!=\!=3H_2PtCl_6+4NO\uparrow+8H_2O$$

在与碱和氧化剂 KNO_3、$KClO_3$、Na_2O_2 共熔时，铂系金属都能被氧化，转变成可溶性的化合物。所以铂坩埚不能用于 $NaOH+Na_2O_2$ 或者 Na_2CO_3+S 等试剂的加热使用。

铂常用于制造铂皿（如坩埚、蒸发皿）、铂电极和铂网等。铂-铑合金常用于制造电偶丝，其测定温度是 1473～2023K。

由于铂系金属离子是富 d 电子离子，所以和铁系金属一样，可与许多配体形成配位化合物。特别是易与 π 键配位体如 CO、CN^-、NO 等形成反馈 π 键的配合物，与不饱和烯、炔配体形成金属有机化合物。

（2）铂的重要化合物

① 氯铂酸及其盐　铂系元素都能生成氯配合物。将这些金属与碱金属的氯化物在氯气流中加热即可形成氯配合物。最重要的铂(Ⅳ)的配位化合物是氯铂酸（chloroplatinic acid）及其盐。用王水溶解铂，即生成氯铂酸 $H_2[PtCl_6]$，四氯化铂溶于盐酸也生成氯铂酸，将溶液蒸发浓缩，可得橙红色晶体 $H_2[PtCl_6]\cdot 6H_2O$：

$$PtCl_4+2HCl\rightleftharpoons H_2[PtCl_6]$$

在铂(Ⅳ)化合物中加碱，可以得到两性的氢氧化铂［platinic hydroxide，$Pt(OH)_4$］，它溶于盐酸得氯铂酸，溶于碱得铂酸盐：

$$Pt(OH)_4+6HCl\rightleftharpoons H_2[PtCl_6]+4H_2O$$

$$Pt(OH)_4+2NaOH\rightleftharpoons Na_2[Pt(OH)_6]$$

将氯化铵或氯化钾加至四氯化铂中，可制得相应的氯铂酸铵（ammonium chloroplatinate，$(NH_4)_2[PtCl_6]$）或氯铂酸钾（potassium hexachloroplatinate，$K_2[PtCl_6]$）：

$$PtCl_4+2NH_4Cl\rightleftharpoons (NH_4)_2[PtCl_6]$$

$$PtCl_4+2KCl\rightleftharpoons K_2[PtCl_6]$$

氯铂酸和碱金属氯化物作用，也可生成相应的氯铂酸盐（chloroplatinate）。氯铂酸钠（sodium chloroplatinate，$Na_2[PtCl_6]$）是橙红色晶体，易溶于水和酒精。但 NH_4^+、K^+、Rb^+、Cs^+ 的 $PtCl_6^{2-}$ 盐都是黄色八面体晶体，难溶于水。在分析上，利用难溶氯铂酸盐的生成，可以检验 NH_4^+、K^+、Rb^+、Cs^+ 等。用草酸钾、二氧化硫等还原剂和氯铂酸盐反应，可生成氯亚铂酸盐（chloroplatinite，$M_2[PtCl_4]$），例如：

$$K_2[PtCl_6]+K_2C_2O_4\rightleftharpoons K_2[PtCl_4]+2KCl+2CO_2$$

氯铂酸铵经灼烧即分解，得海绵状铂，这种方法可用于金属的精制：

$$(NH_4)_2[PtCl_6]\xlongequal{\triangle}Pt+2NH_4Cl+2Cl_2\uparrow$$

或

$$3(NH_4)_2[PtCl_6]\xlongequal{\triangle}3Pt+2N_2\uparrow+2NH_4Cl+16HCl$$

将 $K_2[PtCl_4]$ 与 NH_4Ac 溶液作用，生成顺二氯·二氨合铂(Ⅱ)，通常称为“顺铂”（*cis*-platinum）：

$$K_2[PtCl_4]+2NH_4Ac\rightleftharpoons [Pt(NH_4)_2Cl_2]+2HAc+2KCl$$

顺铂具有抗癌活性，它与 $[PtCl_2(en)]$ 是很好的抗癌药物。顺铂的抗癌活性是由于它与癌细胞 DNA 分子结合，破坏了 DNA 的复制，从而抑制了癌细胞增长过程中的细胞分裂。顺铂作为抗癌药物的主要问题是水溶性较小，毒性较大，对肾脏有毒害作用。

氯铂酸以及氯铂酸盐的内界 $[PtCl_6]^{2-}$ 的空间构型是八面体，$[PtCl_6]^{2-}$ 在水中非常稳定，但当黄色的 $K_2[PtCl_6]$ 与 KBr 或 KI 加热反应时，分别转化为 $K_2[PtBr_6]$（深红色）和 $K_2[PtI_6]$（黑色），所以 $[PtX_6]^{2-}$ 的稳定性顺序是 $[PtCl_6]^{2-}<[PtBr_6]^{2-}<[PtI_6]^{2-}$，这是由于配位原子电负性越来越小之故。

② 铂(Ⅱ)-乙烯配位化合物　Zeise 盐，$K[Pt(C_2H_4)Cl_3]$ 是人们制得的第一个不饱和烃与金属的配合物，该化合物可由氯亚铂酸盐 $[PtCl_4]^{2-}$ 和乙烯在水溶液中反应制得，然后由乙醚萃取。反应过程如下：

$$[PtCl_4]^{2-}+C_2H_4 \rightleftharpoons [Pt(C_2H_4)Cl_3]^-+Cl^-$$

$[Pt(C_2H_4)Cl_3]^-$ 发生双聚，可形成中性化合物：

$$2[Pt(C_2H_4)Cl_3]^- \rightleftharpoons [Pt(C_2H_4)Cl_2]_2+2Cl^-$$

$K[Pt(C_2H_4)Cl_3]$ 早在 1825 年被丹麦人 Zeise 合成。但直到 1954 年才将其结构确定，X 射线分析表明，$[Pt(C_2H_4)Cl_3]^-$ 具有平面正方形的几何构型。由图 12-6 可见，Pt(Ⅱ) 与三个氯原子共处一个平面，这个平面与乙烯分子的 C＝C 键轴接近垂直，并交于 C＝C 键轴的中点，三个氯原子与 C＝C 的中点组成的平面接近于平面正方形。乙烯配体不再保持平面构型，氢原子远离中心金属离子向后弯折。

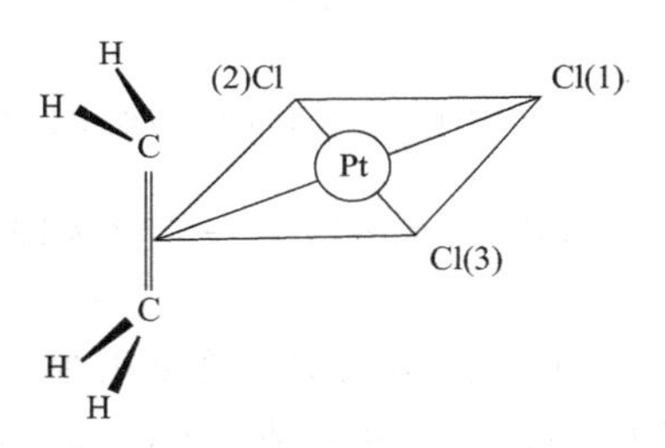

图 12-6　$[Pt(C_2H_4)Cl_3]^-$ 的空间结构

$Pt-C_2H_4$ 间的化学键为 σ-π 配键，如图 12-7 所示。反馈键的形成有利于 C＝C 键的活化。这些键的形成可表述如下：由于乙烯分子的双键包含一条由两个 C 原子的 sp^2 杂化轨道构成的 σ 键和由两个 C 原子的 p 轨道构成的 π 键，整个乙烯分子位于一个平面之上。除此之外，乙烯分子还含有空的反键 π^* 轨道。中心离子 Pt(Ⅱ) 具有 d^5 构型。在形成配合物时，它以空 dsp^2 杂化轨道分别接受来自配体 Cl^- 的孤电子对和乙烯分子的成键 π 电子。

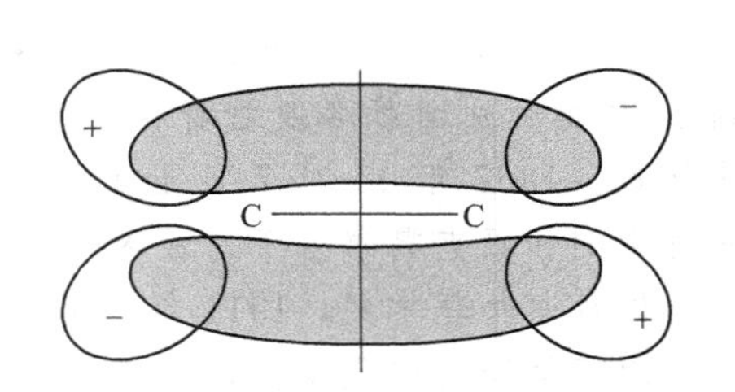

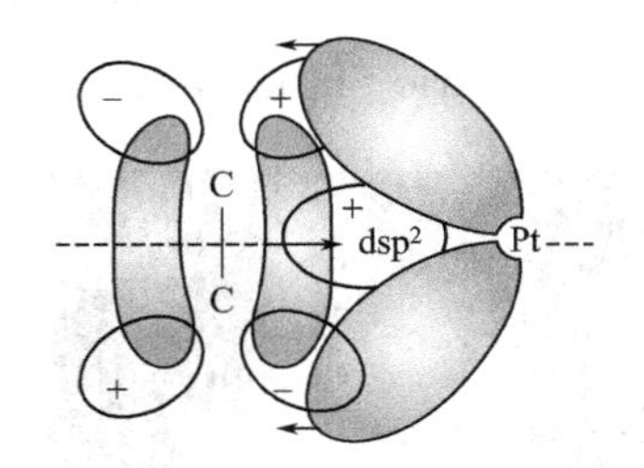

图 12-7　$Pt(Ⅱ)-C_2H_4$ 间的 σ-π 配键示意图

与乙烯分子配位时，生成三中心 σ 配位键，其中乙烯是电子对给予体，Pt(Ⅱ) 是电子对接受体。同时，Pt(Ⅱ) 中 d 轨道上的非键电子则与乙烯分子中的空反键 π^* 轨道形成另一个三中心反馈 π 配键，其中 Pt(Ⅱ) 是电子对给予体，乙烯分子是电子对接受体。这种 σ 配键和反馈 π 配键的协同结果使得 Zeise 盐相当稳定。研究此类配合物对了解催化机理、合理选择催化剂有重要意义。

(3) 钯的重要化合物

二氯化钯（palladium chloride，$PdCl_2$）为深红色晶体，易潮解，溶于水、氢溴酸和丙酮，约在500℃时分解为钯和氯气。$PdCl_2 \cdot H_2O$ 为褐色晶体，易溶于水、盐酸和丙酮。在红热的条件下将金属钯直接与氯作用得到 $PdCl_2$。

钯溶于王水可以生成 $H_2[PdCl_6]$。$H_2[PdCl_6]$ 只存在于溶液中，若将其溶液加热蒸发至干，可得到 $H_2[PdCl_4]$ 或 $PdCl_2$：

$$H_2[PdCl_6] \xlongequal{\triangle} H_2[PdCl_4] + Cl_2$$

$$H_2[PdCl_6] \xlongequal{\triangle} PdCl_2 + 2HCl + Cl_2$$

823K 以上得到不稳定的 α-$PdCl_2$（见图 12-8），823K 以下转变为 β-$PdCl_2$。α-$PdCl_2$ 的结构呈平面链状，β-$PdCl_2$ 的结构单元是 Pd_6Cl_{12}（见图 12-9）。

Cl　　Cl　　Cl
Pd　　Pd　　Pd
Cl　　Cl　　Cl

图 12-8　α-$PdCl_2$ 为扁平链状结构

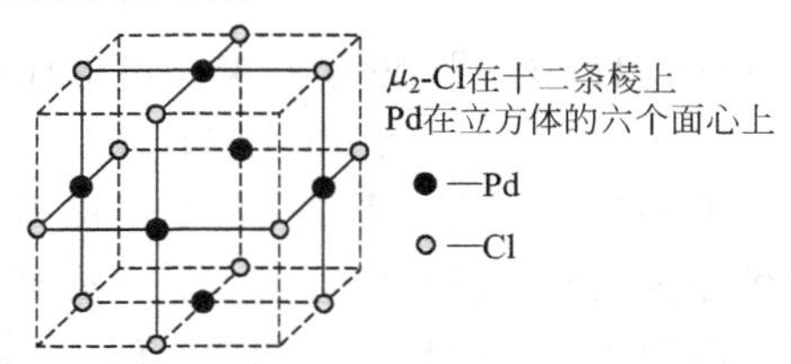

图 12-9　β-$PdCl_2$（cluster）结构

$PdCl_2$ 水溶液遇一氧化碳即被还原成金属钯：

$$PdCl_2 + CO + H_2O = Pd\downarrow + CO_2 + 2HCl$$

析出的金属钯尽管量很少，但是很容易从它显示的黑色分辨出来，这一反应可用来鉴别 CO 的存在，并可估计 CO 的含量。

$PdCl_2$ 可作烯烃氧化的催化剂，也可用于医药、电镀、照相和其他催化剂制备。乙烯于常温常压下用二氯化钯作催化剂被氧化成乙醛，这是一个重要的配位催化反应，是一个生成乙醛的好方法。

科技人物：玛丽·居里

玛丽·居里（Marie Skłodowska Curie）世称“居里夫人”，全名：玛丽亚·斯可罗多夫斯卡·居里。法国著名波兰裔科学家、物理学家、化学家。1867 年 11 月 7 日生于华沙。1903 年，居里夫妇和贝克勒尔由于对放射性的研究而共同获得诺贝尔物理学奖，1911 年，因发现元素钋和镭再次获得诺贝尔化学奖，成为历史上第一个两获诺贝尔奖的人。居里夫人的成就包括开创了放射性理论、发明分离放射性同位素技术、发现两种新元素钋和镭。在她的指导下，人们第一次将放射性同位素用于治疗癌症。由于长期接触放射性物质，居里夫人于 1934 年 7 月 4 日因恶性白血病逝世。

玛丽·居里（1867～1934）

玛丽•居里生于一个中学教师的家庭，父亲乌拉狄斯拉夫•斯可罗多夫斯基是中学数学教师，母亲布罗尼斯洛娃•柏古斯卡•斯可罗多夫斯卡是女子寄宿学校校长，幼名玛丽亚•斯可罗多夫斯卡。玛丽在索邦结识了一名讲师，皮埃尔•居里，也就是她后来的丈夫。他们两个经常在一起进行放射性物质的研究，用成吨的工业废渣，因为这种矿石的总放射性比其所含有的铀的放射性还要强。1898年，居里夫妇对这种现象提出了一个逻辑的推断：沥青铀矿石中必定含有某种未知的放射成分，其放射性远远大于铀的放射性。12月26日，居里夫人公布了这种新物质存在的设想。

在此之后的几年中，居里夫妇不断地提炼沥青铀矿石中的放射性成分。经过不懈的努力，他们终于成功地分离出了氯化镭并发现了两种新的化学元素：钋（Po）和镭（Ra）。因为他们在放射性上的发现和研究，居里夫妇和亨利•贝克勒尔共同获得了1903年的诺贝尔物理学奖，居里夫人也因此成为了历史上第一个获得诺贝尔奖的女性。八年之后的1911年，居里夫人又因为成功分离了镭元素而获得诺贝尔化学奖。出乎意外的是，在居里夫人获得诺贝尔奖之后，她并没有为提炼纯净镭的方法申请专利，而将之公布于众，这种作法有效地推动了放射化学的发展。在第一次世界大战时期，居里夫人倡导用放射学救护伤员，推动了放射学在医学领域的运用。之后，她曾在1921年赴美国旅游并为放射学的研究筹款。居里夫人由于过度接触放射性物质于1934年7月4日在法国上萨瓦省逝世。在此之后，她的大女儿伊雷娜•约里奥•居里获1935年诺贝尔化学奖。她的小女儿艾芙•居里在她母亲去世之后写了《居里夫人传》。在20世纪90年代的通货膨胀中，居里夫人的头像曾出现在波兰和法国的货币和邮票上。化学元素锔（Cm，96）就是为了纪念居里夫妇所命名的。

居里夫人在实验研究中，设计了一种测量仪器，不仅能测出某种物质是否存在射线，而且能测量出射线的强弱。她经过反复实验发现：铀射线的强度与物质中的含铀量成一定比例，而与铀存在的状态以及外界条件无关。居里夫人对已知的化学元素和所有的化合物进行了全面的检查，获得了重要的发现：一种叫做钍的元素也能自动发出看不见的射线来，这说明元素能发出射线的现象绝不仅仅是铀的特性，而是有些元素的共同特性。她把这种现象称为放射性，把有这种性质的元素叫做放射性元素。它们放出的射线就叫“放射线”。

1902年年底，居里夫人提炼出了十分之一克极纯净的氯化镭，并准确地测定了它的原子量，从此镭的存在得到了证实。镭是一种极难得到的天然放射性物质，它的形体是有光泽的、像细盐一样的白色结晶，镭具有略带蓝色的荧光，而就是这点美丽的淡蓝色的荧光，融入了一个女子美丽的生命和不屈的信念。在光谱分析中，它与任何已知的元素的谱线都不相同。镭虽然不是人类第一个发现的放射性元素，但却是放射性最强的元素。利用它的强大放射性，能进一步查明放射线的许多新性质。以使许多元素得到进一步的实际应用。医学研究发现，镭射线对于各种不同的细胞和组织，作用大不相同，那些繁殖快的细胞，一经镭的照射很快都被破坏了。这个发现使镭成为治疗癌症的有力手段。癌瘤是由繁殖异常迅速的细胞组成的，镭射线对于它的破坏远比周围健康组织的破坏作用大得多。这种新的治疗方法很快在世界各国发展起来。在法兰西共和国，镭疗术被称为居里疗法。镭的发现从根本上改变了物理学的基本原理，对于促进科学理论的发展和在实际中的应用，都具有十分重要的意义。

居里夫人一生获得荣誉无数，除两次获得诺贝尔奖外，居里夫人获得过来自于巴黎科学院、英国皇家科学协会等颁发的9项奖金，16项权威机构颁发的奖章，名誉头衔更是多的不计其数。难怪爱因斯坦说："在所有的世界名人当中，玛丽•居里是唯一没有被盛名宠坏的人。"

科学院院长晓发尔这样评价："玛丽•居里，您是一个伟大的学者，一个竭诚献身工作和为科学牺牲的伟大妇女，一个无论在战争中还是在和平中始终为分外的责任而工作的爱国者，我们向您致敬。您在这里，我们可以从您那儿得到精神上的益处，我们感谢您；有您在我们中间，我们感到自豪。您是第一个进入科学院的法国妇女，也是当之无愧的。"

科技动态：新型功能性分子——多酸化合物

多酸化合物（多酸盐），又称多金属氧酸盐（polyoxomentalates，POMs），是由过渡金属离子通过氧连接而形成的金属-氧簇类化合物。构成POMs的基本单元主要是MO_6八面体和MO_4四面体，多面体之间通过共角、共边或共面等方式相互连接产生了大量不同的阴离子结构。

（1）多酸化合物的分类

多酸盐可根据组成不同分为同多（iso-）酸盐和杂多（heter-）酸盐两大类。其分类方法一直沿用早期化学家的观点：由同种含氧酸盐缩合形成的称为同多酸（盐）；由不同种含氧酸盐缩合形成的称为杂多酸（盐）。它们的负离子可以用以下通式表示：

$$[M_m O_y]^{p-} \quad 同多负离子$$

$$[X_x M_m O_y]^{q-} \quad 杂多负离子$$

式中，M是配原子；X是杂原子，当X位于聚负离子的中心时，又称为中心原子。两种类型负离子之间的区别通常是人为的，特别是对于具有混合配原子的多酸化合物而言。最常见的配原子是处于最高氧化态的钼和钨，有时是钒（或铌）或这些元素的混合物。很多种元素可以起杂原子的作用，就此而论，几乎周期表中所有的元素都可以结合杂多负离子，最典型的是P^{5+}、As^{5+}、Si^{4+}、Ge^{4+}和B^{3+}等。钼(Ⅵ)和钨(Ⅵ)是形成多酸化合物的最好元素，这是因为它们离子半径的良好配合，以及电荷对于金属-氧π键空轨道的易接近性。

（2）杂多酸化合物的首次合成

1826年，贝采里乌斯（J. Berzerius）成功地制备出第一个杂多酸盐：12-钼磷酸铵$(NH_4)_3PMo_{12}O_{40} \cdot nH_2O$。但是直到1862年马利纳克（Marignac）发现了钨硅酸后，才精确地测定了这些杂多酸的组成。1933年英国物理学家凯格恩（J. F. Keggin）提出了杂多酸的结构模型，1974年利用单晶衍射确证了凯格恩结构的正确性。除凯格恩结构外，其他5种由人名命名的经典多酸结构类型如图12-1′所示。

（3）杂多酸化合物的发展过程

20世纪60年代以前，多酸化学发展缓慢；60年代后，随着科技水平的提高和认识的深化，多酸化学得到了迅速发展。人们除了继续在溶液中寻找和确定多酸阴离子物种外，主要对经典的凯格恩和道森（Dawson）结构的杂多阴离子进行解析，然后使用缺位结构的杂多酸离子与金属离子或有机金属基团进行配位修饰。1966年，Baker等首次报道了混配型多酸阴离子$(SiCoW_{11}O_{40}H_2)^{y-}$的制备；次年，Weekley等发展了这一领域，将稀土离子引入杂多阴离子中，开创了稀土多金属氧酸盐化学。迄今为止，元素周期表中除0族元素（稀有气体）以外的其他族大部分元素均能够引入多酸化合物的结构中。

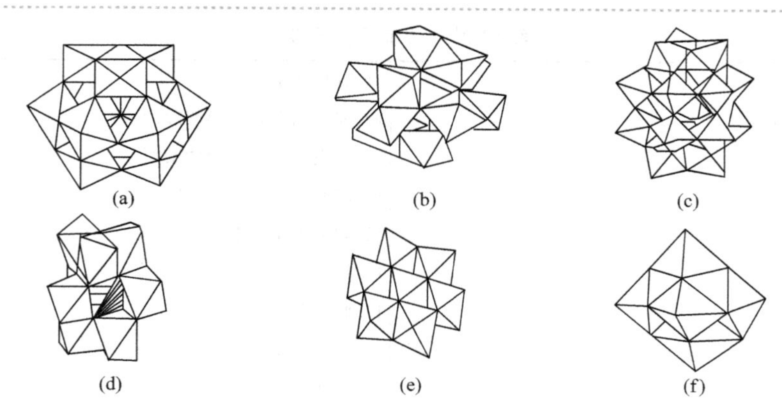

图 12-1′ 6种经典的杂多酸盐的结构

当前，多金属氧酸盐吸引着越来越多的化学工作者投身这一领域，研究成果逐年增多。仅在1996年公开发表的关于多金属氧酸盐的论文就有600余篇，专利120项。我国从事多金属氧酸盐研究工作的化学工作者也不断增多，1998年中国在多酸化学领域发表的论文数量位居世界第三位，由此可见一斑。多金属氧酸盐受到如此重视的原因在于它具有丰富多样的结构和广泛的应用前景。

历经百余年的变化发展，多金属氧酸盐化学目前已进入了一个崭新的阶段。由于X射线衍射以及电子自旋共振（ESR）、核磁共振（NMR）等测试手段的发展和精确的电化学方法的应用，多金属氧酸盐性质的多样性已为人们所认识（见表12-1′）。多金属氧酸盐的合成已进入了分子剪裁和组装领域，从对稳定氧化态物质的合成、研究进入亚稳态和变价化合物及超分子化合物的研究；纳米结构和高聚合度多金属氧酸盐阴离子、夹心式多金属氧酸盐阴离子、链式有机金属氧酸盐及具有空半球结构的多金属氧酸盐阴离子的研究方兴未艾；多金属氧酸盐有机-无机复合材料，作为一类新型的电、磁、非线性光学材料极具开发价值。多金属氧酸盐化学的应用几乎涉及所有领域（见表12-2′），但大多数的研究仅仅是利用少数凯格恩结构多金属氧酸盐及其氧化还原性、光化学、离子电荷、导电性、离子质量等有限的几种性质，而其他结构繁多的多金属氧酸盐及其多样的性质还没有得到充分开发和利用，因此多金属氧酸盐化学有极其广泛的应用前景。

进入20世纪90年代后，由于水热、高温固相、室温固相等合成技术的引入和先进物理测试技术的不断更新，尤其是X射线单晶衍射仪的普及，以及利用X射线粉末衍射数据进行结构解析技术的发展，一大批结构新颖、意义重大的多金属氧酸盐相继被合成出来，极大地突破了多酸的范畴，为多酸化学提供了更加丰富的研究内容。

表 12-1′ 杂多酸盐的性质

1.类似于氧化物	8.可氧化的配原子数目可变[$\varphi_{1/2}=0.5\sim-1.0$V(vs. SCE)]
2.相当稳定	9.氧化态的颜色不同于还原态
3.大的尺寸(直径0.6～2.5nm)	10.光还原性
4.离散尺寸/离散结构	11.阿仑尼乌斯酸
5.阴离子(电荷为－14～－3)	12.种类、结构繁多，有70多种元素可作为杂原子
6.大的离子质量	13.酸可溶于水及其他含氧有机溶剂(醚、醇、酮)
7.完全的氧化态化合物，具有还原性，可接受多达32个电子	14.可水解成特定的结构

表 12-2′ 杂多酸盐的应用

1. 耐腐蚀薄膜	11. 分析化学
2. 放射性废物的处理剂	12. 非导电聚合物膜的掺杂剂
3. 分离	13. 导电聚合物膜的掺杂剂
4. 废气吸收剂	14. 溶胶-凝胶的掺杂剂
5. 传感器	15. 阳离子交换剂
6. 染料/颜料	16. 纸浆漂白剂
7. 电光器件	17. 临床分析
8. 电化学和电极	18. 食品化学
9. 薄膜	19. 催化
10. 电容器	20. 药物化学

当前的多酸化学研究呈现出前所未有的活跃，多酸的合成化学已进入分子剪裁和组装领域。从对分立的金属氧簇的合成研究，进入以其为建筑单元向高维结构的合成研究；从对稳定氧化态物种的合成研究，进入亚稳定态化合物的研究；从简单的多酸化合物合成，进入超分子化合物和超大物种的合成研究。综合现在的研究报道，可以看出多酸合成化学已呈现出 5 个主要的发展趋势：仿生化、高核化、多维多孔化、修饰化学、新型无机模板。

(4) 杂多酸化合物在催化领域的应用

① 作为催化剂的结构优势　用杂多酸化合物作催化剂有许多优点，最重要的是它们的多功能性和结构易调性。一方面，杂多酸是很强的布朗斯台德酸，表现出快速可逆的多电子氧化还原转变。它们的酸碱性和氧化还原性可以通过改变其化学组成而在很大的范围内调整。固体杂多酸化合物具有分散的离子结构，由完全游离的结构单元（杂多负离子和抗衡正离子）组成，这不同于类似沸石和金属氧化物的网状结构。其结构通常依靠取代或氧化还原作用维持，而自身呈现出非常高的质子流动性和一个“假液相”。另外，许多杂多酸化合物在极性溶剂中具有很高的溶解度，而且在固体时有很高的热稳定性。

杂多酸化合物由于它们的独特性质，是很有发展前景的酸催化剂和氧化还原催化剂以及双功能催化剂（酸催化和氧化还原催化剂）。这些催化反应可以在均相体系中进行，也可以在非均相体系（气-固、液-固两相）中进行。杂多酸化合物常用作基础研究的模型体系，以提供在分子水平条件下研究机理的特殊可能性。同时，杂多酸化合物在应用催化领域中的作用也变得日益重要。20 世纪 70～80 年代，有几个使用多酸化合物作催化剂的新的化工过程在日本开发成功，并实现了工业化。例如，1972 年投产的丙烯的液相水合制 2-丙烯；1982 年投产的甲基丙烯醛的气相氧化制甲基丙烯酸；1984 年用液相水合法从丁烷-丁烯混合物馏分中分离异丁烯；1985 年四氢呋喃的两相聚合制聚合二醇；1989 年用 1-丁烯水合制 2-丁醇和其他过程。1997 年，乙烯的直接氧化制乙酸已经由 Showa Denko 工业化，在 2001 年用杂多酸催化生产乙酸乙酯已经由 B. P. Amoco 工业化。

② 作为催化剂在有机反应中的催化类型　杂多酸催化剂在有机反应中催化的主要反应类型有以下几种：(a) 水合与脱水，主要反应有低碳烯烃水合，如丙烯、正丁烯和异丁烯合成丙醇、正丁醇和叔丁醇；复杂不饱和分子的水合，如莰烯合成异莰醇等；醇类脱水，如乙醇、2-丙醇、1-丁醇脱水，1,4-丁二醇脱水合成四氢呋喃；复杂不饱和分子脱水，

如邻苯甲酰苯甲酸脱水合成苯醌等；(b) 酯化与醚化，主要反应有醇酸酯化反应，如丙酸与丁醇的反应等；链烯烃酯化反应，如丙烯酸与丁醇的反应；芳香酸酯化反应，如对硝基苯甲酸乙酯的合成、甾族化合物的酯化反应；醚化反应，如甲基叔丁基醚与乙基叔丁基醚的合成等；(c) 烷基化、酰基化、去烷基化与异构化，主要反应有脂肪烃的烷基化反应，如丙烯、丁烯、异丁烯烷基化反应；傅-克 (Friedel-Crafts) 反应，如苯、苯酚及其取代物与长链烯烃的烷基化反应；烷烃烯烃的异构化，如正烷烃异构为支链烷烃、贝克曼 (Beckmann) 重排等；(d) 聚合反应，主要反应有四氢呋喃的高分子聚合，如四氢呋喃聚合合成聚四亚甲基醚醇 (PT-MG)；醛的三聚反应，如甲醛的三聚反应、丙醛的三聚反应等；(e) 裂解与分解，主要反应有醚的裂解、羧酸的分解反应，如 C_3～C_7 的羧酸分解为 CO 和链烯烃；酯的分解反应；异丙苯的过氧化氢分解；环氧化物醇解；(f) 缩合反应，丙酮缩合为异亚丙基丙酮；丙酮与苯酚合成双酚 A；苯酚与浓硫酸合成双酚 S；维生素 E、维生素 K、维生素 C 多齿合成中的缩合反应；普林斯 (Prins) 反应，如苯乙烯与乙醛的反应等。

复习思考题

1. 试以原子结构理论说明：

(1) 第四周期过渡金属元素性质上的基本共同点；

(2) 讨论第一过渡元素系的金属系、氧化态、氧化还原稳定性以及酸碱稳定性的变化规律；

(3) 阐述第一过渡系金属元素的金属系水合离子的颜色及含氧酸根颜色产生的原因。

2. 试简述过渡元素原子价电子构型的特点及其化学性质的共同特点。

3. 阐述从钛铁矿制备钛白颜料的反应原理，写出反应方程式。试从热力学原理讨论用氧化法从 TiO_2 制金属钛中为什么一定要加入碳？

4. 完成下列方程式：

(1) 钛溶于氢氟酸；

(2) 向含有 $TiCl_6^{2-}$ 的水溶液中加入 NH_4^+；

(3) 二氧化钛与碳酸钡共熔；

(4) 以钒铅矿为原料采用氯化熔烧法制五氧化二钒；

(5) 五氧化二钒分别溶于盐酸、氢氧化钠、氨水溶液；

(6) 偏钛酸铵热分解。

5. 试述 H_2O_2 在钛、钒定量分析化学中的作用，写出有关反应方程式。若钛、钒共存时，如何鉴定？

6. 酸性肽酸盐溶液在加热时，通入 SO_2 生成蓝色溶液，用锌还原时生成紫色溶液，将上述蓝色和紫色溶液混合时得到绿色溶液，写出离子反应方程式。

7. 钒在强酸性溶液和强碱性溶液中各以何种形式存在？试从质子化和缩合平衡讨论随着 pH 值逐渐下降，其酸根中钒与氧原子数比值的变化以及 pH 值与钒的总浓度变化规律。

8. 讨论下列问题：

(1) 根据锰的电势图和有关理论，讨论 MnO_4^{2-} 稳定存在时的 pH 值最低应为多少？OH^- 浓度为何值；

(2) 试从生成焓、电极电势、电离能的数据，讨论锰(Ⅱ)不如铁(Ⅲ)稳定的原因；

(3) 在 $MnCl_2$ 溶液中加入过量 HNO_3，再加入足量 $NaBiO_3$ 溶液中出现紫色后又消失；

(4) 保存在试剂瓶中的 $KMnO_4$ 溶液中出现棕色沉淀。

9. 以软锰矿为原料，制备锰酸钾、二氧化锰和锰，写出反应方程式。

10. 铂系元素的主要矿物是什么？怎样从中提取金属铂？

11. 试回答：

(1) Cr^{3+}、Mn^{2+}、Fe^{3+}、Fe^{2+}、Co^{2+}、Ni^{2+} 中哪些离子能在水溶液中氨合？

(2) Ti^{3+}、V^{3+}、Cr^{3+} 和 Mn^{2+} 中哪些离子在水溶液中会歧化，写出歧化反应方程式。

(3) 试设计一最佳方案，分离 Fe^{3+}、Al^{3+}、Cr^{3+}、Ni^{2+}？

12. 写出下列元素在强酸性及强碱性溶液中分别存在的最简形式（一般不考虑缩合）。

Ti(Ⅳ)，V(Ⅴ)，Cr(Ⅵ)，Cr(Ⅲ)，Mn(Ⅱ)，Mn(Ⅵ)，Fe(Ⅲ)

习 题

1. 以钛铁矿生产二氧化钛，工业上常以硫酸法为主。其主要工艺流程有：①硫酸分解精矿制取硫酸氧钛溶液；②净化除铁；③水解制偏钛酸；④偏钛酸煅烧制 TiO_2。在净化除铁的过程中要加入铁屑，这是为什么？试简述有关反应（写出有关反应方程式）及原理。

2. 根据以下实验说明产生各种现象的原因并写出有关反应方程式。

(1) 打开装有四氯化钛的瓶塞，立即冒白烟；

(2) 向此瓶中加入浓盐酸和金属锌时，产生紫色溶液；

(3) 缓慢地加入氢氧化钠至溶液呈碱性，则析出紫色沉淀；

(4) 沉淀过滤后，先用硝酸，然后用稀碱溶液处理，有白色沉淀生成。

3. 铬的某化合物 A 是橙红色溶于水的固体，将 A 用浓 HCl 处理产生黄绿色刺激性气体 B 和生成暗绿色溶液 C。在 C 中加入 KOH 溶液，先生成灰蓝色沉淀 D，继续加入过量的 KOH 溶液，则沉淀消失，变成绿色溶液 E，在 E 中加入 H_2O_2 加热则生成黄色溶液 F，F 用稀酸酸化，又变为原来的化合物 A 的溶液。问 A、B、C、D、E、F 各是什么物质，写出每步反应方程式。

4. 根据所述实验现象，写出相应的化学反应方程式；

(1) 重铬酸铵加热时如何变化；

(2) 在硫酸铬溶液中，逐渐加入氢氧化钠溶液，开始生成灰蓝色沉淀，继续加碱，沉淀溶解，再向所得溶液中滴加溴水，直到溶液的绿色转变为黄色；

(3) 在酸性介质中，用锌还原 $Cr_2O_7^{2-}$ 时，溶液的颜色变化是：橙色→绿色→蓝色，反应完成后又变成了绿色；

(4) 往用硫酸酸化过的重铬酸钾溶液中通入硫化氢时，溶液由橙红色变成了绿色，同时有淡黄色沉淀析出；

(5) 往 $K_2Cr_2O_7$ 溶液中加入 $BaCl_2$ 溶液时有黄色沉淀产生，将该沉淀溶解在浓盐酸溶液中时得到一种绿色溶液。

5. 在含有 CrO_4^{2-} 和 Cl^-（它们的浓度均为 $1.0\times10^{-3}\,mol\cdot L^{-1}$）的混合溶液中逐滴加入 $AgNO_3$ 溶液，问何种物质先沉淀，两者能否分离开？

6. 已知 $2CrO_4^{2-}+2H^+ \rightleftharpoons CrO_7^{2-}+H_2O \quad K^{\ominus}=1.0\times10^{14}$

(1) 求 1mol·L^{-1} 铬酸盐溶液中，铬酸根离子的浓度占 90%时，溶液的 pH 值；

(2) 求 1mol·L^{-1} 铬酸盐溶液中，重铬酸根离子的浓度占 90%时，溶液的 pH 值。

7. 利用 75mL 2mol·L^{-1} 的硝酸根溶液恰好使有 20g 六水合氯化铬(Ⅲ) 中的氯完全生成 AgCl 沉淀，请根据这些数据写出六水合氯化铬(Ⅲ) 的化学式。

8. 取不纯的铁锰矿 0.3060g，用 60mL 0.054mol·L^{-1} 草酸溶液和稀硫酸处理，剩余的草酸需用 10.62mL $KMnO_4$ 溶液除去，1mL $KMnO_4$ 溶液相当于 1.025mL 草酸溶液，试计算软锰矿中含 MnO_2 的质量分数。

9. 有一锰的化合物，它是不溶于水且很稳定的黑色粉末状物质 A，该物质与浓硫酸反应得到红色溶液 B，且有无色气体 C 放出，向溶液 B 中加入强碱得到白色沉淀 D，此沉淀易被空气氧化成棕色 E，若将 A 与 KOH、$KClO_3$ 一起混合可得一绿色物质 F，将 F 溶于水并通入 CO_2，则溶液变成紫色 G 且又析出 A。试问 A、B、C、D、E、F、G 各为何物，并写出相应的方程式。

10. 向一含有三种阴离子的混合溶液中滴加 $AgNO_3$ 溶液至不再有沉淀生成为止，过滤，当用稀硝酸处理沉淀时，砖红色沉淀溶解为橙红色溶液，但仍有白色沉淀。滤液呈紫色，用硫酸酸化后，加入 Na_2SO_3，则紫色逐渐消失。指出上述溶液中含哪三种阴离子，并写出有关反应方程式。

11. 用反应方程式说明下列实验现象：

(1) 在绝对无氧条件下，在含有 Fe^{2+} 的溶液中加入 NaOH 溶液后，生成白色沉淀，随后逐渐成红棕色；

(2) 过滤后的沉淀溶于盐酸形成黄色溶液；

(3) 向黄色溶液中加几滴 KSCN 溶液，立即变成血红色，再通入 SO_2，则红色消失；

(4) 向红色消失的溶液中滴加 $KMnO_4$ 溶液，其紫色会褪去；

(5) 最后加入黄血盐溶液时，生成蓝色沉淀。

12. 金属 M 溶于稀盐酸生成 MCl_2，其磁矩为 5.0 B. M.。在无氧条件下，MCl_2 与 NaOH 作用产生白色沉淀 A，A 接触空气逐渐变成红棕色沉淀 B，灼烧时 B 变成红棕色粉末 C；C 经不完全还原，生成黑色的磁性物质 D，B 溶于稀盐酸生成溶液 E。E 能使 KI 溶液氧化出 I_2，若在加入 KI 前先加入 NaF，则不会析出 I_2。若向 B 的浓 NaOH 悬浮液中通入氨气，可得紫红色溶液 F，加入 $BaCl_2$ 时就析出红棕色固体 G。G 是一种很强的氧化剂。试确定 A 到 G 所代表的化合物，写出反应方程式，画出各物质之间相互转化的相关图。

13. 25℃时，向一盛有 0.10mol·L^{-1} Fe^{3+} 溶液的烧杯中加入足够量的铜屑。当反应达到平衡时，溶液中 Fe^{3+}、Fe^{2+}、Cu^{2+} 的浓度为多少？

14. 解释下列现象，并写出化学反应方程式：

(1) 在 Fe^{3+} 的溶液中加入 KSCN 溶液时出现了血红色，但加入少许铁粉后，血红色立即消失，这是什么道理？

(2) 为什么 Fe^{3+} 盐是稳定的，而 Ni^{3+} 盐尚未制得？

(3) 为什么不能在水溶液中由 Fe^{3+} 盐和 KI 制得 FeI_3？

(4) 当 Na_2CO_3 溶液作用于 $FeCl_3$ 溶液时，为什么得到的是 $Fe(OH)_3$ 而不是 $Fe_2(CO_3)_3$？

(5) 制备 $Fe(OH)_2$ 时，如果试剂不事先除去氧，为什么得到的沉淀不是白色的？

(6) 在制备 $Fe(NO_3)_3$ 时，若将 HNO_3 加入金属铁中，有时溶液会产生黄棕色絮状沉淀。若将金属铁缓慢加到 HNO_3 中，不会出现上述现象，为什么？

（7） $FeCl_3$ 溶液中加入过量饱和 H_2S 溶液，溶液变成白色浑浊。若再加入数滴氨水，有黑色沉淀产生，为什么？

15.写出下列实验现象有关的化学反应方程式：

向含有 Fe^{2+} 的溶液中加入 NaOH 溶液后生成白绿色的沉淀，逐渐转变成棕色。过滤后，用盐酸溶液溶解棕色沉淀，溶液呈现黄色。加入几滴 KSCN 溶液，立即变成血红色。通入 SO_2 时红色消失。滴加 $KMnO_4$ 溶液，其紫色会褪去。最后加入黄血盐溶液时，生成蓝色沉淀。

16.结合铂的化学性质，指出在铂制器皿中是否能进行有下述各试剂参加的化学反应？

（1） HF；　（2） 王水；　（3） $HCl+H_2O_2$；　（4） $NaOH+Na_2O_2$；

（5） Na_2CO_3；　（6） $NaHSO_4$；　（7） Na_2CO_3+S

17.已知 $Co^{3+}+e^- \rightleftharpoons Co^{2+}$　　$\varphi^{\ominus}=1.92V$

$[Co(en)_3]^{3+} \rightleftharpoons Co^{3+}+3en$　　$K^{\ominus}_{不稳}=2.04\times10^{-49}$

$[Co(en)_3]^{2+} \rightleftharpoons Co^{2+}+3en$　　$K^{\ominus}_{不稳}=1.15\times10^{-14}$

使通过计算说明在 Co^{3+}、Co^{2+}、$[Co(en)_3]^{3+}$、$[Co(en)_3]^{2+}$ 四种离子中：

（1） 在溶液中哪种离子氧化性最强，哪种离子还原性最强？

（2） 在溶液中+2 氧化态哪种离子较为稳定、+3 氧化态哪种离子较为稳定？

18.在 $0.10mol\cdot L^{-1}Cr^{3+}$ 溶液中，逐滴加入 NaOH 溶液，当 $Cr(OH)_3$ 完全沉淀时，溶液的 pH 值是多少？分离出 $Cr(OH)_3$ 用 1L $0.20mol\cdot L^{-1}NaOH$ 溶液处理，能否使沉淀完全溶解（假设 $Cr(OH)_3$ 溶解后只生成一种配离子 $[Cr(OH)_4]^-$）？

第13章

ds区金属——过渡金属（Ⅱ）

【学习要求】

（1）了解铜族元素以及锌族元素的单质以及其重要化合物的结构以及性质；
（2）掌握Cu（Ⅰ）和Cu（Ⅱ）、Hg（Ⅰ）和Hg（Ⅱ）的相互转化条件；
（3）掌握惰性电子对效应以及应用；
（4）了解铜族元素以及锌族元素的冶炼原理；
（5）掌握ⅠA和ⅠB、ⅡA和ⅡB元素性质的差异性。

ds 区元素是指元素周期表中的ⅠB 和ⅡB 两族元素：包括ⅠB 族，铜（copper，Cu）、银（silver，Ag）、金（gold，Au）；ⅡB 族，锌（zinc，Zn）、镉（cadmium，Cd）、汞（mercury，Hg）。ds 区元素都是过渡金属元素，它们的价电子构型为 $(n-1)d^{10}ns^1$（ⅠB）和 $(n-1)d^{10}ns^2$（ⅡB），次外层 d 层都是满的，最外层的电子构型和 s 区元素相同，所以称为 ds 区元素。Cu、Ag、Au 是人类最早熟悉的三种金属，它们广泛存在于自然界中，其导电性和导热性在所有金属中是最好的；Zn、Cd、Hg 在自然界中主要以硫化物形式存在于矿石中。

13.1 铜族元素

13.1.1 铜族元素的通性

铜族元素（copper subgroup element）位于周期表ⅠB 族，包括 Cu、Ag、Au 三种元素，又称铜副族，属于 ds 区。表 13-1 列出铜副族元素的基本性质。

表 13-1 铜副族元素的基本性质

性质	铜	银	金
元素符号	Cu	Ag	Au
原子序数	29	47	79
原子量	63.55	107.87	196.97
价电子构层	$3d^{10}4s^1$	$4d^{10}5s^1$	$5d^{10}6s^1$
常见氧化态	+1,+2	+1	+1,+3
原子半径/pm	117	134	134
M^+离子半径/pm	96	126	137
M^{2+}离子半径/pm	72	89	85(M^{3+})
第一电离能/$kJ\cdot mol^{-1}$	746	731	890
第二电离能/$kJ\cdot mol^{-1}$	1958	2074	1980
升华热/$kJ\cdot mol^{-1}$	331	284	385
电负性	1.90	1.93	2.54

从表 13-1 看出，其主要性质可以归纳为以下几点。

① 活泼性　铜族元素的价电子构型为 $(n-1)d^{10}ns^1$，同碱金属一样，最外层都只有一个电子，但铜族元素次外层有 18 个电子，它对核的屏蔽作用小于次外层为 8 个电子的碱金属，使得铜族元素的有效核电荷 Z^* 较大，对最外层电子的吸引力比碱金属元素强，由此导致铜族元素的第一电离能较高，单质的熔沸点、密度以及硬度均比碱金属高。因此铜族元素活泼性相比碱金属元素降低。

② 氧化态　铜族元素最外层的 ns 电子和次外层的 $(n-1)d$ 电子的能量相差不大，比如 Cu 的第一电离能为 $746kJ \cdot mol^{-1}$，第二电离能为 $1958kJ \cdot mol^{-1}$。当与其他元素化合时，不仅可以失去 ns 电子，也可以进一步失去部分 $(n-1)d$ 电子，使得铜族元素有+1、+2、+3 三种氧化值。但是由于其稳定性不同，Cu 常见的氧化态是+2，Ag 是+1，而 Au 是+3。而碱金属 ns 电子和次外层的 $(n-1)d$ 电子能量相差很大，在一般条件下很难失去次外层电子，只有+1 一种氧化值。

③ 配位能力　铜族元素容易形成配合物，这是由于铜族元素离子具有 18 电子结构，它们具有很强的极化能力和明显的变形性。所以铜族元素一方面易形成共价化合物，另一方面由于铜族元素相应离子的 d、s、p 轨道能量相差不大，能量较低的空轨道较多，易形成配合物。

13.1.2　铜族元素的单质

(1) 物理性质

Cu、Ag 和 Au 称为"货币金属"，因其化学性质不活泼，所以它们在自然界中有游离态的单质存在。其中 Cu、Ag 主要以矿物的形式存在，Au 主要以游离态存在。表 13-2 列出铜族元素的基本物理性质。

表 13-2　铜族元素的基本物理性质

性　　质	Cu	Ag	Au
颜色	紫红色	白色	黄色
熔点/K	1356	1234	1337
沸点/K	2840	2485	3080
密度/$g \cdot cm^{-3}$	8.92	10.5	19.3
硬度(金刚石=10)	3	2.7	2.5
导电性(Hg=1)	56.9	59	39.6
导热性(Hg=1)	51.3	57.2	39.2

由表 13-2 可知，铜族金属密度大，为重金属，其中 Au 的密度最大。它们的熔、沸点高，延展性很好，特别是 Au，1g 的 Au 能抽成长达 3km 的金丝，或压成厚约 0.0001mm 的金箔。铜族金属的 d 能带内能级多，电子多，电子较易发生跃迁，所以它们的导电性和导热性在所有金属中是最好的。其中 Ag 的导电性第一，Cu 的导电性能居第二位。

铜族金属容易形成合金，尤其以铜合金居多，常见的铜合金有黄铜（锌 40%）、青铜（锡约 15%，锌 5%）、白铜（镍 13%～15%）。Cu 由于价格较低，在电气工业中有着广泛的应用。Ag 由于比较贵，所以它的用途受到限制，主要用来制造器皿、饰物、货币等。Au 是贵金属，常用于电镀、镶牙和饰物。

(2) 化学性质

① 与 O_2 反应

在干燥空气中，Cu在常温下不与空气中的氧气反应，但在加热的条件下，能产生黑色的氧化铜（cupric oxide，CuO）。而Ag和Au在空气中是稳定的，加热也不与氧气反应：

$$2Cu+O_2 \xlongequal{\triangle} 2CuO$$

另外，Cu在潮湿的空气中放置一段时间后，表面会慢慢生成一层铜绿［cupric subcarbonate，$Cu(OH)_2 \cdot CuCO_3$］：

$$2Cu+O_2+H_2O+CO_2 \xlongequal{} Cu(OH)_2 \cdot CuCO_3$$

Ag与S的亲和作用较强，如果空气中含有H_2S气体，与Ag接触后，Ag的表面上很快生成一层黑色的硫化银（silver sulfide，Ag_2S）薄膜而使Ag失去白色光泽：

$$4Ag+O_2+2H_2S \xlongequal{} 2Ag_2S+2H_2O$$

② 与酸反应

Cu、Ag和Au不溶于稀HCl及稀H_2SO_4中，但是当有空气存在时，Cu能溶于稀酸和浓的HCl：

$$2Cu+O_2+4HCl \xlongequal{} 2CuCl_2+2H_2O$$

$$2Cu+O_2+2H_2SO_4 \xlongequal{} 2CuSO_4+2H_2O$$

$$2Cu+8HCl(浓) \xlongequal{} 2H_3[CuCl_4]+H_2\uparrow$$

Cu和Ag很容易溶解在HNO_3或热的浓H_2SO_4中：

$$Cu+4HNO_3(浓) \xlongequal{} Cu(NO_3)_2+2NO_2\uparrow+2H_2O$$

$$3Cu+8HNO_3(稀) \xlongequal{} 3Cu(NO_3)_2+2NO\uparrow+4H_2O$$

$$Cu+2H_2SO_4(浓) \xlongequal{\triangle} CuSO_4+SO_2\uparrow+2H_2O$$

$$2Ag+2H_2SO_4(浓) \xlongequal{\triangle} Ag_2SO_4+SO_2\uparrow+2H_2O$$

而Au的活泼性最差，只能溶于王水中。这时，HNO_3作为氧化剂，而HCl作为配位剂：

$$Au+4HCl+HNO_3 \xlongequal{} H[AuCl_4]+NO\uparrow+2H_2O$$

③ 与配体反应

Cu、Ag和Au在氧气存在下都能溶于KCN（或NaCN）溶液，从而形成配合物：

$$4Au+8CN^-+O_2+2H_2O \xlongequal{} 4[Au(CN)_2]^-+4OH^-$$

湿法冶金（用氰化物从Ag、Au的砂金中提取出Ag和Au）就是利用这一性质，然后加入Zn粉，Ag和Au即被置换出来：

$$2[Au(CN)_2]^-+Zn \xlongequal{} [Zn(CN)_4]^{2-}+2Au$$

在氧气的存在下，Cu能与配位能力较弱的配体配位，如氨水，所以不能用铜器盛放氨水：

$$4Cu+8NH_3+O_2+2H_2O \xlongequal{} 4[Cu(NH_3)_2]^++4OH^-$$

④ 与卤素反应

铜族元素都能和卤素反应，但反应程度按Cu→Ag→Au的顺序逐渐下降。Cu在常温下就能与卤素作用，Ag作用很慢，而Au必须在加热时才同干燥的卤素起作用。

$$Cu+X_2 \xlongequal{} CuX_2 \qquad (X=F、Cl、Br)$$

$$2Cu+I_2 \xlongequal{} 2CuI$$

13.1.3 铜族元素的冶炼

（1）铜的冶炼

我国的铜矿居世界第三位，主要以三种形式存在于自然界中，即游离铜、硫化物和氧化物。其中，游离铜的矿藏很少，主要铜矿有硫化物包括辉铜矿（chalcocite，主要成分为

Cu_2S)、黄铜矿（chalcopyrite，主要成分为 $CuFeS_2$）、斑铜矿（bornite，主要成分为 Cu_5FeS_4）等以及氧化物，包括赤铜矿（cuprite，主要成分为 Cu_2O）、蓝铜矿［azurite，主要成分为 $2CuCO_3 \cdot Cu(OH)_2$］和孔雀石［malachite，主要成分为 $CuCO_3 \cdot Cu(OH)_2$］等。

Cu 的冶炼方法随铜矿的存在方式不同而不同。一般氧化物矿用炭热还原，或者用湿法冶金，即用稀 H_2SO_4 或其他络合剂浸出，然后进行电解制得精铜。而硫化物矿则用火法从黄铜矿中冶炼，黄铜矿的冶炼主要有以下几个步骤。

① 铜矿石富集　将黄铜矿矿石粉碎，以增大处理面积，通过“浮选法”将 Cu 富集到 15%～20%，得到精矿。

② 沸腾炉焙烧　把得到的精矿在沸腾炉中通入空气进行焙烧（923～1073K），除去部分 S 以及挥发性杂质（如三氧化二砷等），并将部分硫化物进一步氧化成氧化物：

$$2CuFeS_2 + O_2 = Cu_2S + 2FeS + SO_2 \uparrow$$

$$2FeS + 3O_2 = 2FeO + 2SO_2 \uparrow$$

③ 反射炉制冰铜　把焙烧过的主要含有 Cu_2O、FeS 和 FeO 的矿石与砂子混合，在反射炉中加热到 1773～1823K，使 FeS 氧化为 FeO 以后，这时 FeO 进一步和 SiO_2 形成熔渣（$FeSiO_3$），它因密度小而浮在上层，而 Cu_2S 和剩余的 FeS 熔融在一起生成所谓“冰铜”，由于冰铜较重，沉于下层：

$$FeO + SiO_2 = FeSiO_3 \text{（熔渣）}$$

$$mCu_2S + nFeS = \text{冰铜}$$

④ 转炉制粗铜　把冰铜放入转炉，鼓入空气熔炼，使得剩余的 FeS 氧化为 FeO，与加入的 SiO_2 结合转变成炉渣除去，并使 Cu_2S 转换成含 Cu 约 98% 的粗 Cu：

$$2Cu_2S + 3O_2 = 2Cu_2O + 2SO_2 \uparrow$$

$$2Cu_2O + Cu_2S = 6Cu + SO_2 \uparrow$$

⑤ 精制铜　将上述粗 Cu 送入特种炉熔化，加入少量的造渣物用以除去一些金属杂质，如 Zn、Ni、Sn、As 等，最后制得含 Cu 99.5%～99.7% 左右的精铜，浇铸成阳极铜板，用于电解精炼。

⑥ 电解精制　电解在电解槽中进行的，槽内装入硫酸铜的酸性溶液作为电解液，在约 0.5V 电压下进行电解。精铜（粗铜）作为阳极板与直流电源的正极相连，发生氧化反应，精 Cu 不断溶解；用电解铜制成的薄阴极板与电源的负极相连，发生还原反应，纯 Cu 不断析出：

阳极反应：　$Cu(\text{粗铜}) = 2e^- + Cu^{2+}$

阴极反应：　$2e^- + Cu^{2+} = Cu(\text{纯铜})$

电解反应：　$Cu(\text{粗铜}) = Cu(\text{纯铜})$

通过电解精炼，Cu 的纯度可达 99.95%～99.98%。电解过程中，原来粗铜中的杂质如 Zn、Fe、Ni 等失去电子转入溶液中。

（2）银的冶炼

Ag 以游离态以及辉银矿（argentite，主要成分为 Ag_2S）的方式存在于自然界中，同时 Ag_2S 常与方铅矿（galena，主要成分为 PbS）共生，我国 Ag 的铅锌矿非常丰富。

以游离态和以化合态形式存在的 Ag 都可以用 NaCN 浸取：

$$4Ag + 8NaCN + 2H_2O + O_2 = 4Na[Ag(CN)_2] + 4NaOH$$

$$Ag_2S + 4NaCN = 2Na[Ag(CN)_2] + Na_2S$$

再用 Zn 等较活泼的金属，还原 $[Ag(CN)_2]^-$，即可得到单质 Ag，最后用电解法精炼得到纯 Ag。

$$2[Ag(CN)_2]^- + Zn \xlongequal{} [Zn(CN)_4]^{2-} + 2Ag$$

(3) 金的冶炼

Au 主要以游离态存在，主要有岩脉金（散布在岩石中）和冲积金（存在于砂砾中）两种。

淘金是人类从自然界中获取 Au 的较为古老的方法。从矿石中炼金的方法有两种，即汞齐法和氰化法。汞齐法是将金矿粉与汞混合，使 Au 与 Hg 生成汞齐，加热使 Hg 挥发掉，得到单质 Au。

同 Ag 类似，Au 同样可用氰化法提取，即用 NaCN 浸取矿粉，将 Au 溶出；再用金属 Zn 还原得到单质 Au。

一些黄金矿山多是先用汞齐法，再用氰化法，两种方法联合使用。Au 的精制是通过电解 $AuCl_3$ 的盐酸溶液完成的，纯度可达 99.95%～99.98%。

13.1.4 铜族元素重要的化合物

铜族元素有＋1、＋2、＋3 三种氧化态。但由于其稳定性不同，Cu 常见的氧化态是＋2，Ag 是＋1，而 Au 是＋3。在水溶液中，能以简单水合离子存在的是 Cu^{2+}、Ag^+，大部分铜（Ⅱ）盐能溶于水，由于发生 d-d 跃迁而显示颜色；而铜（Ⅰ）盐（d^{10} 构型）主要以难溶物和配合物存在，不发生 d-d 跃迁，一般无色。铜族元素具有很强的极化能力和明显的变形性，容易形成配合物。铜族元素的一些重要化合物列于表 13-3 中，本节将择要进行介绍。

表 13-3 铜族元素的一些重要化合物

氧化态	Cu		Ag	Au
	＋1	＋2	＋1	＋3
氧化物	Cu_2O	CuO	Ag_2O	
氢氧化物		$Cu(OH)_2$	$AgOH$	
卤化物	CuX	CuX_2	AgX	$AuCl_3$
硫化物	Cu_2S	CuS		
含氧酸盐		$CuSO_4$ $Cu(NO_3)_2$	$AgNO_3$	
配合物	$[CuCl_2]^-$ $[Cu(CN)_2]^-$ $[Cu(NH_3)_2]^+$	$[CuCl_4]^{2-}$ $[Cu(NH_3)_4]^{2+}$	$[Ag(NH_3)_2]^+$ $[Ag(S_2O_3)_2]^{3-}$ $[Ag(CN)_2]^-$	$[AuCl_4]^-$

(1) 铜的化合物

Cu 通常有＋1、＋2 两种氧化数的化合物，以 Cu(Ⅱ) 常见。主要是氧化物、氢氧化物、卤化物、硫化物、含氧酸盐以及配合物。

① 氧化物

a. 氧化亚铜（cuprous oxide，Cu_2O） Cu_2O 为暗红色固体，是共价型化合物，不溶于水，有毒。由于其价电子构型为 $3d^{10}$ 稳定结构，对热稳定，在 1508K 熔化而不发生分解。Cu_2O 具有半导体性质，可制作整流器材料，此外，在农业上可用作杀菌剂。

Cu_2O 呈弱碱性，能溶于稀 H_2SO_4，并立即被歧化为 Cu 和 Cu^{2+}，反应如下：

$$Cu_2O + H_2SO_4 \xlongequal{} Cu_2SO_4 + H_2O$$

$$Cu_2SO_4 \xlongequal{} CuSO_4 + Cu$$

Cu_2O 能溶于氢卤酸 HX 和 $NH_3 \cdot H_2O$，分别形成稳定的无色配合物 $[CuX_2]^-$ 和 $[Cu(NH_3)_2]^+$：

$$Cu_2O+4HX = 2[CuX_2]^- +2H^+ +H_2O$$

$$Cu_2O+4NH_3 \cdot H_2O = 2[Cu(NH_3)_2]^+ +2OH^- +3H_2O$$

得到的 $[Cu(NH_3)_2]^+$ 易被空气中的 O_2 氧化成深蓝色的 $[Cu(NH_3)_4]^{2+}$，利用此反应可除去气体中的 O_2：

$$4[Cu(NH_3)_2]^+ +8NH_3 \cdot H_2O+O_2 = 4[Cu(NH_3)_4]^{2+} +4OH^- +6H_2O$$

b. 氧化铜（copper oxide，CuO） CuO 为黑色粉末，不溶于水。对热稳定，但是比 Cu_2O 热稳定性低，当加热到 1273K 时，开始分解生成 Cu_2O，并放出 O_2：

$$4CuO \xlongequal{1273K} 2Cu_2O+O_2 \uparrow$$

CuO 属于碱性氧化物，难溶于水，可溶于酸中：

$$CuO+2H^+ = Cu^{2+} +H_2O$$

在高温条件下，CuO 有氧化性，被 H_2、C、CO、NH_3 等还原为 Cu：

$$3CuO+2NH_3 = 3Cu+N_2 \uparrow +3H_2O$$

② 氢氧化物 用 NaOH 处理氯化亚铜（cuprous chloride，CuCl）的冷盐酸溶液，即可得到黄色的氢氧化亚铜（cuprous hydroxide，CuOH）沉淀，但是它非常不稳定，立即脱水生成红色的 Cu_2O，所以一般情况下存在较多的是氢氧化铜 [copper hydroxide，$Cu(OH)_2$]。$Cu(OH)_2$ 为浅蓝色不溶于水的粉末，对热不稳定，稍加热易分解成黑色的 CuO 和水蒸气：

$$Cu(OH)_2 \xlongequal{353 \sim 363K} CuO+H_2O$$

$Cu(OH)_2$ 微显两性，并且碱性强于酸性。所以 Cu $(OH)_2$ 既能溶于酸，又能溶于浓的强碱，生成蓝色四羟基合铜(Ⅱ) 离子 $[Cu(OH)_4]^{2+}$：

$$Cu(OH)_2+H_2SO_4 = CuSO_4+2H_2O$$

$$Cu(OH)_2+2NaOH = Na_2[Cu(OH)_4]$$

$Cu(OH)_2$ 能溶于 $NH_3 \cdot H_2O$ 生成碱性的铜氨溶液，显深蓝色。这个铜氨溶液具有溶解纤维的性能，在所得的纤维溶液中再加酸时，纤维可沉淀而析出，工业上利用这种性质来创造人造丝。

$$Cu(OH)_2+4NH_3 = [Cu(NH_3)_4]^{2+} +2OH^-$$

③ 卤化物

a. 卤化亚铜（CuX） 氟化亚铜（cuprous fluoride，CuF）为红色，由于易歧化，未曾制得纯态。氯化亚铜（cuprous chloride，CuCl）、溴化亚铜（cuprous bromide，CuBr）和碘化亚铜（cuprous iodide，CuI）均为白色固体，难溶于水，在水中的溶解度为 CuCl>CuBr>CuI。

干燥的 CuCl 在空气中比较稳定，但在湿的空气中很容易发生水解以及氧化反应：

$$4CuCl+O_2+4H_2O = 3CuO \cdot CuCl_2 \cdot 3H_2O+2HCl$$

$$8CuCl+O_2 = 2Cu_2O+4CuCl_2$$

CuCl 不溶于 H_2SO_4 和稀 HNO_3，但溶于浓 HCl、$NH_3 \cdot H_2O$ 以及碱金属的氯化物溶液中，形成 $[CuCl_2]^-$、$[Cu(NH_3)_2]^+$、$[CuCl_3]^{2-}$ 或 $[CuCl_4]^{3-}$ 等配离子，使得沉淀溶解：

$$CuCl+HCl(浓) = H[CuCl_2]$$

CuCl 的盐酸溶液能吸收 CO，形成复合物氯化羰基亚铜 $Cu(CO)Cl \cdot H_2O$，此反应常用于定量测定混合气体中CO的含量：

$$2CuCl+2CO+2H_2O \xlongequal{} [Cu_2Cl_2(CO)_2(H_2O)_2]$$

(结构：两个Cu通过两个Cl桥连，每个Cu上各配位一个CO和一个H_2O)

CuI具有一定的氧化性，能与Hg反应。将涂有CuI的纸条悬挂在实验室中，可以根据颜色变化（白色变为黄色）测定空气中Hg的含量：

$$4CuI+Hg \xlongequal{} Cu_2HgI_4+2Cu$$

b. 卤化铜（CuX_2） 不存在碘化铜（copper iodide，CuI_2），其余卤化铜的颜色随着阴离子的不同而变化。有白色的氟化铜（copper fluoride，CuF_2）、黄褐色的氯化铜（copper chloride，$CuCl_2$）和黑色的溴化铜（copper bromide，$CuBr_2$），带有结晶水的蓝色二水合氟化铜（copper fluoride dihydrate，$CuF_2 \cdot 2H_2O$）和蓝绿色的二水合氯化铜（copper chloride dihydrate，$CuCl_2 \cdot 2H_2O$）。其中最重要的是$CuCl_2$。无水$CuCl_2$是共价化合物，其晶体结构由$CuCl_4$单元通过氯原子桥（Cu—Cl=230pm）无限长链组成。

(结构：…Cl₂Cu(μ-Cl)₂Cu(μ-Cl)₂Cu…链状结构，Cl、Cu、Cl交替排列)

$CuCl_2$可溶于水，在其溶液中$CuCl_2$可形成$[CuCl_4]^{2-}$和$[Cu(H_2O)_4]^{2+}$两种配离子，$[CuCl_4]^{2-}$显黄色，$[Cu(H_2O)_4]^{2+}$显蓝色。$CuCl_2$溶液的颜色取决于其浓度，浓度由大到小依溶液中含有配离子的不同显黄色、绿色到蓝色。$CuCl_2$具有较强的共价性，易溶于一些有机溶剂，如乙醇和丙酮。

无水$CuCl_2$加热至773K，发生分解，得到CuCl，说明高温条件下，Cu(Ⅰ)比Cu(Ⅱ)稳定：

$$2CuCl_2 \xlongequal{\triangle} 2CuCl+Cl_2\uparrow$$

蓝绿色的水合物$CuCl_2 \cdot 2H_2O$在受热时，同样发生分解反应：

$$2CuCl_2 \cdot 2H_2O \xlongequal{\triangle} Cu(OH)_2 \cdot CuCl_2+2HCl\uparrow$$

卤化铜的热溶液与各种还原剂如SO_2、$SnCl_2$等反应，可以得到卤化亚铜沉淀，该方法常用来制备卤化亚铜：

$$2Cu^{2+}+2X^-+SO_2+2H_2O \xlongequal{\triangle} 2CuX\downarrow+4H^++SO_4^{2-}$$

$$2CuCl_2+SnCl_2 \xlongequal{} 2CuCl\downarrow+SnCl_4$$

在热的浓HCl中，$CuCl_2$能被Cu还原，首先得到难溶的CuCl，然而热的浓HCl使得CuCl溶解，得到$[CuCl_2]^-$溶液，再将所得溶液倒入大量水中稀释，使得溶液中Cl^-浓度变小，$[CuCl_2]^-$被破坏而析出白色CuCl沉淀：

$$Cu^{2+}+4Cl^-+Cu \xlongequal{} 2[CuCl_2]^-$$

$$[CuCl_2]^- \xlongequal{} CuCl\downarrow+Cl^-$$

在二价铜盐中加入碘离子，可以生成白色CuI沉淀和棕色的I_2。在这个过程中，I^-既是还原剂，又是Cu^+的沉淀剂，使得反应进行完全：

$$2Cu^{2+}+4I^- \xlongequal{} 2CuI\downarrow+I_2$$

④ 硫化物

a. 硫化亚铜（cuprous sulfide，Cu_2S） Cu_2S是黑色物质，不溶于水。Cu_2S比Cu_2O的颜色深，主要是因为S^{2-}的离子半径比O^{2-}的离子半径大，使得S^{2-}与Cu^+之间的极化作用更强的缘故。

将过量的 Cu 与 S 加热时，或者加热 $CuSO_4$ 与 $Na_2S_2O_3$ 的混合溶液，都可以得到 Cu_2S，在分析化学中常用后者除去 Cu^{2+}：

$$2Cu^{2+}+2S_2O_3{}^{2-}+2H_2O \xlongequal{} Cu_2S\downarrow+2S\downarrow+2SO_4^{2-}+4H^+$$

Cu_2S 不溶于非氧化性的酸，只能溶于热的浓 HNO_3 或 NaCN(KCN) 溶液中：

$$3Cu_2S+16HNO_3(浓) \xlongequal{\triangle} 6Cu(NO_3)_2+3S\downarrow+4NO\uparrow+8H_2O$$

$$Cu_2S+4CN^- \xlongequal{} 2[Cu(CN)_2]^-+S^{2-}$$

b. 硫化铜（copper sulfide，CuS） CuS 是难溶的黑色固体，既不溶于水，也不溶于稀酸。同 Cu_2S 类似，可以溶于热的浓 HNO_3 或 NaCN(KCN) 溶液中：

$$3CuS+8HNO_3(浓) \xlongequal{\triangle} 3Cu(NO_3)_2+3S\downarrow+2NO\uparrow+4H_2O$$

$$2CuS+10CN^- \xlongequal{} 2[Cu(CN)_4]^{3-}+(CN)_2\uparrow+2S^{2-}$$

在后一反应中，CN^- 既是配合剂，又是还原剂，使得 Cu^{2+} 还原成 Cu^+。需要特别注意的是 CN^- 和 $(CN)_2$ 有剧毒。

⑤ 含氧酸的铜盐

a. 硫酸铜（copper sulphate，$CuSO_4$） 无水 $CuSO_4$ 为白色粉末，是制备其他含 Cu 化合物的重要原料，在工业上用于镀铜和制备颜料；在农业上同石灰乳混合，可以得到波尔多液（质量比 $CuSO_4\cdot5H_2O$: CaO : H_2O=1 : 1 : 100)，常用作杀虫剂；在医药上可用于治疗沙眼、磷中毒，还可用作催吐剂等。

无水 $CuSO_4$ 不溶于有机溶剂，易溶于水，有很强的吸水作用。吸水后显出水合铜离子的特征蓝色。此特性常用来检验一些有机物（如乙醇、乙醚等）中的微量水分，也可用作干燥剂。含有结晶水的五水合硫酸铜（copper sulfate pentahydrate，$CuSO_4\cdot5H_2O$）俗名胆矾或蓝矾，是蓝色斜方晶体，在不同的温度下，逐步失去结晶水：

$$CuSO_4\cdot5H_2O \xrightarrow{375K} CuSO_4\cdot3H_2O \xrightarrow{386K} CuSO_4\cdot H_2O \xrightarrow{531K} CuSO_4$$

$CuSO_4$ 是用热的浓 H_2SO_4 溶解 Cu，或在 O_2 存在时用热的稀 H_2SO_4 溶解 Cu 制得：

$$Cu+2H_2SO_4(浓) \xlongequal{\triangle} CuSO_4+SO_2\uparrow+2H_2O$$

$$2Cu+2H_2SO_4(稀)+O_2 \xlongequal{\triangle} 2CuSO_4+2H_2O$$

当 $CuSO_4$ 加热到 923K 时，发生分解反应，得到黑色的 CuO：

$$CuSO_4 \xlongequal{923K} CuO+SO_3\uparrow$$

当 $CuSO_4$ 与少量 $NH_3\cdot H_2O$ 反应，首先生成浅蓝色的碱式硫酸铜［copper dihydroxosulphate，$Cu_2(OH)_2SO_4$］沉淀，如果继续加入足够的 $NH_3\cdot H_2O$，沉淀将会溶解，得到深蓝色的四氨合铜（Ⅱ）配离子 $[Cu(NH_3)_4]^{2+}$：

$$2CuSO_4+2NH_3\cdot H_2O \xlongequal{} (NH_4)_2SO_4+Cu_2(OH)_2SO_4\downarrow$$

$$Cu_2(OH)_2SO_4+8NH_3 \xlongequal{} 2[Cu(NH_3)_4]^{2+}+SO_4^{2-}+2OH^-$$

b. 硝酸铜［cupric nitrate，$Cu(NO_3)_2$］ 无水 $Cu(NO_3)_2$ 为亮蓝色粉末，是一种易挥发的固体。当在真空中加热到 473K 时，会升华但不分解。$Cu(NO_3)_2$ 为强氧化剂，当与炭末、硫黄或其他可燃性物质一起加热、摩擦或撞击，能引起燃烧或爆炸，燃烧时产生有毒、刺激性氧化氮气体。在加热条件下，分解生成黑色的 CuO：

$$2Cu(NO_3)_2 \xlongequal{\triangle} 2CuO+4NO_2+O_2$$

$Cu(NO_3)_2$ 的水合物有三水合硝酸铜 [cupric nitrate trihydrate，$Cu(NO_3)_2 \cdot 3H_2O$]、六水合硝酸铜 [cupric nitrate hexahydrate，$Cu(NO_3)_2 \cdot 6H_2O$] 和九水合硝酸铜 [cupric nitrate nonahydrate，$Cu(NO_3)_2 \cdot 9H_2O$]。将 $Cu(NO_3)_2 \cdot 3H_2O$ 加热，可以逐步失去结晶水，最后分解为 CuO。

$$Cu(NO_3)_2 \cdot 3H_2O \xrightarrow{443K} Cu(NO_3)_2 \cdot Cu(OH)_2 \xrightarrow{473K} CuO$$

由上可以看出，不同于 $CuSO_4$ 的水合物，通过 $Cu(NO_3)_2$ 的水合物脱水不能直接制备无水 $Cu(NO_3)_2$。这是因为水是一种比硝酸根更强的配体，水合硝酸盐在加热时失去的是硝酸根而不是水。无水 $Cu(NO_3)_2$ 可以通过金属 Cu 溶解在乙酸乙酯的 N_2O_4 溶液中制备，先生成 $Cu(NO_3)_2 \cdot N_2O_4$，再将其加热到 363K，得到蓝色的 $Cu(NO_3)_2$：

$$Cu + 2N_2O_4 = Cu(NO_3)_2 + 2NO$$

⑥ 配合物

a. Cu(Ⅰ) 的配合物　Cu^+ 为 d^{10} 电子构型，外层具有空的 s、p 轨道，它能以 sp、sp^2 或 sp^3 杂化轨道和 X^-（除 F^- 外）、NH_3、CN^- 等易变形的配体形成配位数为 2、3、4 的配位化合物，如 $[CuCl_2]^-$、$[CuCl_3]^{2-}$、$[Cu(NH_3)_2]^+$、$[Cu(CN)_4]^{3-}$ 等。由于不会发生 d-d 跃迁而产生颜色，所以 Cu(Ⅰ) 的配合物是无色的。

$[Cu(NH_3)_2]^+$ 不稳定，遇到空气则变成深蓝色的四氨合铜（Ⅱ）配离子 $[Cu(NH_3)_4]^{2+}$，利用这个性质可除去气体中痕量的 O_2：

$$4[Cu(NH_3)_2]^+ + O_2 + 8NH_3 + 2H_2O = 4[Cu(NH_3)_4]^{2+} + 4OH^-$$

在合成氨工业中常用醋酸二氨合铜（Ⅰ）$[Cu(NH_3)_2]Ac$ 溶液吸收 CO 气体，防止催化剂中毒：

$$[Cu(NH_3)_2]Ac + NH_3 + CO = [Cu(NH_3)_3]Ac \cdot CO$$

b. Cu(Ⅱ) 的配合物　Cu^{2+} 为 d^9 构型，带有两个正电荷，因此比 Cu^+ 更容易形成配合物。Cu^{2+} 可以形成配位数为 2、4、6 的配离子，配位数为 2 的很稀少，常见的配位数为 4 和 6，如 $[Cu(NH_3)_4]^{2+}$、$[Cu(H_2O)_6]^{2+}$、$[CuCl_4]^{2-}$ 等，由于可以发生 d-d 跃迁，Cu(Ⅱ) 的配合物都有颜色。此外，Cu^{2+} 还可以与一些有机配体（如乙二胺等），在碱性溶液中生成配位化合物。比如缩二脲反应：在蛋白质和缩二脲（$NH_2CONHCONH_2$）的 NaOH 溶液中加入 $CuSO_4$ 稀溶液时，呈现红紫色，就是由于生成了配位化合物 $[Cu_2(NHCONHCONH)_2(OH)_2]^{2-}$ 的缘故，结构见图 13-1。

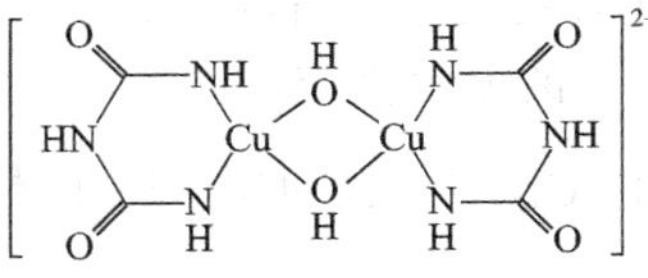

图 13-1　$[Cu_2(NHCONHCONH)_2(OH)_2]^{2-}$ 的结构

并不是所有 Cu^{2+} 的配合物都比 Cu^+ 的配合物稳定，Cu^{2+} 与 CN^- 形成的配合物在常温下是不稳定的。室温时，在二价铜盐溶液中加入 CN^-，得到棕黄色的氰化铜（copper cyanid，$CuCN_2$）沉淀，$CuCN_2$ 立刻分解生成白色的氰化亚铜（cuprous cyanide，CuCN）沉淀，并放出氰气：

$$2Cu^{2+} + 4CN^- = 2CuCN\downarrow + (CN)_2\uparrow$$

如果继续加入过量的 CN^-，则 CuCN 溶解：

$$CuCN+3CN^{-}=\!=\!=[Cu(CN)_4]^{3-}$$

⑦ Cu(Ⅰ) 与 Cu(Ⅱ) 的转化

Cu的常见氧化态为+1、+2，同一元素不同氧化态之间可以相互转化。然而这种转化与它们的状态、反应介质以及阴离子的特性等有关，是有条件的、相对的。

a. 气态时，Cu(Ⅰ)(g) 比 Cu(Ⅱ)(g) 的化合物稳定：

$$2Cu^{+}(g)=\!=\!=Cu^{2+}(g)+Cu(s) \qquad \Delta_r G_m^{\ominus}=897kJ\cdot mol^{-1}$$

由于 $\Delta_r G_m^{\ominus}>0$，说明在气态时，这种热力学倾向很小。

b. 在水溶液中，Cu^{2+} 电荷高、半径小，其水合热（$2121kJ\cdot mol^{-1}$）比 Cu^{+} 的水合热（$582kJ\cdot mol^{-1}$）大得多，这说明 Cu^{+} 在溶液中是不稳定的。在水溶液中，Cu^{+} 极易发生歧化反应，生成 Cu^{2+} 和 Cu：

$$2Cu^{+}=\!=\!=Cu^{2+}+Cu$$

同样，从 Cu 的元素电势图上看：

$\varphi_A^{\ominus}/V$

$$Cu^{2+}\xrightarrow{0.152}Cu^{+}\xrightarrow{0.521}Cu$$

$\varphi_{右}^{\ominus}>\varphi_{左}^{\ominus}$，说明 Cu^{+} 转化成 Cu^{2+} 和 Cu 的趋势很大。在 298K 时，该歧化反应的平衡常数 $K^{\ominus}=1.4\times10^{6}$。由于 $K^{\ominus}$ 较大，反应进行得很彻底。如 Cu_2O 溶于稀 H_2SO_4 中，就立刻发生歧化反应，生成 Cu^{2+} 和 Cu：

$$Cu_2O+H_2SO_4(稀)=\!=\!=Cu+CuSO_4+H_2O$$

在水溶液中，要使 Cu^{2+} 转变为 Cu^{+}，需要有还原剂存在的同时，还必须有 Cu^{+} 的沉淀剂或配位剂存在，以降低溶液中 Cu^{+} 的浓度，使之成为难溶物或难解离的化合物，如：

$$Cu^{2+}+Cu+2Cl^{-}=\!=\!=2CuCl$$

在该反应中，Cu 是还原剂，Cl^{-} 是配位剂。CuCl 的生成使得溶液中游离的 Cu^{+} 浓度大大降低，平衡向生成 Cu^{+} 的方向移动。

c. 常温时，固态 Cu(Ⅰ) 与 Cu(Ⅱ) 的化合物都很稳定。同样可以从热力学的变化来判断：

$$Cu_2O(s)=\!=\!=CuO(s)+Cu(s) \qquad \Delta_r G_m^{\ominus}=19.2kJ\cdot mol^{-1}$$

虽然 $\Delta_r G_m^{\ominus}>0$，但是正值很小，说明在常温下，正、逆反应都不容易自发进行。也就是说，在常温下，歧化反应不易发生。

d. 高温时，固态 Cu(Ⅱ) 的化合物能够分解成 Cu(Ⅰ) 化合物，说明 Cu(Ⅰ) 化合物比 Cu(Ⅱ) 稳定，比如 $CuCl_2$ 在高温下的分解反应：

$$2CuCl_2 \overset{\triangle}{=\!=\!=} 2CuCl+Cl_2\uparrow$$

（2）银的化合物

Ag 的化合物主要是氧化数为+1 的化合物，氧化数为+2 的化合物很少，一般不稳定，是极强的氧化剂。

① 氧化物和氢氧化物　在硝酸银（silver nitrate，$AgNO_3$）溶液中加入 NaOH，首先析出白色氢氧化银（silver hydroxide，AgOH）沉淀。在−45℃以下，AgOH 可以稳定存在。但在常温下，AgOH 极不稳定，立即脱水生成暗棕色的氧化银（silver oxide，Ag_2O)。

$$AgNO_3+NaOH=\!=\!=AgOH\downarrow+NaNO_3$$

$$2AgOH=\!=\!=Ag_2O+H_2O$$

Ag_2O 是暗棕色固体，微溶于水，溶液呈微碱性，能与 HNO_3 反应生成稳定的盐：

$$Ag_2O+2HNO_3 = 2AgNO_3+H_2O$$

Ag_2O 的生成热很小，只有 31kJ·mol^{-1}，因此不稳定。当加热到 573K 时，就完全分解：

$$2Ag_2O \xlongequal{\triangle} 4Ag+O_2\uparrow$$

此外，Ag_2O 具有较强的氧化性，能氧化 CO、H_2O_2，而本身被还原为单质 Ag：

$$Ag_2O+CO = 2Ag+CO_2$$

$$Ag_2O+H_2O_2 = 2Ag+O_2\uparrow+H_2O$$

Ag_2O 可溶于 HNO_3，也可溶于 NaCN 或 $NH_3\cdot H_2O$ 溶液中，形成相应的配合物：

$$Ag_2O+4NH_3+H_2O = 2[Ag(NH_3)_2]^++2OH^-$$

Ag_2O 与易燃物接触能引起燃烧，特别是 Ag_2O 的氨水溶液 $[Ag(NH_3)_2]OH$，在放置过程中会分解生成黑色的易爆物 Ag_3N。因此，此溶液不宜久置，且盛放溶液的器皿使用后应立即清洗干净。若要破坏银氨配离子，可加入 HCl：

$$[Ag(NH_3)_2]^++2H^++Cl^- = AgCl+2NH_4^+$$

② 卤化物　卤化银中只有氟化银（silver fluoride，AgF）是离子型化合物，易溶于水，其他的卤化银均难溶于水，且溶解度按氯化银（silver fluoride，AgCl）、溴化银（silver bromide，AgBr）、碘化银（silver iodide，AgI）的次序降低，颜色也依次加深。

卤化银具有感光性，其在光的作用下能够分解成 Ag。通常应用于摄影过程中，底片上的 AgBr 见光分解生成 Ag，然后用氢醌等显影剂处理，将含有银核的 AgBr 还原为金属 Ag 而显黑色，这就是显影。最后，用 $Na_2S_2O_3$ 等定影液溶解掉未感光的 AgBr，这就是定影：

$$AgBr+2S_2O_3^{2-} = [Ag(S_2O_3)_2]^{3-}+Br^-$$

AgX 易形成配合物，常见配位体有 NH_3、Cl^-、Br^-、I^-、CN^- 等：

$$AgCl+2NH_3 = [Ag(NH_3)_2]^-+Cl^-$$

$$AgX+(n-1)X^- = AgX_n^{(n-1)-}\quad (X=Cl，Br，I；n=2，3，4)$$

$$AgI+2CN^- = [Ag(CN)_2]^-+I^-$$

③ 硝酸盐　硝酸银（silver nitrate，$AgNO_3$）在医药上常用作消毒剂和防腐剂，由于 $AgNO_3$ 遇蛋白质生成黑色蛋白银，故不要接触皮肤。大量的 $AgNO_3$ 用于制造卤化银、制镜、电镀以及电子工业。$AgNO_3$ 也是一种重要的化学试剂，以其为原料，可制得多种其他的含 Ag 化合物。

$AgNO_3$ 在干燥的空气中比较稳定，但在潮湿状态下见光容易发生分解，并析出单质 Ag 而变黑；在光照或加热到 440℃的条件下，$AgNO_3$ 分解，因此 $AgNO_3$ 要保存在棕色瓶中。两者的反应式都为：

$$2AgNO_3 = 2Ag+2NO_2\uparrow+O_2\uparrow$$

$AgNO_3$ 有一定的氧化能力 $\varphi(Ag^+/Ag)=0.7996V$，可被微量有机物以及 Cu、Zn 等金属还原成单质 Ag：

$$2AgNO_3+H_3PO_3+H_2O = H_3PO_4+2Ag+2HNO_3$$

④ 配合物　Ag^+ 与单齿配体形成的配位化合物中，以配位数为 2 的直线形最为常见，如 $[Ag(NH_3)_2]^+$、$[Ag(S_2O_3)_2]^{3-}$ 等。这些配离子通常是无色的，主要是由于 Ag^+ 的价电子构型为 d^{10}，d 轨道全充满，不存在 d-d 跃迁。

Ag^+ 所形成稳定程度不同的配离子：

$$Ag^++2Cl^- \rightleftharpoons [AgCl_2]^- \qquad K^{\ominus}_{稳}=1.1\times10^5$$

$$Ag^+ + 2NH_3 \rightleftharpoons [Ag(NH_3)_2]^+ \qquad K^{\ominus}_{稳} = 1.1 \times 10^7$$

$$Ag^+ + 2S_2O_3^{2-} \rightleftharpoons [Ag(S_2O_3)_2]^{3-} \qquad K^{\ominus}_{稳} = 2.9 \times 10^{13}$$

$$Ag^+ + 2CN^- \rightleftharpoons [Ag(CN)_2]^- \qquad K^{\ominus}_{稳} = 1.3 \times 10^{21}$$

结合一些银盐的溶度积常数，将 $[AgCl_2]^-$ 配离子的配位平衡式与 AgCl 的沉淀-溶解平衡关系式相乘，可以得到下列平衡常数 $K = K^{\ominus}_{sp} K^{\ominus}_{稳}$，其余离子做类似处理，经过计算可以得到如下结论：AgCl 可以很好地溶解在 $NH_3 \cdot H_2O$ 中，而 AgBr 和 AgI 却难溶于 $NH_3 \cdot H_2O$ 中，AgBr 能很好地溶解在 $Na_2S_2O_3$ 溶液中，而 AgI 可以溶解在 KCN 溶液中。

配离子广泛用于电镀工业等方面。前面介绍的照相术就应用了生成配离子的反应；在制造热水瓶的过程中，瓶胆上镀银就是利用银氨配离子与甲醛或葡萄糖的反应：

$$2[Ag(NH_3)_2]^+ + HCHO + 2OH^- = HCOONH_4 + 2Ag\downarrow + 3NH_3 + H_2O$$

此反应称为银镜反应，应用在化学镀银及鉴定醛（RCHO）。要注意镀银后的银氨溶液不能贮存，因天热时放置时会析出易爆物 Ag_3N。

（3）金的化合物

在 Au 的化合物中，+3 氧化态是最稳定的。Au（Ⅰ）化合物也是存在的，水溶液中 Au^+ 很不稳定，很容易发生歧化反应：

$$3Au^+ \rightleftharpoons Au^{3+} + 2Au$$

Au 在 473K 下同 Cl_2 作用，得到反磁性的红色固体三氯化金（gold trichloride，$AuCl_3$）。无论在固态还是在气态下，该化合物均为二聚体 Au_2Cl_6，具有氯桥基结构，如图 13-2 所示。

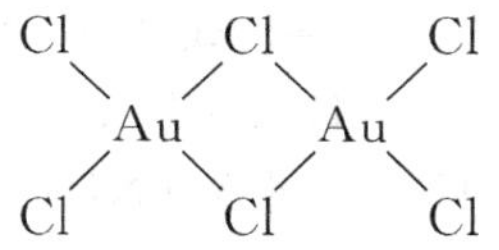

```
Cl      Cl      Cl
  \    /  \    /
   Au      Au
  /    \  /    \
Cl      Cl      Cl
```

图 13-2 Au_2Cl_6 结构

$AuCl_3$ 易溶于水，并水解形成一羟基三氯合金(Ⅲ)酸：

$$AuCl_3 + H_2O = H[AuCl_3OH]$$

此外，$AuCl_3$ 在加热的条件下，分解成氯化亚金（gold monochloride，AuCl）和 Cl_2：

$$AuCl_3 \xlongequal{\triangle} AuCl + Cl_2\uparrow$$

若用有机物，如草酸、甲醛或葡萄糖等可以将 $AuCl_3$ 还原为胶态金。在 HCl 溶液中，可形成平面 $[AuCl_4]^-$，与 Br^- 作用得到 $[AuBr_4]^-$，而同 I^- 作用得到不稳定的碘化亚金(gold monoiodide，AuI)。

13.1.5 铜族元素与碱金属元素的性质比较

碱金属元素（ⅠA 族）的价电子构型为 ns^1，铜族元素（ⅠB 族）的价电子构型为 $(n-1)d^{10}ns^1$，两者最外层都只有 1 个电子，次外层为稳定的稀有气体电子层结构。两者失去 s 电子后都能呈现+1 氧化态，因此在氧化态和某些化合物的性质方面有相似之处；两者次外层电子数不同，因此又有一些显著的差异。现将碱金属元素（ⅠA 族）和铜族元素（ⅠB 族）的基本性质简要对比如下。

（1）物理性质

相比铜族元素（ⅠB 族），碱金属（ⅠA 族）的熔点、沸点都较低，硬度、密度也较小，主要是由于碱金属的原子半径比相应的铜族元素要小，碱金属每个原子仅有一个 s 电子参加金属键；铜族元素除 s 电子外，还有一些 $(n-1)$d 电子也参加金属键，它们具有较高的熔、沸点和升华热，良好的延展性、导电性和导热性。

(2) 化学活泼性

碱金属（ⅠA 族）是极活泼的轻金属，在空气中易被氧化，能与水剧烈反应。同族内金属活泼性随原子序数增大而增加；铜族元素（ⅠB 族）是不活泼的重金属，在空气中比较稳定，与水几乎不反应，同族内活泼性随原子序数增大而减小。这些都与它们的标准电极电势有关，见表 13-4。碱金属（ⅠA 族）的 $\varphi^{\ominus}$ 值很负，容易失去电子，是很强的还原剂，能从水中置换出氢气；而铜族元素（ⅠB 族）$\varphi^{\ominus}$ 值很正，不能从水中和稀酸中置换出氢气。

表 13-4　碱金属元素和铜族元素的标准电极电势

ⅠA 族	标准电极电势 $\varphi^{\ominus}_{M^+/M}$/V	ⅠB 族	标准电极电势 $\varphi^{\ominus}_{M^+/M}$/V
Li	−3.045	Cu	0.521
Na	−2.710	Ag	0.799
K	−2.931	Au	1.680
Rb	−2.925		
Cs	−2.923		

(3) 氧化态、化合物的键型

碱金属（ⅠA 族）的化合物中大多是离子型的，总是呈＋1 氧化态。铜族元素（ⅠB 族）的化合物有较明显的共价性，呈现＋1、＋2 或＋3 多种氧化态，主要是由于它最外层的 s 电子和次外层 $(n-1)$d 能量相差不大，不仅失去一个 s 电子形成氧化数为＋1 的化合物，还可以再失去一个或两个 d 电子。

(4) 离子的配位能力

碱金属（ⅠA 族）离子具有 8 电子层结构，电荷少，半径大，很难形成稳定的配合物，只能与螯合剂（如 EDTA）形成一定稳定性的螯合物。铜族元素（ⅠB 族）离子具有很强的配合力，由于它们具有 18 电子层结构或 9～17 电子层结构，不但具有较强的极化能力，而且有极大的变形性。

(5) 氢氧化物的极性及稳定性

碱金属（ⅠA 族）的氢氧化物是极强的碱，且对热非常稳定。铜族元素（ⅠB 族）的氢氧化物碱性较弱，并且不稳定，容易脱水形成相应的氧化物。

13.2　锌族元素

13.2.1　锌族元素的通性

锌族元素位于周期表ⅡB 族，包括 Zn、Cd、Hg 三种元素，又称锌副族，和铜族元素一样，同处于周期表 ds 区。它们的价电子构型为 $(n-1)d^{10}ns^2$，次外层有 18 个电子。表 13-5 列出锌族元素的基本性质。

表 13-5 锌族元素的基本性质

性　　质	锌	镉	汞
元素符号	Zn	Cd	Hg
原子序数	30	48	80
原子量	65.39	112.41	200.59
价电子构层	$3d^{10}4s^2$	$4d^{10}5s^2$	$5d^{10}6s^2$
常见氧化态	+2	+1,+2	+1,+2
原子半径/pm	133	148	160
M^{2+}离子半径/pm	74	97	110
第一电离能/$kJ \cdot mol^{-1}$	906	868	1007
第二电离能/$kJ \cdot mol^{-1}$	1733	1631	1810
第三电离能/$kJ \cdot mol^{-1}$	3833	3616	3300
升华热/$kJ \cdot mol^{-1}$	131	112	62
电负性	1.65	1.69	2.00

从表 13-5 看出，其主要性质可以归纳为以下几点。

① 活泼性　与铜族元素相似，由于原子的次外层有 18 个电子，核对外层电子吸引力较大，故金属活泼性较小，锌族元素的化学活泼性，依 Zn→Cd→Hg 顺序递减。

② 氧化数　不同于铜族元素，锌族元素中 d 轨道已满，从满层中失去电子更加困难，s 电子与 d 电子的电离能之差比铜族元素大，故通常只失去 s 电子，从而呈+2 的特征氧化态。

Hg 和 Cd 还有+1 氧化态（Hg_2^{2+}、Cd_2^{2+}），由于 Hg_2^{2+} 的 4f 亚层充满电子，对原子核的屏蔽效应较小，有效核电荷 Z^* 较大，电离能特别高，6s 电子较难失去，采用共用电子对形成$[Hg:Hg]^{2+}$离子形式而稳定存在。它们的离子有很强的极化能力和明显的变形性，所形成的化合物有显著的共价性。

③ 配位作用　锌族元素形成配合物的能力很强，但弱于铜族元素。主要是由于 M^{2+} 是 d^{10} 结构，难形成内轨型配合物，并且 $(n-1)$d 电子不参与成键，也没有羰基、亚硝基、烯烃类配合物。

13.2.2 锌族元素的单质

(1) 物理性质

锌族元素在自然界中主要以矿物的形式存在。它们都是银白色金属，其中 Zn 略带蓝色。表 13-6 列出锌族元素的基本物理性质。

表 13-6 锌族元素的基本物理性质

性　　质	Zn	Cd	Hg
熔点/K	693	594	234
沸点/K	1180	1038	630
晶格	六方紧堆	六方紧堆	斜方六面体
硬度(金刚石=10)	2.5	2	液

由表 13-6 可知，锌族金属的熔、沸点较低，并依 Zn→Cd→Hg 的顺序下降。这主要是由于它们的金属-金属键很弱，特别是 Hg（$5d^{10}6s^2$ 电子对的惰性，金属键最弱），它是室温下唯一的液态金属。金属 Zn、Cd 为六方紧密堆积的畸变型，Hg 为斜方六面体，使得锌族

呈现金属密度较大，抗拉强度较低的特点。

金属 Zn 主要用于防腐镀层，比如电镀、喷镀各种合金以及干电池等。在 0～200℃之间，Hg 的膨胀系数随着温度的升高而均匀地改变，并且不润湿玻璃，在制造温度计时常利用 Hg 的这一性质。另外，Hg 的蒸气压在室温下很低（273K 时，0.0247Pa），宜于制造气压计。Hg 能溶解一些金属形成汞齐（amalgam），汞齐在化学、化工和冶金中都有重要用途，比如钠汞齐在有机合成中常用作还原剂，金汞齐、银汞齐用于提纯贵金属等。需要特别注意，Hg 蒸气毒性很大，使用大量 Hg 时，必须注意通风。若有溅落，必须尽量把散落的 Hg 收集起来，然后撒上硫黄粉并适当搅拌或研磨，以使 Hg 形成极难溶的硫化汞（mercuric sulfide，HgS），以防止汞蒸气污染空气。

（2）化学性质

① 与 O_2 反应　Zn、Cd 和 Hg 在干燥的空气中都是稳定的，但在 CO_2 存在的潮湿空气中，Zn 的表面常生成一层碱式碳酸盐的薄膜，保护 Zn 不被继续氧化：

$$4Zn+2O_2+CO_2+3H_2O = ZnCO_3 \cdot 3Zn(OH)_2$$

在加热条件下，Zn、Cd 和 Hg，均可与空气中的 O_2 反应，生成相应的氧化物：

$$2Zn+O_2 \xlongequal{\triangle} 2ZnO$$

② 与酸反应　Zn、Cd 都能溶解在稀 HCl、稀 H_2SO_4 中，置换出 H_2，Zn 易溶，Cd 较慢。而 Hg 只能与浓 H_2SO_4、浓 HNO_3 反应，生成汞盐，与冷 HNO_3 反应，生成亚汞：

$$Zn+2HCl = ZnCl_2+H_2\uparrow$$

$$Hg+2H_2SO_4(浓) = HgSO_4+SO_2\uparrow+2H_2O$$

$$3Hg+8HNO_3(浓) = 3Hg(NO_3)_2+2NO\uparrow+4H_2O$$

$$6Hg+8HNO_3(冷) = 3Hg_2(NO_3)_2+2NO\uparrow+4H_2O$$

③ 与硫、卤素反应　Zn、Cd 和 Hg 均能与硫粉作用，生成相应的硫化物。特别是 Hg，由于两者的亲和力较强，可以把硫粉撒在有 Hg 的地方，以除去 Hg。若空气中已有 Hg 蒸气，可以把碘升华为气体，使 Hg 蒸气与碘蒸气作用，生成碘化汞（mercuric iodide，HgI_2），以除去空气中的 Hg 蒸气：

$$Hg+S = HgS$$

$$Hg+I_2 = HgI_2$$

④ 与碱反应　Zn 是典型的两性元素，既能与酸反应，也可与碱性溶液反应，如 NaOH、$NH_3 \cdot H_2O$：

$$Zn+2NaOH+2H_2O = Na_2[Zn(OH)_4]+H_2\uparrow$$

$$Zn+4NH_3+2H_2O = [Zn(NH_3)_4](OH)_2+H_2\uparrow$$

13.2.3　锌族元素的冶炼

（1）锌的冶炼

Zn 主要以硫化物的形式存在于自然界，其中主要通过闪锌矿（sphalerite，主要成分为 ZnS）在空气中煅烧成氧化锌（zinc oxide，ZnO），然后用炭还原即得金属 Zn，具体步骤如下。

① 焙烧　闪锌矿经浮选得到含 40%～60% ZnS 的精矿，通过焙烧使它转化为 ZnO。

$$2ZnS+3O_2 = 2ZnO+2SO_2\uparrow$$

② 还原　将焙烧得到的 ZnO 和焦炭混合，在鼓风炉中加热至 1473K 以上，使得 ZnO

还原。

$$2C+O_2 \longrightarrow 2CO$$

$$ZnO+CO \longrightarrow Zn(g)+CO_2\uparrow$$

将生成的 Zn 蒸馏出来，得到纯度为 98%的粗产品，其中主要杂质为铅、镉、铜、铁等。通过分馏将杂质除掉，得到纯度为 99.99%的金属 Zn。

另一种方法是电解法炼 Zn。可以将焙烧后得到的 ZnO 用稀 H_2SO_4 溶解，得到 $ZnSO_4$ 溶液，并加锌粉于滤液中，置换出不活泼的铜、镉、钴、镍、银等杂质；然后通过电解 $ZnSO_4$ 溶液，Al 为阴极，Pb 为阳极进行电解，可得到纯度为 99.95%的金属 Zn。

(2) 镉的冶炼

Cd 主要存在于锌的各种矿石中，大部分是在炼锌时作为副产品得到的。由于 Cd 的沸点 (1038K) 低于 Zn 的沸点 (1180K)，将含 Cd 的粗锌加热到 1038～1180K，Cd 先被蒸出来，得到粗镉。再用 HCl 溶解粗镉，用 Zn 粉置换，可以得到较纯的金属 Cd。

(3) 汞的冶炼

Hg 同样以硫化物的形式辰砂 (cinnabar，主要成分为 HgS) 存在于自然界中，辰砂经过浮选以后，在空气中灼烧至 873～973K 或者与 CaO 共热被还原为单质 Hg：

$$HgS+O_2 \xlongequal{\triangle} Hg+SO_2\uparrow$$

$$4HgS+4CaO \xlongequal{\triangle} 4Hg+3CaS+CaSO_4$$

也可以与 Fe 共同焙烧，同样得到单质 Hg：

$$HgS+Fe \xlongequal{\triangle} Hg+FeS$$

得到的粗汞用稀 HNO_3 洗涤，使杂质溶解后减压蒸馏，得到 99.9%的金属 Hg。

13.2.4 锌族元素重要的化合物

锌族元素的价电子构型为 $(n-1)d^{10}ns^2$，所以通常失去最外层两个电子，形成氧化值为+2 的化合物。由于 M^{2+} 都是无色的，所以它们的化合物一般是无色的。但是，由于它们的极化作用及变形性较大，当与易变形的阴离子（如 S^{2-}）结合时得到的化合物有相当程度的共价性，往往呈现较深的颜色和较低的溶解度。锌族元素的一些重要化合物列于表 13-7 中，本节将择要进行介绍。

表 13-7 锌族元素的一些重要化合物

氧化态	Zn	Cd	Hg	
	+2	+2	+1	+2
氧化物	ZnO	CdO		HgO
氢氧化物	$Zn(OH)_2$	$Cd(OH)_2$		
卤化物	ZnX_2		Hg_2Cl_2	$HgCl_2$
硫化物	ZnS	CdS		HgS
含氧酸盐			$Hg_2(NO_3)_2$	$Hg(NO_3)_2$
配合物	$[Zn(NH_3)_4]^{2+}$	$[Cd(NH_3)_6]^{2+}$		$[Hg(CN)_4]^{2-}$
	$[Zn(CN)_4]^{2-}$	$[Cd(CN)_4]^{2-}$		$[HgI_4]^{2-}$
	$[Zn(OH)_4]^{2-}$			$[Hg(SCN)_4]^{2-}$

(1) 惰性电子对效应

锌族元素中，Zn 和 Cd 也存在+1 价化合物，只不过 Zn_2^{2+}、Cd_2^{2+} 极不稳定，在水中立即发生歧化反应：

$$Cd_2^{2+} \longrightarrow Cd^{2+} + Cd\downarrow$$

Hg 有氧化值为+1 和+2 两类化合物。在亚汞盐中 Hg(Ⅰ) 以双聚离子（Hg_2^{2+}）的形式存在，两个汞原子之间以共价键结合（—Hg—Hg—）；另外单质汞也不易氧化，这都可归因于惰性电子对效应（inert electron pair effect）。

所谓惰性电子对效应，是指在同一族中，从上到下元素原子的最外层 s 电子对成键强度减弱，也就是 ns^2 逐渐变得不活泼。这样的电子对称为“惰性电子对”，此效应以第六周期元素最为显著。从它们的价电子层结构 Tl($6s^26p^1$)、Pb($6s^26p^2$) 和 Bi($6s^26p^3$) 可以看出，它们都存在 $6s^2$ 惰性电子对，所以 Tl、Pb 和 Bi 容易形成 Tl(Ⅰ)、Pb(Ⅱ) 和 Bi(Ⅲ)，而最高氧化态 Tl(Ⅲ)、Pb(Ⅳ) 和 Bi(Ⅴ) 是不稳定的。Pb(Ⅳ) 和 Bi(Ⅴ) 的化合物是强氧化剂，如 PbO_2、$NaBiO_3$。汞的价电子结构是 $5d^{10}6s^2$，由于 4f 电子对 6s 的屏蔽较小，$6s^2$ 电子较难失去，惰性显著，失去一个电子后，为保持外三层电子层结构为 32、18、2 的封闭饱和结构，在亚汞盐中 Hg(Ⅰ) 以双聚离子的形式存在。

(2) 锌的化合物

① 氧化物　氧化锌（zinc oxide，ZnO）俗名锌白，是白色粉末。但在加热的条件下，则变为黄色。ZnO 常用作白色颜料；有机合成工业中作催化剂，也是制备各种含 Zn 化合物的基本原料。由于 ZnO 具有收敛性和一定的杀菌能力，在医药上常用于制造橡皮膏。

ZnO 可由金属 Zn 在空气中燃烧制得，也可由相应的碳酸盐、硝酸盐或者碱式碳酸盐加热分解制得：

$$ZnCO_3 \xlongequal{\triangle} ZnO + CO_2\uparrow$$

$$ZnCO_3 \cdot 2Zn(OH)_2 \cdot 2H_2O \xlongequal{\triangle} 3ZnO + CO_2\uparrow + 4H_2O\uparrow$$

ZnO 是两性氧化物，既能与酸反应得到锌盐，也能与碱反应得到锌酸盐：

$$ZnO + 2HCl \longrightarrow ZnCl_2 + H_2O$$

$$ZnO + 2NaOH \longrightarrow Na_2ZnO_2 + H_2O$$

② 氢氧化物　氢氧化锌［zinc hydroxide，$Zn(OH)_2$］为白色粉末，不溶于水，可由锌盐（Zn^{2+}）中加入强碱制得。$Zn(OH)_2$ 在高温条件下不稳定，当受热至 125℃时分解成 ZnO：

$$Zn(OH)_2 \xlongequal{\triangle} ZnO + H_2O$$

$Zn(OH)_2$ 是两性氢氧化物，在溶液中有两种解离方式，与强酸作用生成锌盐，与强碱作用得到锌酸盐：

$$Zn(OH)_2 + 2H^+ \rightleftharpoons Zn^{2+} + 2H_2O$$

$$Zn(OH)_2 + 2OH^- \rightleftharpoons [Zn(OH)_4]^{2-}$$

$Zn(OH)_2$ 可溶于 $NH_3 \cdot H_2O$，形成配合物，而 $Al(OH)_3$ 却不能，据此可以将铝盐与锌盐加以区分和分离：

$$Zn(OH)_2 + 4NH_3 \rightleftharpoons [Zn(NH_3)_4]^{2+} + 2OH^-$$

③ 卤化物　卤化锌（ZnX_2，X=Cl、Br、I），是白色晶体，极易吸潮，可由 Zn 和卤素单质直接合成。氯化锌（zinc chloride，$ZnCl_2$）因为有很强的吸水性，在有机合成中常用作脱水剂、缩合剂和氧化剂，以及染料工业的媒染剂等；溴化锌（zinc bromide，$ZnBr_2$）、碘化锌（zinc iodide，ZnI_2）常用于医药和分析试剂。

$ZnCl_2$ 极易溶于水，是固体盐类中溶解度最大的（283K，$333g/100gH_2O$）。溶解过程中，发生水解呈酸性：

$$ZnCl_2 + H_2O \longrightarrow Zn(OH)Cl + HCl$$

特别是在浓溶液中，有显著的酸性，主要是由于形成二氯•羟基合锌(Ⅱ)酸，称作“熟镪水”：

$$ZnCl_2 + H_2O \longrightarrow H[ZnCl_2(OH)]$$

工业上利用上述性质，在焊接金属时用 $ZnCl_2$ 浓溶液清除金属表面的氧化物，且不损害金属表面：

$$2H[ZnCl_2(OH)] + FeO \longrightarrow Fe[ZnCl_2(OH)]_2 + H_2O$$

制备无水 $ZnCl_2$ 时不能用湿法，会发生水解反应。所以在制备无水盐时，通过将 $ZnCl_2$ 溶液蒸干或加热 $ZnCl_2 \cdot H_2O$ 的方法，是得不到无水 $ZnCl_2$ 的，故制备无水盐时需用 HCl 气氛保护：

$$ZnCl_2 \cdot H_2O \longrightarrow Zn(OH)Cl + HCl\uparrow$$

④ 硫化物　硫化锌（zinc sulphide，ZnS）是白色固体，难溶于水，可以溶于稀 HCl。在含 Zn^{2+} 的溶液中通入 H_2S 气体，就能够得到相应的硫化物。

$$Zn^{2+} + H_2S \longrightarrow ZnS\downarrow + 2H^+$$

ZnS 本身可做白色颜料，它同 $BaSO_4$ 共沉淀形成的混合晶体 $ZnS \cdot BaSO_4$，称为立德粉，是一种很好的白色颜料，其遮盖能力比锌白强，并且没有毒性，其可由 $ZnSO_4$ 和 BaS 经复分解反应制备：

$$ZnSO_4 + BaS \longrightarrow ZnS \cdot BaSO_4\downarrow$$

⑤ 配合物　由于锌族元素的离子是 18 电子构型，具有很强的极化能力与明显的变形性，Zn 和 Cd 都可以与 NH_3、SCN^-、CN^- 等形成稳定的配合物，常见的配位数是 4。其中，与 CN^- 的配合物最稳定。

$$Zn^{2+} + 4NH_3 \rightleftharpoons [Zn(NH_3)_4]^{2+} \qquad K^\ominus_{稳} = 2.9\times10^9$$

$$Zn^{2+} + 4CN^- \rightleftharpoons [Zn(CN)_4]^{2-} \qquad K^\ominus_{稳} = 1.0\times10^{16}$$

(3) 镉的化合物

① 氧化物与氢氧化物　氧化镉（cadmium oxide，CdO）是棕灰色粉末，难溶于水。同 Zn 类似，可由金属 Cd 在空气中燃烧制得，也可由相应的碳酸盐加热分解制得：

$$CdCO_3 \xlongequal{\triangle} CdO + CO_2\uparrow$$

氢氧化镉［cadmium hydroxide，$Cd(OH)_2$］可以通过在 Cd^{2+} 盐中加强碱的方法制备。热稳定性比 $Zn(OH)_2$ 低，受热易分解成 CdO：

$$Cd(OH)_2 \xlongequal{\triangle} CdO + H_2O$$

$Cd(OH)_2$ 是弱碱性化合物，但在加热时缓慢溶于浓碱中，生成［$Cd(OH)_4$］$^{2-}$；也可溶于过量的 $NH_3 \cdot H_2O$ 中：

$$Cd(OH)_2 + 2OH^- \longrightarrow [Cd(OH)_4]^{2-}$$

$$Cd(OH)_2 + 4NH_3 \longrightarrow [Cd(NH_3)_4]^{2+} + 2OH^-$$

② 硫化物　硫化镉（cadmium sulfide，CdS）可用作黄色颜料，被称作镉黄。同 ZnS 的制备方法类似，在可溶性的 Cd^{2+} 盐溶液中，通入 H_2S 气体，即有黄色的 CdS 析出：

$$Cd^{2+} + H_2S \longrightarrow CdS\downarrow + 2H^+$$

从溶液中析出的 CdS 呈黄色，常根据这一反应来鉴别溶液中 Cd^{2+} 的存在。相比 ZnS，CdS 的溶度积更小，通过控制溶液的酸度，可以用通入 H_2S 气体的方法使 Zn^{2+}、Cd^{2+}

分离。

不同于 ZnS，CdS 不溶于稀 HCl，但能溶于较浓的 HCl，比如在 $6mol \cdot L^{-1}$ 的 HCl 中，可发生如下反应：

$$CdS + 2H^+ + 4Cl^- \longrightarrow [CdCl_4]^{2-} + H_2S\uparrow$$

③ 配合物　同 Zn 一样，Cd 可以与 NH_3、SCN^-、CN^- 等形成稳定的配合物。常见的配位数为 4 或者 6，比如 Cd^{2+} 除与 NH_3 形成配位数为 4 的配合物 $[Cd(NH_3)_4]^{2+}$ 以外，还存在配位数为 6 的配合物 $[Cd(NH_3)_6]^{2+}$。

$$Cd^{2+} + 6NH_3 \longrightarrow [Cd(NH_3)_6]^{2+}$$

$$Cd^{2+} + 4CN^- \longrightarrow [Cd(CN)_4]^{2-}$$

（4）汞的化合物

Hg 与 Zn 和 Cd 不同，有氧化值为 +1 和 +2 的两类化合物。氧化值为 +1 的化合物称为亚汞化合物，如氯化亚汞（mercurous chloride，Hg_2Cl_2）、硝酸亚汞［mercurous nitrate，$Hg_2(NO_3)_2$］等。经过 X 射线衍射实验证实，亚汞离子不是 Hg^+，而是两个汞原子之间以共价键结合（—Hg—Hg—），比如 Hg_2Cl_2 的分子结构是 Cl—Hg—Hg—Cl。在汞的化合物里，许多以共价键结合。

① 氧化物　氧化汞（mercuric oxide，HgO）有两种不同颜色的变体，由于晶粒大小不同而显不同颜色，黄色的 HgO 在低于 570K 加热时可以转变成红色的 HgO，冷却后复原。它们都不溶于水，有毒。HgO 是制备多种汞盐的原料，还可用做医药制剂、分析试剂、陶瓷颜料等。

黄色的 HgO 可通过汞盐与强碱作用得到，这是由于生成的氢氧化汞［mercuric hydroxide，$Hg(OH)_2$］不稳定，立即分解成 HgO：

$$Hg^{2+} + 2OH^- \longrightarrow HgO\downarrow + H_2O$$

红色的 HgO 可通过缓慢加热硝酸汞［mercuric nitrite，$Hg(NO_3)_2$］或者在 620K 的条件下，由氧气和 Hg 反应得到：

$$2Hg(NO_3)_2 \xlongequal{\triangle} 2HgO + 4NO_2\uparrow + O_2\uparrow$$

$$Hg(NO_3)_2 + Na_2CO_3 \xlongequal{\triangle} HgO + CO_2\uparrow + 2NaNO_3$$

HgO 不稳定，不同于 Zn 和 Cd 的氧化物受热升华不分解，加热至 670K 可继续分解为 Hg 和 O_2：

$$2HgO \xlongequal{\triangle} 2Hg + O_2\uparrow$$

② 硫化物　硫化汞（mercuric sulfide，HgS）的天然矿物叫做辰砂或朱砂，呈朱红色，中药用作安神镇静剂。HgS 有两种颜色，是由于晶型不同造成的。黑色的 HgS 加热至 659K 可转变为红色变体。实验室中，在汞盐溶液中通入 H_2S 气体，得到黑色的 HgS 沉淀：

$$Hg^{2+} + H_2S \longrightarrow HgS\downarrow + 2H^+$$

HgS 是金属硫化物中溶解度最小的，它不溶于浓 HCl 和浓 HNO_3，但能溶于王水或者 HCl 与 KI 的混合物：

$$3HgS + 12Cl^- + 2NO_3^- + 8H^+ \longrightarrow 3[HgCl_4]^{2-} + 3S\downarrow + 2NO\uparrow + 4H_2O$$

$$HgS + 2H^+ + 4I^- \longrightarrow HgI_4^{2-} + H_2S\uparrow$$

HgS 还可以溶于过量的浓 Na_2S 溶液中，得到 $[HgS_2]^{2-}$，而 $[HgS_2]^{2-}$ 遇酸将重新析出 HgS 沉淀，通过这种方法可以将 HgS 从铜族元素和锌族元素的硫化物中分离出来：

$$HgS + S^{2-} \longrightarrow [HgS_2]^{2-}$$

$$[HgS_2]^{2-} + 2H^+ \longrightarrow HgS\downarrow + H_2S\uparrow$$

③ 卤化物

a. 氯化汞（mercury dichloride，$HgCl_2$） $HgCl_2$ 为白色针状晶体或颗粒粉末，熔点低(549K)，易升华，是剧毒物质，稀溶液可用作消毒剂、中药、农药等。

$HgCl_2$ 是共价型化合物，Cl 原子与 Hg 原子以共价键结合成直线形分子 Cl—Hg—Cl。通常由硫酸汞（mercuric sulfate，$HgSO_4$）与 NaCl 的混合物加热升华得到：

$$HgSO_4 + 2NaCl \xrightarrow{\triangle} HgCl_2 + Na_2SO_4$$

$HgCl_2$ 易溶于有机溶剂，在水中电离度很小，主要以 $HgCl_2$ 分子形式存在。在水中有少量水解，显弱酸性：

$$HgCl_2 + H_2O \longrightarrow Hg(OH)Cl + HCl$$

$HgCl_2$ 还能与氨水反应，生成一种难溶解的白色氨基氯化汞［aminomercuric chloride，$Hg(NH_2)Cl$］沉淀，如果加入过量含有 NH_4Cl 的 $NH_3 \cdot H_2O$ 时，生成配离子：

$$HgCl_2 + 2NH_3 \longrightarrow Hg(NH_2)Cl\downarrow + NH_4Cl$$

$$HgCl_2 + 4NH_3 \longrightarrow [Hg(NH_3)_4]^{2+} + 2Cl^-$$

在酸性溶液中，$HgCl_2$ 是较强的氧化剂，适量的 $SnCl_2$ 可将其还原为难溶于水的白色 Hg_2Cl_2 沉淀；如果 $SnCl_2$ 过量，生成的 Hg_2Cl_2 可进一步被 $SnCl_2$ 还原为黑色的金属 Hg：

$$2HgCl_2 + Sn^{2+} + 4Cl^- \longrightarrow Hg_2Cl_2\downarrow + [SnCl_6]^{2-}$$

$$Hg_2Cl_2 + Sn^{2+} + 4Cl^- \longrightarrow 2Hg\downarrow + [SnCl_6]^{2-}$$

分析化学中常利用此反应鉴定 Hg^{2+} 或者 Sn^{2+}。

b. 氯化亚汞（mercurous chloride，Hg_2Cl_2） Hg_2Cl_2 分子结构也为直线形（Cl—Hg—Hg—Cl），它是白色固体，难溶于水，少量的 Hg_2Cl_2 无毒。因为 Hg_2Cl_2 味略甜，俗称甘汞，为中药轻粉的主要成分，内服可作缓泻剂，外用可治疗慢性溃疡及皮肤病。

Hg_2Cl_2 也常用于制作甘汞电极，电极反应为：

$$Hg_2Cl_2 + 2e^- \longrightarrow 2Hg + 2Cl^-$$

Hg_2Cl_2 不如 $HgCl_2$ 稳定，见光易分解，所以要保存在棕色试剂瓶中，避光保存：

$$Hg_2Cl_2 \longrightarrow HgCl_2 + Hg$$

在 Hg_2Cl_2 溶液中加入 $NH_3 \cdot H_2O$，可发生歧化反应，不仅生成白色的 $Hg(NH_2)Cl$ 沉淀，同时还有黑色 Hg 析出，两种沉淀混合在一起，变成黑色：

$$Hg_2Cl_2 + 2NH_3 \longrightarrow Hg(NH_2)Cl\downarrow + Hg\downarrow + NH_4Cl$$

利用此反应可用来检验 Hg^{2+} 和 Hg^+。

④ 含氧酸的汞盐

a. 硝酸汞［mercury nitrate，$Hg(NO_3)_2$］ $Hg(NO_3)_2$ 可由金属 Hg 和过量 65% 的浓 HNO_3，在加热条件下制得；也可由 HgO 溶于 HNO_3 制得：

$$Hg + 4HNO_3(浓) \xrightarrow{\triangle} Hg(NO_3)_2 + 2NO_2\uparrow + 2H_2O$$

$$HgO + 2HNO_3 \longrightarrow Hg(NO_3)_2 + H_2O$$

$Hg(NO_3)_2$ 是热不稳定的，受热分解为红色的 HgO，可以用来制备 HgO。

$Hg(NO_3)_2$ 易溶于水，且在水中强烈水解生成碱式盐，所以配制溶液时，应将它溶于稀 HNO_3 中：

$$2Hg(NO_3)_2 + H_2O \longrightarrow HgO \cdot Hg(NO_3)_2\downarrow + 2HNO_3$$

此外，不同于 Zn^{2+} 和 Cd^{2+} 能与 $NH_3 \cdot H_2O$ 反应形成配合物，在 $Hg(NO_3)_2$ 溶液中加

入 $NH_3 \cdot H_2O$ 发生氨解，生成沉淀：

$$Hg(NO_3)_2 + 2NH_3 = HgNH_2NO_3\downarrow + NH_4NO_3$$

b. 硝酸亚汞［mercurous nitrate，$Hg_2(NO_3)_2$］ $Hg_2(NO_3)_2$ 也可由金属 Hg 和 HNO_3 反应来制得，但要使用冷的稀 HNO_3 与过量的 Hg 反应得到：

$$6Hg + 8HNO_3(\text{稀}) = 3Hg_2(NO_3)_2 + 2NO\uparrow + 4H_2O$$

$Hg_2(NO_3)_2$ 受热也容易分解，得到 HgO：

$$Hg_2(NO_3)_2 \xlongequal{\triangle} 2HgO + 2NO_2\uparrow$$

$Hg_2(NO_3)_2$ 是无色的，易发生水解，形成碱式硝酸亚汞沉淀：

$$Hg_2(NO_3)_2 + H_2O = Hg_2(OH)NO_3\downarrow + HNO_3$$

在 $Hg_2(NO_3)_2$ 溶液中加入 $NH_3 \cdot H_2O$，不仅生成 $HgNH_2NO_3$ 沉淀，同时还有黑色的 Hg 析出：

$$Hg_2(NO_3)_2 + 2NH_3 = HgNH_2NO_3\downarrow + Hg + NH_4NO_3$$

另外，$Hg_2(NO_3)_2$ 还具有还原性，在 O_2 与 HNO_3 存在下，被氧化成 $Hg(NO_3)_2$：

$$2Hg_2(NO_3)_2 + O_2 + 4HNO_3 = 4Hg(NO_3)_2 + 2H_2O$$

⑤ 配合物　Hg^{2+} 易和 Cl^-、Br^-、I^-、CN^-、SCN^- 等配体形成稳定的配离子。其中，Hg^{2+} 主要形成 2 配位的直线形配合物和 4 配位的四面体配合物。Hg^{2+} 与卤素离子形成的配合物的稳定性依 Cl^-、Br^-、I^- 的顺序增强，并且形成的配合物比 Zn、Cd 的配合物稳定。

$$Hg^{2+} + 4CN^- \rightleftharpoons [Hg(CN)_4]^{2-} \qquad K^\ominus_{\text{稳}} = 2.5\times10^{41}$$

$$Hg^{2+} + 4X^- \rightleftharpoons [HgX_4]^{2-} \qquad X = Cl^-、Br^-$$

Hg^{2+} 与 I^- 反应，首先生成红色的碘化汞(mercuric iodide，HgI_2) 沉淀；在过量 I^- 的作用下，HgI_2 又溶解生成无色的 $[HgI_4]^{2-}$ 配离子：

$$Hg^{2+} + 2I^- = HgI_2\downarrow$$

$$HgI_2 + 2I^- = [HgI_4]^{2-}$$

Hg_2^{2+} 形成配合物的倾向较小，也能与 I^- 反应，生成绿色的碘化亚汞(mercurous iodide，Hg_2I_2) 沉淀；在过量 I^- 的作用下，Hg_2I_2 发生歧化反应，也生成 $[HgI_4]^{2-}$ 配离子，此反应可用于鉴定 Hg(Ⅰ)。

$$Hg_2^{2+} + 2I^- = Hg_2I_2\downarrow$$

$$Hg_2I_2 + 2I^- = [HgI_4]^{2-} + Hg\downarrow$$

$[HgI_4]^{2-}$ 与 KOH 的混合溶液称为奈斯勒(Nessler) 试剂。如果溶液中有微量的 NH_4^+ 存在，滴加奈斯勒试剂，会立即生成红棕色沉淀，此反应常用来检验微量的 NH_4^+：

$$2[HgI_4]^{2-} + NH_4^+ + 4OH^- = Hg_2NI \cdot H_2O\downarrow + 7I^- + 3H_2O$$

⑥ Hg(Ⅰ) 和 Hg(Ⅱ) 的相互转化

$$Hg^{2+} \frac{0.920V}{\quad} Hg_2{}^{2+} \frac{0.789V}{\quad} Hg$$

从 Hg 的电极电势可以看出，$\varphi^\ominus_{\text{右}}$ 与 $\varphi^\ominus_{\text{左}}$ 相差不是不大，歧化趋势很小，Hg_2^{2+} 在水溶液中可以稳定存在。当改变条件，使 Hg^{2+} 生成沉淀或者配合物，从而降低 Hg^{2+} 的浓度，Hg_2^{2+} 便可发生歧化反应：

$$Hg_2^{2+} + H_2S = HgS\downarrow + Hg\downarrow + 2H^+$$

$$Hg_2^{2+} + 2OH^- = HgO\downarrow + Hg\downarrow + H_2O$$

$$Hg_2^{2+} + 4I^-（过量）=\!=\!=[HgI_4]^{2-} + Hg\downarrow$$

另外，在固相中，发生分解反应可以使 Hg_2^{2+} 歧化；用氧化剂（比如 HNO_3）同样可以将 Hg_2^{2+} 氧化成 Hg^{2+}：

$$Hg_2CO_3 =\!=\!= Hg + HgO + CO_2$$

$$Hg_2Cl_2 + Cl_2 =\!=\!= 2HgCl_2$$

$$Hg_2(NO_3)_2 + 4HNO_3（浓）=\!=\!= 2Hg(NO_3)_2 + 2NO_2\uparrow + 2H_2O$$

在有还原剂存在的条件下，Hg^{2+} 可以被还原成 Hg_2^{2+}：

$$2HgCl_2 + SnCl_2（适量）+ 2HCl =\!=\!= Hg_2Cl_2\downarrow + H_2[SnCl_6]$$

13.2.5 锌族元素与碱土金属元素的性质比较

碱土金属元素（ⅡA 族）的价电子构型为 ns^2，锌族元素（ⅡB 族）的价电子构型为 $(n-1)d^{10}ns^2$，两者最外层都只有 2 个电子，两者失去 s 电子后都能呈现+2 氧化态，因此在氧化态和某些化合物的性质方面有相似之处；但锌族元素（ⅡB 族）次外层比碱土金属元素（ⅡA 族）的次外层多出 10 个 d 电子，因此又有一些显著的差异。现将碱土金属元素（ⅡA 族）和锌族元素（ⅡB 族）的基本性质简要对比如下。

（1）物理性质

相比碱土金属元素（ⅡA 族），锌族元素（ⅡB 族）的熔、沸点都比较低，Hg 在室温是液体。两者的导电性、导热性、延展性都较差，只有 Cd 有延展性。锌族元素的次外层是 18 电子构型，有效核电荷 Z^* 大，对最外层的 s 电子引力强，使原子结构紧密，原子半径和离子半径比碱土金属元素小。

（2）化学活泼性

碱土金属元素（ⅡA 族）比锌族元素（ⅡB 族）活泼，自上而下依次增强，尤其是 Ca、Sr、Ba 在空气中易被氧化。而锌族元素（ⅡB 族）的化学活泼性，依 Zn、Cd、Hg 顺序递减，这些都与它们的标准电极电势有关，见表 13-8。碱土金属（ⅡA 族）的 $\varphi^{\ominus}(M^{2+}/M)$ 值很负，能从水中置换出氢气，并且 $\varphi^{\ominus}$ 值随原子序数增大而依次减小，容易失去电子，还原性依次增强；锌族元素（ⅡB 族）的 $\varphi^{\ominus}$ 值随原子序数增大而依次增大，越难失去电子，还原性降低。其中，Zn、Cd 的 $\varphi^{\ominus}(M^{2+}/M)$ 值为负，但是比碱土金属元素（ⅡA 族）的大，所以活泼性小，在常温下和在干燥的空气中不发生变化，在稀酸中，Zn 易溶解，Cd 溶解较慢，Hg 完全不溶解。

表 13-8 碱土金属元素和锌族元素的标准电极电势

ⅡA 族	标准电极电势 $\varphi^{\ominus}(M^{2+}/M)/V$	ⅡB 族	标准电极电势 $\varphi^{\ominus}(M^{2+}/M)/V$
Be	−1.85	Zn	−0.763
Mg	−2.36	Cd	−0.403
Ca	−2.87	Hg	0.854
Sr	−2.89		
Ba	−2.91		

（3）化合物的键型

锌族元素（ⅡB 族）离子具有 18 电子层，具有很强的极化能力和变形性，所以它们的化合物共价性强。此外，它们形成配合物的倾向比碱土金属元素（ⅡA 族）强得多。

(4) 氢氧化物的碱性

碱土金属元素（ⅡA族）的氢氧化物是强碱性，碱性从上到下依次增强。锌族元素（ⅡB族）的$Zn(OH)_2$显两性，其他氢氧化物呈弱碱性。

(5) 盐的稳定性

碱土金属元素（ⅡA族）和锌族元素（ⅡB族）的硝酸盐都易溶于水，碳酸盐难溶于水。锌族元素的硫酸盐易溶于水，而碱土金属元素中，Ca、Sr、Ba的硫酸盐是微溶的，其余是不溶的。锌族元素的盐在溶液中都有一定程度的水解，但碱土金属元素的盐则不水解。

科技动态：最严重的汞中毒事件——日本水俣病事件

日本熊本县水俣湾外围的“不知火海”是被九州本土和天草诸岛围起来的内海，那里海产丰富，是渔民们赖以生存的主要渔场。水俣镇是水俣湾东部的一个小镇，有4万多人居住，周围的村庄还住着1万多农民和渔民。“不知火海”丰富的渔产使小镇格外兴旺。

1925年，日本氮肥公司在这里建厂，后又开设了合成醋酸厂。1949年后，这个公司开始生产氯乙烯（$CH_2{=}CHCl$），年产量不断提高，1956年超过6000吨。与此同时，工厂把没有经过任何处理的废水排放到水俣湾中。

1956年，水俣湾附近发现了一种奇怪的病。这种病症最初出现在猫身上，被称为“猫舞蹈症”。病猫步态不稳，抽搐、麻痹，甚至跳海死去，被称为“自杀猫”。随后不久，此地也发现了患这种病症的人。患者由于脑中枢神经和末梢神经被侵害，轻者口齿不清、步履蹒跚、面部痴呆、手足麻痹、感觉障碍、视觉丧失、震颤、手足变形；重者精神失常，或酣睡，或兴奋，身体弯弓高叫，直至死亡。该症状只发生在水俣镇内及周边居民，所以开始的时候，人们叫这种病为“水俣病”。

水俣病受害者：难以想象妇女怀中所抱的其实是个大人

起初医生和科学家都无法检查出这种病是因何引起，也不知如何治疗，使得人们恐慌随即不安，然而，当地居民的这一噩梦其实才刚刚开始。在后面的整整12年的时间，使水俣病在当地不断蔓延。直接导致水俣镇的受害人数达1万人，死亡人数超过1000人；而患此病症的动物和人，都有一个共同的地方，都是通过吃鱼中毒，1959年2月，日本食物中毒委员会经过多年的调查研究认为，水俣病与重金属中毒有关，尤其是汞的可能性最大。后经熊本大学调查，从病死者、鱼体和日本氮肥厂排污管道出口附近都发现了有毒的甲基汞。这才揭开了“水俣病”的秘密。

轰动世界的“水俣病”，是最早出现的由于工业废水排放污染造成的公害病。“水俣病”的罪魁祸首是当时处于世界化工业尖端技术的氮（N）生产企业。氮用于肥皂、化学调味料等日用品以及醋酸（CH_3COOH）、硫酸（H_2SO_4）等工业用品的制造上。日本的氮产业始创于1906年，其后由于化学肥料的大量使用而使化肥制造业飞速发展，甚至有人说“氮的历史就是日本化学工业的历史”。然而，这个产业肆意的发展，却给当地居民及其生存环境带来了无尽的灾难。氯乙烯和醋酸乙烯在制造过程中要使用含汞（Hg）的催化剂，这使排放的废水含有大量的汞。当汞在水中被水生生物食用后，会转化成甲基汞（CH_3Hg）。这种剧毒物质只要有挖耳勺的一半大小就可以致人于死命，而当时由于氮的持续生产已使水俣湾的甲基汞含量达到了足以毒死全国人口两次都有余的程度。水俣湾由于常年的工业废水排放而被严重污染了，水俣湾里的鱼虾类也由此被污染了。这些被污染的鱼虾通过食物链又进入了动物和人类的体内，侵害到脑部和身体其他部分。进入脑部的甲基汞会使脑萎缩，侵害神经细胞，破坏掌握身体平衡的小脑和知觉系统。据统计，有数十万人食用了水俣湾中被甲基汞污染的鱼虾。

早在多年前，就屡屡有过关于“不知火海”的鱼、鸟、猫等生物变异的报道，有的地方甚至连猫都绝迹了。“水俣病”危害了当地人的健康和家庭幸福，使很多人身心受到摧残，经济上受到沉重的打击，甚至家破人亡。更可悲的是，由于甲基汞污染，水俣湾的鱼虾不能再捕捞食用，当地渔民的生活失去了依赖，很多家庭陷于贫困之中。“不知火海”失去了生命力，伴随它的将是无期的萧条。

汞中毒的恐怖之处在于动物在食用被汞污染的食物后，在体内并不会降解或排出体内，而是积累在体内，并向上一级食物链传递，而人类在食用含汞污染的食物后，重者终身残废，轻者虽无明显症状，但仍会隐性地将潜在中毒症状遗传到后代，并出现许多先天性水俣病患儿，都存在运动和语言方面的障碍，甚至畸形！

除了由于工业废水排放造成汞污染外，在日常生活中我们随意丢弃的干电池也有可能造成汞中毒；因为干电池在制造过程中还使用一定量的汞，其中含汞最多的锌汞电池约占电池重量的20%～30%，碱性干电池约为13%，普通锌锰电池含汞较少。汞对人体是一种有害蓄积性中毒物质，极易污染环境，特别是水质，造成种种危害。据统计，我国每年生产干电池50亿只，其中锌汞电池和碱性电池1亿只，每年电池用汞100吨。由于人们用完电池随意乱丢，时间一长，日晒雨淋或埋入地下，往往污染环境，造成不幸事件，所以废旧电池不可乱丢。

复习思考题

1. ⅠB、ⅡB族元素与ⅠA、ⅡA族相比，在下列诸性质上有何区别：元素原子的电子层结构、有效核电荷、原子和离子半径、元素的氧化值、所形成化合物的键型（离子型还是共价型）、金属活泼性。

2. 试述铜族元素在下列各种介质中的化学活泼性，写出方程式，并说明理由。(1) Cu在含有 CO_2 的潮湿空气中；(2) Cu、Ag 在酸性溶液中（如稀、浓 H_2SO_4）；(3) Cu、Ag在 NaCN 溶液中。

3. 变色硅胶含有什么成分？为什么干燥时呈现蓝色，吸水后变成粉红色？

4. 使 Cu(Ⅱ) 化合物转化为 Cu(Ⅰ) 化合物的条件是什么？举例说明。使 Hg(Ⅱ) 化合物转化为 Hg(Ⅰ) 化合物的条件是什么？举例说明。

5. 试分析 CuCl 的制备过程，说明制备 CuI 为什么可用 Cu^{2+} 和过量 I^- 直接作用。

6. 汞有什么特殊物理性质？如何应用？散落的汞应该怎样处理？

7. 试说明下列实验现象：

(1) 在 $ZnCl_2$ 溶液中通入 H_2S，只析出少量 ZnS 沉淀。如果加入 NaAc，则可使 ZnS 完全沉淀。

(2) 过量的 Hg 与 HNO_3 反应，产物是 $Hg(NO_3)_2$。

8. 举出鉴别 Fe^{3+}、Fe^{2+}、Co^{2+} 和 Ni^{2+} 常用的方法。

9. 变色硅胶含有什么成分？为什么干燥时呈现蓝色，吸水后变成粉红色？

10. 何为核外惰性电子对效应？请举一些与惰性电子对效应相关的应用。

习 题

1. 由粗锌制得的 $Zn(NO_3)_2$ 中，常会含有 Cd^{2+}、Fe^{3+} 和 Pb^{2+}，请用化学方法验证这三种杂质离子的存在。

2. 试按照箭头的方向依次写出相应的化学反应方程式：

$$Ag \rightarrow AgNO_3 \rightarrow AgCl \rightarrow [Ag(NH_3)_2]^+ \rightarrow AgBr \rightarrow [Ag(S_2O_3)_2]^{3-} \rightarrow AgI \rightarrow [Ag(CN)_2]^- \rightarrow Ag_2S$$

3. 完成并配平下列方程式：

(1) $Ag^+ + OH^- \longrightarrow$

(2) $[Ag(NH_3)_2]Cl + HNO_3 \longrightarrow$

(3) $Cd(OH)_2 \xrightarrow{\triangle}$

(4) $HgCl_2 + SO_2 + H_2O \longrightarrow$

(5) $Cu_2O + H_2SO_4$(稀)$\longrightarrow$

(6) $Hg_2^{2+} + 4CN^-$(过量)$\longrightarrow$

4. 在含有 Zn^{2+}、Mg^{2+}、Gr^{3+} 的溶液中，分别加入过量的 NaOH 和过量氨水有何变化？试用方程式表示。

5. 区别下列各对离子：

(1) Zn^{2+}、Cd^{2+}；(2) Ag^+、Hg^{2+}

6. 分离和鉴别下列离子：

(1) Cu^{2+}、Ag^+、Zn^{2+}、Hg^{2+}；(2) Ag^+、Cd^{2+}、Fe^{3+}、Cr^{3+}

7. 用反应方程式说明下列现象：

(1) 铜器在潮湿的空气中会慢慢生成一层铜锈。

(2) 金溶于王水。

(3) $CuCl_2$ 的浓溶液在逐渐稀释过程中，溶液的颜色由黄棕色经绿色变成蓝色。

(4) 当 SO_2 通入 $CuSO_4$ 与 NaCl 的浓溶液中时析出白色沉淀。

(5) 往 $AgNO_3$ 溶液中滴加 KCN 溶液时，先生成白色沉淀而后溶解，再加入 NaCl 溶液时无 AgCl 沉淀生成，但加入少许 Na_2S 溶液时却析出黑色 Ag_2S 沉淀。

8. 解释下列实验事实：

(1) 焊接铁皮时，常先用浓 $ZnCl_2$ 溶液处理铁皮表面。

(2) HgS 不溶于 HCl、HNO_3 和 $(NH_4)_2S$ 中而能溶于王水或 Na_2S 中。

(3) HgC_2O_4 难溶于水，但可溶于含有 Cl^- 的溶液中。

(4) 热分解 $CuCl_2 \cdot 2H_2O_2$ 时得不到无水 $CuCl_2$。

(5) $HgCl_2$ 溶液中有 NH_4Cl 存在时，加入 $NH_3 \cdot H_2O$ 得不到白色沉淀 NH_2HgCl。

9. 概述下列合成步骤：

(1) 由 CuS 合成 CuI；

(2) 由 $CuSO_4$ 合成 CuBr；

(3) 由 $K[Ag(CN)_2]$ 合成 Ag_2CrO_4；

(4) 由黄铜矿 $CuFeS_2$ 合成 CuF_2；

(5) 由 ZnS 合成 $ZnCl_2$；

(6) 由 Hg 制备 $K_2[HgI_4]$；

(7) 由 $ZnCO_3$ 提取 Zn；

(8) 由 $[Ag(S_2O_3)_2]^{3-}$ 溶液中回收 Ag。

10. 设计一个不用 H_2S 而能使下述离子分离的方案。

Ag^+，Hg_2^{2+}，Cu^{2+}，Zn^{2+}，Cd^{2+}，Hg^{2+} 和 Al^{3+}

11. 一固体混合物，可能含有 $FeCl_3$、$NaNO_2$、$AgNO_3$、$CuCl_2$、NaF 以及 NH_4Cl 六种物质中的若干种。将混合物加水后得白色沉淀和无色溶液，将沉淀和溶液离心分离；首先取无色溶液分成三份，一份加入 KSCN 溶液无变化；一份酸化后滴入 $KMnO_4$ 溶液紫色会褪去；一份加热有无色气体逸出；然后取白色沉淀少许用氨水处理，白色沉淀溶解为无色溶液。

根据上述实验现象，指出固体混合物中：

(1) 哪些物质肯定存在？(2) 哪些物质可能存在？(3) 哪些物质肯定不存在？

12. 在 1.0L 的 $0.01mol \cdot L^{-1}$ Hg_2^{2+} 溶液中，逐滴加入 KI 溶液（加入的 KI 溶液体积忽略不计），计算：

(1) 刚好产生 Hg_2I_2 沉淀时 I^- 的最低浓度？

(2) Hg_2I_2 完全溶解生成 $[HgI_4]^{2-}$ 和 Hg 时，I^- 的最低浓度。（假定溶液中只生成 $[HgI_4]^{2-}$ 一种配离子）。

13. 有一黑色固体（A）不溶于水，但能溶于硫酸生成蓝色溶液（B）。加入适量氨水于（B）中，生成浅蓝色絮状沉淀（C），（C）可溶于过量氨水得到深蓝色溶液（D）。向 D 中通入 H_2S 气体能生成黑色沉淀（E）。将（E）分离出来，用浓硝酸实验可溶解。试写出各字母所代表化合物的化学式和相应的化学反应方程。

14. 某无色溶液（A）中加入 NaOH 溶液得到棕色沉淀（B）。加 HCl 溶液于（B）中，棕色沉淀可转换成白色沉淀（C），分离出沉淀用氨水可溶解得到无色溶液（D）。加 KBr 溶液于（D）中可得到浅黄色沉淀（E）。（E）可溶于 $Na_2S_2O_3$ 溶液得到无色溶液（F）。加 KI

溶液于（F），可得到黄色沉淀（G）。加 Na_2S 溶液于（G），黄色沉淀可转换成黑色沉淀（H）。试确定各字母所代表化合物的化学式和相应的化学反应方程式。

15. 欲制备 $ZnSO_4$，已知粗的 $ZnSO_4$ 溶液中含 Fe（Fe^{2+}、Fe^{3+}）$0.56g \cdot L^{-1}$、Cu^{2+} $0.63g \cdot L^{-1}$，在不引进杂质（包括 Na^+）的情况下，如何设计此工艺？写出反应方程式。

16. 试选用配合剂分别将下列各种沉淀溶解掉，并写出相应的方程式。

（1）CuCl；（2）$Cu(OH)_2$；（3）AgBr；（4）$Zn(OH)_2$；（5）CuS；（6）HgS；（7）HgI_2；（8）AgI；（9）CuI；（10）NH_2HgOH。

17. 将 1.008g 铜-铝合金样品溶解后，加入过量碘离子，然后用 $0.1052mol \cdot L^{-1}$ $Na_2S_2O_3$ 溶液滴定生成的碘，共消耗 29.84mL 溶液，试求合金中铜的质量分数。

18. $[Ag(CN)_2]^-$ 的不稳定常数是 1.0×10^{-20}，若把 1g 银氧化并溶于含有 $1.0 \times 10^{-1} mol \cdot L^{-1}$ CN^- 的 1L 溶液中，试问平衡时 Ag^+ 的浓度是多少？

19. 已知 $\varphi^{\ominus}_{Fe^{3+}/Fe^{2+}} = +0.771V$，$\varphi^{\ominus}_{Fe^{2+}/Fe} = -0.44V$，试计算 $\varphi^{\ominus}_{Fe^{3+}/Fe}$ 的值。

20. 在含有 Ag^+ 的溶液中，先加入少量含有 $Cr_2O_7^{2-}$ 的溶液，再加入适量含 Cl^- 的溶液，最后加入含足量 $S_2O_3^{2-}$ 的溶液。预计每一步应出现的现象，写出有关反应的离子方程式。

21. 已知下列两个反应的平衡常数：

（1）$Zn(OH)_2 + 4NH_3 \rightleftharpoons [Zn(NH_3)_4]^{2+} + 2OH^-$

（2）$Zn(OH)_2 + 2NH_3 + 2NH_4^+ \rightleftharpoons [Zn(NH_3)_4]^{2+} + 2H_2O$

通过计算说明：

（1）两个反应的平衡常数；

（2）在 1.00L 浓度为 $6.00mol \cdot L^{-1}$ 的氨水中不能使 0.100mol $Zn(OH)_2$ 全部溶解；

（3）在上述溶液中加入 0.500mol NH_4Cl 固体，$Zn(OH)_2$ 就可全部溶解。

第14章

f区金属——镧系元素和锕系元素

【学习要求】

（1）掌握镧系和锕系元素的电子构型与性质的关系；
（2）掌握镧系收缩的实质及对镧系化合物性质的影响；
（3）了解镧系元素的分离方法；
（4）了解镧系和锕系一些重要的化合物。

14.1 引　　言

周期表中有两个系列的内过渡系元素，即镧系元素和锕系元素，它们都属于f区元素。

镧系元素（lanthanide element）在周期表中从原子序数为57号的镧（lanthanum，La）到原子序数为71号的镥（lutecium，Lu），共15种元素，都位于周期表中第6周期，ⅢB族，用Ln表示，它们组成了第一内过渡系元素。

镧系元素以及与镧系元素在化学性质上相近的、在镧系元素格子上方的钇（yttrium，Y）和钪（scandium，Sc），共17种元素，总称为稀土元素，用RE表示。按照稀土元素的电子层结构及物理和化学性质，把镧La、铈（cerium，Ce）、镨（praseodymium，Pr）、钕（neodymium，Nd）、钷（promethium，Pm）、钐（samarium，Sm）和铕（europium，Eu）称为轻稀土元素（铈组稀土元素）；把钆（gadolinium，Gd）、铽（terbium，Tb）、镝（dysprosium，Dy）、钬（holmium，Ho）、铒（erbium，Er）、铥（thulium，Tm）、镱（ytterbium，Yb）、Lu，再加上Sc和Y共10个元素，称为重稀土元素（钇组稀土元素）。其实稀土元素在地壳中的含量并不少，性质也不像土，它们的氧化物和组成土壤的金属氧化物Al_2O_3很相似，因此取名“稀土”。它们是一组活泼金属，有时也叫它们稀土金属（rare earth metal）。

我国是世界上稀土储量最多的国家，遍及18个省（区），内蒙古包头的白云鄂博矿是世界上最大的稀土矿。在我国具有重要工业意义的稀土矿物有氟碳铈矿（bastnaesite），主要成分为$Ce(CO_3)F$；独居石矿（monazite），主要成分为$RE(PO_4)$；它们是轻稀土的主要来源。磷钇矿（xenotime），主要成分为YPO_4；褐钇铌矿（fergusonite），主要成分为$YNbO_4$；是重稀土的主要来源。

锕系元素（actinide elements）在周期表中从原子序数为 89 号的锕（actinides，Ac）到原子序数为 103 号的铹（lawrencium，Lr）共 15 个元素，都位于周期表中第 7 周期，ⅢB 族，用 An 表示，它们组成了第二内过渡系元素。锕系元素包括锕 Ac、钍（thorium，Th）、镤（protoactinium，Pa）、铀（uranium，U）、镎（neptunium，Np）、钚（plutonium，Pu）、镅（americium，Am）、锔（curium，Cm）、锫（berkelium，Bk）、锎（californium，Cf）、锿（einsteinium，Es）、镄（fermium，Fm）、钔（mendelevium，Md）、锘（nobelium，No）、Lr，其中只有 Th 和 U 存在自然界矿物中。

锕系元素都具有放射性，与农业生产和国防、科研的发展有着密切的关系。当今除了人们所熟悉的 U 和 Th 已经大量用作核反应堆的燃料外（如 ^{238}Pu、^{244}Cm 和 ^{252}Cf 这些核素），从空间技术、气象学、生物学直至医学方面，锕系元素都有着实际的和潜在的应用价值。

14.2 镧系元素

14.2.1 镧系元素的通性

（1）价电子层结构

镧系元素价电子构型为 $4f^{0\sim14}5d^{0\sim1}6s^2$。根据电子填充的一般规律，从第 57 号元素 La 开始，新增加的电子应该填充在 4f 能级上，4f 能级填充满后再填充到 5d 能级上去。但是，根据洪特规则特例，等价轨道在全充满、半充满或全空的状态下是比较稳定的，所以第 57 号元素 La 的价电子层结构是 $4f^0 5d^1 6s^2$（全空），不是 $4f^1 6s^2$；第 58 号元素 Ce 的价电子层结构不是 $4f^2 6s^2$，而是 $4f^1 5d^1 6s^2$；第 64 号元素 Gd 是 $4f^7 5d^1 6s^2$（半充满），不是 $4f^8 6s^2$；第 71 号 Lu 是 $4f^{14} 5d^1 6s^2$（全满），4f 轨道已经填满，余下的一个电子填充在 5d 轨道上。表 14-1 列出镧系元素价电子层结构及基本性质。

表 14-1 镧系元素的价电子层构型及基本性质

原子序数	元素名称	元素符号	价电子层结构	Ln^{3+}	氧化数
57	镧	La	$5d^1 6s^2$	$4f^0$	+3
58	铈	Ce	$4f^1 5d^1 6s^2$	$4f^1$	+3，+4
59	镨	Pr	$4f^3 6s^2$	$4f^2$	+3，+4
60	钕	Nd	$4f^4 6s^2$	$4f^3$	+3，+4
61	钷	Pm	$4f^5 6s^2$	$4f^4$	+3
62	钐	Sm	$4f^6 6s^2$	$4f^5$	+2，+3
63	铕	Eu	$4f^7 6s^2$	$4f^6$	+2，+3
64	钆	Gd	$4f^7 5d^1 6s^2$	$4f^7$	+3
65	铽	Tb	$4f^9 6s^2$	$4f^8$	+3，+4
66	镝	Dy	$4f^{10} 6s^2$	$4f^9$	+3，+4
67	钬	Ho	$4f^{11} 6s^2$	$4f^{10}$	+3
68	铒	Er	$4f^{12} 6s^2$	$4f^{11}$	+3
69	铥	Tm	$4f^{13} 6s^2$	$4f^{12}$	+2，+3
70	镱	Yb	$4f^{14} 6s^2$	$4f^{13}$	+2，+3
71	镥	Lu	$4f^{14} 5d^1 6s^2$	$4f^{14}$	+3

（2）氧化态

镧系元素一般都能形成稳定的+3 氧化态。它们的+3 氧化态的电子构型非常规则，从

$La^{3+} \sim Lu^{3+}$，电子构型为 $4f^0 \sim 4f^{14}$，见表 14-1。这是由于镧系金属在气态时，失去 2 个 s 电子和 1 个 d 电子或 2 个 s 电子和 1 个 f 电子所需要的电离能比较低，容易形成稳定的+3 氧化态。需要注意的是，Ce、Pr、Nd、Tb、Dy 存在+4 氧化态，Sm、Eu、Tm、Yb 呈现+2 氧化态，因为它们的 4f 层接近全空、半满、或全满的状态。

(3) 原子半径和离子半径

从表 14-2 看出，镧系元素同一周期从左到右，随原子序数的增大，原子半径和离子半径逐渐减小。这种镧系元素的原子半径和离子半径随着原子序数的增加而逐渐减小的现象称为**镧系收缩**（lanthanides contraction）。

表 14-2　镧系元素的原子半径和离子半径

原子序数	元素符号	原子半径/pm	离子半径 r/pm		
			+2	+3	+4
57	La	188		106	
58	Ce	182		103	92
59	Pr	183		101	90
60	Nd	182		99	
61	Pm	181		98	
62	Sm	180	111	96	
63	Eu	204	109	95	
64	Gd	180		94	
65	Tb	178		92	84
66	Dy	177		91	84
67	Ho	177		89	
68	Er	176		88	
69	Tm	175	94	87	
70	Yb	194	93	86	
71	Lu	173		85	

镧系收缩有三个特点。

① 虽然镧系元素的原子半径随着原子序数的增加而缩小，但是相邻元素原子半径之差只有 1pm 左右，即镧系内的原子半径呈缓慢减少的趋势。这主要是由于随着原子序数的增加，相应增加的电子填入倒数第三层的 4f 轨道上，它比 5s、5p 和 6s 轨道对核电荷有较大的屏蔽作用。因此随着原子序数的增加，最外层电子受核的引力只是缓慢地增加，从而导致原子半径呈缓慢减小的趋势。

② 在原子半径总的收缩趋势中，Eu 和 Yb 反常，它们的原子半径比相邻元素的原子半径大很多。这是因为 Eu 的电子层结构是 $4f^7 6s^2$，$4f^7$ 电子层是半充满的状态；Yb 的电子层结构是 $4f^{14} 6s^2$，$4f^{14}$ 电子层是全充满的状态。这种结构比起 4f 电子层未充满的其他状态对原子核有较大的屏蔽作用。

③ 离子半径的收缩比原子半径的收缩显著得多。这主要是由于离子比金属原子少一电子层，电子失去最外层 6s 电子之后，4f 轨道则处于倒数第二层，这种状态的 4f 轨道比原子中的 4f 轨道（倒数第三层）对核电荷的屏蔽作用小，从而使得离子半径的收缩效果比原子半径更加明显。

镧系收缩是无机化学中的一个特殊而又重要的现象，对其他元素的性质产生以下影响。

① 由于镧系收缩，使得镧系元素内部相邻元素的半径接近，性质十分相似，使得分离困难。

② 由于镧系收缩，使得第ⅢB族 Y^{3+} 的离子半径（88pm）接近 Er^{3+} 的离子半径（88.1pm），Sc^{3+} 的离子半径接近 Lu^{3+}，因此 Sc 和 Y 在矿物中与镧系元素共生，成为稀土元素的成员。

③ 虽然镧系收缩使得相邻元素原子半径只缩小约 1pm，但是从 La 到 Lu，14 种元素的原子半径积累递减了约 14pm 之多，使它们后面的各族过渡元素的原子半径和离子半径，分别与同族上一周期元素的原子半径和离子半径极为接近，如 Zr 与 Hf、Nb 与 Ta、Mo 与 W 这三对元素半径相近，化学性质相似，造成了各对元素在分离上的困难。

（4）离子的颜色

从表 14-3 可以看出，镧系元素的三价离子（Ln^{3+}）具有不同的颜色，这些颜色出现在它们的晶体或水溶液中。若以 Gd^{3+} 为中心，从 La^{3+} 到 Gd^{3+} 的颜色变化规律与 Lu^{3+} 到 Gd^{3+} 的颜色变化规律相同或相近，这就是 Ln^{3+} 颜色的周期性变化。

表 14-3　Ln^{3+} 的颜色

原子序数	离子	未成对电子数	颜色	未成对电子数	离子	原子序数
57	La^{3+}	$0(4f^0)$	无色	$0(4f^{14})$	Lu^{3+}	71
58	Ce^{3+}	$1(4f^1)$	无色	$1(4f^{13})$	Yb^{3+}	70
59	Pr^{3+}	$2(4f^2)$	黄绿	$2(4f^{12})$	Tm^{3+}	69
60	Nd^{3+}	$3(4f^3)$	红紫	$3(4f^{11})$	Er^{3+}	68
61	Pm^{3+}	$4(4f^4)$	粉红/黄	$4(4f^{10})$	Ho^{3+}	67
62	Sm^{3+}	$5(4f^5)$	黄	5(49)	Dy^{3+}	66
63	Eu^{3+}	$6(4f^6)$	无色	$6(4f^8)$	Tb^{3+}	65
64	Gd^{3+}	$7(4f^7)$	无色	$7(4f^7)$	Gd^{3+}	64

离子的颜色通常与未成对电子有关，Ln^{3+} 的颜色主要是由 4f 亚层中 f-f 的电子跃迁引起的。除去 La^{3+} 和 Lu^{3+} 之外，其余 Ln^{3+} 的 4f 亚层处于未充满状态，从而产生多种电子能级，不但比主族元素的电子能级多，而且比 d 区过渡元素的电子能级多，不同的电子能级跃迁吸收不同的电磁波。Ln^{3+} 可以吸收从紫外、可见到红外光区的各种波长的电磁辐射。具有 f^0 和 f^{14} 结构的 La^{3+} 和 Lu^{3+} 构型比较稳定，没有成单电子，在 200～1000nm 区域没有吸收光谱，所以它们的离子是无色的；具有 f^7（Gd^{3+}）、f^1（Ce^{3+}）、f^6（Eu^{3+}）、f^8（Tb^{3+}）结构的离子，其吸收峰全部或大部分在紫外区，所以离子是无色的；具有 f^{13}（Yb^{3+}）结构的离子，其吸收峰在红外区，所以 Yb^{3+} 也是无色的；具有 f^2、f^3、f^4、f^5、f^9、f^{10}、f^{11}、f^{12} 构型的 Ln^{3+}，在可见光区内有明显的吸收，所以它们的离子有颜色。

（5）离子的磁性

如前所述，含有未成对电子的物质表现为顺磁性（paramagnetism），不含未成对电子的物质表现为反磁性（diamagnetism），它们的磁矩（magnetic moment）为零。镧系元素中具有 f^0 结构的 La^{3+}、Ce^{4+} 及具有 f^{14} 结构的 Yb^{2+}、Lu^{3+}，没有未成对电子，因此都是反磁性物质。其余原子或者离子都有未成对电子，是顺磁性的。

镧系元素的磁性与 d 区过渡元素的磁性存在根本的不同。d 区过渡元素的磁矩主要是由未成对电子的自旋运动产生的，这是由于 d 轨道受到晶体场的影响比较大，轨道运动对磁矩的贡献被周围配位原子的电场所抑制，几乎完全消失。而镧系元素，内层 4f 电子受晶体场的影响比较小，因此，在计算磁矩时，必须同时考虑自旋运动和轨道运动的贡献。图 14-1

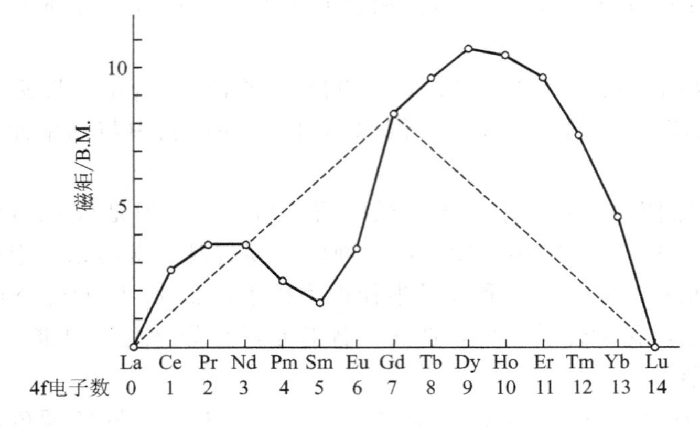

图 14-1　+3 价镧系元素离子和化合物的磁矩（300K）

表示+3 价镧系元素离子和化合物的磁矩，虚线是只考虑自旋运动的计算值，实线是既考虑自旋运动，又考虑轨道运动的计算值。实线与 300K 时的实验值符合得很好。

由于镧系元素原子中核外未成对电子数多，另外电子轨道磁矩对顺磁性的贡献，使得镧系元素可以作良好的磁性材料（magnetic material），把它们制成稀土合金（rare earth alloy），可以作永磁材料（permanent magnet material）。第一代永磁材料是铝镍钴合金（AlNiCo），第二代是钐钴合金（samarium cobalt，$SmCo_5/Sm_2Co_7$），第三代是钕铁硼合金（neodymium-iron-boron alloy，$Nd_2Fe_{14}B$），性能越来越好。

（6）标准电极电势

表 14-4 为镧系元素的标准电极电势，从表中的标准电极电势数据可以看出：不管是在酸性介质还是碱性介质中，镧系金属均是较活泼的金属。镧系金属在水溶液中容易形成+3 价离子（Ln^{3+}），是较强的还原剂。其还原能力仅次于碱金属和碱土金属。从表中数据还可以看出，随着原子序数的增加，镧系金属的还原能力逐渐减弱。即金属的活泼性递减，镧系金属中 La 最活泼。

表 14-4　镧系元素的标准电极电势

原子序数	元素名称	元素符号	$\varphi^{\ominus}(Ln^{3+}/Ln)$ /V	$\varphi^{\ominus}(Ln^{3+}/Ln^{2+})$ /V	$\varphi^{\ominus}(Ln^{4+}/Ln^{3+})$ /V
57	镧	La	−2.522		
58	铈	Ce	−2.483		+1.61
59	镨	Pr	−2.462		+2.28
60	钕	Nd	−2.431		
61	钷	Pm	−2.423		
62	钐	Sm	−2.414	−1.15	
63	铕	Eu	−2.407	−0.429	
64	钆	Gd	−2.397		
65	铽	Tb	−2.31		
66	镝	Dy	−2.353		
67	钬	Ho	−2.319		
68	铒	Er	−2.296		
69	铥	Tm	−2.278		
70	镱	Yb	−2.267	−1.21	
71	镥	Lu	−2.255		

14.2.2 镧系元素的单质

（1）物理性质

镧系元素是典型的金属元素。一般比较软，但随着原子序数的增加而逐渐变硬，新切开的金属表面具有银白色的金属光泽。表14-5列出镧系元素的基本物理性质。

表14-5 镧系元素的基本物理性质

原子序数	元素	密度/$g \cdot cm^{-3}$	熔点/K	沸点/K
57	La	6.166	1193	3727
58	Ce	6.773	1071	3530
59	Pr	6.475	1204	3485
60	Nd	7.003	1283	3400
61	Pm	7.246	1352	2733
62	Sm	7.536	1345	2051
63	Eu	5.245	1095	1870
64	Gd	7.886	1584	3506
65	Tb	8.253	1633	3314
66	Dy	8.559	1682	2608
67	Ho	8.780	1743	2993
68	Er	9.045	1795	2783
69	Tm	9.318	1818	2000
70	Yb	6.972	1097	1466
71	Lu	9.841	1929	3588

镧系元素的密度、熔点除Eu和Yb以外，基本上随着原子序数的增加而增加。Eu和Yb的密度、熔点比较反常，比它们各自相邻的两种金属都小。这是由于Eu具有4f半充满和Yb具有4f全充满的电子构型，使屏蔽效应增大，有效核电荷Z^*降低，导致原子核对最外层6s电子的吸引力减小，从而使它们的原子半径增大。镧系元素具有延展性，但抗拉强度较低。

（2）化学性质

镧系元素是非常活泼的金属，活泼性由La到Lu递减。它们在空气中慢慢被氧化失去金属光泽，为了避免与潮湿空气接触时被氧化，镧系金属要保存在煤油里。镧系金属能在空气中燃烧（423～453K）生成氧化物Ln_2O_3，Ce、Pr、Tb除外：

$$4Ln + 3O_2 \xlongequal{\triangle} 2Ln_2O_3$$

$$Ce + O_2 \xlongequal{\triangle} CeO_2\text{（白色）}$$

$$12Pr + 11O_2 \xlongequal{\triangle} 2Pr_6O_{11}\text{（黑色）}$$

$$8Tb + 7O_2 \xlongequal{\triangle} 2Tb_4O_7\text{（暗棕色）}$$

镧系元素与H_2O作用可以放出H_2，与酸作用更强烈：

$$2Ln + 6H_2O \xlongequal{\triangle} 2Ln(OH)_3 + 3H_2\uparrow$$

$$2La + 6HCl \xlongequal{} 2LaCl_3 + 3H_2\uparrow$$

镧系元素与H_2的反应是放热反应，常常需要加热到300～400℃，生成LnH_2和LnH_3

两种氢化物，它们不是化学计量的。在较高温度时，镧系元素也能与卤素、C、N_2、S等非金属反应。

14.2.3 镧系元素的分离

镧系元素虽称为稀土，但并不是特别稀少。它们在地壳中的含量为0.0153%，其中丰度最大的是Ce，在地壳中的含量占0.0046%，其次是Y、Nb、La等。镧系元素彼此性质相似，常共生于同种矿物中，难以提取、分离。轻镧系元素主要从独居石矿中提取，其成分主要为Th、Ce、Nd以及La的磷酸盐。独居石含Eu不多，Eu通常以Eu^{2+}的形式与碱土矿结合在一起。独居石不含大量"重"镧系元素。重镧系元素是从硅铍钇矿（gadolinite，主要成分为$FeBe_2Y_2Si_2O_{10}$）和磷钇矿（xenotime）中得到的。比较有工业意义的稀土矿有磷钇矿（xenotime）、氟碳铈矿（bastnaesite）、褐钇铌矿（fergusonite）等。

镧系元素的分离主要包括两个步骤：第一步，将矿物中的镧系元素提取，与非镧系元素分离；第二步，从混合的镧系元素中分离提取单一的镧系元素。分离出单一的镧系元素方法很多，主要有以下三种。

（1）化学分离法

化学分离法（chemical separation method）包括分级结晶法（fractional crystallization）、分步沉淀法（fractional precipitation）以及氧化还原法（oxidation reduction method）三种。

分级结晶法是利用各类盐溶解度不同，分离镧系元素；分步沉淀法是利用易溶盐的溶度积不同，向镧系元素易溶盐中加入适量沉淀剂，使溶解度小的难溶物首先析出。两者设备简单，但是操作复杂，分离效果差。氧化还原法是利用镧系元素氧化态稳定性不同，设备简单，分离效果满意。但大多数镧系元素只有+3是稳定的氧化态，所以该种方法主要用于有变价的Ce的分离。Ce的分离主要利用+4氧化态的Ce的碱性比+3氧化态的稀土离子的碱性弱，因而容易产生氢氧化物沉淀，并从+3氧化态的稀土元素中分离出来。

（2）离子交换法

离子交换法（ion exchange method）是以被分离物质在离子交换树脂表面与水溶液之间平衡为基础，离子交换树脂的极性基团能与离子起交换作用。分离镧系离子，选用强酸-磺酸型阳离子交换树脂（$R—SO_3H$），通常用NH_4Cl溶液将其转化为铵型使用：

$$R—SO_3H + NH_4^+ + H_2O = RSO_3NH_4 + H_3O^+$$

接下来，分离镧系离子分两步进行。

第一步：树脂吸附（resin adsorption）。将含有镧系离子的混合物溶液注入阳离子交换树脂顶部，让其缓缓流经树脂，原混合物中的Ln^{3+}置换树脂相（resin phase）中NH_4^+，固定在阳离子交换树脂上，树脂上的NH_4^+进入混合液中，使其阳离子与离子交换树脂进行下列反应：

$$Ln^{3+}(aq) + 3NH_4^+(res) = Ln^{3+}(res) + 3NH_4^+(aq)$$

第二步：淋洗（elution）。淋洗通常是选用含有配合剂的溶液，如EDTA、乙酸胺、柠檬酸等，缓慢流经配体，利用配合剂与Ln^{3+}形成配合物的能力不同，可以使它们陆续解吸，从而达到分离的目的。

$$Ln^{3+}(res) + 3NH_4^+(aq) + 3RCOO^- = 3NH_4^+(res) + Ln(RCOO)_3(aq)$$

金属离子与树脂之间的作用与金属离子的电荷以及离子的水合半径有关。半径越小的Ln^{3+}与配位阴离子所形成的螯合物越稳定，因而进入水溶液的趋势也越大。淋洗中胶体重复这种吸附与解吸的过程，导致半径小的Ln^{3+}先于半径大的Ln^{3+}出现在流出液中。已证实EDTA是一种比柠檬酸更为满意的配合剂，比其他配合剂得到的样品更纯。

（3）溶剂萃取分离法

溶剂萃取分离法（solvent extraction separation process）是指含有被分离物质的水溶液与互不相溶的有机溶剂接触，借助于萃取剂（extracting agent）的作用，使一种或者几种物质进入有机相，而另一组分仍留在水相，从而达到分离的目的。

萃取剂一般分为三类：酸性萃取剂，如酸性磷酸酯（P_{204}）；中性萃取剂，如磷酸三丁酯（TBP）；离子缔合萃取剂，如胺类。

如将磷酸三丁酯煤油溶液与镧系元素的HNO_3溶液进行萃取，镧系元素立即转移到有机相中，相邻元素萃取系数的差值近乎相等。用这种方法，已经能以千克规模从其他镧系元素中分离出纯度达95%的Gd。

14.2.4 镧系元素重要的化合物

镧系元素一般都能形成稳定的+3氧化态的化合物。Ce、Pr、Nd、Tb、Dy都能形成+4氧化态的化合物，Sm、Eu、Yb能形成+2氧化态的化合物。下面分别介绍不同氧化态的重要化合物。镧系元素的一些重要化合物列于表14-6中，本节将择要进行介绍。

表14-6 镧系元素的一些重要化合物

氧化态	Ln		
	+3	+4	+2
氧化物	Ln_2O_3(除Ce、Pr、Tb)	CeO_2	
氢氧化物	$Ln(OH)_3$	$Ce(OH)_4$	
卤化物	LnF_3		$EuCl_2 \cdot 2H_2O$
	$LnCl_3 \cdot nH_2O$		
含氧酸盐	$Ln(NO_3)_3$	$Ce(SO_4)_2 \cdot 2H_2O$	
	$Ln_2(SO_4)_3$	$Ce(NO_3)_4 \cdot 3H_2O$	
	$Ln_2(C_2O_4)_3$		
配合物	$[Ln(NSC)_6]^-$		
	$[LnY(H_2O)_m]^-$		

（1）氧化数为+3的化合物

① 氧化物

镧系氧化物Ln_2O_3可以用氧化其金属或加热其碳酸盐、氢氧化物、草酸盐或硫酸盐的方法来制取。但Ce生成白色的二氧化铈（cerium oxide，CeO_2），Pr生成黑色的氧化镨（praseodymium oxide，Pr_6O_{11}），Tb生成暗棕色的七氧化四铽（tetraterbium heptaoxide，Tb_4O_7）。它们是一种耐高温材料，常用于光学玻璃，如CeO_2是抛光粉，氧化铕（europium oxide，Eu_2O_3）可用于制造彩色荧光粉等。

Ln_2O_3熔点高，是碱性氧化物，难溶于水，易溶于酸，经过灼烧仍溶于强酸。但是经过高温灼烧过的CeO_2难溶于强酸，需要加入还原剂以助溶；Ln_2O_3在空气中吸收二氧化碳形成碱式碳酸盐。

② 氢氧化物

往可溶性的Ln^{3+}盐中加入$NH_3 \cdot H_2O$或者NaOH溶液，即可得到$Ln(OH)_3$胶状

沉淀：

$$Ln^{3+}+3OH^{-} \longrightarrow Ln(OH)_3\downarrow$$

$$Ln^{3+}+3NH_3\cdot H_2O \longrightarrow Ln(OH)_3\downarrow+3NH_4^{+}$$

$Ln(OH)_3$ 的溶度积很小，即使有 NH_4Cl 存在，也能被 $NH_3\cdot H_2O$ 所沉淀。$Ln(OH)_3$ 的碱性介于 $Ca(OH)_2$ 和 $Al(OH)_3$ 之间，随着原子序数的递增而减弱。这是由于 Ln^{3+} 的半径随着原子序数的递增而逐渐减小，中心离子对 OH^- 的吸引力增强，从氢氧化镧［lanthanum hydroxide，$La(OH)_3$］到氢氧化镥［lutecium hydroxide，$Lu(OH)_3$］的电离度逐渐减小。镧系氢氧化物开始沉淀的 pH 值随其碱性减弱而减小，见表 14-7。通过实验测定不同 pH 值条件下的溶解度，证明 Ln^{3+} 的浓度与 OH^- 之间不是简单的 1∶3，说明 $Ln(OH)_3$ 可能不是以 $Ln(OH)_3$ 单一的形式存在。

表 14-7　$Ln(OH)_3$ 开始沉淀的 pH 值和溶度积

离子	相对碱度	开始沉淀的 pH 值	$Ln(OH)_3$ 的 $K_{sp}^{\ominus}$(298K)
La^{3+}	相对碱度减小（↓）	7.82	1.0×10^{-19}
Ce^{3+}		7.60	1.5×10^{-20}
Pr^{3+}		7.35	2.7×10^{-22}
Nd^{3+}		7.31	1.9×10^{-21}
Sm^{3+}		6.92	6.8×10^{-22}
Eu^{3+}		6.91	3.4×10^{-22}
Gd^{3+}		6.84	2.1×10^{-22}
Tb^{3+}		—	2.0×10^{-22}
Dy^{3+}		—	1.4×10^{-22}
Ho^{3+}		—	5.0×10^{-23}
Er^{3+}		6.76	1.3×10^{-23}
Tm^{3+}		6.40	3.3×10^{-24}
Yb^{3+}		6.30	2.9×10^{-24}
Lu^{3+}		6.30	2.5×10^{-24}

除了氢氧化镱［ytterbium hydroxide，$Yb(OH)_3$］和 $Lu(OH)_3$ 是两性氢氧化物，在高压釜中与浓的 NaOH 溶液一起加热，可转化成 $Na_3Yb(OH)_6$ 和 $Na_3Lu(OH)_6$ 之外，大部分 $Ln(OH)_3$ 不溶于过量的 NaOH 中。

$Ln(OH)_3$ 的分解温度从 $La(OH)_3$ 到 $Lu(OH)_3$ 逐渐降低，稳定性也逐渐降低。$Ln(OH)_3$ 受热首先分解为 LnO(OH)，继续受热变成氧化物 Ln_2O_3：

$$Ln(OH)_3 \xlongequal{\triangle} LnO(OH) \xlongequal{\triangle} Ln_2O_3$$

③ 卤化物　镧系卤化物中比较重要的是氟化物和氯化物。其中 LnF_3 是唯一不溶于水的镧系卤化物，即使在 $3mol\cdot L^{-1}$ 硝酸的 Ln^{3+} 溶液内加入 HF 或者 F^-，仍可以得到 LnF_3 沉淀。这一方法经常用来鉴定和分离 Ln^{3+}。

$LnCl_3$ 可以通过将镧系元素的氢氧化物、氧化物、碳酸盐中加盐酸的方法制备。无水 $LnCl_3$ 均为高熔点固体，熔融状态的电导率高，说明它们主要是离子型化合物。在水溶液中，结晶出水合氯化物 $LnCl_3\cdot nH_2O$。其中，La～Pr 的水合氯化物含有 7 个水分子，Nd～Lu 的水合氯化物含有 6 个水分子。镧系元素的水合氯化物受热脱水时发生水解：

$$LnCl_3\cdot nH_2O \longrightarrow LnOCl+2HCl+(n-1)H_2O$$

所以，不能直接采用加热水合物的方法制备无水氯化物，可采用加热氧化物 Ln_2O_3 与 NH_4Cl 至 573K 制备，NH_4Cl 的存在会抑制 LnOCl 的生成：

$$Ln_2O_3 + 6NH_4Cl \xlongequal{\triangle} 2LnCl_3 + 3H_2O + 6NH_3\uparrow$$

④ 含氧酸的盐

a. 硝酸盐 [$Ln(NO_3)_3$] 将镧系元素的氧化物 Ln_2O_3 溶于硝酸，蒸发浓缩后，可结晶出硝酸盐 $Ln(NO_3)_3$。$Ln(NO_3)_3$ 很容易溶解在水中，也能溶于有机溶剂，如醇、酮、醚中。它们经常以水合物 $Ln(NO_3)_3 \cdot 6H_2O$ 的形式存在（除 Tm^{3+}、Yb^{3+}、Lu^{3+}、Sc^{3+} 的硝酸盐是五水合物或者四水合物）。在 373K 的条件下，能够脱水得到无水的硝酸盐。

轻镧系元素的 $Ln(NO_3)_3$ 与一些碱金属能形成复盐 $3M(NO_3) \cdot 2Ln(NO_3)_3 \cdot 24H_2O$ (M=Mg、Zn、Ni 或 Mn) 同晶系列。它们的复盐的溶解度不大，按镧系元素顺序递增；稳定性按镧系元素顺序递减。

b. 硫酸盐 [$Ln_2(SO_4)_3$] 将 Ln_2O_3 或 $Ln(OH)_3$ 溶于 H_2SO_4 中可生成硫酸盐。它们都溶于水，溶解度随温度的升高而减小。最常见的是水合硫酸盐 $Ln_2(SO_4)_3 \cdot 8H_2O$，除了硫酸铈 [cerous sulfate，$Ce_2(SO_4)_3$] 的水合物为九水合硫酸铈 [cerous sulfate nonahydrate，$Ce_2(SO_4)_3 \cdot 9H_2O$]。

水合硫酸盐在加热条件下分三步发生分解。

第一步：水合硫酸盐脱水生成无水硫酸盐 $Ln_2(SO_4)_3$。

$$Ln_2(SO_4)_3 \cdot nH_2O \xlongequal{428 \sim 533K} Ln_2(SO_4)_3 + nH_2O$$

第二步：$Ln_2(SO_4)_3$ 分解为碱式硫酸盐 $Ln_2O_2SO_4$。

$$Ln_2(SO_4)_3 \xlongequal{1128 \sim 1219K} Ln_2O_2SO_4 + 2SO_2\uparrow + O_2\uparrow$$

第三步：$Ln_2O_2SO_4$ 分解为氧化物 Ln_2O_3。

$$2Ln_2O_2SO_4 \xlongequal{1363 \sim 1523K} 2Ln_2O_3 + 2SO_2\uparrow + O_2\uparrow$$

碱式硫酸盐的稳定性随着 Ln^{3+} 半径的减小而下降，Yb 和 Lu 的碱式盐极不稳定，只能短暂地存在，因此可以认为 Yb 和 Lu 的硫酸盐在加热条件下直接分解为相应的氧化物。

c. 草酸盐 [$Ln_2(C_2O_4)_3$] 向镧系元素的 Ln^{3+} 盐溶液中，加入 $H_2C_2O_4$ 的饱和溶液或者晶体可得到白色的草酸盐沉淀：

$$2LnCl_3 + 3H_2C_2O_4 + nH_2O = Ln_2(C_2O_4)_3 \cdot nH_2O\downarrow + 6HCl$$

$$2Ln(NO_3)_3 + 3H_2C_2O_4 + nH_2O = Ln_2(C_2O_4)_3 \cdot nH_2O\downarrow + 6HNO_3$$

镧系元素的草酸盐都含有结晶水 $Ln_2(C_2O_4)_3 \cdot nH_2O$，以十水合物最常见，此外还有 6，7，9，11 水合物。和其他非镧系草酸盐不同，镧系元素的草酸盐难溶于水以及稀强酸。根据这一性质，可将镧系金属离子与其他金属分离。

镧系元素的草酸盐受热易分解，首先生成相应的碳酸盐以及碱式碳酸盐，最终分解为氧化物 Ln_2O_3，除 CeO_2、PrO_x ($1.5 < x < 2$) 和 Tb_4O_7 外：

$$Ln_2(C_2O_4)_3 = Ln_2(CO_3)_3 + 3CO\uparrow$$

$$Ln_2(CO_3)_3 = Ln_2O(CO_3)_2 + CO_2\uparrow$$

$$Ln_2O(CO_3)_2 = Ln_2O_3 + 2CO_2\uparrow$$

⑤ 配合物

镧系元素的 Ln^{3+}，除水合离子外，它们的配合物不多，一般有 β-二酮类的乙酰丙酮基、Ph_3PO、Me_2SO、EDTA、2,2′-联吡啶、邻菲啰啉以及 Cl^-、NCS^- 和 NO_3^- 等，只有与强螯合剂形成的螯合物比较稳定。镧系元素生成配合物的能力小于 d 区过渡元素，但大于碱土金属，主要有以下特点。

a. 基态 Ln^{3+} 外层电子构型为 $5s^25p^6$，相当于稀有气体结构。内层 4f 轨道被屏蔽，同配体轨道之间的相互作用比较弱，它们之间的作用力主要是静电作用。所以 4f 轨道难以参与成键，参与成键的是能量较高的外层轨道，形成的配位键主要是离子型的，键的方向性不明显，稳定化能也较小，因此镧系配合物的稳定性较低。但由于 Ln^{3+} 带电荷高，因此配位能力大于碱金属。

b. 由于 Ln^{3+} 电荷高，离子半径（106～85pm）比一些过渡金属的离子半径大得多，并且外层空的轨道多，所以 Ln^{3+} 的配位数比较大，都在 6 或 6 以上，最多可达 12。因此，配合物的几何构型也比较复杂。

c. 由于 Ln^{3+} 属于硬酸，所以在形成配合物时，它们易与硬碱配体中（如水、β-二酮）的含 O、F 等配位原子成键。在水溶液中，Ln^{3+} 与 N、S、卤素（除 F^-）不易形成稳定的配合物。其中 H_2O 是最常见的强配体，在水介质中加入其他配体与大量水竞争，通常是困难的。只有强的配体，特别是有螯合作用的强配体，如 EDTA 等，才能与 Ln^{3+} 形成热力学稳定的、可分离的配合物。

下面简单介绍一下形成的配合物：Ln^{3+} 与胺类，如 2,2′-联吡啶、邻菲啰啉等形成稳定的配合物。这些配体都是以 N 做配位原子，如 $[La(bipy)_2(NO_3)_3]$（配位数是 10）；Ln^{3+} 与阴离子 NCS^- 同样以 N 做配位原子，如 $[Ln(NCS)_6]^-$；最重要的一类配合物是螯合物，同乙二胺四乙酸（EDTA）生成的螯合物的反应，广泛应用于镧系元素的分析、分离中。由于 EDTA 在水中的溶解度很小，通常使用的是它的二钠盐，以 Na_2H_2Y 表示。其中，$Y^{4-}=(^-OOCCH_2)_2N—CH_2—CH_2—N(CH_2COO^-)_2$，$Na_2H_2Y$ 与 Ln^{3+} 的螯合反应如下：

$$[Ln(H_2O)_n]^{3+}+H_2Y^{2-} \rightleftharpoons [LnY(H_2O)_m]^-+(n-m)H_2O+2H^+$$

（2）氧化数为+4 的化合物

Ce、Pr、Nd、Tb、Dy 都能形成＋4 氧化态的化合物，其中只有＋4 价 Ce 的化合物在固体和水溶液中是稳定的。在 Ce^{4+} 溶液中加 NaOH，可以析出黄色胶状的水合二氧化铈沉淀 $CeO_2 \cdot nH_2O$，能溶于酸。CeO_2 是最常见的＋4 价 Ce 的化合物，在氧气中加热金属 Ce、$Ce(OH)_3$ 或者铈(Ⅲ) 的含氧酸盐都可以得到白色的 CeO_2。CeO_2 不溶于酸或者碱，是强氧化剂，可氧化 H_2O_2、Sn(Ⅱ)、HCl 等生成 Ce^{3+} 溶液：

$$2CeO_2+8HCl = 2CeCl_3+Cl_2\uparrow+4H_2O$$

$$2CeO_2+2KI+8HCl = 2CeCl_3+I_2+2KCl+4H_2O$$

常见的 Ce^{4+} 盐有二水合硫酸铈［cerous sulfate dihydrate，$Ce(SO_4)_2 \cdot 2H_2O$］和三水合硝酸铈［cerous nitrate trihydrate，$Ce(NO_3)_4 \cdot 3H_2O$］，它们能溶于水，还能形成复盐，如 $2(NH_4)_4SO_4 \cdot Ce(SO_4)_2 \cdot 2H_2O$、$2NH_4NO_3 \cdot Ce(NO_3)_4$ 等，它们比普通盐稳定。水溶性的硝酸复盐是一个配位化合物，该盐的阴离子 NO_3^- 作为二齿配体围绕 Ce^{4+} 进行配位形成配位阴离子，Ce^{4+} 的配位数为 12。

工业上常利用空气氧化法进行 Ce 的氧化分离。例如空气能将 Ln(Ⅲ) 溶液中沉淀出来的氢氧化亚铈［cerium trihydroxide，$Ce(OH)_3$］氧化为氢氧化铈［cerium hydroxide，$Ce(OH)_4$］：

$$4Ce(OH)_3+O_2+2H_2O = 4Ce(OH)_4$$

$Ce(OH)_4$ 开始沉淀的 pH 值为 0.7～1.0，比 $Ln(OH)_3$ 低得多，并且难溶于稀 HNO_3。通过控制稀 HNO_3 的量使得 pH 值约为 2.5，使 $Ln(OH)_3$ 溶解，进入溶液而将 $Ce(OH)_4$ 留在沉淀中，从而使得 Ce 从稀土元素中分离出来。

（3）氧化数为+2的化合物

Sm、Eu、Yb 能形成+2 氧化态的化合物，Eu^{2+} 最稳定，以二水合二氯化铕（europous dichloride dihydrate，$EuCl_2 \cdot 2H_2O$）的形式稳定存在。Sm^{2+}、Yb^{2+} 具有不同程度的还原性，它们的溶液能很快被水氧化。Yb^{2+} 是强还原剂（$\varphi^{\ominus}_{Yb^{3+}/Yb^{2+}} = -1.21V$），其化合物在隔绝空气和水的条件下是稳定的。$Sm^{2+}$ 是很强的还原剂（$\varphi^{\ominus}_{Sm^{3+}/Sm^{2+}} = -1.55V$），其氢氧化物、卤化物、氧化物以及含氧酸盐和 Ba、Sr 相应的化合物，在结构和化学性质上都很相似。Eu^{2+} 在溶液中是中等强度的还原剂（$\varphi^{\ominus}_{Eu^{3+}/Eu^{2+}} = -0.43V$），其盐结构类似于 Ba、Sr 相应的化合物。在工业上常利用 Sm^{2+}、Yb^{2+}、Eu^{2+} 的还原性和其他镧系元素分离。

14.3 锕系元素

14.3.1 锕系元素的通性

（1）电子层结构

锕系元素（actinide element）价电子构型为 $5f^{0\sim14}6d^{0\sim2}7s^2$，同镧系元素类似，是 f 层电子逐渐充满的内过渡元素。由光谱研究和试验表明，第 89 号元素 Ac 后第一个元素 Th 的气态中性原子并没有 5f 电子，而是其后的 Pa 开始同时填入了两个 5f 电子，同镧系元素中各原子的 4f 电子层被逐渐填满的情形相似。不同的是，锕系元素中有更多的电子填充了 6d 轨道，这说明 5f 与 6d 轨道的能量更接近，而镧系元素中的 4f 与 5d 的能量相差比较大。这是由于 5f 轨道的能量和在空间的伸展范围比 4f 轨道大，使得锕系元素 5f 电子比镧系元素的 4f 电子更容易参与成键。表 14-8 列出锕系元素根据原子光谱和电子束共振实验得到的锕系元素原子的电子层结构。

表 14-8 锕系元素的价电子构型及基本性质

原子序数	元素名称	元素符号	价电子层结构	氧化数
89	锕	Ac	$6d^17s^2$	+3
90	钍	Th	$6d^27s^2$	(+3),+4
91	镤	Pa	$5f^26d^17s^2$	+3,+4,+5
92	铀	U	$5f^36d^17s^2$	+3,+3,+4,+5,+6
93	镎	Np	$5f^46d^17s^2$	+3,+4,+5,+6,(+7)
94	钚	Pu	$5f^67s^2$	+3,+4,+5,+6,(+7)
95	镅	Am	$5f^77s^2$	(+2),+3,+4,+5,+6
96	锔	Cm	$5f^76d^17s^2$	+3,+4
97	锫	Bk	$5f^97s^2$	+3,+4
98	锎	Cf	$5f^{10}7s^2$	+2,+3,+4
99	锿	Es	$5f^{11}7s^2$	+2,+3
100	镄	Fm	$5f^{12}7s^2$	+2,+3
101	钔	Md	$5f^{13}7s^2$	+2,+3
102	锘	No	$5f^{14}7s^2$	+2,+3
103	铹	Lr	$5f^{14}6d^17s^2$	+3

注：下划线表示最稳定的氧化态；（ ）表示只存在于固体中。

（2）氧化态

锕系元素存在多种氧化态，特别是除 Ac 和 Th 外的锕系前半部分元素在水溶液中具有几种不同的氧化态，如表14-8所示。这是由于锕系前半部分元素中的5f电子激发到6d所需的能量比镧系元素相应的4f激发到5d的能量小，这些元素的5f电子容易参加成键，因而可以给出7s、6d和5f电子，能出现高于+3的价态。从Cm开始，5f电子与核的作用增强，5f和6d能量差变大，5f电子参与成键越来越困难。因此，氧化态较单一，稳定态是+3。

（3）原子半径和离子半径

和镧系元素相似，随着核电荷的增加，相应增加的电子填充到5f轨道上，5f电子对核电荷有较大屏蔽作用，存在锕系收缩（actinide contraction）现象，即随原子序数的增大，原子半径和离子半径逐渐减小。这种锕系收缩是连续而不均匀的，对前几个f电子收缩得较多，以后逐渐平缓，如表14-9所示。

表14-9　锕系元素的原子半径和离子半径

原子序数	元素符号	原子半径/pm	离子半径 r/pm	
			+3	+4
89	Ac	190	111	
90	Th	180	108	99
91	Pa	164	105	96
92	U	154	103	93
93	Np	150	101	92
94	Pu	152	100	90
95	Am	173	99	89
96	Cm	174	98.6	88
97	Bk	170	98.1	87
98	Cf	169	97.6	
99	Es	169	97	
100	Fm	194	97	
101	Md	194	96	
102	No	194	95	
103	Lr	171	94	

（4）离子的颜色

锕系元素不同类型的离子在水溶液中的颜色除Ac^{3+}、Cm^{3+}、Th^{3+}、Pa^{4+}、PaO_2^+为无色外，其余大多数显色，变化规律与镧系元素类似，如表14-10所示。

表14-10　锕系离子的颜色

离子	An^{3+}	An^{4+}	AnO_2^+	AnO_2^{2+}
Ac	无色	—	—	—
Th	—	无色	—	—
Pa	—	无色	无色	—
U	粉红	绿	—	黄
Np	紫	黄绿	绿	粉红
Pu	蓝	黄绿	红紫	橙
Am	粉红	粉红	黄	棕
Cm	无色	—	—	—

14.3.2 锕系元素的单质

（1）物理性质

锕系元素中只有 Th 和 U 在自然界中存在于矿物中，其中最重要的铀矿是沥青铀矿（uraninite，主要成分是 U_3O_8）。锕系元素是放射性金属，具有银白色的金属光泽，在暗处遇到荧光物质能发光。它们的熔点比镧系金属稍高，但比 d 区过渡系列金属低。密度大（$10\sim20g\cdot cm^{-3}$），而且金属结构变体多，这可能是由于锕系金属导带中的电子数目可以变动的缘故。

（2）化学性质

锕系元素像镧系元素一样是活泼金属，在空气中迅速变暗，生成相应的氧化物，如 Th 和 Pa 的金属粉末会自燃。其中 Th 的氧化膜有保护性，其他的较差。在 473～573K 很容易与氢反应生成氢化物，所以金属与水能够迅速起反应。与沸水或者蒸汽作用，在金属表面生成氧化物，并放出 H_2。也可以卤素、酸作用，但不与碱作用。与氮在常温下不起作用，在高温下缓慢发生作用。

14.3.3 锕系元素重要的化合物

锕系元素中最常见的是 Th 和 U 及其化合物，对其他元素研究得较少，主要是由于这两种元素可以作为核原料，安全操作也比较容易。下面介绍一下 Th 化合物和 U 化合物。

（1）钍化合物

Th 的最稳定氧化态是+4 价。Th^{4+}既能存在于固体中，也能存在于溶液中，形成相应的钍化合物。主要化合物有氧化物、硝酸盐等。

① 氧化钍（thorium oxide，ThO_2） 将 Th 放在空气中加热，煅烧氢氧化钍［thorium tetrahydroxide，$Th(OH)_4$］或草酸钍［thorium oxalate，$Th(C_2O_4)_2$］都可得到 ThO_2。当与硼砂共熔时，可以得到晶态的 ThO_2。ThO_2 是白色固体粉末，熔点高达 3660K，是所有氧化物中熔点最高的。它可以用作水煤气合成汽油时的催化剂，在钨丝制造中添加 1%的 ThO_2，使钨成为稳定的小晶粒，可增强抗震强度。

ThO_2 的化学稳定性与原料煅烧的温度有关，一般是温度越高，稳定性越强。当温度在 2273K 以上时，ThO_2 能分解成气态的 ThO 和 O_2；ThO 只有在气态时稳定，在真空下冷却即分解成金属 Th 和 ThO_2。

ThO_2 在高温条件下，可以用来制备无水卤化物：

$$ThO_2+4HF \xlongequal{\triangle} ThF_4+2H_2O$$

$$ThO_2+CCl_4 \xlongequal{\triangle} ThCl_4+CO_2\uparrow$$

② 氢氧化钍［thorium tetrahydroxide，$Th(OH)_4$］ $Th(OH)_4$ 可由钍盐与烧碱或者浓 $NH_3\cdot H_2O$ 作用制得，也可由 $Th(C_2O_4)_2$ 与 NaOH 反应制得：

$$Th^{4+}+4OH^- \xlongequal{} Th(OH)_4\downarrow$$

$$Th^{4+}+2C_2O_4^{2-} \xlongequal{} Th(C_2O_4)_2\downarrow$$

$$Th(C_2O_4)_2+4OH^- \xlongequal{} Th(OH)_4\downarrow+2C_2O_4^{2-}$$

$Th(OH)_4$ 是白色固体粉末，不溶于水、碱和 HF，溶于无机酸。在加热至 530～620K 的条件下，仍有 $Th(OH)_4$ 稳定存在，在 743K 时转化为 ThO_2。

③ 硝酸钍［thorium nitrate，$Th(NO_3)_4$］ 将 ThO_2 的水合物溶于 HNO_3，可得

$Th(NO_3)_4$ 晶体。由于制备条件不同，其所含的结晶水也不同。其中，最重要的硝酸盐是五水合硝酸钍［thorium nitrate pentahydrate，$Th(NO_3)_4 \cdot 5H_2O$］，易溶于水、醇、酮和酯中，常用于制备 Th 的其他化合物。Th 的氢氧化物、过氧化物、氟化物、碘酸盐、磷酸盐和草酸盐都可由 $Th(NO_3)_4$ 溶液中加入不同试剂制得。后四种盐即使在浓度 $6mol \cdot L^{-1}$ 的强酸中也不溶，因此可以用于 Th 的分离。

无水的 $Th(NO_3)_4$ 在 723K 分解为 ThO_2：

$$Th(NO_3)_4 \xlongequal{\triangle} ThO_2 + O_2\uparrow + 4NO_2\uparrow$$

在溶液中，Th^{4+} 在 pH 值大于 3 的条件下发生强烈的水解，形成配离子。随着溶液的 pH 值、浓度和阴离子的性质不同，形成的配离子组成不同。比如在 $HClO_4$ 溶液中，形成的主要离子为 $[Th(OH)]^{3+}$、$[Th(OH)_2]^{2+}$、$[Th_2(OH)_2]^{6+}$、$[Th_4(OH)_8]^{8+}$，最后的产物为六聚物 $[Th_6(OH)_{15}]^{9+}$。

（2）铀化合物

U 是一种活泼金属，与很多元素可以直接化合。最重要的氧化态是＋6 价，其次是＋4 价。主要化合物有氧化物、硝酸盐、卤化铀等。

① 氧化铀　铀-氧体系是复杂的二元体系，常常是非化学计量的。主要的氧化物有棕黑色的二氧化铀（uranium dioxide，UO_2）、橙黄色的三氧化铀（uranium trioxide，UO_3）、墨绿色的八氧化三铀（triuranium octaoxide，U_3O_8）。其中，最稳定的是 U_3O_8，其次是 UO_2。它们之间的转化关系如下。

硝酸铀酰［uranium nitrate，$UO_2(NO_3)_2$］在 600K 的条件下，受热会分解成 UO_3：

$$2UO_2(NO_3)_2 \xlongequal{\triangle} 2UO_3 + 4NO_2\uparrow + O_2\uparrow$$

UO_3 在 1000K 的条件下，受热会分解成 U_3O_8：

$$6UO_3 \xlongequal{\triangle} 2U_3O_8 + O_2\uparrow$$

UO_3 在 623K 的条件下，用 CO 还原得 UO_2：

$$UO_3 + CO \xlongequal{\triangle} UO_2 + CO_2\uparrow$$

UO_3 能溶于酸生成黄绿色的铀氧基离子 UO_2^{2+}：

$$UO_3 + 2H^+ \xlongequal{} UO_2^{2+} + H_2O$$

另外，UO_3 能溶于碱中，生成黄色的重铀酸根 $U_2O_7^{2-}$：

$$2UO_3 + 2OH^- \xlongequal{} U_2O_7^{2-} + H_2O$$

U_3O_8 不溶于水，可溶于酸形成 UO_2^{2+} 的盐；UO_2 缓慢溶于 HCl 和 H_2SO_4 中，生成 U(Ⅳ) 盐，但 HNO_3 易将其氧化，生成亮黄色的 $UO_2(NO_3)_2$。

② 硝酸铀酰［uranium nitrate，$UO_2(NO_3)_2$］　将 U 的氧化物溶于 HNO_3，则生成 $UO_2(NO_3)_2$：

$$UO_3 + 2HNO_3 \xlongequal{} UO_2(NO_3)_2 + H_2O$$

$UO_2(NO_3)_2$ 从溶液中以六水合硝酸铀酰［uranium nitrate hexahydrate，$UO_2(NO_3)_2 \cdot 6H_2O$］晶体析出，呈亮黄色。不溶于水和碱，但溶于含有 H_2O_2 的碱式碳酸盐溶液，生成过铀酸盐。$UO_2(NO_3)_2$ 在空气中以及室温下都稳定存在，但在加热条件下，生成氧化物。黄绿色 UO_2^{2+} 能水解，在 298K 时，水解产物主要为 UO_2OH^+、$(UO_2)_2(OH)_2{}^{2+}$ 和 $(UO_2)_3(OH)_5{}^+$。在水中，UO_2^{2+} 能与许多配体（NO_3^-，SO_4^{2-}）形成稳定化合物，工业上正是利用电中性的铀酰配合物 $UO_2(NO_3)_2(H_2O)_4$ 在有机溶剂中的可溶性，通过溶剂萃取的方法将 U 与其他元素分离。

$UO_2(NO_3)_2$ 溶于 NaOH 可析出黄色的重铀酸钠（sodium diuranate hexahydrate, $Na_2U_2O_7 \cdot 6H_2O$）。加热脱水得到无水盐，称铀黄。铀黄常做为黄色颜料用于玻璃工业或陶瓷釉中。

③ 卤化铀　U 的卤化物有 UX_n（$n=3$，4，5，6），其稳定性随卤素原子序数的增加而降低；挥发性则随 U 氧化态的增高而显著变大。它的卤化物一般都有颜色，六氟化铀（uranium hexafluoride，UF_6）除外。其中，U 最稳定的价态是+6，最重要的化合物是 UF_6。

UF_6 是无色正交晶体。UF_6 在 55.6℃即升华，具有挥发性，根据蒸气扩散速度的差别，用于大规模分离 $^{238}UF_6$ 和 $^{235}UF_6$，以获取浓缩 $^{235}UF_6$，达到富集核燃料 $^{235}UF_6$ 的目的。UF_6 在干燥空气中稳定，遇水汽立即分解：

$$UF_6 + 2H_2O \longrightarrow UO_2F_2 + 4HF$$

科技动态：我国富有的战略资源——稀土材料

稀土是化学元素周期表中镧系元素及钪（Sc）、钇（Y）共 17 种元素的总称，其独特的物理化学性质决定了它们具有极为广泛的用途。利用十几种稀土元素制造的新材料很多，这些新材料的应用不仅极大地改造和提升了传统产业，而且构成了当今世界先导型、知识型核心竞争力产业之一，并使稀土材料产业成为我国最具竞争力的新材料产业之一。

提取的稀土金属

我国是世界上稀土资源最丰富的国家，具有得天独厚的资源优势。稀土矿主要分为以内蒙古包头白云鄂博稀土矿为代表的混合型轻稀土矿、四川冕宁氟碳铈轻稀土矿和以南方中重离子稀土矿；各种类型稀土储量占到全球比重的 53%，其中，南方的中重类型稀土占到世界上该类型稀土储量的 88%，而我国稀土产量则满足了全球稀土精矿需求的 90%。我国离子型稀土矿富含中重稀土，是高新技术产业的支撑元素，其经济价值高于氟碳铈矿，具有易开采、配分齐、经济效益好等特点，成为世界稀土材料产业中罕见和珍贵的自然矿产资源。

我国拥有世界领先的稀土采选技术。基于资源优势，近年来，我国稀土工业努力提高行业自主创新能力，加快产业与产品结构调整步伐，进一步发挥科技进步与自主创新在稀土产业发展中的重大作用，在稀土采矿、选矿、冶炼、分离等方面，形成了独有的、具有自主知识产权的稀土采矿和选矿技术。其中，我国的稀土分离冶炼技术是世界一流的。多年来的科学实践已经证明，无论是改造传统产业还是发展高新技术产业，稀土应用的投入产出比最起码是1∶24。虽然与发达国家相比，我国在稀土精深加工方面尚存在一定差距，但目前在稀土永磁材料、稀土发光材料、稀土研磨材料、稀土贮氢材料、稀土催化材料等领域，已由跟踪模仿国外阶段进入了自我创新与加快发展阶段，并实现了大规模产业化生产，稀土材料，产业链技术已得到整体提升。

国内稀土应用市场发展迅速。在我国，稀土的传统应用产业包括冶金基建、石油化工、玻璃陶瓷以及农业、轻工业、纺织业，大量应用混合稀土或者是稀土初级产品。近年来，高科技产业、尖端技术材料产业逐渐成为稀土需求的主角，应用的是具有独特功能的稀土材料，如发光材料、催化材料、抛光研磨材料、超导材料等，目前这种需求占到稀土需求的一半以上，未来有望发展到70％。

从总体上看，我国稀土产业对国外的依存度不断降低，目前仅依靠国内的稀土应用市场已经能够很好地发展我国的稀土产业。随着稀土新材料研究和开发水平的不断提高，我国由稀土生产大国向稀土材料制备与应用大国的转变将是发展必然。稀土具有优异的光、电、磁、超导、催化等性能，广泛应用于尖端科技领域，但作为不可再生的战略资源，加强对战略性稀土资源的宏观管理，建立稀土资源储备体系，使中国未来真正取得稀土话语权，并对国家稀土长远的走向、平抑价格、资源的合理利用、建立一个大的稀土库存等都具有战略上的意义。

复习思考题

1. 试讨论镧系收缩的原因以及对周期表中镧系后面元素所发生的影响。

2. 镧系元素和稀土元素是同一概念吗？它们各自的含义和符号是什么？

3. 稀土元素通常分为哪两组？各包含哪些元素？

4. 在 Ln^{3+} 中 Gd^{3+} 具有 $4f^7$ 的构型，即有7个未成对电子。但其顺磁矩却比 Ln^{3+} 中一些未成对电子数少于7的还小，应怎样认识这一现象？

5. 镧系元素随着元素序数的增大，其原子半径总的趋势是逐渐减小，但Eu和Yb的原子半径却相反。试从原子的电子结构来解释这一现象。

6. 为什么镧系元素不包括镧？从电子层结构加以说明。

7. 在镧系元素中，+3氧化态是最稳定和最常见的。试解释之。

8. 锕系元素和镧系元素同属于f区元素，锕系元素呈现的氧化态要比镧系元素多，应该怎样认识这一现象？

9. 为什么镧系元素形成的配合物都是离子型的？

10. 请说明稀土元素的性质彼此很接近，在自然界常共生在矿物中的事实。

11. 稀土元素的分离通常有哪些方法？试举例说明？

12. 为什么用电解法制备稀土金属时，不能在水溶液中进行？

13. 怎样利用铈的特征氧化值，从铈族元素中以化合物状态分离出铈？

14. 镧系元素存在镧系收缩现象，同为 f 区的锕系元素是否也有锕系收缩现象？

15. 何谓稀土元素？许多稀土矿物通常都缺少铕，而在含钙的矿物中常常发现高浓度的铕化合物，试解释之。

16. 锕系元素和镧系元素在电子构型上有何相似之处，在原子价方面有何差别？为什么？

习　题

1. 完成及配平下列反应方程式：

(1) $CeSO_4 + SnSO_4 \longrightarrow$

(2) $YbSO_4 + KMnO_4 + H_2SO_4 \longrightarrow$

(3) CeO_2 + HCl(浓)$\longrightarrow$

2. 按照正确的顺序写出镧系元素和锕系元素的名称和符号。并附列它们的原子序数。

3. 有一含铀样品 1.6000g，可提取 0.4000g UO_3（相对分子质量为 842.3），该样品中铀（相对分子质量为 238.1）的质量分数是多少？

4. 完成并配平下列方程式：

(1) $EuCl_2 + FeCl_3 \longrightarrow$

(2) $UO_2(NO_3)_2 \xrightarrow{\triangle}$

(3) $UO_3 + HNO_3 \longrightarrow$

(4) $UO_3 + HF \longrightarrow$

(5) $UO_3 + NaOH \longrightarrow$

(6) $UO_3 + SF_4 \longrightarrow$

5. 试说明稀土元素的特征氧化值为＋3 价，而 Ce、Pr、Tb 常呈现＋4 氧化态，而 Eu、Yb 常呈现＋2 氧化态。

6. 稀土金属主要以（＋3）氧化态的化合物形式存在，经富集后，通常可以通过熔融电解法制备纯金属或混合金属，一般采用什么化合物做为电解质？

7. 为什么 Ce^{4+} 在 $HClO_4$、H_2SO_4 和 HNO_3 等不同介质中，其 $\varphi^{\ominus}_{Ce^{4+}/Ce^{3+}}$ 会有不同的值？

8. 有一暗绿色固体 A，在氢气流中加热，生成暗棕色固体 B，将 B 溶于浓硝酸中可析出柠檬黄色晶体 C，将 C 小心加热可得到橙黄色 D，将 D 溶于氢氧化钠溶液，可析出黄色晶体 E，E 加热脱水后可作黄色颜料 F，根据以上实验事实，指出 A、B、C、D、E、F 各为何物？写出有关反应方程式。

习题答案

第 2 章

1. 16.97；氨气

2. 2.845×10^7Pa

3. 6.08×10^4Pa

4. p_{N_2}=37.5Pa；p_{H_2}=112.5Pa

5. 10.25kg

6. 34.6kPa；发生凝聚

7. 3.47atm；3.43atm

8. 478mL，495mL

9. 分子量 71.5

12. 平均分子量 64.1；气体密度 5.50g·L^{-1}

13. 放出氧气的质量为 311g

14. He 的分压为 20kPa；N_2 的分体积是 10L

15. 混合气体总压为 1.49kPa

16. PCl_5 的平衡分压为 8.6×10^4Pa；PCl_3 的平衡分压为 3.7×10^4Pa；Cl_2 的平衡分压为 3.7×10^4Pa

17. 此温度下水的饱和蒸气压为 3.17kPa

18. 凝结成液体的苯的质量为 0.608g

19. 空气和 $CHCl_3$ 混合气体的体积为 8.0L；被空气带走的 $CHCl_3$ 的质量为 18.16g

第 3 章

1. 4.57×$10^{14}s^{-1}$；6.91×$10^{14}s^{-1}$；6.17×$10^{14}s^{-1}$；7.31×$10^{14}s^{-1}$

2. 频率 6.87×$10^{14}s^{-1}$；波长 436nm

3. (1)(2) 不存在；(3)(4) 存在

4. (5)<(3)<(6)<(4)=(1)<(2)

5. (1) n=4，5，6…；(2) 1；(3) 0；(4) +1/2 或者-1/2

6. 基态 (1)(5)；激发态 (2)(6)；不可能 (3)(4)

7. 略

8. 略

9. Cu

10. K、Cr、Cu

11. 略

12. Mn

13. Mg 是+2；Cr 是+6；Au 是+3

14. Li；Cl；N；Zn

15. 甲：Cl；乙：Ti

16. (1) Cl；(2) Fr；(3) Be；(4) Cl；(5) F；(6) Pd

17.（1）Ca（2）Al（3）Cu（4）Br

第4章

1.（1）sp^3；（2）sp^2；（3）sp

2.略

3. BF_3：sp^2 杂化；$[BF_4]^-$：sp^3 杂化

4.两个分子均为 sp^3 不等性杂化，但孤对电子数目不同；孤对电子越多，对空间压缩作用越大，键角越小。

5. CO：sp 杂化；$SnCl_2$：sp^2 不等性杂化

6.（1）$H_2S < HgCl_2$；（2）$OF_2 < OCl_2$；（3）$NH_3 > NF_3$；

（4）$PH_3 < NH_3$；（5）$PH_3 < PH_4^+$；（6）$H_2O > H_2S$。

7.（1）$LiCl > BeCl_2 > BCl_3 > CCl_4$

（2）$CF_4 > CCl_4 > CBr_4 > CI_4$

8. NH_3 分子：sp^3 不等性杂化，NH_4^+ 离子：孤对电子与 H^+ 结合，消除了孤对电子的空间压缩作用。

H_2O 分子：sp^3 不等性杂化，H_3O^+ 离子：一个孤对电子与 H^+ 结合，消弱了孤对电子的空间压缩作用。

9. BF_3 中心原子 B 为 sp^2 等性杂化，NF_3 中心原子 N 为 sp^3 不等性杂化，其中一个 sp^3 轨道被孤对电子占据。

10. $HgCl_2$：sp 杂化；$SnCl_4$：sp^3 杂化；H_2O：sp^3 不等性杂化；PH_3：sp^3 不等性杂化。

11. NCl_3：sp^3 不等性杂化；SF_4：sp^3 杂化；$CHCl_3$：sp^3 杂化；. H_3O^+：sp^3 不等性杂化；NH_4^+：sp^3 杂化

12. CO_2，直线形，非极性分子；Cl_2，直线形，非极性分子；HF：直线形，极性分子；$BeCl_2$：直线形，非极性分子；NO：直线形，极性分子；PH_3：三角锥，极性分子；SiH_4：正四面体，非极性分子；H_2O，角形，极性分子；NH_3，三角锥，极性分子；BF_3，正三角形，非极性分子

13. F 电负性大，NF_3 中成键电子对偏向 F，N 的孤对电子对偶极矩的贡献与键矩对偶极矩的贡献方向相反，所以整体偶极矩偏小；NH_3 中成键电子对偏向 N，N 的孤对电子对偶极矩的贡献与键矩对偶极矩的贡献方向相同，所以整体偶极矩增加。

14. Be_2：共有 $4e^-$；$(\sigma_{1s})^2\ (\sigma_{1s}^*)^2\ (\sigma_{2s})^2\ (\sigma_{2s}^*)^2$

N_2：共有 $14e^-$；$(\sigma_{1s})^2\ (\sigma_{1s}^*)^2\ (\sigma_{2s})^2\ (\sigma_{2s}^*)^2\ (\pi_{2p_y})^2\ (\pi_{2p_z})^2\ (\sigma_{2p_x})^2$

N_2^-：共有 $15e^-$；$(\sigma_{1s})^2\ (\sigma_{1s}^*)^2\ (\sigma_{2s})^2\ (\sigma_{2s}^*)^2\ (\pi_{2p_y})^2\ (\pi_{2p_z})^2\ (\sigma_{2p_x})^2\ (\pi_{2p_y}^*)^1$

He_2^+：共有 $3e^-$；$(\sigma_{1s})^2\ (\sigma_{1s}^*)^1$

O_2^{3-}：共有 $19e^-$；$(\sigma_{1s})^2\ (\sigma_{1s}^*)^2\ (\sigma_{2s})^2\ (\sigma_{2s}^*)^2\ (\sigma_{2p})^2\ (\pi_{2p_y})^2\ (\pi_{2p_z})^2\ (\pi_{2p_y}^*)^2\ (\pi_{2p_z}^*)^2\ (\sigma_{2p_x}^*)^1$

15. N_2：共有 $14e^-$；$(\sigma_{1s})^2\ (\sigma_{1s}^*)^2\ (\sigma_{2s})^2\ (\sigma_{2s}^*)^2\ (\pi_{2p_y})^2\ (\pi_{2p_z})^2\ (\sigma_{2p_x})^2$；键级＝3

N_2^+：共有 $13e^-$；$(\sigma_{1s})^2\ (\sigma_{1s}^*)^2\ (\sigma_{2s})^2\ (\sigma_{2s}^*)^2\ (\pi_{2p_y})^2\ (\pi_{2p_z})^2\ (\sigma_{2p_x})^1$；键级＝2.5

O_2：共有 $16e^-$；$(\sigma_{1s})^2\ (\sigma_{1s}^*)^2\ (\sigma_{2s})^2\ (\sigma_{2s}^*)^2\ (\sigma_{2p})^2\ (\pi_{2p_y})^2\ (\pi_{2p_z})^2\ (\pi_{2p_y}^*)^1\ (\pi_{2p_z}^*)^1$；键级＝2

O_2^+：共有 $15e^-$；$(\sigma_{1s})^2\ (\sigma_{1s}^*)^2\ (\sigma_{2s})^2\ (\sigma_{2s}^*)^2\ (\sigma_{2p})^2\ (\pi_{2p_y})^2\ (\pi_{2p_z})^2\ (\pi_{2p_y}^*)^1$；键级＝2.5

16. O_2^+，O_2 分子轨道略

O_2^-：共有 $17e^-$； $(\sigma_{1s})^2$ $(\sigma_{1s}^*)^2$ $(\sigma_{2s})^2$ $(\sigma_{2s}^*)^2$ $(\sigma_{2p})^2$ $(\pi_{2p_y})^2$ $(\pi_{2p_z})^2$ $(\pi_{2p_y}^*)^2$ $(\pi_{2p_z}^*)^1$；键级＝1.5

O_2^{2-}：共有 $18e^-$； $(\sigma_{1s})^2$ $(\sigma_{1s}^*)^2$ $(\sigma_{2s})^2$ $(\sigma_{2s}^*)^2$ $(\sigma_{2p})^2$ $(\pi_{2p_y})^2$ $(\pi_{2p_z})^2$ $(\pi_{2p_y}^*)^2$ $(\pi_{2p_z}^*)^2$；键级＝1

(1) 随电子数的增加，电子依次排列在反键轨道上，排斥力逐渐增大，因此核间距依次增大。

(2) O_2^+，O_2，O_2^- 有顺磁性；$O_2 > O_2^+ = O_2^-$

(3) 稳定性：$O_2^+ > O_2 > O_2^- > O_2^{2-}$

17.(1) $CO_2 < SO_2$； (2) $SO_2 < SO_3$； (3) $H_2S < H_2O$；

(4) $HF > HI$； (5) $HF > NH_3$； (6) $CH_4 < SiH_4$

18.(1) 色散力；(2) 色散力、诱导力；(3) 色散力；(4) 色散力、诱导力、取向力；(5) 色散力、诱导力、取向力、氢键。

19.存在氢键的有：NH_3、HNO_3、邻羟基苯甲醛、固体硼酸；

存在分子内氢键的有：HNO_3、邻羟基苯甲醛；

存在分子间氢键的有：NH_3、HNO_3、邻羟基苯甲醛、固体硼酸。

20.(1) Ca^{2+} 是 8 电子构型，Cd^{2+} 是 18 电子构型，极化能力：$Cd^{2+} > Ca^{2+}$，稳定性：$CaSO_4 > CdSO_4$

(2) 极化能力 $Mn^{3+} > Mn^{2+}$，稳定性 $MnSO_4 > Mn_2(SO_4)_3$

(3) 离子半径 $Sr^{2+} > Mg^{2+}$，极化能力 $Sr^{2+} < Mg^{2+}$，稳定性 $SrSO_4 > MgSO_4$

(4) Mg^{2+} 电荷高，极化能力强，稳定性 $Na_2SO_4 > MgSO_4$

(5) 对 H^+ 的反极化作用的抵抗能力 N(Ⅴ)＞N(Ⅲ)，稳定性 $HNO_3 > HNO_2$

(6) 对 H^+ 的反极化能力 CO_3^{2+} 具有强的抵抗能力，稳定性 $HNO_3 > NaH$

21.(1) $Sn^{4+} > Fe^{2+} > Sn^{2+} > Sr^{2+}$

(2) $S^{2-} > O^{2-} > F^-$

22.共价性：$BeCl_2 > MgCl_2 > CaCl_2 > SrCl_2 > BaCl_2$

熔点：$BeCl_2 < MgCl_2 < CaCl_2 < SrCl_2 < BaCl_2$

23.极化能力：$Na^+ < Mg^{2+} < Al^{3+} < Si^{4+}$

变形性：$Na^+ > Mg^{2+} > Al^{3+} > Si^{4+}$

24.(1) $HgCl_2 > HgI_2$；(2) $PbCl_2 > PbI_2$

第 5 章

1. $\Delta_r U_m^\ominus = -3905.4 kJ \cdot mol^{-1}$

2. $\Delta_r H_m^\ominus = -3268 kJ \cdot mol^{-1}$；$\Delta_r U_m^\ominus = -3264.3 kJ \cdot mol^{-1}$

3. $\Delta_f H_m^\ominus = -1260 kJ \cdot mol^{-1}$

4. $\Delta_f H_m^\ominus = 227.4 kJ \cdot mol^{-1}$

5. $CO_2(g)$ 的 $\Delta_f H_m^\ominus$ 为 $-393.5 kJ \cdot mol^{-1}$

6. 正癸烷的燃烧热为-6761.7kJ·mol^{-1}

7. C_2H_2 (g) 的标准摩尔生成热为 233.5kJ·mol^{-1}

8. $-1.9 kJ \cdot mol^{-1}$

9.(1) $42.8 kJ \cdot mol^{-1}$；(2) $-1409.5 kJ \cdot mol^{-1}$

10. $Q=-1.49\text{kJ}$；$W=-51.5\text{kJ}$；$\Delta_r U=-52.99\text{kJ}$；$\Delta_r S=-5.0\text{J}\cdot\text{mol}^{-1}\cdot\text{K}^{-1}$；$\Delta_r G=-51.5\text{kJ}$

11. $\Delta_r G_m^\ominus=-100.36\text{kJ}\cdot\text{mol}^{-1}$；自发进行。

12.（1）不能；（2）升高温度；（3）$T\leqslant 1870.8℃$

13. 生成温度：$T<382.6\text{K}$；分解温度：$T>382.6\text{K}$

14. 反应进度为 1.13mol；将有$-3.79\times10^4\text{kJ}$ 热量放出

15. $\Delta_r G_m^\ominus=-355.0\text{kJ}\cdot\text{mol}^{-1}$

16. 沸点为 331.2K

17. 体系温度为 981.6K

18. 最低温度为 778K

19. 反应 373K 时的 $\Delta_r G_m^\ominus$ 为$-333.6\text{kJ}\cdot\text{mol}^{-1}$；计算反应逆转的温度为 2144K

第 6 章

1. $t=100\text{s}$ 时的瞬时速率为 $1.5\times10^{-5}\text{mol}\cdot\text{L}^{-1}\cdot\text{s}^{-1}$

2.（1）$\nu=k[\text{A}][\text{C}]^2$；3

（2）$5.4\times10^4\text{mol}^{-2}\cdot\text{L}^2\cdot\text{s}^{-2}$

（3）$6.25\times10^3\text{mol}\cdot\text{L}^{-1}\cdot\text{s}^{-1}$

3. $\Delta_r H_m^\ominus=21\text{kJ}\cdot\text{mol}^{-1}$

4.（1）$0.005\text{mol}\cdot\text{L}^{-1}\cdot\text{s}^{-1}$；（2）$0.025\text{s}^{-1}$；（3）$0.125\text{L}\cdot\text{mol}^{-1}\cdot\text{s}^{-1}$

5. $0.017\text{mol}\cdot\text{L}^{-1}\cdot\text{s}^{-1}$

6.（1）$r=k_1c(\text{I}_2)$，一级反应，单分子反应，k_1 的单位为 s^{-1}。（2）$r=k_2c(\text{I}_2)^2$，二级反应，双分子反应，k_2 的单位为 $\text{L}^3\cdot\text{mol}^{-1}\cdot\text{s}^{-1}$。（3）$r=k_3c(\text{I}_2)\cdot c(\text{I}_2)^3$，三级反应，三分子反应，$k_3$ 的单位为 $\text{L}^6\cdot\text{mol}^{-2}\cdot\text{s}^{-1}$

7.（1）$\text{mol}\cdot\text{L}^{-1}\cdot\text{s}^{-1}$；（2）$\text{s}^{-1}$；（3）$\text{L}\cdot\text{mol}^{-1}\cdot\text{s}^{-1}$；（4）$\text{L}^2\cdot\text{mol}^{-2}\cdot\text{s}^{-1}$；（5）$\text{mol}^{1/2}\cdot\text{L}^{-1/2}\cdot\text{s}^{-1}$

8. $53.6\text{kJ}\cdot\text{mol}^{-1}$

9. $0.698\text{mol}\cdot\text{L}^{-1}\cdot\text{s}^{-1}$

10. 9.4×10^{10} 倍

11. $1.69\times10^{-2}\text{mol}\cdot\text{L}^{-1}\cdot\text{s}^{-1}$

12. 2.95 倍

13. SO_2Cl_2 的解离度是 19%

14. 化学反应的活化能 E_a 的范围为 $53.96\sim107.2\text{kJ}\cdot\text{mol}^{-1}$

15. 反应速率扩大了 1.6×10^{10} 倍

第 7 章

1. 略

2. $1.6\times10^{-4}\text{mol}\cdot\text{L}^{-1}$

3. 6.9×10^{-4}

4. H_2S 的平衡分压：0.104kPa；总压是 107.104kPa

5.（1）$K^\ominus=0.359$；（2）平衡压力 $P=7.85\text{kPa}$

6. $K^\ominus(700℃)=2.02$；$K^\ominus(600℃)=0.0605$；吸热反应

7.（1）0.13；（2）12.6%

8.（1）2.46g；（2）$Q=119.5$，逆向进行

9. 96g

10.（1）$\Delta_r G_m^\ominus = -2.8 kJ \cdot mol^{-1}$；$K^\ominus = 3.1$　（2）$\Delta_r G_m^\ominus = 2.8 kJ \cdot mol^{-1}$；$K^\ominus = 0.32$

11. $\Delta_r G_m^\ominus = -64.5 kJ \cdot mol^{-1}$

12.（1）不能风化；（2）水蒸气分压范围：$0 < P < 0.82kPa$

13. 若相对湿度大于 26.5%，则 $SrCl_2 \cdot 2H_2O$ 吸水潮解；若相对湿度小于 26.5%，则 $SrCl_2 \cdot 6H_2O$ 失水风化

14. 298K 时 Hg 的饱和蒸气压为 0.276Pa；常压下 Hg 的沸点为 347℃

15. $P_{总} = 6.6 \times 10^2 kPa$

16. $p(CO_2) \geqslant 1.7kPa$

17. 393K 的 $K^\ominus = 2.05$

18. $\Delta_r H_m^\ominus = -92 kJ \cdot mol^{-1}$；$NH_3(g)$ 的 $\Delta_f H_m^\ominus = -46 kJ \cdot mol^{-1}$

第 8 章

1. 2.0×10^{-4}

2. 3.75×10^{-6}

3. $0.117 mol \cdot L^{-1}$

4. $2.95 \times 10^{-3} mol \cdot L^{-1}$；11.5

5. pH=0.52；$[S^{2-}] = 1.5 \times 10^{-20}$

6. $\Delta_r G_m^\ominus = 18.31 kJ \cdot mol^{-1}$

7.（1）5.27×10^{-12}；（2）9.23；（3）236

8. $[Na^+] = 0.2 mol \cdot L^{-1}$；$[HCO_3^-] = [OH^-] = 4.6 \times 10^{-3} mol \cdot L^{-1}$；$[CO_3^{2-}] = 9.5 \times 10^{-2} mol \cdot L^{-1}$；$[H^+] = 2.2 \times 10^{-12} mol \cdot L^{-1}$

9. $[H^+] = 1.80 \times 10^{-2} mol \cdot L^{-1}$；$[Ac^-] = 5.00 \times 10^{-4} mol \cdot L^{-1}$；$[F^-] = 1.75 \times 10^{-2} mol \cdot L^{-1}$

10. $[OH^-] = 0.091 mol \cdot L^{-1}$；$[HS^-] = 0.091 mol \cdot L^{-1}$；$[H^+] = 1.1 \times 10^{-13} mol \cdot L^{-1}$；$[S^{2-}] = 0.109 mol \cdot L^{-1}$

11. $[H^+] = 3.6 \times 10^{-5} mol \cdot L^{-1}$。

12. $K_a^\ominus = 1.86 \times 10^{-5}$。

13. $K_a^\ominus = 6.3 \times 10^{-4}$。

14. pH=9.24

15. 1.63mL；$NaAc \cdot 3H_2O$ 需要 6.8g。

16. 25mL，34.2g。

17.（1）、（2）H_2CO_3；（3）、（4）HCO_3^-；（5）CO_3^{2-}

18.（1）$K_a^\ominus = 1.82 \times 10^{-5}$；$\alpha = 1.35\%$（2）$\alpha = 0.018\%$

19.（1）pH=3.66；（2）pH=3.72；（3）无缓冲能力

20.（1）pH=8.96；（2）pH=8.87；（3）pH=9.04

第 9 章

1. 0.022g；$2.9 \times 10^{-7} g$

2. $[Ba^{2+}] = 2 \times 10^{-4} mol \cdot L^{-1}$；$[SO_4^{2-}] = 4 \times 10^{-4} mol \cdot L^{-1}$；$[Ba^{2+}][SO_4^{2-}] > K_{sp}^\ominus$，有沉淀生成

3. pH=4.27

4. 纯水中溶解度为 $9.2 \times 10^{-9} mol \cdot L^{-1}$；KI 溶液中溶解度为 $8.5 \times 10^{-15} mol \cdot L^{-1}$

5.(1) $[Cu^{2+}]=5.3\times10^{-17}mol\cdot L^{-1}$；(2) $[Cu^{2+}]=5.3\times10^{-15}mol\cdot L^{-1}$

6. $\Delta_r G_m^\ominus=55.7kJ\cdot mol^{-1}$

7.(1) 无 $SrSO_4$ 沉淀，$[Sr^{2+}]=0.10mol\cdot L^{-1}$；(2) $[Sr^{2+}]=0.031mol\cdot L^{-1}$；转化率 69%

8. $[Ag^+]=1.8\times10^{-7}mol\cdot L^{-1}$

9. 6.4mL

10. 9.1g

11. pH<1.99

12. 20g

13. 5.8<pH<7.3

15. $0.47mol\cdot L^{-1}$

16. $[Br^-]>3.0\times10^{-3}[Cl^-]$

第 10 章

1.(1) $(-)Cu|Cu^{2+}(c_1)\parallel Ag^+(c_2)|Ag(+)$

(2) $(-)Cu|CuS(s)|S^{2-}(c_1)\parallel Pb^{2+}(c_2)|Pb(+)$

(3) $(-)Pb|PbCl_2(s)|Cl^-(c_1)\parallel H^+(c_2)|H_2(p)|Pt(+)$

2.(1) 0.3328V；(2) −0.179V；(3) −0.7002V

3. −0.17V

4.(1) 0.45V；(2) 1.2V；(3) 0.51V；(4) 0.32V；(5) 0.62V

5.(1) pH=3.73；(2) $K_a^\ominus=1.86\times10^{-4}$

6. $0.47mol\cdot L^{-1}$

7.(1) $Sn^{2+}+2AgCl \rightleftharpoons Sn^{4+}+2Ag+Cl^-$　　(2) $\Delta_r G_m^\ominus=-13.7kJ\cdot mol^{-1}$

8. −1.18V

9.(1) $K^\ominus=7.90\times10^{19}$；(2) $K^\ominus=8.32\times10^{34}$；(3) $K^\ominus=5.15\times10^{-5}$；(4) $K^\ominus=4.79\times10^{-84}$

10. $E^\ominus=0.236V$；$K^\ominus=9.77\times10^3$；$\Delta_r G_m^\ominus=-22.8kJ\cdot mol^{-1}$；当方程式改写后 $E^\ominus$ 不变；$(K_1^\ominus)^2=K_2^\ominus$。$2\Delta_r G_{m,1}^\ominus=\Delta_r G_{m,2}^\ominus$

11.(1) $E^\ominus=0.028V$；(2) $K^\ominus=3.0$；(3) $[Ag^+]=0.34mol\cdot L^{-1}$

12.(1) $K^\ominus=1.8\times10^5$；(2) $[Cu^{2+}]=8.7\times10^{-6}mol\cdot L^{-1}$

13. $K_{sp}^\ominus(PbSO_4)=1.2\times10^{-8}$

14. $K_w^\ominus=1.0\times10^{-14}$

15. $K_{sp}^\ominus=7.3\times10^{-9}$

16. 0.821V，−0.744V

17.(1) 可能发生歧化的物质：BrO^- 以及 Br_2

(2) $3BrO^- \rightleftharpoons BrO_3^-+2Br^-$

$2OH^-+Br_2 \rightleftharpoons BrO^-+Br^-+H_2O$

第 11 章

1. 略

2. 略

3. $[CoCl(NH_3)_5]SO_4$

4.（1）$[Cr(NH_3)_6]Cl_3$；（2）$[CrCl(NH_3)_5]Cl_2$

5.（1）$[Co(NH_3)_6]Cl_3$；（2）$[CoCl(NH_3)_5]Cl_2$；（3）$[CoCl_2(NH_3)_4]Cl$；（4）$[CoCl_3(NH_3)_3]$

6.（1）sp^3d^2；（2）d^2sp^3；（3）sp^3d^2；（4）d^2sp^3；（5）sp^3d^2；（6）d^2sp^3

7.略

8.（1）$K^{\ominus}=1.4\times10^{12}$；正向进行；（2）$K^{\ominus}=1.38\times10^{-4}$；逆向进行；

（3）$K^{\ominus}=3.33\times10^{2}$；正向进行

9.没有 AgCl 沉淀生成

10.（1）$[Ag^+]=2.8\times10^{-9}mol\cdot L^{-1}$；$[Ag(NH_3)_2^+]=0.04mol\cdot L^{-1}$；$[NH_3]=1.1mol\cdot L^{-1}$

（2）有 AgCl 沉淀生成

（3）38mL

11.（1）$[Ag^+]=2.7\times10^{-8}mol\cdot L^{-1}$；能产生 AgCl 和 AgI 沉淀

（2）$[Ag^+]=7.94\times10^{-21}mol\cdot L^{-1}$；能产生 Ag_2S 沉淀

12. 2.1×10^{-11}

13.（1）$2Cu+8Cs(NH_2)_2+2HCl \rightleftharpoons 2[Cu(Tu)_4]Cl+H_2$

（2）$\varphi^+=0.046V$；$\varphi^-=-0.39V$

14.$[Cu^{2+}]=6.0\times10^{-12}mol\cdot L^{-1}$

15. $\varphi^{\ominus}=-0.053V$

16. 5.9g

17. $K^{\ominus}_{稳}=1.6\times10^{13}$

18. $K^{\ominus}_{不稳}=1.72\times10^{-6}$

19.（1）7.94×10^{-14}；（2）1.36V；

（3）$(-)Zn|ZnS|S^{2-}(1mol\cdot L^{-1})\parallel[Cu(NH_3)_4]^{2+}(0.01mol\cdot L^{-1}),NH_3(1mol\cdot L^{-1})|Cu(+)$

（4）正极反应：$[Cu(NH_3)_4]^{2+}+2e^- \rightleftharpoons 4NH_3+Cu$

负极反应：$Zn+S^{2-} \rightleftharpoons ZnS+2e^-$

电池反应：$[Cu(NH_3)_4]^{2+}+Zn+S^{2-} \rightleftharpoons 4NH_3+Cu+ZnS$

（5）$K^{\ominus}=8.04\times10^{47}$；$\Delta_rG^{\ominus}_m=-273.6kJ\cdot mol^{-1}$

20.略

第 12 章

1.略

2.略

3. A，$K_2Cr_2O_7$；B，Cl_2；C，$CrCl_3$；D，$Cr(OH)_3$；E，$KCrO_2$；F，K_2CrO_4

4.略

5. Cl^- 先沉淀，两种离子可以分开

6.（1）pH=1.37；（2）pH=12.05

7.$[Cr(H_2O)_6]Cl_3$

8. 15.41%

9. A，MnO_2；B，$MnSO_4$；C，O_2；D，$Mn(OH)_2$；E，$MnO(OH)_2$；F，K_2MnO_4；G，$KMnO_4$

10. MnO_4^-，CrO_4^{2-}，Cl^-

11. 略

12. A，$Fe(OH)_2$；B，$Fe(OH)_3$；C，Fe_2O_3；D，Fe_3O_4；E，$FeCl_3$；F，Na_2FeO_4；G，$BaFeO_4$

13. $[Fe^{3+}]=1.26\times10^{-9}mol\cdot L^{-1}$，$[Fe^{2+}]=0.10mol\cdot L^{-1}$，$[Cu^{2+}]=0.050mol\cdot L^{-1}$

14. 略

15. 略

16. 略

17. (1) $\varphi^{\ominus}([Co(en)_3]^{3+}/[Co(en)_3]^{2+})=-0.137V$，氧化性最强的是$Co^{3+}$，还原型最强的是$[Co(en)_3]^{2+}$配离子；(2) Co^{2+}更稳定；$[Co(en)_3]^{3+}$配离子更稳定

18. (1) pH=5.6；(2) 不能完全溶解

第 13 章

11. 略

12. (1) $7.2\times10^{-14}mol\cdot L^{-1}$；(2) $0.16mol\cdot L^{-1}$

13. (A)、CuO；(B)、$CuSO_4$；(C)、$Cu(OH)_2$；(D)、$[Cu(NH_3)_4]^{2+}$；(E)、CuS

14. (A) $AgNO_3$；(B) Ag_2O；(C) AgCl；(D) $[Ag(NH_3)_2]^+$；(E) AgBr；(F) $[Ag(S_2O_3)_2]^{3-}$；(G) AgI；(H) Ag_2S

15. 略

16. 略

17. 19.8%

18. $1.4\times10^{-20}mol\cdot L^{-1}$

19. −1.09V

20. 略

21. (1) $K_1^{\ominus}=8.6\times10^{-8}$；$K_2^{\ominus}=276$

(2) 如果$Zn(OH)_2$全部溶解时，$Q_1=4.07\times10^{-6}>K_1^{\ominus}$，反应向左进行，故不能完全溶解

(3) 如果$Zn(OH)_2$全部溶解时，$Q_2=3.30\times10^{-2}<K_2^{\ominus}$，反应向右进行，故可以完全溶解

第 14 章

1. 略

2. 略

3. 7.07%

4. 略

5. 略

6. 略

7. 略

8. A，U_3O_8；B，UO_2；C，$UO_2(NO_3)_2$；D，UO_3；E，$Na_2U_2O_7\cdot6H_2O$；F，$Na_2U_2O_7$

附　　录

附录1　常见物理常数

真空中的光速	$c=2.99792458\times10^{8}\mathrm{m\cdot s^{-1}}$	摩尔气体常数	$R=8.314510\mathrm{J\cdot mol^{-1}\cdot K^{-1}}$
电子的电荷	$e=1.60217733\times10^{-19}\mathrm{C}$	阿伏伽德罗常量	$N_A=6.0221367\times10^{23}\mathrm{mol^{-1}}$
原子质量单位	$u=1.6605402\times10^{-27}\mathrm{kg}$	里德堡常数	$R_\infty=1.0973731534\times10^{7}\mathrm{m^{-1}}$
质子静质量	$m_p=1.6726231\times10^{-27}\mathrm{kg}$	法拉第常量	$F=9.6485309\times10^{4}\mathrm{C\cdot mol^{-1}}$
中子静质量	$m_n=1.6749543\times10^{-27}\mathrm{kg}$	普朗克常量	$h=6.6260755\times10^{-34}\mathrm{J\cdot s}$
电子静质量	$m_o=9.1093897\times10^{-31}\mathrm{kg}$	玻尔兹曼常量	$k=1.380658\times10^{-23}\mathrm{J\cdot K^{-1}}$
理想气体摩尔体积	$V_m=2.241410\times10^{-2}\mathrm{m^3\cdot mol^{-1}}$		

附录2　物质的标准摩尔燃烧焓（298.15K）

物　　质	$-\Delta_c H_m^\ominus/\mathrm{kJ\cdot mol^{-1}}$	物　　质	$-\Delta_c H_m^\ominus/\mathrm{kJ\cdot mol^{-1}}$
CH_4(g)甲烷	890.31	HCHO(g)甲醛	563.6
C_2H_2(g)乙炔	1299.63	CH_3CHO(g)乙醛	1192.4
C_2H_4(g)乙烯	1410.97	CH_3COCH_3(l)丙酮	1802.9
C_2H_6(g)乙烷	1559.88	$CH_3COOC_2H_5$(l)乙酸乙酯	2254.21
C_3H_6(g)丙烯	2058.49	$(COOCH_3)_2$(l)草酸甲酯	1677.8
C_3H_8(g)丙烷	2220.07	$(C_2H_5)_2O$(l)乙醚	2730.9
C_4H_{10}(g)正丁烷	2878.51	HCOOH(l)甲酸	269.9
C_4H_{10}(g)异丁烷	2871.65	CH_3COOH(l)乙酸	871.5
C_4H_8(g)丁烯	2718.60	$(COOH)_2$(s)草酸	246.0
C_5H_{12}(g)戊烷	3536.15	C_6H_5COOH(s)苯甲酸	3227.5
C_6H_6(l)苯	3267.62	$C_{17}H_{35}COOH$(s)硬脂酸	11274.6
C_6H_{12}(l)环己烷	3919.91	COS(g)氧硫化碳	553.1
C_7H_8(l)甲苯	3909.95	CS_2(l)二硫化碳	1075
C_8H_{10}(l)对二甲苯	4552.86	C_2N_2(g)氰	1087.8
$C_{10}H_8$(s)萘	5153.9	$CO(NH_2)_2$(s)尿素	631.99
CH_3OH(l)甲醇	726.64	$C_6H_5NO_2$(l)硝基苯	3097.8
C_2H_5OH(l)乙醇	1366.75	$C_6H_5NH_2$(l)苯胺	3397.0
$(CH_2OH)_2$(l)乙二醇	1192.9	$C_6H_{12}O_6$(s)葡萄糖	2815.8
$C_3H_8O_3$(l)甘油	1664.4	$C_{12}H_{22}O_{11}$(s)蔗糖	5648
C_6H_5OH(s)苯酚	3063	$C_{10}H_{16}O$(s)樟脑	5903.6

附录3 一些物质的热力学数据（298.15K）

物 质	状 态	$\Delta_f H_m^\ominus$/kJ·mol^{-1}	$\Delta_f G_m^\ominus$/kJ·mol^{-1}	$S_m^\ominus$/J·mol^{-1}·K^{-1}
Ag	s	0	0	42.72
AgBr	s	−99.5	−95.94	107.11
AgCl	s	−127.03	−109.68	96.11
AgF	s	−202.9	−184.9	84
AgI	s	−62.38	−66.32	114.2
$AgNO_3$	s	−123.14	−32.10	140.92
Ag_2CO_3	s	−506.14	−437.09	167.4
Ag_2O	s	−30.59	−10.82	121.71
Ag_2S	s(菱形)	−31.80	−40.25	145.6
Ag_2SO_4	s	−713.37	−615.69	200
Al	s	0.0	0.0	28.3
$AlBr_3$	s	−526.3	−505.0	184.1
$AlCl_3$	s	−695.38	−636.75	167.36
AlF_3	s	−1301	−1230	96
AlI_3	s	−314.6	−313.8	200
AlN	s	−214.4	−209.2	20.9
Al_2O_3	s(刚玉)	−1669.79	−1576.36	51.00
$Al(OH)_3$	s	−1272	−1306	71
$Al_2(SO_4)_3$	s	−3435	−3092	240
As	s(灰砷)	0.0	0.0	35
AsH_3	g	171.5	68.89	222.7
As_2S_3	s	−146	−169	164
B	s	0.0	0.0	6.52
B_4C	s	−71	−71	27.1
BBr_3	l	−221	−219	229
BCl_3	l	−418.4	−379	209
BF_3	g	−1110.4	−1093.3	254.1
B_2H_6	g	31.4	82.8	233.0
BN	s	−134.3	−228	14.8
B_2O_3	s	−1263.4	−1184.1	54.0
Ba	s	0.0	0.0	67
$BaCl_2$	s	−860.1	−810.8	125
$BaCO_3$	s	−1218.8	−1138.9	112.1
BaO	s	−558.1	−528.4	70.30
BaS	s	−443.5	−456	78.2
$BaSO_4$	s	−1465.2	−1353.1	132.2
Bi	s	0.0	0.0	56.9
$BiCl_3$	s	−379	−315	177
Bi_2O_3	s	−577.0	−496.6	151.5
BiOCl	s	−365.3	−322.2	86.2
Bi_2S_3	s	−183.2	−164.8	174.6
Br_2	l	0.0	0.0	152.23
Br_2	g	30.71	3.14	245.46
C	s(石墨)	0.0	0.0	5.69
C	s(金刚石)	1.88	2.89	2.43
CO	g	−110.54	−137.30	198.01
CO_2	g	−393.51	−394.38	213.79

续表

物 质	状 态	$\Delta_f H_m^{\ominus}$/kJ·mol^{-1}	$\Delta_f G_m^{\ominus}$/kJ·mol^{-1}	$S_m^{\ominus}$/J·mol^{-1}·K^{-1}
CS_2	l	87.9	63.6	151.0
Ca	s	0.0	0.0	41.6
CaC_2	s	−62.8	−67.8	70.3
$CaCO_3$	s(方解石)	−1206.87	−1128.71	92.9
$CaCl_2$	s	−759.0	−750.2	113.8
CaH_2	s	−188.7	−149.8	42
CaO	s	−635.5	−604.2	39.7
$Ca(OH)_2$	s	−986.59	−896.69	76.1
$CaSO_4$	s(硬石膏)	−1432.68	−1320.23	106.7
$CaSO_4 \cdot \frac{1}{2}H_2O$	s(α)	−1575.15	−1435.13	130.5
$CaSO_4 \cdot 2H_2O$	s	−2021.12	−1795.66	193.97
Cd	s(α)	0.0	0.0	51.5
$CdCl_2$	s	−389.11	−342.55	118.4
CdS	s	−144.3	−140.6	71
$CdSO_4$	s	−926.17	−819.95	137.2
Cl_2	g	0.0	0.0	223.07
Cu	s	0.0	0.0	33.30
CuCl	s	−136.0	−118.0	84.5
$CuCl_2$	s	−206	−162	108.1
CuO	s	−155.2	−127.2	43.5
CuS	s	−48.5	−48.9	66.5
$CuSO_4$	s	−769.86	−661.9	113.4
Cu_2O	s	−166.7	−146.3	100.8
F_2	g	0.0	0.0	202.81
Fe	s	0.0	0.0	27.1
$FeCl_2$	s	−341.0	−302.1	119.7
FeS	s(α)	−95.06	−97.57	67.4
FeS_2	s	−177.90	−166.69	53.1
Fe_2O_3	s(赤铁矿)	−822.2	−741.0	90.0
Fe_3O_4	s(磁铁矿)	−117.1	−1014.1	146.4
H_2	g	0.0	0.0	130.70
HBr	g	−36.23	−53.28	198.6
HCl	g	−92.30	−95.27	186.8
HF	g	−271.12	−273.22	173.79
HI	g	26.36	1.57	206.59
HCN	g	130.54	120.12	201.82
HNO_3	l	−173.23	−79.83	155.60
H_2O	g	−241.84	−228.59	188.85
H_2O	l	−285.85	−237.14	69.96
H_2O_2	l	−187.61	−118.04	102.26
H_2O_2	g	−136.11	−105.45	232.99
H_2S	g	−20.17	−33.05	205.88
H_2SO_4	l	−813.58	−689.55	156.86
Hg	l	0.0	0.0	77.4
Hg	g	60.83	31.76	175.0
$HgCl_2$	s	−223.4	−176.6	144.3
Hg_2Cl_2	s	−264.93	−210.6	195.8
$Hg(NO_3)_2 \cdot \frac{1}{2}H_2O$	s	389		

物　质	状　态	$\Delta_f H_m^\ominus$/kJ·mol^{-1}	$\Delta_f G_m^\ominus$/kJ·mol^{-1}	$S_m^\ominus$/J·mol^{-1}·K^{-1}
HgO	s(红、斜方)	−90.71	−58.51	72.0
HgS	s(红)	−58.16	−48.83	77.8
Hg_2SO_4	s	−741.99	−623.85	200.75
I_2	s	0.0	0.0	116.14
I_2	g	62.26	19.37	260.69
K	s	0.0	0.0	63.6
KBr	s	−392.2	−379.2	96.44
KCl	s	−435.89	−408.28	82.68
KF	s	−562.58	−533.10	66.57
KI	s	−327.65	−322.29	104.35
$KMnO_4$	s	−813.4	−713.8	171.7
KNO_3	s	−492.71	−393.06	132.93
KOH	s	−425.85	−376.6	78.87
K_2SO_4	s	−1433.69	−1316.30	175.7
Mg	s	0.0	0.0	32.51
$MgCO_3$	s	−1112.9	−1012	65.7
$MgCl_2$	s	−641.82	−592.83	89.54
MgO	s	−601.83	−569.55	26.8
$Mg(OH)_2$	s	−924.66	−833.68	63.14
$MgSO_4$	s	−1278.2	−1173.6	91.6
Mn	s(α)	0.0	0.0	31.76
MnO_2	s	−520.9	−466.1	53.1
N_2	g	0.0	0.0	191.60
NH_3	g	−45.96	−16.12	192.70
NH_4Cl	s	−315.39	−203.79	94.56
$(NH_4)_2SO_4$	s	−1191.85	−900.12	220.29
NO	g	90.37	86.69	210.77
NO_2	g	33.85	51.99	240.06
N_2O	g	81.55	103.66	220.02
N_2O_4	g	9.66	98.36	304.41
N_2O_5	g	2.5	109	343
Na	s	0.0	0.0	51.0
NaCl	s	−410.99	−384.03	72.38
NaF	s	−569.0	−541.0	58.6
$NaHCO_3$	s	−947.7	−851.9	102.1
NaI	s	−288.03	−286.1	98.53
$NaNO_3$	s	−466.68	−365.82	116.3
NaOH	s	−426.8	−380.7	64.18
Na_2CO_3	s	−1130.9	−1047.7	136.0
O_2	g	0.0	0.0	205.14
O_3	g	142.26	162.82	238.81
PCl_3	g	−306.35	−286.25	311.4
PCl_5	g	−398.94	−324.59	352.82
Pb	s	0.0	0.0	64.89
$PbCO_3$	s	−700.0	−626.3	131.0
$PbCl_2$	s	−359.20	−313.94	136.4
PbO	s(红)	−219.24	−189.31	67.8
PbO	s(黄)	−217.86	−188.47	69.4
PbO_2	s	−276.65	−218.96	76.6
PbS	s	−94.31	−92.67	91.2

物　质	状　态	$\Delta_f H_m^\ominus$/kJ·mol^{-1}	$\Delta_f G_m^\ominus$/kJ·mol^{-1}	$S_m^\ominus$/J·mol^{-1}·K^{-1}
S	s(斜方)	0.0	0.0	31.93
SO_2	g	−296.85	−300.16	248.22
SO_3	g	−395.26	−370.35	256.13
Sb	s	0.0	0.0	43.9
$SbCl_3$	s	−382.17	−324.71	186.2
Sb_2O_3	s	−689.9		123.0
Sb_2O_5	s	−980.7	−838.9	125.1
Si	s	0.0	0.0	17.70
SiC	s(立方)	−111.7	−109.2	16.5
$SiCl_4$	g	−609.6	−569.9	331.5
SiF_4	g	−1548	−1506	284.6
SiH_4	g	61.9	39.3	203.9
SiO_2	s(石英)	−859.4	−805.0	41.84
Sn	s(白)	0.0	0.0	51.5
SnO_2	s	−580.7	−519.6	52.3
$SrCO_3$	s	−1218.4	−1137.6	97.1
$SrCl_2$	s	−828.4	−781.1	117
SrO	s	−590.4	−559.8	54.4
$Sr(OH)_2$	s	−959.4	−882.0	97.1
$SrSO_4$	s	−1444.7	−1334.3	121.7
Ti	s	0.0	0.0	30.3
$TiCl_4$	l	−750.2	−674.5	252.7
$TiCl_4$	g	−763.2	−726.8	353.1
TiO_2	s(金红石)	−912.1	−852.7	50.2
Zn	s	0.0	0.0	41.6
Zn	g	130.50	94.93	160.98
ZnO	s	−347.98	−318.17	43.93
$Zn(OH)_2$	s	−641.91	−553.58	81.2
ZnS	s(闪锌矿)	−202.9	−198.3	57.7
$ZnSO_4$	s	−978.55	−871.50	124.7
CH_4 甲烷	g	−74.85	−50.81	186.38
C_2H_6 乙烷	g	−84.68	−32.86	229.60
C_3H_8 丙烷	g	−103.85	−23.37	270.02
C_4H_{10} 正丁烷	g	−126.15	−17.02	310.23
C_2H_4 乙烯	g	52.30	68.15	219.56
C_3H_6 丙烯	g	20.42	62.79	267.05
C_2H_2 乙炔	g	226.73	209.20	200.94
C_6H_{12} 环己烷	g	−123.14	31.92	298.35
C_6H_6 苯	l	49.04	124.45	173.26
C_6H_6 苯	g	82.93	129.73	269.31
C_7H_8 甲苯	l	12.01	113.89	220.96
C_7H_8 甲苯	g	50.00	122.11	320.77
C_8H_8 苯乙烯	l	103.89	202.51	237.57
C_8H_8 苯乙烯	g	147.36	213.90	345.21
C_2H_6O 甲醚	g	−184.05	−112.85	267.17
$C_4H_{10}O$ 乙醚	l	−279.5	−122.75	253.1
$C_4H_{10}O$ 乙醚	g	−252.21	−122.19	342.78
CH_4O 甲醇	l	−238.57	−166.15	126.8
CH_4O 甲醇	g	−201.17	−162.46	239.81
C_2H_6O 乙醇	l	−276.98	−174.03	160.67

续表

物质	状态	$\Delta_f H_m^{\ominus}$/kJ·mol^{-1}	$\Delta_f G_m^{\ominus}$/kJ·mol^{-1}	$S_m^{\ominus}$/J·mol^{-1}·K^{-1}
C_2H_6O 乙醇	g	−234.81	−168.20	282.70
CH_2O 甲醛	g	−115.90	−109.89	218.89
C_2H_4O 乙醛	l	−192.0		
C_2H_4O 乙醛	g	−166.36	−133.25	264.33
C_3H_6O 丙酮	l	−248.1	−155.28	200.4
C_3H_6O 丙酮	g	−217.57	−152.97	295.04
$C_2H_4O_2$ 乙酸	l	−484.09	−389.26	159.83
$C_2H_4O_2$ 乙酸	g	−434.84	−376.62	282.61
$C_4H_8O_2$ 乙酸乙酯	l	−479.03	−382.55	259.4
$C_4H_8O_2$ 乙酸乙酯	g	−442.92	−327.27	362.86
C_6H_6O 苯酚	s	−165.02	−50.31	144.01
C_6H_6O 苯酚	g	−96.36	−32.81	315.71
C_2H_7N 乙胺	g	−46.02	37.38	284.96
CHF_3 三氟甲烷	g	−697.51	−663.05	259.69
CF_4 四氟化碳	g	−933.03	−888.40	261.61
CH_2Cl_2 二氯甲烷	g	−95.40	−68.84	270.35
$CHCl_3$ 氯仿	l	−132.2	−71.77	202.9
$CHCl_3$ 氯仿	g	−101.25	−68.50	295.75
CCl_4 四氯化碳	l	−132.84	−62.56	216.19
CCl_4 四氯化碳	g	−100.42	−58.21	310.23
C_2H_5Cl 氯乙烷	l	−136.0	−58.81	190.79
C_2H_5Cl 氯乙烷	g	−111.71	−59.93	275.96
CH_3Br 溴甲烷	g	−37.66	−28.14	245.92

附录 4 常见弱酸、弱碱在水中的解离常数（298.15K）

弱酸	结构式	$K_a^{\ominus}$	$pK_a^{\ominus}$
砷酸	H_3AsO_4	$6.3\times10^{-3}(K_{a1})$	2.2
		$1.0\times10^{-7}(K_{a2})$	7.00
		$3.2\times10^{-12}(K_{a3})$	11.50
亚砷酸	$HAsO_2$	6.0×10^{-10}	9.22
硼酸	H_3BO_3	5.8×10^{-10}	9.24
焦硼酸	$H_2B_4O_7$	$1\times10^{-4}(K_{a1})$	4
		$1\times10^{-9}(K_{a2})$	9
碳酸	$H_2CO_3(CO_2+H_2O)$	$4.2\times10^{-7}(K_{a1})$	6.38
		$5.6\times10^{-11}(K_{a2})$	10.25
氢氰酸	HCN	6.2×10^{-10}	9.21
铬酸	H_2CrO_4	$1.8\times10^{-1}(K_{a1})$	0.74
		$3.2\times10^{-7}(K_{a2})$	6.50
氢氟酸	HF	6.6×10^{-4}	3.18
亚硝酸	HNO_2	5.1×10^{-4}	3.29
过氧化氢	H_2O_2	1.8×10^{-12}	11.75
磷酸	H_3PO_4	$7.6\times10^{-3}(K_{a1})$	2.12
		$6.3\times10^{-8}(K_{a2})$	7.20
		$4.4\times10^{-13}(K_{a3})$	12.36
焦磷酸	$H_4P_2O_7$	$3.0\times10^{-2}(K_{a1})$	1.52
		$4.4\times10^{-3}(K_{a2})$	2.36
		$2.5\times10^{-7}(K_{a3})$	6.60
		$5.6\times10^{-10}(K_{a4})$	9.25
亚磷酸	H_3PO_3	$5.0\times10^{-2}(K_{a1})$	1.30
		$2.5\times10^{-7}(K_{a2})$	6.60
氢硫酸	H_2S	$1.07\times10^{-7}(K_{a1})$	6.92
		$1.26\times10^{-13}(K_{a2})$	14.00
硫酸	HSO_4^-	$1.0\times10^{-2}(K_{a2})$	1.99

续表

弱　酸	结 构 式	$K_a^\ominus$	$pK_a^\ominus$
亚硫酸	$H_2SO_3(SO_2+H_2O)$	$1.3\times10^{-2}(K_{a1})$	1.90
		$6.3\times10^{-8}(K_{a2})$	7.20
偏硅酸	H_2SiO_3	$1.7\times10^{-10}(K_{a1})$	9.77
		$1.6\times10^{-12}(K_{a2})$	11.8
甲酸	HCOOH	1.8×10^{-4}	3.74
乙酸	CH_3COOH	1.8×10^{-5}	4.74
一氯乙酸	$CH_2ClCOOH$	1.4×10^{-3}	2.86
二氯乙酸	$CHCl_2COOH$	5.0×10^{-2}	1.30
三氯乙酸	CCl_3COOH	0.23	0.64
氨基乙酸盐	$^+NH_3CH_2COOH$	$4.5\times10^{-3}(K_{a1})$	2.35
	$^+NH_3CH_2COO^-$	$2.5\times10^{-10}(K_{a2})$	9.60
抗坏血酸	O═C—C(OH)═C(OH)—CH— (O 连接 C 与 CH 成环)	$5.0\times10^{-5}(K_{a1})$	4.30
	—CHOH—CH_2OH	$1.5\times10^{-10}(K_{a2})$	9.82
乳酸	$CH_3CHOHCOOH$	1.4×10^{-4}	3.86
苯甲酸	C_6H_5COOH	6.2×10^{-5}	4.21
草酸	$H_2C_2O_4$	$5.9\times10^{-2}(K_{a1})$	1.22
		$6.4\times10^{-5}(K_{a2})$	4.19
d-酒石酸	CH(OH)COOH | CH(OH)COOH	$9.1\times10^{-4}(K_{a1})$	3.04
		$4.3\times10^{-5}(K_{a2})$	4.37
邻苯二甲酸	C_6H_4(COOH)(COOH)（邻位）	$1.1\times10^{-3}(K_{a1})$	2.95
		$3.9\times10^{-6}(K_{a2})$	5.41
柠檬酸	CH_2COOH | C(OH)COOH | CH_2COOH	$7.4\times10^{-4}(K_{a1})$	3.13
		$1.7\times10^{-5}(K_{a2})$	4.76
		$4.0\times10^{-7}(K_{a3})$	6.40
苯酚	C_6H_5OH	1.1×10^{-10}	9.95
乙二胺四乙酸	H_6-$EDTA^{2+}$	$0.13(K_{a1})$	0.9
	H_5-$EDTA^+$	$3\times10^{-2}(K_{a2})$	1.6
	H_4-EDTA	$1\times10^{-2}(K_{a3})$	2.0
	H_3-$EDTA^-$	$2.1\times10^{-3}(K_{a4})$	2.67
	H_2-$EDTA^{2-}$	$6.9\times10^{-7}(K_{a5})$	6.16
	H-$EDTA^{3-}$	$5.5\times10^{-11}(K_{a6})$	10.26
氨水	$NH_3\cdot H_2O$	1.8×10^{-5}	4.74
联氨	H_2NNH_2	$3.0\times10^{-6}(K_{b1})$	5.52
		$7.6\times10^{-15}(K_{b2})$	14.12
羟胺	NH_2OH	9.1×10^{-9}	8.04
甲胺	CH_3NH_2	4.2×10^{-4}	3.38
乙胺	$C_2H_5NH_2$	5.6×10^{-4}	3.25
二甲胺	$(CH_3)_2NH$	1.2×10^{-4}	3.93
二乙胺	$(C_2H_5)_2NH$	1.3×10^{-3}	2.89
乙醇胺	$HOCH_2CH_2NH_2$	3.2×10^{-5}	4.50
三乙醇胺	$(HOCH_2CH_2)_3N$	5.8×10^{-7}	6.24
六亚甲基四胺	$(CH_2)_6N_4$	1.4×10^{-9}	8.85
乙二胺	$H_2NCH_2CH_2NH_2$	$8.5\times10^{-5}(K_{b1})$	4.07
		$7.1\times10^{-8}(K_{b2})$	7.15
吡啶	C_5H_5N（吡啶环）	1.7×10^{-9}	8.77

注：氨水以下为碱性。

附录 5　溶度积常数（298.15K）

化　合　物	$K_{sp}^{\ominus}$	化　合　物	$K_{sp}^{\ominus}$
AgAc	1.94×10^{-3}	$Cu_2P_2O_7$	8.3×10^{-16}
AgBr	5.35×10^{-13}	CuS	6.3×10^{-36}
Ag_2CO_3	8.46×10^{-12}	Cu_2S	2.5×10^{-48}
AgCl	1.77×10^{-10}	$FeCO_3$	3.2×10^{-11}
$Ag_2C_2O_4$	5.40×10^{-12}	$FeC_2O_4\cdot2H_2O$	3.2×10^{-7}
Ag_2CrO_4	1.12×10^{-12}	$Fe(OH)_2$	4.87×10^{-17}
$Ag_2Cr_2O_7$	2.0×10^{-7}	$Fe(OH)_3$	2.79×10^{-39}
AgI	8.52×10^{-17}	FeS	6.3×10^{-18}
$AgIO_3$	3.17×10^{-8}	Hg_2Cl_2	1.43×10^{-18}
$AgNO_2$	6.0×10^{-4}	Hg_2I_2	5.2×10^{-29}
AgOH	2.0×10^{-8}	$Hg(OH)_2$	3.0×10^{-26}
Ag_3PO_4	8.89×10^{-17}	Hg_2S	1.0×10^{-47}
Ag_2S	6.3×10^{-50}	HgS(红)	4.0×10^{-53}
Ag_2SO_4	1.20×10^{-5}	HgS(黑)	1.6×10^{-52}
$Al(OH)_3$	1.3×10^{-33}	Hg_2SO_4	6.5×10^{-7}
AuCl	2.0×10^{-13}	KIO_4	3.71×10^{-4}
$AuCl_3$	3.2×10^{-25}	$K_2[PtCl_6]$	7.48×10^{-6}
$Au(OH)_3$	5.5×10^{-46}	$K_2[SiF_6]$	8.7×10^{-7}
$BaCO_3$	2.58×10^{-9}	Li_2CO_3	8.15×10^{-4}
BaC_2O_4	1.6×10^{-7}	LiF	1.84×10^{-3}
$BaCrO_4$	1.17×10^{-10}	$MgCO_3$	6.82×10^{-6}
BaF_2	1.84×10^{-7}	MgF_2	5.16×10^{-11}
$Ba_3(PO_4)_2$	3.4×10^{-23}	$Mg(OH)_2$	5.61×10^{-12}
$BaSO_3$	5.0×10^{-10}	$MnCO_3$	2.24×10^{-11}
$BaSO_4$	1.08×10^{-10}	$Mn(OH)_2$	1.9×10^{-13}
BaS_2O_3	1.6×10^{-5}	MnS(无定形)	2.5×10^{-10}
$Bi(OH)_3$	4.0×10^{-31}	(结晶)	2.5×10^{-13}
BiOCl	1.8×10^{-31}	Na_3AlF_6	4.0×10^{-10}
Bi_2S_3	1×10^{-97}	$NiCO_3$	1.42×10^{-7}
$CaCO_3$	3.36×10^{-9}	$Ni(OH)_2$ 新析出	2.0×10^{-13}
$CaC_2O_4\cdot H_2O$	2.32×10^{-9}	α-NiS	3.2×10^{-19}
$CaCrO_4$	7.1×10^{-4}	β-NiS	1.0×10^{-24}
CaF_2	3.45×10^{-11}	γ-NiS	2.0×10^{-26}
$CaHPO_4$	1.0×10^{-7}	$Pb(OH)_2$	1.43×10^{-15}
$Ca(OH)_2$	5.02×10^{-6}	$Pb(OH)_4$	3.2×10^{-44}
$Ca_3(PO_4)_2$	2.07×10^{-33}	$Pb_3(PO_4)_2$	8.0×10^{-40}
$CaSO_4$	4.93×10^{-5}	$PbMoO_4$	1.0×10^{-13}
$CaSO_3\cdot0.5H_2O$	3.1×10^{-7}	PbS	8.0×10^{-28}
$CdCO_3$	1.0×10^{-12}	$PbBr_2$	6.60×10^{-6}
$CdC_2O_4\cdot3H_2O$	1.42×10^{-8}	$PbCO_3$	7.4×10^{-14}
$Cd(OH)_2$(新析出)	2.5×10^{-14}	$PbCl_2$	1.70×10^{-5}
CdS	8.0×10^{-27}	PbC_2O_4	4.8×10^{-10}
$CoCO_3$	1.4×10^{-13}	$PbCrO_4$	2.8×10^{-13}
$Co(OH)_2$(新析出)	1.6×10^{-15}	PbI_2	9.8×10^{-9}
$Co(OH)_3$	1.6×10^{-44}	$PbSO_4$	2.53×10^{-8}
α-CoS(新析出)	4.0×10^{-21}	$Sn(OH)_2$	5.45×10^{-27}
β-CoS(陈化)	2.0×10^{-25}	$Sn(OH)_4$	1×10^{-56}
$Cr(OH)_3$	6.3×10^{-31}	SnS	1.0×10^{-25}
CuBr	6.27×10^{-9}	$SrCO_3$	5.60×10^{-10}
CuCN	3.47×10^{-20}	$SrC_2O_4\cdot H_2O$	1.6×10^{-7}
$CuCO_3$	1.4×10^{-10}	$SrCrO_4$	2.2×10^{-5}
CuCl	1.72×10^{-7}	$SrSO_4$	3.44×10^{-7}
$CuCrO_4$	3.6×10^{-6}	$ZnCO_3$	1.46×10^{-10}
CuI	1.27×10^{-12}	$ZnC_2O_4\cdot2H_2O$	1.38×10^{-9}
CuOH	1.0×10^{-14}	$Zn(OH)_2$	3.0×10^{-17}
$Cu(OH)_2$	2.2×10^{-20}	α-ZnS	1.6×10^{-24}
$Cu_3(PO_4)_2$	1.40×10^{-37}	β-ZnS	2.5×10^{-22}

附录 6 电极反应的标准电极电势（298.15K）

A. 在酸性溶液中

电 极 反 应	$\varphi^{\ominus}$/V
$Li^{+}+e^{-}=Li$	−3.0403
$Cs^{+}+e^{-}=Cs$	−3.02
$Rb^{+}+e^{-}=Rb$	−2.98
$K^{+}+e^{-}=K$	−2.931
$Ba^{2+}+2e^{-}=Ba$	−2.912
$Sr^{2+}+2e^{-}=Sr$	−2.899
$Ca^{2+}+2e^{-}=Ca$	−2.868
$Na^{+}+e^{-}=Na$	−2.71
$Mg^{2+}+2e^{-}=Mg$	−2.372
$\frac{1}{2}H_2+e^{-}=H^{-}$	−2.23
$Sc^{3+}+3e^{-}=Sc$	−2.077
$[AlF_6]^{3-}+3e^{-}=Al+6F^{-}$	−2.069
$Be^{2+}+2e^{-}=Be$	−1.847
$Al^{3+}+3e^{-}=Al$	−1.662
$Ti^{2+}+2e^{-}=Ti$	−1.37
$[SiF_6]^{2-}+4e^{-}=Si+6F^{-}$	−1.24
$Mn^{2+}+2e^{-}=Mn$	−1.185
$V^{2+}+2e^{-}=V$	−1.175
$Cr^{2+}+2e^{-}=Cr$	−0.913
$TiO^{2+}+2H^{+}+4e^{-}=Ti+H_2O$	−0.89
$H_3BO_3+3H^{+}+3e^{-}=B+3H_2O$	−0.8700
$Zn^{2+}+2e^{-}=Zn$	−0.7600
$Cr^{3+}+3e^{-}=Cr$	−0.744
$As+3H^{+}+3e^{-}=AsH_3$	−0.608
$Ga^{3+}+3e^{-}=Ca$	−0.549
$Fe^{2+}+2e^{-}=Fe$	−0.447
$Cr^{3+}+e^{-}=Cr^{2+}$	−0.407
$Cd^{2+}+2e^{-}=Cd$	−0.4032
$PbI_2+2e^{-}=Pb+2I^{-}$	−0.365
$PbSO_4+2e^{-}=Pb+SO_4^{2-}$	−0.3590
$Co^{2+}+2e^{-}=Co$	−0.28
$H_3PO_4+2H^{+}+2e^{-}=H_3PO_3+H_2O$	−0.276
$Ni^{2+}+2e^{-}=Ni$	−0.257
$CuI+e^{-}=Cu+I^{-}$	−0.180
$AgI+e^{-}=Ag+I^{-}$	−0.15241
$GeO_2+4H^{+}+4e^{-}=Ge+2H_2O$	−0.15
$Sn^{2+}+2e^{-}=Sn$	−0.1377
$Pb^{2+}+2e^{-}=Pb$	−0.1264
$WO_3+6H^{+}+6e^{-}=W+3H_2O$	−0.090
$[HgI_4]^{2-}+2e^{-}=Hg+4I^{-}$	−0.04
$2H^{+}+2e^{-}=H_2$	0
$[Ag(S_2O_3)_2]^{3-}+e^{-}=Ag+2S_2O_3^{2-}$	0.01
$AgBr+e^{-}=Ag+Br^{-}$	0.07116
$S_4O_6^{2-}+2e^{-}=2S_2O_3^{2-}$	0.08
$S+2H^{+}+2e^{-}=H_2S$	0.142
$Sn^{4+}+2e^{-}=Sn^{2+}$	0.151
$SO_4^{2-}+4H^{+}+2e^{-}=H_2SO_3+H_2O$	0.172
$AgCl+e^{-}=Ag+Cl^{-}$	0.22216
$Hg_2Cl_2+2e^{-}=2Hg+2Cl^{-}$	0.26791
$VO^{2+}+2H^{+}+e^{-}=V^{3+}+H_2O$	0.337
$Cu^{2+}+2e^{-}=Cu$	0.3417
$[Fe(CN)_6]^{3-}+e^{-}=[Fe(CN)_6]^{4-}$	0.358
$[HgCl_4]^{2-}+2e^{-}=Hg+4Cl^{-}$	0.38
$Ag_2CrO_4+2e^{-}=2Ag+CrO_4^{2-}$	0.4468
$H_2SO_3+4H^{+}+4e^{-}=S+3H_2O$	0.449
$Cu^{+}+e^{-}=Cu$	0.521
$I_2+2e^{-}=2I^{-}$	0.5353
$MnO_4^{-}+e^{-}=MnO_4^{2-}$	0.558
$H_3AsO_4+2H^{+}+2e^{-}=H_3AsO_3+H_2O$	0.560
$Cu^{2+}+Cl^{-}+e^{-}=CuCl$	0.56
$Sb_2O_5+6H^{+}+4e^{-}=2SbO^{+}+3H_2O$	0.581
$TeO_2+4H^{+}+4e^{-}=Te+2H_2O$	0.593
$O_2+2H^{+}+2e^{-}=H_2O_2$	0.695
$H_2SeO_3+4H^{+}+4e^{-}=Se+3H_2O$	0.74
$H_3SbO_4+2H^{+}+2e^{-}=H_3SbO_3+H_2O$	0.75
$Fe^{3+}+e^{-}=Fe^{2+}$	0.771
$Hg_2^{2+}+2e^{-}=2Hg$	0.7971
$Ag^{+}+e^{-}=Ag$	0.7994
$2NO_3^{-}+4H^{+}+2e^{-}=N_2O_4+2H_2O$	0.803
$Hg^{2+}+2e^{-}=Hg$	0.851
$HNO_2+7H^{+}+6e^{-}=NH_4^{+}+2H_2O$	0.86
$NO_3^{-}+3H^{+}+2e^{-}=HNO_2+H_2O$	0.934
$NO_3^{-}+4H^{+}+3e^{-}=NO+2H_2O$	0.957
$HIO+H^{+}+2e^{-}=I^{-}+H_2O$	0.987
$HNO_2+H^{+}+e^{-}=NO+H_2O$	0.983
$VO_4^{3-}+6H^{+}+e^{-}=VO^{2+}+3H_2O$	1.031
$N_2O_4+4H^{+}+4e^{-}=2NO+2H_2O$	1.035
$N_2O_4+2H^{+}+2e^{-}=2HNO_2$	1.065
$Br_2+2e^{-}=2Br^{-}$	1.066
$IO_3^{-}+6H^{+}+6e^{-}=I^{-}+3H_2O$	1.085
$SeO_4^{2-}+4H^{+}+2e^{-}=H_2SeO_3+H_2O$	1.151
$ClO_4^{-}+2H^{+}+2e^{-}=ClO_3^{-}+H_2O$	1.189
$IO_3^{-}+6H^{+}+5e^{-}=\frac{1}{2}I_2+3H_2O$	1.195
$MnO_2+4H^{+}+2e^{-}=Mn^{2+}+2H_2O$	1.224
$O_2+4H^{+}+4e^{-}=2H_2O$	1.229
$Cr_2O_7^{2-}+14H^{+}+6e^{-}=2Cr^{3+}+7H_2O$	1.33
$2HNO_2+4H^{+}+4e^{-}=N_2O+3H_2O$	1.297
$HBrO+H^{+}+2e^{-}=Br^{-}+H_2O$	1331
$Cl_2+2e^{-}=2Cl^{-}$	1.35793
$ClO_4^{-}+8H^{+}+7e^{-}=\frac{1}{2}Cl_2+4H_2O$	1.39
$IO_4^{-}+8H^{+}+8e^{-}=I^{-}+4H_2O$	1.4
$BrO_3^{-}+6H^{+}+6e^{-}=Br^{-}+3H_2O$	1.423
$ClO_3^{-}+6H^{+}+6e^{-}=Cl^{-}+3H_2O$	1.451
$PbO_2+4H^{+}+2e^{-}=Pb^{2+}+2H_2O$	1.455
$ClO_3^{-}+6H^{+}+5e^{-}=\frac{1}{2}Cl_2+3H_2O$	1.47
$HClO+H^{+}+2e^{-}=Cl^{-}+H_2O$	1.482
$2BrO_3^{-}+12H^{+}+10e^{-}=Br_2+6H_2O$	1.482
$Au^{3+}+3e^{-}=Au$	1.498
$MnO_4^{-}+8H^{+}+5e^{-}=Mn^{2+}+4H_2O$	1.507
$NaBiO_3+6H^{+}+2e^{-}=Bi^{3+}+Na^{+}+3H_2O$	1.60
$2HClO+2H^{+}+2e^{-}=Cl_2+2H_2O$	1.611
$MnO_4^{-}+4H^{+}+3e^{-}=MnO_2+2H_2O$	1.679
$Au^{+}+e^{-}=Au$	1.692
$Ce^{4+}+e^{-}=Ce^{3+}$	1.72
$H_2O_2+2H^{+}+2e^{-}=2H_2O$	1.776
$Co^{3+}+e^{-}=Co^{2+}$	1.92
$S_2O_8^{2-}+2e^{-}=2SO_4^{2-}$	2.010
$O_3+2H^{+}+2e^{-}=O_2+H_2O$	2.076
$F_2+2e^{-}=2F^{-}$	2.866

B. 碱性溶液中

电极反应	$\varphi^{\ominus}$/V	电极反应	$\varphi^{\ominus}$/V
$Mg(OH)_2+2e^- \rightleftharpoons Mg+2OH^-$	−2.690	$CrO_4^{2-}+4H_2O+3e^- \rightleftharpoons Cr(OH)_3+5OH^-$	−0.13
$Al(OH)_3+3e^- \rightleftharpoons Al+3OH^-$	−2.31	$[Cu(NH_3)_2]^++e^- \rightleftharpoons Cu+2NH_3(aq)$	−0.11
$SiO_3^{2-}+3H_2O+4e^- \rightleftharpoons Si+6OH^-$	−1.697	$O_2+H_2O+2e^- \rightleftharpoons HO_2^-+OH^-$	−0.076
$Mn(OH)_2+2e^- \rightleftharpoons Mn+2OH^-$	−1.56	$MnO_2+2H_2O+2e^- \rightleftharpoons Mn(OH)_2+2OH^-$	−0.05
$As+3H_2O+3e^- \rightleftharpoons AsH_3+3OH^-$	−1.37	$NO_3^-+H_2O+2e^- \rightleftharpoons NO_2^-+2OH^-$	0.01
$Cr(OH)_3+3e^- \rightleftharpoons Cr+3OH^-$	−1.48	$[Co(NH_3)_6]^{3+}+e^- \rightleftharpoons [Co(NH_3)_6]^{2+}$	0.108
$[Zn(CN)_4]^{2-}+2e^- \rightleftharpoons Zn+4CN^-$	−1.26	$2NO_2^-+3H_2O+4e^- \rightleftharpoons N_2O+6OH^-$	0.15
$Zn(OH)_2+2e^- \rightleftharpoons Zn+2OH^-$	−1.249	$IO_3^-+2H_2O+4e^- \rightleftharpoons IO^-+4OH^-$	0.15
$N_2+4H_2O+4e^- \rightleftharpoons N_2H_4+4OH^-$	−1.15	$Co(OH)_3+e^- \rightleftharpoons Co(OH)_2+OH^-$	0.17
$PO_4^{3-}+2H_2O+2e^- \rightleftharpoons HPO_3^{2-}+3OH^-$	−1.05	$IO_3^-+3H_2O+6e^- \rightleftharpoons I^-+6OH^-$	0.26
$[Sn(OH)_6]^{2-}+2e^- \rightleftharpoons H_2SnO_2+4OH^-$	−0.93	$ClO_3^-+H_2O+2e^- \rightleftharpoons ClO_2^-+2OH^-$	0.33
$SO_4^{2-}+H_2O+2e^- \rightleftharpoons SO_3^{2-}+2OH^-$	−0.93	$Ag_2O+H_2O+2e^- \rightleftharpoons 2Ag+2OH^-$	0.342
$P+3H_2O+3e^- \rightleftharpoons PH_3+3OH^-$	−0.87	$ClO_4^-+H_2O+2e^- \rightleftharpoons ClO_3^-+2OH^-$	0.36
$Fe(OH)_2+2e^- \rightleftharpoons Fe+2OH^-$	−0.877	$[Ag(NH_3)_2]^++e^- \rightleftharpoons Ag+2NH_3(aq)$	0.373
$2NO_3^-+2H_2O+2e^- \rightleftharpoons N_2O_4+4OH^-$	−0.85	$O_2+2H_2O+4e^- \rightleftharpoons 4OH^-$	0.401
$[Co(CN)_6]^{3-}+e^- \rightleftharpoons [Co(CN)_6]^{4-}$	−0.83	$2BrO^-+2H_2O+2e^- \rightleftharpoons Br_2+4OH^-$	0.45
$2H_2O+2e^- \rightleftharpoons H_2+2OH^-$	−0.8277	$NiO_2+2H_2O+2e^- \rightleftharpoons Ni(OH)_2+2OH^-$	0.490
$AsO_4^{3-}+2H_2O+2e^- \rightleftharpoons AsO_2^-+4OH^-$	−0.71	$IO^-+H_2O+2e^- \rightleftharpoons I^-+2OH^-$	0.485
$AsO_2^-+2H_2O+3e^- \rightleftharpoons As+4OH^-$	−0.68	$ClO_4^-+4H_2O+8e^- \rightleftharpoons Cl^-+8OH^-$	0.51
$SO_3^{2-}+3H_2O+6e^- \rightleftharpoons S^{2-}+6OH^-$	−0.61	$2ClO^-+2H_2O+2e^- \rightleftharpoons Cl_2+4OH^-$	0.52
$[Au(CN)_2]^-+e^- \rightleftharpoons Au+2CN^-$	−0.60	$BrO_3^-+2H_2O+4e^- \rightleftharpoons BrO^-+4OH^-$	0.54
$2SO_3^{2-}+3H_2O+4e^- \rightleftharpoons S_2O_3^{2-}+6OH^-$	−0.571	$MnO_4^-+2H_2O+3e^- \rightleftharpoons MnO_2+4OH^-$	0.595
$Fe(OH)_3+e^- \rightleftharpoons Fe(OH)_2+OH^-$	−0.56	$MnO_4^{2-}+2H_2O+2e^- \rightleftharpoons MnO_2+4OH^-$	0.60
$S+2e^- \rightleftharpoons S^{2-}$	−0.47644	$BrO_3^-+3H_2O+6e^- \rightleftharpoons Br^-+6OH^-$	0.61
$NO_2^-+H_2O+e^- \rightleftharpoons NO+2OH^-$	−0.46	$ClO_3^-+3H_2O+6e^- \rightleftharpoons Cl^-+6OH^-$	0.62
$[Cu(CN)_2]^-+e^- \rightleftharpoons Cu+2CN^-$	−0.43	$ClO_2^-+H_2O+2e^- \rightleftharpoons ClO^-+2OH^-$	0.66
$[Co(NH_3)_6]^{2+}+2e^- \rightleftharpoons Co+6NH_3(aq)$	−0.422	$BrO^-+H_2O+2e^- \rightleftharpoons Br^-+2OH^-$	0.761
$[Hg(CN)_4]^{2-}+2e^- \rightleftharpoons Hg+4CN^-$	−0.37	$ClO^-+H_2O+2e^- \rightleftharpoons Cl^-+2OH^-$	0.81
$[Ag(CN)_2]^-+e^- \rightleftharpoons Ag+2CN^-$	−0.30	$N_2O_4+2e^- \rightleftharpoons 2NO_2^-$	0.867
$NO_3^-+5H_2O+6e^- \rightleftharpoons NH_2OH+7OH^-$	−0.30	$HO_2^-+H_2O+2e^- \rightleftharpoons 3OH^-$	0.878
$Cu(OH)_2+2e^- \rightleftharpoons Cu+2OH^-$	−0.222	$FeO_4^{2-}+2H_2O+3e^- \rightleftharpoons FeO_2^-+4OH^-$	0.9
$PbO_2+2H_2O+4e^- \rightleftharpoons Pb+4OH^-$	−0.16	$O_3+H_2O+2e^- \rightleftharpoons O_2+2OH^-$	1.24

附录 7　配离子的标准稳定常数（298.15K）

配离子生成反应	$K^{\ominus}_{稳}$
$Au^{3+}+2Cl^{-} \rightleftharpoons [AuCl_2]^{+}$	6.3×10^{9}
$Cd^{2+}+4Cl^{-} \rightleftharpoons [CdDl_4]^{2-}$	6.33×10^{2}
$Cu^{+}+3Cl^{-} \rightleftharpoons [CuCl_3]^{2-}$	5.0×10^{5}
$Cu^{+}+2Cl^{-} \rightleftharpoons [CuCl_2]^{-}$	3.1×10^{5}
$Fe^{2+}+Cl^{-} \rightleftharpoons [FeCl]^{+}$	2.29
$Fe^{3+}+4Cl^{-} \rightleftharpoons [FeCl_4]^{-}$	1.02
$Hg^{2+}+4Cl^{-} \rightleftharpoons [HgCl_4]^{2-}$	1.17×10^{15}
$Pb^{2+}+4Cl^{-} \rightleftharpoons [PbCl_4]^{2-}$	39.8
$Pt^{2+}+4Cl^{-} \rightleftharpoons [PtCl_4]^{2-}$	1.0×10^{16}
$Sn^{2+}+4Cl^{-} \rightleftharpoons [SnCl_4]^{2-}$	30.2
$Zn^{2+}+4Cl^{-} \rightleftharpoons [ZnCl_4]^{2-}$	1.58
$Ag^{+}+2CN^{-} \rightleftharpoons [Ag(CN)_2]^{-}$	1.3×10^{21}
$Ag^{+}+4CN^{-} \rightleftharpoons [Ag(CN)_4]^{3-}$	4.0×10^{20}
$Au^{+}+2CN^{-} \rightleftharpoons [Au(CN)_2]^{-}$	2.0×10^{38}
$Cd^{2+}+4CN^{-} \rightleftharpoons [Cd(CN)_4]^{2-}$	6.02×10^{18}
$Cu^{+}+2CN^{-} \rightleftharpoons [Cu(CN)_2]^{-}$	1.0×10^{16}
$Cu^{+}+4CN^{-} \rightleftharpoons [Cu(CN)_4]^{3-}$	2.00×10^{30}
$Fe^{2+}+6CN^{-} \rightleftharpoons [Fe(CN)_6]^{4-}$	1.0×10^{35}
$Fe^{3+}+6CN^{-} \rightleftharpoons [Fe(CN)_6]^{3-}$	1.0×10^{42}
$Hg^{2+}+4CN^{-} \rightleftharpoons [Hg(CN)_4]^{2-}$	2.5×10^{41}
$Ni^{2+}+4CN^{-} \rightleftharpoons [Ni(CN)_4]^{2-}$	2.0×10^{31}
$Zn^{2+}+4CN^{-} \rightleftharpoons [Zn(CN)_4]^{2-}$	5.0×10^{16}
$Ag^{+}+4SCN^{-} \rightleftharpoons [Ag(SCN)_4]^{3-}$	1.20×10^{10}
$Ag^{+}+2SCN^{-} \rightleftharpoons [Ag(SCN)_2]^{-}$	3.72×10^{7}
$Au^{+}+4SCN^{-} \rightleftharpoons [Au(SCN)_4]^{3-}$	1.0×10^{42}
$Au^{+}+2SCN^{-} \rightleftharpoons [Au(SCN)_2]^{-}$	1.0×10^{23}
$Cd^{2+}+4SCN^{-} \rightleftharpoons [Cd(SCN)_4]^{2-}$	3.98×10^{3}
$Co^{2+}+4SCN^{-} \rightleftharpoons [Co(SCN)_4]^{2-}$	1.00×10^{5}
$Cr^{3+}+2SCN^{-} \rightleftharpoons [Cr(NCS)_2]^{+}$	9.52×10^{2}
$Cu^{+}+2SCN^{-} \rightleftharpoons [Cu(SCN)_2]^{-}$	1.51×10^{5}
$Fe^{3+}+2SCN^{-} \rightleftharpoons [Fe(NCS)_2]^{+}$	2.29×10^{3}
$Hg^{2+}+4SCN^{-} \rightleftharpoons [Hg(SCN)_4]^{2-}$	1.70×10^{21}
$Ni^{2+}+3SCN^{-} \rightleftharpoons [Ni(SCN)_3]^{-}$	64.5
$Ag^{+}+EDTA \rightleftharpoons [AgEDTA]^{3-}$	2.09×10^{5}
$Al^{3+}+EDTA \rightleftharpoons [AlEDTA]^{-}$	1.29×10^{16}
$Ca^{2+}+EDTA \rightleftharpoons [CaEDTA]^{2-}$	1.0×10^{11}
$Cd^{2+}+EDTA \rightleftharpoons [CdEDTA]^{2-}$	2.5×10^{7}
$Co^{2+}+EDTA^{-} \rightleftharpoons [CoEDTA]^{2-}$	2.04×10^{16}
$Co^{3+}+EDTA^{-} \rightleftharpoons [CoEDTA]^{-}$	1.0×10^{36}
$Cu^{2+}+EDTA^{-} \rightleftharpoons [CuEDTA]^{2-}$	5.0×10^{18}
$Fe^{2+}+EDTA^{-} \rightleftharpoons [FeEDTA]^{2-}$	2.14×10^{14}
$Fe^{3+}+EDTA^{-} \rightleftharpoons [FeEDTA]^{-}$	1.70×10^{24}
$Hg^{2+}+EDTA^{-} \rightleftharpoons [HgEDTA]^{2-}$	6.33×10^{21}
$Mg^{2+}+EDTA^{-} \rightleftharpoons [MgEDTA]^{2-}$	4.37×10^{8}
$Mn^{2+}+EDTA^{-} \rightleftharpoons [MnEDTA]^{2-}$	6.3×10^{13}
$Ni^{2+}+EDTA^{-} \rightleftharpoons [NiEDTA]^{2-}$	3.64×10^{18}
$Zn^{2+}+EDTA^{-} \rightleftharpoons [ZnEDTA]^{2-}$	2.5×10^{16}
$Ag^{+}+2en \rightleftharpoons [Ag(en)_2]^{+}$	5.00×10^{7}
$Cd^{2+}+3en \rightleftharpoons [Cd(en)_3]^{2+}$	1.20×10^{12}
$Co^{2+}+3en \rightleftharpoons [Co(en)_3]^{2+}$	8.69×10^{13}
$Co^{2+}+3en \rightleftharpoons [Co(en)_3]^{3+}$	4.90×10^{48}
$Cr^{2+}+2en \rightleftharpoons [Cr(en)_2]^{2+}$	1.55×10^{9}
$Cu^{+}+2en \rightleftharpoons [Cu(en)_2]^{+}$	6.33×10^{10}
$Cu^{2+}+3en \rightleftharpoons [Cu(en)_3]^{2+}$	1.0×10^{21}
$Fe^{2+}+3en \rightleftharpoons [Fe(en)_3]^{2+}$	5.00×10^{9}
$Hg^{2+}+2en \rightleftharpoons [Hg(en)_2]^{2+}$	2.00×10^{23}
$Mn^{2+}+3en \rightleftharpoons [Mn(en)_3]^{2+}$	4.67×10^{5}
$Ni^{2+}+3en \rightleftharpoons [Ni(en)_3]^{2+}$	2.14×10^{18}
$Zn^{2+}+3en \rightleftharpoons [Zn(en)_3]^{2+}$	1.29×10^{14}
$Al^{3+}+6F^{-} \rightleftharpoons [AlF_6]^{3-}$	6.94×10^{19}
$Fe^{3+}+6F^{-} \rightleftharpoons [FeF_6]^{3-}$	1.0×10^{16}
$Ag^{+}+3I^{-} \rightleftharpoons [AgI_3]^{2-}$	4.78×10^{13}
$Ag^{+}+2I^{-} \rightleftharpoons [AgI_2]^{-}$	5.49×10^{11}
$Cd^{2+}+4I^{-} \rightleftharpoons [CdI_4]^{2-}$	2.57×10^{5}
$Cu^{+}+2I^{-} \rightleftharpoons [CuI_3]^{-}$	7.09×10^{8}
$Pb^{2+}+4I^{-} \rightleftharpoons [PbI_4]^{2-}$	2.95×10^{4}
$Hg^{2+}+4I^{-} \rightleftharpoons [HgI_4]^{2-}$	6.76×10^{29}
$Ag^{+}+2NH_3 \rightleftharpoons [Ag(NH_3)_2]^{+}$	1.12×10^{7}
$Cd^{2+}+6NH_3 \rightleftharpoons [Cd(NH_3)_6]^{2+}$	1.38×10^{5}
$Cd^{2+}+4NH_3 \rightleftharpoons [Cd(NH_3)_4]^{2+}$	1.32×10^{7}
$Co^{2+}+6NH_3 \rightleftharpoons [Co(NH_3)_6]^{2+}$	1.29×10^{5}
$Co^{3+}+6NH_3 \rightleftharpoons [Co(NH_3)_6]^{3+}$	1.58×10^{35}
$Cu^{+}+2NH_3 \rightleftharpoons [Cu(NH_3)_2]^{+}$	7.25×10^{10}
$Cu^{2+}+4NH_3 \rightleftharpoons [Cu(NH_3)_4]^{2+}$	2.09×10^{13}
$Fe^{2+}+2NH_3 \rightleftharpoons [Fe(NH_3)_2]^{2+}$	1.6×10^{2}
$Hg^{2+}+4NH_3 \rightleftharpoons [Hg(NH_3)_4]^{2+}$	1.90×10^{19}
$Mg^{2+}+2NH_3 \rightleftharpoons [Mg(NH_3)_2]^{2+}$	20
$Ni^{2+}+6NH_3 \rightleftharpoons [Ni(NH_3)_6]^{2+}$	5.49×10^{8}
$Ni^{2+}+4NH_3 \rightleftharpoons [Ni(NH_3)_4]^{2+}$	9.09×10^{7}
$Pt^{2+}+6NH_3 \rightleftharpoons [Pt(NH_3)_6]^{2+}$	2.00×10^{35}
$Zn^{2+}+4NH_3 \rightleftharpoons [Zn(NH_3)_4]^{2+}$	2.88×10^{9}
$Al^{3+}+4OH^{-} \rightleftharpoons [Al(OH)_4]^{-}$	1.07×10^{33}
$Bi^{3+}+4OH^{-} \rightleftharpoons [Bi(OH)_4]^{-}$	1.59×10^{35}
$Cd^{2+}+4OH^{-} \rightleftharpoons [Cd(OH)_4]^{2-}$	4.17×10^{8}
$Cr^{3+}+4OH^{-} \rightleftharpoons [Cr(OH)_4]^{-}$	7.94×10^{29}
$Cu^{2+}+4OH^{-} \rightleftharpoons [Cu(OH)_4]^{2-}$	3.16×10^{18}
$Fe^{2+}+4OH^{-} \rightleftharpoons [Fe(OH)_4]^{2-}$	3.80×10^{8}
$Ca^{2+}+P_2O_7^{4-} \rightleftharpoons [Ca(P_2O_7)]^{2-}$	4.0×10^{4}
$Cd^{2+}+P_2O_7^{4-} \rightleftharpoons [Cd(P_2O_7)]^{2-}$	4.0×10^{5}
$Cu^{2+}+P_2O_7^{4-} \rightleftharpoons [Cu(P_2O_7)]^{2-}$	1.0×10^{8}
$Pb^{2+}+P_2O_7^{4-} \rightleftharpoons [Pb(P_2O_7)]^{2-}$	2.0×10^{5}
$Ni^{2+}+2P_2O_7^{4-} \rightleftharpoons [Ni(P_2O_7)]^{6-}$	2.5×10^{2}
$Ag^{+}+S_2O_3^{2-} \rightleftharpoons [Ag(S_2O_3)]^{-}$	6.62×10^{8}
$Ag^{+}+2S_2O_3^{2-} \rightleftharpoons [Ag(S_2O_3)_2]^{3-}$	2.88×10^{13}
$Cd^{2+}+2S_2O_3^{2-} \rightleftharpoons [Cd(S_2O_3)_2]^{2-}$	2.75×10^{6}
$Cu^{+}+2S_2O_3^{2-} \rightleftharpoons [Cu(S_2O_3)_2]^{3-}$	1.66×10^{12}
$Pb^{2+}+2S_2O_3^{2-} \rightleftharpoons [Pb(S_2O_3)_2]^{2-}$	1.35×10^{5}
$Hg^{2+}+4S_2O_3^{2-} \rightleftharpoons [Hg(S_2O_3)_4]^{6-}$	1.74×10^{33}
$Hg^{2+}+2S_2O_3^{2-} \rightleftharpoons [Hg(S_2O_3)_2]^{2-}$	2.75×10^{29}

附录 8　化合物的分子量

Ag_3AsO_4	462.52	$Co(NO_3)_2$	182.94	$H_2C_2O_4$	90.035
$AgBr$	187.77	$Co(NO_3)_2 \cdot 6H_2O$	291.03	$H_2C_2O_4 \cdot 2H_2O$	126.07
$AgCl$	143.32	CoS	90.99	HCl	34.461
$AgCN$	133.89	$CoSO_4$	154.99	HF	20.006
$AgSCN$	165.95	$CoSO_4 \cdot 7H_2O$	281.10	HI	127.91
Ag_2CrO_4	331.73	$CO(NH_2)_2$	60.06	HIO_3	175.91
AgI	234.77	$CrCl_3$	158.35	HNO_3	63.013
$AgNO_3$	169.87	$CrCl_3 \cdot 6H_2O$	266.45	HNO_2	47.013
$AlCl_3$	133.34	$Cr(NO_3)_3$	238.01	H_2O	18.015
$AlCl_3 \cdot 6H_2O$	241.43	Cr_2O_3	151.99	H_2O_2	34.015
$Al(NO_3)_3$	213.00	$CuCl$	98.999	H_3PO_4	97.995
$Al(NO_3)_3 \cdot 9H_2O$	375.13	$CuCl_2$	134.45	H_2S	34.08
Al_2O_3	101.96	$CuCl_2 \cdot 2H_2O$	170.48	H_2SO_3	82.07
$Al(OH)_3$	78.00	$CuSCN$	121.62	H_2SO_4	98.07
$Al_2(SO_4)_3$	342.14	CuI	190.45	$Hg(CN)_2$	252.63
$Al_2(SO_4)_3 \cdot 18H_2O$	666.41	$Cu(NO_3)_2$	187.56	$HgCl_2$	271.50
As_2O_3	197.84	$Cu(NO_3)_2 \cdot 3H_2O$	241.60	Hg_2Cl_2	472.09
As_2O_5	229.84	CuO	79.545	HgI_2	454.40
As_2S_3	246.02	Cu_2O	143.09	$Hg_2(NO_3)_2$	525.19
		CuS	95.61	$Hg_2(NO_3)_2 \cdot 2H_2O$	561.22
$BaCO_3$	197.34	$CuSO_4$	159.60	$Hg(NO_3)_2$	324.60
BaC_2O_4	225.35	$CuSO_4 \cdot 5H_2O$	249.68	HgO	216.59
$BaCl_2$	208.24			HgS	232.65
$BaCl_2 \cdot 2H_2O$	244.27	$FeCl_2$	126.75	$HgSO_4$	296.65
$BaCrO_4$	253.32	$FeCl_2 \cdot 4H_2O$	198.81	Hg_2SO_4	497.24
BaO	153.33	$FeCl_3$	162.21		
$Ba(OH)_2$	171.34	$FeCl_3 \cdot 6H_2O$	270.30	$KAl(SO_4)_2 \cdot 12H_2O$	474.38
$BaSO_4$	233.39	$FeNH_4(SO_4)_2 \cdot 12H_2O$	482.18	KBr	119.00
$BiCl_3$	315.34	$Fe(NO_3)_3$	241.86	$KBrO_3$	167.00
$BiOCl$	260.43	$Fe(NO_3)_3 \cdot 9H_2O$	404.00	KCl	74.551
		FeO	71.846	$KClO_3$	122.55
CO_2	44.01	Fe_2O_3	159.69	$KClO_4$	138.55
CaO	56.08	Fe_3O_4	231.54	KCN	65.116
$CaCO_3$	100.09	$Fe(OH)_3$	106.87	$KSCN$	97.18
CaC_2O_4	128.10	FeS	87.91	K_2CO_3	138.21
$CaCl_2$	110.99	Fe_2S_3	207.87	K_2CrO_4	194.19
$CaCl_2 \cdot 6H_2O$	219.08	$FeSO_4$	151.90	$K_2Cr_2O_7$	294.18
$Ca(NO_3)_2 \cdot 4H_2O$	236.15	$FeSO_4 \cdot 7H_2O$	278.01	$K_3Fe(CN)_6$	329.25
$Ca(OH)_2$	74.09	$FeSO_4 \cdot (NH_4)_2SO_4 \cdot 6H_2O$	392.13	$K_4Fe(CN)_6$	368.35
$Ca_3(PO_4)_2$	310.08			$KFe(SO_4)_2 \cdot 12H_2O$	503.24
$CaSO_4$	136.14	H_3AsO_3	125.94	$KHC_2O_4 \cdot H_2O$	146.14
$CdCO_3$	172.42	H_3AsO_4	141.94	$KHC_2O_4 \cdot H_2C_2O_4 \cdot 2H_2O$	254.19
$CdCl_2$	183.32	H_3BO_3	61.83	$KHC_4H_4O_6$	188.18
CdS	144.47	HBr	80.912	$KHSO_4$	136.16
$Ce(SO_4)_2$	332.24	HCN	27.026	KI	166.00
$Ce(SO_4)_2 \cdot 4H_2O$	404.30	$HCOOH$	46.026	KIO_3	214.00
$CoCl_2$	129.84	CH_3COOH	60.052	$KIO_3 \cdot HIO_3$	389.91
$CoCl_2 \cdot 6H_2O$	237.93	H_2CO_3	62.025	$KMnO_4$	158.03

续表

$KNaC_4H_4O_6\cdot 4H_2O$	282.22	Na_3AsO_3	191.89	$Pb(NO_3)_2$	331.20
KNO_3	101.10	$Na_2B_4O_7$	201.22	PbO	223.20
KNO_2	85.104	$Na_2B_4O_7\cdot 10H_2O$	381.37	PbO_2	239.20
K_2O	94.196	$NaBiO_3$	279.97	$Pb_3(PO_4)_2$	811.54
KOH	56.106	$NaCN$	49.007	PbS	239.30
K_2SO_4	174.25	$NaSCN$	81.07	$PbSO_4$	303.30
		Na_2CO_3	105.99		
$MgCO_3$	84.314	$Na_2CO_3\cdot 10H_2O$	286.14	SO_3	80.06
$MgCl_2$	95.211	$Na_2C_2O_4$	134.00	SO_2	64.06
$MgCl_2\cdot 6H_2O$	203.30	CH_3COONa	82.034	$SbCl_3$	228.11
MgC_2O_4	112.33	$CH_3COONa\cdot 3H_2O$	136.08	$SbCl_5$	299.02
$Mg(NO_3)_2\cdot 6H_2O$	256.41	$NaCl$	58.443	Sb_2O_3	291.50
$MgNH_4PO_4$	137.32	$NaClO$	74.442	Sb_2S_3	339.68
MgO	40.304	$NaHCO_3$	84.007	SiF_4	104.08
$Mg(OH)_2$	58.32	$Na_2HPO_4\cdot 12H_2O$	358.14	SiO_2	60.084
$Mg_2P_2O_7$	222.55	$Na_2H_2Y\cdot 2H_2O$	372.24	$SnCl_2$	189.60
$MgSO_4\cdot 7H_2O$	246.47	$NaNO_2$	68.995	$SnCl_2\cdot 2H_2O$	225.63
$MnCO_3$	114.95	$NaNO_3$	84.995	$SnCl_4$	260.50
$MnCl_2\cdot 4H_2O$	197.91	Na_2O	61.979	$SnCl_4\cdot 5H_2O$	350.58
$Mn(NO_3)_2\cdot 6H_2O$	287.04	Na_2O_2	77.978	SnO_2	156.69
MnO	70.937	$NaOH$	39.997	SnS	150.75
MnO_2	86.937	Na_3PO_4	163.94	$SrCO_3$	147.63
MnS	87.00	Na_2S	78.04	SrC_2O_4	175.64
$MnSO_4$	151.00	$Na_2S\cdot 9H_2O$	240.18	$SrCrO_4$	203.61
$MnSO_4\cdot 4H_2O$	223.06	Na_2SO_3	126.04	$Sr(NO_3)_2$	211.63
		Na_2SO_4	142.04	$Sr(NO_3)_2\cdot 4H_2O$	283.69
NO	30.006	$Na_2S_2O_3$	158.10	$SrSO_4$	183.68
NO_2	46.006	$Na_2S_2O_3\cdot 5H_2O$	248.17		
NH_3	17.03	$NiCl_2\cdot 6H_2O$	237.69	$UO_2(CH_3COO)_2\cdot 2H_2O$	424.15
CH_3COONH_4	77.083	NiO	74.69		
NH_4Cl	53.491	$Ni(NO_3)_2\cdot 6H_2O$	290.79	$ZnCO_3$	125.39
$(NH_4)_2CO_3$	96.086	NiS	90.75	ZnC_2O_4	153.40
$(NH_4)_2C_2O_4$	124.10	$NiSO_4\cdot 7H_2O$	280.85	$ZnCl_2$	136.29
$(NH_4)_2C_2O_4\cdot H_2O$	142.11			$Zn(CH_3COO)_2$	183.47
NH_4SCN	76.12	P_2O_5	141.94	$Zn(CH_3COO)_2\cdot 2H_2O$	219.50
NH_4HCO_3	79.005	$PbCO_3$	267.20	$Zn(NO_3)_2$	189.39
$(NH_4)_2MoO_4$	196.01	PbC_2O_4	295.22	$Zn(NO_3)_2\cdot 6H_2O$	297.48
NH_4NO_3	80.043	$PbCl_2$	278.10	ZnO	81.38
$(NH_4)_2HPO_4$	132.06	$PbCrO_4$	323.20	ZnS	97.44
$(NH_4)_2S$	68.14	$Pb(CH_3COO)_2$	325.30	$ZnSO_4$	161.44
$(NH_4)_2SO_4$	132.13	$Pb(CH_3COO)_2\cdot 3H_2O$	379.30	$ZnSO_4\cdot 7H_2O$	287.54
NH_4VO_3	116.98	PbI_2	461.00		

附录 9　一些金属冶炼的主要过程和反应

金属	主要矿石	冶炼过程与反应
Li	锂辉石 $Li_2O\cdot Al_2O_3\cdot 4SiO_2$	锂辉石$\xrightarrow{H_2SO_4}Li_2SO_4\xrightarrow{Na_2CO_3}Li_2CO_3\downarrow\xrightarrow{HCl}LiCl\xrightarrow[\text{电解 500℃}]{\text{KCl 熔融}}Li$
Na	NaCl(海水)	熔融 NaCl(含 $CaCl_2$ 和 KCl)$\xrightarrow[600℃]{\text{电解}}Na$ $NaOH\xrightarrow{\text{熔融电解}}Na$
K	光卤石 $KCl\cdot MgCl_2\cdot 6H_2O$ 钾石盐 KCl	熔融 KCl(+KF)$\xrightarrow{\text{电解}}K$
Mg	菱镁矿 $MgCO_3$ 白云石 $CaCO_3\cdot MgCO_3$ 光卤石 $MgCl_2\cdot KCl\cdot 6H_2O$	$MgCO_3\xrightarrow{\triangle}MgO\xrightarrow[2300℃]{C+Cl_2}MgCl_2$ 熔盐 $MgCl_2(NaCl+NaF)\xrightarrow[700℃]{\text{电解}}Mg$ $MgO+C\xrightarrow{2000℃}Mg+CO$
Ca	石膏 $CaSO_4\cdot 2H_2O$ 萤石 CaF_2	熔融 $CaCl_2(+CaF_2)\xrightarrow[700℃]{\text{电解}}Ca$
Ba	重晶石 $BaSO_4$ 毒重石 $BaCO_3$	$3BaO+2Al\xrightarrow{1200℃}3Ba+Al_2O_3$
Ti	金红石 TiO_2 钛铁矿 $FeTiO_2$	$FeTiO_3+H_2SO_4\longrightarrow Ti(SO_4)_2\xrightarrow{H_2O}H_2TiO_3\downarrow\xrightarrow{\triangle}TiO_2\xrightarrow{C+Cl_2}TiCl_4$ $TiCl_4\xrightarrow{Mg}Ti$
V	绿钒硫矿 VS_2 或 V_2O_3	矿粉$\xrightarrow{NaCl+O_2}NaVO_3\xrightarrow{H_2SO_4}V_2O_3$ $V_2O_3+3Ca\longrightarrow 2V+3CaO$
Cr	铬铁矿 $FeO\cdot Cr_2O_3$	$4Fe(CrO_2)_2+7O_2+8Na_2CO_3\longrightarrow 2Fe_2O_3+8Na_2CrO_4+8CO_2$ $Na_2CrO_4\xrightarrow{H_2SO_4}Na_2Cr_2O_7\xrightarrow{NH_4Cl}(NH_4)_2Cr_2O_7\xrightarrow{\triangle}Cr_2O_3\xrightarrow{Al}Cr+Al_2O_3$
Mo	辉钼矿 MoS_2	$2MoS_2+7O_2\xrightarrow{\text{焙烧}}2MoO_3+4SO_2$ $MoO_3\xrightarrow{NH_3\text{ 水}}(NH_4)_2MoO_4\xrightarrow{HCl}H_2MoO_4\downarrow\xrightarrow{\triangle}MoO_3\xrightarrow[\text{高温}]{H_2}Mo$
W	黑钨矿(Fe、Mn)WO_4 白钨矿 $CaWO_4$	黑钨矿$\xrightarrow[\text{煅烧}]{Na_2CO_3}Na_2WO_4\xrightarrow{HCl}H_2WO_4\downarrow$ $H_2WO_4\downarrow\xrightarrow{\triangle}WO_3\xrightarrow[\text{高温}]{H_2}W$ 白钨矿$\xrightarrow{\text{酸}}H_2WO_4\xrightarrow{\triangle}WO_3\xrightarrow{H_2}W$
Mn	软锰矿 MnO_2 黑锰矿 Mn_3O_4 褐锰矿 Mn_2O_5	$3MnO_2+4Al\xrightarrow{\text{铝热法}}2Al_2O_3+3Mn$

金属	主要矿石	冶炼过程与反应
Fe	赤铁矿 Fe_2O_3 磁铁矿 Fe_3O_4 黄铁矿 FeS_2	矿石、焦炭、石灰石 $\xrightarrow[700\sim800℃]{鼓入空气} \begin{cases} CaSiO_3(炉渣) \\ Fe \end{cases}$ $3Fe_2O_3 + CO \xrightarrow{300\sim500℃} 2Fe_3O_4 + CO_2$ $Fe_3O_4 + CO \xrightarrow{500\sim700℃} 3FeO + CO_2 \uparrow$ $FeO + CO \xrightarrow{700\sim800℃} Fe + CO_2$
Co	辉钴矿 $CoAsS$ 钴毒砂(Co、Ni、Fe)AsS	$(Co、Ni、Fe)AsS \xrightarrow{焙烧} As_2O_3 + SO_2 + FeSiO_3$(熔渣)+硬渣(不纯的钴氧化物) $\xrightarrow[焙烧]{NaCl} CoCl_2 \xrightarrow[Ca(ClO)_2]{Ca(OH)_2} Co(OH)_3 \xrightarrow{\triangle} Co_3O_4 \xrightarrow{Al} Co$
Ni	镍黄铁矿(Ni、Fe、Cu)S	$(Ni、Fe、Cu)S + SiO_2 \xrightarrow{焙烧} FeSiO_3$(熔渣)+冰铜($Ni_3S_2 + Cu_2S$) 冰铜 $\xrightarrow[熔融]{NaHSO_4+C}$ 分成两层 $\begin{cases} 上层(Na、Cu)_2S \\ 下层\ Ni_3S_2 \end{cases} \xrightarrow{焙烧} NiO \xrightarrow[300℃]{H_2} Ni$
Cu	辉铜矿 Cu_2S 黄铜矿 $CuFeS_2$ 赤铜矿 Cu_2O 孔雀石 $CuCO_3 \cdot Cu(OH)_2$	$2CuFeS_2 + O_2 \longrightarrow 2FeS + SO_2 + Cu_2S$ $2Cu_2S + 3O_2 \longrightarrow 2Cu_2O + 2SO_2$ $2Cu_2O + Cu_2S \longrightarrow SO_2 + 6Cu$(粗铜) 粗 Cu $\xrightarrow[CuSO_4\ 溶液]{电解}$ 精铜(含铜 99.99%以上)
Ag	闪银矿 Ag_2S 与方铅矿共生 自然银	$4Ag + 8NaCN + 2H_2O + O_2 \longrightarrow 4Na[Ag(CN)_2] + 4NaOH$ $Ag_2S + 4NaCN \longrightarrow 2Na[Ag(CN)_2] + Na_2S$ $2[Ag(CN)_2]^- + Zn \longrightarrow 2Ag + [Zn(CN)_4]^{2-}$
Au	自然金 Au	$4Au + 8NaCN + 2H_2O + O_2 \longrightarrow 4Na[Au(CN)_2] + 4NaOH$ $2[Au(CN)_2]^- + Zn \longrightarrow 2Au + [Zn(CN)_4]^{2-}$
Al	铝钒土 $Al_2O_3 \cdot 2H_2O$ 冰晶石 Na_3AlF_6	$Al_2O_3 + Na_2CO_3 \longrightarrow 2NaAlO_2 + CO_2 \uparrow$ $2NaAlO_2 + 3H_2O + CO_2 \longrightarrow 2Al(OH)_3 \downarrow + Na_2CO_3$ $2Al(OH)_3 \xrightarrow{\triangle} Al_2O_3 + 3H_2O$ Al_2O_3(+纯 $Na_3AlF_6 + CaF_2$)$\xrightarrow[875\sim900℃]{电解} Al$
Sn	锡石 SnO_2	$SnO_2 + 2C \xrightarrow{1200℃} Sn + 2CO \uparrow$
Pb	方铅矿 PbS	$2PbS + 3O_2 \longrightarrow 2SO_2 + 2PbO$ $PbS + 2O_2 \longrightarrow PbSO_4$ $2PbO + PbS \longrightarrow 3Pb + SO_2$ $PbSO_4 + PbS \longrightarrow 2Pb + 2SO_2 \uparrow$
Sb	辉锑矿 Sb_2S_3	$Sb_2S_3 + 3Fe \xrightarrow{熔炼} 2Sb + 3FeS$ $2Sb_2S_3 + 9O_2 \longrightarrow 2Sb_2O_3 + 6SO_2$ $2Sb_2O_3 + 3C \longrightarrow 4Sb + 3CO_2$
Bi	辉铋矿 Bi_2S_3 铋华 $Bi_2O_3 \cdot H_2O$	$2Bi_2S_3 + 9O_2 \longrightarrow 2Bi_2O_3 + 6SO_2$ $Bi_2O_3 + 3C \longrightarrow 2Bi + 3CO \uparrow$

附录 10 水溶液中的离子颜色

颜　　色	可能存在的离子
蓝色	Cu^{2+}
绿色	Ni^{2+}、Cr^{3+}、Fe^{2+}、MnO_4^{2-}、CrO_2^-
黄色	CrO_4^{2-}、Fe^{3+}、$[Fe(CN)_6]^{4-}$
橘红	$Cr_2O_7^{2-}$
粉红	Co^{2+}、Mn^{2+}(极淡粉红)
紫色	MnO_4^-、FeO_4^{2-}
无色	K^+、Na^+、NH_4^+、Mg^{2+}、Ca^{2+}、Sr^{2+}、Ba^{2+}、Al^{3+}、AlO_2^-、Zn^{2+}、ZnO_2^{2-}、Cu^+、Ag^+、Cd^{2+}、Hg_2^{2+}、Hg^{2+}、Pb^{2+}、Bi^{3+}、As^{3+}、AsO_3^{3-}、AsO_4^{3-}、Sn^{2+}、SnO_2^{2-}、SnO_3^{2-}、Sb^{3+}、SbO_4^{3-}

附录 11 常见有色固体物质的颜色

颜色	可能存在的物质
黑色 (棕黑色)	Ag_2S、Hg_2S、HgS、PbS、Cu_2S、CuS、FeS、CoS、NiS、CuO、NiO、Fe_3O_4、FeO、MnO_2
棕色	Bi_2S_3、SnS、Ag_2O、Bi_2O_3、CdO、$CuBr_2$、PbO_2
红色	HgS、Fe_2O_3、HgO、Pb_3O_4、HgI_2、$(NH_4)_2Cr_2O_7$、Ag_2CrO_4、$K_3[Fe(CN)_6]$，其他某些铬酸盐及钴盐
粉红色	水合钴盐、锰盐
黄色	As_2S_3、As_2S_5、SnS_2、CdS、HgO、PbO、AgI、AgBr(浅黄)，大多数铬酸盐
橙色	Sb_2S_5、$K_2Cr_2O_7$、$Na_2Cr_2O_7$
绿色	镍盐、某些铬盐及铜盐(如 $CuCl_2 \cdot H_2O$，$CrCl_3$)
蓝色	水合铜盐、无水钴盐(如 $CuSO_4 \cdot 5H_2O$，$CoCl_2$)
紫色	高锰酸盐及某些铬盐

参 考 文 献

[1] 冯传启，杨水金，刘浩文，黄文平. 无机化学. 北京：科学出版社，2010.
[2] 苏小云，臧祥生. 工科无机化学. 第3版. 上海：华东理工大学出版社，2004.
[3] 北京师范大学，华中师范大学，南京师范大学. 无机化学. 第4版. 北京：高等教育出版社，2002.
[4] 武汉大学、吉林大学等校编. 曹锡章，宋天佑，王杏乔修订. 无机化学. 第3版. 北京：高等教育出版社，1992.
[5] H. Eugene Lemay Jr，Theodore E. Brown，Bruce E. Bursten，Catherine Murphy，Patrick Woodward. Chemistry-The Central Science. Thirteen edition. New Jersey：Pearson Education，2014.
[6] 臧祥生，苏小云. 工科无机化学学习指导. 上海：华东理工大学出版社，2005.
[7] 徐家宁，井淑波，史苏华，宋天佑. 无机化学例题与习题. 第3版. 北京：高等教育出版社，2011.
[8] 张祖德，刘双怀，郑化桂. 无机化学：要点•例题•习题. 第4版. 合肥：中国科学技术大学出版社，2011.
[9] 王飞利，党民团，卢荣. 无机化学考研教案. 西安：西北工业大学出版社，2007.
[10] 李生英，徐世红，何丽君. 无机化学学习指导. 兰州：兰州大学出版社，2007.
[11] 张方钰，王运，董元彦. 无机及分析化学学习指导. 第2版. 北京：科学出版社，2011.
[12] 赵晓农. 无机及分析化学典型题解析及自测试题. 西安：西北工业大学出版社，2002.
[13] 迟玉兰，于永鲜，牟文生，孟长功，无机化学释疑与习题解析. 第2版. 北京：高等教育出版社，2006.
[14] 苏志平. 无机化学同步辅导及习题全解. 第5版. 北京：中国水利水电出版社，2011.
[15] 古国榜，展树中，李朴. 无机化学. 第4版. 北京：化学工业出版社，2010.
[16] 大连理工大学无机化学教研室. 无机化学. 第5版. 北京：高等教育出版社，2006.
[17] 周德凤，袁亚莉. 无机化学. 第2版. 武汉：华中科技大学出版社，2014.
[18] 孙挺，张霞. 无机化学. 北京：冶金工业出版社，2011.
[19] 铁步荣，贾桂芝. 无机化学. 北京：中国中医药出版社，2005.
[20] 司学芝. 无机化学. 郑州：郑州大学出版社，2007.
[21] 王宝仁. 无机化学. 第2版. 北京：化学工业出版社，2009.
[22] 武汉大学，吉林大学等. 无机化学. 第3版. 北京：高等教育出版社，1994.
[23] 杨作新，张霖霖. 无机化学. 广州：广东高等教育出版社，2000.
[24] 史文权. 无机化学. 武汉：武汉大学出版社，2011.
[25] 王艳玲. 无机化学. 北京：石油工业出版社，2008.
[26] 徐琰，李山鹰. 无机化学. 第2版. 郑州：河南科学技术出版社，2013.
[27] 袁亚莉，周德凤. 无机化学. 武汉：华中科技大学出版社，2007.
[28] 宋其圣，董岩，李大枝，张卫民. 无机化学. 北京：化学工业出版社，2008.
[29] 陈建华，马春玉. 无机化学. 北京：科学出版社，2009.
[30] 宋天佑，徐家宁，程功臻，王莉. 无机化学. 第3版. 北京：高等教育出版社，2015.
[31] 朱文祥. 中级无机化学. 北京：高等教育出版社，2004.
[32] 邓基芹主编. 无机化学. 第4版. 北京：冶金工业出版社，2009.
[33] 北京师范大学无机化学教研室等编. 无机化学. 北京：高等教育出版社，1986.
[34] 朱裕贞等编. 工科无机化学. 第2版. 上海：华东理工大学出版社，1993.

元素周期表

IUPAC 2013

说明	示例（95 号元素）	标注
氧化态（单质的氧化态为0，未列入；常见的为红色）	+2 +3 +4 +5 +6	
	95	原子序数
	Am	元素符号（红色的为放射性元素）
	镅▲	元素名称（注▲的为人造元素）
	$5f^77s^2$	价层电子构型
以 $^{12}C=12$ 为基准的原子量（注✦的是半衰期最长同位素的原子量）	243.06138(2)✦	

s区元素　p区元素　d区元素　ds区元素　f区元素　稀有气体

族/周期	1 ⅠA	2 ⅡA	3 ⅢB	4 ⅣB	5 ⅤB	6 ⅥB	7 ⅦB	8	9 ⅧB(Ⅷ)	10	11 ⅠB	12 ⅡB	13 ⅢA	14 ⅣA	15 ⅤA	16 ⅥA	17 ⅦA	18 ⅧA(0)	电子层
1	−1 +1 1 H 氢 $1s^1$ 1.008																	2 He 氦 $1s^2$ 4.002602(2)	K
2	+1 3 Li 锂 $2s^1$ 6.94	+2 4 Be 铍 $2s^2$ 9.0121831(5)											+3 5 B 硼 $2s^22p^1$ 10.81	−4 +2 +4 6 C 碳 $2s^22p^2$ 12.011	−3 −2 −1 +1 +2 +3 +4 +5 7 N 氮 $2s^22p^3$ 14.007	−2 −1 8 O 氧 $2s^22p^4$ 15.999	−1 9 F 氟 $2s^22p^5$ 18.998403163(6)	10 Ne 氖 $2s^22p^6$ 20.1797(6)	L K
3	−1 +1 11 Na 钠 $3s^1$ 22.98976928(2)	+2 12 Mg 镁 $3s^2$ 24.305											+3 13 Al 铝 $3s^23p^1$ 26.9815385(7)	−4 +2 +4 14 Si 硅 $3s^23p^2$ 28.085	−3 −2 +1 +3 +5 15 P 磷 $3s^23p^3$ 30.973761998(5)	−2 +2 +4 +6 16 S 硫 $3s^23p^4$ 32.06	−1 +1 +3 +5 +7 17 Cl 氯 $3s^23p^5$ 35.45	18 Ar 氩 $3s^23p^6$ 39.948(1)	M L K
4	−1 +1 19 K 钾 $4s^1$ 39.0983(1)	+2 20 Ca 钙 $4s^2$ 40.078(4)	+3 21 Sc 钪 $3d^14s^2$ 44.955908(5)	−1 0 +2 +3 +4 22 Ti 钛 $3d^24s^2$ 47.867(1)	0 ±1 +2 +3 +4 +5 23 V 钒 $3d^34s^2$ 50.9415(1)	−3 0 ±1 ±2 +3 +4 +5 +6 24 Cr 铬 $3d^54s^1$ 51.9961(6)	−2 0 ±1 +2 ±3 +4 +5 +6 +7 25 Mn 锰 $3d^54s^2$ 54.938044(3)	−2 0 ±1 +2 +3 +4 +5 +6 26 Fe 铁 $3d^64s^2$ 55.845(2)	0 ±1 +2 +3 +4 +5 27 Co 钴 $3d^74s^2$ 58.933194(4)	0 ±1 +2 +3 +4 28 Ni 镍 $3d^84s^2$ 58.6934(4)	+1 +2 +3 +4 29 Cu 铜 $3d^{10}4s^1$ 63.546(3)	+1 +2 30 Zn 锌 $3d^{10}4s^2$ 65.38(2)	+1 +3 31 Ga 镓 $4s^24p^1$ 69.723(1)	+2 +4 32 Ge 锗 $4s^24p^2$ 72.630(8)	−3 +3 +5 33 As 砷 $4s^24p^3$ 74.921595(6)	−2 +2 +4 +6 34 Se 硒 $4s^24p^4$ 78.971(8)	−1 +1 +3 +5 +7 35 Br 溴 $4s^24p^5$ 79.904	+2 +4 36 Kr 氪 $4s^24p^6$ 83.798(2)	N M L K
5	−1 +1 37 Rb 铷 $5s^1$ 85.4678(3)	+2 38 Sr 锶 $5s^2$ 87.62(1)	+3 39 Y 钇 $4d^15s^2$ 88.90584(2)	+1 +2 +3 +4 40 Zr 锆 $4d^25s^2$ 91.224(2)	0 ±1 +2 +3 +4 +5 41 Nb 铌 $4d^45s^1$ 92.90637(2)	0 ±1 ±2 +3 +4 +5 +6 42 Mo 钼 $4d^55s^1$ 95.95(1)	0 ±1 +2 +3 +4 +5 +6 +7 43 Tc 锝▲ $4d^55s^2$ 97.90721(3)✦	0 +1 ±2 +3 +4 +5 +6 +7 +8 44 Ru 钌 $4d^75s^1$ 101.07(2)	0 ±1 +2 +3 +4 +5 +6 45 Rh 铑 $4d^85s^1$ 102.90550(2)	0 +1 +2 +3 +4 46 Pd 钯 $4d^{10}$ 106.42(1)	+1 +2 +3 47 Ag 银 $4d^{10}5s^1$ 107.8682(2)	+1 +2 48 Cd 镉 $4d^{10}5s^2$ 112.414(4)	+1 +3 49 In 铟 $5s^25p^1$ 114.818(1)	+2 +4 50 Sn 锡 $5s^25p^2$ 118.710(7)	−3 +3 +5 51 Sb 锑 $5s^25p^3$ 121.760(1)	−2 +2 +4 +6 52 Te 碲 $5s^25p^4$ 127.60(3)	−1 +1 +3 +5 +7 53 I 碘 $5s^25p^5$ 126.90447(3)	+2 +4 +6 +8 54 Xe 氙 $5s^25p^6$ 131.293(6)	O N M L K
6	−1 +1 55 Cs 铯 $6s^1$ 132.90545196(6)	+2 56 Ba 钡 $6s^2$ 137.327(7)	57~71 La~Lu 镧系	+1 +2 +3 +4 72 Hf 铪 $5d^26s^2$ 178.49(2)	0 ±1 +2 +3 +4 +5 73 Ta 钽 $5d^36s^2$ 180.94788(2)	0 ±1 ±2 +3 +4 +5 +6 74 W 钨 $5d^46s^2$ 183.84(1)	0 ±1 +2 +3 +4 +5 +6 +7 75 Re 铼 $5d^56s^2$ 186.207(1)	0 +1 +2 +3 +4 +5 +6 +7 +8 76 Os 锇 $5d^66s^2$ 190.23(3)	0 ±1 +2 +3 +4 +5 +6 77 Ir 铱 $5d^76s^2$ 192.217(3)	0 +2 +3 +4 +5 +6 78 Pt 铂 $5d^96s^1$ 195.084(9)	+1 +2 +3 +5 79 Au 金 $5d^{10}6s^1$ 196.966569(5)	+1 +2 +3 80 Hg 汞 $5d^{10}6s^2$ 200.592(3)	+1 +3 81 Tl 铊 $6s^26p^1$ 204.38	+2 +4 82 Pb 铅 $6s^26p^2$ 207.2(1)	−3 +3 +5 83 Bi 铋 $6s^26p^3$ 208.98040(1)	−2 +2 +3 +4 +6 84 Po 钋 $6s^26p^4$ 208.98243(2)✦	±1 +5 +7 85 At 砹 $6s^26p^5$ 209.98715(5)✦	+2 86 Rn 氡 $6s^26p^6$ 222.01758(2)✦	P O N M L K
7	+1 87 Fr 钫▲ $7s^1$ 223.01974(2)✦	+2 88 Ra 镭 $7s^2$ 226.02541(2)✦	89~103 Ac~Lr 锕系	104 Rf 𬬻▲ $6d^27s^2$ 267.122(4)✦	105 Db 𬭊▲ $6d^37s^2$ 270.131(4)✦	106 Sg 𬭳▲ $6d^47s^2$ 269.129(3)✦	107 Bh 𬭛▲ $6d^57s^2$ 270.133(2)✦	108 Hs 𬭶▲ $6d^67s^2$ 270.134(2)✦	109 Mt 鿏▲ $6d^77s^2$ 278.156(5)✦	110 Ds 𫟼▲ 281.165(4)✦	111 Rg 𬬭▲ 281.166(6)✦	112 Cn 鿔▲ 285.177(4)✦	113 Nh 鿭▲ 286.182(5)✦	114 Fl 𫓧▲ 289.190(4)✦	115 Mc 镆▲ 289.194(6)✦	116 Lv 𫟷▲ 293.204(4)✦	117 Ts 鿬▲ 293.208(6)✦	118 Og 鿫▲ 294.214(5)✦	Q P O N M L K

★ 镧系	+3 57 La★ 镧 $5d^16s^2$ 138.90547(7)	+2 +3 +4 58 Ce 铈 $4f^15d^16s^2$ 140.116(1)	+3 +4 59 Pr 镨 $4f^36s^2$ 140.90766(2)	+2 +3 +4 60 Nd 钕 $4f^46s^2$ 144.242(3)	+3 61 Pm 钷▲ $4f^56s^2$ 144.91276(2)✦	+2 +3 62 Sm 钐 $4f^66s^2$ 150.36(2)	+2 +3 63 Eu 铕 $4f^76s^2$ 151.964(1)	+3 64 Gd 钆 $4f^75d^16s^2$ 157.25(3)	+3 +4 65 Tb 铽 $4f^96s^2$ 158.92535(2)	+3 +4 66 Dy 镝 $4f^{10}6s^2$ 162.500(1)	+3 67 Ho 钬 $4f^{11}6s^2$ 164.93033(2)	+3 68 Er 铒 $4f^{12}6s^2$ 167.259(3)	+2 +3 69 Tm 铥 $4f^{13}6s^2$ 168.93422(2)	+2 +3 70 Yb 镱 $4f^{14}6s^2$ 173.045(10)	+3 71 Lu 镥 $4f^{14}5d^16s^2$ 174.9668(1)
★ 锕系	+3 89 Ac★ 锕 $6d^17s^2$ 227.02775(2)✦	+3 +4 90 Th 钍 $6d^27s^2$ 232.0377(4)	+3 +4 +5 91 Pa 镤 $5f^26d^17s^2$ 231.03588(2)	+2 +3 +4 +5 +6 92 U 铀 $5f^36d^17s^2$ 238.02891(3)	+3 +4 +5 +6 +7 93 Np 镎 $5f^46d^17s^2$ 237.04817(2)✦	+3 +4 +5 +6 +7 94 Pu 钚 $5f^67s^2$ 244.06421(4)✦	+2 +3 +4 +5 +6 95 Am 镅▲ $5f^77s^2$ 243.06138(2)✦	+3 +4 96 Cm 锔▲ $5f^76d^17s^2$ 247.07035(3)✦	+3 +4 97 Bk 锫▲ $5f^97s^2$ 247.07031(4)✦	+2 +3 +4 98 Cf 锎▲ $5f^{10}7s^2$ 251.07959(3)✦	+2 +3 99 Es 锿▲ $5f^{11}7s^2$ 252.0830(3)✦	+2 +3 100 Fm 镄▲ $5f^{12}7s^2$ 257.09511(5)✦	+2 +3 101 Md 钔▲ $5f^{13}7s^2$ 258.09843(3)✦	+2 +3 102 No 锘▲ $5f^{14}7s^2$ 259.1010(7)✦	+3 103 Lr 铹▲ $5f^{14}6d^17s^2$ 262.110(2)✦